R과 함께하는
다변량 자료분석

최용석 지음

KM 경문사

머리말

빅데이터와 인공지능 시대에는 자연과학, 인문, 사회과학의 복잡한 현상을 설명하고 예측하기 위하여 매우 많은 개체와 변수들에 의해서 측정한 고차원(high dimension)의 다변량 자료(multivariate data)의 이해와 필요성이 요구된다. 《R과 함께하는 다변량자료분석》은 다변량 자료로부터 정보를 얻고 이를 수치적이면서 시각적으로 보여줄 다양한 다변량 통계분석 기법과 이를 도와 줄 도구로 최근 각광을 받고 있는 R의 활용을 포함하고 있다.

이 책에는 다변량 통계적 분석 기법에 관하여 제1장 다변량 자료분석에서 제10장 형상분석까지 구성되어 있다. 특히, 다변량 자료의 변수와 개체의 유사성과 군집 정보를 얻기 위한 관점에서 저자의 주관적 기준으로 분류해 보면 다음과 같다.

- 변수들의 정보를 위한 기법
  - 주성분분석(Principal Component Analysis)
  - 인자분석(Factor Analysis)
  - 정준상관분석(Canonical Correlation Analysis)
- 개체들의 정보를 위한 기법
  - 판별분석과 분류나무(Discriminant Analysis and Classification Tree)
  - 군집분석(Cluster Analysis)
  - 다차원척도법(Multidimensional Scaling)
- 시각적 정보를 위한 기법
  - 행렬도(Biplot)
  - 대응분석(Correspondence Analysis)
  - 형상분석(Shape Analysis)

R의 활용은 매뉴얼적인 차원의 자세한 설명은 자제하고 다양한 다변량 자료와 관련된 기법의 응용, 활용, 결과 해석에 초점을 맞추었다. 대신에 [자료]와 [R-코드]를 본문 중에 추가해서 독자들이 이용하는 데 어려움이 없도록 했는데, 이는 저자의 홈페이지(yschoi.pusan.ac.kr)에서 내려받을 수 있다.

끝으로 다변량 통계학을 전공하는 학자로 이끌어 주신 고려대학교 허명회 교수님, 주성분분석과 형상분석의 가르침을 주셨던 스코틀랜드 Aberdeen 대학 Jolliffe 교수님, 영국 Leeds 대학 Mardia 교수님과 Kent 교수님께도 감사를 드린다. 시절의 추세를 좇아 이 책을 세상에 내놓기 위해 행복하게 시름했음을 고백하며 거친 초고를 통독하여 오류를 지적한 지도학생들의 수고도 기리고 싶다. 더불어 책을 집필한다고 여름과 겨울 방학을 연구실에서 보낸 탓에 같이 지내지 못한 아내에게 미안한 마음을 전한다.

2017년 2월
부산대학교 통계학과 연구실 208호
최용석

강의계획

– 한 학기용과 두 학기용으로 나누어 강의계획을 세울 수 있다.

– [강의계획표]에 해당 강의계획은 음영표시 해두었다.

– 각 장의 'R을 활용한 절'과 '연습문제 절'은 공통으로 해당하므로 생략하였다.

1. 한 학기용 강의계획

– 학부: 1장, 2장, 3장, 5장, 6장, 8장

– 대학원: 1장, 2장, 3장, 5장, 6장, 8장, 9장

2. 두 학기용 강의계획

– 학부 1학기: 1장, 2장, 3장, 5장

– 학부 2학기: 6장, 7장, 8장, 9장

– 대학원 1학기: 1장, 2장, 3장, 4장, 5장

– 대학원 2학기: 6장, 7장, 8장, 9장, 10장

▎강의계획표 ▎

장	내 용	한 학기용		두 학기용	
		학부 한 학기	대학원 한 학기	학부 1학기	대학원 1학기
1장 다변량 자료분석	1.1 다변량 자료분석의 이해				
	1.2 다변량 분석기법의 종류				
	1.3 다변량 자료의 소개 및 시각화				
	1.4 다변량 자료의 행렬표현과 요약 통계량				
	1.5 다변량 자료의 거리와 상관				
	1.6 다변량 정규분포와 유용한 성질				
	1.7 위샤트 분포와 호텔링 T^2-분포				
	1.8 다변량 정규성의 검정				
2장 주성분분석	2.1 주성분분석의 이해				
	2.2 주성분의 개념				
	2.3 주성분의 대수적 유도				
	2.4 주성분의 선택과 설명력				
	2.5 표본 주성분의 대수적 유도				
	2.6 주성분분석의 시각화				
3장 인자분석	3.1 인자분석의 이해				
	3.2 공통인자의 개념				
	3.3 인자모형				
	3.4 인자모형의 추정				
	3.5 인자회전과 인자적재그림				
	3.6 인자점수와 활용				
	3.7 인자분석의 시각화				
4장 정준상관분석	4.1 정준상관분석의 이해				
	4.2 정준상관과 정준변수				
	4.3 정준상관의 유의성 검정				
	4.4 정준상관분석의 시각화				
5장 군집분석	5.1 군집분석의 이해				
	5.2 연관성측도				
	5.3 계층 군집분석				
	5.4 비계층 군집분석				
	5.5 군집의 수				
	5.6 통계모형에 의한 군집분석				

장	내 용	한 학기용		두 학기용	
		학부 한 학기	대학원 한 학기	학부 2학기	대학원 2학기
6장 판별분석, 분류나무	6.1 판별분석의 이해				
	6.2 두 군집의 판별분석				
	6.3 다변량 정규성을 따르는 두 군집의 판별분석				
	6.4 여러 군집의 판별분석				
	6.5 다변량 정규성을 따르는 여러 군집의 판별분석				
	6.6 판별함수의 평가				
	6.7 두 군집의 피셔 선형판별함수				
	6.8 여러 군집의 피셔 선형판별함수				
	6.9 로지스틱 판별분석				
	6.10 분류나무				
7장 다차원척도법	7.1 다차원척도법의 이해				
	7.2 계량형 다차원척도법				
	7.3 비계량형 다차원척도법				
	7.4 삼원 다차원척도법				
	7.5 비선형 다차원척도법				
8장 대응분석	8.1 대응분석의 이해				
	8.2 단순 대응분석				
	8.3 대응분석에서 독립성과 동질성				
	8.4 다중 대응분석				
	8.5 분류변수 자료의 다중 대응분석				
9장 행렬도	9.1 행렬도의 이해				
	9.2 행렬도의 이론				
	9.3 세 가지 행렬도				
10장 형상분석	10.1 형상분석의 이해				
	10.2 형태공간과 형상좌표				
	10.3 프로크러스티즈분석				
	10.4 OPA 적합 알고리즘				
	10.5 GPA 적합 알고리즘				
	10.6 평균형상의 비교와 검정				

추천의 글

❙ 강창완/동의대학교 생산정보기술공학/교수

최용석 선배와 80년대 후반 안암동에서 공부하던 기억은 매우 특별합니다. 늘 타인에 대한 배려와 학문에 대한 열정은 감동적이었습니다. 그때를 회고해보면 종종 제기시장의 소주 집에 둘러앉아 이런 저런 전공이야기와 사회에 대한 비판을 안주삼아 늦은 밤을 함께 보낸 적이 많았습니다. 당시 학문과 미래에 대한 불확실성은 김기영 교수님의 저서인 《인자분석》 머리글에서 표현했던 것처럼 우리를 고민하게 만들었습니다.

"한 생각이 떠올라 다른 마음을 일으키고, 이에 따른 연속적 사념들은 셀 수 없는 아지랑이를 이룬다. 곰곰이 머리를 조아린다. 깊은 바닥에 있는 그 무엇 하나를 제쳐보면 이 어지러움이 모두 사라질꼬..."

당시 이재창 교수님이 Johnson과 Wichern의 책을 통해 다변량 통계 입문을, 김기영 교수님이 강의한 Muirhead의 저서를 통해 깊은 이론적 배경을, 그리고 허명회 교수님의 다변량 통계의 그래픽적 표현 및 기하적 해석으로 우리의 통계지식을 풍부하게 만든 것으로 기억됩니다. 특히 최선배의 다변량 통계학 분야에 대한 관심과 열정, 성취도는 함께 수학했던 우리들 중 늘 선두에 있었으며 이러한 최선배의 다변량 통계학 책 발간은 저에겐 너무나 기쁜 소식입니다.

오늘날 같이 복잡다단한 현상들이 삶을 감싸고 있는 즈음에 다변량 통계방법은 데이터를 다루고자 하는 독자들에게 더욱 절실하게 다가옵니다. 다가오는 4차산업혁명과 빅데이터 시대에 손쉽게 다변량 통계방법을 활용할 수 있는 무료 통계프로그램인 R을 기반으로 소개한 최선배의 책은 너무나 적절하며, 최선배가 평소 보여주었던 배려심이 책 구석구석에 배어있음을 느낄 수 있어 다변량 통계학을 접하고자하는 독자들에게 많은 도움이 될 것을 믿어 의심치 않습니다.

❙ 김동철/티맥스소프트/CEO

지난 세기의 통계학 서적은 대부분 외국의 서적을 그대로 사용하였다. 마땅한 한국어 용어도 정비되지 않았던 시절이었다. 더구나 최신의 학문과 실용적인 추세를 보여주는 자료는 구하기가 하늘의 별 따기였다. 그런 의미에서 최용석 교수의 《R과 함께하는 다변량 자료분석》은 빅데이터 시대의 핫 트렌드인 Open Source R을 활용하여 고급 통계 분석을 할 수 있는 친절한 지침서이다. 통계를 공부해서 데이터 과학자가 되려는 학생이나 고급

분석을 통해 통찰력을 높이고자 하는 독자에게 상세한 설명과 예제가 마련되어 있으며, 다차원에서의 이해를 돕기 위한 그래픽 자료들이 적절히 첨부되어 있어서 난이도가 높은 내용임에도 불구하고 독자들에게 편안한 접근성을 제공하고 있다. 상당한 수준의 완성도로 쓰인 학술서적이므로 전 세계에서 번역되어 사용될 것으로 생각한다.

▌김용일/부산대학교 치의학전문대학원/교수

미래 사회는 제4차 산업혁명으로 "모든 것이 상호 연결되고, 보다 지능화된 사회로 변화"할 것이 자명하다. 우리는 이미 초연결 사회로 진입해 있고, 사물인터넷(IoT), 클라우드 등 정보통신기술(ICT)의 급격한 발전과 확산을 실제로 체험하며 즐기고 있다. 이러한 4차 산업혁명의 근간에는 인공 지능 기술과 데이터 활용기술이 있다. 데이터 활용 기술은 정보통신은 물론이고, 의료 정보 처리 등 많은 분야에서 필요하다. 이에, 《R과 함께하는 다변량자료분석》은 다변량 자료들의 처리 기법과 시각화 방법을 소개함으로써, 독자들이 다변량 자료의 분석방법과 해석 및 시각화에 대한 이해도를 높일 수 있도록 돕는다. 본 저서가 향후 고차원 자료를 활용한 많은 연구와 활용에 있어, 좋은 안내서가 되리라 믿는다.

▌김정훈/칸타밀워드브라운/대표

오랫동안 조사 통계분석 업무를 해오면서, 지금도 다변량 분석이 필요할 때 SPSS와 SAS 매뉴얼을 펼쳐놓고 해당 모듈을 찾아서 이용한다. R의 간편성과 효용성에 대해 익히 접하고 있지만, 현업 실무자 입장에서는 방법론 이론서와 프로그램 매뉴얼을 매번 별개로 찾아서 참고하는 데에 어려움과 번거로움이 있었다. 허명회 교수님 연구실 학형인 최용석 교수께서 평소 그의 꼼꼼함, 성실함, 체계적인 성품대로 이번에 R을 이용한 다변량 분석을 알기 쉽고 이용하기 쉽게 종합 · 정리하셨다. 가히 체계적이다. 제반 분석의 이론을 쉽게 설명하고서, 자료분석의 목적에 따른 활용 사례, 그리고 R의 이용 매뉴얼보다는 해당 분석의 활용과 결과 해석 사례를 자세히 정리해 주셨다. 대학, 대학원에서의 교재로 초점을 맞추셨다지만, 현업 통계분석 실무자에게도 아주 적합하고 유용한 실무 활용서로 감히 추천 드리고자 한다.

▌김재광/미국 아이오와 주립대학교 통계학과/교수

사회과학 연구에서 가장 많이 사용되는 통계기법인 다변량 자료 분석은 그 중요성을 아무리 강조해도 지나치지 않습니다. 이번에 출간된 부산대학교 통계학과 최용석 교수님의 《R과 함께하는 다변량 자료분석》은 통계학계뿐만 아니라 사회과학 연구자들에게도 큰 도움이 될 귀중한 책으로 보입니다. 풍부한 사례와 친절한 R 코드, 그리고 최신 연구 동향까지 꼼꼼히 소개되어 있어서 통계학을 전공하고자 하는 모든 예비 학자들에게 많은 도움과 길잡이가 될 것으로 보입니다. 많은 시간을 할애하여 한국 통계학계에 큰 기여를 해주신 최용석 교수님께 깊은 감사를 드립니다.

❙ 문권순/호남지방통계청/청장

다가오는 제4차 산업혁명시대에는 그동안 개인정보 보호 차원에서 제공이 금지되었던 정부의 각종 자료뿐만 아니라 민간의 자료들이 활발히 개방되고, 새로운 가치 창출을 위한 통계산업으로 발전될 것이다. 이때 제4차 산업혁명시대의 핵심주제는 "각종 통계조사뿐만 아니라 민간의 카드자료나 공공기관의 행정자료 등 빅데이터 속에 내재된 무수한 정보 중에서 의미 있는 정보를 어떻게 끄집어내고 가치화(valuation) 할 것인가?"일 것이다.

본 저서는 이러한 문제 해결을 위해 여러 가지 변수들에 의해 현상을 설명하는 다변량 Data Set에 내재된 의미 있는 정보를 추출해 내는 다변량 분석방법을 이론적이고 시각적으로 설명하고 있다. 본 서의 가장 큰 특징은 다변량 분석 도구로 현재 많이 사용되고 있는 상업용 통계 패키지보다는, 각 분석방법마다 R-코드를 기반으로 예를 제시하고 설명한다는 것이다. 통계분석을 배우는 학생이나 일반 이용자들이 쉽게 이해하고 활용할 수 있는 좋은 지침서가 될 것이다.

❙ 박승열/(주)월드리서치/대표이사

최근 조사 분야에서도 자료 간의 연계, 누적으로 인해 처리 데이터 규모가 급증하고 있고, 데이터에 대한 시각적 분석은 옵션이 아닌 디폴트가 되고 있습니다. 이런 상황에서 R을 활용한 다변량 자료분석은 필수적이라 여겨집니다.

최교수님께서 집필하신 《R과 함께하는 다변량 자료분석》은 분석에 대한 쉬운 개념 설명뿐만 아니라 현실적인 사례, 구체적인 결과 해석을 제공하고 있어, 우리 연구원들이 손닿는 곳에 두고 필요할 때마다 찾아볼 수 있는 훌륭한 지침서 역할을 할 것으로 사료됩니다. 또한 다변량 분석에 대한 이론적 설명도 놓치지 않아 통계학을 공부하는 학생들에게는 이론과 실무를 모두 경험할 수 있는 좋은 기회가 될 것 같습니다.

❙ 신충열/(미국 아이오와 주립대학 PPSI/Senior Statistician & Associate Director

사회과학과 심리학의 연구 현장에서 실제로 매일 다루어지고 있는 자료(real-world data)들은 다변량 통계 이론을 바탕으로 하는 많은 탐색적인 방법들을 요구하고 있다고 생각합니다. 그래서 다변량 통계방법들의 기본적인 이론과 함께, 실제로 사용되는 R 프로그램까지 자세하게 설명해 주고 있는 최 교수님의 본 저서는 현장 연구원이나 학생들에게 아주 훌륭한 가이드가 될 것이라고 믿습니다. 특히, 가르치시는 교수님들과 배우는 학생들 모두를 배려하여 집필을 하신 최 교수님의 의도를 엿볼 수 있었습니다.

몇 년 전에 아이오와 연구소에서 최 교수님과 1년을 함께 생활하면서, 최교수님의 삶에 대한 진지함과 남을 위한 배려, 학문에 대한 열정, 그리고 새로운 것에 대한 도전 정신이 저에게 큰 도전이 되었던 것을 아직도 생생하게 기억하고 있습니다. 그래서, 최 교수님이 수고하신 또 하나의 아름다운 열매를 반갑게 맞이하게 되어서 매우 기쁘게 생각합니다. 저에게뿐만 아니라, 함께 동역하시는 많은 교수님들과 연구자들, 그리고 학생들에게 큰 도움이 되는 훌륭한 서적임을 의심치 않습니다.

▎정인숙/부산대학교 간호대학/교수

요즈음은 어디에서 누구를 만나던 4차 산업혁명, 빅데이터, 인공지능 등이 이슈가 된다. 간호학에서도 예외는 아니다. 학회에서도 빅데이터 분석에 관심을 갖고 학술대회를 개최하고 변화되는 환경 속에서 간호학 문제에 어떻게 접근하고 분석할지 고민하고 있다. 이에 따라, 본인도 얼마 전부터 제자와 함께 좀 더 최신의 자료분석기법을 공부하기 위한 스터디 모임을 만들어 운영하고 있다. 모임에 참여한 이들 모두 빅데이터 분석기법을 공부하고자 하는 열의를 가지고, 이를 훌륭히 수행해 줄 R 패키지부터 공부하기로 하였다. 도서관과 서점에는 R을 소개하는 책이 넘쳐나고 R을 소개하는 온라인 강의 또한 손쉽게 이용할 수 있지만 초보자들이 체계적으로 접근하기에는 여전히 어려움이 많았다.

우연히 접하게 된 《R과 함께하는 다변량 자료분석》은 다양한 빅데이터 분석 방법을 소개할 뿐만 아니라 각 분석방법을 위한 R-코드와 결과를 함께 제시해주어 처음 R 패키지를 사용하는 독자에게는 매우 유익한 교재로 생각된다. 특히, R-코드와 자료는 저자의 홈페이지에서 내려받을 수 있도록 하여 누구나 쉽게 이를 따라할 수 있으며, 각 장마다 연습문제를 제공함으로써 학습한 내용을 잘 이해했는지 실습혀 볼 수 있도록 하여 내용의 이해도를 높이는 데도 도움이 된다. R을 이용한 빅데이터 분석에 어려움을 경험한 모든 분들이 함께 이 책을 공유하고 큰 자신감을 얻어가기를 기대한다.

▎조완현/전남대학교 통계학과/교수

그동안 각고의 노력 끝에 다변량 자료분석법에 대한 훌륭한 저서를 완성한 것을 진심으로 축하드립니다. 특히 R을 이용한 다변량 자료분석방법을 소개하는 내용을 자세히 기술한 것은 이 책을 통하여 다변량 자료분석법을 배우는 학생들에게 많은 도움이 될 것으로 생각됩니다. 이 책을 통하여 많은 학생이 다변량 자료분석법에 대한 정통한 지식을 함양할 것을 진심으로 바랍니다.

▎조재범/(주)에프원컨설팅(성신여자대학교 통계학과 겸임교수)/전무이사

통계학은 일반적으로 어렵게 생각하는 대표적 학문분야 중의 하나인데, 그러한 통계학 커리큘럼 중에서도 특히 수리분야뿐만 아니라 응용분야의 지식을 폭넓게 요구하는 분야가 다변량 자료분석일 것이다. 따라서 다양한 실무분야에서 많이 활용됨에도 불구하고, 이러한 수리적·실무적 요구사항으로 인하여 다변량 분석에 대해 공부하고자 하는 학생 또는 직장인들이 어렵다는 이유로 쉽게 포기하는 경우를 자주 본다. 지난 25년 동안 경제연구소 연구원과 금융리스크관리 컨설턴트로서의경험, 그리고 대학에서의 강의 경험을 바탕으로 미력하나마 이 책에 대한 평가를 한다면 "따라 할 수 있다"는 것이 가장 큰 장점이라 생각된다. 다양한 실제적 · 실무적 예제를 토대로, 쉽게 접할 수 있는 R 프로그래밍을 이용하여, 어려운 통계적 분석결과에 대한 해석을 이 책에서 설명하듯이 단계적으로 따라 가면서 해석할 수 있어서, 이 분야에 대해 공부하려는 학생 및 직장인들에게 많은 도움이 되리라 생각한다.

▎한상태/호서대학교 빅데이터경영공학부/교수

다변량 자료분석은 빅데이터 분석이 화두가 되고 있는 현 시점 그리고 더욱 화두가 될 미래시대에 있어 데이터 분석의 근간이라 생각된다. 특히 빅데이터 분석 모델링 기법에 해당하는 데이터마이닝 방법론들은 대용량 자료에 대한 다변량 자료분석의 응용과 확장이라 할 수 있다. 이런 관점에서 통계학의 사회적 활용에 관심을 기울이는 최용석 교수께서 《R과 함께하는 다변량 자료분석》을 독자들에게 제공하는 모습은 대학원 시절 동문수학한 후배 입장에서 큰 기쁨이 아닐 수 없다. 본 서의 구성을 보면 독자에 대한 최용석 교수의 친절과 배려가 곳곳에 나타나 있다. 시대에 맞는 Open Source 프로그램인 R을 이용하고 있는 점, 다소의 난이도를 가지고 있는 다변량 분석기법을 독자들이 편안하게 이해할 수 있도록 다양한 사례와 시각화 방법을 폭넓게 활용하고 있는 점, 결과에 대한 친절한 해석 등이 주목할 만하다. 본 서는 통계학을 전공하는 학생들뿐만 아니라 데이터 분석을 직접 활용하고 있는 현장의 많은 데이터 분석가들에게 큰 도움을 줄 것이라 확신하므로 독자들에게 적극 추천하고 싶다.

▎황선영/숙명여자대학교 통계학과/교수

빅데이터 시대에 발 맞추어 다변량 통계는 수요가 점점 증가하는 통계학 분야임에 틀림이 없어 보인다. 지난 25년간 축적된 다변량 연구 및 교육에 기초하고 한국통계학회 응용통계연구 저널 편집위원장 경험을 바탕으로 저술한 최용석 교수의 저서는 본질적으로 어려운 다변량 기법들을 이해하기 쉽게 서술하고 있으며 빅데이터 기본 언어인 R을 사용해 예시하고 있는 점이 장점이다. 특히 다변량 자료의 시각화(visualization)기법인 7장 이후의 다차원척도법, 행렬도 및 형상분석은 다른 다변량 저서에서는 쉽게 접할 수 없는 독창적인 부분으로서 응용 분야가 넓은 분야라 할 수 있어 빅데이터 시대를 준비하는 통계학도들에게 본 저서를 적극 추천하고자 한다.

차 례

제 3 장 인자분석(Factor Analysis) 133

제 4 장 정준상관분석(Canonical Correlation Analysis) 193

제 5 장 군집분석(Cluster Analysis) 229

제 1 장

다변량 자료분석
(Multivariate Data Analysis)

이 장에서는 다변량 자료분석과 다변량 분석기법을 소개한다. 다양한 다변량 자료를 제시하고 이에 적합한 시각화 기법을 포함한 다변량 분석기법을 이해해본다. 또 다변량 자료의 행렬표현을 통하여 다변량 통계에서 필요한 요약통계량을 정의하고 정리한다. 다변량 기법에서 중요한 다변량 정규분포와 이로부터 유도되는 위샤트 분포와 호텔링 T^2-분포를 살펴보고 다변량 정규성을 평가하는 그래프적인 방법과 검정을 소개한다. 본문에서는 이와 관련된 다양한 R-코드와 그 수행 결과를 제공한다.

1.1 다변량 자료분석의 이해

자연과학, 사회과학, 의학, 경제학, 경영학, 교육학 등 여러 분야에서 관심이 되는 현상을 설명하기 위해 하나의 측정변수에 의해서 결과를 관찰할 수도 있지만 대부분 많은 변수로 다양한 관점에서 자료를 수집한다. 이러한 자료는 일반적으로 n개의 개체(object)에 대해 p개의 변수(variable)로 측정하며 이를 다변량 자료(multivariate data)라 한다.

[보기 1.1.1] 3과목 시험성적에 대한 통계적 요약

EXAMPLE

[자료 1.1.1](3subjects.txt)은 학생 10명의 역학(Mechanics), 대수학(Algebra), 통계학(Statistics) 시험성적을 정리한 것으로 개체의 수는 $n=10$이고 변수의 수는 $p=3$을 나타낸다.

| 자료 1.1.1 | 10명의 학생에 대한 3과목 시험성적(3subjects.txt)

Student+s	Mechanics	Algebra	Statistics
Student1	65	85	85
Student2	65	80	90
Student3	30	40	50
Student4	70	83	82
Student5	35	43	52
Student6	72	82	92
Student7	40	43	48
Student8	68	83	82
Student9	25	32	43
Student10	17	51	35

[자료 1.1.1]을 얻게 되면 우선 자료의 중심과 중심에 대하여 흩어진 정도를 나타내는 기초 정보를 위해 과목별 평균(mean), 분산(variance), 분위수(quantiles), 최댓값, 최솟값 등 기초통계량이 요구된다. 더불어 여러 변수들의 중위수(median)를 기준으로 개체들의 흩어진 정도를 보여주는 상자 그림(box plot), 두 변수들 간의 공분산과 상관을 보여주는 공분산행렬과 상관행렬, 이들의 경향을 한꺼번에 시각적으로 보여주는 다중 산점도(multiple scatter plot) 등이 요구된다. 이러한 요구는 [R-코드 1.1.1](3subjects-summary.R)에 의한 [결과 1.1.1]에서 찾아볼 수 있다. [결과 1.1.1]의 [1]~[6]은 자료를 다양한 관점에서 서로 보완적인 경향의 결과를 보여 주므로 이에 대해서 종합적으로 해석할 필요가 있다.

[R-코드 1.1.1] [결과 1.1.1]을 위한 R-코드(3subjects-summary.R)

```
Data1.1.1<-read.table("3subjects.txt", header=T)
X<-Data1.1.1[, -1]

# Descriptive Statistics
summary(X)

# Covariance Matrix
cov(X)

# Correlation Matrix
cor(X)

# Multiple Scatter plot
plot(X)

# Boxplot of 3 Subjects
boxplot(X, xlab="3 Subjets", ylab="Exam Marks")

# Stem-and-leaf plot
stem(X[,1])
stem(X[,2])
stem(X[,3])
```

[결과 1.1.1] [R-코드 1.1.1](3subjects-summary.R)의 결과

[1] 기술통계

Mechanics	Algebra	Statistics
Min. : 17.00	Min. : 32.00	Min. : 35.00
1st Qu. : 31.25	1st Qu. : 43.00	1st Qu. : 48.50
Median : 52.50	Median : 65.50	Median : 67.00
Mean : 48.70	Mean : 62.20	Mean : 65.90
3rd Qu. : 67.25	3rd Qu. : 82.75	3rd Qu. : 84.25
Max. : 72.00	Max. : 85.00	Max. : 92.00

[2] 공분산행렬

	Mechanics	Algebra	Statistics
Mechanics	453.3444	431.5111	459.0778
Algebra	431.5111	484.6222	450.2444
Statistics	459.0778	450.2444	487.8778

[3] 상관행렬

	Mechanics	Algebra	Statistics
Mechanics	1.0000000	0.9206110	0.9761501
Algebra	0.9206110	1.0000000	0.9259578
Statistics	0.9761501	0.9259578	1.0000000

[4] 다중 산점도

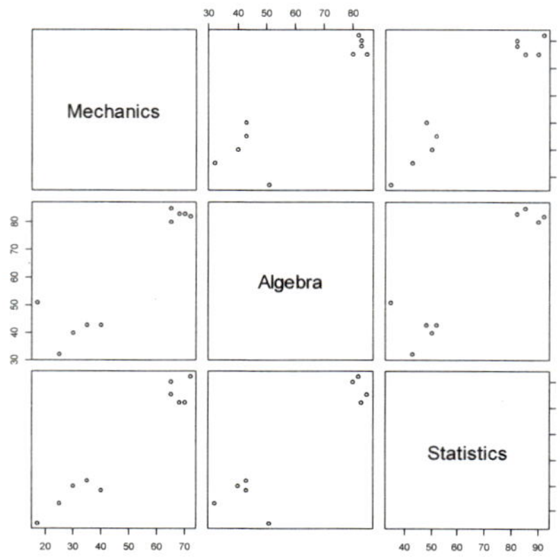

[5] 상자 그림

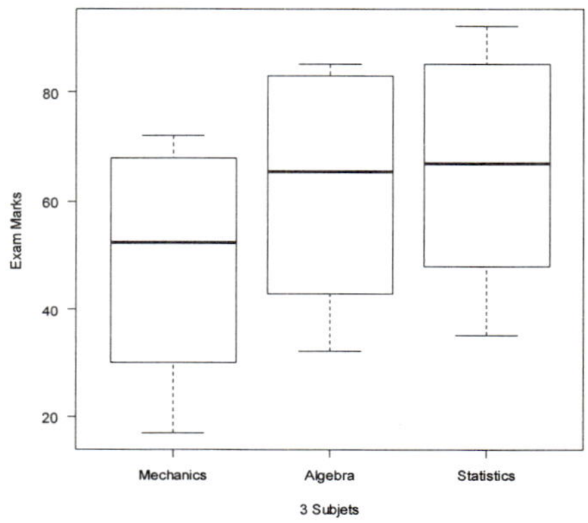

[6] 줄기-잎 그림

Mechanics	Algebra	Statistics
0 | 7	2 | 2	2 | 5
2 | 505	4 | 0331	4 | 3802
4 | 0	6 |	6 |
6 | 55802	8 | 02335	8 | 22502

[1] 기술통계(descriptive statistics)

[결과 1.1.1]의 [1]에는 변수에 해당하는 세 과목의 Mean(평균), Median(중위수), 1st Qu.(1사분위수), 3rd Qu.(3사분위수), Max.(최댓값), Min.(최솟값)이 요약되어 있다. 이들은 자료의 중심과 중심에서 흩어진 정도를 알려준다. 특히, Mean(평균)은 Mechanics가

48.70으로 가장 낮고 Max.(최댓값)는 72, Min.(최솟값) 17로 가장 작아 전체적으로 학생들의 성적이 낮고 분포가 다른 과목과 비교하여 상대적으로 점수가 낮은 쪽으로 치우쳤다. 평균 대신 성적이 특히 낮은 학생들의 영향을 줄여 중심에 대한 정보를 제공하는 Median(중위수)도 있다. 이 경우에도 Mechanics가 52.50으로 가장 낮다. 이들 통계량을 바탕으로 자료의 분포를 시각적으로 한꺼번에 보여주는 상자 그림(box plot)이 [결과 1.1.1]의 [5]에 제공된다. 실제로 이들 자료는 성적이 높은 학생과 낮은 학생으로 나누어져 있으며 이는 [결과 1.1.1]의 [4] 다중 산점도에서 확인이 가능하다.

[2] 공분산행렬(covariance matrix)

변수들의 분산과 변수들 간의 공분산을 보여주는 행렬이다. 변수들의 측정단위가 같은 경우와 특정 분산이 상대적으로 크거나 작은 경우가 아니라면 공분산행렬을 통해 변수들이 평균에서 얼마나 흩어져 있는지에 대한 정보를 얻게 된다. Mechanics에 대한 분산 453.3444이 다른 두 과목의 분산에 비해 상대적으로 작음을 보여주며 [결과 1.1.1]의 [1]에서도 짐작이 가는 내용이다.

[3] 상관행렬(correlation matrix)

변수들 간의 선형적 상관관계를 보여주는 상관계수를 제공하는 행렬이다. 이는 [결과 1.1.1]의 [2] 공분산행렬에서 쉽게 얻어지는데 특정 변수의 분산이 상대적으로 크거나 측정단위가 다른 경우 상관행렬을 통해 변수들의 선형 관계를 살펴보면 된다. 상관행렬에서는 변수들의 분산이 모두 1로 동일하며 전체적으로 0.92 이상으로 상관관계가 매우 높음을 알 수 있다. 그러나 이러한 상관계수는 [결과 1.1.1]의 [4] 다중 산점도와 더불어 해석을 한다면 보다 더 신중한 변수들 간의 상관관계를 살펴볼 수가 있다.

[4] 다중 산점도(multiple scatter plot)

변수가 셋 이상인 경우 동시에 변수들 간의 산점도를 보여주고 있어 [결과 1.1.1]의 [1]과 [3]에서 수치적으로 살펴본 자료의 모양과 특성을 한꺼번에 눈으로 파악할 수가 있다. 즉, 학생들이 점수가 낮은 쪽에 5명 높은 쪽에 5명으로 두 그룹이 나누어져 있음을 알 수 있으며 따라서 [3]에서 살펴본 상관계수는 두 그룹을 무시하고 변수들 간의 선형적 관계를 나타낸 것이다.

[5] 상자 그림(box plot)

이는 전통적인 히스토그램(histogram) 대신 자료를 크게 네 등분한 사분위수(quartiles),

최댓값과 최솟값으로 자료의 분포를 보여주는 대표적인 그림이다. 이는 [결과 1.1.1]의 [1]에서 제공하는 정보를 바탕으로 그려진 것으로, 특히 상자의 중간은 중위수로 시험점수의 중간을 나타내며 Mechanics가 가장 낮고 나머지는 대동소이하다. 중심에서 점선이 밑쪽인 시험 점수가 낮은 쪽으로 다소 길게 되어 있어 이는 [결과 1.1.1]의 [1]에서 최솟값 17.00과 1사분위수 31.25가 상대적으로 다른 과목에 비해 낮은 것과 관련이 있음을 그림으로 보여준다. 가장 낮은 점수는 Mechanics에 있고 가장 높은 점수는 Statistics에 있다.

[6] 줄기-잎 그림(stem-and-leaf plot)

분포적 특징을 보여주는 [결과 1.1.1]의 [5] 상자 그림에서는 사분위수를 포함하여 자료에서 개체들의 수치값을 알 수 없으나 줄기-잎 그림은 자료의 값을 짐작하게 해주고 있다. [결과 1.1.1]의 [1]과 [5]에서 살펴본 분포의 특징도 보여주며, 특히 점수가 높은 학생과 낮은 학생들로 나누어져 있음을 보여주며 히스토그램의 역할을 대신하는 유용한 그림이다. 각 변수의 줄기 값은 자료의 수치 값에서 십의 자리 수로 0은 0과 1, 2는 2와 3, 4는 4와 5, 6은 6과 7, 8은 8과 9이다. 예를 들자면, Mechanics의 줄기의 값이 0이고 잎의 값이 7인 경우 실제 자료의 값이 17인 점만 유의하면 된다.

[보기 1.1.1]에서 [자료 1.1.1]을 탐색적 분석관점에서 살펴보았는데 실제로 다변량 자료분석에서는 다음과 같은 것에 관심이 더 많을 수 있다.

(1) 시험성적에 따른 학생들의 유사성에 의한 개체의 그룹화
(2) 전체적으로 시험과목 간의 상관과 난이도에 따른 변수의 그룹화
(3) 개체와 변수들의 군집과 연관성을 그림으로 보여주는 시각화

[보기 1.1.2] 3차원 공간에서 시험성적의 기하적 표현

EXAMPLE

[자료 1.1.1]로부터 [그림 1.1.1]-(a)는 세 과목에 의한 3차원 좌표에 10명의 학생들의 성적을 나타낸 것으로 변수공간에 $n = 10$명의 개체 점 Student1 ~ Student10을 보여주고 있다. 반면에 [그림 1.1.1]-(b)는 학생을 나타내는 3차원 공간좌표에 세 과목의 성적을 표시한 것으로 개체공간에 $p = 3$개의 변수 점 Mechanics, Algebra, Statistics를 보여주고 있다. 실제 학생들이 10명이므로 10차원 공간좌표가 요구되나 현실적으로 3차원이 넘는 공간좌표는 표시하기가 불가능하다.

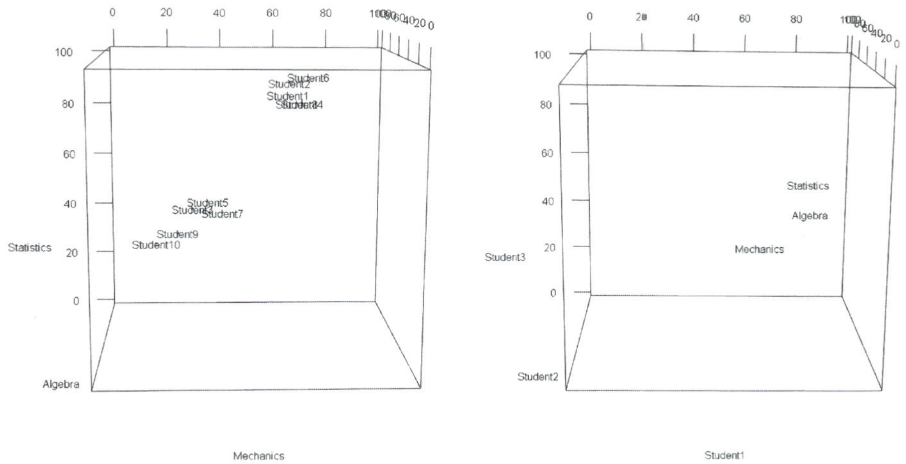

(a) 변수공간에서 $n=10$개의 개체 점 (b) 개체공간에서 $p=3$개의 변수 점

[그림 1.1.1] 3차원에서 자료의 기하적 표현

[그림 1.1.1]을 자료의 기하적 표현(geometric representation)이라 하며 각각 변수공간(variables space)과 개체공간(objects space)인 3차원의 공간을 이루고 있다. 이를 위한 [R-코드 1.1.2](3subjects-3d.R)를 참고 바란다. 먼저 [그림 1.1.1]-(a)는 학생들을 나타내는 좌표점 간의 거리가 가까우면 이들을 유사한 집단으로 분류됨을 나타낸다. 그림에서 시험성적이 높은 Student1, Student2, Student4, Student6, Student8이 한 그룹이 되고, 나머지 Student3, Student5, Student7, Student9, Student10이 시험성적이 낮은 그룹으로 [자료 1.1.1]에서 확인이 가능하다.

[그림 1.1.1]-(b)는 개체 공간의 원점에서 변수 점까지 화살표로 벡터를 나타낼 수 있는데 이들 사이에 이루는 각이 좁을수록 과목의 수준이 비슷함을 나타낸다. 실제로 1.5절의 (1.5.2)에서 이들 각의 코사인(cosine) 값은 이들 간의 상관계수(correlation coefficient)를 수치적으로 나타냄을 정의하고 있다. 그림에서는 Mechanics와 나머지 Algebra와 Statistics이 이루는 각이 작아 서로 상관이 매우 높으며 이들 과목의 난이도가 동일함을 나타낸다. 이러한 기하적인 관계는 실제 [결과 1.1.1]에서 수치적으로 확인이 가능하다.

[R-코드 1.1.2] [그림 1.1.1]을 위한 R-코드(3subjects-3d.R)

```
Data1.1.1<-read.table("3subjects.txt", header=T)
X<-Data1.1.1
```

```
library(rgl)

# Observations in Variables Space
lim<-c(0, 100)
plot3d(X[,1], X[,2], X[,3],xlim=lim, ylim=lim, zlim=lim,
xlab="Mechanics", ylab="Algebra", zlab="Statistics")
text3d(X[,1], X[,2], X[,3],rownames(X))

# Variables in Observations Space
plot3d(X[1,], X[2,], X[3,], xlim=lim, ylim=lim, zlim=lim,
xlab="Student1", ylab="Student2", zlab="Student3")
text3d(X[1,], X[2,], X[3,], colnames(X))
```

지금부터 [그림 1.1.1]-(a)와 같이 p개의 변수에 의해서 이루어지는 p차원의 변수공간을 $\mathbb{Q}^p$라 하며 [그림 1.1.1]-(b)와 같이 n명의 개체에 의한 n차원의 개체공간을 $\mathbb{R}^n$이라 하자.

[보기 1.1.1]과 [보기 1.1.2]에서 자료의 특징을 요약하고 살펴본 과정은 탐색적 자료분석(exploratory data analysis)의 일부로 R을 활용한 보다 다양한 자료의 탐색적 기법과 이론적 배경을 알기를 원하면 허명회(2007)를 읽어보기를 바라며 Kabacoff(2014)도 다양한 통계적 기법에 대한 R의 활용을 소개한 매우 유용한 매뉴얼로 여겨진다.

1.2 다변량 분석기법의 종류

[그림 1.1.1]-(a)와 같이 p개의 변수에 의해서 변수공간 $\mathbb{Q}^p$에서 개체 간의 군집과 이를 판별하는 판별기준을 규명하는 다변량 분석기법을 Q-기법(Q-techniques)이라 하고 판별·분류분석(discriminant and classification analysis), 군집분석(cluster analysis) 그리고 다차원척도법(multidimensional scaling) 등이 있다. [그림 1.1.1]-(b)와 같이 n명의 개체에 의한 개체공간 $\mathbb{R}^n$에서 변수들의 상관과 이를 통해 유사한 변수들을 묶어 새로운 변수를 규명하는 다변량 기법을 R-기법(R-techniques)이라 하여 주성분분석(principal component analysis), 인자분석(factor analysis), 정준상관분석(canonical correlation analysis) 등이 있다.

요약 R–기법, Q–기법, 시각화 기법

- R–기법: 변수들의 상관과 군집을 위한 기법
  - –주성분분석
  - –인자분석
  - –정준상관분석
- Q–기법: 개체들의 군집과 분류를 위한 기법
  - –판별 · 분류분석
  - –군집분석
  - –다차원척도법
- 시각화 기법: 행과 열의 군집과 상호 연관성을 위한 시각화 기법
  - –행렬도
  - –대응분석
  - –형상분석
  - –막대 그림, 별 그림, 모자이크 그림

다변량 자료의 개체와 변수의 군집과 상호 연관성을 보여주는 시각화 기법(visualization technique)으로 대수적으로는 주성분분석의 이론을 따르는 행렬도(biplots)와 대응분석(correspondence analysis)이 있다. 다차원척도법도 그중 하나로 생각할 수 있으며 최근에는 주성분분석, 인자분석, 정준상관분석 등 다변량 기법에서도 행렬도의 범주에서 시각화 기법으로 분석의 이해를 돕고 있는 추세이다.

국내에서는 최근 활발히 응용되고 있는 개체들 간의 형상을 비교하고 적합시켜 형상변동을 측정하고 여러 군집의 평균형상을 검정하는 형상분석(shape analysis)도 시각화 기법으로 볼 수 있다. 개체별 변수에 대한 상대적 양을 보여주는 막대 그림(bar plot), 개체들의 군집화를 시각적으로 보여주는 별 그림(star plot)과 범주형 자료(categorical data)의 분할표(contingency table)에 대한 범주들의 관계를 보여주는 모자이크 그림(mosaic plot)도 다변량 자료의 특성을 잘 보여주는 시각화 기법이다. 이들에 대해서는 1.3절에서 소개하고 있다.

R-기법과 Q-기법 외에 다변량 추정과 검정에 관련된 분석기법 중 한 집단과 두 집단의 모평균 검정과 관련된 호텔링(Hotelling) T^2-검정은 10장 형상분석에서 두 집단의 평균형상 비교에서 활용된다. 이는 단일 변량인 경우 t-검정에 해당한다.

1.3 다변량 자료의 소개 및 시각화

이 절에서는 R에서 오픈소스로 제공되는 자료를 포함하여 다양한 다변량 자료를 소개하고자 한다. 이들 자료의 특성을 시각적으로 대략 이해하기 위해 다중 산점도, 상자 그림, 막대 그림, 별 그림, 모자이크 그림을 R-코드와 함께 소개한다. Keen(2010)과 허명회(2014)는 R을 기반으로 하는 통계학과 자료분석에 대한 다양한 시각화를 소개하고 있다.

[보기 1.3.1] 두 가지 방식의 시험성적(5subjects.txt)

EXAMPLE

R에서 오픈소스(library(MVT); data(examScor))로 제공되며 Mardia 외(1979, pp. 3-4)에서 인용한 [자료 1.3.1](5subjects.txt)에는 학생 88명을 대상으로 두 가지 방식(책을 참고하는 오픈북(open-book), 책을 참고하지 않는 클로즈북(closed-book))에 따라 치른 다섯 과목 Mechanics(c), Vectors(c), Algebra(o), Analysis(o), Statistics(o)의 성적이 있다. 여기서 괄호 안의 'c'와 'o'는 두 가지 방식을 나타낸다.

[자료 1.1.1]과는 달리 변수 개수는 $p=5$이고 개체 수도 $n=88$로 이들에 대한 [그림 1.1.1]과 같은 기하적인 표현은 불가능하다. 이는 [그림 1.1.1]-(a)와 [그림 1.1.1]-(b) 같은 그림을 얻기 위해서는 각각 최소 5차원과 88차원의 $\mathbb{Q}^5$와 $\mathbb{R}^{88}$ 공간이 요구되기 때문이다.

[그림 1.1.3]은 [자료 1.1.3]의 변수들 간의 상관관계를 보여주는 다중 산점도와 중위수를 중심으로 자료의 분포를 보여주는 상자 그림이다. 먼저 다중 산점도를 보면 Mechanics와 상관이 높은 과목은 Vectors이고 비록 시험 방식이 다르나 Algebra와도 상관이 제법 있어 보인다. Statistics와는 Analysis 그리고 Algebra는 같은 시험 방식으로 상관이 높음을 보여준다. 상자 그림에서는 Vectors, Algebra, Analysis의 중위수는 비슷하며 Vectors와 Algebra는 시험성적이 높은 개체들이 많이 있으며 Analysis는 개체들이 점수가 낮은 쪽에 많이 몰려 있음을 알 수 있다. Mechanics와 Statistics는 중위수를 중심으로 개체들이 고르게 분포하고 있다. [그림 1.3.1]을 위한 [R-코드 1.3.1](5subjects-boxscatter.R)를 참고하기 바란다.

| 자료 1.3.1 | 두 가지 방식의 시험성적(5subjects.txt)

Student	Mechanics(c)	Vectors(c)	Algebra(o)	Analysis(o)	Statistics(o)
1	77	82	67	67	81
2	63	78	80	70	81
3	75	73	71	66	81
4	55	72	63	70	68
5	63	63	65	70	63
6	53	61	72	64	73
7	51	67	65	65	68
8	59	70	68	62	56
9	62	60	58	62	70
10	64	72	60	62	45
11	52	64	60	63	54
12	55	67	59	62	44
13	50	50	64	55	63
14	65	63	58	56	37
15	31	55	60	57	73
16	60	64	56	54	40
17	44	69	53	53	53
18	42	69	61	55	45
19	62	46	61	57	45
20	31	49	62	63	62
21	44	61	52	62	46
22	49	41	61	49	64
23	12	58	61	63	67
24	49	53	49	62	47
25	54	49	56	47	53
26	54	53	46	59	44
27	44	56	55	61	36
28	18	44	50	57	81
29	46	52	65	50	35
30	32	45	49	57	64
31	30	69	50	52	45
32	46	49	53	59	37
33	40	27	54	61	61
34	31	42	48	54	68
35	36	59	51	45	51
36	56	40	56	54	35
37	46	56	57	49	32
38	45	42	55	56	40
39	42	60	54	49	33
40	40	63	53	54	25
41	23	55	59	53	44
42	48	48	49	51	37
43	41	63	49	46	34
44	46	52	53	41	40

Student	Mechanics(c)	Vectors(c)	Algebra(o)	Analysis(o)	Statistics(o)
45	46	61	46	38	41
46	40	57	51	52	31
47	49	49	45	48	39
48	22	58	53	56	41
49	35	60	47	54	33
50	48	56	49	42	32
51	31	57	50	54	34
52	17	53	57	43	51
53	49	57	47	39	26
54	59	50	47	15	46
55	37	56	49	28	45
56	40	43	48	21	61
57	35	35	41	51	50
58	38	44	54	47	24
59	43	43	38	34	49
60	39	46	46	32	43
61	62	44	36	22	42
62	48	38	41	44	33
63	34	42	50	47	29
64	18	51	40	56	30
65	35	36	46	48	29
66	59	53	37	22	19
67	41	41	43	30	33
68	31	52	37	27	40
69	17	51	52	35	31
70	34	30	50	47	36
71	46	40	47	29	17
72	10	46	36	47	36
73	46	37	45	15	30
74	30	34	43	46	18
75	13	51	50	25	31
76	49	50	38	23	9
77	18	32	31	45	40
78	8	42	48	26	40
79	23	38	36	48	15
80	30	24	43	33	25
81	3	9	51	47	40
82	7	51	43	17	22
83	15	40	43	23	18
84	15	38	39	28	17
85	5	30	44	36	18
86	12	30	32	35	21
87	5	26	15	20	20
88	0	40	21	9	14

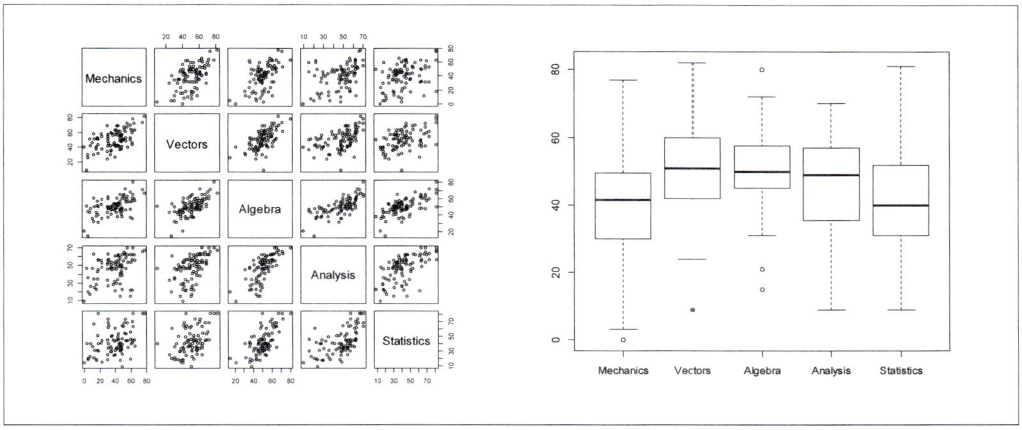

[그림 1.3.1] 5개 과목 시험성적의 다중 산점도와 상자 그림

이 자료에서 얻고자 하는 정보는 Algebra, Analysis, Statistics의 세 과목은 책을 참고하여 치른 시험과목으로 서로 성격이 유사하고 통계적으로 상관이 높아 이들은 새로운 변수 역할을 하는 주성분(principal component)이나 인자(factor)로 해석이 가능한지이다. 더불어 Mechanics과 Vectors의 관계도 보이면 된다. 이를 위한 다변량 통계적 방법으로 2장과 3장의 주성분분석과 인자분석이 있으며 책을 참고하여 시험을 치른 세 과목으로 이루어진 변수그룹과 참고하지 않고 시험을 치른 두 과목으로 이루어진 변수그룹 간의 관계는 정준상관분석을 통해 생각할 수 있다.

[R-코드 1.3.1] [그림 1.3.1]을 위한 R-코드(5subjects-boxscatter.R)

```
Data1.3.1<-read.table("5subjects.txt", header=T)
X<-Data1.3.1[, -1]

# Multiple Scatter Plot
plot(X)

# Box Plot
boxplot(X)
```

[보기 1.3.2] KLPGA 선수 성적(klpga.txt)

EXAMPLE

한국여자프로골프협회(KLPGA) 홈페이지(www.klpga.com, 2006)에서 제공하는 전체

경기기록 중 상금 순위 상위 50명의 [자료 1.3.2](klpga.txt)는 최태훈과 최용석(2008)에서 사용된 자료를 측정변수 상금 대신 상금률(상금 1위 선수에 대한 상대적 비율)로 대체한 것이다. 측정변수로 상금률 외에 평균퍼팅수(총퍼팅수/라운드수), 그린적중률, 파세이브율(총파세이브홀수/총홀수×100), 파브레이크율(버디이상홀수/총홀수×100), 평균타수((총스트로크수×72/코스소정파)/라운드수))가 사용되었다.

[R-코드 1.3.2](klpga-boxscatter.R)에 의한 [그림 1.3.2]의 다중 산점도를 보면 상금률과 음의 상관이 있는 것이 평균퍼팅수와 평균타수이다. 이는 두 측정변수의 성적이 낮을수록 상대적으로 성적이 좋고 상금이 많기 때문이다. 각 변수별 분포를 나타내는 상자 그림에서는 프로 골프선수들이라 경기성적 측정 변수 특징상 평균퍼팅수와 파브레이크율이 낮고 그린적중률과 파세이브율이 높으며 상금률은 상위 10위권 몇 명을 제외하면 상대적으로 상금이 적음을 보여준다.

자료 1.3.2 KLPGA 선수 성적(klpga.txt)

선수	평균퍼팅수	그린적중률	파세이브율	파브레이크율	평균타수	상금률
1	30.36	82.72	90.12	23.77	69.58	100.0
2	30.85	76.94	85.29	23.69	70.85	63.7
3	31.33	79.63	88.52	19.26	70.93	59.4
4	30.64	79.32	87.65	21.30	70.47	50.2
5	30.97	68.86	79.97	17.17	72.79	44.0
6	31.09	78.59	86.03	20.48	71.23	38.0
7	31.25	77.47	86.88	16.82	71.61	30.5
8	29.81	69.53	85.94	15.63	71.84	21.8
9	30.36	70.37	83.95	16.82	71.97	21.1
10	31.91	78.28	87.71	15.32	71.73	19.2
11	31.67	73.40	83.00	17.34	72.15	19.1
12	30.55	73.84	82.64	19.79	71.97	18.1
13	31.40	70.19	83.33	15.05	72.39	16.4
14	30.79	69.70	80.39	17.32	72.91	16.0
15	30.48	64.81	80.04	13.37	73.44	15.5
16	32.18	79.41	83.17	16.67	72.18	14.9
17	30.46	68.10	81.75	16.19	72.57	14.4
18	31.47	72.88	82.52	15.36	72.74	13.2
19	30.87	68.10	80.29	16.31	72.90	12.9
20	31.17	73.49	84.72	15.59	72.22	12.9
21	30.80	61.30	76.67	12.04	74.73	11.1
22	31.47	74.07	81.94	16.98	72.61	11.1
23	31.73	71.21	80.47	14.65	73.27	10.0
24	31.75	68.85	78.77	12.00	74.07	9.8
25	30.87	68.15	82.96	13.15	73.00	9.0
26	30.88	63.37	78.82	12.67	73.84	9.0

선수	평균퍼팅수	그린적중률	파세이브율	파브레이크율	평균타수	상금률
27	31.97	69.63	81.30	14.07	73.43	8.5
28	31.00	64.58	80.03	12.67	74.03	8.5
29	31.56	67.88	77.60	13.89	73.75	8.4
30	32.78	73.77	80.86	13.43	73.44	8.3
31	31.25	69.97	76.43	17.51	73.45	8.1
32	31.91	71.90	79.74	13.24	73.53	8.0
33	31.94	71.55	79.46	14.31	73.73	7.9
34	31.58	68.35	78.76	13.40	73.79	7.9
35	31.55	68.86	78.62	13.97	74.00	7.8
36	31.82	69.28	79.08	13.24	73.82	7.7
37	32.08	70.52	79.48	12.96	73.69	7.6
38	32.03	69.97	80.21	12.15	73.78	7.5
39	31.59	64.93	78.47	12.15	74.38	7.3
40	31.00	66.88	80.77	14.74	73.50	7.3
41	31.10	71.51	79.57	16.31	73.06	7.1
42	32.67	72.39	76.94	13.47	74.36	6.8
43	31.81	68.23	77.08	12.85	74.38	6.8
44	32.32	72.62	78.37	13.89	73.64	6.7
45	31.73	71.79	81.84	13.25	73.38	6.6
46	30.79	63.07	78.59	11.76	74.06	6.5
47	31.70	65.66	76.26	12.63	74.52	6.3
48	31.20	70.19	80.19	14.44	73.53	6.2
49	32.50	71.35	78.13	12.67	74.06	5.9
50	31.07	68.72	80.36	14.88	73.39	5.1

최태훈과 최용석(2008)에서는 변수를 기술요인변수군(평균 퍼팅수, 그린적중률, 파세이브율, 파브레이크율)과 경기성적요인변수군(상금, 평균 타수)으로 나누어 이들의 관련성을 4장의 정준상관분석을 통해 보여주었다. [자료 1.3.2]에서는 상금 대신 상금률로 대체하여 이들 5개 변수 관점에서 각 선수들의 군집과 판별분석은 5장 군집분석과 6장 판별분석을 활용할 수 있겠다. 물론 시각적으로 선수들 간의 거리를 고려하여 7장의 다차원척도법을 적용할 수 있고 변수들 간의 상관관계와 이들에 대한 선수들의 군집을 살펴보는 9장 행렬도도 고려할 수 있다.

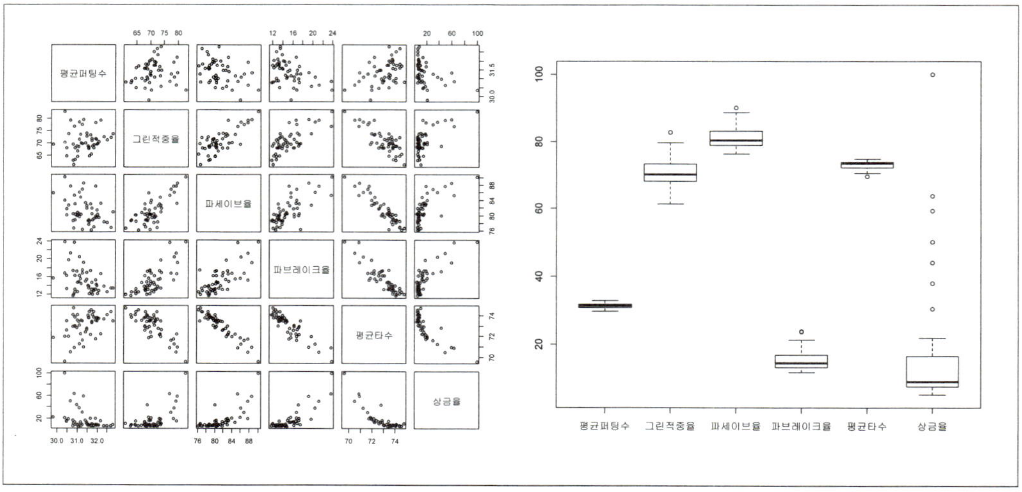

[그림 1.3.2] KLPGA 선수 성적의 다중 산점도와 상자 그림

[R-코드 1.3.2] [그림 1.3.2]를 위한 R-코드(klpga-boxscatter.R)

```
Data1.3.2<-read.table("klpga.txt", header=T)
X<-Data1.3.2[, -1]

# Descriptive Statistics
summary(X)

# Covariance Matrix
cov(X)

# Correlation Matrix
cor(X)

# Multiple Scatter Plot
plot(X)

# Boxplot of 3 Subjects
boxplot(X)
```

[보기 1.3.3] 유럽 25개국의 단백질 섭취원 자료(protein.txt)

EXAMPLE

[자료 1.3.3]은 Gabriel(1981, pp. 150-154)의 유럽 25개국의 9가지 단백질 섭취원(단위: 그램/일)을 나타내고 있다. 이 자료를 통하여 어느 나라가 어떤 단백질을 주로 섭취하는지와 이에 따른 유럽 25개국의 군집화를 살펴보려 한다. 이를 위해 5장의 군집분석도 가능하고 변수와 개체 간의 관계를 동시에 알아보기 위해 9장 행렬도도 활용할 수 있다.

[R-코드 1.3.3](protein-barscatterstar.R)에 의한 [그림 1.3.3]의 다중 산점도를 보면 소고기, 돼지·닭, 계란, 우유, 전분과는 양의 상관을 보이며 이들은 곡식, 콩·견과, 과일·채소와는 음의 상관을 보이고 있다. 특히, 곡식과 콩·견과, 생선과 과일·채소 사이에는 양의 상관을 보이고 있다. 전분은 곡식과 매우 강한 음의 상관을 보여 이는 서로 대체할 수 있는 단백질 섭취원을 보여준다. 막대 그림은 각 나라별 단백질 섭취원의 하루 소비되는 상대적 양을 보여주며, 특히 산점도에서 본 서로 상관이 높은 단백질 섭취원이 차지하는 양이 높은 나라를 지리적으로 같은 그룹으로 생각할 수 있다. 예를 들자면 소고기, 돼지·닭, 계란, 우유의 섭취원이 상대적으로 높은 나라는 서북유럽 국가들이며 반면에 곡식과 콩·견과의 섭취원이 높은 나라는 동유럽국가임을 알 수 있다. 실제로 개체들의 군집을 그림으로 보여주는 별 그림을 보면 양의 상관이 높은 소고기, 돼지·닭, 계란, 우유, 전

자료 1.3.3 유럽 25개국의 단백질 섭취원 자료(protein.txt)

	국가	소고기	돼지·닭	계란	우유	생선	곡식	전분	콩·견과	과일·채소
1	알바니아	10.1	1.4	0.5	8.9	0.2	42.3	0.6	5.5	1.7
2	오스트리아	8.9	14.0	4.3	19.9	2.1	28.0	3.6	1.3	4.3
3	벨기에-룩셈	13.5	9.3	4.1	17.5	4.5	26.6	5.7	2.1	4.0
4	불가리아	7.8	6.0	1.6	8.3	1.2	56.7	1.1	3.7	4.2
5	체코	9.7	11.4	2.8	12.5	2.0	34.3	5.0	1.1	4.0
6	덴마크	10.6	10.8	3.7	25.0	9.9	21.9	4.8	0.7	2.4
7	동독	8.4	11.6	3.7	11.1	5.4	24.6	6.5	0.8	3.6
8	핀랜드	9.5	4.9	2.7	33.7	5.8	26.3	5.1	1.0	1.4
9	프랑스	18.0	9.9	3.3	19.5	5.7	28.1	4.8	2.4	6.5
10	그리스	10.2	3.0	2.8	17.6	5.9	41.7	2.2	7.8	6.5
11	헝가리	5.3	12.4	2.9	9.7	0.3	40.1	4.0	5.4	4.2
12	아일랜드	13.9	10.0	4.7	25.8	2.2	24.0	6.2	1.6	2.9
13	이탤리	9.0	5.1	2.9	13.7	3.4	36.8	2.1	4.3	6.7
14	네덜란드	9.5	13.6	3.6	23.4	2.5	22.4	4.2	1.8	3.7
15	노르웨이	9.4	4.7	2.7	23.3	9.7	23.0	4.6	1.6	2.7
16	폴랜드	6.9	10.2	2.7	19.3	3.0	36.1	5.9	2.0	6.6
17	포르투갈	6.2	3.7	1.1	4.9	14.2	27.0	5.9	4.7	7.9
18	루마니아	6.2	6.3	1.5	11.1	1.0	49.6	3.1	5.3	2.8
19	스페인	7.1	3.4	3.1	8.6	7.0	29.2	5.7	5.9	7.2
20	스웨덴	9.9	7.8	3.5	24.7	7.5	19.5	3.7	1.4	2.0
21	스위스	13.1	10.1	3.1	23.8	2.3	25.6	2.8	2.4	4.9
22	영국	17.4	5.7	4.7	20.6	4.3	24.3	4.7	3.4	3.3
23	소련	9.3	4.6	2.1	16.6	3.0	43.6	6.4	3.4	2.9
24	서독	11.4	12.5	4.1	18.8	3.4	18.6	5.2	1.5	3.8
25	유고슬라비아	4.4	5.0	1.2	9.5	0.6	55.9	3.0	5.7	3.2

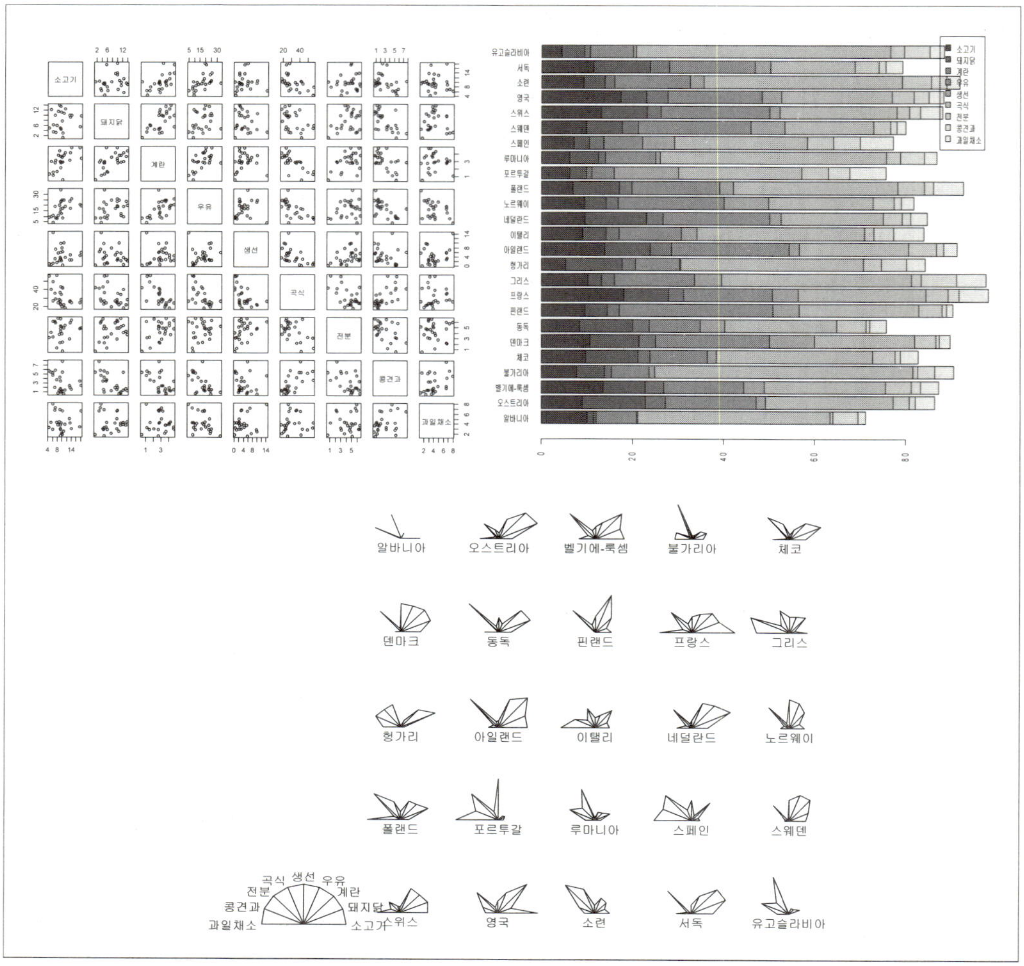

[그림 1.3.3] 유럽 25개국의 단백질 섭취원 자료의 다중 산점도, 막대 그림과 별 그림

분의 관점에서 형상이 오른쪽으로 솟아 있고 면적이 큰 나라로 오스트리아, 벨기에-룩셈, 덴마크, 동독, 핀랜드, 프랑스, 아일랜드, 네덜란드, 노르웨이, 스웨덴, 스위스, 영국, 서독이 서북유럽국가임을 보여준다. 반면에 형상의 면적이 거의 없으며 왼편으로 기울어져 있는 알바니아, 불가리아, 루마니아, 소련, 유고슬라비아는 콩·견과, 곡식을 주 단백질 섭취원으로 하는 동유럽국가이다.

[그림 1.3.3]을 통한 이러한 탐색적 해석과 더불어 시각적 기법인 행렬도는 주성분분석의 개념을 적용하여 응용한 것으로 행렬도의 이론적 배경과 [자료 1.3.3]의 자세한 분석의 예는 9장에서 다루며 기타 기하적 관점이나 다른 다변량 기법과의 관련성을 알고자 하는 독자는 최용석과 신상민(2013)을 참고하기 바란다. 더불어 단백질 섭취원 자료가 하

루 소비되는 상대적 양으로 범주형자료와 같은 것으로 생각할 수 있어 8장의 대응분석도 적용할 수 있다.

[R-코드 1.3.3] [그림 1.3.3]을 위한 R-코드(protein-barscatterstar.R)

```
Data1.3.3<-read.table("protein.txt", header=T)
X<-Data1.3.3

# Multiple Scatter Plot
plot(X)

# Barplot of 25 Countries
X<-t(X)
par(las=2)
par(mar=c(8, 8, 4, 2))
barplot(X, legend=rownames(X), horiz=TRUE)

# Star Plot
X<-scale(Data1.3.3)
stars(X, key.loc=c(0, 2), full=FALSE)
```

[보기 1.3.4] 피셔의 붓꽃(iris flower) 자료(irisflower.txt)

EXAMPLE

[자료 1.3.4](irisflower.txt)는 피셔(Ronald Aylmer Fisher, 1890-1962)의 세 종류의 붓꽃(Setosa, Versicolor, Virginica) 자료로 각 붓꽃을 50포기씩 임의로 추출하여 꽃받침 길이(X_1), 꽃받침 폭(X_2), 꽃잎 길이(X_3), 꽃잎 폭(X_4)을 측정하였다(Johnson과 Wichern, 2007, pp. 658-659). 이는 R에서도 제공되는 자료(data(iris); iris)로 변수이름은 Sepal.Length, Sepal.Width, Petal.Length, Petal.Width, Species로 되어 있다.

[자료 1.3.4]에서 집단별 다중 산점도와 상자 그림을 제공하는 [R-코드 1.3.4] (irisflower-boxscatter.R)에 의한 [그림 1.3.4]의 다중 산점도를 보면 세 종류의 붓꽃이 기호 ○(Setosa), △(Versicolor), +(Virginica)로 나타나 있다. 특히, 꽃받침 길이와 꽃잎 길이가 서로 양 상관이 매우 높고, 꽃잎 길이와 꽃잎 폭도 상관이 높다. 더군다나 이들 산점도에서는 세 품종이 기호 모양으로 구분되는데, 특히 ○(Setosa)와 (△(Versicolor), +(Virginica)) 2개 군집이 있음을 볼 수 있다. 꽃잎 폭과 다른 변수들 간의 산점도에서는 세 품종이 군집으로 잘 구분된다. 상자 그림에서 꽃받침 폭이 다른 품종에 비해 넓은 Setosa 품종만 나머지 변수에 대하여 상자의 중심인 중위수를 기준으로 자료의 변동이 제일 작고 그 다

음으로 Versicolor와 Virginica 순으로 변동이 큼을 알 수 있다.

[그림 1.3.4]의 탐색적 해석에서와 같이 [자료 1.3.4]에서 세 품종이 잘 판별되도록 기준을 찾고 이 기준에 따라 임의의 새 붓꽃이 어느 품종으로 분류되는지를 알아내야 한다. 전자의 판별기준을 찾는 일은 6장 판별분석에서, 후자의 개체를 분류하는 일은 분류분석과 분류나무(classification trees)에서 이루어진다. 일반적으로 이 두 분석은 동시에 이루어지기 때문에 판별분석이라 하면 넓게는 분류분석도 포함한다. 덧붙여 앞서 언급한 세

❙ 자료 1.3.4 ❙ 피셔의 붓꽃자료(irisflower.txt)

Setosa				Versicolor				Virginica			
X_1	X_2	X_3	X_4	X_1	X_2	X_3	X_4	X_1	X_2	X_3	X_4
5.1	3.5	1.4	0.2	7.0	3.2	4.7	1.4	6.3	3.3	6.0	2.5
4.9	3.0	1.4	0.2	6.4	3.2	4.5	1.5	5.8	2.7	5.1	1.9
4.7	3.2	1.3	0.2	6.9	3.1	4.9	1.5	7.1	3.0	5.9	2.1
4.6	3.1	1.5	0.2	5.5	2.3	4.0	1.3	6.3	2.9	5.6	1.8
5.0	3.6	1.4	0.2	6.5	2.8	4.6	1.5	6.5	3.0	5.8	2.2
5.4	3.9	1.7	0.4	5.7	2.8	4.5	1.3	7.6	3.0	6.6	2.1
4.6	3.4	1.4	0.3	6.3	3.3	4.7	1.6	4.9	2.5	4.5	1.7
5.0	3.4	1.5	0.2	4.9	2.4	3.3	1.0	7.3	2.9	6.3	1.8
4.4	2.9	1.4	0.2	6.6	2.9	4.6	1.3	6.7	2.5	5.8	1.8
4.9	3.1	1.5	0.1	5.2	2.7	3.9	1.4	7.2	3.6	6.1	2.5
5.4	3.7	1.5	0.2	5.0	2.0	3.5	1.0	6.5	3.2	5.1	2.0
4.8	3.4	1.6	0.2	5.9	3.0	4.2	1.5	6.4	2.7	5.3	1.9
4.8	3.0	1.4	0.1	6.0	2.2	4.0	1.0	6.8	3.0	5.5	2.1
4.8	3.0	1.4	0.1	6.1	2.9	4.7	1.4	5.7	2.5	5.0	2.0
5.8	4.0	1.2	0.2	5.6	2.9	3.6	1.3	5.8	2.8	5.1	2.4
5.7	4.4	1.5	0.4	6.7	3.1	4.4	1.4	6.4	3.2	5.3	2.3
5.4	3.9	1.3	0.4	5.6	3.0	4.5	1.5	6.5	3.0	5.5	1.8
5.1	3.5	1.4	0.3	5.8	2.7	4.1	1.0	7.7	3.8	6.7	2.2
5.7	3.8	1.7	0.3	6.2	2.2	4.5	1.5	7.7	2.6	6.9	2.3
5.1	3.8	1.5	0.3	5.6	2.5	3.9	1.1	6.0	2.2	5.0	1.5
5.4	3.4	1.7	0.2	5.9	3.2	4.8	1.8	6.9	3.2	5.7	2.3
5.1	3.7	1.5	0.4	6.1	2.8	4.0	1.3	5.6	2.8	4.9	2.0
4.6	3.6	1.0	0.2	6.3	2.5	4.9	1.5	7.7	2.8	6.7	2.0
5.1	3.3	1.7	0.5	6.1	2.8	4.7	1.2	6.3	2.7	4.9	1.8
4.8	3.4	1.9	0.2	6.4	2.9	4.3	1.3	6.7	3.3	5.7	2.1
5.0	3.0	1.6	0.2	6.6	3.0	4.4	1.4	7.2	3.2	6.0	1.8
5.0	3.4	1.6	0.4	6.8	2.8	4.8	1.4	6.2	2.8	4.8	1.8
5.2	3.5	1.5	0.2	6.7	3.0	5.0	1.7	6.1	3.0	4.9	1.8
5.2	3.4	1.4	0.2	6.0	2.9	4.5	1.5	6.4	2.8	5.6	2.1
4.7	3.2	1.6	0.2	5.7	2.6	3.5	1.0	7.2	3.0	5.8	1.6
4.8	3.1	1.6	0.2	5.5	2.4	3.8	1.1	7.4	2.8	6.1	1.9
5.4	3.4	1.5	0.4	5.5	2.4	3.7	1.0	7.9	3.8	6.4	2.0
5.2	4.1	1.5	0.1	5.8	2.7	3.9	1.2	6.4	2.8	5.6	2.2
5.5	4.2	1.4	0.2	6.0	2.7	5.1	1.6	6.3	2.8	5.1	1.5
4.9	3.1	1.5	0.2	5.4	3.0	4.5	1.5	6.1	2.6	5.6	1.4
5.0	3.2	1.2	0.2	6.0	3.4	4.5	1.6	7.7	3.0	6.1	2.3
5.5	3.5	1.3	0.2	6.7	3.1	4.7	1.5	6.3	3.4	5.6	2.4
4.9	3.6	1.4	0.1	6.3	2.3	4.4	1.3	6.4	3.1	5.5	1.8
4.4	3.0	1.3	0.2	5.6	3.0	4.1	1.3	6.0	3.0	4.8	1.8
5.1	3.4	1.5	0.2	5.5	2.5	4.0	1.3	6.9	3.1	5.4	2.1
5.0	3.5	1.3	0.3	5.5	2.6	4.4	1.2	6.7	3.1	5.6	2.4
4.5	2.3	1.3	0.3	6.1	3.0	4.6	1.4	6.9	3.1	5.1	2.3
4.4	3.2	1.3	0.2	5.8	2.6	4.0	1.2	5.8	2.7	5.1	1.9
5.0	3.5	1.6	0.6	5.0	2.3	3.3	1.0	6.8	3.2	5.9	2.3
5.1	3.8	1.9	0.4	5.6	2.7	4.2	1.3	6.7	3.3	5.7	2.5
4.8	3.0	1.4	0.3	5.7	3.0	4.2	1.2	6.7	3.0	5.2	2.3
5.1	3.8	1.6	0.2	5.7	2.9	4.2	1.3	6.3	2.5	5.0	1.9
4.6	3.2	1.4	0.2	6.2	2.9	4.3	1.3	6.5	3.0	5.2	2.0
5.3	3.7	1.5	0.2	5.1	2.5	3.0	1.1	6.2	3.4	5.4	2.3
5.0	3.3	1.4	0.2	5.7	2.8	4.1	1.3	5.9	3.0	5.1	1.8

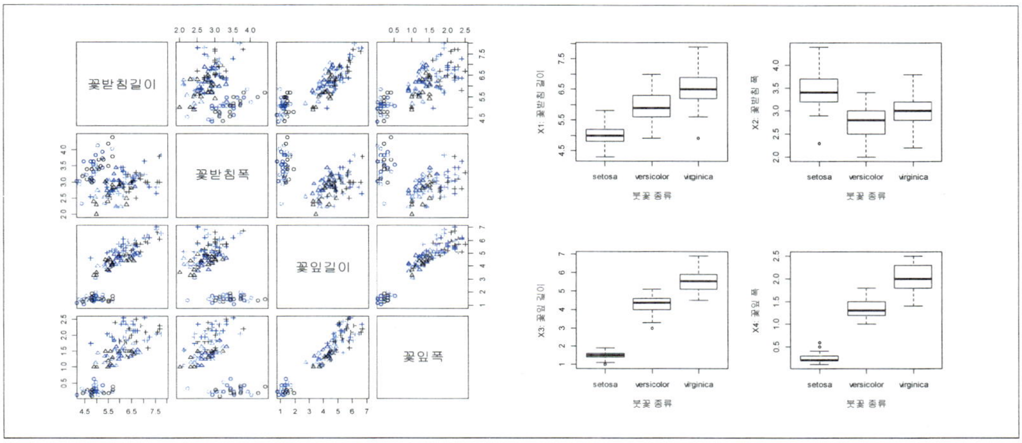

[그림 1.3.4] 피셔의 붓꽃자료의 다중 산점도와 상자 그림

품종의 군집 분류에 대한 정보가 없을 때 150포기의 붓꽃을 적절한 수의 군집으로 나누기 위해서는 5장 군집분석을 적용하면 된다.

[R-코드 1.3.4] [그림 1.3.4]를 위한 R-코드(irisflower-boxscatter.R)

```
Data1.3.4<-read.table("irisflower.txt", header=T)
X<-Data1.3.4[, -1]

# Box Plot
par(mfrow=c(2, 2))
boxplot(꽃받침길이~group, data=X, xlab="붓꽃 종류", ylab="X1: 꽃받침 길이")
boxplot(꽃받침폭~group, data=X, xlab="붓꽃 종류", ylab="X2: 꽃받침 폭")
boxplot(꽃잎길이~group, data=X, xlab="붓꽃 종류", ylab="X3: 꽃잎 길이")
boxplot(꽃잎폭~group, data=X, xlab="붓꽃 종류", ylab="X4: 꽃잎 폭")

# Multiple Scatter Plot
plot(X[, 1:4], pch=unclass(X[, 5]), col=1:3)
```

[보기 1.3.5] 경제관련 기관의 경제전망 자료(economicview.txt)

EXAMPLE

[자료 1.3.5](economicview.txt)는 우리나라 14개 경제관련기관의 전문가들의 향후 1년간 10가지 경제전망(성장률, GNP, 수출, 수입, 국제흑자, 연말외채, 연말환율, 실업률, 소비물가, 임금상승)에 관한 조사표(동아일보, 1989.1.4)인 계량치 자료이다(최용석, 2014, 1장).

| 자료 1.3.5 | 우리나라 14개 경제관련기관의 향후 1년간 경제전망 자료(economicview.txt)

기관	성장률	GNP	수출	수입	국제 흑자	연말 외채	연말 환율	실업률	소비 물가	임금 상승
한국은행	8.2	1950	698	650	98	280	630	3.0	5.7	12.0
대우증권	9.5	2100	710	620	110	270	640	2.7	4.5	12.0
동서증권	9.0	2000	690	630	100	290	630	2.6	6.0	12.0
전경련	7.8	1850	668	660	88	280	620	3.0	6.4	13.8
대한상공회의소	8.5	1928	710	670	90	290	620	3.0	6.0	10.0
중소기업중앙회	9.0	1958	710	615	95	280	603	4.0	6.0	10.0
현대자동차	8.5	1900	700	610	100	250	620	3.2	5.5	14.0
삼성물산	8.0	1900	700	640	100	280	640	2.7	5.5	10.0
선경	8.5	1950	700	620	120	300	630	2.7	7.0	12.0
대우경제연구소	7.9	1900	697	645	95	280	610	2.9	6.8	15.0
신한종합연구소	9.0	2030	700	620	100	275	630	3.0	7.0	13.0
동서경제연구소	8.5	1950	690	630	90	290	630	2.9	6.0	12.0
고려대학교	9.9	1870	729	649	123	260	616	3.4	6.1	15.8
중앙대학교	8.5	1700	700	630	90	260	620	4.0	6.0	14.0

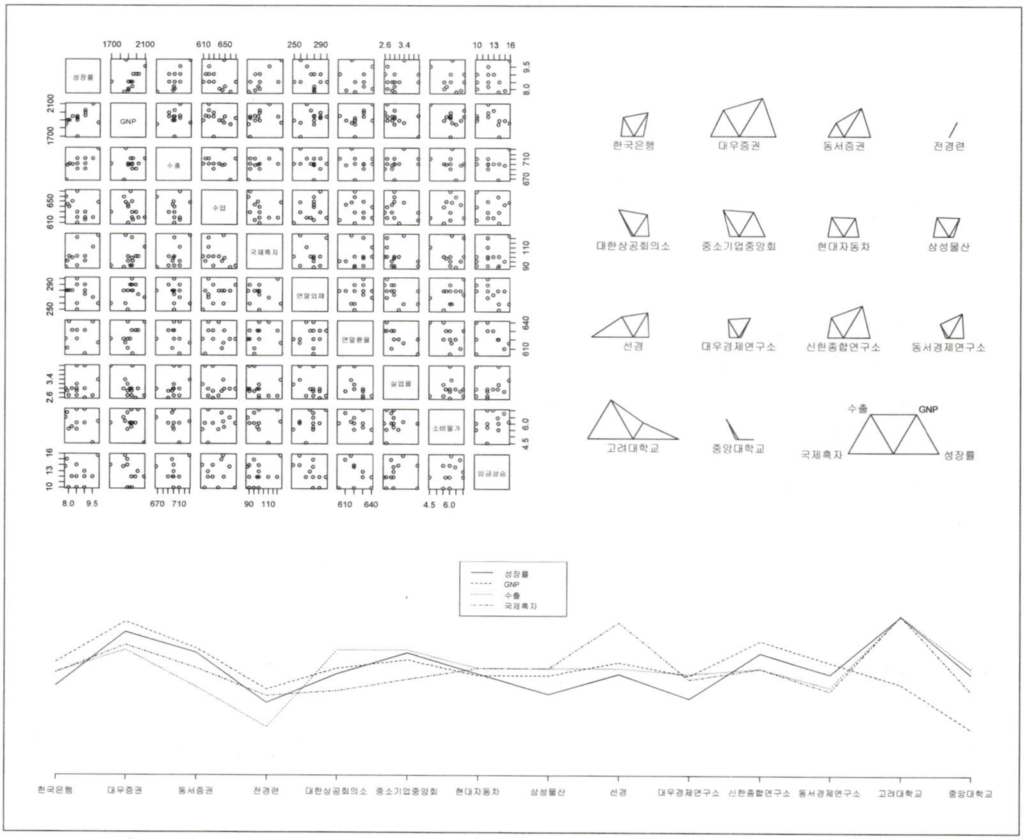

[그림 1.3.5] 경제전망 자료의 다중 산점도, 별 그림과 평행좌표도

[R-코드 1.3.5] [그림 1.3.5]를 위한 R-코드(economicview-starscatterparcoord.R)

```
Data1.3.5<-read.table("economicview.txt", header=T)
X<-Data1.3.5[, -1]

# Multiple Scatter Plot
plot(X)

# Star Plot
X<-scale(as.matrix(X[, c(1,2,3,5)]))
rownames(X)<-Data1.3.5[, 1]
stars(X,key.loc=c(8,2), full = FALSE)

# Parallel Coordinate Plot
library(gclus)
parcoordlabel<-function(x, col = 1, lty = 1,  var.label=F,...)
{
    rx <-lapply(X, range, na.rm = TRUE)
    matplot(1L:ncol(x), t(x), type = "l", col = col, lty = 1:nrow(X), lwd=1.5,
        xlab = "", ylab = "", axes = FALSE,
          ylim=c(-4, 4), xlim=c(1, nrow(X)), ...)
    axis(1, at = 1L:ncol(x), labels = colnames(x))
    legend("top", horiz=F, legend=colnames(X), lty=1:nrow(X),
         col=1, cex=0.8, lwd=1.5)
    for (i in 1L:ncol(x))
      invisible()
 }
windows(height=5, width=12)
parcoordlabel(t(X))
```

[R-코드 1.3.5](economicview-starscatterparcoord.R)가 제공하는 [그림 1.3.5]의 다중 산점도를 보면 성장률, GNP, 수출, 국제흑자가 양의 상관이 있다. 우선 전체 자료를 표준화한 다음 성장률, GNP, 수출, 국제흑자에 의해서 제공된 별 그림에서는 14개 경제관련 기관의 군집화 및 특성을 파악할 수 있게 형상화 되어 있다. 형상이 크고 면적이 넓으면 4가지 변수 관점에서 큰 값을 가지므로 경제를 낙관하며 그 반대의 경우에는 경제를 비관한다고 볼 수 있다. 특히, 한국은행, 대우증권, 동서증권, 대한상공회의소, 중소기업중앙회, 선경, 신한종합연구소, 고려대학교는 상대적으로 이들 4개 변수 관점에서 우리나라 경제를 낙관적으로 보며, 전경련, 현대자동차, 삼성물산, 대우경제연구소, 동서경제연구소, 중앙대학교는 비관적으로 경제전망을 하며 이들의 형상이 작은 형태이다.

평행좌표도(parallel coordinate plot)는 별 그림과 같이 4가지 변수에 대하여 각 개체별 선 배열 그림을 통하여 개체와 변수의 군집화를 살펴보는 그림이다. 특히, 전경련, 삼성물산, 대우경제연구소, 동서경제연구소, 중앙대학교가 눈에 띄게 감소하는 경향을 보여 비관적으로 경제전망을 하고 있음을 보여주고 있다. 4가지 변수들의 움직임은 경제전망에 대한 상호 상관이 있는 변수를 선택하였으므로 매우 유사한 움직임을 보여주고 있다.

[그림 1.3.5]의 별 그림과 평행좌표도는 서로 양의 상관이 있는 변수 관점에서 대략적으로 살펴본 기관의 군집이며 전체 변수 관점에서 이들 기관의 군집을 보다 세밀하게 살펴 볼 필요가 있다. 실제 이들 그림은 변수의 개수에 의존하는 한계성을 가진다. 이들 그림을 보완하는 차원에서 시각화 기법으로 [자료 1.3.5]에서 표준화하고 이들의 유클리드 거리나 이 자료에서 변환된 이진수자료(binary data)의 제곱 유클리드 거리에 의한 두 가지 비유사성행렬에 대한 7장의 다차원척도법을 적용하면 된다. 일반적으로 원 자료인 [자료 1.3.5]에서 [표 1.3.1]과 같은 이진수자료(economicviewbinary.txt)를 얻기 위해서는 10가지 경제전망 항목을 다음의 주관적 기준에 따라서 예(1)와 아니오(0) 형태로 가공하면 된다(허명회, 1992, 4장).

(1) 성장률이 8.5% 이상이 될 것이다.
(2) GNP는 1950달러 이상이 될 것이다.
(3) 수출은 700억 달러 이상이 될 것이다.
(4) 수입은 630억 달러 이하가 될 것이다.
(5) 국제흑자는 100억 달러 이하가 될 것이다.
(6) 연말외채는 280억 달러 이하가 될 것이다.
(7) 연말환율은 1달러당 630원 이상일 것이다.
(8) 실업률은 3.0% 이하일 것이다.
(9) 소비자 물가의 상승률은 6.0% 이하일 것이다.
(10) 임금 상승률은 12.5% 이하일 것이다.

| 표 1.3.1 | 경제관련기관의 10가지 경제전망의 이진수자료(economicviewbinary.txt)

기관	경제전망									
	1	2	3	4	5	6	7	8	9	10
한국은행	0	1	0	0	0	1	1	1	1	1
대우증권	1	1	1	1	1	1	1	1	1	1
동서증권	1	1	0	1	1	0	1	1	1	1
전경련	0	0	0	0	0	1	0	1	0	0
대한상공회의소	1	0	1	0	0	0	0	1	1	1
중소기업중앙회	1	1	1	1	0	1	0	0	1	1
현대자동차	1	0	1	1	1	1	0	0	1	0
삼성물산	0	0	1	0	1	1	1	1	1	1
선경	1	1	1	1	1	0	1	1	0	1
대우경제연구소	0	0	0	0	0	1	0	1	0	0
신한종합연구소	1	1	1	1	1	1	1	1	0	0
동서경제연구소	1	1	0	1	0	0	1	1	1	1
고려대학교	1	0	1	0	1	1	0	0	0	0
중앙대학교	1	0	1	1	0	1	0	0	1	0

[보기 1.3.6] 자살유형에 따른 성별과 연령별 분할표 자료(sucidefreq.txt)

EXAMPLE

[자료 1.3.6](sucidefreq.txt)은 $2\times5\times6$ 분할표(contingency table)로 서독(West Germany)에서 성별과 연령별 여섯 가지 자살유형(Poison 독약, Gas 가스, Hang 목 매기, Drown 익사, Gun 총기, Jump 뛰어내림) 각 범주에 따른 빈도수(frequency)를 나타내는 범주형 자료(categorical data)이다. 먼저 일반적으로 분할표 자료의 경우 범주들 간의 독립성(연관성)을 카이제곱 검정(chi-square test)으로 다루며 [R-코드 1.3.6](sucidefreq-mosaci.R)

| 자료 1.3.6 | $2\times5\times6$ 성별과 연령별 자살유형의 분할표(sucidefreq.txt)

Sex	Age	Poison	Gas	Hang	Drown	Gun	Jump
M	10-20	1160	335	1524	67	512	189
M	25-35	2823	883	2751	213	852	366
M	40-50	2465	625	3936	247	875	244
M	55-65	1531	201	3581	207	477	273
M	70-90	938	45	2948	212	229	268
F	10-20	921	40	212	30	25	131
F	25-35	1672	113	575	139	64	276
F	40-50	2224	91	1481	354	52	327
F	55-65	2283	45	2014	679	29	388
F	70-90	1548	29	1355	501	3	383

```
           Method Poison Gas  Hang  Drown Gun Jump
Sex    Age
Male   10-20        1160 335  1524    67  512  189
       25-35        2823 883  2751   213  852  366
       40-50        2465 625  3936   247  875  244
       55-65        1531 201  3581   207  477  273
       70-90         938  45  2948   212  229  268
Female 10-20         921  40   212    30   25  131
       25-35        1672 113   575   139   64  276
       40-50        2224  91  1481   354   52  327
       55-65        2283  45  2014   679   29  388
       70-90        1548  29  1355   501    3  383

Test for independence of all factors:
        Chisq = 9908, df = 49, p-value = 0
```

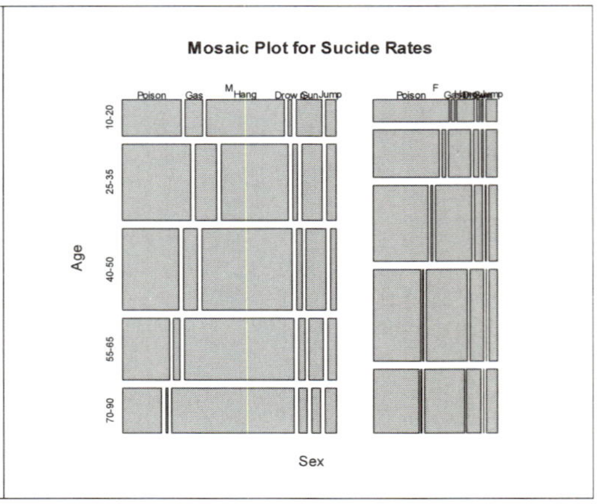

[그림 1.3.6] 성별과 나이에 따른 자살 유형의 독립성검정과 모자이크 그림

이 제공하는 [그림 1.3.6]의 왼편 하단의 다음과 같은 결과를 참고할 수 있다.

Test for independence of all factors:

Chisq=9908, df=49, p-value=0

검정통계량 9908이 자유도(*df*) 49$(=2\times5\times6-2-5-6+2)$에서 충분히 크며 상대적으로 p-값 0은 귀무가설인 독립성을 기각하게 됨을 보여주고 있다. 특히, [자료 1.3.6]은 삼원 분할표로 이에 대한 독립성 검정은 Jobson(1992, pp. 48-49)를 참고하면 된다. [그림 1.3.6]의 상단은 [자료 1.3.6]이 R에서 입력형식에 따라 제대로 된 것인지를 보여준다.

[그림 1.3.6]의 모자이크 그림은 면적에 의해서 시각적으로 성별 연령대별 자살유형을 상대적 면적으로 보여주고 있다. Male의 경우 Hang이 자살유형으로 모든 연령대에 대부분 높으며 이 자살유형은 Female의 경우 10~35 연령대에서 높고 나머지 연령대에서는 Poison이 높다. 상대적으로 Gun은 Male이 Female보다 높은 자살유형이라 여겨진다.

실제 [자료 1.3.6]과 같은 분할표 자료의 경우 범주들이 서로 어떻게 연관(대응)되어 있는지를 나타내는 시각화 기법인 8장의 대응분석(correspondence analysis)을 적용할 수 있다. 대응분석은 크게 범주변수가 두 개로 구성되는 이원 분할표에 대한 단순(simple) 대응분석과 범주변수가 셋 이상인 다원 분할표에 대한 다중(multiple) 대응분석으로 나누어진다.

[R-코드 1.3.6] [그림 1.3.6]을 위한 R-코드(sucidefreq-mosaci.R)

```
Data1.3.6<-read.table("sucidefreq.txt")
Data1.3.6
freq<-as.matrix(Data1.3.6)

sex<-c("Male", "Female")
age<-c("10-20", "25-35", "40-50", "55-65", "70-90")
method<-c("Poison", "Gas", "Hang", "Drown", "Gun", "Jump")
data<-expand.grid(Sex=sex, Age=age, Method=method)
data<-cbind(data, freq)

# make it into a 3-way table
table<-xtabs(freq~Sex+Age+Method, data=data)

# Print table
ftable(table)

# Chi-square test of indepedence
summary(table)

# Mosaic Plot
mosaicplot(table, main="Mosaic Plot for Sucide Rates")
```

[보기 1.3.7] 숫자 3의 형상(digits3.txt)

[자료 1.3.7](digits3.txt)은 30명이 손으로 쓴 숫자 3에 대한 13개 형상점(landmark) 자료이다. 이들 중에서 5번째와 6번째 사람의 두 형상점 자료에 대하여 그린 형상이 [그림 1.3.7]의 (a)이고 (b)는 북스테인좌표에 의한 형상이다. (c)에는 북스테인좌표의 평균형상이 제공되어 있다. 북스테인좌표는 형상의 원래 좌표를 이동(translation), 척도변환(scaling), 회전(rotation) 하여도 변하지 않도록 하는 좌표체계의 한 종류이다. 이를 위한 [R-코드 1.3.7](digits3_5_6-BooksteinShape.R)을 참고하기 바란다. R에서도 data(digit3.dat)로 이 자료를 활용할 수 있다.

▌자료 1.3.7▐ 30명이 손으로 쓴 숫자 3의 형상점 13개의 2차원 자료(digits3.txt)

9	27	12	31	17	36	26	39	34	37	36	33	38	27	35	19	30	15	21	14	21	8	16	6	8	5
17	40	21	38	26	36	27	32	25	28	22	27	19	29	24	25	26	20	28	16	26	13	18	14	15	17
19	38	24	38	29	33	30	29	27	24	21	25	17	26	27	24	30	22	31	19	31	16	27	15	24	15
9	40	15	43	24	41	29	36	24	30	20	26	12	22	20	22	24	20	21	16	18	14	13	12	9	10
14	41	21	42	29	42	35	37	32	33	26	30	16	26	25	26	29	24	33	20	30	16	23	11	16	12
24	39	28	40	35	38	38	35	34	30	29	27	22	24	27	24	29	22	31	19	28	15	20	11	13	12
9	39	15	39	21	40	25	36	23	31	21	27	19	25	21	25	23	24	25	22	22	19	15	17	8	17
8	38	14	41	25	43	29	38	25	33	18	29	8	28	12	27	16	25	18	23	13	21	7	21	1	22
4	34	12	39	22	42	31	36	27	30	23	28	11	25	20	25	22	24	22	22	19	19	13	18	8	18
------ 중간 생략 ------																									
8	36	12	42	20	43	25	38	24	35	23	33	21	32	20	31	20	30	20	27	16	25	9	24	2	25
19	41	24	45	33	45	38	38	36	31	28	27	21	23	24	22	26	20	28	17	26	14	20	13	14	11

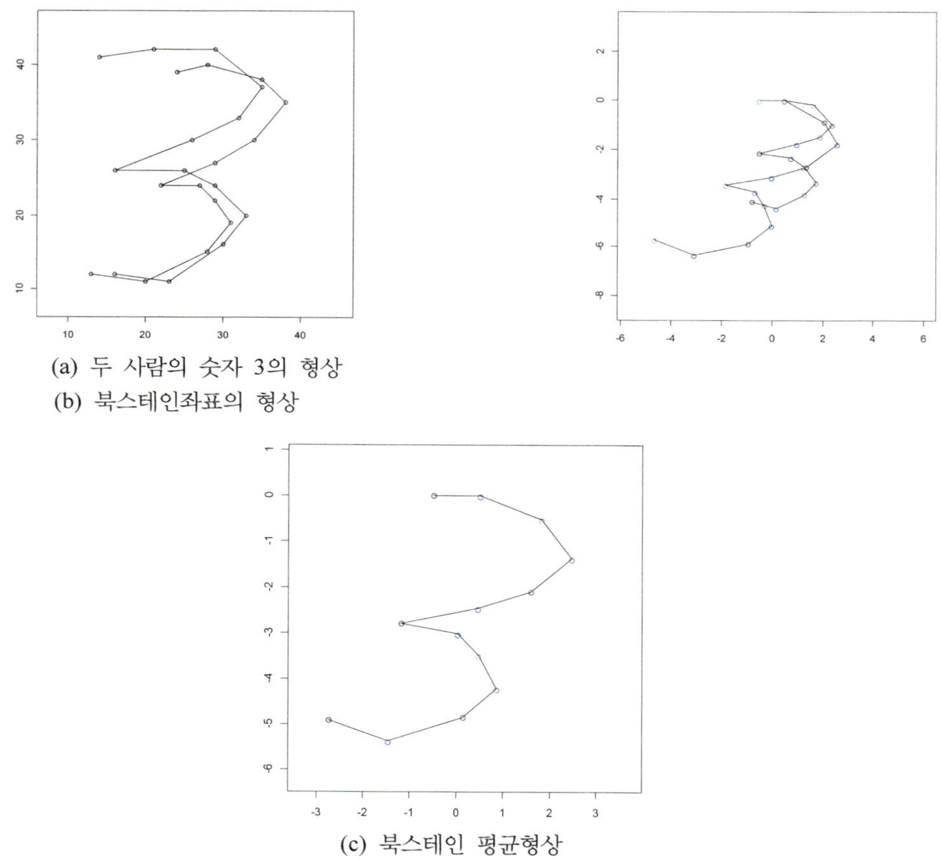

(a) 두 사람의 숫자 3의 형상
(b) 북스테인좌표의 형상
(c) 북스테인 평균형상

[그림 1.3.7] 5번째와 6번째 사람이 쓴 숫자 3의 형상

[R-코드 1.3.7] [그림 1.3.7]을 위한 R-코드(digits3_5_6-BooksteinShape.R)

```
llibrary(shapes)
digit3<-read.in("digit3.txt", 13, 2)
digit3_two<-digit3[, , 5:6]
digit3_two
bookdigit3<-bookstein2d(digit3_two)
bookdigit3
plotshapes(digit3_two, symbol=1, joinline=c(1:13))
plotshapes(bookdigit3$bshpv, color=1:6, symbol=1, joinline=c(1:13))
plotshapes(bookdigit3$mshape, color=1:6, symbol=1, joinline=c(1:13))
```

[자료 1.3.7]과 같은 자료는 형상분석(shape analysis)을 위한 개체들의 몇 개의 형상점에 의해 나타낸 형상좌표 자료로 한 그룹 내지는 두 그룹 이상의 개체들의 형상을 서로 비교하고 분석하게 된다. 10장에서 다룰 형상분석은 크게 두 가지인데 두 개체의 형상을 비교하는 OPA와 셋 이상 여러 개체의 형상을 비교하는 GPA이다.

1.4 다변량 자료의 행렬표현과 요약통계량

행렬표현

1.1절의 [자료 1.1.1]은 학생 10명의 역학, 대수학, 통계학 시험성적을 정리한 것으로 개체의 수는 $n=10$이고 변수의 수는 $p=3$을 나타내고 있다. 이는 10개의 행(row)과 3개의 열(column)을 가지는 이원행렬(two-way matrix)로 다음과 같이 표현할 수 있다.

$$X=\begin{bmatrix} 65 & 85 & 85 \\ 65 & 80 & 90 \\ 30 & 40 & 50 \\ 70 & 83 & 82 \\ 35 & 43 & 52 \\ 72 & 82 & 92 \\ 40 & 43 & 48 \\ 68 & 83 & 82 \\ 25 & 32 & 43 \\ 17 & 51 & 35 \end{bmatrix}$$

이를 크기가 10×3 자료행렬(data matrix)이라 한다. 따라서 n개의 개체와 p개의 변수에 의해서 이루어지는 자료행렬은 행의 수가 n이고 열의 수가 p인 $n \times p$ 자료행렬

$$X = \begin{bmatrix} x_{11} \cdots x_{1j} \cdots x_{1p} \\ \cdot \quad \cdot \quad \cdot \\ \cdot \quad \cdot \quad \cdot \\ x_{i1} \cdots x_{ij} \cdots x_{ip} \\ \cdot \quad \cdot \quad \cdot \\ \cdot \quad \cdot \quad \cdot \\ x_{n1} \cdots x_{nj} \cdots x_{np} \end{bmatrix} = (x_{ij}), \ i = 1, \ldots, n; \ j = 1, \ldots, p \tag{1.4.1}$$

가 된다. 여기서 x_{ij}는 자료행렬 X의 i번째 행과 j번째 열의 원소를 나타내며 i번째 개체에서 j번째 변수의 관측값을 나타낸다. 개체인 각 행은 통계적으로 서로 독립이며 변수인 각 열은 서로 연관이 되어 있다. (1.4.1)의 자료행렬 X의 i번째 행은 벡터(vector) $\boldsymbol{x}_i^t = (x_{i1}, \ldots, x_{ip})$, $i = 1, \ldots, n$로, j번째 열은 벡터 $\boldsymbol{x}_{(j)} = (x_{1j}, \ldots, x_{nj})^t$, $j = 1, \ldots, p$로 되어 있다. 이들 행벡터와 열벡터로 (1.4.1)의 자료행렬을 다음과 같이 나타낼 수 있다.

$$X = \begin{bmatrix} \boldsymbol{x}_1^t \\ \vdots \\ \boldsymbol{x}_i^t \\ \vdots \\ \boldsymbol{x}_n^t \end{bmatrix} = [\boldsymbol{x}_{(1)}, \ldots, \boldsymbol{x}_{(j)}, \ldots, \boldsymbol{x}_{(p)}] \tag{1.4.2}$$

여기서 행벡터 $\boldsymbol{x}_i$는 i번째 개체에 대한 p개 변수의 관측치를 나타내며, 열벡터 $\boldsymbol{x}_{(j)}$는 j번째 변수에 대한 n개의 개체들의 관측치를 나타낸다. 이를 기하적으로 설명한다면 행벡터 $\boldsymbol{x}_i$는 p차원 변수공간 $\mathbb{Q}^p$에서 i번째 개체에 대한 좌표점이 되며 이를 수학적 기호로는 $\boldsymbol{x}_i \in \mathbb{Q}^p$로 나타내고, 반면에 열벡터 $\boldsymbol{x}_{(j)}$는 n차원 개체공간(object space) $\mathbb{R}^n$에서 j번째 변수에 대한 좌표점으로 $\boldsymbol{x}_{(j)} \in \mathbb{R}^n$로 나타낼 수 있다.

요약 공간상에서 자료의 표현

- p차원 변수공간의 개체들에 대한 좌표점: $\boldsymbol{x}_i \in \mathbb{Q}^p$, $i = 1, \ldots, n$
- n차원 개체공간의 변수들에 대한 좌표점: $\boldsymbol{x}_{(j)} \in \mathbb{R}^n$, $j = 1, \ldots, p$

척도화

일반적으로 한 변수에 대해서 측정된 자료가 얻어지면 표본평균과 표본분산이 요약통계량으로 사용된다. 이들 통계량은 여러 변수에 의해 측정된 자료라 하더라도 유용하게 사용되며 자료에 대한 모든 정보의 기본이 된다. 특히, (1.4.1)의 자료행렬 X에서 $j(=1, \ldots, p)$번째 변수에 대해 측정한 자료인 $\boldsymbol{x}_{(j)}=(x_{1j}, \ldots, x_{nj})^t$에 대한 표본평균과 표본분산은 다음과 같다.

$$\bar{x}_j=\frac{x_{1j}+\cdots+x_{nj}}{n}=\frac{1}{n}\sum_{i=1}^{n}x_{ij}, \quad s_j^2=\frac{1}{n-1}\sum_{i=1}^{n}(x_{ij}-\bar{x}_j)^2 \qquad (1.4.3)$$

다음으로 다변량 자료에서는 측정변수의 단위와 분산의 크기에 따라 다양한 척도화(scaling)를 고려할 수 있다. 보편적으로 측정변수의 단위가 같은 경우 기하적으로 자료의 원점(origin)을 자료의 평균으로 이루어진 중심(centroid)으로 옮겨놓고 자료의 전체를 살피는 중심화 척도(centering scaling)가 있다. 이는 (1.4.1)의 자료행렬 X에 대해 표본평균을 뺀 중심화 척도 $x_{ij}-\bar{x}_j=y_{ij}$에 의해서 중심화자료행렬(centered data matrix)

$$Y=(y_{ij}), \; i=1, \ldots, n; j=1, \ldots, p \qquad (1.4.4)$$

를 얻게 된다.

다음으로 변수들의 측정단위가 다르거나 같다고 하더라도 특정한 분산이 다른 것에 비해서 매우 큰 경우 측정단위와 관련이 없도록 하면서 분산을 1로 동일하게 하는 표준화 척도(standardizing scaling)를 고려한다. 이는 (1.4.1)의 자료행렬 X에 대해 (1.4.3)의 표본평균을 빼고 표준편차 $s_j=\sqrt{s_j^2}$를 나누어준 표준화 척도 $(x_{ij}-\bar{x}_j)/s_j=z_{ij}$에 의해서 표준화자료행렬(standardized data matrix)

$$Z=(z_{ij}), \; i=1, \ldots, n; j=1, \ldots, p. \qquad (1.4.5)$$

을 얻게 된다.

이번에는 (1.4.2)의 자료행렬, (1.4.4)의 중심화자료행렬, (1.4.5)의 표준화자료행렬에서 제공되는 변수와 개체 정보의 요약통계량으로는 평균벡터(mean vector)와 공분산행렬(covariance matrix), 상관행렬(correlation matrix)이 있다. 이들은 각 변수관점에서 개체들의 관측값을 가지고 계산된다.

평균벡터

(1.4.3)의 j번째 변수의 표본평균 $\overline{x}_j = \sum_{i=1}^{n} x_{ij}/n,\ j=1,\ \dots,\ p$로 이루어지는 평균벡터는 (표본)평균벡터로 다음과 같다.

$$\overline{\boldsymbol{x}} = (\overline{x}_1,\ \dots,\ \overline{x}_j,\ \dots,\ \overline{x}_p)^t = \frac{1}{n}\sum_{i=1}^{n} \boldsymbol{x}_i = \frac{X^t 1_n}{n}$$

여기서 $\boldsymbol{x}_i = (x_{i1},\ \dots,\ x_{ip})^t$는 (1.4.2) 자료행렬 X의 i번째 행이며 1_n은 모든 원소가 1인 $n \times 1$인 벡터이다.

공분산행렬

(1.4.3)의 j번째 변수의 표본분산

$$s_{jj} = s_j^2 = \frac{1}{n-1}\sum_{i=1}^{n}(x_{ij} - \overline{x}_j)^2$$

과 이번에는 k번째와 j번째 변수의 표본공분산

$$s_{jk} = s_{kj} = \frac{1}{n-1}\sum_{i=1}^{n}(x_{ik} - \overline{x}_k)(x_{ij} - \overline{x}_j)$$

라 하면 이들에 의해서 다음과 같은 크기가 $p \times p$인 (표본)공분산행렬을 구성할 수 있다.

$$S = (s_{kj}) = \begin{bmatrix} s_{11} & s_{12} & \cdots & s_{1j} & \cdots & s_{1p} \\ & s_{22} & \cdots & s_{2j} & \cdots & s_{2p} \\ & & & \cdot & & \cdot \\ & & & \cdot & & \cdot \\ & & & s_{jj} & \cdots & s_{jp} \\ & (\text{대칭}) & & & & \\ & & & & & s_{pp} \end{bmatrix} \tag{1.4.6}$$

일반적으로 (1.4.2)에 의한 공분산행렬은 다음과 같이 정의된다.

$$S = \frac{1}{n-1}\sum_{i=1}^{n}(\boldsymbol{x}_i - \overline{\boldsymbol{x}})(\boldsymbol{x}_i - \overline{\boldsymbol{x}})^t = \frac{1}{n-1}\left(\sum_{i=1}^{n}\boldsymbol{x}_i\boldsymbol{x}_i^t - n\overline{\boldsymbol{x}}\,\overline{\boldsymbol{x}}^t\right)$$

더불어 공분산행렬은 다음과 같이 대수적인 표현이 가능하다.

$$S = \frac{1}{n-1} Y^t Y = \frac{1}{n-1} X^t HX \tag{1.4.7}$$

여기서 자료행렬 X는 중심화행렬(centering matrix) $H = I - J/n$에 의해서 중심화자료행렬 $Y = HX$가 되며 J는 모든 원소가 1인 정방행렬이고 I는 단위행렬(unit matrix)이다.

상관행렬

k번째와 j번째 변수의 표본상관계수(sample correlation coefficient)는

$$r_{kj} = \frac{s_{kj}}{\sqrt{s_{kk}}\sqrt{s_{jj}}} = \frac{\sum_{i=1}^{n}(x_{ik} - \overline{x}_k)(x_{ij} - \overline{x}_j)}{\sqrt{\sum_{i=1}^{n}(x_{ik} - \overline{x}_k)^2}\sqrt{\sum_{i=1}^{n}(x_{ij} - \overline{x}_j)^2}} \tag{1.4.8}$$

로 (1.4.6)의 k번째와 j번째 변수의 공분산과 각 변수의 표준편차에 의해서 계산된다. 여기서 (1.4.8)의 표본상관계수는 두 변수(k번째와 j번째) 사이의 선형관계의 정도를 보여주며 $|r_{kj}| \le 1$를 만족하고 $r_{kj} = r_{jk}$이다. 이들 상관계수로부터 크기가 $p \times p$인 (표본)상관행렬

$$R = (r_{kj}) = \begin{bmatrix} 1 & r_{12} & \cdots & r_{1j} & \cdots & r_{1p} \\ & 1 & \cdots & r_{2j} & \cdots & r_{2p} \\ & & & \cdot & & \cdot \\ & & & \cdot & & \cdot \\ & \text{(대칭)} & & 1 & \cdots & r_{jp} \\ & & & & \cdot & \\ & & & & & 1 \end{bmatrix} \tag{1.4.9}$$

을 정의할 수 있다. 또한 (1.4.5)의 표준화자료행렬에서 상관행렬의 대수적인 표현은 다음과 같다.

$$R = \frac{1}{n-1} Z^t Z \tag{1.4.10}$$

공분산행렬과 상관행렬의 대수적 관계

공분산행렬 S와 상관행렬 R의 관계는 대수적으로 다음과 같이 나타낼 수 있다.

$$R = D_s^{-1/2} S \, D_s^{-1/2} \tag{1.4.11}$$

여기서 $D_s^{-1/2} = (D_s^{1/2})^{-1}$로 $D_s^{1/2} = diag(\sqrt{s_{11}}, \ldots, \sqrt{s_{pp}})$는 표본표준편차행렬(sample standard deviation matrix)로 크기가 $p \times p$이고 표준편차 $\sqrt{s_{11}}, \ldots, \sqrt{s_{pp}}$를 대각원소로 가지는 대각행렬이다. 실제로 표준화자료행렬은 $Z = HXD_s^{-1/2}$를 만족하며 (1.4.7)에 의해서 (1.4.10)은 (1.4.11)의 공분산행렬 S와 상관행렬 R의 대수적 관계를 보여준다.

$$
\begin{aligned}
R &= \frac{1}{n-1}(HXD_s^{-1/2})^t HXD_s^{-1/2} \\
&= \frac{1}{n-1} D_s^{-1/2} X^t HXD_s^{-1/2} \\
&= D_s^{-1/2} S D_s^{-1/2}
\end{aligned}
$$

다변량 자료의 분석에서는 변수의 정보를 가지고 있는 공분산행렬과 상관행렬이 많이 이용된다. 일반적으로 공분산행렬이 많이 이용되지만 특정한 변수의 분산이 나머지 변수의 분산보다 월등히 클 경우와 변수들의 측정 단위(unit)가 다른 경우에는 상관행렬을 이용하는 것이 좋다고 알려져 있다.

요약 공분산행렬과 상관행렬의 대수적 표현

- 중심화자료행렬: $Y = HX$
- 표준화자료행렬: $Z = HXD_s^{-1/2}$
- 공분산행렬: $S = \frac{1}{n-1} Y^t Y = \frac{1}{n-1} X^t HX$
- 상관행렬: $R = \frac{1}{n-1} Z^t Z = \frac{1}{n-1} D_s^{-1/2} X^t HXD_s^{-1/2} = D_s^{-1/2} S\ D_s^{-1/2}$

변동량의 척도

공분산행렬 S는 다변량 자료에서 변동량(amount of variation)를 나타낸다. 이는 평균에 대해서 변동량을 나타내는 일변량 분산(univatate variance)의 다변량 일반화한 표현이다. 특히, 크기가 $p \times p$인 공분산행렬 S는 (1.4.6)에서 p개의 분산과 $p(p-1)/2$개의 공분산으로 이루어져 있음을 안다. 따라서 이와 같은 여러 분산과 공분산의 정보를 일변량 분산처럼 변동량을 단일 수치로 나타내야 할 때가 있다. 더불어 표준화된 다변량 자료인 경우 상관행렬 R에 의해서 변동량을 측정해야 한다. 이를 위한 [표 1.4.1]의 두 척도가 일반적으로 쓰이고 있다(Mardia 외 2인, 1979, p. 13; Johnson과 Wichern, 2007, pp. 123-137).

▌표 1.4.1▐ 다변량 자료의 변동량

공분산행렬 S와 상관행렬 R에 대해,
(1) 일반화분산(generalized variance): $|S|$, $|R|$.
(2) 총분산(total variance): $tr(S) = s_{11} + \cdots + s_{pp}$, $tr(R) = p$.

일반적으로 [표 1.4.1]의 척도들의 큰 값은 평균벡터 $\bar{x}$에 대해 자료들이 많이 흩어져 있음을 나타내고 작은 값은 그 반대이다. 그러나 이들은 각각 자료의 변동량을 다른 관점에서 측정하고 있다. 다변량 통계학에서는 일반화 분산은 다변량정규분포의 확률밀도함수에 사용되어 최대우도추정(maximum likelihood estimation)에서 중요한 역할을 하며 총분산은 주성분분석(principal component analysis)에서 유용한 개념으로 사용된다.

대개 일반화분산 $|S|$는 공분산행렬의 행렬식(determinant)으로 분산과 공분산의 모든 정보를 이용하고 총분산 $tr(S)$는 각 변수의 분산을 단순히 합한 것이다. 덧붙여 $|S| = 0$이면 (1.4.4)의 중심화자료행렬 Y의 열들이 선형종속(linear dependent)으로 변수들 간에 공선성(collinearity)이 존재함을 나타낸다. 반면에 $tr(S)$는 변수들 간의 공선성에 덜 영향을 받는 것으로 알려져 있다.

특히, $|S|$와 $tr(S)$는 분산의 크기에 영향을 많이 받으므로 분산 1을 대각원소로 가지는 상관행렬 R을 이용하는 것이 바람직하다. 이럴 경우 총 분산 $tr(R) = p$로 늘 고정이 되어 다변량 변동량의 척도로서 의미가 없어진다. 상관행렬의 비대각원소(off-diagonal elements)가 모두 0이면 변수들은 서로 상관되어 있지 않으며 이럴 경우에 일반화분산은 $|R| = 1$이다. 상관행렬의 비대각원소의 절대 값이 0보다 커서 거의 1에 가깝게 되어 변수들 간에 상관이 있게 되면 $|R|$의 크기는 매우 감소되며 무시해도 된다. 따라서 $|R|$을 이용한 일반화분산은 변수들 간의 상관부족의 척도(measure of the lack of correlation)로 이용될 수 있다(Jobson, 1992, pp. 141-143).

[보기 1.4.1] 3과목 시험성적에 대한 공분산행렬과 상관행렬의 대수적 표현과 변동량

[자료 1.1.1](3subjects.txt)의 학생 10명의 역학(Mechanics), 대수학(Algebra), 통계학(Statistics) 시험성적에 대하여 [R-코드 1.4.1](3subjects-covcorr.R)는 [결과 1.4.1]의 자료

행렬의 척도화(중심화와 표준화)와 공분산행렬과 상관행렬의 대수적 계산을 이해하고 두 가지 변동량(일반화분산과 총분산)을 구하기 위한 것이다. 더불어 <xbar>는 평균벡터를 제공한다. 이들은 이미 [결과 1.1.1]에서 [R-코드 1.1.1](3subjects-summary.R)에서 COV(X), COR(X)와 summary(X)에 의해서 쉽게 구해진다.

[결과 1.4.1]의 일반화분산 $|S| = 690375.8$이 큰 이유는 비록 자료의 수는 적지만 이 자료에 대한 통계적 요약 [결과 1.1.1]의 다중 산점도나 상자 그림을 보면 평균 또는 중위수를 중심으로 자료가 많이 흩어져 있기 때문이다. 이는 총분산 $tr(S) = 1425.844$에도 반영되어 있다. 상관행렬의 일반화분산 $|R| = 0.006440846$이 매우 작은 것은 각 변수들의 상관관계가 0.92 이상으로 매우 높기 때문이고 총분산 $tr(R) = 3$은 세 과목의 분산이 모두 1이므로 당연한 결과이다.

[R-코드 1.4.1] [자료 1.1.1]의 공분산행렬과 상관행렬 대수적 계산(3subjects-covcorr.R)

```
Data1.1.1<-read.table("3subjects.txt", header=T)
X<-Data1.1.1[,-1]
X<-as.matrix(X)                # 자료행렬
n<-nrow(X)
xbar<-t(X)%*%matrix(1,n,1)/n  # 평균벡터
I<-diag(n)
J<-matrix(1,n,n)
H<-I-1/n*J                     # 중심화행렬
Y<-H%*%X                       # 중심화 자료행렬
S<-t(Y)%*%Y/(n-1)              # 공분산행렬
D<-diag(1/sqrt(diag(S)))       # 표준편차행렬의 역
Z<-H%*%X%*%D                   # 표준화자료행렬
colnames(Z)<-colnames(X)
R<-t(Z)%*%Z/(n-1)              # 상관행렬
R_S<-D%*%S%*%D                 # 상관행렬과 공분산행렬의 대수적 관계
detS<-det(S)                   # 일반화분산
detR<-det(R)
trS<-sum(diag(S))              # 총분산
trR<-sum(diag(R))

# 결과 출력
X; Y; Z; S; R; detS; trS; detR; trR
```

[결과 1.4.1] [R-코드 1.4.1](3subjects-covcorr.R)의 수행결과

	자료행렬 X				중심화 자료행렬 Y				표준화 자료행렬 Z		
	Mechanics	Algebra	Statistics		Mechanics	Algebra	Statistics		Mechanics	Algebra	Statistics
1	65	85	85	[1,]	16.3	22.8	19.1	[1,]	0.7655498	1.0356981	0.8647247
2	65	80	90	[2,]	16.3	17.8	24.1	[2,]	0.7655498	0.8085713	1.0910924
3	30	40	50	[3,]	-18.7	-22.2	-15.9	[3,]	-0.8782688	-1.0084429	-0.7198493
4	70	83	82	[4,]	21.3	20.8	16.1	[4,]	1.0003810	0.9448474	0.7289040
5	35	43	52	[5,]	-13.7	-19.2	-13.9	[5,]	-0.6434376	-0.8721668	-0.6293022
6	72	82	92	[6,]	23.3	19.8	26.1	[6,]	1.0943135	0.8994220	1.1816395
7	40	43	48	[7,]	-8.7	-19.2	-17.9	[7,]	-0.4086063	-0.8721668	-0.8103964
8	68	83	82	[8,]	19.3	20.8	16.1	[8,]	0.9064486	0.9448474	0.7289040
9	25	32	43	[9,]	-23.7	-30.2	-22.9	[9,]	-1.1131000	-1.3718457	-1.0367641
10	17	51	35	[10,]	-31.7	-11.2	-30.9	[10	-1.4888300	-0.5087640	-1.3989525

공분산행렬 S				상관행렬 R			
	Mechanics	Algebra	Statistics		Mechanics	Algebra	Statistics
Mechanics	453.3444	431.5111	459.0778	Mechanics	1.0000000	0.9206110	0.9761501
Algebra	431.5111	484.6222	450.2444	Algebra	0.9206110	1.0000000	0.9259578
Statistics	459.0778	450.2444	487.8778	Statistics	0.9761501	0.9259578	1.0000000

변동량척도	
일반화분산 $\|S\| = 690375.8$	일반화분산 $\|R\| = 0.006440846$
총분산 $tr(S) = 1425.844$	총분산 $tr(R) = 3$

[보기 1.4.2] 피셔 붓꽃 자료에 대한 공분산행렬과 상관행렬의 대수적 표현과 변동량

EXAMPLE

[자료 1.3.4]는 피셔의 50포기씩을 임의로 추출한 세 종류의 붓꽃(Setosa, Versicolor, Virginica) 자료(irisflower.txt) 에 대해 [R-코드 1.4.2](irisflower-covcorr.R)는 [결과 1.4.2]의 붓꽃 종류별 공분산행렬과 상관행렬의 두 가지 변동량(일반화분산과 총분산)을 구하기 위한 것이다. 이는 독자가 [R-코드 1.4.1]의 복잡한 대수적 계산 대신에 R의 함수 COV(X)와 COR(X)를 활용하도록 단순한 코드로 꾸며져 있다.

[결과 1.4.2]의 붓꽃 종류별 3×3 공분산행렬과 상관행렬에 대한 일반화분산과 총분산을 살펴보자. 먼저 공분산행렬에 대한 일반화분산 $|S|$의 관점에서는 Setosa(0.000002) < Versicolor(0.000019) < Virginica(0.000133) 순으로 큰 변동을 가짐을 알 수 있다. 이는 이미 [그림 1.3.4] 상자 그림에서 상자의 중심인 중위수를 기준으로 자료의 흩어진 정도를 살펴본 것과 동일한 결과를 수치적으로 보여주고 있다. 분산의 합으로만 이루어지는 총분산 $tr(S)$도 일반화분산과 동일한 경향을 보여주고 있다. 세 품종의 상관행렬을 보면 비대각원소인 상관계수가 높은 쪽이 많은 품종 Versicolor, Virginica, Setosa 순에 따라 일반

화분산 $|R|$의 값이 $0.083594 < 0.137390 < 0.353359$ 작음을 알 수 있다. 총분산 $tr(R)=4$의 경우는 모든 붓꽃에 대해 동일하여 변동량을 측정하는 데에 적합하지 못하다.

[R-코드 1.4.2] [자료 1.3.4]의 일반화분산과 총분산의 계산(irisflower-covcorr.R)

```
XX<-read.table("irisflower.txt", header=T)
XX<-XX[, 2:5]
XX<-as.matrix(XX)

SandR<-array(NA, c(4, 4, 6))
rownames(SandR)<-colnames(XX)
colnames(SandR)<-colnames(XX)
variation<-matrix(NA, 3, 4)
rownames(variation)<-c("setosa", "versicolor", "virginica")
colnames(variation)<-c("detS", "trS", "detR", "trR")
for(i in 1:3) {
X<-XX[(50*(i-1)+1):(50*i), ]

S<-cov(X)
R<-cor(X)

detS<-det(S)
detR<-det(R)
trS<-sum(diag(S))
trR<-sum(diag(R))

SandR[, , i*2-1]<-S
SandR[, , i*2]<-R

variation[i, 1]<-detS
variation[i, 2]<-trS
variation[i, 3]<-detR
variation[i, 4]<-trR
}

SandR<-round(SandR, 3)
variation<-round(variation, 6)
setosa<-list(SandR[, , 1], SandR[, , 2], variation[1, ])
versicolor<-list(SandR[, , 3], SandR[, , 4], variation[2, ])
virginica<-list(SandR[, , 5], SandR[, , 6], variation[3, ])

setosa
versicolor
virginica
```

[결과 1.4.2] [R-코드 1.4.2](irisflower-covcorr.R)의 수행결과

	S				R				$\|S\|$	$tr(S)$	$\|R\|$	$tr(R)$
setosa	0.124 0.099 0.016 0.010	0.099 0.144 0.012 0.009	0.016 0.012 0.030 0.006	0.010 0.009 0.006 0.011	1.000 0.743 0.267 0.278	0.743 1.000 0.178 0.233	0.267 0.178 1.000 0.332	0.278 0.233 0.332 1.000	0.000002	0.309204	0.353359	4.000000
versicolor	0.266 0.085 0.183 0.056	0.085 0.098 0.083 0.041	0.183 0.083 0.221 0.073	0.056 0.041 0.073 0.039	1.000 0.526 0.754 0.546	0.526 1.000 0.561 0.664	0.754 0.561 1.000 0.787	0.546 0.664 0.787 1.000	0.000019	0.624824	0.083594	4.000000
virginica	0.404 0.094 0.303 0.049	0.094 0.104 0.071 0.048	0.303 0.071 0.305 0.049	0.049 0.048 0.049 0.075	1.000 0.457 0.864 0.281	0.457 1.000 0.401 0.538	0.864 0.401 1.000 0.322	0.281 0.538 0.322 1.000	0.000133	0.888367	0.137390	4.000000

1.5 다변량 자료의 거리와 상관

다변량 자료를 바탕으로 하는 대부분의 다변량 기법은 단순히 거리(distance) 개념에 바탕을 두고 있다. 먼저 (1.4.2)의 좌표점 $\boldsymbol{x}_i \in \mathbb{Q}^p$, $i = 1, \ldots, n$에서 임의의 r번째와 s번째 두 좌표점 $\boldsymbol{x}_r = (x_{r1}, \ldots, x_{rp})^t$과 $\boldsymbol{x}_s = (x_{s1}, \ldots, x_{sp})^t$을 비교하는 척도로 몇 가지 거리가 있다. 이를 위해 먼저 크기가 $p \times 1$인 임의 벡터 $\boldsymbol{y} = (y_1, \ldots, y_p)^t$의 길이(length) 또는 놈(norm)에 대한 정의가 필요한데 다음과 같이 정의할 수 있다.

$$\|\boldsymbol{y}\| = (\boldsymbol{y}^t \boldsymbol{y})^{1/2} = \left[\sum_{j=1}^{p} y_j^2\right]^{1/2} \tag{1.5.1}$$

(1.5.1)을 이용하여 p-차원 공간의 두 좌표점 $\boldsymbol{x}_r = (x_{r1}, \ldots, x_{rp})^t$과 $\boldsymbol{x}_s = (x_{s1}, \ldots, x_{sp})^t$ 사이 거리는 다양하게 정의할 수 있다. 유클리드 거리(Euclidean distance), 가중(weighted) 유클리드 거리, 표준화(standardized) 유클리드 거리, 마할라노비스(Mahalanobis) 거리, 민코프스키(Minkowski) 거리는 잘 알려져 있으며 [표 1.5.1]에 정리해 두었다. 이들 거리는 대개 0에 가까울수록 r번째와 s번째 두 좌표점에 해당하는 개체는 유사한 그룹으로 분류할 수 있다.

[표 1.5.1]의 (1) 유클리드 거리는 기하적으로 두 점 간의 최단거리로 수학적으로 피타고라스정리(Pythagorean theorem)가 적용된 것이다. (2) 표준화 유클리드 거리는 변수들의 표준편차에 의한 척도화가 고려된 것이며 더불어 각 변수들 간의 상관관계도 고려한

것이 (4) 마할라노비스 거리가 된다. 마할라노비스 거리는 원래 평균벡터 $\bar{\boldsymbol{x}}$와 공분산행렬 S에 대해 마할라노비스 변환(transformation)

$$z_r = S^{-1/2}(\boldsymbol{x}_r - \bar{\boldsymbol{x}}), \ r = 1, \ldots, n$$

에 의해서 두 좌표점 $\boldsymbol{z}_r$과 $\boldsymbol{z}_s$간의 유클리드 거리 $\|\boldsymbol{z}_r - \boldsymbol{z}_s\|$에 해당한다. 특히, 마할라노비스 변환은 변수들 간의 상관을 제거하고 각 변수의 분산을 표준화하게 하며 실제로 좌표점 z_r, $r=1, \cdots, n$에 의한 공분산행렬은 단위행렬 I_p가 된다. 일반적으로 다변량 통계학에서 유클리드 거리는 군집분석(cluster analysis)과 다차원척도법(multidimensional scaling) 등에 사용되며 마할라노비스 거리는 다변량 검정인 호텔링(Hotelling) T^2-검정과 판별분석(discriminant analysis)에 유용하게 사용된다.

[표 1.5.1]의 (6) 민코프스키 거리에서 $m=2$로 두면 (2) 가중 유클리드 거리가 되며 $m=1$과 $w_j=1$로 두면 (5) 시티블럭 거리가 된다. 가중 유클리드 거리에서는 가중치를 분산의 역수 $w_j = 1/s_{jj}$로 두면 (2) 표준화 유클리드 거리가 됨을 알 수 있다. 이 외에도 Cox와 Cox(2001, p. 13)에는 여러 거리가 요약되어 있으니 참고하기 바란다.

표 1.5.1 두 좌표점 $\boldsymbol{x}_r = (x_{r1}, \ldots, x_{rp})^t$과 $\boldsymbol{x}_s = (x_{s1}, \ldots, x_{sp})^t$ 사이의 다양한 거리

(1) 유클리드 거리

$$d_{rs} = \|\boldsymbol{x}_r - \boldsymbol{x}_s\| = \left[(\boldsymbol{x}_r - \boldsymbol{x}_s)^t(\boldsymbol{x}_r - \boldsymbol{x}_s)\right]^{1/2} = \left[\sum_{j=1}^{p}(x_{rj} - x_{sj})^2\right]^{1/2}$$

(2) 가중 유클리드 거리

$$d_{rs} = \|\boldsymbol{x}_r - \boldsymbol{x}_s\|_{D_w} = \left[(\boldsymbol{x}_r - \boldsymbol{x}_s)^t D_w(\boldsymbol{x}_r - \boldsymbol{x}_s)\right]^{1/2} = \left[\sum_{j=1}^{p} w_j(x_{rj} - x_{sj})^2\right]^{1/2}$$

여기서 $D_w = diag(w_1, \cdots, w_p)$는 각 변수의 가중치를 대각원소로 하는 대각행렬이다.

(3) 표준화 유클리드 거리

$$d_{rs} = \|\boldsymbol{x}_r - \boldsymbol{x}_s\|_{D_s^{-1}} = \left[(\boldsymbol{x}_r - \boldsymbol{x}_s)^t D_s^{-1}(\boldsymbol{x}_r - \boldsymbol{x}_s)\right]^{1/2} = \left[\sum_{j=1}^{p}\frac{1}{s_{jj}}(x_{rj} - x_{sj})^2\right]^{1/2}$$

여기서 $D_s = diag(s_{11}, \cdots, s_{pp})$는 분산 $s_{jj} = s_j^2 = \sum_{i=1}^{n}(x_{ij} - \bar{x}_j)^2/(n-1)$, $j=1, \cdots, p$을 대각원소로 하는 대각행렬이다.

(4) 마할라노비스 거리

$$d_{rs} = \|\boldsymbol{x}_r - \boldsymbol{x}_s\|_{S^{-1}} = \left[(\boldsymbol{x}_r - \boldsymbol{x}_s)^t S^{-1}(\boldsymbol{x}_r - \boldsymbol{x}_s)\right]^{1/2}$$

여기서 변수들의 분산과 더불어 공분산 관계도 고려한 공분산행렬 S를 이용한다.

(5) 시티블럭 거리

$$d_{rs} = \sum_{j=1}^{p} |x_{rj} - x_{sj}|$$

(6) 민코프스키 거리

$$d_{rs} = \left[\sum_{j=1}^{p} w_j |x_{rj} - x_{sj}|^m\right]^{1/m}, \quad m \geq 1$$

[보기 1.5.1] 3과목 시험성적에 대한 10명의 학생들 간의 다양한 거리

EXAMPLE

[자료 1.1.1](3subjects.txt)의 학생 10명의 역학(Mechanics), 대수학(Algebra), 통계학(Statistics) 시험성적에 대하여 [R-코드 1.5.1](3subjects-distances.R)는 [결과 1.51]의 다양한 거리를 제공하고 있다. 자료행렬 X와 표준화자료행렬 $Z = HXD_s^{-1/2}$을 이용하여 R에서는 함수 dist(X, method="euclidean"), dist(Z, method="euclidean"), dist(X, method="manhattan")가 유클리드 거리, 표준화 유클리드 거리, 시티블럭 거리를 각각 제공한다. 마할라노비스 거리는 library(biotools)를 지정하고 함수 D2.dist(X, S)로부터 구해진다.

[R-코드 1.5.1] [자료 1.1.1]의 유클리드 거리, 표준화 유클리드 거리, 마할라노비스 거리, 시티블럭 거리 계산(3subjects-distances.R)

```
Data1.1.1<-read.table("3subjects.txt", header=T)
X<-Data1.1.1[,-1]
X<-as.matrix(Data1.1.1[,-1])

n<-nrow(X)
xbar<-t(X)%*%matrix(1,n,1)/n  # 평균벡터
I<-diag(n)
J<-matrix(1,n,n)
H<-I-1/n*J                     # 중심화행렬
Y<-H%*%X                       # 중심화 자료행렬
S<-t(Y)%*%Y/(n-1)              # 공분산행렬
```

```
D<-diag(1/sqrt(diag(S)))          # 표준편차행렬의 역
Z<-Y%*%D                          # 표준화자료행렬
colnames(Z)<-colnames(X)

# 유클리드 거리
de <- as.matrix(dist(X, method="euclidean"))
de <- as.dist(de)
round(de, 3)

# 표준화 유클리드 거리
ds <- as.matrix(dist(Z, method="euclidean"))
ds <- as.dist(ds)
round(ds, 3)

# 마할라노비스 거리
library(biotools)
dm<-D2.dist(X, S)
round(sqrt(dm), 3)

# 시티블럭 거리
dc <- as.matrix(dist(X, method="manhattan"))
dc <- as.dist(dc)
round(dc, 3)
```

[결과 1.5.1] [R-코드 1.5.1](3subjects-distances.R)의 수행결과

[유클리드 거리]

	1	2	3	4	5	6	7	8	9
2	7.071								
3	66.895	66.521							
4	6.164	9.899	66.880						
5	61.262	60.934	6.164	61.033					
6	10.344	7.550	72.746	10.247	67.007				
7	61.303	61.303	10.630	60.465	6.403	66.940			
8	4.690	9.055	65.704	2.000	59.908	10.817	59.498		
9	78.568	78.186	11.747	78.403	17.378	84.321	19.261	77.272	
10	77.201	78.549	22.694	77.730	26.019	85.059	27.604	76.381	22.113

[표준화 유클리드 거리]

	1	2	3	4	5	6	7	8	9
2	0.321								
3	3.065	3.047							
4	0.286	0.453	3.073						
5	2.803	2.787	0.286	2.802					
6	0.477	0.353	3.339	0.465	3.072				
7	2.797	2.796	0.497	2.767	0.297	3.060			
8	0.216	0.412	3.017	0.094	2.747	0.492	2.720		
9	3.597	3.579	0.536	3.599	0.798	3.867	0.893	3.544	
10	3.548	3.608	1.041	3.583	1.200	3.913	1.283	3.518	1.009

[마할라노비스 거리]

	1	2	3	4	5	6	7	8	9
2	1.424								
3	2.205	1.963							
4	1.717	2.825	2.853						
5	2.106	2.181	0.681	2.334					
6	1.226	1.131	1.996	1.904	1.838				
7	3.049	3.698	2.573	1.969	1.905	2.856			
8	1.278	2.441	2.588	0.442	2.143	1.613	2.157		
9	2.572	2.437	0.535	2.916	0.587	2.293	2.261	2.722	
10	2.743	3.624	3.088	3.369	3.129	3.758	3.799	3.095	3.285

[시티블럭 거리]

	1	2	3	4	5	6	7	8	9
2	10								
3	115	115							
4	10	16	115						
5	105	105	10	105					
6	17	11	126	13	116				
7	104	104	15	104	9	115			
8	8	14	113	2	103	15	102		
9	135	135	20	135	30	146	31	133	
10	132	132	39	132	43	143	44	130	35

여기서 1.4절에서 나타낸 [자료 1.1.1]의 자료행렬 X에서 첫 번째와 두 번째 학생의 좌표점 $\boldsymbol{x}_1 = (65,\ 85,\ 85)^t$과 $\boldsymbol{x}_2 = (65,\ 80,\ 90)^t$에 대하여 [결과 1.5.1]에 정리된 이들 거리 계산의 이해를 돕기로 하자. 이를 위해 먼저 두 좌표점 간의 차를 고려하자.

$$\boldsymbol{x}_1 - \boldsymbol{x}_2 = (65-65,\ 85-80,\ 85-90)^t = (0,\ 5,\ -5)^t$$

[유클리드 거리]

$$d_{12} = \left[(\boldsymbol{x}_1 - \boldsymbol{x}_2)^t (\boldsymbol{x}_1 - \boldsymbol{x}_2)\right]^{1/2}$$
$$= \left[(0,\ 5,\ -5)(0,\ 5,\ -5)^t\right]^{1/2}$$
$$= \left[0^2 + 5^2 + (-5)^2\right]^{1/2} = 7.071$$

[표준화 유클리드 거리]

- [결과 1.4.1]의 공분산행렬 S로부터 $D_s = diag(453.344,\ 484.622,\ 487.878)$.
- $d_{12} = \left[(\boldsymbol{x}_1 - \boldsymbol{x}_2)^t D_s^{-1} (\boldsymbol{x}_1 - \boldsymbol{x}_2)\right]^{1/2}$

$$= \left[(0,\ 5,\ -5) D_s^{-1} (0,\ 5,\ -5)^t\right]^{1/2}$$
$$= \left[\frac{0^2}{453.344} + \frac{5^2}{484.622} + \frac{(-5)^2}{487.878}\right]^{1/2} = 0.321$$

[마할라노비스 거리]

- 공분산행렬 S의 역행렬

$$S^{-1} = \begin{bmatrix} 0.049 & -0.006 & -0.041 \\ -0.006 & 0.015 & -0.009 \\ -0.041 & -0.009 & 0.049 \end{bmatrix}$$

- $d_{12} = \left[(\boldsymbol{x}_1 - \boldsymbol{x}_2)^t S^{-1} (\boldsymbol{x}_1 - \boldsymbol{x}_2)\right]^{1/2}$

$$= \left[(0,\ 5,\ -5) S^{-1} (0,\ 5,\ -5)^t\right]^{1/2} = 1.424$$

[시티블럭 거리]

$$d_{12} = \sum_{j=1}^{3} |x_{1j} - x_{2j}| = (0 + 5 + 5) = 10$$

다음으로 원자료로 구성되는 (1.4.1)의 자료행렬대신 (1.4.4)의 중심화 자료행렬에서 $\boldsymbol{y}_{(j)} = (y_{1j},\ \ldots,\ y_{nj})^t = (x_{1j} - \overline{x}_j,\ \ldots,\ x_{nj} - \overline{x}_j)^t$, $j = 1,\ \cdots,\ p$는 n차원의 개체공간에서 p개의 변수들을 나타내는 좌표점이 된다. 두 좌표점 $\boldsymbol{y}_{(k)} = (y_{1k},\ \ldots,\ y_{nk})^t$와 $\boldsymbol{y}_{(j)} = (y_{1j},\ \ldots,\ y_{nj})^t$는 개체공간에서 벡터로 이들 간에 이루는 사이각 θ_{kj}의 코사인값은 (1.4.9)의 k번째와 j번째 두 변수의 상관계수 r_{kj}가 된다. 여기서 (1.5.1)에 놓으로 정의된 $\|\boldsymbol{y}\|$를 이용하면 열 좌표점 간에 이루는 각의 코사인 값은 다음과 관계를 만족함을 알 수

있다.

$$\cos\theta_{kj} = \frac{\boldsymbol{y}_{(k)}^t \boldsymbol{y}_{(j)}}{\|\boldsymbol{y}_{(k)}\| \, \|\boldsymbol{y}_{(j)}\|} \tag{1.5.2}$$

$$= \frac{\sum_{i=1}^{n}(x_{ik} - \overline{x_k})(x_{ij} - \overline{x_j})}{\sqrt{\sum_{i=1}^{n}(x_{ik} - \overline{x_k})^2}\sqrt{\sum_{i=1}^{n}(x_{ij} - \overline{x_j})^2}}$$

$$= r_{kj}$$

일반적으로 (1.5.2)에서 사이각의 범위가 $|\theta_{kj}| \le \pi$이라면 $|\cos\theta_{kj}| \le 1$이 되므로 상관계수의 범위는 잘 알려진 바와 같이 $|r_{kj}| \le 1$이다. 실제 두 변수를 나타내는 두 벡터 사이각이 $\theta_{kj} = 0°$이면 두 벡터는 동일한 방향으로 놓여 있으며 그들의 코사인 값이 $\cos 0° = 1$로 동시에 상관계수는 $r_{kj} = 1$이 되어 두 변수는 높은 상관관계를 가지게 된다.

특히 다변량 자료에서 두 변수를 나타내는 두 벡터 사이의 (1.5.2)와 같은 수리적 기하적인 관계는 주성분분석을 포함하여 대응분석과 행렬도 등 다양한 시각화 기법에서 적용되는 매우 중요한 성질이다. 기하적으로 원점에서 두 벡터가 이루는 각과 방향을 보고 이들의 상관관계를 쉽게 파악할 수 있기 때문이다.

1.6 다변량 정규분포와 유용한 성질

일변량 통계학(univariate statistics)에서 많은 분포들 중 정규분포가 선호되는 이유는 분포에 관련된 추정과 검정에서 수리적 전개가 쉽고 분포의 모양이 대칭적이라 반쪽 정보만으로 유용한 결과를 제공하기 때문이다. 이와 더불어 비록 자료가 정규분포에서 얻어지지 않았다고 하더라도 자료의 수가 충분히 많다면 중심극한정리(central limit theorem)에 의하여 이들로 이루어지는 통계량은 근사적으로 정규분포를 따름을 이용할 수도 있다. 끝으로 카이제곱 분포, t-분포, F-분포 등 몇 가지 주요한 분포가 정규분포에서 유도되기 때문이다.

이와 유사하게 다변량 통계학(multivariate statistics)에서도 많은 기법과 접근 방법들이 다변량 정규분포를 필요로 한다. 일반적으로 다변량 정규분포는 확률변수의 개수가 $p = 1$인 일변량 정규분포에서 $p \ge 2$의 확장으로 여겨진다.

먼저 확률변수 x가 평균이 $E(x)=\mu$이고 분산이 $Var(x)=\sigma^2$인 일변량 정규분포를 따르면 확률밀도함수로 다음을 가진다.

$$f(x)=\frac{1}{\sqrt{2\pi}\,\sigma}\exp\left\{-\frac{1}{2}\left(\frac{x-\mu}{\sigma}\right)^2\right\},\quad -\infty<x<\infty \tag{1.6.1}$$

(1.6.1)의 함수는 종 모양의 곡선을 갖는 것으로 잘 알려져 있고 간단하게 $N(\mu,\ \sigma^2)$으로 나타내기도 한다. 이는 나중에 다변량 정규분포를 나타낼 때에도 유사하게 이용된다.

이번에는 p개의 확률변수 $x_1,\ \ldots,\ x_p$에 의한 확률벡터 $\boldsymbol{x}=(x_1,\ \ldots,\ x_p)^t$가 평균벡터 $E(\boldsymbol{x})=\boldsymbol{\mu}=(\mu_1,\ \ldots,\ \mu_p)^t$와 양정치(positive definite)인 크기가 $p\times p$ 공분산행렬 $Cov(\boldsymbol{x})=\Sigma$인 다변량 정규분포를 따를 때는 확률밀도함수로 다음을 가진다.

$$f(\boldsymbol{x})=\frac{1}{(\sqrt{2\pi})^p|\Sigma|^{1/2}}\exp\left\{-\frac{1}{2}(\boldsymbol{x}-\boldsymbol{\mu})^t\Sigma^{-1}(\boldsymbol{x}-\boldsymbol{\mu})\right\} \tag{1.6.2}$$

여기서, $-\infty<x_j<\infty,\ j=1,\ \ldots,\ p$이고 (1.6.2)를 p-차원(dimensional)의 다변량 정규분포 또는 p-변량(variate) 정규분포라 하고 이를 일변량 정규분포와 유사하게 $N_p(\boldsymbol{\mu},\ \Sigma)$로 간단히 나타내기도 한다.

일반적으로 다변량 정규분포의 확률밀도함수 (1.6.2)는 일변량 정규분포의 확률밀도함수 (1.6.1)의 확장으로 이들을 비교해 보면, (1.6.1)의 지수부분에서

$$\left(\frac{x-\mu}{\sigma}\right)^2=(x-\mu)(\sigma^2)^{-1}(x-\mu)$$

은 x와 μ 사이의 표준화된 거리의 제곱을 나타내고 있다. 이는 (1.6.2)의 지수부분에서 크기가 $p\times 1$인 $\boldsymbol{x}$와 $\boldsymbol{\mu}$의 마할라노비스 거리(Mahalanobis distance)

$$(\boldsymbol{x}-\boldsymbol{\mu})^t\Sigma^{-1}(\boldsymbol{x}-\boldsymbol{\mu}) \tag{1.6.3}$$

로 확장되어 있다. 다음으로 (1.6.1)의 상수항 $(2\pi)^{-1/2}(\sigma^2)^{-1/2}$도 (1.6.2)의 상수항 $(2\pi)^{-p/2}|\Sigma|^{-1/2}$으로 확장되어 있다(Anderson, 1984, pp. 15-17).

[보기 1.6.1] 이변량 정규분포

EXAMPLE

(1.6.2)에서 $p=2$이면 $\boldsymbol{x}=(x_1,\ x_2)^t$는 평균벡터 $\boldsymbol{\mu}=(\mu_1,\ \mu_2)^t$와 공분산행렬

$$\Sigma = \begin{bmatrix} \sigma_{11} & \sigma_{12} \\ \sigma_{21} & \sigma_{22} \end{bmatrix}$$

인 이변량 정규분포 $N_2(\boldsymbol{\mu},\ \Sigma)$를 따르며 상관계수를 $\rho_{12}=\sigma_{12}/(\sqrt{\sigma_{11}}\sqrt{\sigma_{22}})$라 하면 이는 다음과 같은 이변량 정규분포의 확률밀도함수를 가지게 된다.

$$\begin{aligned} f(x_1,\ x_2) &= \frac{1}{2\pi\sqrt{\sigma_{11}\sigma_{22}(1-\rho_{12}^2)}} \\ &\times \exp\left\{-\frac{1}{2(1-\rho_{12}^2)}\left[\left(\frac{x_1-\mu_1}{\sqrt{\sigma_{11}}}\right)^2+\left(\frac{x_2-\mu_2}{\sqrt{\sigma_{22}}}\right)^2-2\rho_{12}\left(\frac{x_1-\mu_1}{\sqrt{\sigma_{11}}}\right)\left(\frac{x_2-\mu_2}{\sqrt{\sigma_{22}}}\right)\right]\right\} \end{aligned} \quad (1.6.4)$$

(1.6.4)를 다변량 정규분포의 확률밀도함수 (1.6.2)로부터 유도하는 계산 단계를 [표 1.6.1]에 정리하여 두었다.

표 1.6.1 다변량 정규분포 $N_p(\boldsymbol{\mu},\ \Sigma)$로부터 이변량 정규분포 $N_2(\boldsymbol{\mu},\ \Sigma)$의 유도

[1단계] $|\Sigma|$의 계산

$$\sigma_{12}=\sigma_{21}=\rho_{12}\sqrt{\sigma_{11}}\sqrt{\sigma_{22}}$$
$$|\Sigma|=\sigma_{11}\sigma_{22}-\sigma_{12}\sigma_{21}=\sigma_{11}\sigma_{22}(1-\rho_{12}^2)$$

[2단계] 공분산행렬 Σ의 역행렬 계산

$$\begin{aligned} \Sigma^{-1} &= \frac{1}{|\Sigma|}\begin{bmatrix} \sigma_{22} & -\sigma_{21} \\ -\sigma_{12} & \sigma_{11} \end{bmatrix} \\ &= \frac{1}{\sigma_{11}\sigma_{22}(1-\rho_{12}^2)}\begin{bmatrix} \sigma_{22} & -\rho_{12}\sqrt{\sigma_{11}}\sqrt{\sigma_{22}} \\ -\rho_{12}\sqrt{\sigma_{11}}\sqrt{\sigma_{22}} & \sigma_{11} \end{bmatrix} \end{aligned}$$

[3단계] 마할라노비스 거리 계산

$$\begin{aligned} (\boldsymbol{x}-\boldsymbol{\mu})^t\Sigma^{-1}(\boldsymbol{x}-\boldsymbol{\mu}) &= [x_1-\mu_1,\ x_2-\mu_2]\ \frac{1}{\sigma_{11}\sigma_{22}(1-\rho_{12}^2)} \\ &\times\begin{bmatrix} \sigma_{22} & -\rho_{12}\sqrt{\sigma_{11}}\sqrt{\sigma_{22}} \\ -\rho_{12}\sqrt{\sigma_{11}}\sqrt{\sigma_{22}} & \sigma_{11} \end{bmatrix}\begin{bmatrix} x_1-\mu_1 \\ x_2-\mu_2 \end{bmatrix} \\ &= \frac{1}{1-\rho_{12}^2}\left[\left(\frac{x_1-\mu_1}{\sqrt{\sigma_{11}}}\right)^2+\left(\frac{x_2-\mu_2}{\sqrt{\sigma_{22}}}\right)^2-2\rho_{12}\left(\frac{x_1-\mu_1}{\sqrt{\sigma_{11}}}\right)\left(\frac{x_2-\mu_2}{\sqrt{\sigma_{22}}}\right)\right] \end{aligned}$$

[4단계] (1.6.4)의 $f(\boldsymbol{x})=f(x_1,\ x_2)$

(1.6.4)에서 상관계수가 $\rho_{12}=0$이면 두 확률변수 x_1과 x_2가 서로 상관되어 있지 않으며 더군다나 (1.6.4)의 결합분포는 (1.6.1)에서 두 확률변수 x_1과 x_2의 일변량 정규 확률밀도함수의 곱으로 이루어진 $f(x_1,\ x_2)=f(x_1)f(x_2)$을 만족하게 된다. 이럴 경우 x_1과 x_2가 서로 독립이라 한다.

[그림 1.6.1]은 두 확률변수 x_1과 x_2 사이에 분산은 같고 상관이 전혀 없는 경우인 (a) $\sigma_{11}=\sigma_{22}=1,\ \ \rho_{12}=0.0$와 양의 상관이 매우 높은 경우인 (b) $\sigma_{11}=\sigma_{22}=1,\ \ \rho_{12}=0.8$ 그리고 분산이 다르고 음의 상관이 있는 경우인 (c) $\sigma_{11}=1,\ \sigma_{22}=2,\ \rho_{12}=\ -0.8$의 세 가지 이변량 정규분포의 확률밀도함수와 등고선(contour) 그림을 보여주고 있다. 이때 편의상 중심인 평균벡터는 $\boldsymbol{\mu}=(0.0,\ 0.0)^t$를 기준으로 하고 있다. 이를 그리기 위한 [R-코드 1.6.1](BVNpdf.R)는 outer(), persp()와 contour() 함수를 사용하였고 자체 BVNpdf() 함수를 만들어 분산($\sigma_{11},\ \sigma_{22}$)과 상관계수($\rho_{12}$)만 지정하면 다양한 이변량 정규분포의 형태를 얻을 수 있다.

[R-코드 1.6.1] 이변량 정규분포의 확률밀도함수와 등고선 그리기(BVNpdf.R)

```
BVNpdf <- function(mu1,mu2,sig1,sig2,rho) {
par(mfrow=c(1,2))
s12 = sig1*sig2*rho
s11 = sig1^2
s22 = sig2^2
Sig <- matrix(c(s11,s12,s12,s22),ncol=2,nrow=2,byrow=T)
Sinv <- solve(Sig)
x1 <- seq(mu1 - 3.5*sig1,mu1+3.5*sig1,len=50)
fx1 <- seq(-3.5,3.5,len=50)
x2 <- seq(mu2 - 3.5*sig2,mu2+3.5*sig2,len=50)
fx2 <- seq(-3.5,3.5,len=50)
f <- function(x1,x2) {
            cons <- ((2*pi)*det(Sig)^.5)^{-1}
            cons*exp(-(.5*(1 - rho^2)^{-1})*(x1^2+x2^2-2*rho*x1*x2))
      }
f <- outer(fx1,fx2,f)
persp(x1,x2,f,theta = 30, expand=.50)
title(main="Bivariate Normal pdf")
contour(x1,x2,f,lty="solid",drawlabels=F)
title(main="Contour Plot of BVN pdf")
```

```
BVNpdf(mu1,mu2,sig1,sig2,rho)
par(mfrow=c(1,1))
}

BVNpdf(0,0,1,1,0)
BVNpdf(0,0,1,1,0.8)
BVNpdf(0,0,1,1,-0.8)
```

실제 [그림 1.6.1]의 등고선 그림은 2차원에서 여러 개의 타원(ellipse)으로 이루어져 있다. 이들 각각의 타원은 (1.6.3)에서 평균벡터 $\boldsymbol{\mu} = (0.0,\ 0.0)^t$까지의 마할라노비스 거리가 일정한 상수 값을 만족하는 점 $\boldsymbol{x}$들로 이루어진다. 즉, 타원을 형성하는 점 $\boldsymbol{x}$는 다음을 만족한다.

$$\{\boldsymbol{x} : \boldsymbol{x}^t \Sigma^{-1} \boldsymbol{x} \ = \ c^2\} \tag{1.6.5}$$

여기서 [그림 1.6.1]의 타원들의 대수적인 면과 기하적인 면을 살펴보자. 이들 타원들은 기하적으로 중심 $\boldsymbol{\mu} = (0.0,\ \ 0.0)^t$를 지나며 서로 직교($90^\circ$)인 45° 기운 직선을 두 개 가질 수 있다. 이들 직선을 일반적으로 축(axis)이라 하는데 이들 축은 $\pm c\sqrt{\lambda_i}\boldsymbol{v}_i$에 의해서 결정된다. 여기서, c는 (1.6.5)를 만족하는 상수이고 λ_i와 $\boldsymbol{v}_i$는 공분산행렬 Σ의 고윳값(eigenvalue)과 고유벡터(eigenvector)로 대수적으로 $\Sigma \boldsymbol{v}_i = \lambda_i \boldsymbol{v}_i,\ \ i = 1,\ 2$인 고유체계(eigensystem)를 만족한다. 즉, 중심에서 각 타원까지의 길이로 $\pm c\sqrt{\lambda_i}$이며 방향은 고유벡터 $\boldsymbol{v}_i$에 의해서 결정된다.

[그림 1.6.1]의 분산이 같은 경우의 등고선 그림을 얻기 위한 간단한 대수적 계산과정을 다음의 보기에서 살펴보기로 하자.

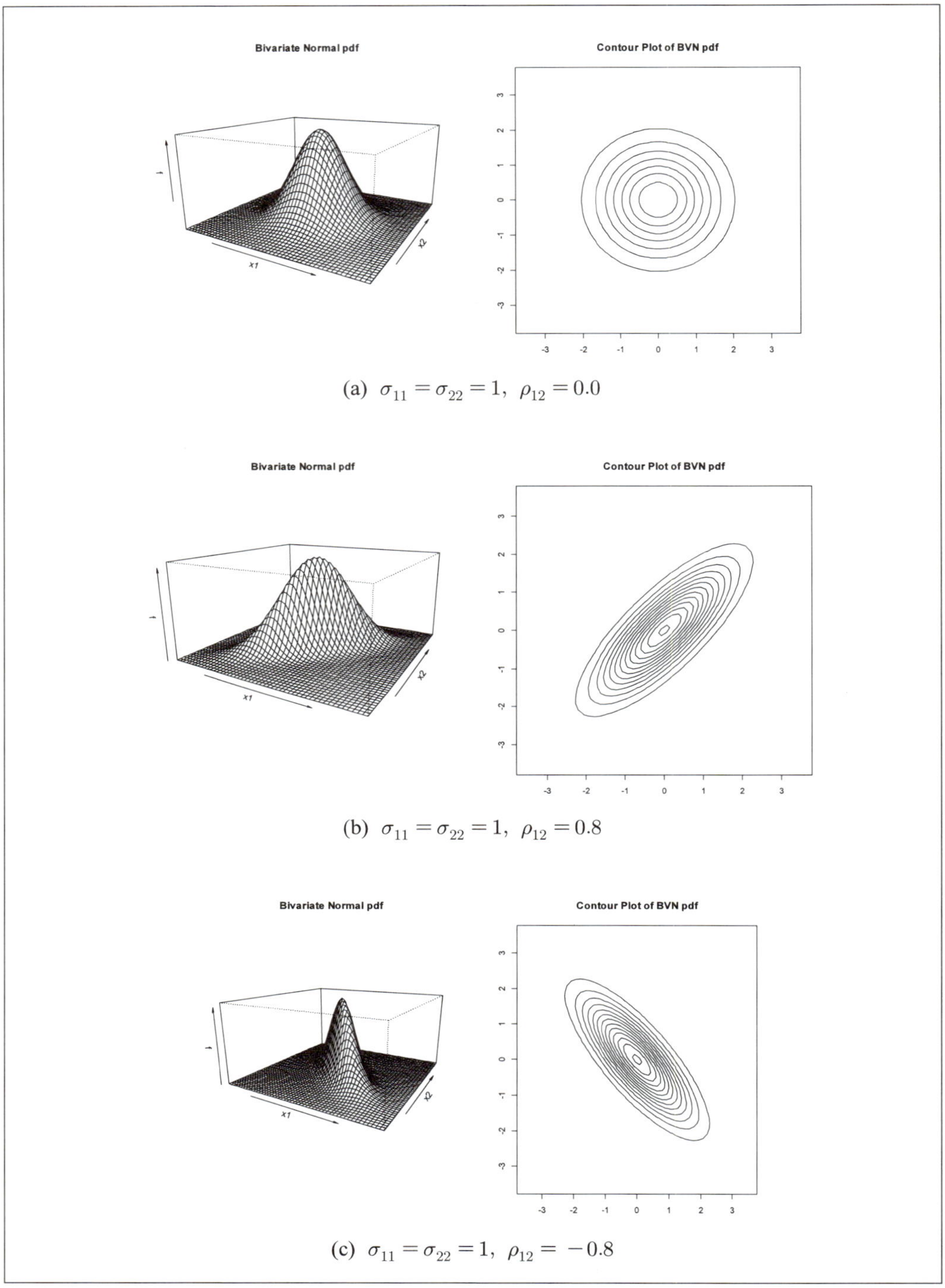

(a) $\sigma_{11} = \sigma_{22} = 1,\ \rho_{12} = 0.0$

(b) $\sigma_{11} = \sigma_{22} = 1,\ \rho_{12} = 0.8$

(c) $\sigma_{11} = \sigma_{22} = 1,\ \rho_{12} = -0.8$

[그림 1.6.1] 이변량 정규분포의 확률밀도와 등고선 그림

[보기 1.6.2] 이변량 정규분포의 등고선 그림

EXAMPLE

이변량 정규분포에서 만약에 분산이 $\sigma_{11} = \sigma_{22}$은 경우 (1.6.5)를 만족하는 등고선의 축들은 공분산행렬 Σ의 고윳값과 고유벡터에 의해서 결정되며 공분산 σ_{12}(또는 상관계수 ρ_{12})가 음(−), 양(+), 영(0)이냐에 따라 각각 축은 단축과 장축 또는 길이가 같은 축이 되며 이를 구하기 위해선 [표 1.6.2]와 같은 계산과정이 요구된다.

| 표 1.6.2 | 이변량 정규분포의 등고선의 축(단축, 장축) 계산 단계

[1단계] 특성화 방정식(characteristic equation) $|\Sigma - \lambda I| = 0$로부터 고윳값

$$0 = \begin{vmatrix} \sigma_{11} - \lambda & \sigma_{12} \\ \sigma_{12} & \sigma_{11} - \lambda \end{vmatrix} = (\sigma_{11} - \lambda)^2 - \sigma_{12}^2$$
$$= (\lambda - \sigma_{11} - \sigma_{12})(\lambda - \sigma_{11} + \sigma_{12})$$
$$\Rightarrow \text{ 고윳값: } \lambda_1 = \sigma_{11} + \sigma_{12},\ \lambda_2 = \sigma_{11} - \sigma_{12}$$

[2단계] 고유체계 $\Sigma \boldsymbol{v}_i = \lambda_i \boldsymbol{v}_i$, $i = 1, 2$로부터 고윳값에 대응하는 고유벡터

$$\lambda_1 = \sigma_{11} + \sigma_{12} \Rightarrow \boldsymbol{v}_1 = (v_{11}, v_{21})^t = \left(\frac{1}{\sqrt{2}}, \frac{1}{\sqrt{2}}\right)^t$$
$$\lambda_2 = \sigma_{11} - \sigma_{12} \Rightarrow \boldsymbol{v}_2 = (v_{12}, v_{22})^t = \left(\frac{1}{\sqrt{2}}, -\frac{1}{\sqrt{2}}\right)^t$$

[3단계] 이변량 정규분포의 등고선 그림의 서로 직교하는 두 축

$$\pm c\sqrt{\lambda_1}\boldsymbol{v}_1, \qquad \pm c\sqrt{\lambda_2}\boldsymbol{v}_2$$

[4단계] 단축과 장축 결정

(1) $\sigma_{12} > 0(\rho_{12} > 0) \Rightarrow \lambda_1 > \lambda_2 \Rightarrow$ 장축: $\pm c\sqrt{\lambda_1}\boldsymbol{v}_1$, 단축: $\pm c\sqrt{\lambda_2}\boldsymbol{v}_2$.

(2) $\sigma_{12} < 0(\rho_{12} < 0) \Rightarrow \lambda_1 < \lambda_2 \Rightarrow$ 장축: $\pm c\sqrt{\lambda_2}\boldsymbol{v}_2$, 단축: $\pm c\sqrt{\lambda_1}\boldsymbol{v}_1$.

(3) $\sigma_{12} = 0(\rho_{12} = 0) \Rightarrow \lambda_1 = \lambda_2 \Rightarrow$ 두 축의 길이가 동일.

실제로 [그림 1.6.1]에서 두 확률변수 x_1과 x_2 사이에 분산은 같고 양의 상관이 매우 높은 경우 (b) $\sigma_{11} = \sigma_{22} = 1$, $\rho_{12} = 0.8$는 축의 계산 [표 1.6.2]-[4단계]-(1)에 해당하며 상관이 전혀 없는 경우 (a) $\sigma_{11} = \sigma_{22} = 1$, $\rho_{12} = 0.0$는 [표 1.6.2]-[4단계]-(3)에 해당하여 등고선 그림이 타원체로 이루어져 있다. 그리고 음의 상관이 있는 경우 (c) $\sigma_{11} = \sigma_{22} = 1$, $\rho_{12} = -0.8$는 [4단계]-(2)에 해당한다. [그림 1.6.2]는 평균벡터 $\boldsymbol{\mu} = (0.0, 0.0)^t$인 경우

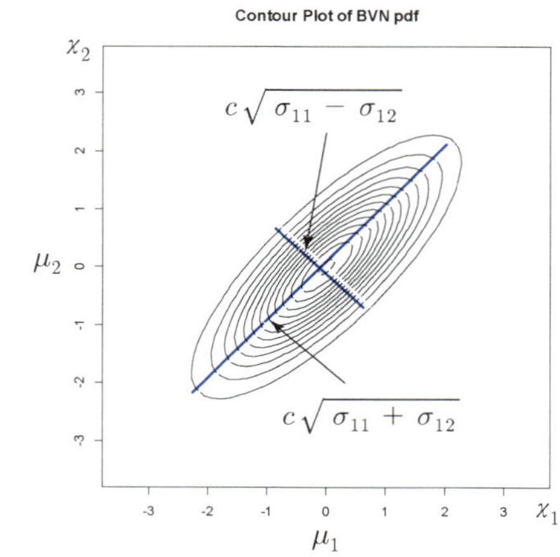

[그림 1.6.2] 이변량 정규분포의 $\sigma_{11}=\sigma_{22}$, $\sigma_{12}>0$인 등고선 그림의 장축과 단축의 반지름 길이

두 변수 간의 동일한 분산과 양의 공분산(양의 상관계수)를 가지는 [그림 1.6.1]-(b)와 같은 등고선 그림의 장축과 단축의 반지름 길이가 $c\sqrt{\lambda_1}=c\sqrt{\sigma_{11}+\sigma_{12}}$와 $c\sqrt{\lambda_2}=c\sqrt{\sigma_{11}-\sigma_{12}}$임을 보여주고 있다.

일반적으로 p-차원의 다변량 정규분포의 확률밀도함수 (1.6.2)의 표현을 생각하여 보자. 동일한 밀도 값 $f(\boldsymbol{x})$를 만족하는 $\boldsymbol{x}$값들은 평균벡터 $\boldsymbol{\mu}$를 중심으로 $(\boldsymbol{x}-\boldsymbol{\mu})^t\Sigma^{-1}(\boldsymbol{x}-\boldsymbol{\mu})=c^2$을 만족하는 타원체(ellipsoid)가 되어 등고선(contour)을 형성한다. 이 등고선은 이변량 정규분포의 경우 [그림 1.6.1]의 확률밀도 그림을 위에서 내려다보는 형태가 된다. 다변량 정규분포의 기하적인 설명은 Johnson과 Wichern(2007, 4장)과 Mardia 외(1979, 2.5절)를 추가적으로 참고할 수 있겠다.

지금까지는 다변량 정규분포의 일반적인 정의와 성질을 이변량 정규분포를 통하여 살펴보았다. 추가적으로 많은 다변량 기법에서 정의되고 이용되는 다변량 정규분포의 유용한 성질 몇 가지를 [표 1.6.3] ~ [표 1.6.5]에서 추가적으로 요약하기로 하자. 다만 이들 성질에 대한 자세한 수리적 증명이나 전개는 Mardia 외(1979, 3장), Chatfield와 Collins (1980, pp. 97-103), Johnson과 Wichern(2007, 4장), Härdle와 Simar(2007, 5장)을 참고하기 바란다.

| 표 1.6.3 | $\boldsymbol{x} \sim N_p(\boldsymbol{\mu},\ \Sigma)$, $\Sigma > 0$일 때 몇 가지 선형결합

(1) $\boldsymbol{y} = A\boldsymbol{x} + \boldsymbol{c}$이며 A는 크기가 $q \times p$인 행렬이라면

$$\boldsymbol{y} \sim N_q(A\boldsymbol{\mu} + \boldsymbol{c},\ A\Sigma A^t)$$

(2) $\boldsymbol{y} = \Sigma^{-1/2}(\boldsymbol{x} - \boldsymbol{\mu})$ (마할라노비스 변환) $\Rightarrow$ $\boldsymbol{y} \sim N_p(0,\ I_p)$

(3) $(\boldsymbol{x} - \boldsymbol{\mu})^t \Sigma^{-1}(\boldsymbol{x} - \boldsymbol{\mu}) \sim \chi^2_{(p)}$, 여기서 $\chi^2_{(p)}$는 자유도가 p인 카이제곱 분포이다.

| 표 1.6.4 | $\boldsymbol{x} \sim N_p(\boldsymbol{\mu},\ \Sigma)$, $\Sigma > 0$일 때 분할 확률변수의 분포

크기가 $p \times 1$인 확률벡터 $\boldsymbol{x}$를 크기가 $q \times 1$인 $\boldsymbol{x}_1$과 $(p-q) \times 1$인 $\boldsymbol{x}_2$로 분할

$$\Rightarrow \boldsymbol{x} = \begin{bmatrix} \boldsymbol{x}_1 \\ \boldsymbol{x}_2 \end{bmatrix} \sim N_p\left(\boldsymbol{\mu} = \begin{bmatrix} \boldsymbol{\mu}_1 \\ \boldsymbol{\mu}_2 \end{bmatrix},\ \Sigma = \begin{bmatrix} \Sigma_{11} & \Sigma_{12} \\ \Sigma_{21} & \Sigma_{22} \end{bmatrix}\right)$$

여기서 $q < p$, Σ_{11}: $q \times q$, Σ_{22}: $(p-q) \times (p-q)$, $\Sigma_{12} = \Sigma_{21}^t$: $q \times (p-q)$.

(1) 주변분포(marginal distribution): $\boldsymbol{x}_1 \sim N_q(\boldsymbol{\mu}_1,\ \Sigma_{11})$

(2) $\boldsymbol{x}_1$과 $\boldsymbol{x}_2$가 서로 독립 $\Leftrightarrow$ $\Sigma_{12} = \boldsymbol{0}$.

(3) 조건부 분포(conditional distribution)

- $\boldsymbol{x}_1 | \boldsymbol{x}_2 \sim N_q(\boldsymbol{\mu}_1 + \Sigma_{12}\Sigma_{22}^{-1}(\boldsymbol{x}_2 - \boldsymbol{\mu}_2),\ \Sigma_{11.2})$,
- $\boldsymbol{x}_2 | \boldsymbol{x}_1 \sim N_{p-q}(\boldsymbol{\mu}_2 + \Sigma_{21}\Sigma_{11}^{-1}(\boldsymbol{x}_1 - \boldsymbol{\mu}_1),\ \Sigma_{22.1})$

여기서 $\Sigma_{11.2} = \Sigma_{11} - \Sigma_{12}\Sigma_{22}^{-1}\Sigma_{21}$, $\Sigma_{22.1} = \Sigma_{22} - \Sigma_{21}\Sigma_{11}^{-1}\Sigma_{12}$: 조건부 공분산행렬.

(4) $\boldsymbol{x}_1 \sim N_q(\boldsymbol{\mu}_1,\ \Sigma_{11})$과 $\boldsymbol{x}_{2.1} = \boldsymbol{x}_2 - \Sigma_{21}\Sigma_{11}^{-1}\boldsymbol{x}_1 \sim N_{p-q}(\boldsymbol{\mu}_{2.1},\ \Sigma_{22.1})$는 서로 독립

여기서 $\boldsymbol{\mu}_{2.1} = \boldsymbol{\mu}_2 - \Sigma_{21}\Sigma_{11}^{-1}\boldsymbol{\mu}_1$, $\Sigma_{22.1} = \Sigma_{22} - \Sigma_{21}\Sigma_{11}^{-1}\Sigma_{12}$.

[보기 1.6.3] 이변량 정규분포의 분할과 조건부 분포

EXAMPLE

$\boldsymbol{x} \sim N_p(\boldsymbol{\mu},\ \Sigma)$, $\Sigma > 0$에서 $p = 2$인 경우 $\boldsymbol{x}$는 이변량 정규분포의 분할이 되며 $\boldsymbol{x}_1 = x_1$, $\boldsymbol{x}_2 = x_2$로 다변량 정규분포의 [표 1.6.4]-(3)에서 조건부 분포는

$$x_2 | x_1 \sim N_1(\mu_2 + \sigma_{21}\sigma_{11}^{-1}(x_1 - \mu_1),\ \sigma_{22.1})$$

가 된다. 여기서 $\sigma_{22.1} = \sigma_{22} - \sigma_{21}\sigma_{11}^{-1}\sigma_{12}$이다. 만약에

$$\boldsymbol{\mu} = \begin{bmatrix} 0 \\ 0 \end{bmatrix},\ \Sigma = \begin{bmatrix} 1 & 0.5 \\ 0.5 & 1 \end{bmatrix}$$

이라면 x_1의 주변 확률밀도함수는

$$f(x_1) = \frac{1}{\sqrt{2\pi}} \exp\left(-\frac{x_1^2}{2}\right)$$

이고 $x_2 | x_1$의 조건부 확률분포는

$$\text{평균: } \mu_2 + \sigma_{21}\sigma_{11}^{-1}(x_1 - \mu_1) = 0.5x_1, \ \text{분산: } \sigma_{22.1} = 1 - 0.5^2 = 0.75$$

인 정규분포를 따르므로 다음과 같다.

$$f(x_2 | x_1) = \frac{1}{\sqrt{2\pi(0.75)}} \exp\left\{-\frac{(x_2 - 0.5x_1)^2}{2 \times (0.75)}\right\}$$

끝으로 크기가 $p \times 1$인 n명의 개체 $\boldsymbol{x}_i$, $i = 1, \ldots, n$를 다변량 정규분포 $N_p(\boldsymbol{\mu}, \Sigma)$에서 임의로 추출된 확률표본(random sample)이라 하면 이들은 각각 (1.6.2)의 다변량 밀도함수를 만족한다. 이때 개체들의 주변 다변량 밀도함수에 의한 결합 밀도 함수(joint density function)인 우도함수(likelihood function)와 이 함수를 바탕으로 구한 다변량 정규분포의 평균벡터 $\boldsymbol{\mu}$와 Σ의 추정량, 그 외 몇 가지 성질을 [표 1.6.5]에 정리하였다. 다만, (3)의 위샤트 분포는 1.7절에서 자세히 설명하고 있다.

| 표 1.6.5 | $\boldsymbol{x}_i$, $i = 1, \ldots, n \sim N_p(\boldsymbol{\mu}, \Sigma)$일 때 우도함수 및 모수 추정

(1) 우도함수

$$L(\boldsymbol{\mu}, \Sigma) = \prod_{i=1}^{n} f(\boldsymbol{x}_i) = \frac{1}{(\sqrt{2\pi})^{np} |\Sigma|^{n/2}} \exp\left\{-\frac{1}{2}\sum_{i=1}^{n}(\boldsymbol{x}_i - \boldsymbol{\mu})^t \Sigma^{-1} (\boldsymbol{x}_i - \boldsymbol{\mu})\right\}$$

(2) 모수 $\boldsymbol{\mu}$와 Σ의 최대우도추정량: $\hat{\boldsymbol{\mu}} = \overline{\boldsymbol{x}}$, $\hat{\Sigma} = \frac{n-1}{n} S$.

(3) 추정량의 성질

- $\overline{\boldsymbol{x}} \sim N_p(\boldsymbol{\mu}, \Sigma/n)$
- $(n-1)S \sim W_p(n-1, \Sigma)$: 자유도 $n-1$인 위샤트 분포(Wishart distribution)
- $\overline{\boldsymbol{x}}$와 S는 독립이다.

(4) $\overline{\boldsymbol{x}} \sim N_p(\boldsymbol{\mu}, \Sigma/n) \Rightarrow (\overline{\boldsymbol{x}} - \boldsymbol{\mu})^t (\Sigma/n)^{-1} (\overline{\boldsymbol{x}} - \boldsymbol{\mu}) = n(\overline{\boldsymbol{x}} - \boldsymbol{\mu})^t \Sigma^{-1} (\overline{\boldsymbol{x}} - \boldsymbol{\mu}) \sim \chi^2_{(p)}$

(5) $n - p \to \infty \Rightarrow n(\overline{\boldsymbol{x}} - \boldsymbol{\mu})^t S^{-1} (\overline{\boldsymbol{x}} - \boldsymbol{\mu}) \simeq \chi^2_{(p)}$

1.7 위샤트 분포와 호텔링 T^2-분포

다변량 분포에서 위샤트 분포(Wishart distribution)는 일변량 분포에서 잘 알려진 카이제곱 분포의 다변량적 일반화로 볼 수 있다. 카이제곱 분포가 정규분포에서 유도되듯이 다변량정규분포에서 위샤트 분포가 유도된다. 특히, 표본공분산행렬이 이 분포를 따른다. 이 절에서는 위샤트 분포를 정의하고 이와 관련된 몇 가지 성질을 정리한다.

일반적으로 $x_1, \ldots, x_n$을 (일변량) 정규분포 $N(\mu, \ \sigma^2)$를 따르는 확률표본이라 하자. 이로부터 변환된 표준확률변수는 다음과 같이 표준정규분포를 따른다.

$$z_i = \frac{x_i - \mu}{\sigma} \sim N(0, \ 1), \ i = 1, \ldots, n$$

따라서 이들 표준확률변수의 제곱합은 다음과 같이 자유도 n인 카이제곱 분포를 따른다.

$$\sum_{i=1}^{n} z_i^2 = \sum_{i=1}^{n} \frac{(x_i - \mu)^2}{\sigma^2} \sim \chi^2_{(n)} \tag{1.7.1}$$

더불어 $w = \sum_{i=1}^{n} (x_i - \mu)^2 \sim \sigma^2 \chi^2_{(n)}$을 따른다. 만약에 (1.7.1)에서 μ 대신에 표본평균 $\overline{x}$를 사용하면 다음과 같다.

$$w = \sum_{i=1}^{n} (x_i - \overline{x})^2 = (n-1)s^2 \sim \sigma^2 \chi^2_{(n-1)} \tag{1.7.2}$$

이와 유사하게 n명의 개체 $\boldsymbol{x}_i, \ i = 1, \ldots, n$를 다변량 정규분포 $N_p(\boldsymbol{\mu}, \ \Sigma)$를 따르는 확률표본이라 하면

$$W = \sum_{i=1}^{n} (\boldsymbol{x}_i - \boldsymbol{\mu})(\boldsymbol{x}_i - \boldsymbol{\mu})^t \sim W_p(n, \ \Sigma) \tag{1.7.3}$$

는 자유도 n인 위샤트 분포 $W_p(n, \ \Sigma)$를 따른다. (1.7.3)의 평균벡터 $\boldsymbol{\mu}$ 대신에 $\overline{\boldsymbol{x}}$를 사용하면

$$W = \sum_{i=1}^{n} (\boldsymbol{x}_i - \overline{\boldsymbol{x}})(\boldsymbol{x}_i - \overline{\boldsymbol{x}})^t = (n-1)S \sim W_p(n-1, \ \Sigma) \tag{1.7.4}$$

는 자유도 $n-1$인 위샤트 분포 $W_p(n-1,\ \Sigma)$를 따른다. 참고로 (1.7.4)에서 $p=1$인 경우 위샤트 분포는 $W_1(n-1,\ \sigma^2)$이 되고 이는 (1.7.2)의 카이제곱 분포 $\sigma^2\chi^2_{(n-1)}$와 동일하게 된다.

이 외에도 위샤트 분포의 분할 등 기타 성질은 Mardia 외(1979, pp. 66-73), Chatfield와 Collins(1980, pp. 104-108), Srivastava(2002, 2장)와 Härdle와 Simar(2007, 5장)에서 찾아볼 수 있다.

이번에는 위샤트 분포와 함께 다변량 분포에서 중요한 분포로 Harold Hotelling (1985-1973)에 의해서 소개된 호텔링 T^2-분포가 있다. 이는 일변량 t-분포의 다변량적 일반화이다. 일반적으로 Mardia 외(1979, pp. 73-76)를 따르는 호텔링 T^2-분포의 정의와 몇 가지 형태를 성질을 요약하기로 하자.

일반적으로 평균이 μ이고 분산이 σ^2인 정규모집단으로부터 추출된 크기 n의 표본을 $x_1, \ldots, x_n$이라 할 때, 이들에 대한 표본평균과 표본분산을 각각

$$\bar{x} = \frac{1}{n}\sum_{i=1}^{n} x_i,\ \ s^2 = \frac{1}{n-1}\sum_{i=1}^{n}(x_i - \bar{x})^2$$

이라 정의하면, 다음의 확률변수 t는 자유도 $n-1$인 t-분포를 따른다.

$$t = \frac{\bar{x} - \mu}{s/\sqrt{n}} \sim t_{(n-1)}$$

이를 제곱하면 다음과 같다.

$$t^2 = \frac{(\bar{x} - \mu)^2}{(s/\sqrt{n})^2} = n(\bar{x} - \mu)(s^2)^{-1}(\bar{x} - \mu) \qquad (1.7.5)$$

(1.7.5)에서 표본평균 $\bar{x}$, 평균 μ과 표본분산 s^2 대신에 다변량 정규분포 $N_p(\boldsymbol{\mu},\ \Sigma)$를 따르는 확률표본인 n명의 개체 $\boldsymbol{x}_i$, $i=1, \ldots, n$로부터 얻어진 표본평균벡터 $\bar{\boldsymbol{x}}$와 평균벡터 $\boldsymbol{\mu}$ 그리고 공분산행렬 S로 대체하고 통계량 t^2대신에 T^2라 두면

$$T^2 = n(\bar{\boldsymbol{x}} - \boldsymbol{\mu})^t S^{-1}(\bar{\boldsymbol{x}} - \boldsymbol{\mu}) \sim T_p^2(n-1) \qquad (1.7.6)$$

는 호텔링 T^2-분포를 따른다. 이 분포는 성질상 F-분포와 수리적으로 다음과 같은 연관성을 가지고 있다.

$$T_p^2(n-1) = \frac{(n-1)p}{n-p} F_{p,\ n-p} \tag{1.7.7}$$

특히, $p=1$인 일변량의 경우 $F_{1,\ m}$ 분포와 $T_1^2(m)$ 분포는 동일하다. 일반적으로 일변량 분포에서 자유도 m인 $t-$분포 $t(m)$을 따르는 통계량 t의 제곱인 t^2는 $F_{1,\ m}$ 분포임은 잘 알려진 내용이다. 따라서 t^2는 $T_1^2(m)$ 분포를 따르며 $t(m)^2 \sim T_1^2(m) \sim F_{1,\ m}$의 관계를 만족한다.

지금까지 살펴본 위샤트 분포와 호텔링 T^2-분포는 다변량 정규분포로부터 유도되며 특히 호텔링 T^2-분포는 집단의 평균벡터를 비교하는 등의 MANOVA(Multivariate ANOVA)나 반복측정 분산분석에서 아주 유용하게 사용되는 분포이다. 이 책에서는 내용 구성상 이 부분이 빠져 있다. Chatfield와 Collins(1980, pp. 114-133), Johnson과 Wichern(2007, 5장과 6장)과 Rencher(1995, 5장), Srivastava(2002, 4장)와 Härdle와 Simar(2007, 5장) 등에서 많은 예제를 중심으로 이 부분을 다루고 있으니 관심 있는 독자는 찾아보기 바란다.

요약 위샤트 분포와 호텔링 T^2-분포

- 위샤트 분포
  - $W = \sum_{i=1}^{n}(\boldsymbol{x}_i - \overline{\boldsymbol{x}})(\boldsymbol{x}_i - \overline{\boldsymbol{x}})^t = (n-1)S \sim W_p(n-1,\ \Sigma)$
  - $p=1$: $W = w \sim W_1(n-1,\ \sigma^2) \sim \sigma^2\chi^2_{(n-1)}$
- 호텔링 T^2-분포
  - $T^2 = n(\overline{\boldsymbol{x}} - \boldsymbol{\mu})^t S^{-1}(\overline{\boldsymbol{x}} - \boldsymbol{\mu}) \sim T_p^2(n-1) \sim \dfrac{(n-1)p}{n-p} F_{p,\ n-p}$
  - $p=1$: $T^2 = t^2 \sim T_1^2(n-1) \sim F_{1,\ n-1}$

1.8 다변량 정규성의 검정

1.6절과 1.7절에서 다양한 분포를 유도하는 데에 통계학에서 일변량과 다변량 정규분포가 선호되는 이유를 요약하였다. 실제로, 많은 변수에 의해서 측정된 다변량 자료의 정규성(normality) 여부를 평가하기란 쉽지 않다. 일반적으로 다변량 자료에서 다변량 정규성이 성립하면 각각의 변수에 대해서 일변량 정규성이 성립하지만 그 역은 성립하지 않는다(Rencher, 1995, p. 105; Jobson, 1992, p. 148). 그 이유는 (1) 변수들이 서로 상관되어 있고 (2) 각 변수의 주변 정규성은 변수들의 결합 정규성을 보장하지 못하기 때문이다. 더군다나 p개의 변수들 중 어느 하나도 정규성을 만족하지 못하면 이들로 이루어진 벡터도 다변량 정규성을 만족하지 못 하는 것은 당연하다. 그러므로 다변량 자료의 경우도 각 변수에 대한 일변량 정규성을 제일 먼저 알아보는 것이 바람직하다.

일변량 정규성을 검정하기 위한 그래프적 방법으로 $Q-Q$ 그림(또는 정규-점수 그림)이 있다. 이 그림은 표본 $x_1, \cdots, x_n$의 분위수(quartile)와 일변량 정규분포의 분위수(정규 점수라고도 함)에 대한 것으로 그림 상의 점들이 직선성을 만족하면 표본이 정규성을 따른다고 판정하는 것이다. Rencher(1995, pp.105-107)와 Johnson과 Wichern(2007, pp. 177-187)는 이를 위한 과정을 잘 정리하고 있다.

일반적으로 다변량 정규성을 검정하는 그래프적 방법으로 카이제곱그림(chi-square plot)이 있다(Johnson과 Wichern, 2007, 4.6절). 이 그림은 n명의 개체 $\boldsymbol{x}_i = (x_{i1}, \ldots, x_{ip})^t$, $i = 1, \ldots, n$를 임의의 표본이라 하면 이로부터 이들의 평균벡터 $\overline{\boldsymbol{x}}$까지의 표준화된 거리인 마할라노비스 거리

$$m_i^2 = (\boldsymbol{x}_i - \overline{\boldsymbol{x}})^t S^{-1} (\boldsymbol{x}_i - \overline{\boldsymbol{x}}),\ i = 1, \ldots, n \tag{1.8.1}$$

에 의해서 얻어진다. 특히 (1.8.1)의 m_i^2은 표본이 추출된 모집단이 다변량 정규분포이거나 $n \geq 25$이면 근사적으로 카이제곱분포를 따르는 확률변수로 생각할 수 있다. 따라서 이들 n개의 거리들의 분위수와 카이제곱분포의 분위수 간의 그림을 카이제곱그림이라 한다. 일반적으로 카이제곱분포는 감마분포(gamma distribution)의 특수한 경우이므로 감마그림(gamma plot)이라고도 한다. [표 1.8.1]에는 카이제곱그림을 위한 단계를 요약하고 있다.

| 표 1.8.1 | 카이제곱그림을 얻기 위한 단계

[1단계] 거리 m_i^2을 작은 것부터 큰 것까지 순서화 한다.

$$m_{(1)}^2 \le m_{(2)}^2 \le \cdots \le m_{(n)}^2$$

[2단계] 자유도 p인 카이제곱분포의 $100\left(i-\frac{1}{2}\right)/n,\ i=1, \ldots, n$인 분위수 $q_{c(i)}$를 계산한다.

[3단계] 분위수의 짝 $(q_{c(i)},\ m_{(i)}^2),\ i=1, \ldots, n$를 그리고 직선성을 평가한다.

[표 1.8.1]의 [1단계]와 [2단계]에서 n명의 개체 $\boldsymbol{x}_i=(x_{i1}, \ldots, x_{ip})^t,\ i=1, \ldots, n$에서 (1.8.1)의 마할라노비스 거리 m_i^2를 계산하는 것과 카이제곱분포의 분위수 계산을 위해서 R의 함수인 mahalanobis()와 qchisq()가 이용된다. 이때 얻은 카이제곱그림의 직선성을 눈으로 평가하며 더불어 이 그림의 점들인 $(q_{c(i)},\ m_{(i)}^2),\ i=1, \ldots, n$의 직선성을 수치적으로 평가하는 방법으로 잘 알려진 피어슨의 상관계수 (1.8.2)를 이용할 수 있다. 실제 이 값이 1에 가까우면 카이제곱그림은 직선성을 만족하며 자료는 다변량 정규분포를 만족한다고 여기게 된다.

$$r_Q=\frac{\sum_{i=1}^{n}(q_{c(i)}-\overline{q})(m_{(i)}^2-\overline{m})}{\sqrt{\sum_{i=1}^{n}(q_{c(i)}-\overline{q})^2}\sqrt{\sum_{i=1}^{n}(m_{(i)}^2-\overline{m})^2}} \tag{1.8.2}$$

다음의 보기에서는 [표 1.8.1]의 단계에 따른 프로그램이 제공되고 수행결과인 카이제곱그림과 (1.8.2)의 상관계수의 활용을 살펴보기로 하자.

[보기 1.8.1] 피셔의 붓꽃자료의 정규성검정

EXAMPLE

[자료 1.3.4](irisflower.txt; data(iris))는 세 종류의 붓꽃(Setosa, Versicolor, Virginica)을 각각 50포기씩 뽑아서 꽃받침 길이(X_1), 꽃받침 폭(X_2), 꽃잎 길이(X_3), 꽃잎 폭(X_4)을 측정한 자료이다. R에서도 제공되는 자료(data(iris); iris)의 변수이름은 Sepal.Length, Sepal.Width, Petal.Length, Petal.Width, Species로 되어 있다.

[자료 1.3.4]에서 다변량 정규성을 검토하기 위한 [R-코드 1.8.1](iris-chisqplot.R)에 의한 [그림 1.8.1]의 붓꽃 종류별 카이제곱그림을 살펴보자. 이 그림의 수평 축(Quantile)은 [표 1.8.1]-[2단계]의 카이제곱분포의 분위수에 해당하고 수직 축(Ordered Squared

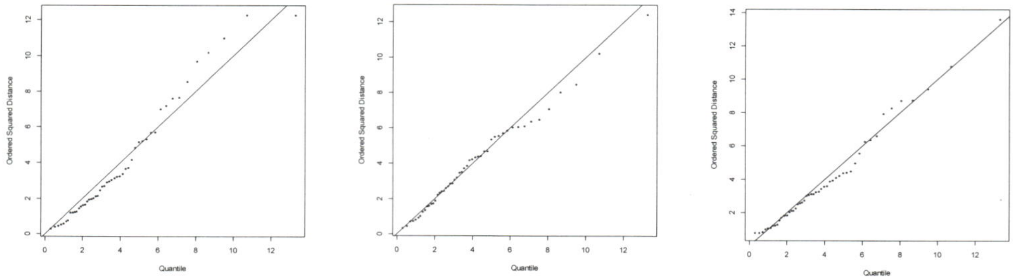

$r_Q = 0.9863187$ (a) Setosa　$r_Q = 0.9943037$ (b) Versicolor　$r_Q = 0.9927457$ (c) Virginica

[그림 1.8.1] 피셔의 붓꽃자료의 카이제곱그림과 상관계수

Distance)은 [표 1.8.1]-[1단계]의 마할라노비스 거리를 나타낸다. [그림 1.8.1]-(a), (b), (c) 모두의 좌표점(*)이 직선성을 크게 벗어나지 않음을 알 수 있다. 더군다나 분위수와 마할라노비스 거리의 상관계수 (a) $r_Q = 0.9863187$, (b) $r_Q = 0.9943037$, (c) $r_Q = 0.9927457$의 값을 보면 거의 1이 되어 카이제곱그림의 직선성이 매우 인정되며 세 종류의 붓꽃자료는 다변량 정규성을 만족한다고 볼 수 있다.

[R-코드 1.8.1] [그림 1.8.1]을 위한 R-코드(iris-chisqplot.R)

```
data(iris)
     setosa = iris[1:50, 1:4]  # Iris data only for setosa
    #versicolor = iris[51:100, 1:4] # Iris data only for versicolor
    #virginica = iris[101:150, 1:4] # Iris data only for virginica

# Chi-squre Plot for Checking MVN
     x=setosa
     n=dim(x)[[1]]
     p=dim(x)[[2]]
     S=cov(x)
     xbar=colMeans(x)
     m=mahalanobis(x, xbar, S)
     m=sort(m)
     id=seq(1, n)
     pt=(id-0.5)/n
     q=qchisq(pt, p)
     plot(q, m, pch="*", xlab="Quantile", ylab="Ordered Squared Distance")
     abline(0, 1)
```

```
# Correlation Coefficient Test for Normailty
    rq=cor(cbind(q, m))[1,2]
    rq
```

이 외에도 library(MVN)에서 함수 mardiaTest() 또는 mvn()을 활용하면 쉽게 [표 1.8.1]의 카이제곱그림과 다변량 왜도(skewness)와 첨도(kurtosis)를 활용한 정규성 평가를 위한 검정을 제공하며 검정 통계량의 유의확률 p-값을 제공하므로 분석자는 유의수준 α만 결정하면 된다. 이는 Mardia(1970)가 제안한 다음의 두 통계량인 왜도 b_{1p}와 첨도 b_{2p}에 따른다.

$$b_{1p} = \frac{1}{n^2}\sum_{r=1}^{n}\sum_{s=1}^{n} m_{rs}^3 \simeq \frac{6}{n}\chi^2_{(p(p+1)(p+2)/6)} \tag{1.8.3}$$

$$b_{2p} = \frac{1}{n}\sum_{r=1}^{n} m_{rs}^2 \simeq N\left(p(p+2),\ \frac{8p(p+2)}{n}\right) \tag{1.8.4}$$

여기서 $m_{rs} = (\boldsymbol{x}_r - \overline{\boldsymbol{x}})^t S^{-1}(\boldsymbol{x}_s - \overline{\boldsymbol{x}})$, r, $s = 1, \ldots, n$는 두 개체 간의 제곱 마할라노비스 거리이고 p는 변수 개수이다.

자료의 수가 $n < 20$으로 작은 경우 $k = (p+1)(n+1)(n+3)/(n(n+1)(p+1)-6)$라 하면 왜도 통계량은 다음을 만족한다.

$$b_{1p} = \frac{1}{n^2}\sum_{r=1}^{n}\sum_{s=1}^{n} m_{rs}^3 \sim \frac{6}{nk}\chi^2_{(p(p+1)(p+2)/6)}.$$

[보기 1.8.1]에서 살펴본 붓꽃(iris flower)에 대한 카이제곱그림 대신에 (1.8.3)과 (1.8.4)에 의한 왜도와 첨도에 의한 검정을 살펴보기로 하자.

[보기 1.8.2] 붓꽃자료의 왜도와 첨도에 의한 정규성 검정

EXAMPLE

[보기 1.8.1]의 세 종류의 붓꽃자료에 대해 왜도와 첨도에 의한 다변량 정규성을 검토하기 위한 [R-코드 1.8.2](iris-MVNtest.R)에 의한 [결과 1.8.1]의 붓꽃 종류별 검정결과를 살펴보자.

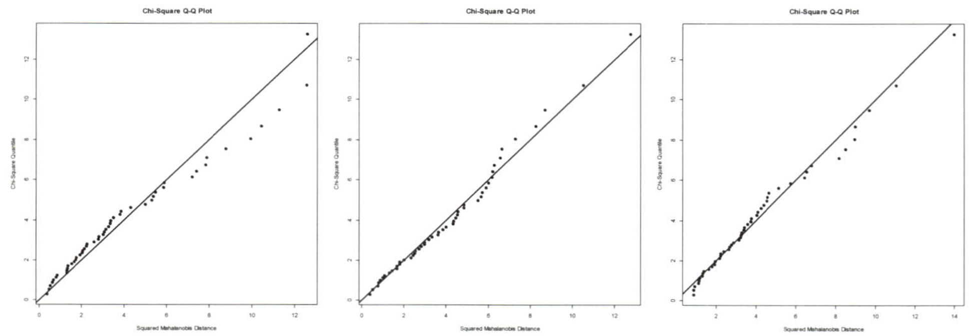


```
Mardia's Multivariate Normality Test
---------------------------------------
 data : setosa

 g1p             : 3.079721
 chi.skew        : 25.66434
 p.value.skew    : 0.1771859

 g2p             : 26.53766
 z.kurtosis      : 1.294992
 p.value.kurt    : 0.1953229

 chi.small.skew  : 27.85973
 p.value.small   : 0.1127617

 Result     : Data are multivariate normal.
---------------------------------------
```

```
Mardia's Multivariate Normality Test
---------------------------------------
 data : versicolor

 g1p             : 3.022201
 chi.skew        : 25.18501
 p.value.skew    : 0.1944445

 g2p             : 22.87938
 z.kurtosis      : -0.5718664
 p.value.kurt    : 0.5674125

 chi.small.skew  : 27.33939
 p.value.small   : 0.1259826

 Result     : Data are multivariate normal.
---------------------------------------
```

```
Mardia's Multivariate Normality Test
---------------------------------------
 data : virginica

 g1p             : 3.152472
 chi.skew        : 26.2706
 p.value.skew    : 0.1570597

 g2p             : 24.29906
 z.kurtosis      : 0.1526142
 p.value.kurt    : 0.8787025

 chi.small.skew  : 28.51784
 p.value.small   : 0.09769648

 Result     : Data are multivariate normal.
---------------------------------------
```

[그림 1.8.2] 붓꽃자료의 정규성 검정

[R-코드 1.8.2] [그림 1.8.2]를 위한 R-코드(iris-MVNtest.R)

```
library("MVN")
iris
# MVN tests based on the Skewness and Kurtosis Ststistics
par(mfrow=c(1, 3))
setosa=iris[1:50, 1:4] # Iris data only for setosa and four variables
versicolor=iris[51:100, 1:4] # Iris data only for versicolor and four variables
virginica=iris[101:150, 1:4] # Iris data only for virginica and four variables

result_setosa=mardiaTest(setosa, qqplot=TRUE)
result_versicolor=mardiaTest(versicolor, qqplot=TRUE)
result_virginica=mardiaTest(virginica, qqplot=TRUE)

result_setosa
result_versicolor
result_virginica
```

[그림 1.8.2]에는 [R-코드 1.8.2]의 함수 mardiaTest()에서 옵션 qqplot=TRUE가 카이제곱 그림을 제공한다. 함수 mvn()에서는 옵션 multivariatePlot="qq"을 사용한다. 다만 [표 1.8.1]의 단계에 의한 [그림 1.8.1]과는 수평축과 수직축 반대로 나타나 있으나 직선성에 의한 다변량 정규성을 살펴보는 것에는 변함이 없다. 다음으로 세 종류의 붓꽃자료에 대해 (1.8.3) 왜도와 (1.8.4) 첨도 검정 통계량 b_{1p}와 b_{2p}가 각각 g1p와 g2p로 나타나 있으며 이들의 p-값이 p.value.skew와 p.value.kurt에 나타나 있다. 전체적으로 유의수준 $\alpha = 0.05$보다 크므로 이는 다변량 정규성이 통계적으로 만족됨을 나타낸다.

끝으로 카이제곱그림은 주로 정규성 평가를 위한 것이지만 이상치(outliers)를 찾아내는 검색 기능도 가지고 있다. 즉, 그림에서 직선성을 크게 벗어나는 좌표점에 해당하는 개체는 이에 해당한다. library(MVN)에서 mvOutlier() 함수를 활용하는 방법도 있으니 참고 바라며 이 외에도 이상치 검색에 대한 다양한 방법들이 Jobson(1992, pp. 150-155), Rencher(1995, pp. 115-118), 그리고 Srivastava(2002, 3장)에 소개되고 있다.

1.9 연습문제

1.1 다변량 자료에 대해 설명하라.

1.2 다변량 자료분석에서 분석자가 가지는 관심에 대해서 열거하고 설명하라.

1.3 다변량 자료가 표현되는 기하적인 공간에 대해서 설명하라.

1.4 다변량 분석기법인 R-기법, Q-기법, 시각화 기법 세 가지에 대해서 설명하라.

1.5 다변량 자료를 일변량 자료처럼 다룬다면 발생되는 문제점은 무엇인지를 기술하라.

1.6 [자료 1.3.1] (5subjects.txt)에는 학생 88명을 대상으로 두 가지 방식(open-book, closed-book)에 따라 치른 다섯 과목 Mechanics(c), Vectors(c), Algebra(o), Analysis(o), Statistics(o)의 성적이 있다. 여기서 (c)와 (o)는 두 가지 방식을 나타

낸다.

(1) 자료가 원래 표현되는 공간은 몇 차원인지를 설명하라.
(2) 평균벡터, 공분산행렬 S, 상관행렬 R을 구하라.
(3) 변수들의 연관성에 대하여 논하라.
(4) 다변량 정규성을 만족하는지를 카이제곱 그림과 왜도와 첨도에 의한 검정을 통해 검토하라.

1.7 [자료 1.3.2](klpga.txt)에는 KLPGA 선수성적은 기술요인변수군(평균퍼팅수, 그린적중률, 파세이브율, 파브레이크율)과 경기성적요인변수군(상금률, 평균타수)으로 나눌 수 있다.

(1) 이 자료를 통해 분석자가 가지는 관심은 무엇이지를 설명하라.
(2) 평균벡터, 공분산행렬 S, 상관행렬 R을 구하라.
(3) 다변량 변동량을 구하고 해석하라.
(4) 이 자료는 표준화와 중심화 중 어느 것을 선택해야 하는지를 설명하라.
(5) 변수들의 연관성을 기술요인변수군과 경기성적요인 변수군으로 나눌 수 있는지에 대하여 살펴보라.
(6) 다변량 정규성을 만족하는 지를 카이제곱그림과 왜도와 첨도에 의한 검정을 통해 검토하라.

1.8 다변량 자료에서 개체 간과 변수 간에 대수적, 기하적인 관계를 각각 설명하라.

1.9 [자료 1.3.3](protein.txt)의 유럽 25개국의 9가지 단백질 섭취원에 대한 자료가 있다.

(1) 자료의 표준화와 중심화가 필요한지를 살펴보라.
(2) 변수들에서 단백질 섭취원을 대표하는 세 변수에 대하여 3차원 변수공간에 25개국 나타내어 보고 유사한 지역을 찾아보라.
(3) 이들 각 지역에 대하여 공분산행렬과 상관행렬을 이용한 일반화 분산과 총 분산을 구하고 비교·해석하라.

1.10 [자료 13.4](irisflower.txt)에는 세 종류의 붓꽃(Setosa, Versicolor, Virginica) 각각 50 포기씩 뽑아서 꽃받침 길이(X_1), 꽃받침 폭(X_2), 꽃잎 길이(X_3), 꽃잎 폭(X_4)을 측정한 자료이다.

(1) X_1 과 X_2 에 의한 산점도를 구하고 두 변수가 연관성이 있는지를 살펴보라.

(2) 세 종류의 붓꽃 군집을 (1)에서 구한 산점도를 통해 살펴보라.

(3) 붓꽃 군집별로 꽃받침 길이와 꽃잎 길이의 평균벡터와 공분산행렬, 상관행렬을 구하고 비교하라.

(4) 각 붓꽃 군집별로 (3)에서 구한 정보를 가지고 이변량 정규분포의 밀도함수를 추정하고 그려보라. 단, [R-코드 1.6.1](BVNpdf.R)을 활용하라.

(5) 각 붓꽃 군집별 평균벡터 간의 유클리드 거리를 구하고 설명하라.

1.11 [자료 1.3.5](economicview.txt)에는 우리나라 14개 경제관련기관의 전문가들의 향후 1년간 10가지 경제전망(성장률, GNP, 수출, 수입, 국제흑자, 연말외채, 연말환율, 실업률, 소비물가, 임금상승)에 관한 조사표인 계량치 자료이다.

(1) 평균벡터, 공분산행렬 S, 상관행렬 R을 구하라.

(2) [그림 1.3.5]로부터 얻어진 경제관련 기관의 군집화를 다시 요약하라.

(3) 군집별 변수들에서 평균벡터를 좌표점으로 하여 그들 간의 유클리드 거리를 구하여 설명하라.

1.12 평균이 $\mu_1 = 1$과 $\mu_2 = 1$이고 분산 $\sigma_{11} = 0.5$와 $\sigma_{22} = 1$이며 공분산 $\sigma_{12} = 0.8$인 이변량 정규분포가 있다.

(1) $(\boldsymbol{x} - \boldsymbol{\mu})^t \, \Sigma^{-1} \, (\boldsymbol{x} - \boldsymbol{\mu})$를 계산하라.

(2) 이변량 정규분포의 밀도 함수를 구하라.

(3) [R-코드 1.6.1](BVNpdf.R)을 활용하여 이변량 정규분포 밀도함수 그림과 등고선을 구하고 설명하라.

제 2 장

주성분분석 (Principal Component Analysis)

다변량 자료에서 차원의 축소 및 자료 요약은 매우 중요한 절차에 해당한다. 관련된 변수의 수가 많으면 자료를 한눈에 파악하기 어려울 뿐 아니라 일반적인 통계분석을 수행하기 어렵다. 따라서 그 이전에 자료의 차원을 축소하거나 요약할 필요가 있다. 주성분분석은 인자분석과 더불어 다변량 자료의 차원을 축소하여 자료의 해석이나 분석을 쉽게 할 수 있도록 한다. 이뿐만 아니라 분석에서 얻어진 결과는 추가적인 통계분석을 위한 입력자료로 이용되기도 한다. 이 장에서는 주성분의 개념을 간략히 소개하고 다양한 보기에서 주성분분석의 대수적 알고리즘을 바탕으로 한 R-코드를 제공하여 주성분분석 수행단계와 결과의 해석을 제공한다. 또 주성분분석의 시각화를 통해 변수와 개체 간의 연관성도 살펴본다. 이는 9장의 행렬도(biplot)와 대수적으로 일치한다. 더불어 접근성과 편의성에 따라 R에서 제공하는 함수 princomp()와 prcomp()를 활용한 R-코드도 추가한다.

2.1 주성분분석의 이해

1장에서 소개한 다변량 자료에 대한 통계적 요약은 주로 여러 개 변수들을 개별적으로 또는 짝을 지어서 살펴본 것이다. 이를 차원의 개념으로 본다면 1차원 내지는 2차원에서 자료를 수리적, 기하적으로 요약한 것이 된다. 특히, [보기 1.1.1]에서 10명의 학생에 대한 3과목 시험성적 자료를 1차원에서 기술통계인 평균, 분산, 줄기-잎 그림 그리고 상자그림으로, 2차원에서 공분산행렬, 상관행렬과 다중산점도로, 3차원에서 변수공간과 개체공간에 기하적으로 자료를 살펴본 것이다. 따라서 여러 변수가 있다고 하더라도 3차원까지 자료 요약은 언제든지 가능하다. 실제로 3차원이 넘는 자료에 대한 기하적공간은 인간이 상상만 할 수 있는 공간이다. 이런 공간을 고차원공간(high dimensional space)이라 하며 이 공간에 상상적으로 존재하는 개체와 변수들을 인간이 볼 수 있는 3차원 이하로 축소하면 최상이지만 최소한 저차원공간(low dimensional space)에 나타내는 것이 필요하다. 이를 차원축소(dimension reduction)라 하며 이를 가능하게 하는 대표적인 분석기법으로 주성분분석(principal component analysis, PCA)이 있다.

PCA는 크기가 $n \times p$인 다변량 자료에서 상호 독립성을 보장할 수 없는 원 변수들의 수학적 선형결합을 통해 주성분(principal component)이라는 새로운 변수들을 만들어 내고 이들이 서로 독립이 되게 하는 다변량 분석기법이다. 특히, 주성분은 원 변수의 수 p개만큼 생성되며 수리적으로 전체 주성분들의 분산의 합이 원 변수들의 분산의 합과 일치하도록 만들어진다. 그러나 원 변수들의 분산의 합이 최대 약 30% 손실이 있다고 하더라도 $k(\leq p)$개의 주성분을 선택하여 차원축소를 시도하게 된다. 이를 위해 전체 p개 주성분의 총 분산에 대한 선택된 $m(\leq p)$개 주성분들의 총 분산의 비율인 설명력(goodnes-of-fit)이 약 70%를 넘어서 90% 이내면 합리적이다(Jolliffe, 2002, Chpter 6).

주성분으로 인한 차원축소와 독립성 성질을 보장하는 PCA는 변수들의 수가 매우 많거나 변수들의 독립성을 보장하지 못하는 자료를 가진 다른 통계적 분석에 추후 활용된다. 이 경우 $m(\leq p)$개의 주성분에 원 자료의 값 또는 중심화 값 내지는 표준화 값을 대입하여 얻어지는 주성분점수(pc scores)로 이루어진 크기가 $n \times m$ 새로운 다변량 자료로 활용한다. 더불어 주성분점수는 다변량 자료의 정규성과 이상치를 검토하는 데에 유용하게 사용된다. PCA 수행단계의 전체적인 이해를 위해 다음의 [표 2.1.1]을 참고하기 바란다.

| 표 2.1.1 | PCA 수행단계

[1단계] 다변량 자료행렬 X를 준비한다.
[2단계] 공분산행렬 S(또는 상관행렬 R)을 구한다.
[3단계] S(또는 R)의 스펙트럼분해(spectrral decomposition)를 통해 고윳값 l과 고유벡터 v를 구한다.
[4단계] 고윳값의 총합에서 70% 이상 설명비율의 합을 갖는 $m(\le p)$개 고윳값을 선택한다.
[5단계] $m(\le p)$개 고윳값에 대응하는 고유벡터를 활용하여 원 변수의 선형결합인 주성분을 구한다.
[6단계] 중심화자료 (또는 표준화자료)를 주성분에 삽입하여 주성분점수를 얻는다.
[7단계] 주성분 점수를 차원축소된 새로운 다변량 자료로 고려한다.

2.2 주성분의 개념

주성분에 대한 개념을 [자료 1.1.1](3subjects.txt)의 3과목 시험성적인 다변량 자료를 통해 이해하고 이 자료에 대한 [표 2.1.1]의 PCA 수행단계를 적용한 [보기 2.2.1]을 통해 전체적인 PCA를 간단하게 이해하고, 본격적인 PCA에 대한 수리적, 기하적 서술은 2.3절에서 하자.

[자료 1.1.1]은 학생 10명의 역학(Mechanics), 대수학(Algebra), 통계학(Statistics) 시험성적을 정리한 것으로 개체의 수는 $n=10$이고 변수의 수는 $p=3$인 크기가 10×3인 다변량 자료행렬 X가 된다. 이들에 대한 기술통계 요약정보는 [결과 1.1.1]을 참고할 수 있으며, 특히 세 변수들 간에는 상관관계가 0.92 이상으로 매우 높다.

특히, 이들 자료는 [보기 1.1.2]에서 [R-코드 1.1.2](3subjects-3d.R)에 의해서 제공된 [그림 1.1.1]-(a)처럼 기하적으로 3차원 변수공간에 나타낼 수가 있다. 이를 [그림 2.2.1]-(a)에 재인용하였다. 그림 (a)에서 시험성적이 높은 Student1, Student2, Student4, Student6, Student8이 한 그룹이 되고, 나머지 Student3, Student5, Student7, Student9, Student10이 시험성적이 낮은 그룹으로 분류되어 있음을 볼 수 있다. 즉, 이들 10명의 학생들은 1.4절의 10×3 다변량 자료행렬 X로부터 행벡터로 $\boldsymbol{x}_i=(x_{i1},\ x_{i2},\ x_{i3})^t$, $i=1, \ldots, 10$가 되며 이는

$$\boldsymbol{x}_1=(65,\ 85,\ 85)^t$$

$$\boldsymbol{x}_2=(65,\ 80,\ 90)^t$$

$$\cdots$$

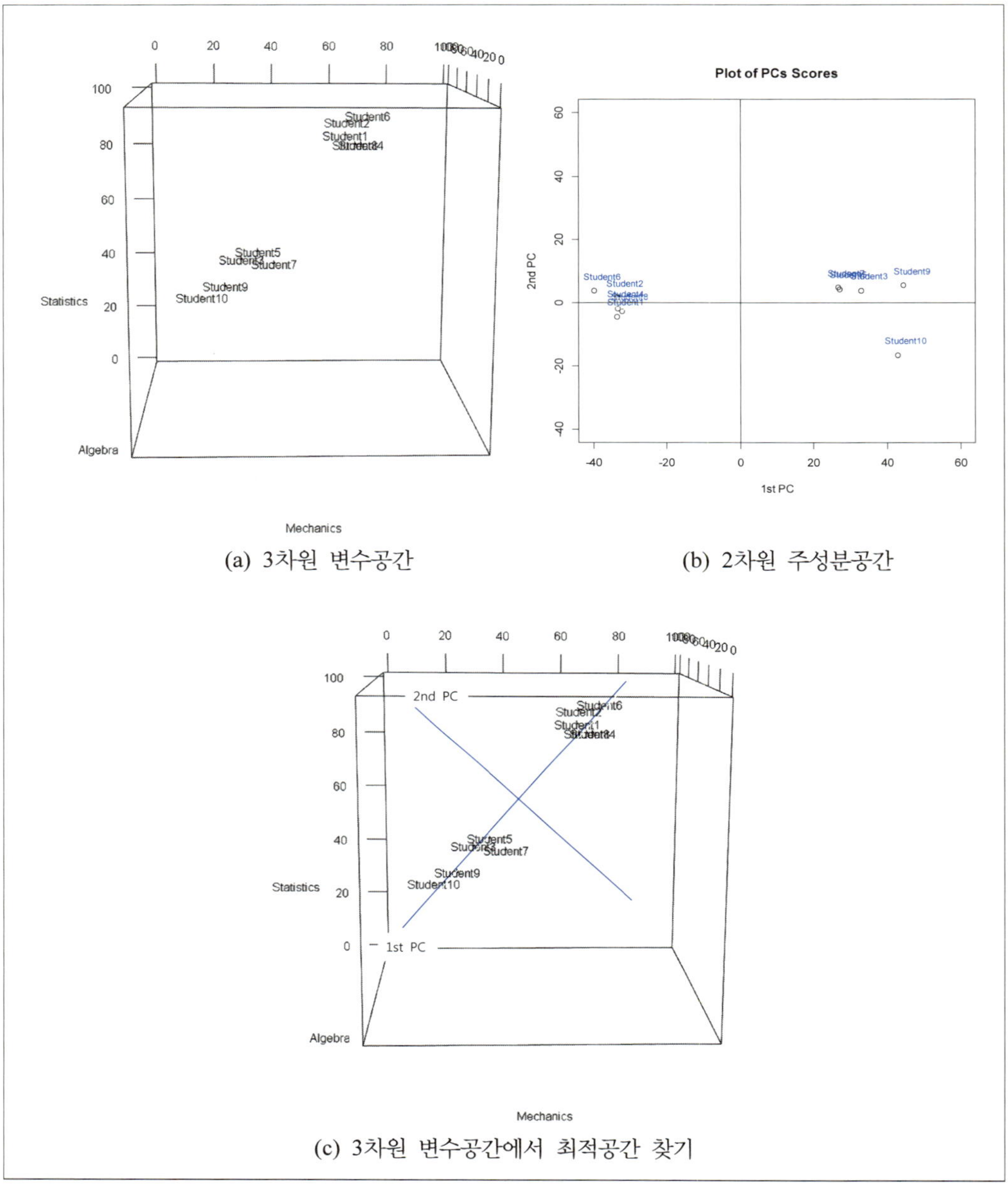

(a) 3차원 변수공간

(b) 2차원 주성분공간

(c) 3차원 변수공간에서 최적공간 찾기

[그림 2.2.1] 세 변수와 두 주성분에 의한 $n=10$개 개체의 그림

$$\boldsymbol{x}_{10} = (17,\ 51,\ 35)^t \tag{2.2.1}$$

로 3차원 변수공간 [그림 2.2.1]-(a)에 표현된 좌표점이 된다.

이 자료는 변수가 3개이므로 3차원 공간에 (2.2.1)의 개체들을 나타낼 수가 있었지만 변수가 이보다 훨씬 많은 자료의 경우에는 상상만 가능한 고차원공간에서 개체들이 존재할 것이다. 만약에 [그림 2.2.1]-(a) 그림을 고차원공간이라 한다면 PCA는 주성분을 이용하여 [그림 2.2.1]-(b)와 같이 차원 축소된 저차원공간인 주성분공간을 제공한다. 물론 주성분을 몇 개를 선택하느냐에 따라 저차원의 수가 결정된다. 여기서는 두 주성분을 선택하여 2차원 주성분공간이 제공되며 여기서 10명의 개체에 대한 좌표점을 주성분점수라 하고 이를 $\boldsymbol{p}_i = (p_{i1},\ p_{i2})^t,\ i = 1,\ \ldots,\ 10$라 하면 다음과 같다.

$$\begin{aligned} \boldsymbol{p}_1 &= (-33.6248,\ -4.2539)^t \\ \boldsymbol{p}_2 &= (-33.6898,\ 1.7761)^t \\ &\cdots\cdots \\ \boldsymbol{p}_{10} &= (42.6252,\ -16.3739)^t \end{aligned} \tag{2.2.2}$$

(2.2.2)의 주성분점수는 (2.2.1)에 의한 다변량 자료행렬 X 대신 평균벡터에 대하여 중심화자료행렬 Y를 구성하는 $\boldsymbol{y}_i = (y_{i1},\ y_{i2},\ y_{i3})^t,\ i = 1,\ \ldots,\ 10$:

$$\begin{aligned} \boldsymbol{y}_1 &= (16.3,\ 22.8,\ 19.1)^t \\ \boldsymbol{y}_2 &= (16.3,\ 17.8,\ 24.1)^t \\ &\cdots\cdots \\ \boldsymbol{y}_{10} &= (-31.7,\ -11.2,\ -30.9)^t \end{aligned} \tag{2.2.3}$$

를 중심화 변수의 선형결합인 (2.2.4)의 두 주성분 p_1과 p_2이라는 새로운 변수에 대입하여 얻어진 것이다. (2.2.4)의 두 주성분은 [표 2.1.1]의 PCA 수행단계를 거쳐 제공되며 이는 [보기 2.2.1]에서 보이기로 하자.

$$\begin{aligned} p_1 &= -0.567y_1 - 0.576y_2 - 0.589y_3 \\ p_2 &= 0.426y_1 - 0.817y_2 + 0.389y_3 \end{aligned} \tag{2.2.4}$$

실제 고차원공간으로부터 얻을 수 있는 저차원공간은 수도 없이 많지만 고차원공간의 개체들의 거리(주로 유클리드 거리)에 의한 유사성(similarity)이 가급적 유지되는 저차원공간을 찾는 것이 매우 중요하다. 이를 최적공간(optimal space)이라 한다.

[그림 2.2.1]-(b)를 보면 수평축인 1st PC(제1주성분) 축에 대하여 [그림 2.2.1]-(a)에서 시험성적이 높은 그룹의 Student1, Student2, Student4, Student6, Student8이 왼편에 위

치하고 나머지 시험성적이 낮은 Student3, Student5, Student7, Student9, Student10이 오른편에 위치하고 있다. 실제 PCA를 통한 최적공간은 [그림 2.2.1]-(b)의 수평축인 1st PC(제1주성분)축으로 형성되는 1차 공간만으로도 충분함을 보여준다. 단지 시각적인 편의성을 위해 두 주성분을 선택해서 2차원 주성분공간을 보여주고 있을 뿐이다.

실제 [그림 2.2.1]-(c)는 3차원공간에서 존재하는 많은 2차원 공간 중에서 최적공간을 생각해 본 것이다. 이 그림을 수평축 1st PC를 시계반대 방향으로 180도 회전하면 [그림 2.2.1]-(b)와 매우 유사하다.

[보기 2.2.1] 3과목 시험성적의 PCA 수행 단계

EXAMPLE

[그림 2.2.1]에서 살펴본 [자료 1.1.1](3subjects.txt) 3과목 시험성적인 다변량 자료의 PCA 수행단계에 따라 계산과정을 R을 활용하여 요약, 정리하며 이를 확인하기 위한 [R-코드 2.2.1] (3subjects-PCAsteps.R)를 참고해서 실행해 보기 바란다. 실제 실행 결과는 다음의 PCA 수행단계의 정리된 내용과 비교하면 쉽게 해석될 수 있어 생략한다.

[1단계] 다변량 자료행렬 X를 준비한다.

- [자료 1.1.1]은 크기가 10×3 다변량 자료행렬이다.

[2단계] 공분산행렬 S를 구한다.

$S =$

	Mechanics	Algebra	Statistics
Mechanics	453.344	431.511	459.078
Algebra	431.511	484.622	450.244
Statistics	459.078	450.244	487.878

[3단계] S의 스펙트럼분해를 통해 고윳값과 고유벡터를 구한다.

- $S = VDV^t$: $V = (v_1, \ldots, v_p)$, $V^t V = VV^t = I$
  $D = diag(l_1, \ldots, l_p)$, $l_1 \geq \cdots \geq l_p > 0$
- 고윳값: $(l_1, l_2, l_3) = (1369.521, 45.161, 11.162)$
- 고유벡터: $V = (v_1, v_2, v_3)$

v_1	v_2	v_3
-0.567	0.426	0.705
-0.576	-0.817	0.030
-0.589	0.389	-0.708

[4단계] 고윳값의 총합에서 70% 이상 설명비율의 합을 갖는 $m(\le p)$개 고윳값을 선택한다.

- 설명비율: 96.05%, 3.17%, 0.78%
- $m=1$개 고윳값($l_1=1369.521$)의 설명비율이 96.05%이다.

[5단계] 1개의 고윳값 l_1에 대응하는 고유벡터 v_1을 활용하여 중심화 변수의 선형결합인 주성분 p_1을 구한다.

- 원 변수: $\boldsymbol{x}=(x_1,\ x_2,\ x_3)^t=(\text{Mechanics, Algebra, Statistics})^t$
- 중심화 변수: $\boldsymbol{y}=(y_1,\ y_2,\ y_3)^t$
- 제1주성분: $p_1=\boldsymbol{v}_1^t\boldsymbol{y}=-0.567y_1-0.576y_2-0.589y_3$

해석: p_1의 모든 변수(과목)에 대한 부호가 동일하므로 이는 평균점수를 나타내는 제1 주성분이다. 이 주성분의 설명력은 [4단계] 고윳값의 설명비율에 해당하며 96.05%이다.

참고로 [7단계]에서 시각적 편의상 주성분점수를 보여줄 2차원 주성분공간을 얻기 위해 다음의 제2주성분을 고려하자.

- 제2주성분: $p_2=\boldsymbol{v}_2^t\boldsymbol{y}=0.426y_1-0.817y_2+0.389y_3$

이는 [3단계]와 [4단계]에서 설명비율이 3.17%에 해당하는 고윳값 $l_2=45.161$에 대응하는 고유벡터 $\boldsymbol{v}_2$를 활용한 원 변수의 선형결합이다.

[6단계] 중심화자료를 주성분에 삽입하여 주성분점수를 얻는다.

- 중심화자료: Y를 구성하는 (2.2.3)의 $\boldsymbol{y}_i=(y_{i1},\ y_{i2},\ y_{i3})^t,\ i=1,\ \ldots,\ 10$
- 주성분점수 행렬: $P=YV_{(2)}$ 여기서 $V_{(2)}=(\boldsymbol{v}_1,\ \boldsymbol{v}_2)$

[7단계] 주성분점수를 차원 축소된 새로운 다변량 자료로 고려한다.

- 주성분점수의 산점도를 구하여 보면 새로운 변수 주성분 p_1과 p_2는 서로 상관이 없어 보인다.
- PCA를 적용하여 얻어진 두 주성분은 독립된 새로운 변수가 되며 주성분의 수에 따라 차원이 축소된 새로운 다변량 자료행렬 P를 얻게 된다.
- 다변량 자료행렬 P는 새로운 다변량 자료행렬로 원 다변량 자료행렬 X를 대신할 수 있다.

[R-코드 2.2.1] [자료 1.1.1]의 PCA 수행단계(3subjects-PCAsteps.R)

```
#[Step 1] Data Matrix X
Data1.1.1<-read.table("3subjects.txt", header=T)
X<-Data1.1.1[,-1]
rownames(X)<-Data1.1.1[,1]

#[Step 2] Covariance Matrix S(or Correlation Matix R)
S=round(cov(X),3)
S

#[Step 3] Spectral Decomposition
eigen.S=eigen(S)
round(eigen.S$values, 3) # Eigenvalues
V=round(eigen.S$vectors, 3) # Eigenvectors
V
#[Step 4] Choice of Eigenvalues and Eigenvectors
gof=eigen.S$values/sum(eigen.S$values)*100 # Goodness-of fit
round(gof, 2)

#[Step 5] PCs : linear combination of original variables
V2=V[,1:2]
V2

#[Step 6] PCS, PCs Scores and New Data Matrix P
Y=scale(X, scale=F) # Centred Data Matrix
Y
P=Y%*%V2           # PCs Scores
P

#[Step 7] Plot of PCs Scores
par(pty="s")
lim<-range(pretty(P))
plot(P[,1], P[, 2], main="Plot of PCs Scores", xlim=lim, ylim=lim,
            xlab="1st PC", ylab="2nd PC")
text(P[,1]+2, P[, 2], rownames(X), cex=0.8, col="blue", pos=3)
abline(v=0, h=0)
```

[보기 2.2.1]에서는 제1주성분의 설명력이 70%를 넘어 96.05%에 달하여 실제 제2주성분은 큰 의미를 가지지 못하며 실제 주성분점수의 시각적 표현의 편의성으로 이를 고려한 것이다. 이번에는 [자료 1.3.1](5subjects.txt)의 두 가지 방식의 시험성적 다변량 자료

에 대해 PCA 수행단계를 적용한 [보기 2.2.2]를 살펴보고 본격적인 PCA에 대한 대수적, 기하적 서술은 2.3절에서 하자.

[보기 2.2.2] [자료 1.3.1] 두 가지 시험성적(5subjects.txt)의 PCA

EXAMPLE

R에서 오픈소스로 제공(library(MVT); data(examScor))되며 Mardia 외(1979, pp. 3-4)에서 인용한 [자료 1.3.1](5subjects.txt)은 학생 88명을 대상으로 두 가지 방식(책을 참고하는 오픈북(open-book), 책을 참고하지 않는 클로즈북(closed-book))에 따라 시험을 치른 다섯 과목 Mechanics(c), Vectors(c), Algebra(o), Analysis(o), Statistics(o)의 성적이다. 여기서 (c)와 (o)는 시험을 치른 두 가지 방식을 나타낸다. 이 다변량 자료는 변수 개수는 $p=5$이고 개체 수 $n=88$인 88×5 다변량 자료행렬 X가 된다.

먼저 변수들의 상관관계를 보여주는 다중 산점도와 개체들의 분포를 보여주는 상자 그림으로 자료를 요약한 [그림 1.1.3]에서 이미 이 자료에서 얻고자 하는 정보는 Algebra, Analysis, Statistics의 세 과목은 책을 참고하여 치른 시험과목으로 서로 성격이 유사하여 통계적으로 상관이 높고 상대적으로 책을 참고하지 않고 치른 시험과목 Mechanics과 Vectors의 상관이 높아 보인다고 했다.

이를 염두에 두고 PCA를 이 자료에 적용하기 위해 2.1절의 PCA 수행단계에 따라 계산과정을 R을 활용하여 요약, 정리하고 이를 위한 [R-코드 2.2.2](5subjects-PCAsteps.R)을 참고하기 바란다.

[1단계] 다변량 자료행렬 X를 준비한다.

- [자료 1.3.1]은 크기가 88×5 다변량 자료행렬이다.

[2단계] 공분산행렬 S를 구한다.

$S =$

	mechanics	vectors	algebra	analysis	statistics
mechanics	305.768	127.223	101.579	106.273	117.405
vectors	127.223	172.842	85.157	94.673	99.012
algebra	101.579	85.157	112.886	112.113	121.871
analysis	106.273	94.673	112.113	220.380	155.536
statistics	117.405	99.012	121.871	155.536	297.755

[3단계] S의 스펙트럼분해를 통해 고윳값과 고유벡터를 구한다.

- $S = VDV^t$: $V = (v_1, \ldots, v_p)$, $V^t V = VV^t = I$

$D = diag(l_1, \ldots, l_p), \; l_1 \geq \cdots \geq l_p > 0$

- 고윳값: $(l_1, \ldots, l_5) = (686.990, \; 202.111, \; 103.746, \; 84.630, \; 32.154)$
- 고유벡터: $V = (\boldsymbol{v}_1, \; \boldsymbol{v}_2, \; \boldsymbol{v}_3, \; \boldsymbol{v}_4, \; \boldsymbol{v}_5)$

v_1	v_2	v_3	v_4	v_5
-0.505	-0.749	-0.300	0.296	-0.079
-0.368	-0.207	0.416	-0.783	-0.189
-0.346	0.076	0.145	-0.003	0.924
-0.451	0.301	0.597	0.518	-0.286
-0.535	0.548	-0.600	-0.176	-0.151

[4단계] 고윳값의 총합에서 70% 이상 설명비율의 합을 갖는 $m(\leq p)$개 고윳값을 선택한다.

- 설명비율: 61.91%, 18.21%, 9.35%, 7.63%, 2.90%
- $m = 2$개 고윳값($l_1 = 686.990$, $l_2 = 202.111$)의 설명비율 합은 61.91% +18.21%= 80.12%이다.

[5단계] 2개 고윳값 l_1과 l_2에 대응하는 고유벡터 v_1과 v_2를 활용하여 중심화 변수의 선형결합인 주성분 p_1과 p_2를 구한다.

- 원 변수: $\boldsymbol{x} = (x_1, \; x_2, \; x_3, \; x_4, \; x_5)^t =$ (mechanics, vectors, algebra, analysis, statistics)^t
- 중심화 변수: $\boldsymbol{y} = (y_1, \; y_2, \; y_3, \; y_4, \; y_5)^t$
- 제1주성분: $p_1 = \boldsymbol{v}_1^t \boldsymbol{y} = -0.505y_1 - 0.368y_2 - 0.346y_3 - 0.451y_4 - 0.535y_5$
- 제2주성분: $p_2 = \boldsymbol{v}_2^t \boldsymbol{y} = -0.749y_1 - 0.207y_2 + 0.076y_3 + 0.301y_4 + 0.548y_5$

해석: p_1의 모든 변수(과목)에 대한 부호가 동일하므로 이는 평균점수를 나타내는 제1주성분이고 p_2는 클로즈북(mechanics, vectors)과목($-$)과 오픈북(algebra, analysis, statistics)과목($+$)의 대비를 나타내는 제2주성분이다. 이들의 설명력은 [4단계] 고윳값의 설명비율에 해당하며 각각 61.91%와 18.21%이다. 따라서 두 주성분의 설명력은 80.12%이다.

[6단계] 중심화자료를 주성분에 삽입하여 주성분점수를 얻는다.

- 중심화자료: (1.4.4)의 Y
- 주성분점수 행렬: $P = YV_{(2)}$ 여기서 $V_{(2)} = (\boldsymbol{v}_1, \; \boldsymbol{v}_2)$.

[7단계] 주성분점수를 차원 축소된 새로운 다변량 자료로 고려한다.

- [결과 2.2.1]의 제1주성분과 제2주성분 p_1, p_2를 새로운 변수로 하는 크기가 88×2

다변량 자료행렬 P를 얻는다.

- 주성분점수의 산점도를 구하여 보면 새로운 변수 p_1과 p_2에 대하여 자료들이 서로 상관이 없어 보인다.
- 적용하여 독립된 새로운 변수인 두 주성분에 의한 차원이 축소된 새로운 자료를 얻게 되었다.

해석: 주성분점수의 산점도에서는 평균점수 성분인 제1주성분과 관련된 1st PC(제1축)의 왼편에는 5개 과목의 평균 성적이 높은 학생들이 있고 오른편에는 낮은 학생들로 그룹이 형성되어 있다. 클로즈북(mechanics, vectors)과목(+)과 오픈북(algebra, analysis, statistics)과목(−)의 대비를 나타내는 제2주성분과 관련된 2nd PC(제2축)의 위편에는 클로즈북 성적이 낮고 오픈북 성적이 높은 학생들이 있으며 아래편에는 그 반대 성향의 학생들이 그룹을 형성하고 있다.

[결과 2.2.1] 주성분점수와 주성분점수의 산점도

주성분점수		
학생	p_1	p_2
1	-66.30946591	-6.4318636
2	-63.61846591	6.7731364
3	-62.92046591	-3.0678636
4	-44.53346591	5.5911364
5	-43.27846591	-1.1258636
6	-42.55846591	10.9841364
7	-39.11046591	8.2691364
8	-37.51946591	-5.5948636
9	-39.38446591	1.1401364
10	-32.12746591	-16.3898636
	....	
85	44.83053409	12.6571364
86	44.29353409	7.8451364
87	62.48253409	7.5611364
88	65.95053409	2.2651364

주성분점수의 산점도

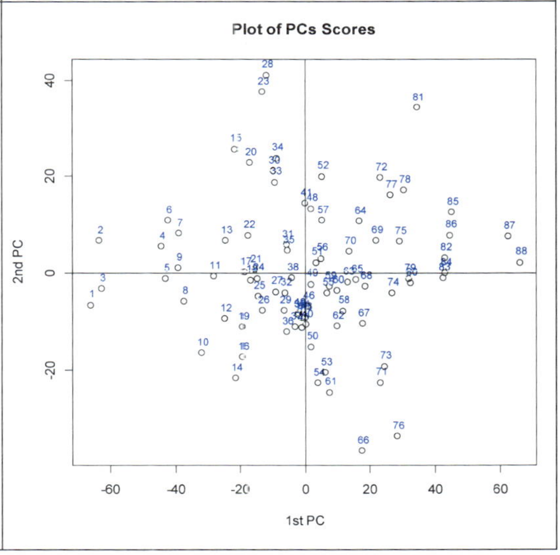

[R-코드 2.2.2]　[자료 1.3.1]의 PCA 수행단계(5subjects-PCAsteps.R)

```
# Steps for PCA

#[Step 1] Data Matrix X
library("MVT")
data(examScor)
X=examScor

#[Step 2] Covariance Matrix S(or Correlation Matix R)
S=round(cov(X),2)
S

#[Step 3] Spectral Decomposition
eigen.S=eigen(S)
round(eigen.S$values, 2) # Eigenvalues
V=round(eigen.S$vectors, 2) # Eigenvectors

#[Step 4] Choice of Eigenvalues and Eigenvectors
gof=eigen.S$values/sum(eigen.S$values)*100 # Goodness-of fit
round(gof, 2)

#[Step 5] PCs : liner combination of original variables
V2=V[,1:2]

#[Step 6] PCS, PCs Scores and New Data Matrix P
Y=scale(X, scale=F) # Centred Data Matrix
P=Y%*%V2            # PCs Scores
P

#[Step 7] Plot of PCs Scores
plot(P[,1], P[, 2], main="Plot of PCs Scores", xlab="1st PC", ylab="2nd PC")
text(P[,1], P[, 2]+2, labels=rownames(P), cex=0.8, col="blue")
abline(v=0, h=0)
```

2.3 주성분의 대수적 유도

[보기 2.2.2]에서 원 변수 개수는 $p=5$이고 개체 수도 $n=88$인 크기가 88×5 다변량 자료행렬 X의 PCA로부터 구한 두 주성분을 다루었다. 일반적으로 크기가 $n\times p$인 다변

량 자료행렬 X는 p개의 확률변수 $x_1, \ldots, x_p$에서 개체 n개를 측정한 것으로 이들로부터 p개의 새로운 변수인 주성분 $p_1, \ldots, p_p$을 구하고자 한다.

p개의 확률변수 $x_1, \ldots, x_p$에 의한 확률벡터 $\boldsymbol{x} = (x_1, \ldots, x_p)^t$가 평균벡터 $\boldsymbol{\mu} = (\mu_1, \ldots, \mu_p)^t$와 양정치(positive definite)인 크기가 $p \times p$ 공분산행렬 $Cov(\boldsymbol{x}) = \Sigma$를 가진다고 하자. 대수적으로 제$k$주성분은

$$p_k = v_{k1}x_1 + v_{k2}x_2 + \cdots + v_{kp}x_p = \boldsymbol{v}_k^t \boldsymbol{x},\ k = 1, \ldots, p \tag{2.3.1}$$

로 정의된다. 여기서 $Var(p_k) = \boldsymbol{v}_k^t \Sigma \boldsymbol{v}_k$, $Cov(p_k, p_l) = \boldsymbol{v}_k^t \Sigma \boldsymbol{v}_l$이고 $\boldsymbol{v}_k = (v_{k1}, \ldots, v_{kp})^t$는 $\|\boldsymbol{v}_k\| = 1$과 $\boldsymbol{v}_k^t \boldsymbol{v}_l = 0,\ (k \neq l)$을 만족하며 주성분의 계수(PC coefficient) 또는 주성분의 가중치(weight) 또는 적재치(loading)를 제공하는 가중벡터 또는 적재계수벡터라 한다.

(2.3.1)의 주성분을 얻기 위해서는 이를 만들어 주는 가중벡터 $\boldsymbol{v}_k = (v_{k1}, \ldots, v_{kp})^t$, $k = 1, \ldots, p$를 구하면 되나 수리적으로 동시에 전부 유도하기란 불가능하다. 이를 위해선 단계적으로 먼저 제1주성분 $p_1 = \boldsymbol{v}_1^t \boldsymbol{x}$을 고려한다. 여기서 $\boldsymbol{v}_1$은 $Var(p_1) = \boldsymbol{v}_1^t \Sigma \boldsymbol{v}_1$을 최대로 하며 조건 $\|\boldsymbol{v}_1\| = 1$을 만족하도록 수리적으로 찾는다. 이는 라그랑즈승수법(Lagrange multipliers method)에 의해서 l을 라그랑즈승수라 하면

$$\mathcal{L}_1 = \boldsymbol{v}_1^t \Sigma \boldsymbol{v}_1 - l(\boldsymbol{v}_1^t \boldsymbol{v}_1 - 1)$$

을 최대화하는 $\boldsymbol{v}_1$을 찾는 최적화문제가 된다. 이를 $\boldsymbol{v}_1$에 대해 미분하면 다음을 얻게 된다.

$$\Sigma \boldsymbol{v}_1 - l\boldsymbol{v}_1 = 0 \ \Leftrightarrow\ (\Sigma - lI_p)\boldsymbol{v}_1 = 0 \tag{2.3.2}$$

따라서 (2.3.2)는 Σ의 고윳값-고유벡터 방정식이 되며 l이 고윳값이 되며 이에 대응하는 고유벡터는 $\boldsymbol{v}_1$이다. 여기서 $Var(p_1) = \boldsymbol{v}_1^t \Sigma \boldsymbol{v}_1$을 최대로 한다는 수리적 의미는 (2.3.2)를 바탕으로

$$Var(p_1) = \boldsymbol{v}_1^t \Sigma \boldsymbol{v}_1 = \boldsymbol{v}_1^t l \boldsymbol{v}_1 = l \boldsymbol{v}_1^t \boldsymbol{v}_1 = l$$

을 최대로 한다는 것으로 결국 Σ의 $l_1 \geq l_2 \geq \cdots \geq l_p > 0$을 만족하는 고윳값들 중에 가장 큰 고윳값 l_1이 $Var(p_1) = \boldsymbol{v}_1^t \Sigma \boldsymbol{v}_1 = l_1$을 만족하며 이에 대응하는 고유벡터는 $\boldsymbol{v}_1$이다.

다음으로 제2주성분 $p_2 = \boldsymbol{v}_2^t \boldsymbol{x}$을 고려한다. 여기서 $\boldsymbol{v}_2$는 조건 $\|\boldsymbol{v}_2\| = 1$와 제1주성분을 제공하는 $\boldsymbol{v}_1$과 직교하여 $\boldsymbol{v}_2^t \boldsymbol{v}_1 = 0$을 만족하면서 $Var(p_2) = \boldsymbol{v}_2^t \Sigma \boldsymbol{v}_2$을 최대로 하도록 찾

으면 된다. 앞에서와 같이 라그랑즈승수법에 의해서 l과 λ를 라그랑즈승수라 하면

$$\mathcal{L}_2 = \boldsymbol{v}_2^t \Sigma \boldsymbol{v}_2 - l(\boldsymbol{v}_2^t \boldsymbol{v}_2 - 1) - \lambda \boldsymbol{v}_2^t \boldsymbol{v}_1$$

을 최대화하는 $\boldsymbol{v}_2$을 찾는 최적화문제가 된다. 이를 $\boldsymbol{v}_2$에 대해 미분하면 다음과 같다.

$$\Sigma \boldsymbol{v}_2 - l\boldsymbol{v}_2 - \frac{1}{2}\lambda \boldsymbol{v}_1 = 0 \tag{2.3.3}$$

(2.3.3)의 양변에 $\boldsymbol{v}_1^t$를 곱하고 (2.3.2)의 $\Sigma \boldsymbol{v}_1 = l\boldsymbol{v}_1$에서 다음을 만족하며

$$\boldsymbol{v}_1^t \Sigma \boldsymbol{v}_2 - l\boldsymbol{v}_1^t \boldsymbol{v}_2 - \frac{1}{2}\lambda \boldsymbol{v}_1^t \boldsymbol{v}_1 = 0 \iff l\boldsymbol{v}_1^t \boldsymbol{v}_2 - l\boldsymbol{v}_1^t \boldsymbol{v}_2 - \frac{1}{2}\lambda = 0$$

따라서 $\lambda = 0$이므로 (2.3.3)에서

$$\Sigma \boldsymbol{v}_2 - l\boldsymbol{v}_2 = 0 \iff (\Sigma - lI_p)\boldsymbol{v}_2 = 0 \tag{2.3.4}$$

을 얻게 된다. 이는 Σ의 고윳값-고유벡터 방정식이고 l이 고윳값이 되며 이에 대응하는 고유벡터는 $\boldsymbol{v}_2$이다. 여기서 $Var(p_2) = \boldsymbol{v}_2^t \Sigma \boldsymbol{v}_2 = l$를 최대로 하는 고윳값을 $l = l_1$이라 하면 이에 대응하는 고유벡터는 $\boldsymbol{v}_2 = \boldsymbol{v}_1$이 되어야 하고 이는 두 벡터 간의 조건 $\boldsymbol{v}_2^t \boldsymbol{v}_1 = 0$을 위배하므로 l은 Σ의 $l_1 \geq l_2 \geq \cdots \geq l_p > 0$을 만족하는 고윳값들 중 두 번째로 큰 고윳값 l_2가 되며 $\boldsymbol{v}_2$가 이에 대응하는 고유벡터이다. 이와 같은 방법으로 제3주성분, 제4주성분, …, 제p주성분을 구할 수 있으며 일반적으로 제k주성분 $p_k = \boldsymbol{v}_k^t \boldsymbol{x}$를 제공하는 $\boldsymbol{v}_k$는 $Var(p_k) = \boldsymbol{v}_k^t \Sigma \boldsymbol{v}_k = l_k$를 최대화하며 Σ의 k번째로 큰 고윳값 l_k에 대응하는 고유벡터이다.

Σ의 고윳값-고유벡터 방정식으로부터 주성분을 구하기보다는 대수적으로 스펙트럼분해(spectral decomposition)

$$\Sigma = VDV^t = \sum_{k=1}^{p} l_k \boldsymbol{v}_k \boldsymbol{v}_k^t \tag{2.3.5}$$

를 이용할 수 있다. 여기서 $V = (\boldsymbol{v}_1, \ldots, \boldsymbol{v}_p)$는 고유벡터행렬로 직교정규성 $V^t V = VV^t = I$를 만족하며 $D = diag(l_1, \ldots, l_p)$는 $l_1 \geq \cdots \geq l_p > 0$를 만족하는 고윳값을 대각원소를 가지는 대각행렬이다.

만약에 (2.3.1)의 모든 주성분 $p_1, \ldots, p_p$에 의해서 주성분벡터로 나타내면

$$p = \begin{bmatrix} p_1 \\ \vdots \\ p_p \end{bmatrix} = \begin{bmatrix} v_1^t x \\ \vdots \\ v_p^t x \end{bmatrix} = V^t x \tag{2.3.6}$$

된다. 여기서 주성분벡터의 공분산행렬은 $Cov(p) = V^t \Sigma V = D$를 만족하며, 특히 대각행렬 $D = diag(l_1, \ldots, l_p)$로 인하여 주성분간의 공분산은 0으로 이는 주성분들이 서로 상관이 되어 있지 않은 독립성을 만족한다. 실제 주성분 간의 분산과 공분산은 다음과 같다.

$$Var(p_k) = v_k^t \Sigma v_k = l_k, \ \ k = 1, \ldots, p$$
$$Cov(p_k, \ p_l) = Cov(v_k^t x, \ v_l^t x) = v_k^t \Sigma v_l = 0, \ \ k, \ l = 1, \ldots, p \tag{2.3.7}$$

더불어 (2.3.6)은 새로운 변수 역할을 하는 주성분이 직교정규성을 만족하는 고유벡터 행렬 $V = (v_1, \ \cdots, \ v_p)$에 의한 직교변환을 통해 얻어짐을 보여주고 있다. 더군다나 (2.3.7)에서 보여준 바와 같이 서로 독립성이 확보된 주성분들이 다변량 자료에서 원 변수를 대신할 새로운 변수가 되며 $m(\le p)$개 주성분에 의한 차원축소 개념이 적용되는 점이 PCA의 매력이기도 하다.

표 2.3.1 공분산행렬 Σ를 활용한 주성분의 대수적 유도와 성질

- 확률벡터: $x = (x_1, \ldots, x_p)^t \sim (\mu = (\mu_1, \ldots, \mu_p)^t, \ Cov(x) = \Sigma > 0)$
- 스펙트럼분해: $\Sigma = VDV^t = \sum_{k=1}^{p} l_k v_k v_k^t$

  $V = (v_1, \ldots, v_p)$: $V^t V = VV^t = I$을 만족하는 직교행렬
  $D = diag(l_1, \ldots, l_p)$: $l_1 \ge \cdots \ge l_p > 0$를 만족하는 고윳값의 대각행렬

- 제k주성분: $p_k = v_{k1}x_1 + v_{k2}x_2 + \cdots + v_{kp}x_p = v_k^t x, \ \ k = 1, \ldots, p$
- 주성분벡터: $p = \begin{bmatrix} p_1 \\ \vdots \\ p_p \end{bmatrix} = V^t x \ \Rightarrow \ Cov(p) = V^t \Sigma V = D$

2.4 주성분의 선택과 설명력

2.3절에서 주성분은 대수적 유도를 통해 최대 원 변수의 수 p개만큼 구할 수 있지만 이를 전부 활용하는 것은 PCA의 중요한 차원축소 개념에서 본다면 바람직하지 않다. 이 절에서는 몇 개의 주성분을 선택할 것이며 이는 2.2절의 보기에서 살펴본 설명력과 관련이 있음을 대수적으로 설명하고자 한다. 더불어 변수가 매우 많은 경우 고윳값에 대한 그래프적 방법인 스크리그림(scree graph)을 활용하면 시각적으로 고윳값의 크기 변화를 보게 되어 쉽게 주성분의 수를 정하게 된다.

먼저 설명력을 나타내는 통계량을 정의하기 위해서 확률벡터 $\boldsymbol{x} = (x_1, \dots, x_p)^t$의 공분산행렬 $Cov(\boldsymbol{x}) = \Sigma$와 주성분벡터 $\boldsymbol{p} = (p_1, \dots, p_p)^t$의 공분산행렬 $Cov(\boldsymbol{p}) = V^t \Sigma V = D$를 고려하자. 이들은 전체 변수들의 분산의 합은 새로운 변수인 주성분의 분산의 합과 같다는 $\sum_{k=1}^{p} Var(x_k) = \sum_{k=1}^{p} Var(p_k)$을 보여주고 있다. 즉,

$$\sum_{k=1}^{p} Var(x_k) = \sigma_{11} + \sigma_{22} + \cdots + \sigma_{pp} = tr(\Sigma)$$

$$\Leftrightarrow \; tr(D) = l_1 + l_2 + \cdots + l_p = \sum_{k=1}^{p} Var(p_k)$$

여기서 $\Sigma = VDV^t$의 스펙트럼분해를 바탕으로 $tr(\Sigma) = tr(VDV^t) = tr(DVV^t) = tr(D)$을 만족한다.

그러므로 총 분산 중 제k주성분에 의한 설명비율은

$$\text{설명비율} = \frac{l_k}{l_1 + l_2 + \cdots + l_p}, \quad k = 1, 2, \dots, p$$

이다. 적절한 주성분의 개수를 선택하기 위해서는 2.2절의 보기에서 언급한 것처럼 처음 $m(\le p)$개의 주성분에 의해 설명비율의 합을 설명력 통계량

$$t_m = \frac{\sum_{k=1}^{m} l_k}{l_1 + l_2 + \cdots + l_p} \times 100 \qquad (2.4.1)$$

이라 하면 이것이 70% 이상이 되면 이에 해당하는 m개 주성분만을 이용해도 원 자료의 정보의 손실이 많지 않게 되며, 이들 주성분에 의해 p개의 원변수들을 대신할 수 있는

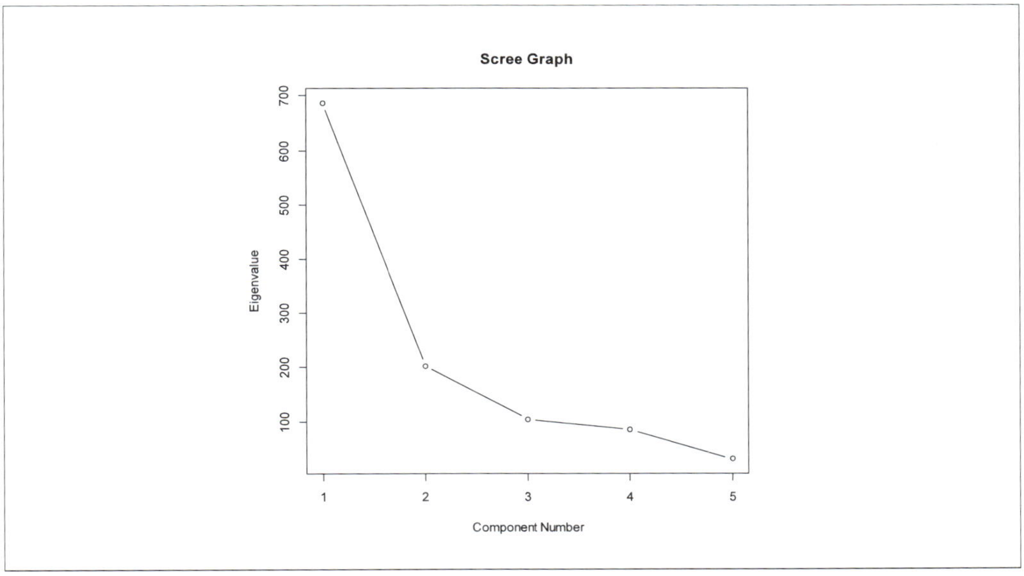

[그림 2.4.1] 5개 과목의 시험성적 자료의 주성분 개수 선택을 위한 스크리그림

PCA의 차원축소 개념을 실현하게 된다.

이와 더불어 변수가 매우 많을 때 고윳값의 변화를 설명비율로 파악하기가 쉽지 않은 경우 스크리그림에 의해서 시각적으로 주성분의 수를 정할 수 있는 유용한 방법이 있다. 보통 스크리는 절벽 아래 암석의 파편 또는 잔해로 정의된다. 이는 3장인 인자분석(factor analysis)에서 주로 많이 활용되는 기법이다. [그림 2.4.1]은 두 가지 방식(책을 참고하는 경우(o), 책을 참고하지 않는 경우(c))에 따라 시험을 치른 다섯 과목 Mechanics(c), Vectors(c), Algebra(o), Analysis(o), Statistics(o)의 성적(5subjects.txt)에 대한 공분산행렬 S의 스펙트럼분해에 의한 PCA를 적용한 [보기 2.2.2]에서 얻어진 스크리그림이다. 이를 그리기 위해선 먼저 [보기 2.2.2.]-[3단계] 공분산행렬 S의 스펙트럼분해를 통한 5개의 고윳값

$$(l_1, \ldots, l_5) = (686.990, 202.111, 103.746, 84.630, 32.154)$$

과 주성분의 개수를 나타내는 정수 1, 2, 3, 4, 5가 필요하다. 즉, 짝 (j, l_j), $j = 1, \ldots, 5$에 대한 그림을 얻으면 되고 이를 위한 다음의 R-코드를 [R-코드 2.2.2](5subjects-PCAsteps.R)에 다음과 같이 삽입 수정된 [R-코드](5subjects-PCAsteps-scree.R)를 실행하면 된다.

```
#[Step 4] Choice of Eigenvalues and Eigenvectors
gof=eigen.S$values/sum(eigen.S$values)*100 # Goodness-of fit
round(gof, 2)
plot(eigen.S$values, type="b", main="Scree Graph", xlab="Component Number",
     ylab="Eigenvalue")
```

일반적으로 스크리그림에서 먼저 팔꿈치(elbow)에 해당하는 곳을 찾으면 이 이후의 고윳값의 크기는 상대적으로 매우 작고 비슷하여 변화가 없어 보이게 된다. [그림 2.4.1]에서는 팔꿈치가 3에서 발생하여 주성분을 2개 내지는 3개 정도 선택 가능하다. 실제로 [보기 2.2.2]-[4단계]에서 주성분 2개를 선택한다면 설명력은 80.12%에 달한다.

주성분 개수를 정하는 데에 설명력 통계량을 활용하는 방법이 보편적이다. 다만 최적인 기준은 없으니 상호 보완적으로 스크리그림을 적절히 활용하는 방법도 시각적으로 유용하리라 여겨진다.

끝으로 설명력과 스크리그림과 같은 기준에 의해서 선택된 주성분을 제대로 해석하기 위해서는 주성분계수를 살펴보아야 한다. 특히, 주성분계수는 해당 원 변수가 주성분을 만드는 데에 기여한 정도를 나타내며 근사적으로 주성분과 특정한 한 변수 간의 상관계수를 나타낸다. 이를 수리적으로 요약한 [표 2.4.1]을 참고하기 바란다. 주성분의 해석은 기여한 정도가 비슷한 변수들의 성향에 의해서 주성분에 의미(이름)를 주게 되는 창의적인 작업(작명작업)이다.

[표 2.4.1]에서 (2.4.3)의 제k주성분과 l번째 변수 간의 상관계수 $\gamma_{lk} = Corr(x_l, p_k)$에 의한 상관계수행렬 $\Gamma = (\gamma_{lk})$, $l = 1, \cdots, p$, $k = 1, \cdots, p$을 대수적으로 나타내면 다음과 같다.

$$\Gamma = D_\sigma^{-1/2} V D^{1/2} \tag{2.4.2}$$

여기서 $D_\sigma^{-1/2} = (D_\sigma^{1/2})^{-1}$로 $D_\sigma^{1/2} = diag(\sqrt{\sigma_{11}}, \ldots, \sqrt{\sigma_{pp}})$는 표준편차행렬로 크기가 $p \times p$이고 표준편차를 대각원소로 가지는 대각행렬이다. $V = (v_1, \ldots, v_p)$는 $\Sigma = VDV^t$의 스펙트럼분해에서 $V^t V = VV^t = I$을 만족하는 직교행렬이며, $D^{1/2} = diag(\sqrt{l_1}, \ldots, \sqrt{l_p})$는 $l_1 \geq \cdots \geq l_p > 0$을 만족하는 고윳값의 제곱근을 대각원소로 가지는 대각행렬이다.

| 표 2.4.1 | 주성분 해석을 위한 주성분계수의 수리적 의미

- 확률벡터: $\boldsymbol{x} = (x_1, ..., x_p)^t \sim Cov(\boldsymbol{x}) = \Sigma$
- 제k주성분 $p_k = v_{k1}x_1 + \cdots + v_{kl}x_l + \cdots + v_{kp}x_p$와 l번째 변수 x_l 간의 상관계수

$$Corr(x_l,\ p_k) = \frac{v_{kl}\sqrt{l_k}}{\sqrt{\sigma_{ll}}} = \gamma_{lk},\ l = 1,\ ...,\ p,\ k = 1,\ ...,\ p \tag{2.4.3}$$

(증명) $Corr(x_l,\ p_k) = \dfrac{Cov(x_l,\ p_k)}{\sqrt{Var(x_l)}\sqrt{Var(p_k)}}$

- $p_k = \boldsymbol{v}_k^t \boldsymbol{x}$
- $x_l = e_l^t \boldsymbol{x}$ 여기서 $e_l = (0, ..., 1, ..., 0)^t$
- $\Sigma \boldsymbol{v}_k = l_k \boldsymbol{v}_k$

  $\Rightarrow\ Cov(x_l,\ p_k) = Cov(e_l^t \boldsymbol{x}, \boldsymbol{v}_k^t \boldsymbol{x}) = e_l^t \Sigma \boldsymbol{v}_k = e_l^t l_k \boldsymbol{v}_k = l_k e_l^t\ \boldsymbol{v}_k = l_k v_{kl}$
- $Var(x_l) = \sigma_{ll}$
- $Var(p_k) = l_k$

  $\Rightarrow\ Corr(x_l,\ p_k) = \dfrac{l_k v_{kl}}{\sqrt{\sigma_{ll}}\sqrt{l_k}} = \dfrac{\sqrt{l_k}v_{kl}}{\sqrt{\sigma_{ll}}}$

다음의 [보기 2.4.1]에서는 단위가 다른 변수에 의해서 측정된 임의의 두 공분산행렬의 스펙트럼분해를 통해 대수적으로 얻어진 주성분이 어떻게 이루어지며 주성분계수를 통해 그 차이를 비교하고자 한다.

[보기 2.4.1] 공분산행렬의 스펙트럼분해를 통한 PCA에서 주성분의 선택 EXAMPLE

중심화된 두 변수 x_1, x_2를 고려하자. x_1은 길이(단위: cm 또는 mm), x_2는 무게(단위: g)를 측정한 변수이다. 만약에 이들 변수에 의한 두 가지 공분산행렬이 얻어졌다고 하자.

$$\Sigma_1 = \begin{pmatrix} 80 & 44 \\ 44 & 80 \end{pmatrix},\ \Sigma_2 = \begin{pmatrix} 8000 & 440 \\ 440 & 80 \end{pmatrix}$$

이들의 차이점은 길이를 측정하는 변수 x_1의 단위(cm 또는 mm)에 따라 공분산구조, 즉 분산과 공분산이 달라졌음을 알 수 있다. 특히, Σ_1의 두 변수의 분산은 80으로 동일한 반면에 Σ_2의 분산을 보면 x_1의 분산 8000은 x_2의 분산 80의 100배에 이른다. 따라서 Σ_1의 PCA에서 제1주성분은 두 변수가 기여하는 정도가 동일하여 주성분계수가 일치

하는 선형결합이 이루어지나 Σ_2에서는 분산이 훨씬 큰 x_1이 제1주성분을 만드는 데에 기여도가 매우 높고 실제로 주성분계수를 보면 알 수 있다.

주성분을 찾는 데에 영향을 미치는 변수들의 다른 공분산구조에 따라 PCA 수행단계에서 [2단계]~[5단계]에 이르는 계산과정을 다음과 같이 비교할 수 있다.

[2단계] 공분산행렬	$\Sigma_1 = \begin{pmatrix} 80 & 44 \\ 44 & 80 \end{pmatrix}$	$\Sigma_2 = \begin{pmatrix} 8000 & 440 \\ 440 & 80 \end{pmatrix}$
[3단계] 고윳값: (l_1, l_2) 고유벡터: $V=(v_1, v_2)$	$(l_1, l_2)=(124, 36)$ v_1 / v_2 0.707 / -0.707 0.707 / 0.707	$(l_1, l_2)=(8024.369, 55.631)$ v_1 / v_2 -0.998 / 0.055 -0.055 / -0.998
[4단계] 설명비율에 의한 $m(\le p)$개 고윳값 선택	설명비율: 77.5%, 22.5% $m=1$개 고윳값($l_1=124$)의 설명비율은 77.5%이다.	설명비율: 99.31%, 0.69% $m=1$개 고윳값($l_1=8024.369$)의 설명비율은 99.31%이다.
[5단계] 주성분계수 및 주성분	제1주성분: $p_1 = 0.707x_1 + 0.707x_2$	제1주성분: $p_1 = -0.998x_1 - 0.055x_2$
주성분의 해석과 설명력	x_1, x_2의 주성분계수가 일치하여 제1주성분을 만드는 데에 동일하게 기여하였다. 제1주성분의 설명력은 77.5%이다.	x_1이 제1주성분을 만드는 데에 절대적으로 기여하였다. 제1주성분의 설명력은 99.31%이다.

주성분에서 주성분계수의 부호(+, −)는 통상적으로 수학에서 갖는 양(+)과 음(−)의 영향력을 말하는 것이 아니라 고유벡터의 성향에 의해 방향성만 의미한다. 실제 주성분계수를 통해 주성분에 대한 각 변수의 기여도를 짐작할 수도 있겠지만 (2.4.2)에 따라 제1주성분과 두 변수 간의 상관계수는 Σ_1의 경우에는 동일하며

$$\gamma_{11} = \frac{0.707\sqrt{124}}{\sqrt{80}} = 0.880 = \gamma_{21}$$

이고, Σ_2의 경우에는

$$\gamma_{11} = \frac{-0.998\sqrt{8024.369}}{\sqrt{8000}} = -0.9995$$

$$\gamma_{21} = \frac{-0.055\sqrt{8024.369}}{\sqrt{80}} = -0.551$$

으로 각 변수의 분산으로 짐작한 바와 같이 제1주성분에 기여하는 정도가 매우 많이 차이가 남을 알 수 있다.

지금까지 주성분의 설명력이 70% 이상 되는 제1주성분과 관련된 PCA 수행단계와 주성분과 변수 간의 기여도를 나타나내는 상관계수의 계산과정과 내용을 정리하였다. 제2주성분과 변수들 간의 상관관계는 [표 2.4.2]에 제1주성분과 더불어 Σ_1과 Σ_2 두 경우에 각각 정리하였으니 참고하기 바란다.

▍표 2.4.2▍ 주성분과 변수 간의 상관계수

	$\Sigma_1 = \begin{pmatrix} 80 & 44 \\ 44 & 80 \end{pmatrix}$		$\Sigma_2 = \begin{pmatrix} 8000 & 440 \\ 440 & 80 \end{pmatrix}$	
	γ_{l1}	γ_{l2}	γ_{l1}	γ_{l2}
x_1 (길이)	0.8802079	-0.47427	-0.9995189	0.004586425
x_2 (무게)	0.8802079	0.47427	-0.5508371	-0.832227730

[R-코드 2.4.1](example241-PCAsteps.R)는 [보기 2.4.1]과 관련된 계산과정을 제공하니 참고하기 바란다.

[R-코드 2.4.1] [보기 2.4.1]를 위한 R-코드(example241-PCAsteps.R)

```
# PCA steps and correlation coefficients bt PCs and variables

#[Step 1] Input Data
S1=matrix(c(80, 44, 44, 80), byrow=T, nrow=2)
S2=matrix(c(8000, 440, 440, 80), byrow=T, nrow=2)

#[Step 2] Covariance Matrix S(or Correlation Matix R)
S=S1 #S=S2
S

#[Step 3] Spectral Decomposition
eigen.S=eigen(S)
round(eigen.S$values, 3) # Eigenvalues
V=round(eigen.S$vectors, 3) # Eigenvaectors
V
#[Step 4] Choice of Eigenvalues and Eigenvectors
gof=eigen.S$values/sum(eigen.S$values)*100 # Goodness-of-fit
```

```
round(gof, 2)

#[Step 5] PCs: linear combination of original variables
V2=V[, 1:2]
V2

#Correlations bt PCs and variables
Ds=diag(diag(1/sqrt(S)))
D=diag(sqrt(eigen.S$values))
corr=Ds%*%V2%*%D
corr
```

지금까지 2.3절과 2.4절의 주성분의 대수적 유도에서 p개의 확률변수 $x_1, \ldots, x_p$에 의한 확률벡터 $\boldsymbol{x} = (x_1, \ldots, x_p)^t$가 평균벡터 $\boldsymbol{\mu} = (\mu_1, \ldots, \mu_p)^t$와 양정치인 크기가 $p \times p$ 공분산행렬 $Cov(\boldsymbol{x}) = \Sigma$를 가진다는 가정에서 출발하였다. 주성분을 유도할 때 [보기 2.4.1]과 같이 변수의 측정 단위가 다르거나 분산의 차이가 나는 경우에는 공분산행렬 Σ대신에 다음의 상관행렬

$$\rho = D_\sigma^{-1/2} \Sigma D_\sigma^{-1/2} \tag{2.4.4}$$

을 활용하는 것이 바람직하다. 여기서 $D_\sigma^{-1/2} = diag(1/\sqrt{\sigma_{11}}, \ldots, 1/\sqrt{\sigma_{pp}})$는 표준편차의 역으로 된 대각행렬이다. (2.4.4)의 상관행렬은 확률벡터 $\boldsymbol{x} = (x_1, \ldots, x_p)^t$의 각 변수 x_j, $j = 1, \ldots, p$의 표준화 척도 $(x_j - \mu_j)/\sigma_j = z_j$, $j = 1, \ldots, p$에 의해서 $\boldsymbol{z} = (z_1, \ldots, z_p)^t$의 공분산행렬 $Cov(\boldsymbol{z}) = \rho$를 이용하여 다음과 같이 얻어진다.

$$\boldsymbol{z} = \begin{bmatrix} z_1 \\ \vdots \\ z_p \end{bmatrix} = \begin{bmatrix} \dfrac{x_1 - \mu_1}{\sigma_1} \\ \vdots \\ \dfrac{x_p - \mu_p}{\sigma_p} \end{bmatrix} = D_\sigma^{-1/2} (\boldsymbol{x} - \boldsymbol{\mu}) \tag{2.4.5}$$

$$\Rightarrow Cov(\boldsymbol{z}) = D_\sigma^{-1/2} Cov(\boldsymbol{x} - \boldsymbol{\mu}) D_\sigma^{-1/2} = D_\sigma^{-1/2} \Sigma D_\sigma^{-1/2}$$

따라서 [보기 2.4.1]과 같은 상황에서는 주성분을 공분산행렬 Σ대신에 상관행렬 ρ의 스펙트럼분해로부터 구하면 된다. 다만 제k주성분은 $\boldsymbol{z} = (z_1, \ldots, z_p)^t$의 표준화 변수의 선형결합

$$p_k = v_{k1}z_1 + v_{k2}z_2 + \cdots + v_{kp}z_p = \boldsymbol{v}_k^t \boldsymbol{z},\ k=1, \ldots, p \tag{2.4.6}$$

가 된다. 그리고 적절한 주성분의 개수 $m(\leq p)$개 선택을 위한 설명력 통계량은 다음과 같다.

$$t_m = \frac{\sum_{k=1}^{m} l_k}{p} \times 100 \tag{2.4.7}$$

여기서 분모가 주성분의 총분산으로 $\sum_{i=1}^{p} Var(p_k) = \sum_{k=1}^{p} Var(z_k) = 1 + \cdots + 1 = p$를 만족하기 때문이다. 더불어 제$k$주성분과 l번째 표준화 변수 z_l 간의 상관계수는 다음과 같다.

$$Corr(z_l,\ p_k) = v_{kl}\sqrt{l_k} = \gamma_{lk},\ l=1, \ldots, p,\ k=1, \ldots, p$$

따라서 상관계수행렬 $\Gamma = (\gamma_{lk}),\ l=1, \ldots, p,\ k=1, \ldots, p$을 대수적으로 나타내면 다음과 같다.

$$\Gamma\ = VD^{1/2} \tag{2.4.8}$$

여기서 $V=(v_1, \ldots, v_p)$는 $\rho = VDV^t$의 스펙트럼분해에서 $V^tV = VV^t = I$을 만족하는 직교행렬이며 $D^{1/2} = diag(\sqrt{l_1}, \ldots, \sqrt{l_p})$는 $l_1 \geq \cdots \geq l_p > 0$를 만족하는 고윳값의 제곱근을 대각원소로 가지는 대각행렬이다.

2.5 표본 주성분의 대수적 유도

2.3절과 2.4절의 주성분의 대수적 유도는 실제로 모집단(population)의 주성분을 살펴본 것이다. 이는 p개의 확률변수 $x_1, \ldots, x_p$에 의한 확률벡터 $\boldsymbol{x} = (x_1, \ldots, x_p)^t$가 평균벡터 $\boldsymbol{\mu} = (\mu_1, \ldots, \mu_p)^t$와 양정치인 크기가 $p \times p$ 공분산행렬 $Cov(\boldsymbol{x}) = \Sigma$를 가진다는 가정에서 출발하였다. 이는 실제로 모집단의 평균벡터 $\boldsymbol{\mu}$와 공분산행렬 Σ을 가정하고 (2.3.5)로부터 대수적으로 Σ의 스펙트럼분해 $\Sigma = VDV^t$를 통해 주성분벡터 $\boldsymbol{p} = [p_1, \ldots, p_p]^t = V^t\boldsymbol{x}$를 구하는 것이었다. 여기서 $V=(v_1, \ldots, v_p)$는 고유벡터행렬로 직교정규성 $V^tV = VV^t = I$

를 만족하며 $D = diag(l_1, \ldots, l_p)$는 $l_1 \geq \cdots \geq l_p > 0$를 만족하는 고윳값을 대각원소를 가지는 대각행렬이다.

평균벡터 $\boldsymbol{\mu} = (\mu_1, \ldots, \mu_p)^t$와 공분산행렬 Σ인 모집단의 확률벡터 $\boldsymbol{x} = (x_1, \ldots, x_p)^t$에 의해서 얻어진 n개의 관찰치를 $\boldsymbol{x}_i = (x_{i1}, \ldots, x_{ip})^t$, $i = 1, \ldots, n$라 하고 이들을 표본(sample)이라 한다. 이들에 의해 크기가 $n \times p$인 자료행렬 $X = [\boldsymbol{x}_1, \ldots, \boldsymbol{x}_n]^t$를 (1.4.2)에서 정의하였다. 특히, 1.4절의 요약에서 중심화자료행렬 Y와 표준화자료행렬 Z에 의해서 (표본)공분산행렬 S와 (표본)상관행렬 R의 대수적 계산과 관계를 [표 2.5.1]에서 재인용하자.

[표 2.5.1] 공분산행렬과 상관행렬의 대수적 표현

중심화자료행렬: $Y = HX$	표준화자료행렬: $Z = HXD_s^{-1/2}$
공분산행렬: $S = \dfrac{1}{n-1} Y^t Y = \dfrac{1}{n-1} X^t HX$	상관행렬: $R = \dfrac{1}{n-1} Z^t Z = \dfrac{1}{n-1} D_s^{-1/2} X^t HXD_s^{-1/2}$
$R = D_s^{-1/2} S\, D_s^{-1/2}$	

표본 주성분의 대수적 유도는 2.3절과 2.4절에서 언급한 모집단 주성분의 대수적 유도에서 사용된 (모)공분산행렬 Σ의 스펙트럼분해 대신 (표본)공분산행렬 S 또는 (표본)상관행렬 R의 스펙트럼분해를 활용하면 되고 관련된 표기도 모집단 주성분의 것을 그대로 사용하기로 하자.

실제로 2.1절과 2.2절의 [보기 2.2.1]과 [보기 2.2.2]에서 적용한 PCA 수행단계는 (표본)공분산행렬 S의 스펙트럼분해를 바탕으로 주성분을 유도하고 설명하고 있다. 여기서 표본 주성분의 대수적 유도와 성질을 [표 2.5.2]에 정리하였다. 다만 n개의 관찰치 $\boldsymbol{x}_i = (x_{i1}, \ldots, x_{ip})^t$, $i = 1, \ldots, n$를 측정한 확률벡터 $\boldsymbol{x} = (x_1, \ldots, x_p)^t$ 대신에 모평균을 뺀 중심화확률벡터 $\boldsymbol{y} = (y_1, \ldots, y_p)^t = \boldsymbol{x} - \overline{\boldsymbol{x}}$를 고려한다. 따라서 n개의 관찰치를 $\boldsymbol{y}_i = (y_{i1}, \ldots, y_{ip})^t$, $i = 1, \ldots, n$는 중심화 자료행렬 $Y = [\boldsymbol{y}_1, \ldots, \boldsymbol{y}_n]^t$를 구성한다. 대수적으로 중심화 자료행렬로부터 공변량행렬은 $Y^t Y/(n-1) = S$로 쉽게 계산되며 [표 2.5.1]에서 확인할 수 있다.

2.4절에서는 모집단 주성분을 유도할 때 [보기 2.4.1]과 같이 변수의 측정 단위가 다르거나 분산의 차이가 나는 경우에는 공분산행렬 대신에 상관행렬을 사용해야 한다고 했다. 이는 표본에서도 동일하게 적용되어야 한다. [표 2.5.2]에서 공분산행렬 S 대신에 상관행

렬 R을 사용해도 표본 주성분의 대수적 유도와 성질은 동일하나 $n\times p$ 중심화자료행렬 대신에 표준화자료행렬 $Z=[\boldsymbol{z}_1, \dots, \boldsymbol{z}_n]^t$을 사용해야 한다. 여기서 $\boldsymbol{z}_i=(z_{i1}, \dots, z_{ip})^t$, $i=1, \dots, n$는 각 변수의 표본평균 $\overline{x}_j$과 표본표준편차 s_j에 의한 표준화척도 $(x_{ij}-\overline{x}_j)/s_j=z_{ij}$, $j=1, \dots, p$를 고려한 것이다. [표 2.5.3]에는 상관행렬 R을 활용한 표본 주성분의 대수적 유도와 성질을 정리해 두었다.

[표 2.5.2] 공분산행렬 S의 스펙트럼분해를 활용한 표본 주성분의 대수적 유도와 성질

- $n\times p$ 자료행렬: $X=[\boldsymbol{x}_1, \dots, \boldsymbol{x}_n]^t$, 여기서 $\boldsymbol{x}_i=(x_{i1}, \dots, x_{ip})^t$, $i=1, \dots, n$.
- $n\times p$ 중심화자료행렬: $Y=[\boldsymbol{y}_1, \dots, \boldsymbol{y}_n]^t$, 여기서 $\boldsymbol{y}_i=(y_{i1}, \dots, y_{ip})^t=\boldsymbol{x}_i-\overline{\boldsymbol{x}}$, $i=1, \dots, n$.
- 스펙트럼분해: $Y^tY/(n-1)=S=VDV^t=\sum_{k=1}^{p} l_k\boldsymbol{v}_k\boldsymbol{v}_k^t$

  $V=(\boldsymbol{v}_1 \dots, \boldsymbol{v}_p)$: $V^tV=VV^t=I$을 만족하는 직교행렬

  $D=diag(l_1, \dots, l_p)$: $l_1\geq\cdots\geq l_p>0$을 만족하는 고윳값의 대각행렬
- 제k주성분: $p_k=v_{k1}y_1+v_{k2}y_2+\cdots+v_{kp}y_p=\boldsymbol{v}_k^t\boldsymbol{y}$, $k=1, \dots, p$ (2.5.1)
- 주성분점수: $\boldsymbol{p}_i=\begin{bmatrix} p_{i1} \\ \vdots \\ p_{ip}\end{bmatrix}=V^t\boldsymbol{y}_i$, $i=1, \dots, n$. $\Rightarrow$ $P=[\boldsymbol{p}_1, \dots, \boldsymbol{p}_n]^t=YV$: $n\times p$ 주성분점수행렬
- 설명력: $t_m=\dfrac{\sum_{k=1}^{m} l_k}{l_1+l_2+\cdots+l_p}\times 100$
- 주성분과 변수 간의 상관계수행렬: $\Gamma=D_s^{-1/2}VD^{1/2}$
- $D_s^{-1/2}=diag(1/\sqrt{s_{11}}, \dots, 1/\sqrt{s_{pp}})$: 표준편차의 역으로 된 대각행렬
- $D^{1/2}=diag(\sqrt{l_1}, \dots, \sqrt{l_p})$: $l_1\geq\cdots\geq l_p>0$를 만족하는 고윳값 제곱근의 대각행렬

| 표 2.5.3 | 상관행렬 R의 스펙트럼분해를 활용한 표본 주성분의 대수적 유도와 성질

- $n \times p$ 자료행렬: $X = [\boldsymbol{x}_1, ..., \boldsymbol{x}_n]^t$, 여기서 $\boldsymbol{x}_i = (x_{i1}, ..., x_{ip})^t$, $i = 1, ..., n$.
- $n \times p$ 표준화자료행렬: $Z = [\boldsymbol{z}_1, ..., \boldsymbol{z}_n]^t$, 여기서 $\boldsymbol{z}_i = (z_{i1}, ..., z_{ip})^t$, $i = 1, ..., n$.
- 스펙트럼분해: $Z^t Z/(n-1) = R = VDV^t = \sum_{k=1}^{p} l_k \boldsymbol{v}_k \boldsymbol{v}_k^t$

  $V = (\boldsymbol{v}_1, ..., \boldsymbol{v}_p)$: $V^t V = VV^t = I$을 만족하는 직교행렬

  $D = diag(l_1, ..., l_p)$: $l_1 \geq \cdots \geq l_p > 0$을 만족하는 고윳값의 대각행렬
- 제k주성분: $p_k = v_{k1} z_1 + v_{k2} z_2 + \cdots + v_{kp} z_p = \boldsymbol{v}_k^t \boldsymbol{z}$, $k = 1, ..., p$. (2.5.2)
- 주성분점수: $\boldsymbol{p}_i = \begin{bmatrix} p_{i1} \\ \vdots \\ p_{ip} \end{bmatrix} = V^t \boldsymbol{z}_i$, $i = 1, ..., n$. $\Rightarrow$ $P = [\boldsymbol{p}_1, ..., \boldsymbol{p}_n]^t = ZV$: $n \times p$ 주성분점수행렬
- 설명력: $t_m = \dfrac{\sum_{k=1}^{m} l_k}{p} \times 100$
- 주성분과 변수 간의 상관계수행렬: $\Gamma = VD^{1/2}$
- $D^{1/2} = diag(\sqrt{l_1}, ..., \sqrt{l_p})$: $l_1 \geq \cdots \geq l_p > 0$를 만족하는 고윳값 제곱근의 대각행렬

[보기 2.5.1] KLPGA 선수의 성적의 PCA

EXAMPLE

[자료 1.3.2](klpga.txt)의 한국여자프로골프협회(KLPGA) 2006년도 상금 순위 상위 50명 자료는 측정변수로 상금률(상금 1위 선수에 대한 상대적 비율) 외에 평균퍼팅수(총퍼팅수/라운드수), 그린적중률, 파세이브율(총파세이브홀수/총홀수×100), 파브레이크율(버디이상홀수/총홀수×100), 평균타수((총스트로크수×72/코스소정파)/라운드수))가 사용되었다. 변수 수는 $p = 6$이고 개체 수는 $n = 50$인 50×6 다변량 자료행렬 X가 된다.

먼저 [그림 1.3.2]의 다중 산점도를 보면 골프 선수들의 순위를 매기는 상금과 관련된 상금률, 그린적중률, 파세이브율, 파브레이크율과 양의 관계를 가지며 평균퍼팅수와 평균타수는 낮아야 상금 순위가 높으므로 상금률과 음의 관계를 맺게 된다. 이러한 경향이 PCA를 통해 주성분으로 나타나기를 기대한다.

이를 염두에 두고 PCA를 이 자료에 적용하기 위해 2.1절의 PCA 수행단계에 따라 계산 과정을 다음에서 요약, 정리하고 이를 위한 [R-코드 2.5.1](klpga-PCAsteps.R)을 참고하기 바란다.

[1단계] 다변량 자료행렬 X를 준비한다.

- [자료 1.3.2] KLPGA 선수 성적(klpga.txt)은 크기가 50×6 다변량 자료행렬이다.

• 표준화 자료행렬 Z를 구한다.

[2단계] 상관행렬 R을 구한다.

• 분산(0.408, 21.322, 11.180, 8.252, 1.285, 326.823)의 크기에 매우 많은 차이를 보여 상관행렬을 이용한다.

$R =$

	평균퍼팅수	그린적중률	파세이브율	파브레이크율	평균타수	상금률
평균퍼팅수	1.000	0.128	-0.376	-0.440	0.444	-0.407
그린적중률	0.128	1.000	0.759	0.731	-0.800	0.641
파세이브율	-0.376	0.759	1.000	0.717	-0.937	0.736
파브레이크율	-0.440	0.731	0.717	1.000	-0.897	0.829
평균타수	0.444	-0.800	-0.937	-0.897	1.000	-0.829
상금률	0.407	0.641	0.736	0.829	-0.829	1.000

[3단계] R의 스펙트럼분해를 통해 고윳값과 고유벡터를 구한다.

• $R = VDV^t$: $V = (v_1, \ldots, v_p)$, $D = diag(l_1, \ldots, l_p)$, $l_1 \geq \cdots \geq l_p > 0$

• 고윳값: $(l_1, \cdots, l_6) = (4.31, 1.12, 0.33, 0.20, 0.03, 0.01)$

• 고유벡터: $V = (v_1, v_2, v_3, v_4, v_5, v_6)$

v_1	v_2	v_3	v_4	v_5	v_6
-0.21	0.84	-0.14	-0.16	0.45	0.04
0.39	0.53	0.06	0.23	-0.71	-0.06
0.44	0.04	0.66	-0.27	0.27	-0.47
0.45	-0.05	-0.47	0.56	0.38	-0.35
-0.48	0.00	-0.20	-0.12	-0.25	-0.81
0.43	-0.07	-0.53	-0.72	-0.09	0.01

[4단계] 고윳값의 총합에서 70% 이상 설명비율의 합을 갖는 $m(\leq p)$개 고윳값을 선택한다.

• 설명비율: 71.83%, 18.64%, 5.46%, 3.36%, 0.51%, 0.18%.

• $m = 1$개 고윳값($l_1 = 4.31$)의 설명비율이 71.83%이다.

• [그림 2.5.1] 스크리그림을 보면 팔꿈치가 3에서 이루어진다. 주성분의 개수는 2로 하는 것이 시각적으로 타당해 보이나 실제로 제1주성분만으로도 71.83% 설명력을 확보하고 [5단계]에서 제1주성분에 대한 충분한 해석이 이루어지게 된다.

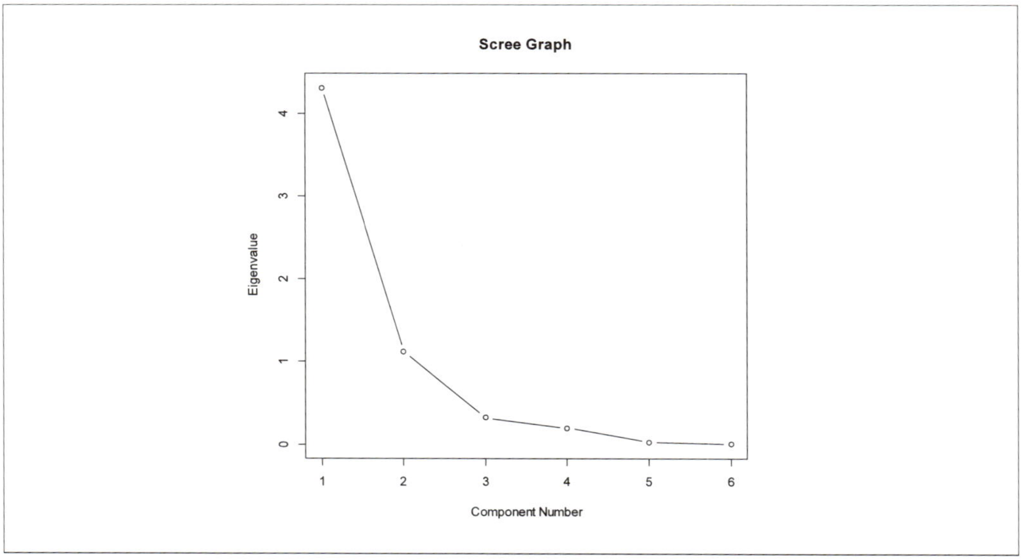

[그림 2.5.1] KLPGA 선수 성적의 주성분 개수 선택을 위한 스크리그림

[5단계] 1개 고윳값 l_1에 대응하는 고유벡터 v_1을 활용하여 표준화 변수의 선형결합인 주성분 p_1을 구한다.

- 원 변수: $\boldsymbol{x} = (x_1,\ x_2,\ x_3,\ x_4,\ x_5,\ x_6)^t$

  = (평균퍼팅수, 그린적중률, 파세이브율, 파브레이크율, 평균타수, 상금률)^t
- 표준화 변수: $\boldsymbol{z} = (z_1,\ z_2,\ z_3,\ z_4,\ z_5,\ z_6)^t$
- 제1주성분: $p_1 = \boldsymbol{v}_1^t \boldsymbol{z} = -0.21z_1 + 0.39z_2 + 0.44z_3 + 0.45z_4 - 0.48z_5 + 0.43z_6$

해석: 제1주성분 p_1의 주성분계수의 부호가 양(+)인 z_2(그린적중률), z_3(파세이브율), z_4(파브레이크율)는 이들의 값이 높을수록 선수들의 경기성적이 좋아져 z_6(상금률)이 높아지며, 주성분계수 부호가 음(−)인 z_1(평균퍼팅수)과 z_5(평균타수)는 이들 값이 낮을수록 선수들의 경기성적이 좋아지므로 경기력변수 간의 대비를 나타내는 주성분이다. 제1주성분의 설명력은 [4단계]에서 71.83%임을 알 수 있다.

참고로 [7단계]에서 시각적 편의상 주성분점수를 보여줄 2차원 주성분공간을 얻기 위해 다음의 제2주성분을 고려하자.

- 제2주성분: $p_2 = \boldsymbol{v}_2^t \boldsymbol{z} = 0.84z_1 + 0.53z_2 + 0.04z_3 - 0.05z_4 + 0.00z_5 - 0.07z_6$

이는 [3단계]와 [4단계]에서 설명비율이 18.64%에 해당하는 고윳값 $l_2 = 1.12$에 대응하는 고유벡터 v_2를 활용한 표준화변수의 선형결합이다. 제2주성분은 z_1(평균퍼팅수)에 영향을 많이 받으므로 이는 평균퍼팅수 주성분으로 해석 가능하다.

[6단계] **표준화자료를 주성분에 삽입하여 주성분점수를 얻는다.**

- 표준화자료: Z
- 주성분점수 행렬: $P = ZV_{(2)}$ 여기서 $V_{(2)} = (v_1,\ v_2)$

[7단계] **주성분점수를 차원축소된 새로운 다변량 자료로 고려한다.**

- [결과 2.5.1]의 제1주성분과 제2주성분 p_1, p_2에 대한 주성분점수는 주성분점수의 산점도를 위해 구해 둔 것으로 실제로 제1주성분 p_1을 새로운 변수로 하는 크기가 50×1을 일변량 자료행렬을 얻게 된다.
- PCA를 적용하여 독립된 새로운 변수인 제1주성분에 의한 차원이 축소된 새로운 자료를 얻게 되었다.
- 주성분점수의 산점도는 1stPC(제1축)의 오른편에 10위권 이내의 상위랭킹 선수들이 위치하고 있어 [5단계]에서 해석한 경기력변수 간의 대비를 나타내는 제1주성분의 역할을 잘 보여주고 있다.

[결과 2.5.1] 주성분점수와 주성분점수의 산점도

선수	주성분점수 p_1	주성분점수 p_2
1	7.264	-0.327
2	4.566	-0.262
3	4.230	0.810
4	4.612	-0.143
5	0.832	-0.906
6	3.448	0.407
7	2.500	0.592
8	1.689	-2.170
9	1.432	-1.392
10	1.906	1.633
………		
47	-2.507	-0.132
48	-0.742	-0.254
49	-1.852	1.597
50	-0.699	-0.595

주성분점수의 산점도

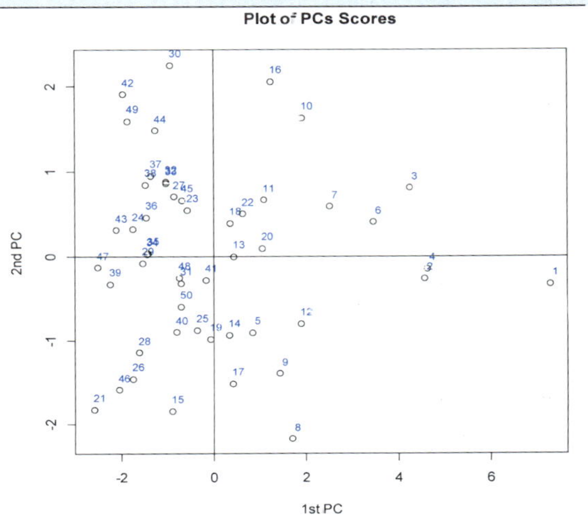

| 표 2.5.4 | 제1주성분과 변수 간의 상관계수 및 주성분 계수

원변수	변수 이름	γ_{l1}	v_{1l}
x_1	평균퍼팅수	-0.436	-0.21
x_2	그린적중률	0.810	0.39
x_3	파세이브율	0.913	0.44
x_4	파브레이크율	0.934	0.45
x_5	평균타수	-0.997	-0.48
x_6	상금률	0.893	0.43

추가로 [표 2.5.4]의 제1주성분과 변수와의 상관계수를 보면 그 경향이 양(+)인 경우 그린적중률 < 상금률 < 파세이브율 < 파브레이크율 순서로 음(−)의 경우에는 평균타수 < 평균퍼팅수 순서로 주성분계수의 크기 순서와 동일하다. 이는 상관계수를 구할 때 공분산 행렬 R을 사용할 경우 각 변수의 분산이 1로 동일하며 주성분계수에 곱해지는 고윳값도 동일하기 때문이다.

[R-코드 2.5.1] [자료 1.3.1]의 스펙트럼분해에 의한 PCA 수행단계(klpga-PCAsteps.R)

```
# PCA Steps for KLPGA
#[Step 1] Data Matrix X
Data1.3.2<-read.table("klpga.txt", header=T)
X=Data1.3.2
rownames<-rownames(X)

#[Step 2] Covariance Matrix S(or Correlation Matix R)
R=round(cor(X),3)
R

#[Step 3] Spectral Decomposition
eigen.R=eigen(R)
round(eigen.R$values, 2) # Eigenvalues
V=round(eigen.R$vectors, 2) # Eigenvectors

#[Step 4] Choice of Eigenvalues and Eigenvectors
gof=eigen.R$values/sum(eigen.R$values)*100 # Goodness-of fit
round(gof, 2)

#[Step 5] PCs : liner combination of original variables
V2=V[,1:2]
V2
```

```
#[Step 6] PCS, PCs Scores and New Data Matrix P
Z=scale(X, scale=T) # Standardized Data Matrix
Z
P=Z%*%V2              # PCs Scores
round(P, 3)

#[Step 7] Plot of PCs Scores
plot(P[,1], P[, 2], main="Plot of PCs Scores", xlab="1st PC", ylab="2nd PC")
text(P[,1], P[, 2], labels=rownames, cex=0.8, col="blue", pos=3)
abline(v=0, h=0)

#Correlations bt PCs and variables
D=diag(sqrt(eigen.R$values[1:2]))
corr=V2%*%D
corr
```

[보기 2.5.2] 두개골 자료의 PCA

EXAMPLE

[자료 2.5.1](skull.txt)은 고대 이집트 Naqada 종족의 두개골 자료로 남성(M) 22명과 여성(F) 18명의 두개골에 대한 다음과 같이 12개 변수에 의해 측정되었고 칼피어슨(Karl Pearson, 1857-1936, 영국)의 연구에 의해 주어졌다(Cox와 Cox, 2002, Chapter 2).

변수	변수 설명	
L	최대 길이	Greatest length
B	폭(너비)	Breadth
H	높이	Height
OH	귀의 높이	Auricular height
U	눈썹의 위 둘레	Circumference above the superciliary ridger
S	시상 둘레(두개골 수직절단 후의 둘레)	Sagittal circumferences
Q	십자 둘레	Cross-circumference
FH	얼굴 상부 높이	Upper face height
NB	코 폭	Nasal breadth
NH	코 높이	Nasal height
BL	두개골 지수	Cephalic index
HL	길이와 높이의 비	Ratio of height to length

| 자료 2.5.1 | 두개골 자료(skull.txt)

두개골	L	B	H	OH	U	S	Q	FH	NB	NH	BL	HL
5F	-2.2700	-0.7810	-1.7400	-1.3300	-1.8900	-0.9020	-1.4800	-1.9000	-1.4100	-1.0600	1.4120	0.4960
7M	0.0364	0.3764	-0.9660	-0.6850	0.3166	-0.6520	-0.9220	0.1855	-0.4530	0.4895	0.2161	-1.1200
10F	-0.7070	1.5570	-0.3270	0.1476	-0.4180	-0.4010	1.1240	0.5110	0.6635	-0.8000	1.7180	0.3807
13M	0.9280	1.4390	-0.6750	-0.0960	1.2610	0.1838	1.5570	1.3570	2.5770	0.7475	0.2161	-1.6600
26M	1.6710	1.6760	1.1630	1.6210	2.1710	1.5200	2.0530	0.4459	0.9187	0.2315	-0.2130	-0.4650
32M	-0.5580	0.8488	-1.9300	-1.0700	-0.2780	-1.4000	-0.3640	-0.8560	-0.2930	1.2630	1.0740	-1.5800
43F	-1.4500	0.2583	-1.5500	-1.0100	-1.0100	-1.1500	-0.4880	-0.5960	-1.0900	-0.0260	1.4420	-0.1960
45F	-0.4090	-0.4500	-1.4500	-2.6300	-1.0500	-1.5700	-1.1100	-0.5960	-0.7720	-2.0900	0.0015	-1.2000
46F	-1.3800	1.0850	-0.6750	-0.1730	-0.2080	-0.4010	0.8756	-1.7700	-0.4530	-0.2840	1.9940	0.7268
52M	-0.5580	-0.0960	-0.5790	-0.1730	-0.3130	-0.4010	-0.1160	0.4459	-0.1340	0.7475	0.3694	-0.0810
58F	0.2593	-1.0400	0.1955	0.1476	0.3516	0.1838	-0.2400	1.2270	1.1420	0.7475	-0.9790	-0.0810
59F	-0.1120	-2.0600	-0.7720	0.7241	-0.7330	-0.0670	-0.6120	-1.5100	-1.4100	0.2315	-1.4100	-0.7340
63F	0.5565	0.7307	0.4858	1.2360	0.8414	1.6040	1.2470	-1.2500	-0.7720	0.2315	0.0322	-0.0810
64F	-1.7500	-1.0400	-0.5790	-1.8400	-1.7500	-2.5300	-2.3500	-1.2500	-0.4530	-1.3200	0.5839	1.2650
66M	-0.4090	1.2030	-0.9660	0.0836	-0.0680	-1.4900	0.8756	1.2270	0.6635	2.2950	1.1970	-0.6580
70F	-1.8700	-0.9230	-0.3850	-0.4930	-1.9600	-1.1500	-1.1100	-1.1200	-2.3700	-0.0260	0.9211	1.6110
83F	1.0770	1.5570	-0.3850	0.2117	1.1910	1.1030	0.3797	0.4459	1.3810	-0.8000	0.1854	-1.5000
85M	0.8537	0.8488	0.1955	-0.5570	0.9464	0.3091	-0.3640	-1.6400	-0.7720	-0.8000	-0.1210	-0.6580
86M	-0.1860	0.0221	0.9696	0.3398	-0.0330	0.3091	0.1317	0.7062	-0.2930	-0.8000	0.1548	1.2650
93bM	-1.1500	0.6126	-1.3500	-1.0700	-0.5580	-1.2400	0.2557	-0.4650	0.6635	-1.0600	1.4420	-0.3110
96M	1.0020	1.3210	1.7440	1.7490	1.2610	1.7710	2.1150	-0.5960	-0.4530	0.7475	0.0935	0.8037
97F	-1.6000	1.0850	0.0019	0.1476	-1.3600	-0.7350	-0.1160	0.5761	0.6635	0.8764	2.2090	1.7650
99M	0.9280	0.3764	0.9696	1.3650	0.6665	0.6015	0.7516	-0.2050	-1.2500	-1.0600	-0.5200	0.0731
102M	0.1850	0.1402	0.1955	-0.8130	-0.4880	-0.1500	-0.4880	0.4459	1.1420	-1.3200	-0.0600	-0.0040
112M	0.4822	-2.2200	0.8342	-0.0450	-0.4880	-0.2340	-0.8600	0.6411	1.3020	-0.2840	-1.9600	0.3807
120M	2.1910	0.4945	0.9696	0.2117	2.4510	0.8521	0.5036	1.7480	1.3020	2.2950	-1.3800	-1.1600
121F	0.0364	-0.4500	-1.1600	-1.3300	-0.4180	-0.9020	-0.8600	-0.3350	-0.4530	-0.2840	-0.3660	-1.3100
125M	-0.2610	-0.6860	1.6470	1.2360	-0.3130	0.1838	0.9995	-0.8560	-0.6120	-1.4500	-0.3050	2.0730
136M	1.2250	-1.0400	-0.3850	0.7241	0.8414	1.1030	-0.1160	1.0970	0.5838	-0.0260	-1.7200	-1.6600
137F	0.1850	-0.9230	-0.3850	-0.5570	-0.2080	0.3091	-1.2300	1.4870	0.1053	0.2315	-0.8260	-0.6190
138M	0.3336	-0.3320	-0.1920	0.2117	0.0367	0.1838	-0.1160	-0.8560	-0.7720	0.7475	-0.5200	-0.5810
139M	0.0364	-0.9230	-0.3850	0.0836	-0.6980	-0.0670	-0.3640	-0.3350	0.5040	1.0050	-0.7030	-0.4650
140F	0.7794	0.0221	0.9696	1.7490	0.7714	0.9356	1.6190	0.7062	0.8230	-1.8300	-0.6420	0.2269
143M	0.1850	0.0221	0.7761	-0.4290	0.1067	0.1002	-0.1160	0.3157	-0.2140	-0.5420	-0.1520	0.6499
144F	1.0770	-0.5210	0.9696	1.4930	0.9114	1.1440	0.2557	0.8364	-0.7720	1.0050	-1.2200	-0.0810
145F	0.1850	-0.0960	1.7440	0.7241	0.1417	1.8550	0.5036	-0.0750	0.5040	0.6443	-0.2440	1.6880
146F	0.0364	-0.5090	0.3890	-1.3300	-0.9080	0.1002	-1.4800	0.7062	-0.7720	-0.1550	-0.4280	0.3807
148M	0.1850	-1.7500	0.2922	0.3398	0.0717	-0.1500	-0.4880	-0.8560	-0.7720	-0.0260	-1.4100	0.1115
151M	-1.0000	-0.8050	0.3890	0.0836	-0.6280	-0.1500	-0.8600	-0.0750	0.0255	0.2315	0.2468	1.4960
152M	1.2250	0.9669	1.9370	0.9803	1.4360	1.3950	0.9995	2.0080	1.7800	1.2630	-0.3360	0.8037

여기서 12개 변수는 두개골의 구조에 따라 2/3의 머리뼈 부분과 1/3의 얼굴뼈 부분을 측정한 것이다. 즉, 7개의 변수 L, B, H, OH, U, S, Q는 머리뼈 부분을 측정하는 데에 사용되며, FH, NB, NH는 얼굴뼈 부분에 대한 측정변수를 나타낸다. 그리고 BL과 HL은

머리뼈 지수로 각각 두개골 최대 너비(B)를 두개골 최대 길이(L)로 나눈 값과 두개골 높이(H)를 두개골 최대 길이(L)로 나눈 값을 의미한다. 특히 두개골 지수 BL은 머리 형태의 특성을 잘 나타내어 주므로 인종이나 민족의 특징을 분류하는 데에 사용된다.

[자료 2.5.1]의 자료는 변수들의 다양한 특징으로 인하여 미리 표준화되어 있으며 변수 수는 $p=12$이고 개체 수는 $n=40$인 40×12 다변량 자료행렬 Z가 된다.

PCA를 적용하기 위한 계산과정은 [R-코드 2.5.2](skull-PCAsteps-scree.R)을 참고하기 바란다.

[1단계] 다변량 표준화자료행렬 Z를 준비한다.

- 두개골 자료 [자료 2.5.1](skull.txt)은 크기가 40×12 다변량 표준화자료행렬이다.

[2단계] 상관행렬 R을 구한다.

$R =$

	L	B	H	OH	U	S	Q	FH	NB	NH	BL	HL
L	1.0	0.2	0.6	0.6	0.9	0.8	0.5	0.5	0.5	0.3	-0.7	-0.4
B	0.2	1.0	0.0	0.2	0.5	0.2	0.7	0.2	0.4	0.2	0.6	-0.1
H	0.6	0.0	1.0	0.7	0.5	0.8	0.5	0.3	0.2	0.1	-0.5	0.5
OH	0.6	0.2	0.7	1.0	0.6	0.8	0.8	0.2	0.2	0.3	-0.3	0.2
U	0.9	0.5	0.5	0.6	1.0	0.8	0.7	0.5	0.5	0.3	-0.4	-0.4
S	0.8	0.2	0.8	0.8	0.8	1.0	0.6	0.3	0.3	0.2	-0.5	0.0
Q	0.5	0.7	0.5	0.8	0.7	0.6	1.0	0.3	0.4	0.2	0.0	0.0
FH	0.5	0.2	0.3	0.2	0.5	0.3	0.3	1.0	0.7	0.4	-0.3	-0.2
NB	0.5	0.4	0.2	0.2	0.5	0.3	0.4	0.7	1.0	0.3	-0.1	-0.2
NH	0.3	0.2	0.1	0.3	0.3	0.2	0.2	0.4	0.3	1.0	-0.1	-0.2
BL	-0.7	0.6	-0.5	-0.3	-0.4	-0.5	0.0	-0.3	-0.1	-0.1	1.0	0.3
HL	-0.4	-0.1	0.5	0.2	-0.4	0.0	0.0	-0.2	-0.2	-0.2	0.3	1.0

[3단계] R의 스펙트럼분해를 통해 고윳값과 고유벡터를 구한다.

- $R=VDV^t$: $V=(v_1, \ldots, v_p)$, $D=diag(l_1, \ldots, l_p)$, $l_1 \geq \cdots \geq l_p > 0$
- 고윳값: $(l_1, \ldots, l_{10})=(5.46,\ 2.07,\ 1.93,\ 1.12,\ 0.87,\ 0.36,\ 0.23,\ 0.17,\ 0.07,\ 0.04,$ $0.00,\ 0.00)$
- 고유벡터: $V=(v_1,\ v_2,\ v_3,\ v_4,\ v_5,\ v_6,\ v_7,\ v_8,\ v_9,\ v_{10},\ v_{11},\ v_{12})$

v_1	v_2	v_3	v_4	v_5	v_6	v_7	v_8	v_9	v_{10}	v_{11}	v_{12}
-0.39	-0.03	0.25	-0.20	-0.08	0.22	0.02	0.19	-0.10	-0.37	0.43	0.57
-0.16	0.50	-0.38	-0.15	-0.08	0.38	-0.06	0.01	0.08	-0.39	-0.49	0.00
-0.31	-0.38	-0.21	0.21	-0.10	0.34	0.14	0.26	-0.11	-0.19	0.21	-0.61
-0.34	-0.22	-0.25	-0.07	0.23	-0.51	-0.25	0.00	0.56	-0.29	0.01	-0.02
-0.40	0.12	0.06	-0.22	-0.05	0.22	0.16	0.20	0.45	0.67	-0.02	-0.01
-0.38	-0.20	-0.08	-0.14	0.02	0.13	0.01	-0.85	-0.19	0.11	-0.02	0.00
-0.33	0.15	-0.36	-0.18	0.00	-0.43	-0.07	0.28	-0.62	0.24	-0.02	0.02
-0.26	0.18	0.22	0.57	-0.14	0.08	-0.69	-0.02	-0.04	0.13	-0.01	0.00
-0.25	0.32	0.11	0.43	-0.36	-0.36	0.57	-0.15	0.09	-0.13	0.01	-0.01
-0.16	0.20	0.11	0.29	0.88	0.10	0.22	0.03	-0.10	-0.01	-0.01	0.00
0.21	0.39	-0.48	0.06	0.02	0.08	-0.07	-0.17	0.14	0.09	0.71	-0.02
0.07	-0.38	-0.49	0.44	-0.03	0.14	0.14	0.07	0.04	0.17	–0.18	0.55

[4단계] 고윳값의 총합에서 70% 이상 설명비율의 합을 갖는 $m(\leq p)$개 고윳값을 선택한다.

- 설명비율: 44.31%, 16.78%, 15.71%, 9.11%, 7.05%, 2.89%, 1.86%, 1.39%, 0.54%, 0.35%
- $m = 3$개 고윳값($l_1 = 5.46$, $l_2 = 2.07$, $l_3 = 1.93$)의 설명비율 합: 44.31% + 16.78% + 15.71% = 76.80%
- [그림 2.5.2] 스크리그림을 보면 팔꿈치가 4 또는 6에서 이루어진다. 그러나 4 이후 고윳값의 크기가 무시할 정도로 크기가 작으므로 주성분의 개수는 3으로 하는 것이

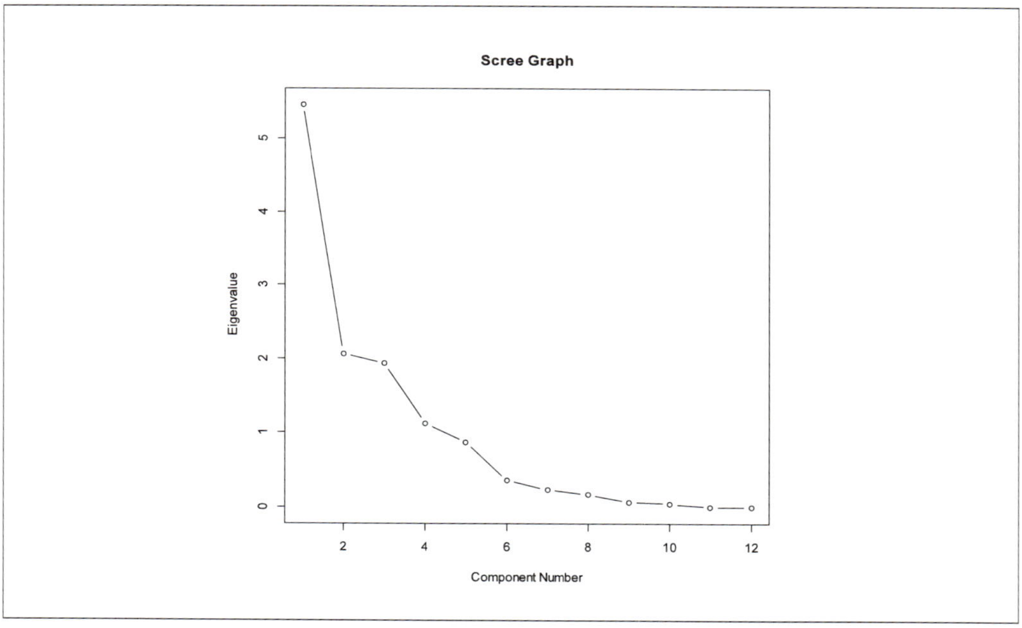

[그림 2.5.2] 두개골 자료의 주성분 개수 선택을 위한 스크리그림

시각적으로 타당하며 실제로 이는 설명력 76.80%를 뒷받침한다.

[5단계] 3개 고윳값에 대응하는 고유벡터 v_1, v_2, v_3를 활용하여 표준화 변수의 선형결합인 주성분 p_1, p_2, p_3를 구한다.

- 원 변수: $\boldsymbol{x} = (x_1, x_2, \ldots, x_{12})^t$

$$= (\mathrm{L, B, H, OH, U, S, Q, FH, NB, NH, BL, HL})^t$$

- 표준화 변수: $\boldsymbol{z} = (z_1, z_2, \ldots, z_{12})^t$
- 제1주성분: $p_1 = \boldsymbol{v}_1^t \boldsymbol{z} = -0.39z_1 - 0.16z_2 + \cdots + 0.07z_{12}$

  제2주성분: $p_2 = \boldsymbol{v}_2^t \boldsymbol{z} = -0.03z_1 + 0.50z_2 + \cdots - 0.38z_{12}$

  제3주성분: $p_3 = \boldsymbol{v}_3^t \boldsymbol{z} = 0.25z_1 - 0.38z_2 + \cdots - 0.49z_{12}$

변수 수가 많은 관계로 주성분을 주성분계수와 변수의 관계를 보다 쉽게 보기 위해서 다음을 참고하기 바란다.

주성분	L z_1	B z_2	H z_3	OH z_4	U z_5	S z_6	Q z_7	FH z_8	NB z_9	NH z_{10}	BL z_{11}	HL z_{12}
$p_1 =$	-0.39	-0.16	-0.31	-0.34	-0.40	-0.38	-0.33	-0.26	-0.25	-0.16	0.21	0.07
$p_2 =$	-0.03	0.50	-0.38	-0.22	0.12	-0.20	0.15	0.18	0.32	0.20	0.39	-0.38
$p_3 =$	0.25	-0.38	-0.21	-0.25	0.06	-0.08	-0.36	0.22	0.11	0.11	-0.48	-0.49

해석: 제1주성분 p_1의 주성분계수의 부호가 양(+)인 z_{11}(BL)과 z_{12}(HL)을 제외하면 모두 음(−)의 대동소이 한 값으로 두개골의 크기에 대한 일반적인 성분을 나타내고 있다. 제2주성분은 둘레(U, Q), 폭(B, NB, BL), 높이(FH, NH)에 양(+)의 주성분계수 값을 가지므로 전체적으로 두개골의 체적(volume)에 관한 형상(shape)성분이다. 제3주성분은 전체 길이에 대한 폭과 높이에 대한 비율을 나타내는 지수(BL, HL)의 주성분계수가 음(−)의 큰 값을 가지므로 두개골 전체 형상의 비율(ratio)성분이라 볼 수 있다. [4단계]의 결과, 세 주성분의 설명력은 76.80%이다.

[6단계] 표준화자료를 주성분에 삽입하여 주성분점수를 얻는다.

- 표준화자료: [자료 2.5.1]의 Z
- 주성분점수 행렬: $P = ZV_{(3)}$ 여기서 $V_{(3)} = (v_1, v_2, v_3)$.

[7단계] 주성분점수를 차원축소된 새로운 다변량 자료로 고려한다.

- [결과 2.5.2]의 주성분들에 대한 주성분점수는 주성분점수의 산점도 (a), (b), (c)를 위한 것으로 실제로 주성분을 새로운 변수로 하는, 크기가 40×3인 다변량 자료행렬을 얻게 된다.
- PCA를 적용하여 독립된 새로운 변수인 세 주성분에 의한 차원축소된 새로운 자료를 얻게 되었다.

해석: 주성분점수의 산점도는 세 주성분들 간에 그려진 것으로 먼저 산점도 (a)와 (b)의 1st PC 축을 기준으로 보면 오른편에 여성(F)들이 주로 있으며 왼편에 남성(M)들이 위치해 있다. 이는 제1주성분이 두개골 크기에 대한 일반적인 성분을 나타내므로 남녀 간의 차이를 보여 주고 있다. 산점도 (a)와 (c)의 2nd PC 축을 기준으로 보면 (a)는 위쪽으로 (c)는 오른쪽으로 몇몇 여성(83F, 45F, 43F, 10F)을 빼면 대부분 남성으로 제2주성분은 두개골의 체적(volume)에 관한 형상(shape)성분으로 체적이 큰 개체를 양(+)으로 작은 개체를 음(−)으로 구분하고 있다. 산점도 (b)와 (c)의 3rd PC 축의 아래쪽에는 두개골의

[결과 2.5.2] 주성분점수와 주성분점수의 산점도

	주성분점수		
개체	p_1	p_2	p_3
5F	4.925	-0.288	-0.671
7M	0.830	1.231	1.141
10F	0.258	1.768	-2.052
13M	-2.613	3.266	0.714
26M	-4.388	0.779	-1.067
32M	2.012	2.637	0.628
43F	3.066	1.197	-0.511
45F	3.539	0.612	1.645
46F	1.682	1.057	-2.648
52M	0.653	0.617	0.151
…………			
145F	-1.904	-1.610	-1.400
146F	1.169	-0.933	0.997
148M	0.311	-2.109	1.109
151M	1.087	-1.148	-0.596
152M	-4.170	0.295	-0.575

주성분점수의 산점도

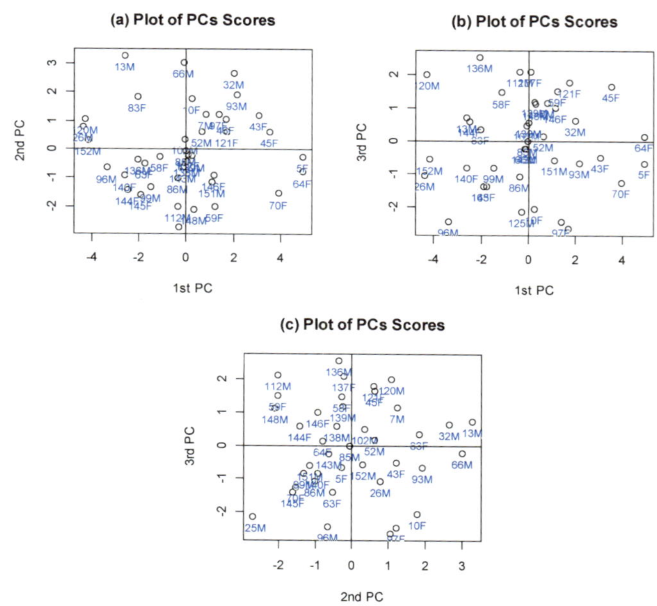

전체 길이에 비해 폭과 높이가 작은 개체들이 위치하고 있다. 이는 제3주성분이 두개골 전체 형상의 비율을 나타내는데, 특히 이 주성분에 지수(BL, HL)의 주성분계수가 음(−)의 큰 값으로 기여하고 있기 때문이다.

추가로 [표 2.5.5]의 세 주성분과 변수와의 상관계수의 경향은 [7단계]에서 주성분의 해석과 일치하고 실제 주성분에 기여하는 각 변수들의 기여정도를 볼 수 있다.

[표 2.5.5] 주성분과 변수 간의 상관계수

상관계수	L z_1	B z_2	H z_3	OH z_4	U z_5	S z_6	Q z_7	FH z_8	NB z_9	NH z_{10}	BL z_{11}	HL z_{12}
γ_{l1}	-0.909	-0.364	-0.723	-0.790	-0.933	-0.879	-0.761	-0.611	−0.583	−0.376	0.498	0.164
γ_{l2}	-0.046	0.723	-0.545	-0.319	0.173	-0.288	0.222	0.257	0.462	0.294	0.562	-0.547
γ_{l3}	0.342	-0.530	-0.295	-0.345	0.083	-0.117	-0.506	0.304	0.153	0.155	-0.669	-0.683

[R-코드 2.5.2] 두개골 자료의 스펙트럼분해에 의한 PCA 수행단계(skull-PCAsteps.R)

```
# PCA Steps based on the SD for Skull Data
#[Step 1] Data Matrix X
Data1.3.2<-read.table("skull.txt", header=T)
Z=as.matrix(Data1.3.2)
rownames<-rownames(Z)
colnames<-colnames(Z)
n=nrow(Z)
#[Step 2] Covariance Matrix S(or Correlation Matix R)
R=(t(Z)%*%Z/(n-1))
R

#[Step 3] Spectral Decomposition
eigen.R=eigen(R)
round(eigen.R$values, 2) # Eigenvalues
V=eigen.R$vectors # Eigenvectors
round(V, 2)
#[Step 4] Choice of Eigenvalues and Eigenvectors
gof=eigen.R$values/sum(eigen.R$values)*100 # Goodness-of fit
round(gof, 2)

#[Step 5] PCs : liner combination of original variables
V3=V[,1:3]
round(t(V3), 2)
#[Step 6] PCS, PCs Scores and New Data Matrix P
```

```
Z # Standardized Data Matrix
P=Z%*%V3              # PCs Scores
round(P, 3)

#[Step 7] Plot of PCs Scores
par(mfrow=c(2,2))
plot(P[,1], P[, 2], main="(a) Plot of PCs Scores", xlab="1st PC", ylab="2nd PC")
text(P[,1], P[, 2], labels=rownames, cex=0.8, col="blue", pos=1)
abline(v=0, h=0)

plot(P[,1], P[, 3], main="(b) Plot of PCs Scores", xlab="1st PC", ylab="3rd PC")
text(P[,1], P[, 3], labels=rownames, cex=0.8, col="blue", pos=1)
abline(v=0, h=0)

plot(P[,2], P[, 3], main="(c) Plot of PCs Scores", xlab="2nd PC", ylab="3rd PC")
text(P[,2], P[, 3], labels=rownames, cex=0.8, col="blue", pos=1)
abline(v=0, h=0)

#Correlations bt PCs and variables
D=diag(sqrt(eigen.R$values[1:3]))
corr=V3%*%D
t(round(corr, 3))
```

지금까지 표본 주성분은 공분산행렬 S와 상관행렬 R의 스펙트럼분해를 통해 대수적 유도하여 [표 2.5.2]와 [표 2.5.3]에서 정리하였다. 기본적으로 공분산행렬 S와 상관행렬 R을 얻기 위해서는 [표 2.5.1]에서와 같이 중심화자료행렬 Y 또는 표준화자료행렬 Z에서 대수적 계산과정을 거친다. 대신에 이러한 계산과정 없이 주어진 자료행렬에서 PCA에 필요한 고윳값과 고유벡터를 제공하는 비정칙값분해(singular value decomposition)를 대수적으로 활용할 수 있다. 이를 위해 중심화확률벡터 $\boldsymbol{y} = (y_1, \ldots, y_p)^t = \boldsymbol{x} - \overline{\boldsymbol{x}}$에서 n개의 관찰치를 $\boldsymbol{y}_i = (y_{i1}, \ldots, y_{ip})^t$, $i = 1, \ldots, n$는 크기가 $n \times p$인 중심화자료행렬 $Y = [\boldsymbol{y}_1, \ldots, \boldsymbol{y}_n]^t$를 구성한다. 따라서 Y의 비정칙값분해는 다음과 같다.

$$Y = U\Lambda V^t = \sum_{k=1}^{p} \lambda_k \boldsymbol{u}_k \boldsymbol{v}_k^t \tag{2.5.3}$$

여기서 $U = (\boldsymbol{u}_1, \ldots, \boldsymbol{u}_p)$와 $V = (\boldsymbol{v}_1, \ldots, \boldsymbol{v}_p)$는 각각 $U^t U = I$와 $V^t V = VV^t = I$을 만족하는 직교행렬이며, $\Lambda = diag(\lambda_1, \ldots, \lambda_p)$는 $\lambda_1 \geq \cdots \geq \lambda_p > 0$을 만족하는 비정칙값에 의한 대각행렬이다.

[표 2.5.2]의 공분산행렬 S의 스펙트럼분해 $S = VDV^t$와 중심화자료행렬 Y의 비정칙값분해 $Y = U\Lambda V^t$의 대수적인 관계를 살펴보자. 먼저 Y의 비정칙값분해 (2.5.3)을 통해

$$Y^t Y = (U\Lambda V^t)^t (U\Lambda V^t) = V\Lambda^2 V^t$$

을 만족하며 여기서 $\Lambda^2 = diag(\lambda_1^2, \ldots, \lambda_p^2)$이다. S의 스펙트럼분해와 $Y^t Y/(n-1) = S$에 의해서 다음을 만족한다.

$$\frac{V\Lambda^2 V^t}{n-1} = VDV^t \tag{2.5.4}$$

(2.5.4) 양변의 $V = (v_1, \ldots, v_p)$는 $V^t V = VV^t = I$을 만족하는 직교행렬로 동일하고 나머지 대각행렬들은

$$\frac{\Lambda^2}{n-1} = diag\left(\frac{\lambda_1^2}{n-1}, \ldots, \frac{\lambda_p^2}{n-1}\right) = diag(l_1, \ldots, l_p) = D \tag{2.5.5}$$

을 만족한다. 따라서 S의 스펙트럼분해의 j번째 고윳값 l_j와 Y의 비정칙값분해의 j번째 비정칙값 λ_j 사이에는

$$l_j = \frac{\lambda_j^2}{n-1}, \; j = 1, \ldots, p$$

인 관계를 가진다.

따라서 중심화자료행렬 Y의 비정칙값분해를 통해 PCA를 실행할 경우 공분산행렬 S의 스펙트럼분해로 얻어진 PCA와 설명력과 주성분과 변수 간의 상관계수행렬의 대수적 표현에는 다소 변화가 있다. 이를 [표 2.5.6]에 요약하였다. 특히, 공분산행렬 S의 스펙트럼분해에서 얻어진 주성분점수행렬은 중심화자료행렬 Y의 비정칙값분해에서

$$P = YV = U\Lambda$$

이 되고 [표 2.5.2]에서 요약한 주성분과 변수 간의 상관계수행렬은 (2.5.5)에 따라 $\Gamma = D_s^{-1/2} V\Lambda / \sqrt{n-1}$가 된다.

| 표 2.5.6 | 중심화자료행렬 Y의 비정칙값분해를 활용한 표본 주성분의 대수적 유도와 성질

- $n \times p$ 자료행렬: $X = [\boldsymbol{x}_1, ..., \boldsymbol{x}_n]^t$, 여기서 $\boldsymbol{x}_i = (x_{i1}, ..., x_{ip})^t$, $i = 1, ..., n$
- $n \times p$ 중심화자료행렬: $Y = [\boldsymbol{y}_1, ..., \boldsymbol{y}_n]^t$, 여기서 $\boldsymbol{y}_i = (y_{i1}, ..., y_{ip})^t = \boldsymbol{x}_i - \overline{\boldsymbol{x}}$, $i = 1, ..., n.$
- 비정칙값분해: $Y = U\Lambda V^t = \sum_{k=1}^{p} \lambda_k \boldsymbol{u}_k \boldsymbol{v}_k^t$
- $V = (\boldsymbol{v}_1, ..., \boldsymbol{v}_p)$: $V^t V = V V^t = I$을 만족하는 직교행렬
- $\Lambda = diag(\lambda_1, ..., \lambda_p)$: $\lambda_1 \geq \cdots \geq \lambda_p > 0$을 만족하는 비정칙값의 행렬
- 제k주성분: $p_k = v_{k1} y_1 + v_{k2} y_2 + \cdots + v_{kp} y_p = \boldsymbol{v}_k^t \boldsymbol{y}$, $k = 1, ..., p.$ (2.5.6)
- 주성분점수: $\boldsymbol{p}_i = \begin{bmatrix} p_{i1} \\ \vdots \\ p_{ip} \end{bmatrix} = V^t \boldsymbol{y}_i$, $i = 1, ..., n.$ $\Rightarrow$ $P = [\boldsymbol{p}_1, ..., \boldsymbol{p}_n]^t = YV = U\Lambda$: $n \times p$ 주성분점수행렬
- 설명력: $t_m = \dfrac{\sum_{k=1}^{m} \lambda_k^2}{\lambda_1^2 + \lambda_2^2 + \cdots + \lambda_p^2} \times 100$
- 주성분과 변수 간의 상관계수행렬: $\Gamma = D_s^{-1/2} V\Lambda / \sqrt{n-1}$
- $D_s^{-1/2} = diag(1/\sqrt{s_{11}}, ..., 1/\sqrt{s_{pp}})$: 표준편차 $\sqrt{s_{11}}, ..., \sqrt{s_{pp}}$의 대각행렬
- $\Lambda = diag(\lambda_1, ..., \lambda_p)$: $\lambda_1 \geq \cdots \geq \lambda_p > 0$을 만족하는 비정칙값의 행렬

크기가 $n \times p$ 표준화자료행렬 $Z = [\boldsymbol{z}_1, ..., \boldsymbol{z}_n]^t$의 비정칙값분해를 활용한 표본 주성분의 유도와 성질은 상관행렬 R의 스펙트럼분해를 활용하는 [표 2.5.3]을 참고로 하여 [표 2.5.6]과 같이 쉽게 유도할 수 있으므로 생략한다. 대신에 [보기 2.5.2]의 상관행렬 R의 스펙트럼분해를 활용한 두개골자료의 PCA와 비교하는 차원에서 [보기 2.5.3]에서는 표준화자료행렬 Z의 비정칙값분해를 활용한 PCA의 결과를 요약하였다. 이를 위한 [R-코드 2.5.3](skull-PCAsvd.R)을 참고하기 바란다.

[보기 2.5.3] 두개골 자료(skull.txt)의 표준화자료행렬 Z의 비정칙값분해에 의한 PCA

EXAMPLE

[보기 2.5.2]에서 12개 변수(L, B, H, OH, U, S, Q, FH, NB, NH, BL, HL)에 의해 22명의 남성(M)과 18명의 여성(F)의 두개골 자료에 대해 상관행렬 R의 스펙트럼분해를 통한 PCA를 보여주었다. 40×12 표준화 자료행렬 Z의 비정칙값분해에 의한 PCA를 보이고자 한다. 다만 [보기 2.5.2]의 PCA 수행단계의 결과, 요약과 다른 것만 살펴보기로 하자.

[1단계] 다변량 표준화자료행렬 Z를 준비한다.

- 두개골 자료(skull.txt)은 크기가 40×12 다변량 표준화자료행렬이다.

[2단계] 표준화자료행렬 Z의 비정칙값분해를 통해 비정칙값과 고유벡터를 구한다.

- $Z = U\Lambda V^t$: $V = (v_1, \ldots, v_p)$, $\Lambda = diag(\lambda_1, \ldots, \lambda_p)$, $\lambda_1 \geq \cdots \geq \lambda_p > 0$
- 비정칙값: $(\lambda_1, \ldots, \lambda_{12})$=(14.59, 8.98, 8.68, 6.61, 5.82, 3.73, 2.99, 2.58, 1.61, 1.30, 0.16, 0.11)
- 고유벡터: $V = (v_1,\ v_2,\ v_3,\ v_4,\ v_5,\ v_6,\ v_7,\ v_8,\ v_9,\ v_{10},\ v_{11},\ v_{12})$

v_1	v_2	v_3	v_4	v_5	v_6	v_7	v_8	v_9	v_{10}	v_{11}	v_{12}
0.16	0.50	-0.38	0.15	-0.08	0.38	0.06	-0.01	-0.08	-0.39	-0.49	0.00
0.31	-0.38	-0.21	-0.21	-0.10	0.34	-0.14	-0.26	0.11	-0.19	0.21	0.61
0.34	-0.22	-0.25	0.07	0.23	-0.51	0.25	0.00	-0.56	-0.29	0.01	0.02
0.40	0.12	0.06	0.22	-0.05	0.22	-0.16	-0.20	-0.45	0.67	-0.02	0.01
0.38	-0.20	-0.08	0.14	0.02	0.13	-0.01	0.85	0.19	0.11	-0.02	0.00
0.33	0.15	-0.36	0.18	0.00	-0.43	0.07	-0.28	0.62	0.24	-0.02	-0.02
0.26	0.18	0.22	-0.57	-0.14	0.08	0.69	0.02	0.04	0.13	-0.01	0.00
0.25	0.32	0.11	-0.43	-0.36	-0.36	-0.57	0.15	-0.09	-0.13	0.01	0.01
0.16	0.20	0.11	-0.29	0.88	0.10	-0.22	-0.03	0.10	-0.01	-0.01	0.00
-0.21	0.39	-0.48	-0.06	0.02	0.08	0.07	0.17	-0.14	0.09	0.71	0.02
-0.07	-0.38	-0.49	-0.44	-0.03	0.14	-0.14	-0.07	-0.04	0.17	-0.18	-0.55

참고: [보기 2.5.2] 스펙트럼분해의 고유벡터와는 부호가 반대로 되어 있는 것도 있다.

[3단계] 비정칙값 제곱의 총합에서 70% 이상 설명비율의 합을 갖는 $m(\leq p)$개 비정칙값을 선택한다.

- 설명비율: 44.31%, 16.78%, 15.71%, 9.11%, 7.05%, 2.89%, 1.86%, 1.39%, 0.54%, 0.35%, 0.01%, 0.00%
- $m = 3$개 비정칙값($\lambda_1 = 14.59$, $\lambda_2 = 8.98$, $\lambda_3 = 8.68$)의 설명비율 합: 44.31% + 16.78% + 15.71% = 76.80%

[4단계] 3개 비정칙값에 대응하는 고유벡터 v_1, v_2, v_3를 활용하여 원 변수의 선형결합 인 주성분 p_1, p_2, p_3를 구한다.

- 원 변수: $\boldsymbol{x} = (x_1,\ x_2,\ \ldots,\ x_{12})^t$ = (L, B, H, OH, U, S, Q, FH, NB, NH, BL, HL)^t
- 표준화 변수: $\boldsymbol{z} = (z_1,\ z_2,\ \ldots,\ z_{12})^t$

- 제1주성분: $p_1 = \boldsymbol{v}_1^t \boldsymbol{z} = 0.39z_1 + 0.16z_2 + \cdots - 0.07z_{12}$

  제2주성분: $p_2 = \boldsymbol{v}_2^t \boldsymbol{z} = -0.03z_1 + 0.50z_2 + \cdots - 0.38z_{12}$

  제3주성분: $p_3 = \boldsymbol{v}_3^t \boldsymbol{z} = 0.25z_1 - 0.38z_2 + \cdots - 0.49z_{12}$

제1주성분과 같이 [보기 2.5.2]의 주성분과는 주성분계수의 부호가 반대인 경우도 있다. 주성분을 해석하는 데는 대수적으로 동일하다.

[5단계] 표준화자료를 주성분에 삽입하여 주성분점수를 얻는다.

- 표준화자료: [자료 2.5.1]의 Z
- 주성분점수 행렬: $P = ZV_{(3)} = U\Lambda$ 여기서 $V_{(3)} = (\boldsymbol{v}_1, \boldsymbol{v}_2, \boldsymbol{v}_3)$.
- 주성분점수도 주성분에 따라 부호가 정반대로 나타난다.

[6단계] 주성분점수를 차원축소된 새로운 다변량 자료로 고려한다.

- 스펙트럼분해와 정반대의 부호를 가진 비정칙값분해를 통한 주성분점수로 인하여 산점도도 [결과 2.5.2]의 (a), (b), (c)와는 정반대의 좌표점을 형성하나 산점도의 해석은 동일하다.

추가로 세 주성분과 변수와의 상관계수의 경향도 [표 2.5.5]의 것과 부호만 정반대이다.

[R-코드 2.5.3] 두개골 자료의 비정칙값분해에 의한 PCA 수행단계(skull-PCAsvd.R)

```
# PCA Steps based on the SVD for Skull Data

#[Step 1] Data Matrix X
setwd("c:/R과 함께하는 다변량자료분석/R_code_data")
Data1.3.2<-read.table("skull.txt", header=T)
Z=as.matrix(Data1.3.2)
rownames<-rownames(Z)
colnames<-colnames(Z)
n=nrow(Z)

#[Step 2] Singular Values Decomposition
svd.Z=svd(Z)
U=svd.Z$u # Right singular vectors
V=svd.Z$v # Left singular vectors : Eigenvectors
round(V, 2)
```

```
D=diag(svd.Z$d)
#[Step 3] Choice of Singular Values and Eigenvectors
round(svd.Z$d, 2)
eigen=(svd.Z$d)^2
round(eigen/(n-1), 2)
gof=eigen/sum(eigen)*100 # Goodness-of fit
round(gof, 2)

#[Step 5] PCs : liner combination of original variables
V3=V[,1:3]
V3
round(t(V3), 2)
#[Step 6] PCS, PCs Scores and New Data Matrix P
Z # Standardized Data Matrix
P=U%*%D                # PCs Scores : P=Z%*%V3
round(P, 3)

#[Step 7] Plot of PCs Scores
par(mfrow=c(2,2))
plot(P[,1], P[, 2], main="(a) Plot of PCs Scores", xlab="1st PC", ylab="2nd PC")
text(P[,1], P[, 2], labels=rownames, cex=0.8, col="blue", pos=1)
abline(v=0, h=0)

plot(P[,1], P[, 3], main="(b) Plot of PCs Scores", xlab="1st PC", ylab="3rd PC")
text(P[,1], P[, 3], labels=rownames, cex=0.8, col="blue", pos=1)
abline(v=0, h=0)

plot(P[,2], P[, 3], main="(c) Plot of PCs Scores", xlab="2nd PC", ylab="3rd PC")
text(P[,2], P[, 3], labels=rownames, cex=0.8, col="blue", pos=1)
abline(v=0, h=0)

#Correlations bt PCs and variables
D=diag(svd.Z$d[1:3]/sqrt(n-1))
corr=V3%*%D
round(corr, 3)
```

요약 비정칙값분해

크기가 $n \times p$인 중심화자료행렬 Y의 비정칙값분해는 다음과 같다.

$$Y = U \Lambda V \equiv \sum_{k=1}^{p} \lambda_k \boldsymbol{u}_k \boldsymbol{v}_k^t$$

여기서 $U=(\boldsymbol{u}_1, \ldots, \boldsymbol{u}_p)$와 $V=(\boldsymbol{v}_1, \ldots, \boldsymbol{v}_p)$는 각각 $U^tU=I$와 $V^tV=VV^t=I$을 만족하는 직교행렬이며, $\Lambda=diag(\lambda_1, \ldots, \lambda_p)$는 $\lambda_1 \geq \cdots \geq \lambda_p > 0$을 만족하는 비정칙값에 의한 대각행렬이다.

2.6 주성분분석의 시각화

지금까지 PCA를 적용한 여러 보기에서 주성분점수에 대한 그림을 통해 주성분관점에서 개체 간의 군집을 살펴보았다. 이제는 이러한 군집의 구체적인 특성을 각 변수들 관점에서 살펴보려 한다. 따라서 PCA의 시각화는 다변량 자료의 개체와 변수들 각각의 군집과 그들 간의 관계를 저차원 공간에서 보여주려는 것이다. 일반적으로 다변량 자료에서 개체와 변수 간의 관계를 시각적으로 보여주는 것이 행렬도(biplot)이다(최용석과 신상민, 2013). 행렬도의 대수적인 면에 대해서는 9장에서 다루기로 하고 이 절에서는 간단히 설명하기로 하자.

행렬도는 다변량 자료행렬의 비정칙값분해를 활용한다. 2.5절의 요약에서와 같이 크기가 $n \times p$인 중심화자료행렬 Y의 비정칙값분해는 다음과 같다.

$$Y = U\Lambda V^t = \sum_{k=1}^{p} \lambda_k \boldsymbol{u}_k \boldsymbol{v}_k^t$$

여기서 $U=(\boldsymbol{v}_1, \ldots, \boldsymbol{v}_p)$와 $V=(\boldsymbol{v}_1, \ldots, \boldsymbol{v}_p)$는 각각 $U^tU=I$와 $V^tV=VV^t=I$을 만족하는 직교행렬이며, $\Lambda=diag(\lambda_1, \ldots, \lambda_p)$는 $\lambda_1 \geq \cdots \geq \lambda_p > 0$을 만족하는 비정칙값에 의한 대각행렬이다.

비정칙값분해 $Y = U\Lambda V^t$에서 좌우 비정칙벡터로 구성되는 U와 V는 대수적·기하적으로 각각 다변량 중심화자료행렬 Y의 개체와 변수를 차원축소된 공간에서 나타낼 수 있는 정보를 가지고 있다. 이런 개념을 활용하여 Gabriel(1971)은 인자분해(factorization)

$$Y = U(V\Lambda)^t = GH^t \tag{2.6.1}$$

의 관점에서 주성분행렬도를 제안하였다. 전통적으로 주성분행렬도는 (2.6.1)에서 $G=U$와 $H=V\Lambda$로 두기 때문에 GH^t 행렬도라 부르기도 한다(SAS Institute Inc., 1991, pp. 438-439).

최용석과 신상민(2013, 1장)에는 주성분행렬도의 대수적 기하적 성질이 요약되어 있는데 이 중에서 중심화자료행렬 Y와 공분산행렬 S라 하면

$$(n-1)S = Y^t Y = H^t H \tag{2.6.2}$$

가 성립한다. 여기서,

$$H = V\Lambda = (v_1\lambda_1, \ldots, v_p\lambda_p) = (\boldsymbol{h}_1, \ldots, \boldsymbol{h}_p)^t \tag{2.6.3}$$

으로 생각할 수 있다. (2.6.3)의 행렬 H의 행벡터 $\boldsymbol{h}_j$, $j=1, \ldots, p$ 사이에는 (2.6.2)의 대수적 관점에서 [표 2.6.1]의 성질이 만족된다.

❙ 표 2.6.1 ❙ 주성분행렬도의 $H = V\Lambda = (v_1\lambda_1, \ldots, v_p\lambda_p) = (\boldsymbol{h}_1, \ldots, \boldsymbol{h}_p)^t$의 성질

(1) $\boldsymbol{h}_j^t\boldsymbol{h}_k \doteq s_{jk}$: 벡터 $\boldsymbol{h}_j$와 $\boldsymbol{h}_k$의 내적은 공분산 s_{jk}에 근사한다.
(2) $\lVert \boldsymbol{h}_j \rVert^2 \doteq s_j^2$: 벡터 $\boldsymbol{h}_j$의 길이에 대한 제곱은 분산 s_j^2에 근사한다.
(3) $\cos(\theta_{jk}) \doteq r_{jk}$: 벡터 $\boldsymbol{h}_j$와 $\boldsymbol{h}_k$의 사이각(θ_{jk})의 코사인 값은 상관계수 r_{jk}에 근사한다.

다음으로 (2.6.1)에서

$$G = U = (\boldsymbol{u}_1, \ldots, \boldsymbol{u}_p) = (\boldsymbol{g}_1, \ldots, \boldsymbol{g}_n)^t \tag{2.6.4}$$

라 하면 행렬 G의 행벡터 $\mathbf{g}_i$, $i=1, \ldots, n$의 유클리드 거리와 중심화자료행렬 Y의 두 개체 $\boldsymbol{y}_r = (y_{r1}, \ldots, y_{rp})^t$과 $\boldsymbol{y}_s = (y_{s1}, \ldots, y_{sp})^t$ 사이에 제곱 마할라노비스 거리와는 근사한다는 [표 2.6.2]의 성질이 만족된다.

❙ 표 2.6.2 ❙ 주성분행렬도의 $G = U = (\boldsymbol{u}_1, \ldots, \boldsymbol{u}_p) = (\boldsymbol{g}_1, \ldots, \boldsymbol{g}_n)^t$의 성질

$\lVert\boldsymbol{y}_r - \boldsymbol{y}_s\rVert_{S^{-1}}^2 = \left[(\boldsymbol{y}_r - \boldsymbol{y}_s)^t S^{-1}(\boldsymbol{y}_r - \boldsymbol{y}_s)\right] = (n-1)\lVert\boldsymbol{g}_r - \boldsymbol{g}_s\rVert^2$

따라서 주성분행렬도에서 [표 2.6.1]과 [표 2.6.2]에 의해서 기하적인 관점에서 시각적으로 변수들 간의 상관관계를 파악하게 되고 [표 2.6.2]와 같이 개체 간의 군집을 할 수 있게 된다. 더불어 (2.6.1)에서 중심화자료행렬 Y의 원소 $y_{ij} = \boldsymbol{g}_i^t\boldsymbol{h}_j$, $i=1, \ldots, n$; $j=1, \ldots, p$는 벡터 $\boldsymbol{h}_j$에 벡터 $\boldsymbol{g}_i$의 사영(projection)을 나타낸다. 만약에 두 벡터 $\boldsymbol{g}_i$와 $\boldsymbol{h}_j$가 서로 직교한다면 $\boldsymbol{g}_i^t\boldsymbol{h}_j = 0$이 성립하여 $y_{ij} = (x_{ij} - \overline{x}_{.j}) = 0$이 되고, 이는 개체들이 j 번째

변수의 표본평균 $\bar{x}_{.j}$에 가까이 있음을 나타낸다. 이는 두 벡터가 직교하지 않고 같은 방향에 놓여 있다면 $y_{ij}=0$이 만족되지 않음을 의미한다. 더군다나 두 벡터 사이의 상대적 위치는 어떤 개체가 특정한 변수에 대해 큰 값, 평균값, 작은 값을 가지는지를 상대적으로 나타낸다.

실제로 (2.6.3)과 (2.6.4)를 바탕으로 $m(\le p)$차원 주성분행렬도는 다음의 두 행렬

$$H_{(m)}=(\boldsymbol{v}_1\lambda_1,\,\ldots,\,\boldsymbol{v}_m\lambda_m)=(\boldsymbol{h}_1,\,\ldots,\,\boldsymbol{h}_m)^t$$
$$G_{(m)}=(\boldsymbol{u}_1,\,\ldots,\,\boldsymbol{u}_m)=(\boldsymbol{g}_1,\,\ldots,\,\boldsymbol{g}_n)^t \tag{2.6.5}$$

에 의해서 얻어진다. 이들이 2.2절에서 살펴본 다변량자료의 차원축소의 최적공간이 되기 위해서는 주성분분석에서 대수적 알고리즘으로 비정칙값분해에 의해 주성분을 선택할 때 사용한 [표 2.5.6]의 설명력 통계량

$$t_m=\frac{\sum_{k=1}^{m}\lambda_k^2}{\lambda_1^2+\lambda_2^2+\cdots+\lambda_p^2}\times 100 \tag{2.6.6}$$

이 70% 이상을 만족되는 m을 선택하면 된다. 여기서 (2.6.6)을 $m(\le p)$차원 주성분행렬도의 설명력이라 해도 무방하다. 이는 주성분행렬도가 PCA와 대수적 수리적으로 동일한 맥락에서 시각화를 제공하고 있기 때문이다.

일반적으로 행렬도에는 크게 주성분(principal component), 대칭(symmetric), JK^t 세 종류가 있다. 이 중에서 주성분행렬도가 PCA의 대수적 기하적 성질을 많이 만족한다. 그리고 2.7절에서 다룰 R에서는 함수 princomp()나 prcomp()의 결과를 함수 biplot()을 활용하여 행렬도를 제공하는데, 이때도 주성분행렬도를 활용한다. 따라서 이 절에서는 주성분행렬도를 주성분분석의 시각화에 활용하기로 하자.

[보기 2.6.1] 두 가지 시험성적자료에 대한 주성분행렬도에 의한 PCA의 시각화

EXAMPLE

두 가지 방식(책을 참고하는 경우(o), 책을 참고하지 않는 경우(c))에 따라 시험을 치른 다섯 과목 Mechanics(c), Vectors(c), Algebra(o), Analysis(o), Statistics(o)의 성적(5subjects.txt)에 대한 PCA 수행단계에 따른 [보기 2.2.2]는 공분산행렬 S의 스펙트럼분해에 의한 대수적·수리적 관점에서 주성분분석을 살펴보았다. 물론 주성분점수에 의한 시각화를 통해 학생 개체들의 군집화에 대해서 [7단계]에서 다음과 같이 해석한 바 있다.

해석: 주성분점수의 산점도는 평균점수 성분인 제1주성분과 관련된 1st PC(제1축)의 왼편에는 5개 과목의 평균 성적이 높은 학생들이고 오른편에는 낮은 학생들로 그룹이 형성되어 있다. 클로즈북 과목(+)과 오픈북 과목(−)의 대비를 나타내는 제2주성분과 관련된 2nd PC(제2축)의 위편에는 클로즈북 성적이 낮고 오픈북 성적이 높은 학생들이 아래편에는 그 반대의 학생들이 그룹을 형성하고 있다.

주성분점수에 대한 이러한 해석은 주성분분석의 시각화를 위한 주성분행렬도 [그림 2.6.1]-(b)의 해석에도 동일하게 적용된다. 이는 행렬도에서 서로 가깝게 몰려 있는 개체(학생)는 [표 2.6.2]의 대수적 관점에서 유사한 개체(학생) 간의 군집을 형성한다는 점이다. 물론 각 축에서 먼저 원점을 중심으로 방향이 그룹 간의 차이를 먼저 보여주게 된다.

(a)의 행렬도에서는 변수인 5개 과목이 화살표로 표시되어 있고 그 방향으로 관련된 과목의 성적이 커지며 반대로는 작아진다. 이를 개체인 학생들에 대한 행렬도 (b)와 비교하면 3사분면의 10번째 학생의 mechanics 성적이 높아 이 변수 방향으로 놓여져 있음을 알 수 있다. 특히, 행렬도 (a)의 1st PC(제1축)에서는 5개 과목 전부가 왼편에 있고 2nd PC(제2축)에서는 위에는 statistics, analysis, algebra 오픈북 세 과목이 아래에는 vectors, mechanics 클로즈북 두 과목이 있다. 따라서 행렬도 (b)와 비교하면 제1축은 왼편에서 오른편으로 5개 과목의 평균성적이 높은 학생들이 위치하고 제2축은 위에서 아래로 오픈북과 클로즈북 성적이 높은 학생들이 위치해 있다.

[그림 2.6.1]의 행렬도에서 각 변수(과목)의 위치와 화살표가 이루는 각도와 길이에 따라 상관관계와 분산을 시각적으로 해석할 수 있다. 즉, 화살표 길이가 제일 긴 mechanics부터 statistics, analysis, vectors, algebra 순으로 분산이 305.768, 297.755, 220.380, 172.842, 112.886임을 [보기 2.2.2]-[2단계] 공분산행렬 S를 통해 확인된다. 더불어 이들 간의 방향성과 이루는 각도의 관점에서 서로 간의 상관관계를 읽을 수 있다. 먼저 방향성 관점에서 제2축을 기준으로 위쪽 오픈북 세 과목(statistics, analysis, algebra)과 아래쪽 클로즈북 두 과목(mechanics, vectors)은 서로 정반대로 위치하여 이들 간의 성향이 전혀 다름을 보여 준다. 이는 과목 간에 이루는 각도의 관점에서 각각 오픈북과 클로즈북 내에서 과목이 이루는 각도가 상대적으로 작아 대수적으로 상관계수가 높음을 의미한다. 즉, 클로즈북 두 과목(vectors, mechanics)의 상관계수는 0.553이고, 특히 크로즈북 mechanics와 나머지 오픈북 세 과목 statistics, analysis, algebra 간에는 상관계수가 0.389, 0.409, 0.547로 이런 사실을 반영하다. 그러나 크로즈 북 vectors와 나머지 오픈북 세 과목 statistics, analysis, algebra 간에는 상관계수가 차례로 0.436, 0.485, 0.609가 되는데, 특히 algebra는 vector와 서로 다른 방식의 시험과목이지만 상관계수가 높은 것은 두 과목

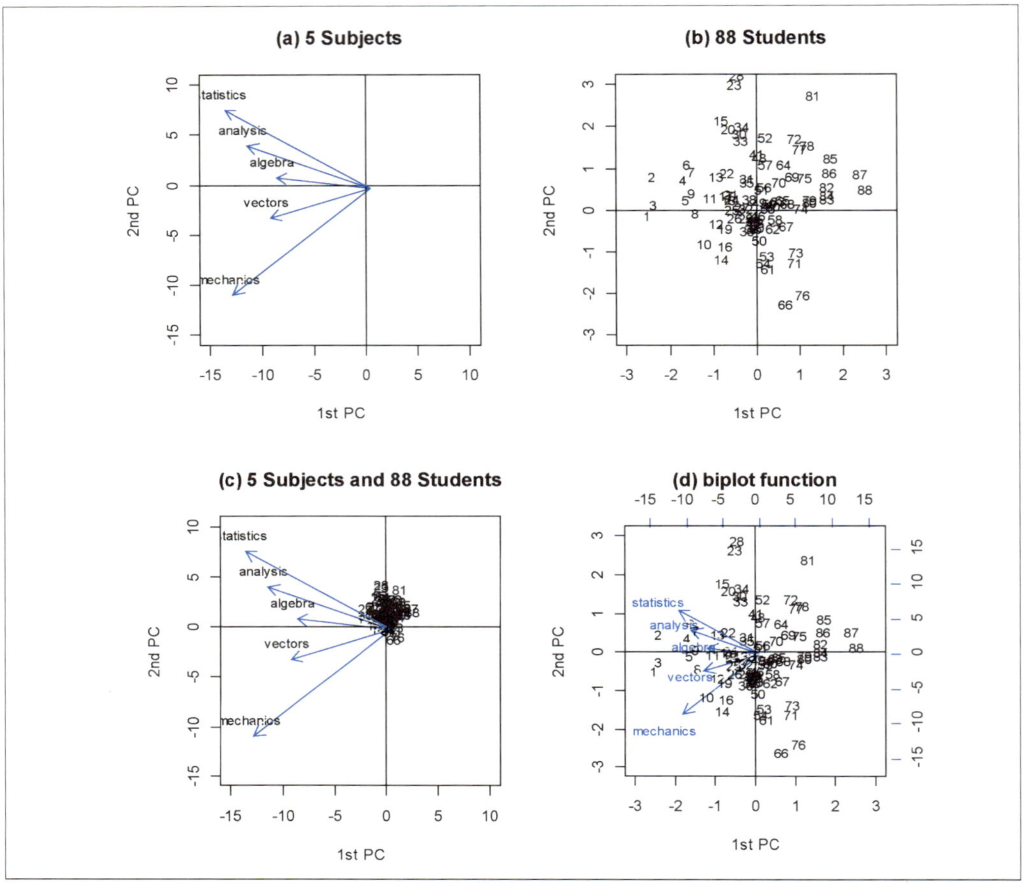

[그림 2.6.1] 두 가지 시험성적자료에 대한 주성분행렬도

의 영역이 매우 유사함에 기인한다고 여겨진다.

[그림 2.6.1]의 (a)와 (b)를 겹쳐서 볼 수 있는 행렬도가 (c)와 (d)인데 (c)의 경우에는 변수(과목)과 개체(학생)에 관한 행렬도의 좌표의 척도가 달라 개체들이 중심에 몰려 있어 세밀한 해석은 시각적으로 어려움을 알 수 있다. 이럴 경우 (a)와 (b)처럼 처음부터 분리해서 해석하는 것이 유용하다. (d)는 R의 함수 biplot()을 사용한 것인데 (b)의 개체에 관한 행렬도에 (a)의 변수에 관한 행렬도에서 방향성을 유지하고 단지 화살표의 길이만 조정하여 보다 시각적으로 보기가 쉬운 행렬도를 제공하고 있다. 이들 행렬도를 위한 [R-코드 2.6.1](5subjects-PCbiplot.R)을 봐도 맨 아래쪽의 함수 biplot()을 사용하는 것이 유용해 보인다.

끝으로 [그림 2.6.1]의 행렬도의 설명력은 제1축이 61.91%, 제2축이 18.21%로 전체 설명력은 80.12%임을 [보기 2.2.2]-[4단계]를 통해 알 수 있다.

[R-코드 2.6.1] [그림 2.6.1]을 위한 R-코드(5subjects-PCbiplot.R)

```
# PC Biplots for 5 Subjects Exam
library("MVT")
data(examScor)
X=examScor
n <- nrow(X)
rownames(X)
colnames(X)
joinnames=c(rownames(X),colnames(X))

Y <- scale(X,scale=F)

# Biplot based on the Singular Value Decomposition
svd.Y <- svd(Y)
U <- svd.Y$u
V <- svd.Y$v
D <- diag(svd.Y$d)
G <- (sqrt(n-1)*U)[,1:2]
H <- (sqrt(1/(n-1))*V%*%D)[,1:2]
C<- rbind(G, H)
rownames(G)<-rownames(X)
rownames(H)<-colnames(X)
rownames(C)<-joinnames

# Godness-of-fit
eig <- (svd.Y$d)^2
per <- eig/sum(eig)*100
gof <- sum(per[1:2])
per
gof

# Biplots
par(mfrow=c(2,2))
par(pty="s")
lim1 <- range(pretty(H))
plot(H[,1],H[,2],xlab="1st PC",ylab="2nd PC", main="(a) 5 Subjects",
         xlim=lim1,ylim=lim1,pch=15,col=2, type="n")
abline(v=0,h=0)
text(H[,1], H[,2],colnames(X),cex=0.8,col=1,pos=3)
arrows(0,0,H[,1],H[,2],col=2,code=2, length=0.1)

lim2 <- range(pretty(G))
plot(G[,1],G[,2],xlab="1st PC",ylab="2nd PC", main="(b) 88 Students",
```

```
            xlim=lim2,ylim=lim2,pch=16, type="n")
abline(v=0,h=0)
text(G[,1],G[,2],rownames(X),cex=0.8,pos=3)

lim3 <- range(pretty(C))
plot(C[,1],C[,2],xlab="1st PC",ylab="2nd PC",  main="(c) 5 Subjects and 88 Students",
            xlim=lim3,ylim=lim3,pch=16,  type="n")
abline(v=0,h=0)
text(C[,1],C[,2],joinnames,cex=0.8,pos=3)
arrows(0,0,C[89:93,1],C[89:93,2],col=2,code=2, length=0.1)

biplot(G,H, xlab="1st PC",ylab="2nd PC", main="(d) biplot function",
                xlim=lim2,ylim=lim2,cex=0.8,pch=16)
abline(v=0,h=0)
```

[보기 2.6.2] KLPGA 선수의 성적(klpga.txt)의 PCA를 위한 시각화

EXAMPLE

[보기 2.5.1]에서 상금률, 평균퍼팅수, 그린적중률, 파세이브율, 파브레이크율, 평균타수의 6개 측정변수에 의한 한국여자프로골프협회(KLPGA) 2006년도 상금 순위 상위 50명 자료에 대한 PCA를 살펴보았다. 변수들의 군집은 '상금률, 그린적중률, 파세이브율, 파브레이크율'과 '평균퍼팅수와 평균타수'로 나누어지고 주성분점수의 산점도를 통해 개체인 선수들의 군집은 경기력변수 간의 대비를 타나내는 제1주성분에 의한 제1축의 오른편에 10위권 이내의 상위랭킹 선수들과 왼편에 하위랭킹 선수들로 이루어져 있음을 보았다.

이제부터 주성분분석의 시각화를 위한 제공된 주성분행렬도 [그림 2.6.2]를 살펴보자. 행렬도의 각 축에 설명력을 삽입하여 제1축 1st PC(71.83%)과 제2축 2nd PC(18.64%)에 의해서 2차원 행렬도의 전체 설명력은 90.47%로 매우 높음을 보야준다. 이를 위한 [R-코드 2.6.2](klpga-PCbiplot.R)에서는 [보기 2.6.1]에서 행렬도의 변수와 개체 좌표에 대한 척도화를 자동으로 조절하는 함수 biplot()을 사용하였다.

[그림 2.6.2]의 행렬도에서 제1축 왼편의 변수들 중 파세이브율, 파브레이크율, 상금률이 서로 이루는 각도가 매우 작아 실제 이들의 상관관계가 매우 높음을 보여준다. [보기 2.5.1]-[2단계] 상관행렬 R을 참고해서 보면 실제로 상금률은 파브레이크율과 상관계수가 0.829, 파세이브율과 0.736이며 이들 세 변수와 다소 각도가 큰 그린적중률과는 0.641로 상대적으로 상관계수의 값이 떨어진다. 당연히 이들 변수와 반대쪽의 평균퍼팅수와 평균타수와는 음(−)의 상관 내지는 그린적중률과 평균퍼팅수처럼 상관계수 0.128로 아주 낮

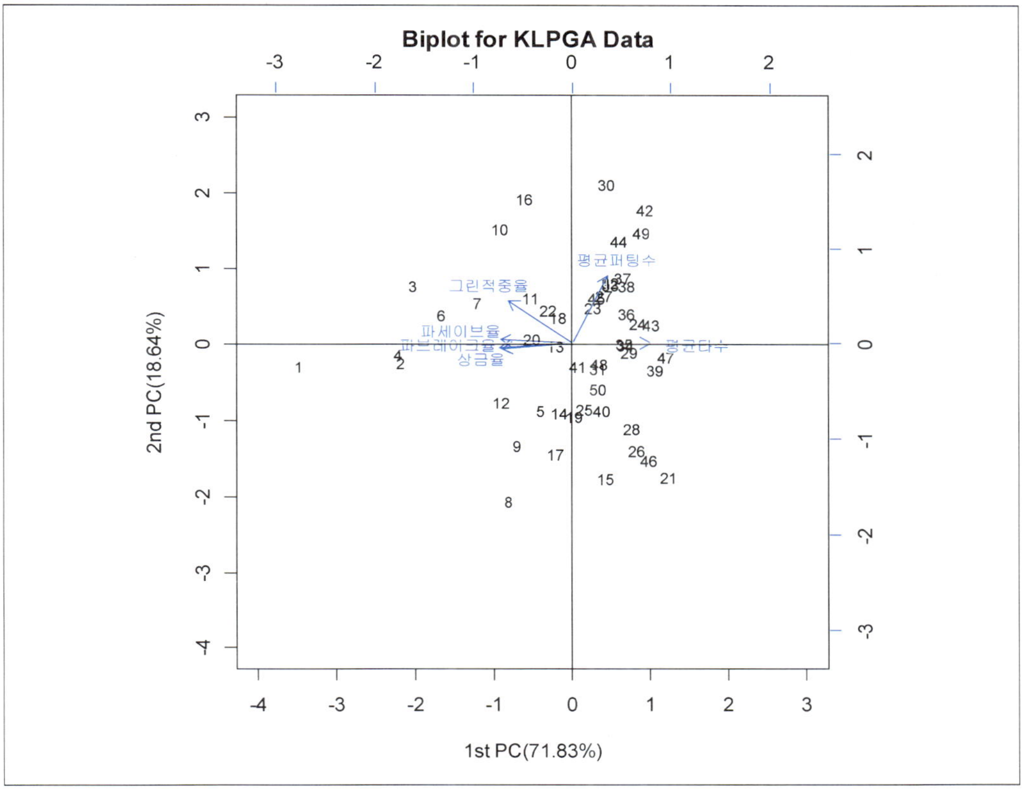

[그림 2.6.2] KLPGA 선수 성적의 주성분 행렬도

은 상관을 보이게 된다.

[R-코드 2.6.2] [그림 2.6.2]를 위한 R-코드(klpga-PCbilpot.R)

```
# PC Biplot for KLPGA
# Data Matrix X
Data1.3.2<-read.table("klpga.txt", header=T)
X=Data1.3.2
n <- nrow(X)
rownames(X)
colnames(X)

Y <- scale(X,scale=T)

# Biplot based on the Singular Value Decomposition
svd.Y <- svd(Y)
```

```
U <- svd.Y$u
V <- svd.Y$v
D <- diag(svd.Y$d)
G <- (sqrt(n-1)*U)[,1:2]
H <- (sqrt(1/(n-1))*V%*%D)[,1:2]
rownames(G)<-rownames(X)
rownames(H)<-colnames(X)

# Godness-of-fit
eig <- (svd.Y$d)^2
per <- eig/sum(eig)*100
gof <- sum(per[1:2])
round(per, 2)
round(gof, 2)

# PC Biplot
lim<-range(pretty(G))
biplot(G,H, xlab="1st PC(71.83%)",ylab="2nd PC(18.64%)", main="Biplot for KLPGA
Data ",
                    xlim=lim,ylim=lim,cex=0.8,pch=16)
abline(v=0,h=0)
```

2.7 주성분분석을 위한 R

지금까지 주성분분석을 위한 PCA 수행단계의 대수적 알고리즘인 스펙트럼분해와 비정칙값분해와 더불어 시각화를 위한 행렬도의 대수적 알고리즘에 바탕을 둔 R-코드를 제공하였다. 이 중에서 [보기 2.5.1]의 [자료 1.3.2](klpga.txt) KLPGA 선수 성적의 PCA를 위한 [R-코드 2.2.1](klpga-PCAsteps.R), [보기 2.5.3]의 남성과 여성의 두개골 자료에 대해 상관행렬 R의 스펙트럼분해를 통한 PCA를 위한 [R-코드 2.5.3](skull-PCAsvd.R), [보기 2.6.1]의 두 가지 방식(책을 참고하는 경우(o), 책을 참고하지 않는 경우(c))에 따라 시험을 치른 다섯 과목 Mechanics(c), Vectors(c), Algebra(o), Analysis(o), Statistics(o)의 성적(5subjects.txt)에 대한 PCA를 위한 시각화로 주성분행렬도를 위한 [R-코드 2.6.1](5subjects-PCbiplot.R) 세 가지를 재인용하여 요약하려한다.

이에 앞서 R에서 제공하는 주성분분석을 위한 함수 princomp()와 prcomp()를 활용한 보기를 [R-코드 2.7.1](klpga-PCAfunctions.R)에서 제공하려 한다. 이는 [보기 2.6.2]의 KLPGA 자료에 대한 것으로 함수 princomp()는 공분산행렬 S 또는 상관행렬 R의 스펙트럼분해 그리고 prcomp()는 중심화행렬자료 Y나 표준화행렬자료 Z의 비정칙값분해를 대수적 알고리즘으로 활용한다. 수행결과와 관련된 내용을 주석(#)으로 달아 두고 있으며 전반적으로 설명력, 주성분계수, 주성분점수, 행렬도를 제공한다. 물론 함수 prcomp()에서는 주성분점수를 제공하지 않는다. [R-코드 2.7.1] 실행 결과들에 대한 해석은 [보기 2.5.1]과 [보기 2.6.2]를 참고하면 된다.

[R-코드 2.7.1] KLPGA 선수 성적의 주성분분석을 위한 함수 princomp()와 prcomp()를 활용(klpga-PCAfunctions.R)

```
Data1.3.2<-read.table("klpga.txt", header=T)
X<-Data1.3.2

# PCA based on the SD using princomp( )
pca.R<-princomp(X, cor=T)
summary(pca.R, loadings=T) # 설명력, 주성분계수
round(pca.R$scores, 3)  # 주성분점수
screeplot(pca.R, type="lines") # 스크리그림

# 주성분 행렬도
biplot(pca.R, scale=0, xlab="1st PC",ylab="2nd PC",
                main="PC Biplot for KLPGA Data ")
abline(v=0, h=0)

# PCA on the SVD using prcomp( )
pcasvd.Z<-prcomp(X, scale=T)
summary(pcasvd.Z)  # 설명력
round(pcasvd.Z$rotation, 3) # 주성분계수
screeplot(pcasvd.Z, type="lines") #스크리그림

# 주성분 행렬도
biplot(pcasvd.Z, scale=0,  xlab="1st PC",ylab="2nd PC",
                main="PC Biplot for KLPGA Data ")
abline(v=0, h=0)
```

[보기 2.5.1]에서 스펙트럼분해에 의한 PCA 수행단계를 따른 [자료 1.3.2](klpga.txt) KLPGA 선수 성적의 PCA를 위한 [R-코드 2.2.1](klpga-PCAsteps.R)을 참고하기 바란다.

[R-코드 2.5.1] [자료 1.3.1]의 스펙트럼분해에 의한 PCA 수행단계(klpga-PCAsteps.R)

```
# PCA Steps for KLPGA

#[Step 1] Data Matrix X
Data1.3.2<-read.table("klpga.txt", header=T)
X=Data1.3.2
rownames<-rownames(X)

#[Step 2] Covariance Matrix S(or Correlation Matix R)
R=round(cor(X),3)
R

#[Step 3] Spectral Decomposition
eigen.R=eigen(R)
round(eigen.R$values, 2) # Eigenvalues
V=round(eigen.R$vectors, 2) # Eigenvectors

#[Step 4] Choice of Eigenvalues and Eigenvectors
gof=eigen.R$values/sum(eigen.R$values)*100 # Goodness-of fit
round(gof, 2)

#[Step 5] PCs : liner combination of original variables
V2=V[,1:2]
V2
#[Step 6] PCS, PCs Scores and New Data Matrix P
Z=scale(X, scale=T) # Standardized Data Matrix
Z
P=Z%*%V2                # PCs Scores
round(P, 3)

#[Step 7] Plot of PCs Scores
plot(P[,1], P[, 2], main="Plot of PCs Scores", xlab="1st PC", ylab="2nd PC")
text(P[,1], P[, 2], labels=rownames, cex=0.8, col="blue", pos=3)
abline(v=0, h=0)

#Correlations bt PCs and variables
D=diag(sqrt(eigen.R$values[1:2]))
corr=V2%*%D
corr
```

[보기 2.5.3]에는 두개골 자료에 대해 상관행렬 R의 스펙트럼분해를 통한 PCA를 보여주었다. 이를 위한 [R-코드 2.5.3](skull-PCAsvd.R)을 재인용한다.

[R-코드 2.5.3] 두개골 자료의 비정칙값분해에 의한 PCA 수행단계(skull-PCAsvd.R)

```
# PCA Steps based on the SVD for Skull Data
#[Step 1] Data Matrix X
Data1.3.2<-read.table("skull.txt", header=T)
Z=as.matrix(Data1.3.2)
rownames<-rownames(Z)
colnames<-colnames(Z)
n=nrow(Z)

#[Step 2] Singular Values Decomposition
svd.Z=svd(Z)
U=svd.Z$u # Right singular vectors
V=svd.Z$v # Left singular vectors : Eigenvectors
round(V, 2)
D=diag(svd.Z$d)
#[Step 3] Choice of Singular Values and Eigenvectors
round(svd.Z$d, 2)
eigen=(svd.Z$d)^2
round(eigen/(n-1), 2)
gof=eigen/sum(eigen)*100 # Goodness-of fit
round(gof, 2)

#[Step 5] PCs : liner combination of original variables
V3=V[,1:3]
V3
round(t(V3), 2)
#[Step 6] PCS, PCs Scores and New Data Matrix P
Z # Standardized Data Matrix
P=U%*%D                 # PCs Scores : P=Z%*%V3
round(P, 3)

#[Step 7] Plot of PCs Scores
par(mfrow=c(2,2))
plot(P[,1], P[, 2], main="(a) Plot of PCs Scores", xlab="1st PC", ylab="2nd PC")
text(P[,1], P[, 2], labels=rownames, cex=0.8, col="blue", pos=1)
abline(v=0, h=0)

plot(P[,1], P[, 3], main="(b) Plot of PCs Scores", xlab="1st PC", ylab="3rd PC")
text(P[,1], P[, 3], labels=rownames, cex=0.8, col="blue", pos=1)
abline(v=0, h=0)
```

```
plot(P[,2], P[, 3], main="(c) Plot of PCs Scores", xlab="2nd PC", ylab="3rd PC")
text(P[,2], P[, 3], labels=rownames, cex=0.8, col="blue", pos=1)
abline(v=0, h=0)

#Correlations bt PCs and variables
D=diag(svd.Z$d[1:3]/sqrt(n-1))
corr=V3%*%D
round(corr, 3)
```

[보기 2.6.1]에는 두 가지 방식(책을 참고하는 경우(o), 책을 참고하지 않는 경우(c))에 따라 시험을 치른 다섯 과목 Mechanics(c), Vectors(c), Algebra(o), Analysis(o), Statistics(o)의 성적(5subjects.txt)에 대한 PCA를 위한 시각화로 주성분행렬도를 보여주고 있다. 이를 위한 [R-코드 2.6.1](5subjects-PCbiplot.R)을 참고하기 바란다.

[R-코드 2.6.1] 두 가지 시험성적자료에 대한 주성분행렬도(5subjects-PCbiplot.R)

```
# PC Biplots for 5 Subjects Exam
library("MVT")
data(examScor)
X=examScor
n <- nrow(X)
rownames(X)
colnames(X)
joinnames=c(rownames(X),colnames(X))

Y <- scale(X,scale=F)

# Biplot based on the Singular Value Decomposition
svd.Y <- svd(Y)
U <- svd.Y$u
V <- svd.Y$v
D <- diag(svd.Y$d)
G <- (sqrt(n-1)*U)[,1:2]
H <- (sqrt(1/(n-1))*V%*%D)[,1:2]
C<- rbind(G, H)
rownames(G)<-rownames(X)
rownames(H)<-colnames(X)
rownames(C)<-joinnames

# Godness-of-fit
```

```
eig <- (svd.Y$d)^2
per <- eig/sum(eig)*100
gof <- sum(per[1:2])
per
gof

# Biplots
par(mfrow=c(2,2))
par(pty="s")
lim1 <- range(pretty(H))
plot(H[,1],H[,2],xlab="1st PC",ylab="2nd PC", main="(a) 5 Subjects",
         xlim=lim1,ylim=lim1,pch=15,col=2, type="n")
abline(v=0,h=0)
text(H[,1], H[,2],colnames(X),cex=0.8,col=1,pos=3)
arrows(0,0,H[,1],H[,2],col=2,code=2, length=0.1)

lim2 <- range(pretty(G))
plot(G[,1],G[,2],xlab="1st PC",ylab="2nd PC", main="(b) 88 Students",
           xlim=lim2,ylim=lim2,pch=16, type="n")
abline(v=0,h=0)
text(G[,1],G[,2],rownames(X),cex=0.8,pos=3)

lim3 <- range(pretty(C))
plot(C[,1],C[,2],xlab="1st PC",ylab="2nd PC", main="(c) 5 Subjects and 88
Students",
          xlim=lim3,ylim=lim3,pch=16, type="n")
abline(v=0,h=0)
text(C[,1],C[,2],joinnames,cex=0.8,pos=3)
arrows(0,0,C[89:93,1],C[89:93,2],col=2,code=2, length=0.1)

biplot(G,H, xlab="1st PC",ylab="2nd PC", main="(d) biplot function",
                  xlim=lim2,ylim=lim2,cex=0.8,pch=16)
abline(v=0,h=0)
```

2.8 연습문제

2.1 주성분분석에서 차원축소를 어떻게 구현하는지를 설명하라.

2.2 주성분분석에서 설명력의 의미는 무엇인지를 설명하라.

2.3 주성분분석의 시각화 기법인 행렬도는 기하적으로 무엇을 보여주는지를 설명하라.

2.4 [자료 1.3.4](irisflower.txt)에는 세 종류의 붓꽃(Setosa, Versicolor, Virginica) 각 각 50포기의 꽃받침 길이(X_1), 꽃받침 폭(X_2), 꽃잎 길이(X_3), 꽃잎 폭(X_4)을 측정한 자료가 있다.

(1) PCA 적용을 위한 공분산행렬과 상관행렬 중 어느 것을 사용할지를 선택하라.
(2) 주성분을 몇 개 선택할지를 설명력과 스크리그림을 통해 결정하라.
(3) 비정칙값분해의 대수적 알고리즘을 설명하고 이를 바탕으로 PCA를 수행하라.
(4) R에서 제공하는 PCA를 위한 함수 princomp()와 prcomp()를 활용한 결과를 서로 비교·설명하라.

2.5 공분산행렬

$$\Sigma = \begin{bmatrix} 4 & 0 & 0 \\ 0 & 2 & 0 \\ 0 & 0 & 4 \end{bmatrix}$$

에 대해 주성분을 구하여라. 고윳값이 서로 같을 때 이에 대응되는 주성분계수는 어떤 특징을 나타내지를 살펴보라.

2.6 [자료 2.8.1](5stockprice.txt)은 미국 뉴욕 주식거래소에 상장된 5개 주식인 JP Morgan, Citibank, Well Fargo, Royal Dutch Shell, Exxon Mobil의 1975년 1월부터 1976년 12월까지 103주간 수익률을 나타낸 것이다.

(1) 공분산행렬 S 및 상관행렬 R을 이용하여 주어진 자료에 대한 PCA를 수행하고 두 결과를 서로 비교하라.
(2) 적절한 주성분을 구하고 이들을 해석하라.
(3) 주성분행렬도를 통해 변수들의 상관관계를 살펴보고 (2)의 주성분의 해석과 비교하라.
(4) 주성분행렬도에서 5개 주식에 대하여 어느 주간에 수익률이 높은지를 시각적을 살펴보고 비교·설명하라.

| 자료 2.8.1 | 주간 주식 수익률 자료(5stockprice.txt)

주간	JP Morgan	Citibank	Well Fargo	Royal Dutch Shell	Exxon Mobil
1	0.0130338	-0.0078431	-0.0031889	-0.0447693	0.0052151
2	0.0084862	0.0166886	-0.0062100	0.0119560	0.0134890
3	-0.0179153	-0.0086393	0.0100360	0.0000000	-0.0061428
4	0.0215589	-0.0034858	0.0174353	-0.0285917	-0.0069534
5	0.0108225	0.0037167	-0.0101345	0.0291900	0.0409751
6	0.0101713	-0.0121978	-0.0083768	0.0137083	0.0029895
7	0.0111288	0.0280044	0.0080721	0.0305433	0.0032290
8	0.0484801	-0.0051480	0.0182495	0.0063348	0.0076752
9	-0.0344914	-0.0137991	-0.0080468	-0.0299011	-0.0108108
10	-0.0046596	0.0209882	-0.0060841	-0.0203940	-0.0126677
11	-0.0018205	-0.0055675	-0.0107587	-0.0089898	-0.0183648
12	0.0148515	0.0346684	-0.0060004	0.0362855	0.0287032
13	-0.0092426	-0.0052029	0.0047161	0.0264916	0.0129547
14	-0.0458668	-0.0278243	-0.0142696	0.0374776	0.0332022
15	-0.0244432	-0.0182914	0.0059048	-0.0259572	-0.0202333
16	-0.0183742	-0.0140289	0.0011361	0.0073284	-0.0097182
17	-0.0297788	-0.0284571	-0.0164555	0.0310847	0.0164377
18	-0.0225080	-0.0228833	0.0344231	-0.0062006	0.0067584
19	0.0119617	-0.0067916	0.0185908	-0.0193632	-0.0153440
20	0.0209811	0.0240509	0.0129586	0.0355419	0.0150962
⋮	⋮	⋮	⋮	⋮	⋮
90	-0.0041854	0.0060907	-0.0067276	0.0134710	-0.0045908
91	0.0090063	-0.0022422	0.0000000	-0.0429774	-0.0620229
92	0.0053555	-0.0083146	0.0069469	-0.0188272	-0.0161072
93	0.0307783	-0.0160888	0.0031045	-0.0539478	-0.0556609
94	0.0373241	0.0359281	0.0252751	0.0581879	0.0169708
95	0.0238029	0.0031125	-0.0068757	0.0122545	0.0281715
96	0.0256826	0.0525266	0.0406957	-0.0316623	-0.0188482
97	-0.0060622	0.0086334	0.0058413	0.0445584	0.0305941
98	0.0217449	0.0229645	0.0291983	0.0084395	0.0319296
99	0.0033740	-0.0153061	-0.0238245	-0.0016738	-0.0172270
100	0.0033626	0.0029016	-0.0030507	-0.0012193	-0.0097005
101	0.0170147	0.0095061	0.0181994	-0.0161758	-0.0075614
102	0.0103929	-0.0026612	0.0044290	-0.0024818	-0.0164502
103	-0.0127948	-0.0143678	-0.0187402	-0.0049759	-0.0163732

2.7 [그림 2.8.1]은 61개 지역의 총인구 조사에서 다섯 가지 측정변수 총인구수(1,000명), 전문가비율(%), 16세 이상 취업률(%), 공무원비율(%), 주택가격(1억)을 기준으로 얻어진 자료(censustract.txt)의 상관행렬 R에 대한 주성분행렬도이다.

(1) 행렬도를 통하여 변수들의 상관관계가 실제 상관계수와 관련이 있음을 설명하라.

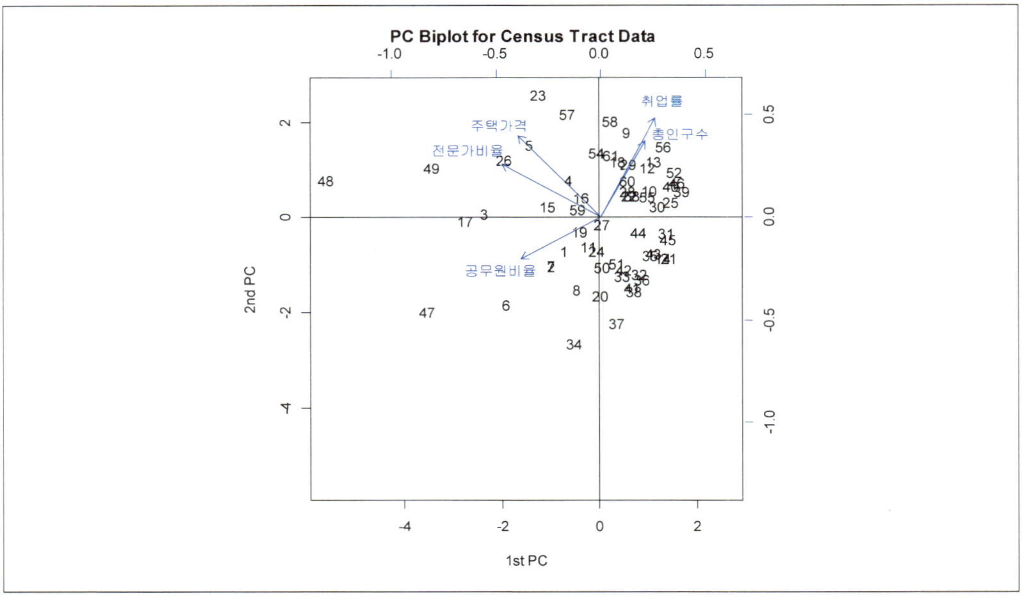

[그림 2.8.1] 총인구 조사의 주성분행렬도

(2) 측정변수들과 지역 간의 관련성을 기술하라.

(3) 제1주성분과 제2주성분을 해석하라.

		총인구수	전문가비율	취업률	공무원비율	주택가격
$R =$	총인구수	1.000	-0.192	0.313	-0.119	
	전문가비율	-0.192	1.000	-0.065	0.373	
	취업율	0.313	-0.065	1.000	-0.411	
	공무원비율	-0.119	0.373	-0.411	1.000	
	주택가격	0.026	0.685	-0.010	0.180	

참고로 행렬도와 PCA의 결과를 얻고자 하는 독자는 R-코드(censustract-PCbiplot.R)를 활용하기를 바란다. 자료(censustract.txt)와 R-코드는 부록을 참고하기 바란다.

2.8 [자료 2.8.2](airpollution.txt)은 미국 LA시에서 낮 12시에 42일 동안 풍속(wind), 태양 방사능 양(Solar radiation), CO, NO, NO_2, O_3, HC 등 7개 변수로 측정된 대기 오염 관찰치를 나타낸다.

(1) 공분산행렬 S 및 상관행렬 R을 이용하여 주어진 자료에 대한 PCA를 수행하고 두 결과를 서로 비교하라.

(2) 적절한 주성분을 구하고 이들을 해석하라.

| 자료 2.8.2 | LA시의 대기오염 자료(airpollution.txt)

측정일	Wind	Solar rardiation	*CO*	*NO*	NO_2	O_3	*HC*
1	8	98	7	2	12	8	2
2	7	107	4	3	9	5	3
3	7	103	4	3	5	6	3
4	10	88	5	2	8	15	4
5	6	91	4	2	8	10	3
6	8	90	5	2	12	12	4
7	9	84	7	4	12	15	5
8	5	72	6	4	21	14	4
9	7	82	5	1	11	11	3
10	8	64	5	2	13	9	4
11	6	71	5	4	10	3	3
12	6	91	4	2	12	7	3
13	7	72	7	4	18	10	3
14	10	70	4	2	11	7	3
15	10	72	4	1	8	10	3
16	9	77	4	1	9	10	3
17	8	76	4	1	7	7	3
18	8	71	5	3	16	4	4
19	9	67	4	2	13	2	3
20	9	69	3	3	9	5	3
21	10	62	5	3	14	4	4
22	9	88	4	2	7	6	3
23	8	80	4	2	13	11	4
24	5	30	3	3	5	2	3
25	6	83	5	1	10	23	4
26	8	84	3	2	7	6	3
27	6	78	4	2	11	11	3
28	8	79	2	1	7	10	3
29	6	62	4	3	9	8	3
30	10	37	3	1	7	2	3
31	8	71	4	1	10	7	3
32	7	52	4	1	12	8	4
33	5	48	6	5	8	4	3
34	6	75	4	1	10	24	3
35	10	35	4	1	6	9	2
36	8	85	4	1	9	10	2
37	5	86	3	1	6	12	2
38	5	86	7	2	13	18	2
39	7	79	7	4	9	25	3
40	7	79	5	2	8	6	2
41	6	68	6	2	11	14	3
42	8	40	4	3	6	5	2

(3) 주성분행렬도를 통해 변수들의 상관관계를 살펴보고 2)의 주성분의 해석과 비교하라.

(4) 주성분행렬도에서 대기오염 관찰치들의 군집들이 어떤 변수에 영향을 많이 받는지를 설명하라.

2.9 [자료 2.8.3](trackrecord2005-men.txt)은 2005년 헬싱키 올림픽 54개국 남자의 국제육상 기록을 나타낸다.

(1) 공분산행렬 S와 상관행렬 R에 대해 PCA 수행단계를 적용하고 결과를 구하라.

(2) 두 개의 주성분을 결정하고 주성분과 변수 간의 상관계수를 이용하여 주성분을 해석하라.

(3) (2)에서 선택한 주성분의 설명력과 스크리그림을 통해 주성분 2개가 타당함을 살펴보라

(4) 제1주성분 점수에 의해 모든 국가들의 순위를 부여하고 이러한 순위가 그들 국가들에 대한 육상의 선진국과 후진국으로 알려진 것과 일치하는지를 살펴보라.

(5) 주성분행렬도에서 육상 기록 변수들의 관계와 (4)에서 살펴본 국가들과의 관계를 시각적으로 살펴보고 설명하라.

(6) 우리나라는 주성분행렬도에서 육상 후진국인지를 살펴보고, 특히 어느 종목에 취약한지를 살펴보라.

자료 2.8.3 2005년 헬싱키 올림픽 남자육상 기록자료(trackrecord2005-men.txt)

국가	100m (초)	200m (초)	400m (초)	800m (분)	1500m (분)	5000m (분)	10000m (분)	마라톤 (분)
Argentina	10.23	20.37	46.18	1.77	3.68	13.33	27.65	129.57
Australia	9.93	20.06	44.38	1.74	3.53	12.93	27.53	127.51
Austria	10.15	20.45	45.80	1.77	3.58	13.26	27.72	132.22
Belgium	10.14	20.19	45.02	1.73	3.57	12.83	26.87	127.20
Bermuda	10.27	20.30	45.26	1.79	3.70	14.64	30.49	146.37
Brazil	10.00	19.89	44.29	1.70	3.57	13.48	28.13	126.05
Canada	9.84	20.17	44.72	1.75	3.53	13.23	27.60	130.09
Chile	10.10	20.15	45.92	1.76	3.65	13.39	28.09	132.19
China	10.17	20.42	45.25	1.77	3.61	13.42	28.17	129.18
Columbia	10.29	20.85	45.84	1.80	3.72	13.49	27.88	131.17
CookIslands	10.97	22.46	51.40	1.94	4.24	16.70	35.38	171.26
CostaRica	10.32	20.96	46.42	1.87	3.84	13.75	28.81	133.23
CzechRepublic	10.24	20.61	45.77	1.75	3.58	13.42	27.80	131.57
Denmark	10.29	20.52	45.89	1.69	3.52	13.42	27.91	129.43
DominicanRepub	10.16	20.65	44.90	1.81	3.73	14.31	30.43	146.00
Finland	10.21	20.47	45.49	1.74	3.61	13.27	27.52	131.15
France	10.02	20.16	44.64	1.72	3.48	12.98	27.38	126.36
Germany	10.06	20.23	44.33	1.73	3.53	12.91	27.36	128.47
GreatBritain	9.87	19.94	44.36	1.70	3.49	13.01	27.30	127.13
Greece	10.11	19.85	45.57	1.75	3.61	13.48	28.12	132.04
Guatemala	10.32	21.09	48.44	1.82	3.74	13.98	29.34	132.53
Hungary	10.08	20.11	45.43	1.76	3.59	13.45	28.03	132.10
India	10.33	20.73	45.48	1.76	3.63	13.50	28.81	132.00
Indonesia	10.20	20.93	46.37	1.83	3.77	14.21	29.65	139.18
Ireland	10.35	20.54	45.58	1.75	3.56	13.07	27.78	129.15
Israel	10.20	20.89	46.59	1.80	3.70	13.66	28.72	134.21
Italy	10.01	19.72	45.26	1.73	3.55	13.09	27.28	127.29
Japan	10.00	20.03	44.78	1.77	3.62	13.22	27.58	126.16
Kenya	10.28	20.43	44.18	1.70	3.44	12.66	26.46	124.55
Korea, South	10.34	20.41	45.37	1.74	3.64	13.84	28.51	127.20

국가	100m (초)	200m (초)	400m (초)	800m (분)	1500m (분)	5000m (분)	10000m (분)	마라톤 (분)
Korea, North	10.60	21.23	46.95	1.82	3.77	13.90	28.45	129.26
Luxembourg	10.41	20.77	47.90	1.76	3.67	13.64	28.77	134.03
Malaysia	10.30	20.92	46.41	1.79	3.76	14.11	29.50	149.27
Mauritius	10.13	20.06	44.69	1.80	3.83	14.15	29.84	143.07
Mexico	10.21	20.40	44.31	1.78	3.63	13.13	27.14	127.19
Myanmar(Burma)	10.64	21.52	48.63	1.80	3.80	14.19	29.62	139.57
Netherlands	10.19	20.19	45.68	1.73	3.55	13.22	27.44	128.31
NewZealand	10.11	20.42	46.09	1.74	3.54	13.21	27.70	128.59
Norway	10.08	20.17	46.11	1.71	3.62	13.11	27.54	130.17
PapuaNewGuinea	10.40	21.18	46.77	1.80	4.00	14.72	31.36	148.13
Philippines	10.57	21.43	45.57	1.80	3.82	13.97	29.04	138.44
Poland	10.00	19.98	44.62	1.72	3.59	13.29	27.89	129.23
Portugal	9.86	20.12	46.11	1.75	3.50	13.05	27.21	126.36
Romania	10.21	20.75	45.77	1.76	3.57	13.25	27.67	132.30
Russia	10.11	20.23	44.60	1.71	3.54	13.20	27.90	129.16
Samoa	10.78	21.86	49.98	1.94	4.01	16.28	34.71	161.50
Singapore	10.37	21.14	47.60	1.84	3.86	14.96	31.32	144.22
Spain	10.17	20.59	44.96	1.73	3.48	13.04	27.24	127.23
Sweden	10.18	20.43	45.54	1.76	3.61	13.29	27.93	130.38
Switzerland	10.16	20.41	44.99	1.71	3.53	13.13	27.90	129.56
Taiwan	10.36	20.81	46.72	1.79	3.77	13.91	29.20	134.35
Thailand	10.23	20.69	46.05	1.81	3.77	14.25	29.67	139.33
Turkey	10.38	21.04	46.63	1.78	3.59	13.45	28.33	130.25
U.S.A.	9.78	19.32	43.18	1.71	3.46	12.97	27.23	125.38

2.10 [자료 2.8.4](trackrecord2005-women.txt)는 2005년 헬싱키 4개국 여자 국제육상 기록이다. 이 자료를 이용하여 [연습문제 2.9]의 질문 (1)~(6)에 따라 PCA와 관련된 분석을 실시하라. 더불어 [연습문제 2.9]의 남자 육상경기 분석 결과와 비교하여 보라.

| 자료 2.8.4 | 2005년 헬싱키 올림픽 여자육상 기록자료(trackrecord2005-women.txt)

국가	100m (초)	200m (초)	400m (초)	800m (분)	1500m (분)	3000m (분)	마라톤 (분)
Argentina	11.57	22.94	52.50	2.05	4.25	9.19	150.32
Australia	11.12	22.23	48.63	1.98	4.02	8.63	143.51
Austria	11.15	22.70	50.62	1.94	4.05	8.78	154.35
Belgium	11.14	22.48	51.45	1.97	4.08	8.82	143.05
Bermuda	11.46	23.05	53.30	2.07	4.29	9.81	174.18
Brazil	11.17	22.60	50.62	1.97	4.17	9.04	147.41
Canada	10.98	22.62	49.91	1.97	4.00	8.54	148.36
Chile	11.65	23.84	53.68	2.00	4.22	9.26	152.23
China	10.79	22.01	49.81	1.93	3.84	8.10	139.39
Columbia	11.31	22.92	49.64	2.04	4.34	9.37	155.19
CookIslands	12.52	25.91	61.65	2.28	4.82	11.10	212.33
CostaRica	11.72	23.92	52.57	2.10	4.52	9.84	164.33
CzechRepublic	11.09	21.97	47.99	1.89	4.03	8.87	145.19
Denmark	11.42	23.36	52.92	2.02	4.12	8.71	149.34
DominicanRepub	11.63	23.91	53.02	2.09	4.54	9.89	166.46
Finland	11.13	22.39	50.14	2.01	4.10	8.69	148.00
France	10.73	21.99	48.25	1.94	4.03	8.64	148.27
Germany	10.81	21.71	47.60	1.92	3.96	8.51	141.45
GreatBritain	11.10	22.10	49.43	1.94	3.97	8.37	135.25
Greece	10.83	22.67	50.56	2.00	4.09	8.96	153.40
Guatemala	11.92	24.50	55.64	2.15	4.48	9.71	171.33

국가	100m (초)	200m (초)	400m (초)	800m (분)	1500m (분)	3000m (분)	마라톤 (분)
Hungary	11.41	23.06	51.50	1.99	4.02	8.55	148.50
India	11.56	23.86	55.08	2.10	4.36	9.50	154.29
Indonesia	11.38	22.82	51.05	2.00	4.10	9.11	158.10
Ireland	11.43	23.02	51.07	2.01	3.98	8.36	142.23
Israel	11.45	23.15	52.06	2.07	4.24	9.33	156.36
Italy	11.14	22.60	51.31	1.96	3.98	8.59	143.47
Japan	11.36	23.33	51.93	2.01	4.16	8.74	139.41
Kenya	11.62	23.37	51.56	1.97	3.96	8.39	138.47
Korea, South	11.49	23.80	53.67	2.09	4.24	9.01	146.12
Korea, North	11.80	25.10	56.23	1.97	4.25	8.96	145.31
Luxembourg	11.76	23.96	56.07	2.07	4.35	9.21	149.23
Malaysia	11.50	23.37	52.56	2.12	4.39	9.31	169.28
Mauritius	11.72	23.83	54.62	2.06	4.33	9.24	167.09
Mexico	11.09	23.13	48.89	2.02	4.19	8.89	144.06
Myanmar(Burma)	11.66	23.69	52.96	2.03	4.20	9.08	158.42
Netherlands	11.08	22.81	51.35	1.93	4.06	8.57	143.43
NewZealand	11.32	23.13	51.60	1.97	4.10	8.76	146.46
Norway	11.41	23.31	52.45	2.03	4.01	8.53	141.06
PapuaNewGuinea	11.96	24.68	55.18	2.24	4.62	10.21	221.14
Philippines	11.28	23.35	54.75	2.12	4.41	9.81	165.48
Poland	10.93	22.13	49.28	1.95	3.99	8.53	144.18
Portugal	11.30	22.88	51.92	1.98	3.96	8.50	143.29
Romania	11.30	22.35	49.88	1.92	3.90	8.36	142.50
Russia	10.77	21.87	49.11	1.91	3.87	8.38	141.31
Samoa	12.38	25.45	56.32	2.29	5.42	13.12	191.58
Singapore	12.13	24.54	55.08	2.12	4.52	9.94	154.41
Spain	11.06	22.38	49.67	1.96	4.01	8.48	146.51
Sweden	11.16	22.82	51.69	1.99	4.09	8.81	150.39
Switzerland	11.34	22.88	51.32	1.98	3.97	8.60	145.51
Taiwan	11.22	22.56	52.74	2.08	4.38	9.63	159.53
Thailand	11.33	23.30	52.60	2.06	4.38	10.07	162.39
Turkey	11.25	22.71	53.15	2.01	3.92	8.53	151.43
U.S.A.	10.49	21.34	48.83	1.94	3.95	8.43	141.16

2.11 [그림 2.8.2]는 수컷 24마리와 암컷 24마리 거북이의 등딱지 길이(length), 폭(width), 높이(height)를 측정한 48마리 자료(turtle.txt)의 로그변환(생태학에서 생물의 형상과 크기를 측정한 자료의 경우 일반적으로 사용하는 변환) 후 다음의 공분산행렬 S에 대한 PCA를 위한 스크리그림과 주성분행렬도이다.

$S =$

	length	width	height
length	0.026	0.020	0.027
width	0.020	0.016	0.021
height	0.027	0.021	0.030

(1) 스크리그림을 통하여 주성분을 몇 개 선택하는 것이 좋은지를 설명하라.

(2) 행렬도를 통하여 변수들의 상관관계를 설명하고 수컷과 암컷 그룹과 변수들의 관계를 설명하라.

(3) 주성분을 해석하라.

참고로 행렬도와 PCA의 결과를 얻고자 하는 독자는 R-코드(turtle-PCbiplot.R)를 활용하기 바라며 이는 수컷과 암컷을 각각 분리한 자료의 PCA와 주성분행렬도도 포함하고 있다. 자료(turtle.txt)와 R-코드는 부록을 참고하기 바란다.

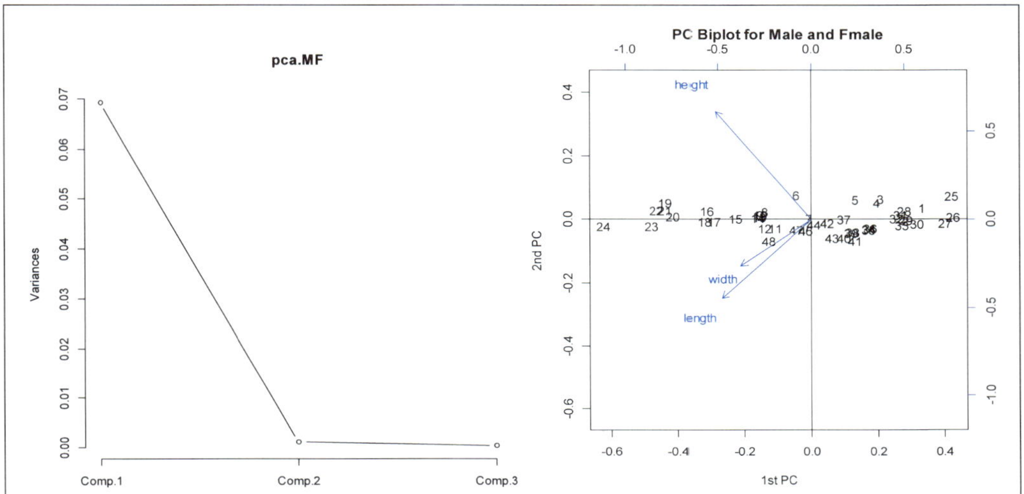

(a) 스크리그림 (b) 주성분행렬도

[그림 2.8.2] 거북 자료의 PCA를 위한 스크리그림과 주성분행렬도

제 3 장

인자분석 (Factor Analysis)

이 장에서는 인자분석의 기본 개념을 설명하고 인자분석의 네 가지 주요 절차인 인자모형, 인자추출, 인자회전, 인자점수를 알아본다. 인자분석은 주성분분석과 유사하지만 인자회전을 통한 공통인자의 재식별과 해석이 용이하다. 더불어 인자분석에서는 인자행렬도를 제시하여 공통인자와 개체들의 군집화 등 시각적인 해석을 제공한다. 또 실제 자료를 이용하여 R을 활용한 인자분석 수행단계와 결과의 해석을 제공하며 이를 위한 library(psych)의 함수 principal()과 함수 factanal()의 활용을 추가한다.

3.1 인자분석의 이해

인자분석(factor analysis, FA)은 주성분분석 PCA처럼 다변량자료부터 차원축소 개념을 실현하는 분석기법이다. 두 기법의 큰 차이점은 변수들의 선형결합에 의한 주성분(PC)을 제공하는 주성분계수를 찾아내는 PCA와는 반대로 FA는 인자(factor)라는 잠재변수(latent variable)들의 선형결합으로 변수들을 나타내는 모형의 인자적재(factor loading)를 찾아내려는 것이다. 보다 엄밀하게 말하자면 모형의 인자적재를 추정하는 것이다. 특히, FA에서 상관이 높은 변수들은 특정 인자에 공통적으로 유사한 인자적재값을 갖게 되며 이런 의미에서 인자를 공통인자(common factor)라 부른다.

다변량 자료에서는 공분산행렬이나 상관행렬이 변수들의 정보를 구조적으로 모두 가진다. 따라서 PCA에서 이들의 스펙트럼분해를 통해 변수들의 단순한 수학적 선형결합인 주성분을 찾는 데에 비해 FA에서는 구조적으로 이들의 공통인자분해를 통해 변수들에 대해 공통인자들의 선형결합 형태인 모형의 인자적재를 추정하여 잠재적 인자를 추정하게 된다. 구조적 공통인자분해란 공분산행렬 또는 상관행렬이 구조적으로 공통인자와 이들에 의해서 설명되지 못하는 부분을 나타내는 특정인자(specific factor)에 의해서 분해되어 짐을 의미한다. 인자적재의 추정에는 2장의 PCA의 대수적 알고리즘을 활용하는 주성분법(principal component method)과 다변량정규분포 가정이 필요한 최대우도법(maximum likelihood method)이 있다. 이들에 의해서 FA는 크게 주성분인자분석(principal component factor analysis, PCFA)과 최대우도인자분석(maximum likelihood factor analysis, MLFA)이 있다.

추가적으로 추정된 공통인자들을 구조적 공통인자분해가 유지되는 직교변환을 통해 보다 쉽게 해석할 수 있다. FA는 이와 같은 일련의 과정을 통해 원 변수들의 복잡한 차원을 저차원으로 축약하여 자료의 구조를 파악할 수 있게 해준다. 더 나아가 각 개체들에 대한 인자점수(factor score)를 계산하고 이를 이용하여 다른 통계기법에 활용할 수 있다. 따라서 PCA처럼 FA는 그 자체가 통계분석의 목적이기도 하지만 때때로 다른 통계적 방법을 적용하기 이전의 차원축소를 위한 탐색적 중간 분석과정이다.

FA는 일반적으로 탐색적(exploratory) 목적으로 원 자료에서 공통인자와 원래 변수들간의 상호관계를 분석하고 공통인자를 해석한다. 이 과정을 통하여 밝혀진 모형에 대해 검토와 검정의 관점에서 확증적(confirmatory) 목적으로 공통인자의 개수나 변수 및 인자들간의 관계 등에 대한 구체적 가정과 모형의 적합도를 평가하는 데에 중점을 둔다. FA 수행단계 전반적인 이해를 위해 [표 3.1.1]을 참고하기 바란다.

FA는 20세기 초에 피어슨(Karl Pearson, 1857-1936)과 스피어만(Charles Spearman, 1863-1945)에 의해서 시작되었으며 영국 태생의 심리학자 스피어만이 그 용어를 만들었고 1927년에 2개 인자에 의한 공통인자분석을 개발하였다. 특히, 아동들의 인지수행을 측정하는 데에 이를 활용하였고 1904년도 연구에서 33명의 아동들의 고전(Classics), 프랑스어(French), 영어(English), 수학(Mathematics), 음감(Discrimination of pitch), 음악(Music) 여섯 과목의 시험점수에서 얻은 상관관계에서 잠재된 지능인자(intelligence factor)를 제안하기도 하였다.

표 3.1.1 FA 수행단계

[1단계] 다변량 자료행렬 X를 준비한다.
[2단계] 공분산행렬 S(또는 상관행렬 R)를 구한다.
[3단계] PCFA를 수행하여 설명력이 70% 이상인 $m(\le p)$개 공통인자를 구하고 직교변환 후 공통인자를 해석한다.
[4단계] MLFA를 수행하고 검정을 통해 공통인자를 구하고 직교변환 후 공통인자를 해석한다.
[5단계] [3단계]와 [4단계]에서 얻어진 공통인자의 경향과 인자점수를 비교하라.
[6단계] 공통인자 수를 바꾸어 가면서 [3단계]~[5단계]를 반복한다.
[7단계] 인자점수를 차원 축소된 새로운 다변량 자료로 고려한다.

3.2 공통인자의 개념

FA에서 공통인자의 개념을 이해하기 위해서 스피어만(1904)의 연구를 살펴보자. 이 연구에서는 일류 사립초등학교 33명의 아동들의 x_1 =고전(Classics), x_2 =프랑스어(French), x_3 =영어(English), x_4 =수학(Mathematics), x_5 =음감(Discrimination of pitch), x_6 =음악(Music) 여섯 과목의 시험점수에서 얻은 상관관계에 의한 다음과 같은 상관행렬을 제공하고 있다.

$R =$

	고전	프랑스어	영어	수학	음감	음악
고 전	1.00					
프랑스어	0.83	1.00				
영 어	0.78	0.67	1.00			
수 학	0.70	0.67	0.64	1.00		
음 감	0.66	0.65	0.54	0.45	1.00	
음 악	0.63	0.57	0.51	0.51	0.40	1.00

먼저 상관행렬 각 행별 과목을 기준으로 상관계수들의 값이 다소 같은 정도로 감소하는 경향을 보이고 있다. 스피어만은 이런 효과가 j번째 변수의 점수가 다음과 같이 두 부분으로 되어 있다면 설명될 수 있다고 했다.

$$x_j = \lambda_j f + e_j,\ j = 1,\ \ldots,\ 6 \tag{3.2.1}$$

여기서 f는 잠재적 공통인자로 확률변수이며 모든 변수 $x_j,\ j=1,\ \ldots,\ 6$에 공통적으로 영향을 주며 $\lambda_j,\ j=1,\ \ldots,\ 6$는 인자적재(factor loadings)이다. $e_j,\ j=1,\ \ldots,\ 6$는 특정인자(specific factor)이다. 특정인자의 분산이 작으면 변수가 공통인자 f와 매우 가깝게 연관되어 있다는 뜻이다. 본격적으로 (3.2.1)과 같은 모형에서 인자적재를 추정하는 방법에 따라 PCFA와 MLFA는 3.4절에서 다루어지나 여기서 PCFA를 적용했다고 하자. 그러면 추정된 인자적재는

$$\lambda_1 = -0.94,\ \lambda_2 = -0.89,\ \lambda_3 = -0.84,\ \lambda_4 = -0.80,\ \lambda_5 = -0.74,\ \lambda_6 = -0.72$$

로 인하여 $x_5=$음감과 $x_6=$음악에 관련된 모형에서 인자 f의 인자적재가 상대적으로 조금 큰 값을 가지지만 전체적으로 모든 과목에 대해 공통적으로 영향을 미치므로 인자 f를 일반지능(general intelligence) 또는 일반능력(general ability) 인자로 해석할 수 있다.

(3.2.1)에서 인자를 f만 고려했는데 실제로 변수 수만큼 6개의 인자가 존재하고 이에 따른 인자적재가 있게 된다. [R-코드 3.2.1](spearman-PCFA.R)은 2개의 인자에 대하여 인자적재를 제공하도록 PCFA의 대수적 알고리즘을 따른 것과 R에서 제공하는 library(psych)의 함수 principal()을 활용하고 있다. 두 방법에 의한 첫 번째 인자적재에서 부호가 서로 반대되지만 해석하는 데에 아무런 문제가 없다.

[R-코드 3.2.1]   스피어만 연구의 여섯 과목 성적의 PCFA(spearman-PCFA.R)

```
# PCFA for Spearman Intelligence Data
R=matrix(c(1.00, 0.83, 0.78, 0.70, 0.66, 0.63,
           0.83, 1.00, 0.67, 0.67, 0.65, 0.57,
           0.78, 0.67, 1.00, 0.64, 0.54, 0.51,
           0.70, 0.67, 0.64, 1.00, 0.45, 0.51,
           0.66, 0.65, 0.54, 0.45, 1.00, 0.40,
           0.63, 0.57, 0.51, 0.51, 0.40, 1.00), byrow=T, nrow=6)
subjects=c("고전","프랑스어","영어","수학","음감", "음악")
#Spectral Decomposition
```

```
eigen.R=eigen(R)
V=eigen.R$vectors # Eigenvaectors
gof=eigen.R$values/sum(eigen.R$values)*100 # Goodness-of-fit
round(gof, 2)

#Estimation of Loadings Matrix: L=VD and Specific Factor
E=diag(sqrt(eigen.R$values[1:2])) # squared root eigenvalues
V=V[,1:2]
L=round(V%*%E, 2) # Loadings Matrix
L
# PCFA using the principal()
library(psych)
pcfa<-principal(R, nfactors=2, rotate="none")
summary(pcfa)
round(pcfa$loadings[, 1:2], 2)
```

이는 스피어만의 자료가 일류 사립초등학교 아동을 대상으로 하여 전반적으로 모든 과목의 성적이 관련성이 높고 우수한 것에 기인한다. 특히, 언어계열 과목인 고전, 프랑스어, 영어 세 교과목 간 상관계수가 비교적 높고, 수리계열 과목인 수학과도 다소 높다. 반면에 수학과 예능계열 음감과 음악 간의 상관은 다소 낮기는 하다.

스피어만은 많은 변수들의 상관관계를 통하여 상관이 높은 것을 공통인자로 나타낼 수 있는 인자모형을 통하여 차원축소를 시도했다고 여겨진다. 이러한 스피어만의 생각과 연구가 오늘날 변수의 차원을 축소하는 대표적인 다변량 기법으로 인자분석 FA를 탄생시켰다.

다음으로 변수 개수가 p인 경우 공통인자의 수가 $m(\le p)$개인 본격적인 FA 관련 모형에 대해서 알아보자.

3.3 인자모형

p개의 확률변수 $x_1, \ldots, x_p$에 의한 확률벡터 $\boldsymbol{x}=(x_1, \ldots, x_p)^t$가 평균벡터 $\boldsymbol{\mu}=(\mu_1, \ldots, \mu_p)^t$와 양정치(positive definite)인 크기가 $p\times p$ 공분산행렬 $Cov(\boldsymbol{x})=\Sigma$를 가진다고 하자. 그러면 p개의 확률변수 $x_1, \ldots, x_p$는 잠재적인 확률변수인 $m(\le p)$개 공통인자 $f_1, f_2, \ldots, f_m$과 특정인자 $e_1, e_2, \ldots, e_p$에 의해서 다음과 같은 인자모형으로 나타내어

진다.

$$x_j - \mu_j = \lambda_{j1} f_1 + \cdots + \lambda_{jm} f_m + e_j, \quad j = 1, \ldots, p \tag{3.3.1}$$

즉, 각 평균 μ_j에 대해 수정된 원 변수 x_j는 공통인자 $f_1, f_2, \cdots, f_m$의 선형결합과 특정인자 e_j의 합으로 표현된다. 여기서 특정인자는 공통인자에 의해서 설명되지 못하는 부분을 의미하며 λ_{jk}, $k = 1, \ldots, m$는 k번째 인자 f_k에서 j번째 변수 x_j의 적재값이라 한다. 다음으로 (3.3.1)의 행렬표현은

$$\boldsymbol{x} - \boldsymbol{\mu} = \Lambda \boldsymbol{f} + \boldsymbol{e} \tag{3.3.2}$$

로 $\Lambda = (\lambda_{jk})$, $j = 1, \ldots, p$, $k = 1, \ldots, m$은 크기가 $p \times m$인 인자적재행렬, $\boldsymbol{f} = (f_1, f_2, \ldots, f_m)^t$는 선형독립인 m개 공통인자로 이루어진 $m \times 1$ 공통인자벡터이며, $\boldsymbol{e} = (e_1, \ldots, e_p)^t$는 p개 특정인자로 구성된 $p \times 1$ 벡터이다. (3.3.2)의 인자모형은 [표 3.3.1]의 몇 가지 가정을 필요로 한다. 특히, $Cov(\boldsymbol{f}) = E(\boldsymbol{f}\boldsymbol{f}^t) = I$는 공통인자의 직교성을 나타내므로 (3.3.2)를 직교(orthogonal)인자모형이라 한다.

[표 3.3.1] 인자모형: $\boldsymbol{x} - \boldsymbol{\mu} = \Lambda \boldsymbol{f} + \boldsymbol{e}$의 가정

(1) $E(\boldsymbol{f}) = 0$, $Cov(\boldsymbol{f}) = E(\boldsymbol{f}\boldsymbol{f}^t) = I$
(2) $E(\boldsymbol{e}) = 0$, $Cov(\boldsymbol{e}) = E(\boldsymbol{e}\boldsymbol{e}^t) = \Psi = diag(\psi_1, \ldots, \psi_p)$
(3) $\boldsymbol{f}$와 $\boldsymbol{e}$는 서로 독립 $\Leftrightarrow$ $Cov(\boldsymbol{e}, \boldsymbol{f}) = E(\boldsymbol{e}\boldsymbol{f}^t) = 0$

인자모형 (3.3.2)에서 $\boldsymbol{x}$의 공분산행렬 Σ에 대해 공통인자분해

$$\Sigma = \Lambda \Lambda^t + \Psi \tag{3.3.3}$$

가 성립한다. 여기서 Ψ는 특정분산(specific variance) 행렬이다. 특히, 이는 공분산행렬(또는 상관행렬)의 스펙트럼분해를 대수적으로 활용하는 PCFA의 근간이 되기도 한다.

(3.3.2)에서

$$\begin{aligned}(\boldsymbol{x} - \boldsymbol{\mu})(\boldsymbol{x} - \boldsymbol{\mu})^t &= (\Lambda \boldsymbol{f} + \boldsymbol{e})(\Lambda \boldsymbol{f} + \boldsymbol{e})^t \\ &= \Lambda \boldsymbol{f} (\Lambda \boldsymbol{f})^t + \Lambda \boldsymbol{f} \boldsymbol{e}^t + \boldsymbol{e}(\Lambda \boldsymbol{f})^t + \boldsymbol{e}\boldsymbol{e}^t\end{aligned}$$

이므로 [표 3.3.1] 인자모형의 가정에서 다음이 성립한다.

$$
\begin{aligned}
\Sigma &= Cov(\boldsymbol{x}) \\
&= E\left[(\boldsymbol{x}-\boldsymbol{\mu})(\boldsymbol{x}-\boldsymbol{\mu})^t\right] \\
&= \Lambda E(\boldsymbol{f}\boldsymbol{f}^t)\Lambda^t + \Lambda E(\boldsymbol{f}\boldsymbol{e}^t) + E(\boldsymbol{e}\boldsymbol{f}^t)\Lambda^t + E(\boldsymbol{e}\boldsymbol{e}^t) \\
&= \Lambda\Lambda^t + \Psi
\end{aligned}
$$

더불어 원변수 $\boldsymbol{x}$와 공통인자 $\boldsymbol{f}$의 공분산에 대해서는

$$Cov(\boldsymbol{x},\ \boldsymbol{f}) = \Lambda \tag{3.3.4}$$

가 성립하는데 이는 (3.3.2)와 [표 3.3.1]의 가정에서

$$Cov(\boldsymbol{x},\ \boldsymbol{f}) = E\left[(\boldsymbol{x}-\boldsymbol{\mu})\boldsymbol{f}^t\right] = E\left[(\Lambda\boldsymbol{f}+\boldsymbol{e})\boldsymbol{f}^t\right] = \Lambda E(\boldsymbol{f}\boldsymbol{f}^t) + E(\boldsymbol{e}\boldsymbol{f}^t) = \Lambda$$

임을 보일 수 있다.

(3.3.3)과 (3.3.4)를 확률벡터 $\boldsymbol{x} = (x_1,\ \ldots,\ x_p)^t$에 대한 공분산구조(covariance structure)라 하며 FA의 인자모형이 가지는 핵심 성질로 [표 3.3.2]에 원소표현과 함께 요약·정리해 두었다.

특히, j번째 변수 x_j의 분산

$$var(x_j) = \sigma_{jj} = \sigma_j^2$$

이 공통성(communality)과 특정인자 e_j의 분산인 특정분산

$$h_j^2 = \sum_{k=1}^{m} \lambda_{jk}^2,\ \ var(e_j) = \psi_j$$

으로 나누어진다. 즉, 공통성이란 m개 공통인자들이 변수 x_j의 분산에 기여하는 비율로 공통분산(common variance)이라고도 하는데 이 값이 분산에 가까우면 m개 공통인자가 분산을 잘 설명한다고 여기게 되며 특정분산은 0에 가깝게 된다.

| 표 3.3.2 | 공분산구조

(1) $\Sigma = \Lambda\Lambda^t + \Psi$: 공통인자분해

- $var(x_j) = \sigma_{jj} = \lambda_{j1}^2 + \cdots + \lambda_{jm}^2 + \psi_j = h_j^2 + \psi_j$
- $cov(x_j, x_k) = \sigma_{jk} = \lambda_{j1}\lambda_{k1} + \cdots + \lambda_{jm}\lambda_{km}$
- $h_j^2 = \lambda_{j1}^2 + \cdots + \lambda_{jm}^2 = \sum_{k=1}^{m} \lambda_{jk}^2$: 공통성

(2) $Cov(\boldsymbol{x}, \boldsymbol{f}) = \Lambda$: 원변수와 공통인자의 공분산

$$cov(x_j, f_k) = \lambda_{jk}$$

만약에 $TT^t = T^tT = I$를 만족하는 $m \times m$ 직교행렬 T에 대해서 인자적재행렬 Λ의 직교변환된 새로운 인자적재행렬을 $\Lambda^* = \Lambda T$라 하면, 특히 공통인자분해는

$$\Sigma = \Lambda\Lambda^t + \Psi = \Lambda(TT^t)\Lambda^t + \Psi = \Lambda^*\Lambda^{*t} + \Psi \tag{3.3.5}$$

를 만족하여 변함이 없다. 더군다나 새로운 인자적재행렬 Λ^*과 공통인자 $\boldsymbol{f}^* = T^t\boldsymbol{f}$와 함께 (3.3.2)의 인자모형이

$$\boldsymbol{x} - \boldsymbol{\mu} = \Lambda\boldsymbol{f} + \boldsymbol{e} = \Lambda(TT^t)\boldsymbol{f} + \boldsymbol{e} = \Lambda^*\boldsymbol{f}^* + \boldsymbol{e}$$

을 만족하며 실제로 $\boldsymbol{f}^* = T^t\boldsymbol{f}$는 [표 3.3.1]의 성질을 만족하므로 직교인자모형이 유지된다. 그러나 직교행렬 T에 따라 $\boldsymbol{f}^*$와 Λ^*가 변하므로 공통인자와 인자적재행렬은 유일하지는 않다. 이 문제는 다음과 같은

$$\Lambda^t\Psi^{-1}\Lambda \text{ 또는 } \Lambda^t D_\sigma^{-1}\Lambda \tag{3.3.6}$$

가 대각행렬이 되는 추가적인 조건이 있으면 해결되며 여기서 $D_\sigma = diag(\sigma_{11}, \ldots, \sigma_{pp})$은 분산의 대각행렬이다. 직교행렬에 의한 인자적재행렬 Λ의 직교변환은 3.5절의 인자회전의 대수적 근거를 제공하게 된다.

[보기 3.3.1] 공분산구조: 공통인자분해

확률벡터 $\boldsymbol{x} = (x_1, x_2, x_3, x_4)^t$가 평균벡터 $\boldsymbol{\mu} = (0, 0, 0, 0)^t$와 크기가 4×4 공분산행렬

$$\Sigma = \begin{bmatrix} 19 & 30 & 2 & 12 \\ 30 & 57 & 5 & 23 \\ 2 & 5 & 38 & 47 \\ 12 & 23 & 47 & 68 \end{bmatrix}$$

를 가진다 하자. 평균벡터가 $\boldsymbol{\mu} = (0,\ 0,\ 0,\ 0)^t$이므로 일반적으로 $m(\le 4)$개 인자를 갖는 인자모형

$$x_j = \lambda_{j1} f_1 + \cdots + \lambda_{jm} f_m + e_j,\ j = 1,\ \ldots,\ 4$$

을 고려할 수 있다. 이젠 공분산행렬로부터는 인자적재행렬 $\Lambda = (\lambda_{jk}),\ j = 1,\ \ldots,\ 4,\ k = 1,\ \ldots,\ m$을 구하는 일이다. 이를 위해 먼저 대수적 계산에 의해서 다음의 공분산행렬의 공통인자분해를 고려하자.

$$\Sigma = \begin{bmatrix} 19 & 30 & 2 & 12 \\ 30 & 57 & 5 & 23 \\ 2 & 5 & 38 & 47 \\ 12 & 23 & 47 & 68 \end{bmatrix} = \begin{bmatrix} 4 & 1 \\ 7 & 2 \\ -1 & 6 \\ 1 & 8 \end{bmatrix} \begin{bmatrix} 4 & 7 & -1 & 1 \\ 1 & 2 & 6 & 8 \end{bmatrix} + \begin{bmatrix} 2 & 0 & 0 & 0 \\ 0 & 4 & 0 & 0 \\ 0 & 0 & 1 & 0 \\ 0 & 0 & 0 & 3 \end{bmatrix}$$

따라서 $\Sigma = \Lambda \Lambda^t + \Psi$에 의해서 인자적재행렬은

$$\Lambda = \begin{bmatrix} \lambda_{11} & \lambda_{12} \\ \lambda_{21} & \lambda_{22} \\ \lambda_{31} & \lambda_{32} \\ \lambda_{41} & \lambda_{42} \end{bmatrix} = \begin{bmatrix} 4 & 1 \\ 7 & 2 \\ -1 & 6 \\ 1 & 8 \end{bmatrix}$$

가 되며 이는 공통인자 수 $m = 2$인 인자모형 $x_j = \lambda_{j1} f_1 + \lambda_{j2} f_2 + e_j,\ j = 1,\ \ldots,\ 4$의 인자적재를 제공하게 된다. 나머지 특정분산행렬은 다음과 같다.

$$\boldsymbol{\Psi} = diag(\psi_1,\ \psi_2,\ \psi_3,\ \psi_4) = \begin{bmatrix} 2 & 0 & 0 & 0 \\ 0 & 4 & 0 & 0 \\ 0 & 0 & 1 & 0 \\ 0 & 0 & 0 & 3 \end{bmatrix}$$

따라서 인자적재행렬 Λ로 변수 x_j의 공통성 $h_j^2 = \lambda_{j1}^2 + \lambda_{j2}^2$을 계산할 수 있다. 각 변수별 분산, 인자적재, 공통성과 특정분산에 관한 계산을 다음에 요약해 두었다. 그 결과를 보면 분산 = 공통성 + 특정분산으로 완벽하게 나타나 있다. 이는 공분산행렬이 대수적으로 완벽하게 공통인자분해 되었기 때문이다.

변수 x_j	분산 σ_{jj}	인자적재 λ_{j1}	λ_{j2}	공통성 $h_j^2 = \lambda_{j1}^2 + \lambda_{j2}^2$	특정분산 ψ_j
x_1	19	4	1	$4^2 + 1^2 = 17$	2
x_2	57	7	2	$7^2 + 2^2 = 53$	4
x_3	38	-1	6	$(-1)^2 + 6^2 = 37$	1
x_4	68	1	8	$1^2 + 8^2 = 65$	3

실제로 찾은 공통인자 수 $m = 2$ 인 인자모형은 각 변수별로 다음과 같다.

$$\begin{aligned} x_1 &= 4f_1 + f_2, \\ x_2 &= 7f_1 + 2f_2, \\ x_3 &= -f_1 + 6f_2, \\ x_4 &= f_1 + 8f_2. \end{aligned}$$

여기서 변수 x_1과 x_2는 인자 f_1에 대해, 변수 x_3와 x_4는 인자 f_2에 대해 상대적으로 큰 양(+)의 적재값을 가지므로 4개 변수들은 2개의 인자로 해석 가능하게 된다. 이는 실제로 공분산행렬에서 변수들 간의 상관계수를 구하여 살펴보면 더 확연히 짐작할 수 있다. 변수 x_1과 x_2의 상관계수는 $30/(\sqrt{19}\sqrt{57}) = 0.91$이고 변수 x_3와 x_4의 상관계수는 $47/(\sqrt{38}\sqrt{68}) = 0.92$로 매우 높다. 그러나 x_1과 x_3의 상관계수는 0.07, x_1과 x_4의 상관계수는 0.33, x_2과 x_3의 상관계수는 0.11, 그리고 x_2과 x_4의 상관계수는 0.37로 상대적으로 매우 낮음을 알 수 있다.

[보기 3.3.1]의 4개 변수에서 얻어진 임의의 공분산행렬이지만 일반적으로 FA는 p개의 변수들 중 상관이 높은 변수들을 변수의 수보다 적은 $m(\leq p)$개의 공통인자로 해석해 내어 요약하는 것으로 변수의 차원을 줄이는 차원축소 기법이다.

3.4 인자모형의 추정

3.3절에서 확률벡터 $\boldsymbol{x} = (x_1, \ldots, x_p)^t$가 평균벡터 $\boldsymbol{\mu} = (\mu_1, \ldots, \mu_p)^t$와 양정치인 크기

가 $p \times p$ 공분산행렬 $Cov(\boldsymbol{x}) = \Sigma$를 가진다고 할 때 인자모형 (3.3.2)를 세웠다. 인자모형의 추정이란 평균벡터 $\boldsymbol{\mu} = (\mu_1, \ldots, \mu_p)^t$, 인자적재행렬 Λ, 그리고 공통인자분해의 특정분산 Ψ를 어떻게 추정하는가를 의미한다.

먼저 확률벡터 $\boldsymbol{x} = (x_1, \ldots, x_p)^t$에 의해서 얻어진 n개의 관찰치를 $\boldsymbol{x}_i = (x_{i1}, \ldots, x_{ip})^t$, $i = 1, \ldots, n$라 하고 이들에 의해 크기가 $n \times p$인 자료행렬 $X = [\boldsymbol{x}_1, \ldots, \boldsymbol{x}_n]^t$를 고려하자. 그러면 실제 평균벡터의 추정은 인자모형에서 큰 관심은 아니나 대개 표본평균벡터에 의해서 $\hat{\boldsymbol{\mu}} = \bar{\boldsymbol{x}}$로 추정된다. 다음으로 중심화자료행렬 $Y = HX$를 고려할 때 Λ와 Ψ의 추정은 공통인자분해 $\Sigma = \Lambda\Lambda^t + \Psi$의 추정과 동일하며 이는 공분산행렬 $Cov(\boldsymbol{x}) = \Sigma$의 추정량 $S = Y^t Y/(n-1)$에서 (3.3.3)을 근사적으로 만족하도록 이루어진다.

$$S \simeq \hat{\Lambda}\hat{\Lambda}^t + \hat{\Psi} \tag{3.4.1}$$

순서상 $\hat{\Lambda}$이 주어지면 $S - \hat{\Lambda}\hat{\Lambda}^t$에서 j번째 특정분산

$$\hat{\psi}_j = s_{jj} - \sum_{k=1}^{m} \hat{\lambda}_{jk}^2 \quad j = 1, \ldots, p$$

를 추정하게 된다. 따라서 $\hat{\Psi} = diag(\hat{\psi}_1, \ldots, \hat{\psi}_p)$을 얻게 된다.

편의상 공분산행렬 $S = Y^t Y/(n-1)$가 중심화자료행렬 $Y = HX$에서 얻어지므로 (3.4.1)에서 추정된 것을 $\hat{\Lambda} = \hat{\Lambda}_y$과 $\hat{\Psi}_y$라 하자. 이번에는 표준화자료행렬 $Z = HXD_s^{-1/2}$를 고려한다면 상관행렬 $R = Z^t Z/(n-1)$이 얻어지게 되고 공분산행렬 S와 대수적으로 $R = D_s^{-1/2} S D_s^{-1/2}$을 만족함을 [표 2.5.1]을 통해 잘 알고 있다.

만약에 (3.4.1)을 만족하는 추정량 $\hat{\Lambda}_y$과 $\hat{\Psi}_y$과 상관행렬 R에 대해 추정한 인자적재행렬 $\hat{\Lambda}_z = D_s^{-1/2}\hat{\Lambda}_y$과 특정분산 $\widehat{\Psi}_z = D_s^{-1}\widehat{\Psi}_y$라 하면 다음과 같은 공통인자분해

$$\begin{aligned} R = D_s^{-1/2} S D_s^{-1/2} &\simeq D_s^{-1/2}\widehat{\Lambda}_y\widehat{\Lambda}_y^t D_s^{-1/2} + D_s^{-1/2}\widehat{\Psi}_y D_s^{-1/2} \\ &= (D_s^{-1/2}\widehat{\Lambda}_y)(D_s^{-1/2}\widehat{\Lambda}_y)^t + D_s^{-1}\widehat{\Psi}_y \\ &= \hat{\Lambda}_z\hat{\Lambda}_z^t + \hat{\Psi}_z \end{aligned} \tag{3.4.2}$$

을 얻게 된다. 끝으로 (3.4.2)에서 $\hat{\Lambda}_z$가 주어지면 $R - \hat{\Lambda}_z\hat{\Lambda}_z^t$에서 j번째 특정분산

$$\widehat{\psi}_{z_j} = 1 - \sum_{k=1}^{m} \widehat{\lambda}_{z_{jk}}^2, \quad j = 1, \ldots, p$$

을 추정한다.

일반적으로 지금까지 살펴본 인자모형의 공통인자분해 $\Sigma = \Lambda\Lambda^t + \Psi$를 만족하는 인자적재행렬을 추정하는 두 가지 방법으로 주성분법과 최대우도추정법이 있다. 전자에 의한 것을 주성분인자분석(PCFA)이라 하고 후자에 의한 것을 최대우도인자분석(MLFA)이라 한다. PCFA에서 상관행렬을 이용하여 수정한 방법으로 MPCFA가 있는데 이를 주축인자법(principal factor method)이라고도 한다. 인자분석의 어느 추정방법이 적합한가에 대한 해답은 없다. 컴퓨터의 계산속도가 빨라진 지금에는 분석자가 두 가지 이상의 추정법을 적용한 것을 적절히 비교하여 자료를 잘 설명하는 최적의 FA를 실현하는 것이 필요하다. 대개 가정한 인자모형이 주어진 자료에 적절하다면 이들 추정법들은 서로 비슷한 결과를 주게 된다.

주성분법-주성분인자분석 PCFA

(3.3.2) 인자모형의 공통인자분해 $\Sigma = \Lambda\Lambda^t + \Psi$를 만족하는 인자적재행렬 Λ의 주성분법 추정을 위해 PCA의 대수적 바탕이 되는 공분산행렬 Σ의 스펙트럼분해

$$\Sigma = VDV^t = \sum_{k=1}^{p} l_k \boldsymbol{v}_k \boldsymbol{v}_k^t$$

를 고려하자. 여기서 $V = (\boldsymbol{v}_1, \ldots, \boldsymbol{v}_p)$는 고유벡터행렬로 직교정규성 $V^t V = VV^t = I$를 만족하며 $D = diag(l_1, \ldots, l_p)$는 $l_1 \geq \cdots \geq l_p > 0$를 만족하는 고윳값을 대각원소를 가지는 대각행렬이다. 이는 다음과 같이

$$\begin{aligned} \Sigma &= l_1 \boldsymbol{v}_1 \boldsymbol{v}_1^t + \cdots + l_p \boldsymbol{v}_p \boldsymbol{v}_p^t \\ &= \left[\sqrt{l_1}\,\boldsymbol{v}_1, \ldots, \sqrt{l_p}\,\boldsymbol{v}_p\right] \begin{bmatrix} \sqrt{l_1}\,\boldsymbol{v}_1^t \\ \vdots \\ \sqrt{l_p}\,\boldsymbol{v}_p^t \end{bmatrix} \end{aligned} \tag{3.4.3}$$

로 표현되며 만약에 처음 m개의 고윳값에 비해 나머지 $p-m$개가 상대적으로 작다면 $l_{m+1}\boldsymbol{v}_{m+1}\boldsymbol{v}_{m+1}^t + \cdots + l_p \boldsymbol{v}_p \boldsymbol{v}_p^t$의 영향을 무시할 수 있다. 이 경우 (3.4.3)의 Σ는 근사적으로 다음과 같다.

$$\Sigma \simeq \left[\sqrt{l_1}\,\boldsymbol{v}_1, \ldots, \sqrt{l_m}\,\boldsymbol{v}_m\right] \begin{bmatrix} \sqrt{l_1}\,\boldsymbol{v}_1^t \\ \vdots \\ \sqrt{l_m}\,\boldsymbol{v}_m^t \end{bmatrix} \tag{3.4.4}$$

인자모형의 공통인자분해 $\Sigma = \Lambda\Lambda^t + \Psi$ 관점에서 보면 인자적재행렬 Λ는 (3.4.3)을 이용하면

$$\Lambda = \left[\sqrt{l_1}\,\boldsymbol{v}_1,\ \ldots,\ \sqrt{l_p}\,\boldsymbol{v}_p\right],\ \Psi = diag(0,\ \ldots,\ 0) \tag{3.4.5}$$

가 되고, (3.4.4)를 이용하면

$$\Lambda = \left[\sqrt{l_1}\,\boldsymbol{v}_1,\ \ldots,\ \sqrt{l_m}\,\boldsymbol{v}_m\right],\ \Psi = \Sigma - \Lambda\Lambda^t = diag(\psi_1,\ \ldots,\ \psi_p) \tag{3.4.6}$$

이 된다. (3.4.6)에서 j번째 특정분산은 다음과 같다.

$$\psi_j = \sigma_{jj} - \sum_{k=1}^{m}\lambda_{jk}^2,\ j = 1,\ \ldots,\ p$$

지금까지의 주성분추정법을 n개의 관찰치를 $\boldsymbol{x}_i = (x_{i1},\ \ldots,\ x_{ip})^t,\ i = 1,\ \ldots,\ n$에 의한 크기가 $n\times p$인 자료행렬 $X = [\boldsymbol{x}_1,\ \ldots,\ \boldsymbol{x}_n]^t$에서 중심화자료행렬 $Y = HX$를 고려할 때 공분산행렬 Σ의 추정량인 (표본)공분산행렬 $S = Y^tY/(n-1)$에 적용한 것을 [표 3.4.1]에 단계별로 정리하였다. 특히 [4단계]와 [7단계]는 인자의 수와 관련된 인자모형의 적절성을 평가하는 단계로 PCFA 수행절차 차원에서 미리 소개하고 설명은 나중에 다룬다.

표 3.4.1 공분산행렬 S의 주성분법에 의한 PCFA

[1단계] $n\times p$ 자료행렬: $X = [\boldsymbol{x}_1,\ \ldots,\ \boldsymbol{x}_n]^t,\ \boldsymbol{x}_i = (x_{i1},\ \ldots,\ x_{ip})^t,\ i = 1,\ \ldots,\ n$
[2단계] $n\times p$ 중심화자료행렬: $Y = HX,\ H = I - n^{-1}1_n1_n^t$
[3단계] 스펙트럼분해: $Y^tY/(n-1) = S = VDV^t = \sum_{k=1}^{p} l_k\boldsymbol{v}_k\boldsymbol{v}_k^t$
• $V = (\boldsymbol{v}_1,\ \ldots,\ \boldsymbol{v}_p)$: $V^tV = VV^t = I$을 만족하는 직교행렬
• $D = diag(l_1,\ \ldots,\ l_p)$: $l_1 \geq \cdots \geq l_p > 0$을 만족하는 고윳값의 행렬
[4단계] 인자의 수 m에 따른 공통인자 기여비율: $\dfrac{l_k}{\sum_{j=1}^{n} s_{jj}},\ k = 1,\ \ldots,\ m$
[5단계] 인자적재행렬의 추정: $\hat{\Lambda} = \widehat{\Lambda}_y = \left[\sqrt{l_1}\,\boldsymbol{v}_1,\ \ldots,\ \sqrt{l_m}\,\boldsymbol{v}_m\right],\ m < p$
[6단계] 특정분산의 추정: $\hat{\Psi} = \widehat{\Psi}_y = diag(\widehat{\psi_{y1}},\ \ldots,\ \widehat{\psi_{yp}}),\ \widehat{\psi_{y_j}} = s_{jj} - \sum_{k=1}^{m}\hat{\lambda}_{jk}^2$
[7단계] 잔차행렬: $R_e = S - (\widehat{\Lambda}_y\widehat{\Lambda}_y^t + \widehat{\Psi}_y)$

[표 3.4.1]의 [5단계] ~ [6단계]의 추정량 $\hat{\Lambda} = \hat{\Lambda}_y$과 $\hat{\Psi} = \hat{\Psi}_y$는 (3.4.1)의 공분산행렬 S의 공통인자분해를 만족한다. 중심화자료행렬 $Y = HX$에 의한 공분산행렬 S 대신 표준화자료행렬 $Z = HXD_s^{-1/2}$에 의한 상관행렬 R을 이용한 경우에도 똑같은 절차가 적용되며 추정한 인자적재행렬과 특정분산은 (3.4.3)에서 살펴본 바와 같이 $\hat{\Lambda}_z = D_s^{-1/2}\hat{\Lambda}_y$와 $\widehat{\Psi_z} = D_s^{-1}\widehat{\Psi_y}$ 관계를 만족한다.

다음으로 공분산행렬 S를 통한 주성분법에서 공통인자의 개수 $m\,(< p)$를 정하는 기준은 두 가지 관점에서 다루어질 수 있다. 먼저 인자적재행렬의 추정을

$$\hat{\Lambda} = \widehat{\Lambda_y} = \left[\sqrt{l_1}\,\boldsymbol{v}_1, \ \dots, \ \sqrt{l_m}\,\boldsymbol{v}_m\right], \ m < p$$

이라 하면 이는 $m\,(< p)$개의 공통인자를 가지는 인자모형을 추정한 것이고 공통인자분해로 얻어진 잔차행렬(residual matrix)

$$R_e = S - (\hat{\Lambda}_y \hat{\Lambda}_y^t + \hat{\Psi}_y) \tag{3.4.7}$$

의 대각원소는 0이 되고 비대각원소가 매우 작다면 $m\,(< p)$개의 공통인자를 가지는 인자모형은 적절하다고 볼 수 있다. 이는 [표 3.4.1]의 [7단계]에 요약되어 있다.

$m\,(< p)$개의 공통인자와 관련된 분산 $s_{jj} = \hat{\lambda}_{j1}^2 + \cdots + \hat{\lambda}_{jm}^2 + \hat{\psi}_j$, $j = 1, \dots, p$에서 첫 번째 공통인자가 기여하는 정도는 $\hat{\lambda}_{j1}^2$이고 총분산의 합 $tr(S) = s_{11} + \cdots + s_{pp}$에 기여하는 정도는 다음과 같다.

$$\hat{\lambda}_{11}^2 + \cdots + \hat{\lambda}_{p1}^2 = (\sqrt{l_1}\,\boldsymbol{v}_1)^t(\sqrt{l_1}\,\boldsymbol{v}_1) = l_1$$

따라서 k번째 공통인자 f_k가 총분산의 합에 기여하는 비율인 기여율은 다음과 같다.

$$\frac{l_k}{\sum_{j=1}^{p} s_{jj}} \times 100, \ k = 1, \dots, m \tag{3.4.8}$$

(3.4.8)에서 공분산행렬 S대신 상관행렬 R을 이용한 경우에는 다음을 사용한다.

$$\frac{l_k}{p} \times 100, \ k = 1, \dots, m \tag{3.4.9}$$

(3.4.8)과 (3.4.9)와 같은 기준은 적절한 공통인자 수를 결정할 때 종종 사용되는데 공통인자 수를 점점 증가시키면서 총분산의 합에서 차지하는 누적비율인 총기여율이 원하

는 값에 도달할 때까지 공통인자 수를 증가시킨다. 이는 [표 3.4.1]의 [4단계]에 정리되어 있다.

더불어 2.4절 PCA에서 주성분의 수를 정할 때 사용한 스크리그림을 PCFA의 (3.4.8)과 (3.4.9)의 관점에서 인자 수를 정할 때도 사용 가능하다. 2.4절에서도 언급했지만 스크리그림의 활용과 기능은 PCA보다 실제 FA에서 잘 알려져 있다. [보기 3.4.1]에서 그 활용의 예를 보이고자 하며 관련 [R-코드 3.4.1](klpga-PCFAsteps-scree.R)을 참고하기 바란다.

통계패키지에 따라서는 상관행렬 R의 고윳값 중 1 이상이 되거나, 공분산행렬 S의 고윳값이 0보다 큰 개수를 공통인자 수 m값으로 자동적으로 택하게 된다. 그러나 이러한 대략적인 선택 기준을 무분별하게 사용해서는 안 된다. 예를 들어, 표본크기가 큰 경우 S의 고윳값은 모두 양이므로 이때 공통인자 수는 $m=p$가 되어 변수의 차원축소가 핵심인 FA의 의미가 없어진다. 가정된 인자모형이 S 또는 R에 잘 적합되고 FA 결과에 대한 해석이 만족스럽다면 공통인자 수는 가능한 한 적게 택하는 것이 바람직하다.

[보기 3.4.1] KLPGA 선수 성적(klpga.txt)의 PCFA

EXAMPLE

[보기 2.5.1]에서는 한국여자프로골프협회(KLPGA) 2006년도 상금 순위 상위 50명 자료로 상금률, 평균퍼팅수, 그린적중률, 파세이브율, 파브레이크율, 평균타수가 측정변수로 사용된 크기가 50×6 다변량 자료행렬 X에 대한 PCA를 적용하였다.

특히, 경기력 주성분에 상금률, 그린적중률, 파세이브율, 파브레이크율이 양의 영향을 주었고 평균퍼팅수와 평균타수는 음의 영향을 주었다. 이러한 경향이 PCFA를 통해 인자로 나타나는지를 살펴보자.

이를 염두에 두고 PCFA를 이 자료에 적용하기 위해 공분산행렬 S의 주성분법 활용한 인자모형의 인자적재행렬 $\Lambda=\Lambda_y$을 추정하는 대신에 변수의 성격상 상관행렬 R을 활용하겠다. 따라서 인자적재행렬 $\Lambda=\Lambda_z$를 추정하는 계산 과정을 다음에서 요약·정리하고 이를 위한 [R-코드 3.4.1](klpga-PCFAsteps-scree.R)을 참고하기 바란다. 더불어 # PCFA using the principal() 아래로 [R-코드 3.4.1]에서 [Step 3] ~ [Step 7]의 알고리즘을 대신할 R에서 제공하는 library(psych)의 함수 principal()을 활용한 코드도 덧붙였다. 실행 결과를 [표 3.4.2]와 비교해보는 것도 흥미롭다.

[1단계] 다변량 자료행렬 X를 준비한다.

- [자료 1.3.2] KLPGA 선수 성적(klpga.txt)은 크기가 50×6 다변량 자료행렬이다.

[2단계] 표준화자료행렬 $Z = HXD_s^{-1/2}$과 상관행렬 $R = Z^t Z/(n-1)$을 계산한다.

$R =$

	평균퍼팅수	그린적중률	파세이브율	파브레이크율	평균타수	상금률
평균퍼팅수	1.000	0.128	-0.376	-0.440	0.444	-0.407
그린적중률	0.128	1.000	0.759	0.731	-0.800	0.641
파세이브율	-0.376	0.759	1.000	0.717	-0.937	0.736
파브레이크율	-0.440	0.731	0.717	1.000	-0.897	0.829
평균타수	0.444	-0.800	-0.937	-0.897	1.000	-0.829
상금률	-0.407	0.641	0.736	0.829	-0.829	1.000

특히, 상금률, 그린적중률, 파세이브율, 파브레이크율과 양의 관계를 가지며 평균퍼팅수와 평균타수는 낮아야 상금 순위가 높으므로 상금률과 음의 관계를 맺게 된다. 이러한 경향은 PCFA를 통해 인자로 나타날 것이다.

[3단계] R의 스펙트럼분해를 통해 고윳값과 고유벡터를 구한다.

- $R = VDV^t$: $V = (v_1, \dots, v_p)$, $D = diag(l_1, \dots, l_p)$, $l_1 \geq \cdots \geq l_p > 0$
- 고윳값: $(l_1, \dots, l_6) = (4.31,\ 1.12,\ 0.33,\ 0.20,\ 0.03,\ 0.01)$
- 고유벡터: $V = (v_1, v_2, v_3, v_4, v_5, v_6)$

v_1	v_2	v_3	v_4	v_5	v_6
-0.21	0.84	-0.14	-0.16	0.45	0.04
0.39	0.53	0.06	0.23	-0.71	-0.06
0.44	0.04	0.66	-0.27	0.27	-0.47
0.45	-0.05	-0.47	0.56	0.38	-0.35
-0.48	0.00	-0.20	-0.12	-0.25	-0.81
0.43	-0.07	-0.53	-0.72	-0.09	0.01

[4단계] 인자의 수 m에 따른 공통인자 기여율: $\frac{l_k}{p}$, $k = 1, \dots, m$

- 고윳값 $l_1 = 4.31$과 $l_2 = 1.12$의 총기여율: $\frac{4.31 + 1.12}{6} \times 100 = 90.48\%$
- 인자 수: $m = 2$
- [그림 3.4.1] 스크리그림을 보면 팔꿈치가 3에서 이루어진다. 인자 수는 2로 하는 것이 시각적으로 타당해 보인다. [그림 2.5.1] PCA의 스크리그림과 동일하다.

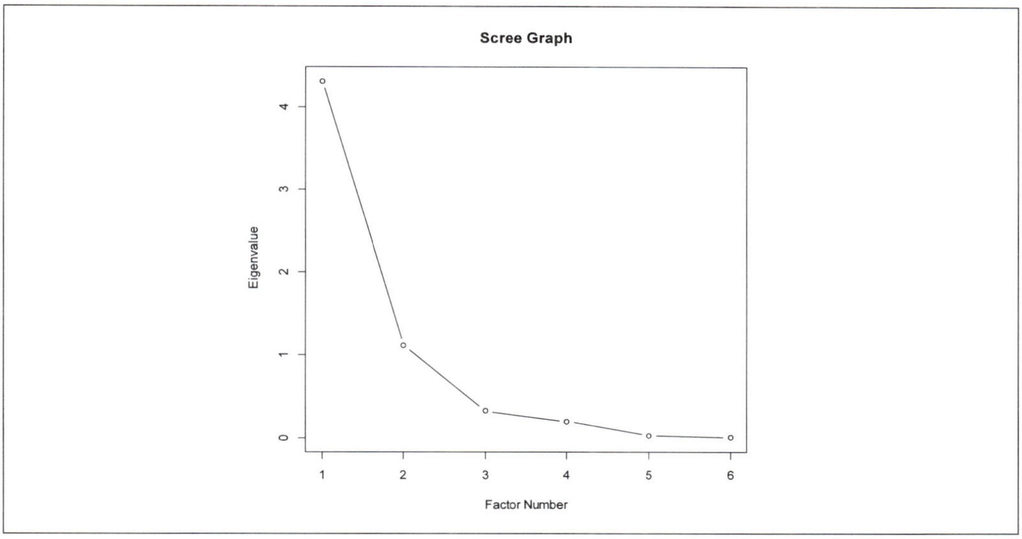

[그림 3.4.1] KLPGA 선수 성적의 PCFA에서 인자 수 선택을 위한 스크리그림

[5단계] 인자적재행렬의 추정: $\hat{\Lambda} = \hat{\Lambda}_z = \left[\sqrt{l_1}\, \boldsymbol{v}_1,\ \ldots,\ \sqrt{l_m}\, \boldsymbol{v}_m \right],\ m < p$

- $\hat{\Lambda} = \hat{\Lambda}_z = \left[\sqrt{l_1}\, \boldsymbol{v}_1,\ \sqrt{l_2}\, \boldsymbol{v}_2 \right] = \left[\sqrt{4.31}\, \boldsymbol{v}_1,\ \sqrt{1.12}\, \boldsymbol{v}_2 \right]$

[6단계] 특정분산의 추정: $\hat{\Psi} = \hat{\Psi}_z = diag(\widehat{\psi}_{z_1},\ \ldots,\ \widehat{\psi}_{z_p}),\ \widehat{\psi}_{z_j} = 1 - \sum_{k=1}^{m} \widehat{\lambda}_{z_{jk}}^2$

[7단계] 잔차행렬: $R_e = R - (\widehat{\Lambda}_z \widehat{\Lambda}_z^t + \hat{\Psi}_z)$

$R =$

	평균퍼팅수	그린적중률	파세이브율	파브레이크율	평균타수	상금률
평균퍼팅수	0.000	-0.017	-0.015	0.014	0.010	0.048
그린적중률	-0.017	0.000	-0.004	0.004	0.007	-0.040
파세이브율	-0.015	-0.004	0.000	-0.134	-0.027	-0.076
파브레이크율	0.014	0.004	-0.134	0.000	0.034	-0.009
평균타수	0.010	0.007	-0.027	0.034	0.000	0.061
상금률	0.048	-0.040	-0.076	-0.009	0.061	0.000

해석: 대각원소는 0이 되고 비대각원소가 전반적으로 매우 작아 $m = 2$개의 공통인자를 가지는 인자모형은 적절하다고 볼 수 있다.

| 표 3.4.2 | KLPGA 선수 성적의 PCFA의 결과

변수	인자적재 f_1	f_2	공통성	특정분산
평균퍼팅수	-0.436	0.888	0.979	0.021
그린적중률	0.810	0.561	0.970	0.030
파세이브율	0.913	0.042	0.836	0.164
파브레이크율	0.934	-0.053	0.876	0.124
평균타수	-0.997	0.000	0.993	0.007
상금률	0.893	-0.074	0.802	0.198
고윳값	4.31	1.12		
기여율	71.83	18.65	총기여율=90.48%	

[4단계] ~ [6단계]까지의 내용은 [표 3.4.2]와 같이 요약 가능하다. 변수별 공통성은 각 변수의 분산 1에 근접하고 있고 상대적으로 특정분산은 0에 가까워 2개의 공통인자를 지닌 인자모형은 자료를 잘 나타낸다고 여겨진다. 더불어 공통인자 f_1의 인자적재값을 보면 특히, 그린적중률(0.810), 파세이브율(0.913), 파브레이크율(0.934), 상금률(0.893)로 큰 양(+)의 값을 가지며 반대로 평균퍼팅수(−0.436)와 평균타수(−0.997)는 음(−)의 값을 가져 공통인자 f_1은 경기력변수 간의 대비를 나타내는 인자로 해석할 수 있다. 공통인자 f_2는 높은 적재값을 가지는 평균퍼팅수(0.888)는 낮아야 상금률이 높아지는 서로 반대의 개념을 가지는 변수로 여겨지므로 평균퍼팅수인자로 해석 가능하다. 공통인자들에 대한 해석은 [보기 2.5.1]의 PCA에서는 주성분들에 대한 해석과 유사하다.

[R-코드 3.4.1] KLPGA 선수 성적의 PCFA(klpga-PCFAsteps-scree.R)

```
# PCFA Steps for KLPGA
#[Step 1] Data Matrix X
Data1.3.2<-read.table("klpga.txt", header=T)
X=Data1.3.2
rownames<-rownames(X)
p=ncol(X)

#[Step 2] Covariance Matrix S(or Correlation Matix R)
R=round(cor(X),3)
R

#[Step 3] Spectral Decomposition
```

```
eigen.R=eigen(R)
round(eigen.R$values, 2) # Eigenvalues
V=round(eigen.R$vectors, 2) # Eigenvectors

#[Step 4] Number of factors : m
gof=eigen.R$values/p*100 # Goodness-of fit
round(gof, 3)
plot(eigen.R$values, type="b", main="Scree Graph",
        xlab="Factor Number", ylab="Eigenvalue")

#[Step 5] Factor Loadings and Communality
V2=V[,1:2]
L=V2%*%diag(sqrt(eigen.R$values[1:2]))
round(L, 3)
round(diag(L%*%t(L)), 3)

#[Step 6] Specific Variance : Psi
Psi=diag(R-L%*%t(L))
round(Psi, 3)

#[Step 7] Residual Matrix
Rm = R-(L%*%t(L) + diag(Psi))
round(Rm, 3)

# PCFA using the principal()
library(psych)
pcfa<-principal(R, nfactors=2, rotate="none")
pcfa
round(pcfa$values, 2)
gof=pcfa$values/p*100 # Goodness-of fit
round(gof, 3)
round(pcfa$residual, 2)
```

[보기 3.4.2] 두 가지 시험성적(5subjects.txt)의 PCFA

EXAMPLE

[보기 2.2.2]에서는 학생 88명을 대상으로 두 가지 방식(책을 참고하는 경우(open-book), 책을 참고하지 않는 경우(closed-book))에 따라 시험을 치른 다섯 과목 Mechanics(c), Vectors(c), Algebra(o), Analysis(o), Statistics(o)의 성적자료(5subjects.txt)의 공분산행렬 S의 스펙트럼분해를 활용한 PCA를 적용하였다.

각 과목의 분산이 매우 크고 차이가 많이 나므로 여기서는 상관행렬 R을 활용하여

PCFA를 단계별로 적용하기로 하자. 다만 [표 3.4.1]의 [3단계] ~ [6단계] 결과를 정리하는 대신 [표 3.4.3]과 같이 총괄적으로 요약하고자 한다. 그리고 주성분법의 알고리즘에 따라 계산하기 위해서는 [R-코드 3.4.1]과 자료입력만 다르고 나머지는 동일한 [R-코드 3.4.2](5subjects-PCFAsteps.R)을 참고하기 바란다. 더불어 # PCFA using the principal()는 R에서 제공하는 library(psych)의 함수 principal()을 활용한 코드이다. 인자 수를 정하는 스크리그림은 [그림 2.4.1] PCA의 주성분 개수를 정하는 경우와 동일하므로 생략한다.

[1단계] 다변량 자료행렬 X를 준비한다.

- [자료 1.3.1]은 크기가 88×5 다변량 자료행렬이다.

[2단계] 상관행렬 R를 구한다.

$R =$

	mechanics	vectors	algebra	analysis	statistics
mechanics	1.000	0.553	0.547	0.409	0.389
vectors	0.553	1.000	0.610	0.485	0.436
algebra	0.547	0.610	1.000	0.711	0.665
analysis	0.409	0.485	0.711	1.000	0.607
statistics	0.389	0.436	0.665	0.607	1.000

[3단계] ~[6단계] 스펙트럼분해, 기여율, 인자적재행렬, 특정분산

표 3.4.3 두 가지 시험성적의 PCFA의 결과

변수	인자 적재		공통성	특정분산
	f_1	f_2		
mechanics	-0.713	0.559	0.821	0.179
vectors	-0.767	0.378	0.731	0.269
algebra	-0.892	-0.112	0.808	0.192
analysis	-0.820	-0.335	0.786	0.214
statistics	-0.785	-0.404	0.779	0.221
고윳값	3.18	0.74		
기여율	53.01	12.33	총기여율=65.34%	

해석: 인자 f_1의 적재값을 보면 모든 변수(과목)에 대한 부호(−)와 크기가 비슷하므로 평균점수인자라 여겨지며 f_2는 클로즈북(mechanics, vectors)과목(+)과 오픈북(algebra, analysis, statistics)과목(−)의 대비를 나타내는 인자이다. 각 변수의 분산 1에 대하여 공통성의 값이 높아 공통인자 $m=2$인 인자모형이 적합함을 보여준다. 이는 [7단계]의 잔차행렬에도 반영되어 비대각원소들의 값이 작음을 알 수 있다. 실제 두 공통인자의 기여율은 53.01%와 12.33%로 총기여율은 65.34%로 조금 낮은 편이다.

[7단계] 잔차행렬: $R_e = R - (\hat{\Lambda}_z \hat{\Lambda}_z^t + \hat{\Psi}_z)$

$R_e =$

	mechanics	vectors	algebra	analysis	statistics
mechanics	0.000	-0.206	-0.027	0.011	0.055
vectors	-0.206	0.000	-0.032	-0.017	-0.013
algebra	-0.027	-0.032	0.000	-0.058	-0.080
analysis	0.011	-0.017	-0.058	0.000	-0.172
statistics	0.055	-0.013	-0.080	-0.172	0.000

[R-코드 3.4.2] 두 가지 시험성적의 PCFA(5subjects-PCFAsteps.R)

```
# PCFA Steps for 5 Subjects
#[Step 1] Data Matrix X
library("MVT")
data(examScor)
X=examScor
p=ncol(X)

#[Step 2] Covariance Matrix S(or Correlation Matix R)
R=round(cor(X),3)
R

#[Step 3] Spectral Decomposition
eigen.R=eigen(R)
round(eigen.R$values, 2) # Eigenvalues
V=round(eigen.R$vectors, 2) # Eigenvectors

#[Step 4] Number of factors : m
gof=eigen.R$values/p*100 # Goodness-of fit
round(gof, 3)

#[Step 5]Factor Loadings and Communality
V2=V[,1:2]
L=V2%*%diag(sqrt(eigen.R$values[1:2]))
round(L, 3)
round(diag(L%*%t(L)), 3)
```

```
#[Step 6]Specific Variance : Psi
Psi=diag(R-L%*%t(L))
round(Psi, 3)

#{Step 7] Residual Matrix
Rm = R-(L%*%t(L) + diag(Psi))
round(Rm, 3)

# PCFA using the principal()
library(psych)
pcfa<-principal(R, nfactors=2, rotate="none")
pcfa
round(pcfa$values, 2)
gof=pcfa$values/p*100 # Goodness-of fit
round(gof, 3)
```

최대우도법-최대우도인자분석 MLFA

확률벡터 $\boldsymbol{x} = (x_1, \ldots, x_p)^t \sim N_p(\boldsymbol{\mu}, \Sigma)$, $\Sigma > 0$일 때 n개의 관찰치를 $\boldsymbol{x}_i = (x_{i1}, \ldots, x_{ip})^t$, $i = 1, \ldots, n$라 하면 이들의 로그-우도함수는 다음과 같다.

$$l(\boldsymbol{\mu}, \Sigma) = \log L(\boldsymbol{\mu}, \Sigma) = -\frac{n}{2}\log|2\pi\Sigma| - \frac{1}{2}\sum_{i=1}^{n}(\boldsymbol{x}_i - \boldsymbol{\mu})^t \Sigma^{-1}(\boldsymbol{x}_i - \boldsymbol{\mu})$$
$$= -\frac{n}{2}\log|2\pi\Sigma| - \frac{n}{2}tr(\Sigma^{-1}S_n) - \frac{n}{2}(\overline{\boldsymbol{x}} - \boldsymbol{\mu})^t \Sigma^{-1}(\overline{\boldsymbol{x}} - \boldsymbol{\mu})$$

여기서 $S_n = (n-1)S/n$이고, 일반적으로 $\boldsymbol{\mu}$의 최대우도추정량 $\hat{\boldsymbol{\mu}} = \overline{\boldsymbol{x}}$로 대체하고 인자모형의 공분산구조인 공통인자분해 $\Sigma = \Lambda\Lambda^t + \Psi$를 삽입하면 로그-우도함수는 다음과 같다.

$$l(\hat{\boldsymbol{\mu}}, \Lambda, \Psi) = -\frac{n}{2}\left[\log|2\pi(\Lambda\Lambda^t + \Psi)| + tr((\Lambda\Lambda^t + \Psi)^{-1}S_n)\right] \quad (3.4.10)$$

인자적재행렬의 유일성을 위해 (3.3.6)의 $\Lambda^t\Psi^{-1}\Lambda$가 대각행렬이 되게 하면서 (3.4.10)을 최대화하는 최대우도추정량 $\hat{\Lambda}$과 $\hat{\Psi}$는 다음

$$\left(\hat{\Psi}^{-1/2}S_n\hat{\Psi}^{-1/2}\right)\hat{\Psi}^{-1/2}\hat{\Lambda} = \hat{\Psi}^{-1/2}\hat{\Lambda}\left(I + \hat{\Lambda}^t\hat{\Psi}^{-1}\hat{\Lambda}\right)$$
$$\hat{\Psi} = diag(S_n - \hat{\Lambda}\hat{\Lambda}^t)$$
$$\hat{\Lambda}^t\hat{\Psi}^{-1}\hat{\Lambda}: \text{대각행렬}$$

을 만족하며 이는 수치해석적 방법으로 해결된다(Johnson과 Wichern, 2007, pp. 527-528).

이때 공통성 $h_j^2 = \lambda_{j1}^2 + \cdots + \lambda_{jm}^2$ 의 최대우도추정치는

$$\widehat{h_j}^2 = \hat{\lambda}_{j1}^2 + \cdots + \hat{\lambda}_{jm}^2, \ j = 1, \ldots, p$$

이고 첫 번째 공통인자 f_1이 j번째 변수 분산에 기여하는 정도가 $\hat{\lambda}_{j1}^2$이므로 k번째 공통인자 f_k가 총분산의 합에 기여하는 비율은 다음과 같다.

$$\frac{\hat{\lambda}_{1k}^2 + \cdots + \hat{\lambda}_{pk}^2}{\sum_{j=1}^{p} s_{jj}} \times 100 \tag{3.4.11}$$

편의상 공분산행렬 $\Sigma = \Lambda\Lambda^t + \Psi$를 통한 인자적재행렬과 특정분산행렬의 최대우도추정량을 $\hat{\Lambda} = \hat{\Lambda}_y$과 $\hat{\Psi}_y$라 하자. 이번에는 상관행렬 $\rho = D_\sigma^{-1/2} \Sigma D_\sigma^{-1/2}$에서 얻은 인자적재행렬과 특정분산행렬의 최대우도추정량 $\hat{\Lambda}_z = D_{\hat{\sigma}}^{-1/2} \hat{\Lambda}_y$와 $\widehat{\Psi_z} = D_{\hat{\sigma}}^{-1} \widehat{\Psi_y}$라 하면 상관행렬의 최대우도추정량 $\hat{\rho}$은 다음을 만족한다.

$$\begin{aligned} \hat{\rho} &= (D_{\hat{\sigma}}^{-1/2} \widehat{\Lambda_y})(D_{\hat{\sigma}}^{-1/2} \hat{\Lambda}_y)^t + D_{\hat{\sigma}}^{-1} \widehat{\Psi_y} \\ &= \hat{\Lambda}_z \hat{\Lambda}_z^t + \hat{\Psi}_z \end{aligned} \tag{3.4.12}$$

을 얻게 된다. 끝으로 (3.4.12)에서 $\hat{\Lambda}_z$가 주어지면 $\hat{\rho} - \hat{\Lambda}_z \hat{\Lambda}_z^t$ 에서 j번째 특정분산의 최대우도추정치

$$\widehat{\psi_{z_j}} = 1 - \sum_{k=1}^{m} \widehat{\lambda_{z_{jk}}}^2 \quad j = 1, \ldots, p$$

를 구하게 된다. 따라서 PCFA에서 설명한 바와 같이 잔차행렬 $\hat{R}_e = S - (\hat{\Lambda}_y \hat{\Lambda}_y^t + \hat{\Psi}_y)$ 또는 $\hat{R}_e = R - (\hat{\Lambda}_z \hat{\Lambda}_z^t + \hat{\Psi}_z)$에 의해서 대각원소는 0이 되고 비대각원소가 매우 작다면 $m\,(< p)$개의 공통인자를 가지는 인자모형은 적절하다고 볼 수 있다.

더불어 상관행렬에 대한 k번째 공통인자 f_k가 총분산의 합에 기여하는 비율은 다음과 같다.

$$\frac{\hat{\lambda}_{z1k}^2 + \cdots + \hat{\lambda}_{zpk}^2}{p} \times 100 \tag{3.4.13}$$

주성분법에서와 같이 (3.4.11)과 (3.4.13)의 기준을 가지고 공통인자 수 m을 점점 증가시키면서 총분산의 합에서 차지하는 누적비율인 총기여율이 원하는 값에 도달할 때까지 공통인자 수를 증가시키면 적절한 인자 수를 정하게 된다.

최대우도법에서는 다변량정규분포를 가정하므로 공통인자 수 m이 적절하다는 가정과 동질의 귀무가설 H_0에 대해 대립가설 H_1을 검정하게 된다. 즉, 다음과 같다.

$$H_0 : \Sigma = \Lambda\Lambda^t + \Psi,\ H_1 : \Sigma \neq \Lambda\Lambda^t + \Psi$$

여기서 인자적재행렬 Λ는 크기가 $p \times m$이다. 이 검정은 (3.4.10)에 대응하는 최대우도 추정량 $\hat{\Lambda}$과 $\hat{\Psi}$에 대해 귀무가설 H_0하에 우도비검정(likelihood ratio test) 통계량

$$\left(n - \frac{2p + 4m + 11}{6}\right)\ln\left(\frac{|\hat{\Lambda}\hat{\Lambda}^t + \hat{\Psi}|}{|(n-1)S/n|}\right) \simeq \chi^2_{([(p-m)^2 - p - m]/2)} \tag{3.4.14}$$

에 의해서 H_0가 기각된다면 가정한 공통인자 수 m이 너무 적어 더 요구됨을 보여준다.

[보기 3.4.3] KLPGA 선수 성적(klpga.txt)의 MLFA

EXAMPLE

[보기 3.4.1]에서 PCFA를 적용한 KLPGA 자료에 대해 MLFA를 적용하고 그 결과를 비교해보자. MLFA는 인자적재행렬과 특정분산행렬을 추정하는 알고리즘이 수치해석적으로 이루어지므로 복잡한 계산은 R의 MLFA를 위한 library(psych)의 함수 factanal()을 사용하면 된다. 더불어 인자 수의 우도비검정을 위해서는 함수 factanal()에 원자료의 표준화자료를 사용하며 이는 공분산행렬을 사용하는 것과 동일하다. [R-코드 3.4.3](klpga-MLFAfactanal.R)을 참고하기 바란다. 더불어 MLFA와 PCFA의 결과를 비교하기 위해서 공통적으로 인자적재, 특정분산, 기여율의 관점에서 [표 3.4.4]에 요약하도록 하겠다.

표 3.4.4 KLPGA 자료에 대한 MLFA와 PCFA의 비교

변수	MLFA			PCFA		
	인자적재		특정분산	인자적재		특정분산
	f_1	f_2		f_1	f_2	
평균퍼팅수	-0.811	0.581	0.005	-0.436	0.888	0.021
그린적중률	0.455	0.855	0.062	0.810	0.561	0.030
파세이브율	0.805	0.476	0.124	0.913	0.042	0.164
파브레이크율	0.814	0.382	0.191	0.934	-0.053	0.124
평균타수	-0.882	-0.467	0.005	-0.997	0.000	0.007
상금률	0.754	0.352	0.307	0.893	-0.074	0.198
기여율	58.70	29.70	총기여율=88.40%	71.83	18.65	총기여율=90.48%

[표 3.4.4]의 인자적재를 통한 변수들의 해석은 공통인자 f_1은 PCFA에서는 그린적중률, 파세이브율, 파브레이크율, 상금률의 적재값은 큰 양(+)이나 MLFA에서는 그린적중률(0.455)이 상대적으로 다소 떨어진다. 또한 두 추정법 모두가 평균퍼팅수와 평균타수는 음(−)의 적재값을 가져 경기력변수 간의 대비인자를 나타낸다. 공통인자 f_2는 PCFA에서는 높은 적재값을 가지는 평균퍼팅수인자로 MLFA에서는 높은 적재값을 가진 그린적중률인자로 해석이 가능하다. 인자의 해석상 이 변수들 간의 상관관계를 고려한다면 PCFA가 더 바람직한 인자적재행렬을 제공했다고 여겨진다. 일반적으로 공통인자들의 기여율이 MLFA의 88.40%에 비해 PCFA 90.48%로 다소 높아 이런 관점에서는 PCFA가 선호된다.

잔차행렬 $\hat{R}_e = R - (\hat{\Lambda}_z \hat{\Lambda}_z^t + \hat{\Psi}_z)$를 보면 PCFA보다 비대각원소가 거의 0에 가까워 MLFA의 공통인자 2개의 모형이 매우 잘 적합되어 있어 이런 관점에서는 MLFA가 선호된다. 전반적으로 MLFA의 인자 해석에는 다소 모호한 부분이 있는데 이는 3.5절 인자회전에서 자세히 다룰 것이다.

$\hat{R}_e =$

	평균퍼팅수	그린적중률	파세이브율	파브레이크율	평균타수	상금률
평균퍼팅수	0.000	0.000	0.001	-0.001	0.000	0.000
그린적중률	0.000	0.000	-0.015	0.034	0.000	-0.003
파세이브율	0.001	-0.015	0.000	-0.121	-0.005	-0.039
파브레이크율	-0.001	0.034	-0.121	0.000	-0.001	0.080
평균타수	0.000	0.000	-0.005	-0.001	0.000	0.000
상금률	0.000	-0.003	-0.039	0.080	0.000	0.000

공통인자 수 $m=2$가 적절하다는 가정 $H_0 : \Sigma = \Lambda\Lambda^t + \Psi$에 대한 (3.4.14)의 우도비 검정은 [R-코드 3.4.3]에서 함수 factanal()의 결과인 mlfa로부터 제공된다. 검정통계량값이 61.74로 자유도 $[(p-m)^2 - p - m]/2 = [(6-2)^2 - 6 - 2]/2 = 4$이며 유의확률 $p-$값 $= 0.000$는 유의수준 0.05에서 귀무가설을 기각하여 공통인자수를 더 요구한다고 볼 수 있다. 그러나 이 모형에서는 $m=3$이면 자유도가 0이 되므로 검정이 성립하지 않는다.

[R-코드 3.4.3] KLPGA 선수 성적의 MLFA(klpga-MLFAfactanal.R)

```
# MLFA Steps for KLPGA
# Data Matrix X
Data1.3.2<-read.table("klpga.txt", header=T)
X=Data1.3.2
```

```
rownames<-rownames(X)
p=ncol(X)
Z<-scale(X, scale=T)

# Covariance Matrix S(or Correlation Matix R)
R=round(cor(X),3)
R

# ML Estimation using the factanal( )
library(psych)
mlfa<-factanal(Z, factors = 2, rotation="none")
mlfa

# Residual Matrix
L=mlfa$loading[, 1:2]
Psi=mlfa$uniquenesses
Rm = R-(L%*%t(L) + diag(Psi))
round(Rm, 3)
```

[보기 3.4.4] 두 가지 시험성적(5subjects.txt)의 MLFA

EXAMPLE

[보기 3.4.3]에서 학생 88명을 대상으로 두 가지 방식(책을 참고하는 경우(open-book), 책을 참고하지 않는 경우(closed-book))에 따라 시험을 치른 다섯 과목 Mechanics(c), Vectors(c), Algebra(o), Analysis(o), Statistics(o)의 성적자료(5subjects.txt)에 PCFA를 단계별로 적용하였다. 여기서는 MLFA를 위한 R의 library(psych)의 함수 factanal()을 사용하려 한다. [R-코드 3.4.4](5subjects-MLFAfactanal.R)을 참고하기 바란다. 더불어 MLFA와 PCFA의 결과를 요약한 [표 3.4.5]를 통해 서로 비교하여보자.

표 3.4.5 두 가지 시험성적에 대한 MLFA와 PCFA의 비교

변수	MLFA			PCFA		
	인자적재		특정분산	인자적재		특정분산
	f_1	f_2		f_1	f_2	
mechanics	0.628	0.373	0.467	-0.713	0.559	0.179
vectors	0.695	0.312	0.419	-0.767	0.378	0.269
algebra	0.900	0.000	0.188	-0.892	-0.112	0.192
analysis	0.779	-0.201	0.352	-0.820	-0.335	0.214
statistics	0.727	-0.200	0.431	-0.785	-0.404	0.221
기여율	56.50	6.40	총기여율=62.90%	53.01	12.33	총기여율=65.34%

MLFA와 PCFA의 인자 f_1의 적재값을 보면 부호가 정반대이다. 특히, 인자 f_1의 적재값이 PCFA가 모든 변수(과목)에 대한 부호(−)와 크기가 비슷하므로 평균점수인자라 해석한 반면에 MLFA에서는 적재값이 다소 작은 클로즈북(mechanics, vectors)과 큰 값을 가진 오픈북(algebra, analysis, statistics)을 나타내어 오픈북인자로 해석 가능하다. 공통인자 f_2는 PCFA에서는 클로즈북(mechanics, vectors)(+)과 오픈북(algebra, analysis, statistics)(−)의 대비를 나타내는 인자였으나 MLFA에서는 클로즈북(mechanics, vectors)의 적재값이 오픈북에 비해 상대적으로 큰 값을 가져 크로즈북인자로 해석할 수 있다. 즉, MLFA의 두 공통인자의 해석이 PCFA보다 더 명확하다는 것이다. 총기여율은 둘 다 비슷한 결과를 보여주고 있다.

잔차행렬을 통해 공통인자 $m=2$인 인자모형의 추정 정도를 비교하기 위해 다음의 MLFA의 잔차행렬을 보면 비대각원소들의 값이 거의 0이므로 [보기 3.4.2]의 PCFA보다 모형 추정과 관련된 인자적재행렬과 특정분산이 잘 추정되었음을 보여주고 있다.

$\widehat{R}_e =$

	mechanics	vectors	algebra	analysis	statistics
mechanics	0.000	0.000	0.000	-0.006	0.007
vectors	0.000	0.000	0.000	0.006	-0.007
algebra	0.000	0.000	0.000	0.000	0.001
analysis	-0.006	0.006	0.000	0.000	0.000
statistics	0.007	-0.007	0.001	0.000	0.000

공통인자 수 $m=2$가 적절하다는 가정 $H_0 : \Sigma = \Lambda\Lambda^t + \Psi$에 대한 우도비검정은 검정통계량값이 0.07로 자유도 $[(5-2)^2-5-2]/2=1$이며 유의확률 $p-$값$=0.785$는 유의수준 0.05에서 귀무가설을 기각하지 못하므로 모형이 적절함을 보여준다.

[R-코드 3.4.4] 두 가지 시험성적의 MLFA(5subjects-MLFAfactanal.R))

```
# MLFA Steps for 5 Subjects
# Data Matrix X
library("MVT")
data(examScor)
X=examScor
Z<-scale(X, scale=T)
p=ncol(X)

# Covariance Matrix S(or Correlation Matix R)
R=round(cor(X),3)
```

```
R

# ML Estimation using the factanal( )
library(psych)
mlfa<-factanal(Z, factors = 2, rotation="varimax")
mlfa

# Residual Matrix
L=mlfa$loading[, 1:2]
Psi=mlfa$uniquenesses
Rm = R-(L%*%t(L) + diag(Psi))
round(Rm, 3)
```

3.5 인자회전과 인자적재그림

3.4절에서 두 추정방법인 주성분법과 최대우도법에 의한 PCFA와 MLFA의 인자적재행렬과 특정분산행렬의 추정 과정을 살펴보았는데 이미 3.3절에서 이들의 비유일성으로 직교변환이 가능하다고 언급한 바가 있다. 특히, [보기 3.4.3]에서 MLFA에 의해 추정된 인자적재행렬과 관련된 공통인자의 해석이 다소 모호한 경우가 발생되었다. 이런 경우 적절한 직교변환을 통해 공통인자의 해석을 더 쉽고 명확하게 할 수가 있으며 이를 인자회전(factor rotation)이라 한다.

두 추정방법에 의해 맨 처음 추정된 인자적재행렬에서 공통인자 f_1, …, f_m을 변수로 하고 적재값을 자료로 변수이름을 좌표점으로 하는 2차원의 산점도를 인자적재그림(plot of factor loadings)이라 하자. 만약에 공통인자 수가 $m=2$라면 일반적으로 공통인자 f_1축과 공통인자 f_2축을 가지는 2차원 그림으로 이들 인자 축과 변수를 나타내는 좌표점 간 각도의 코사인값이 상관관계를 보여주며 좌표점에서 각 인자 축에 투영(projection)된 값이 그 인자와의 적재값을 나타내며 절대값이 1에 가까울수록 그 인자의 성질에 변수가 기여하는 점이 높아진다는 기하적 해석을 고려할 수 있다(Jobson, 1992, Chpater 9). 또한 공통인자 수가 $m \geq 3$인 경우 이들의 조합에 의한 더 많은 그림이 요구된다. SAS/PROC FACTOR에서는 인자적재그림을 인자패턴그림(plot of factor fattern)이라 한다. 다음의 [보기 3.5.1]의 예를 살펴보자.

[보기 3.5.1] KLPGA 선수 성적의 MLFA에서 회전 전과 후의 비교

EXAMPLE

[보기 3.4.3]에서 KLPGA 자료(klpga.txt)에 대한 MLFA에서 추정된 6×2 인자적재행렬 $\widehat{\Lambda}_z$과 아직 인자회전의 종류에 대해선 언급하지 않았지만 배리맥스(varimax)회전된 인자적재행렬 $\widehat{\Lambda}_z^*$를 [표 3.5.1]에 요약정리 하였다. 이에 대한 [그림 3.5.1] 인자적재그림 (a)와 (b)를 살펴보자. 이를 위한 [R-코드 3.5.1](klpga-MLFAvarimax.R)를 참고하기 바란다.

[그림 3.5.1] 인자적재그림의 해석은 [표 3.5.1]의 인재적재값을 보고 해석한 것을 시각적으로 대신할 수 있게 된다. 우선 (a)와 (b)의 큰 차이점은 (a)에서 f_1축과 f_2축에 대하

[표 3.5.1] KLPGA 자료의 MLFA의 회전 전과 후의 인자적재행렬

변수	회전 전 인자적재 $\widehat{\Lambda}_z$ f_1	 f_2	회전 후 인자적재 $\widehat{\Lambda}_z^*$ f_1	 f_2
평균퍼팅수	-0.811	0.581	-0.168	0.983
그린적중률	0.455	0.855	0.925	0.288
파세이브율	0.805	0.476	0.908	-0.228
파브레이크율	0.814	0.382	0.848	-0.301
평균타수	-0.882	-0.467	-0.955	0.288
상금률	0.754	0.352	0.784	-0.280

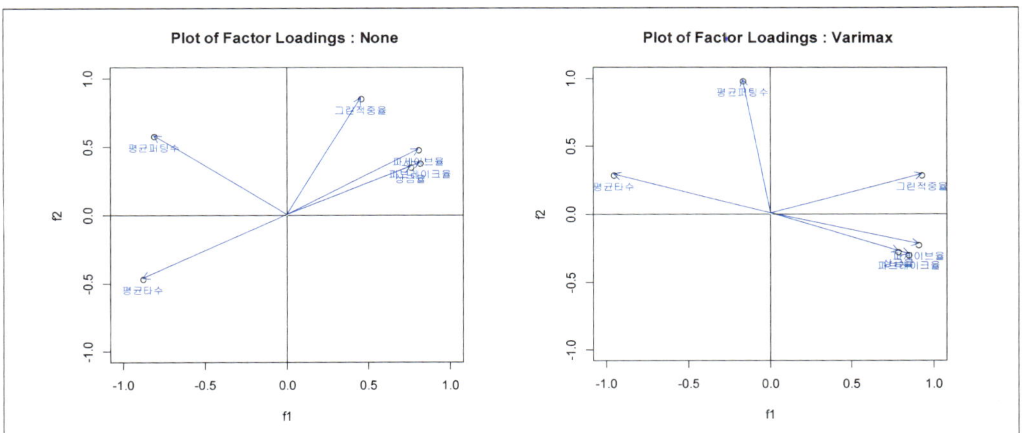

(a) 회전 전　　(b) 회전 후

[그림 3.5.1] KLPGA 자료에 대한 MLFA의 회전 전과 후의 인자적재그림

여 시계 반대 방향으로 회전이 이루진 것이 (b)임을 알 수 있다. 특히, (a)의 f_1축과 이루는 각도가 큰 그린적중률이 회전 후 (b)에서는 파세이브율, 파브레이크율, 상금률과 같이 각도가 작아져 공통인자 f_1으로 해석 가능해졌다. 평균퍼팅수의 경우 f_2축에 대해 (a)보다 (b)에서 훨씬 각도가 좁아져 공통인자 f_2로 해석하게 되며 평균타수는 f_1축에 대해 (a)보다 (b)에서 그 각도가 좁으나 f_1축이 오른편에 있는 파세이브율, 파브레이크율, 상금률, 그린적중률과는 반대적 개념으로 공통인자 f_1에 기여하는 변수로 해석 가능하다.

실제 [보기 3.4.3]에서 적재값만 가지고 해석한 경우와 달리 인자적재그림을 활용하면 공통인자에 대한 해석을 보다 더 기하적으로 명확하게 내리는 데에 도움이 된다.

일반적으로 PCFA나 MLFA를 통해 추정된 인자적재행렬을 크기가 $p\times m$인 $\hat{\Lambda}$라고 하자. $TT^t = T^tT = I$를 만족하는 $m\times m$ 직교행렬 T에 대해서 직교변환된 새로운 인자적재행렬을 $\hat{\Lambda}^* = \hat{\Lambda}T$라 하면 이는 회전된 행렬이 된다. 즉, [표 3.5.1]에서 처음 추정된 $\hat{\Lambda} = \hat{\Lambda}_z$에 대해 회전 후 $\hat{\Lambda}_z^* = \hat{\Lambda}_z T$가 회전된 행렬이다.

특히, 직교변환인 회전 후에도 공통인자분해는

$$\hat{\Lambda}\hat{\Lambda}^t + \hat{\Psi} = \hat{\Lambda}(TT^t)\hat{\Lambda}^t + \hat{\Psi} = \hat{\Lambda}^*\hat{\Lambda}^{*t} + \hat{\Psi}$$

을 만족하여 변함이 없다. 이는 공분산행렬 S와 상관행렬 R에 대한 잔차행렬

$$\hat{R}_e = S - (\hat{\Lambda}_y\hat{\Lambda}_y^t + \hat{\Psi}_y) = S - (\hat{\Lambda}_y^*\hat{\Lambda}_y^{*t} + \hat{\Psi}_y),$$
$$\hat{R}_e = R - (\hat{\Lambda}_z\hat{\Lambda}_z^t + \hat{\Psi}_z) = R - (\hat{\Lambda}_z^*\hat{\Lambda}_z^{*t} + \hat{\Psi}_z)$$

이 변함이 없다는 것을 말한다. 물론 특정분산행렬 $\hat{\Psi}$와 공통성도 변함이 없다. 따라서 인자회전의 목적은 본래의 인자적재행렬이 해석이 쉽고 명확해지는 단순구조가 될 때까지 회전시키는 것이다.

인자회전 방법으로는 직교회전(orthogonal rotation)과 사각회전(oblique rotation)이 있다. 직교회전에는 [보기 3.5.1]에서 보인 Varimax 외에 Promax, Quartimax 등이 있고 반면에 사각회전은 공통인자의 좌표축들 간에 서로 직각이 되지 않더라도 가장 단순한 인자적재행렬을 얻기 위한 방법이다. 여기서 가장 잘 알려진 Varimax는 카이저(Kaiser, 1958)가 제안한 방법을 설명하고자 한다. 먼저 직교변환 T에 의해서 회전된 인자적재행렬을 $\hat{\Lambda}^* = \hat{\Lambda}T = (\hat{\lambda}_{jk}^*)$, $j=1, \ldots, p$, $k=1, \ldots, m$라 하면 회전 후에도 변함이 없는

공통성 $\widehat{h_j}^2 = \hat{\lambda}_{j1}^2 + \cdots + \hat{\lambda}_{jm}^2$ 에 의해서 정규화된

$$d_{jk} = \hat{\lambda}_{jk}^* / \hat{h}_j \text{ 와 } \bar{d}_k = p^{-1} \sum_{j=1}^{p} d_{jk}^2$$

를 고려하자. 그러면 Varimax는

$$\nu = \frac{1}{p} \sum_{k=1}^{m} \sum_{j=1}^{p} (d_{jk}^2 - \bar{d}_k)^2 = \frac{1}{p} \sum_{k=1}^{m} \left[\sum_{j=1}^{p} d_{jk}^4 - p\bar{d}_k^2 \right] \qquad (3.5.1)$$

를 최대화하는 직교변환 T를 찾는 인자회전방법이다.

인자 수가 $m=2$인 경우, 직교변환 T는 각 θ에 대하여 인자 축을 시계방향 회전과 반시계방향 회전으로 각각 다음의 두 가지를 선택할 수 있다.

$$T = \begin{bmatrix} \cos\theta & \sin\theta \\ -\sin\theta & \cos\theta \end{bmatrix}, \quad T = \begin{bmatrix} \cos\theta & -\sin\theta \\ \sin\theta & \cos\theta \end{bmatrix}$$

이럴 경우 (3.5.1)을 최대화하는 직교변환 T를 찾는 것은 인자 축을 회전하기 위한 각 θ를 찾는 것으로 Mardia 외 2인(1977, 9.6절)은 시계방향 회전에 대해 수리적으로 계산을 보여 주고 있다.

참고로 MLFA에서 Varimax 인자회전이 필요한 경우 함수 factanal()에 옵션으로 rotation="varimax"을 이용하고 회전 전과 후의 인자적재행렬의 인자적재그림 [그림 3.5.1]을 위한 [R-코드 3.5.1](klpga-MLFAvarimax.R)는 [보기 3.5.1]을 위한 것이다.

[R-코드 3.5.1] KLPGA 선수 성적에 대한 MLFA의 Varimax 회전 전과 후 인자적재그림 (klpga-MLFAvarimax.R)

```
# MLFA : None and Varimax Rotation for KLPGA
# Data Matrix X
Data1.3.2<-read.table("klpga.txt", header=T)
X=Data1.3.2
rownames<-rownames(X)
p=ncol(X)

# Covariance Matrix S(or Correlation Matix R)
R=round(cor(X),3)
R

# ML Estimation using the factanal( ): None
library(psych)
mlfa<-factanal(covmat=R, factors = 2, rotation="none" )
```

```
mlfa

# Residual Matrix
L=mlfa$loading[, 1:2]
Psi=mlfa$uniquenesses
Rm = R-(L%*%t(L) + diag(Psi))
round(Rm, 3)

par(mfrow=c(1,2))
# Factor Loadings Plot : None
lim<-range(pretty(L))
plot(L[,1], L[,2],main="Plot of Factor Loadings : None",  xlab="f1", ylab="f2",
                        xlim=lim, ylim=lim)
text(L[,1], L[, 2], labels=rownames(L), cex=0.8, col="blue", pos=1)
abline(v=0, h=0)
arrows(0,0, L[,1], L[, 2], col=2, code=2, length=0.1)

# ML Estimation using the factanal( ): Varimax
library(psych)
mlfa<-factanal(covmat=R, factors = 2,  rotation="varimax" ) # rotation="none"
mlfa

# Residual Matrix
L=mlfa$loading[, 1:2]
L
Psi=mlfa$uniquenesses
Rm = R-(L%*%t(L) + diag(Psi))
round(Rm, 3)

# Factor Loadings Plot : Varimax
lim<-range(pretty(L))
plot(L[,1], L[,2],main="Plot of Factor Loadings : Varimax ",  xlab="f1", ylab="f2",
                        xlim=lim, ylim=lim)
text(L[,1], L[, 2], labels=rownames(L), cex=0.8, col="blue", pos=1)
abline(v=0, h=0)
arrows(0,0, L[,1], L[, 2], col=2, code=2, length=0.1)
```

[보기 3.5.2] 두 가지 시험성적의 MLFA에서 회전 전과 후의 비교

EXAMPLE

[보기 3.4.4]에서는 두 가지 시험성적(5subjects.txt)의 MLFA에서 인자적재행렬의 회전 전과 Varimax에 의한 회전 후의 결과를 비교하고 있다. 더불어 [그림 3.5.2]에는 이를 바탕으로 인자해석을 시각적으로 도움을 주기 위한 MLFA의 회전 전과 후의 인자적재그림

을 제공하고 있다. 이들에 대한 [R-코드 3.5.2](5subjects-MLFAvarimax.R)를 참고하기 바란다.

| 표 3.5.2 | 두 가지 시험성적 자료의 MLFA의 회전 전과 후의 인자적재행렬

변 수	회전 전		회전 후	
	인자적재 $\widehat{\Lambda}_z$		인자적재 $\widehat{\Lambda}_z^*$	
	f_1	f_2	f_1	f_2
mechanics(c)	0.628	0.373	0.265	0.680
vectors(c)	0.695	0.312	0.356	0.674
algebra(o)	0.900	0.000	0.740	0.515
analysis(o)	0.779	-0.201	0.738	0.322
statistics(o)	0.727	-0.200	0.696	0.290
기여율	56.50	6.40	35.50	27.40

[그림 3.5.2] 인자적재그림은 회전 전인 (a)에서 f_1축과 f_2축에 대하여 시계방향으로 Varimax 회전이 이루진 것이 (b)이다. 특히, (a)의 f_1축과 이루는 각도가 오픈북(algebra, analysis, statistics)과 클로즈북(mechanics, vectors)과 큰 차이를 보이고 있지 않아 공통인자 해석이 다소 불분명하다. 이는 적재값을 봐도 오픈북이 상대적으로 약간 크지만 클로즈북의 vector는 오픈북의 analysis, statistics과 별 차이가 없다. 회전 후 적재값은 두

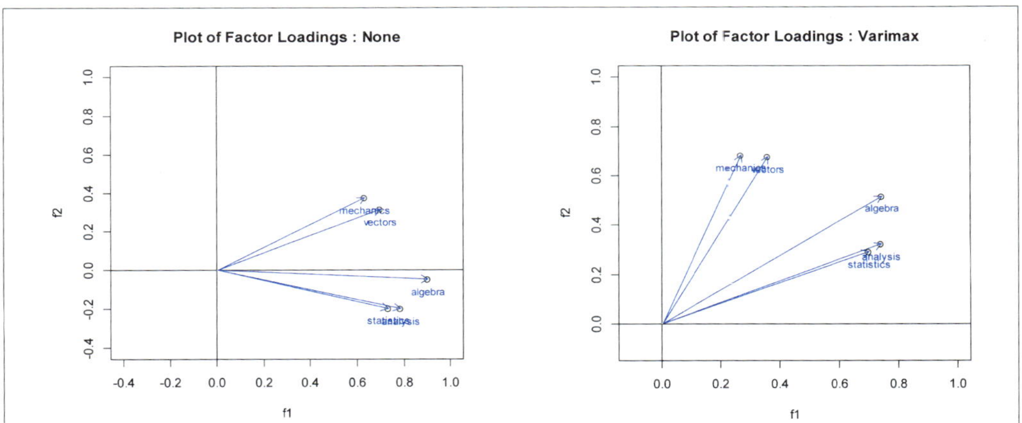

[그림 3.5.2] 두 가지 시험성적 자료에 대한 MLFA의 회전 전과 후의 인자적재그림

가지 방식이 완전히 차이가 남을 보여주는데 f_1에 대하여 오픈북(algebra, analysis, statistics)의 적재값은 0.696이상으로 클로즈북(mechanics, vectors) 0.356 이하보다 크며 반대로 f_2에 대해선 정반대이다. 이는 기하적으로 그림 (b)에서 오픈북(algebra, analysis, statistics)은 f_1축과 클로즈북(mechanics, vectors)은 f_2축과 각도가 좁음을 보여준다. 즉, 회전 후 보다 명확하게 공통인자 해석이 가능함을 보여주고 있다.

[R-코드 3.5.2] 두 가지 시험성적에 대한 MLFA의 Varimax 회전 전과 후 인자적재그림 (5subjects-MLFAvarimax.R)

```
# MLFA : None and Varimax Rotation for 5 Subjects
# Data Matrix X
library("MVT")
data(examScor)
X=examScor
p=ncol(X)

# Covariance Matrix S(or Correlation Matix R)
R=round(cor(X),3)
R

# ML Estimation using the factanal( ) : None
library(psych)
mlfa<-factanal(covmat=R, factors = 2, rotation="none" )
mlfa

# Residual Matrix
L=mlfa$loading[, 1:2]
Psi=mlfa$uniquenesses
Rm = R-(L%*%t(L) + diag(Psi))
round(Rm, 3)

par(mfrow=c(1,2))
par(mfrow=c(1,2))
# Factor Loadings Plot : None
lim<-c(-0.4, 1)
plot(L[,1], L[,2],main="Plot of Factor Loadings : None", xlab="f1", ylab="f2",
                    xlim=lim, ylim=lim)
text(L[,1], L[, 2], labels=rownames(L), cex=0.8, col="blue", pos=1)
abline(v=0, h=0)
arrows(0,0, L[,1], L[, 2], col=2, code=2, length=0.1)

library(psych)
```

```
mlfa<-factanal(covmat=R, factors = 2, rotation="varimax")
mlfa

# Residual Matrix
L=mlfa$loading[, 1:2]
Psi=mlfa$uniquenesses
Rm = R-(L%*%t(L) + diag(Psi))
round(Rm, 3)

# Factor Loadings Plot
lim<-c(-0.1, 1)
plot(L[,1], L[,2],main="Plot of Factor Loadings : Varimax",  xlab="f1", ylab="f2",
                                xlim=lim, ylim=lim)
text(L[,1], L[, 2], labels=rownames(L), cex=0.8, col="blue", pos=1)
abline(v=0, h=0)
arrows(0,0, L[,1], L[, 2], col=2, code=2, length=0.1)
```

3.6 인자점수와 활용

FA의 인자모형에서 추정한 공통인자는 PCA에서 찾은 주성분처럼 원 변수들의 선형결합으로 만들 수 없는 잠재변인이다. 그러나 다변량 자료에서 변수들의 차원축소 개념으로 주성분과 인자가 얻어진 만큼 PCA에서 찾은 주성분점수처럼 FA의 공통인자에 대한 인자점수(factor score)가 필요하다. 인자점수는 추가적인 통계분석을 위한 입력 자료로 이용될 뿐만 아니라 주어진 자료에 대한 정규성가정이나 인자모형 등에 관한 진단 목적으로도 사용된다.

인자점수를 추정하는 방법으로 Bartlett(1937)의 가중최소제곱법(weighted least squares method, WLSM)과 Thomson(1951)의 회귀법(regression method, REGM)이 있다.

가중최소제곱법 WLSM

(3.3.2) 인자모형 $\boldsymbol{x}-\boldsymbol{\mu}=\Lambda \boldsymbol{f}+\boldsymbol{e}$에서 n명의 개체에 대한 모형

$$\boldsymbol{x}_i-\boldsymbol{\mu}=\Lambda \boldsymbol{f}_i+\boldsymbol{e}_i,\ i=1,\ \ldots,\ n$$

을 고려하면 가중오차제곱합

$$\boldsymbol{e}_i{}^t \Psi^{-1} \boldsymbol{e}_i = (\boldsymbol{x}_i - \boldsymbol{\mu} - \Lambda \boldsymbol{f}_i)^t \Psi^{-1} (\boldsymbol{x}_i - \boldsymbol{\mu} - \Lambda \boldsymbol{f}_i)$$

을 최소로 하는 추정치 $\hat{\boldsymbol{f}}_i$와 $\hat{\boldsymbol{\mu}} = \bar{\boldsymbol{x}}$에 대해 가중최소제곱법 WLSM에 의한 인자점수

$$\hat{\boldsymbol{f}}_i{}^{ls} = (\hat{\Lambda}^t \hat{\Psi}^{-1} \hat{\Lambda})^{-1} \hat{\Lambda}^t \hat{\Psi}^{-1} (\boldsymbol{x}_i - \bar{\boldsymbol{x}}), \ i = 1, \ \dots, \ n \tag{3.6.1}$$

를 구하게 된다. (3.6.1)에서 $\hat{\Lambda}$와 $\hat{\Psi}$를 최대우도법에 의해 추정된 $\hat{\Lambda}^t \hat{\Psi}^{-1} \hat{\Lambda}$가 대각행렬이라는 유일성 조건을 만족하게 된다.

더불어 주성분법에 의해 인자적재를 추정하는 경우에는 일반최소제곱법에 의해 인자점수는

$$\hat{\boldsymbol{f}}_i{}^{pc} = (\hat{\Lambda}^t \hat{\Lambda})^{-1} \hat{\Lambda}^t (\boldsymbol{x}_i - \bar{\boldsymbol{x}}), \ i = 1, \ \dots, \ n \tag{3.6.2}$$

와 같이 표현할 수 있다. 특히, (3.6.1)에서 특정분산행렬 $\hat{\Psi} = I$이면 (3.6.2)와 일치한다.

회귀법 REGM

인자모형 $\boldsymbol{x} - \boldsymbol{\mu} = \Lambda \boldsymbol{f} + \boldsymbol{e}$에서 다변량정규분포를 따르는 공통인자 $\boldsymbol{f} \sim N_m(\boldsymbol{0}, I)$와 특정인자 $\boldsymbol{e} \sim N_p(\boldsymbol{0}, \Psi)$을 통해 $\boldsymbol{x} - \boldsymbol{\mu} \sim N_p(\boldsymbol{0}, \Sigma)$를 만족한다. 여기서 $\Sigma = \Lambda\Lambda^t + \Psi$이다. 따라서 $\boldsymbol{x} - \boldsymbol{\mu}$와 $\boldsymbol{f}$의 결합분포는 평균이 $\boldsymbol{0}$이고 공분산행렬

$$Var\begin{pmatrix} \boldsymbol{x} - \boldsymbol{\mu} \\ \boldsymbol{f} \end{pmatrix} = \begin{bmatrix} \Sigma & \Lambda \\ \Lambda^t & I_m \end{bmatrix} = \Sigma^*, \ \ \Sigma = \Lambda\Lambda^t + \Psi$$

인 다변량정규분포 $N_{p+m}(\boldsymbol{0}, \Sigma^*)$를 따른다. [표 1.6.4]의 다변량정규분포의 조건부분포의 성질에 의해서

$$\boldsymbol{f}|\boldsymbol{x} \sim N_m(\Lambda^t \Sigma^{-1} (\boldsymbol{x} - \boldsymbol{\mu}), \ I_m - \Lambda^t \Sigma^{-1} \Lambda)$$

가 되며 조건부분포의 평균

$$E(\boldsymbol{f}|\boldsymbol{x}) = \Lambda^t \Sigma^{-1} (\boldsymbol{x} - \boldsymbol{\mu})$$

에서 추정치 $\hat{\boldsymbol{f}} = \hat{\Lambda}^t \hat{\Sigma}^{-1} (\boldsymbol{x} - \bar{\boldsymbol{x}})$를 얻게 된다. 여기서 조건부분포의 평균이 회귀분석에서 공통인자를 종속변수로 하고 $\Lambda^t \Sigma^{-1}$를 회귀계수로 하는 다중회귀에 해당하므로 이 추정치를 회귀법에 의한 것이라 한다. 따라서 n명의 개체에 대해 회귀법 REGM에 의한 인자점수는

$$\hat{\boldsymbol{f}}_i^{re} = \hat{\Lambda}^t \hat{\Sigma}^{-1}(\boldsymbol{x}_i - \overline{\boldsymbol{x}}), \ i = 1, \dots, n \tag{3.6.3}$$

이다. 여기서 인자 수 m을 정하는 과정에서 오류를 줄이기 위해 실제로는 $\hat{\Sigma} = \hat{\Lambda}\hat{\Lambda}^t + \hat{\Psi}$ 대신에 공분산행렬 S를 사용하여

$$\hat{\boldsymbol{f}}_i^{re} = \hat{\Lambda}^t S^{-1}(\boldsymbol{x}_i - \overline{\boldsymbol{x}}), \ i = 1, \dots, n \tag{3.6.4}$$

한다. 표준화자료행렬 $Z = HXD_s^{-1/2}$에서 상관행렬 R을 사용하면 다음과 같다.

$$\hat{\boldsymbol{f}}_i^{re} = \hat{\Lambda}_z^t R^{-1} \boldsymbol{z}_i, \ i = 1, \dots, n \tag{3.6.5}$$

특히, (3.6.1)과 (3.6.3)에서 추정된 두 인자점수의 관계는 $\hat{\boldsymbol{f}}_i^{ls} = (I + (\hat{\Lambda}^t \hat{\Psi}^{-1} \hat{\Lambda})^{-1}) \hat{\boldsymbol{f}}_i^{re}$로 유일성조건의 역행렬 $(\hat{\Lambda}^t \hat{\Psi} \hat{\Lambda})^{-1}$가 0(특정분산에 비해 인자적재행렬의 크기가 큰 경우)에 가까우면 $\hat{\boldsymbol{f}}_i^{ls} \simeq \hat{\boldsymbol{f}}_i^{re}$이 되게 된다.

일반적으로 지금까지 추정된 두 가지 인자점수를 $\hat{\boldsymbol{f}}_i$라 하면 이것에 사용된 인자적재행렬 $\hat{\Lambda}$ 대신에 인자회전 후 $\hat{\Lambda}^* = \hat{\Lambda} T$에 대해 새로운 인자점수는 다음을 사용한다.

$$\hat{\boldsymbol{f}}_i = T^t \hat{\boldsymbol{f}}_i, \ i = 1, \dots, n$$

WLSM과 REGM 두 가지 방법에 의해 계산되는 인자점수의 일치성을 측정하는 방법으로 같은 인자에 대한 인자점수들 간의 산점도나 상관계수를 이용할 수 있다. 그리고 두 가지 인자점수 추정 방법 중 어느 것이 특별히 우수하다는 근거는 없다.

요약 인자점수의 추정

- MLFA-WLSM: $\hat{\boldsymbol{f}}_i^{ls} = (\hat{\Lambda}^t \hat{\Psi}^{-1} \hat{\Lambda})^{-1} \hat{\Lambda}^t \hat{\Psi}^{-1}(\boldsymbol{x}_i - \overline{\boldsymbol{x}}), \ i = 1, \dots, n$
- MLFA-REGM: $\hat{\boldsymbol{f}}_i^{re} = \hat{\Lambda}^t S^{-1}(\boldsymbol{x}_i - \overline{\boldsymbol{x}}), \ i = 1, \dots, n$

  $\hat{\boldsymbol{f}}_i^{re} = \hat{\Lambda}_z^t R^{-1} \boldsymbol{z}_i, \ i = 1, \dots, n$
- PCFA-LSM: $\hat{\boldsymbol{f}}_i^{pc} = (\hat{\Lambda}^t \hat{\Lambda})^{-1} \hat{\Lambda}^t (\boldsymbol{x}_i - \overline{\boldsymbol{x}}), \ i = 1, \dots, n$

▎다변량 정규성 검토

인자분석에 이용되는 자료에 대해 다변량정규분포의 가정이 일반적이지만 변수의 수가 많으면 이러한 가정을 검토하기란 매우 어려운 일이다. 일단 각 변수에 대한 주변분포의 일변량 정규분포를 보는 것이 매우 유익할 수 있다. 더불어 1.8절에 카이제곱그림, 왜도와 첨도를 활용하거나 2장의 PCA에서 주성분점수의 산점도가 타원형인지 보고 정규성의 가정을 검토할 수 있다. 주성분점수의 활용처럼 인자점수의 산점도를 통해 이상값의 존재나 정규성의 가정을 검토할 수 있다. 만약 인자점수의 산점도가 타원형에서 크게 벗어난다면 자료에 대한 정규성의 가정에 의문을 갖게 된다. 추가적으로 인자점수를 새로운 자료로 다른 통계분석에 활용하고자 한다면 인자점수의 정규성에 대한 검토가 요구된다.

[보기 3.6.1] LA의 대기오염 자료의 PCFA와 MLFA에서 결과 비교

EXAMPLE

[자료 2.8.2](airpollution.txt)는 미국 LA에서 낮 12시에 42일 동안 풍속(Wind), 태양방사능 양(Solar radiation), CO, NO, NO_2, O_3, HC 등 7개 변수로 측정된 대기 오염 관찰치를 나타낸다. PCFA와 MLFA에 의한 인자분석을 각각 수행하고 Varimax 인자회전 후 인자적재그림을 통해 공통인자를 해석하고 비교하여 보자. 특히 회전 후 인자점수를 구하고 두 방법이 유사한지, 인자점수를 가지고 다변량 정규성이 만족되는지를 살펴보자. 이를 위한 [R-코드 3.6.1](airpollution-PCMLFAvarimax-scores.R)를 참고하기 바란다. 다만, 인자점수를 PCFA와 MLFA를 위한 함수 principal( )과 factanal( )로 얻기 위해서는 입력자료로 공분산행렬이나 상관행렬자료 대신 원자료의 중심화 내지는 표준화 자료행렬을 사용해야 하며 추정법으로 회귀법 REGM을 추천한다. [표 3.6.1] PCFA와 MLFA에

▎표 3.6.1 ▎ LA의 대기오염 자료의 PCFA와 MLFA에서 Varimax 회전 후 결과 비교

변수	PCFA				MLFA			
	인자적재			특정분산	인자적재			특정분산
	f_1	f_2	f_3		f_1	f_2	f_3	
Wind	-0.059	-0.172	<u>0.839</u>	0.263	0.000	-0.210	-0.334	0.840
Solar	0.040	<u>0.736</u>	-0.017	0.456	0.000	0.318	0.000	0.891
CO	<u>0.718</u>	0.278	-0.364	0.275	<u>0.487</u>	0.318	0.507	0.405
NO	<u>0.665</u>	-0.380	-0.456	0.205	0.238	-0.269	<u>0.931</u>	0.005
NO2	<u>0.810</u>	0.156	0.034	0.319	<u>0.989</u>	0.000	0.000	0.005
O3	0.167	<u>0.820</u>	-0.148	0.278	0.000	<u>0.987</u>	0.124	0.005
HC	<u>0.687</u>	0.076	0.495	0.278	<u>0.427</u>	0.103	0.172	0.778
기여율	33.38	19.80	17.20	총기여율 70.38%	30.00	21.00	19.00	총기여율 70%

서 Varimax 회전 후 결과를 요약하고 있다.

[표 3.6.1]의 세 인자 f_1, f_2, f_3에 대한 해석을 편하게 보기 위해 해당 인자에 큰 적재값을 갖는 경우에는 밑줄을 쳐두었다. 먼저 PCFA의 인자적재를 살펴보면 f_1에 대해 변수 CO, NO, NO2, HC가 0.60 이상의 비교적 큰 적재값을 가지며 이러한 경향은 MLFA에서는 NO가 f_3로 분리되고 있다는 데에 차이가 있다. PCFA에서 f_2는 태양방사능 양 Solar와 O3에 큰 적재값을 가지나 MLFA에서는 O3만 매우 높은 적재값을 갖는다. f_3는 PCFA에서는 Wind에 높은 적재값을 가지고 있다. MLFA에서 Wind와 Solar가 어느 인자 쪽으로도 해석되지 못한다. MLFA에서는 다변량 정규분포와 유일성 가정 등으로 인하여 원자료가 이를 충족치 못할 경우가 발생되며 인자해석에 유의를 할 필요가 있다.

전반적으로 모든 변수가 세 공통인자로 해석 가능한 PCFA에서 자료가 대기오염 자료이므로 f_1은 자동차 배기가스 인자, f_2는 태양 방사능이나 오존 인자, f_3를 풍속 인자로

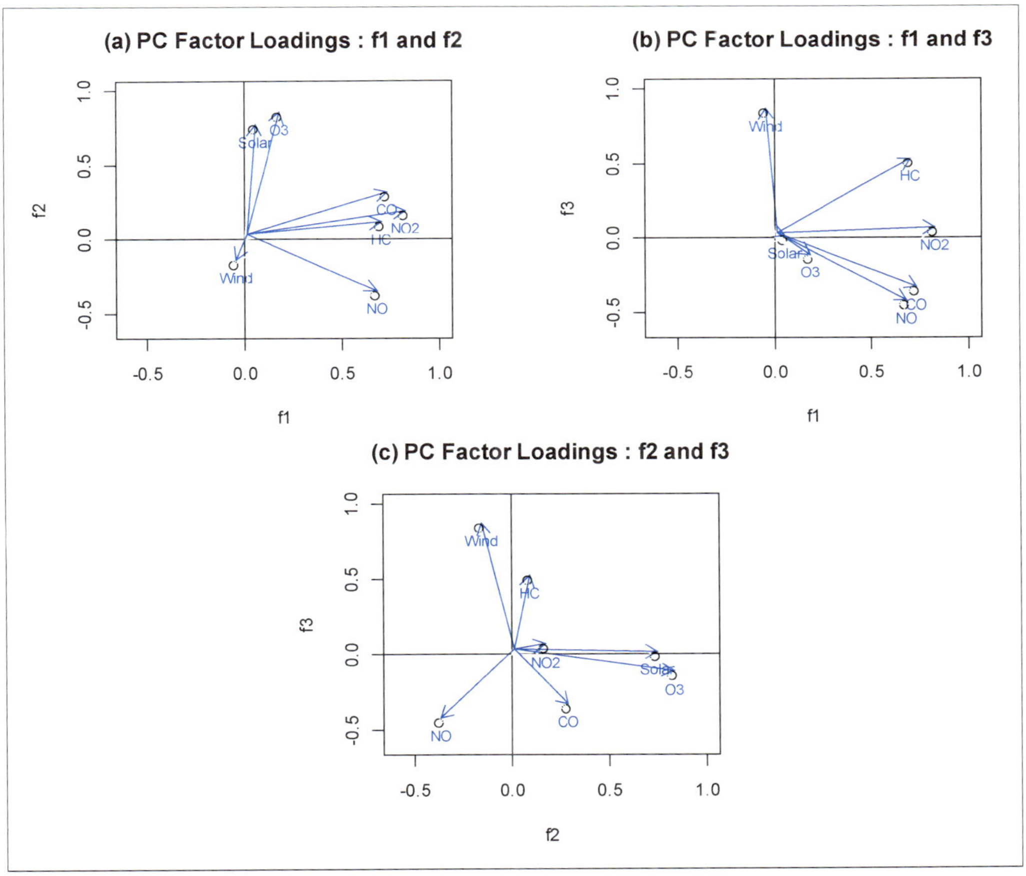

[그림 3.6.1] 대기오염 자료에 대한 PCFA의 회전 후의 인자적재그림

해석 가능하다. 실제 이와 같은 적재값 해석 대신에 시각적 해석을 제공하는 인자적재그림 [그림 3.6.1]을 살펴보자. 이 그림에서 기하적으로 각 인자축과 양의 방향으로 이루는 각이 좁은 변수를 찾아보면 해당 인자로 해석하면 된다. 먼저 인자 f_1과 f_2에 대한 적재그림 (a)를 보면 f_1축과 이루는 각도가 작은 변수 CO, NO, NO2, HC가 공통인자 f_1으로 해석되며, f_2축과는 태양방사능 양 Solar와 O3가 공통인자 f_2로 해석이 된다. (b)에서 f_3축과는 Wind가 이루는 각이 작아 공통인자 f_3로 해석된다.

총기여율 관점에서 보면 PCFA 70.38%, MLFA 70%로 차이가 거의 없으나 특정분산에서는 차이를 많이 보이고 있다. 특히, [표 3.6.2]의 잔차행렬을 보면 PCFA보다 MLFA의 대각원소들이 0에 가까워 인자모형이 잘 적합되었음을 보여준다. 더군다나 MLFA에서는 인자 수 $m=3$의 모형적합에 대한 우도비 검정의 결과, 자유도 3인 검정통계량 9.54의 유의확률 p-값 =0.0229은 유의수준 0.05에서 적합하지 못해 인자가 더 요구되지만, $m=4$인 경우에는 자유도 $[(p-m)^2-p-m]/2$가 음수가 되어 검정이 성립되지 못한다.

| 표 3.6.2 | PCFA와 MLFA에서 잔차행렬: $\hat{R}_e$

	PCFA							MLFA						
	Wind	Solar	CO	NO	NO2	O3	HC	Wind	Solar	CO	NO	NO2	O3	HC
Wind	0.000	0.042	0.202	0.087	-0.064	0.021	-0.205	0.000	-0.032	0.072	-0.001	-0.001	-0.001	0.261
Solar	0.042	0.000	-0.056	0.172	-0.031	-0.294	-0.023	-0.032	0.000	0.043	-0.001	0.000	0.000	-0.018
CO	0.202	-0.056	0.000	-0.036	-0.056	0.010	-0.168	0.072	0.043	0.000	0.000	0.001	0.000	-0.162
NO	0.087	0.172	-0.036	0.000	-0.166	0.000	0.033	-0.001	-0.001	0.000	0.000	0.000	0.000	0.002
NO2	-0.064	-0.031	-0.056	-0.166	0.000	-0.092	-0.137	-0.001	0.000	0.001	0.000	0.000	0.000	0.001
O3	0.021	-0.294	0.010	0.000	-0.092	0.000	0.050	-0.001	0.000	0.000	0.000	0.000	0.000	0.001
HC	-0.205	-0.023	-0.168	0.033	-0.137	0.050	0.000	0.261	-0.018	-0.162	0.002	0.001	0.001	0.000

[표 3.6.3]에는 42일 중 처음 10일과 나중 5일에 대한 원자료행렬, 표준화자료행렬,

| 표 3.6.3 | 42일 LA 대기오염: 원자료행렬, 표준화자료행렬, PCFA 인자점수행렬

	X: 원자료행렬							Z: 표준화자료행렬							F: 인자점수행렬		
	Wind	Solar	CO	NO	NO2	O3	HC	Wind	Solar	CO	NO	NO2	O3	HC	f_1	f_2	f_3
1	8	98	7	2	12	8	2	0.316	1.393	1.988	-0.175	0.579	−0.252	-1.583	0.116	0.800	-0.737
2	7	107	4	3	9	5	3	-0.316	1.912	-0.444	0.744	-0.311	-0.791	-0.138	-0.175	0.230	-0.341
3	7	103	4	3	5	6	3	-0.316	1.681	-0.444	0.744	-1.497	-0.612	-0.138	-0.629	0.167	-0.492
4	10	88	5	2	8	15	4	1.581	0.816	0.367	-0.175	-0.607	1.005	1.308	0.367	0.978	1.521
5	6	91	4	2	8	10	3	-0.949	0.989	-0.444	-0.175	-0.607	0.107	-0.138	-0.587	0.603	-0.563
6	8	90	5	2	12	12	4	0.316	0.931	0.367	-0.175	0.579	0.466	1.308	0.749	0.860	0.867
7	9	84	7	4	12	15	5	0.949	0.585	1.988	1.664	0.579	1.005	2.754	2.429	0.492	0.975
8	5	72	6	4	21	14	4	-1.581	-0.107	1.177	1.664	3.249	0.826	1.308	2.558	0.172	-0.877
9	7	82	5	1	11	11	3	-0.316	0.470	0.367	-1.095	0.283	0.287	-0.138	-0.230	0.845	0.050
10	8	64	5	2	13	9	4	0.316	-0.569	0.367	-0.175	0.876	−0.073	1.308	0.940	−0.181	0.865
			……………								……………					……………	
38	5	86	7	2	13	18	2	-1.581	0.700	1.988	-0.175	0.876	1.544	-1.583	0.137	1.548	-2.038
39	7	79	7	4	9	25	3	-0.316	0.297	1.988	1.664	-0.311	2.802	-0.138	0.909	1.293	-1.362
40	7	79	5	2	8	6	2	-0.316	0.297	0.367	-0.175	-0.607	-0.612	-1.583	-0.817	-0.126	-0.976
41	6	68	6	2	11	14	3	-0.949	-0.338	1.177	-0.175	0.283	0.826	-0.138	0.306	0.524	-0.877
42	8	40	4	3	6	5	2	0.316	-1.953	-0.444	0.744	−1.201	-0.791	-1.583	-0.845	−1.830	-0.849

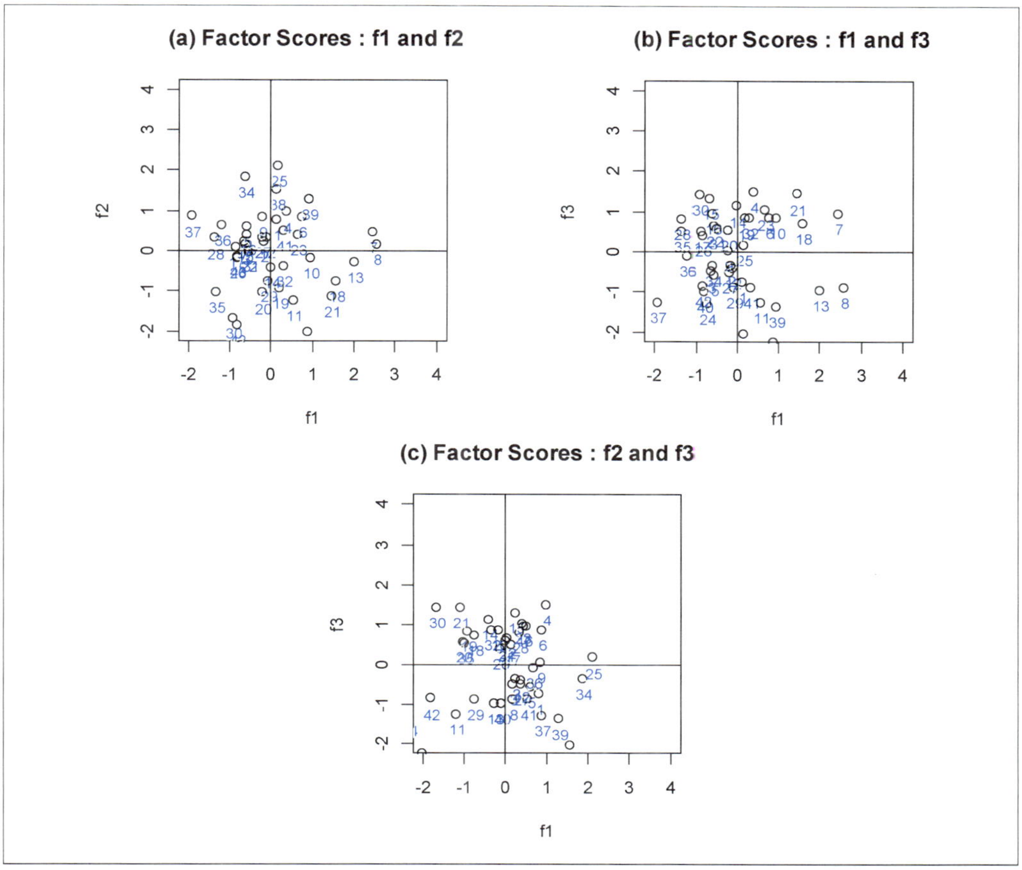

[그림 3.6.2] PCFA의 인자점수그림

PCFA 인자점수행렬에 대하여 정리하였다. 특히, 인자점수행렬에서 [그림 3.6.2]의 인자점수그림을 얻었다. 대기오염을 측정한 42일을 개체로 본다면 [그림 3.6.2]를 통해 개체들의 군집을 엿볼 수도 있다. 앞서 f_1은 자동차 배기가스 인자, f_2는 태양 방사능이나 오존인자, f_3를 풍속인자로 해석하였으므로 (a)에서 자동차 배기가스 인자 축 f_1과 태양 방사능이나 오존인자 축 f_2의 제1사분면의 측정일은 이들 인자와 관련된 변수에 높은 측정값을 가지는 개체이다. 그 반대로 제3사분면의 개체는 상대적으로 대기오염과 방사능과 오존의 측정값이 낮다. (b)와 (c)에서는 풍속인자 축 f_3의 위쪽 양의 방향의 개체는 풍속이 높았던 측정일로 대기오염이 낮았던 측정일과 관련이 있다. 그리고 전반적으로 인자점수그림에서 개체들이 거의 타원형을 형성하므로 자료의 다변량 정규성이 만족됨을 시사한다. 이와 같이 인자점수는 원자료와 표준화자료행렬을 대신하여 변수들의 차원축소 개념을 실현한 새로운 자료행렬이 된다는 점을 기억하자.

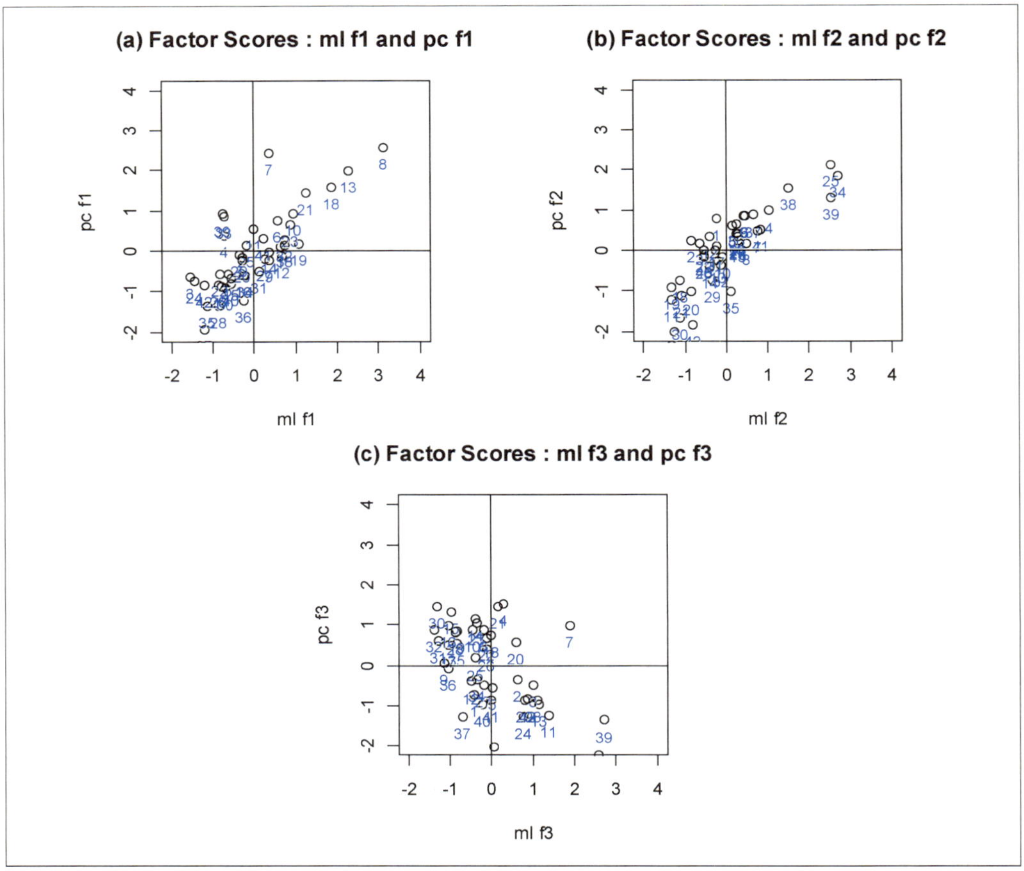

[그림 3.6.3] PCFA와 MLFA의 회전 후의 인자점수그림

끝으로 [그림 3.6.3]은 PCFA와 MLFA에서 회전 후의 인자점수그림을 각 인자별로 그린 것으로 각 개체들이 원점에서 45° 직선을 형성한다면 두 추정법은 대략 같은 결과를 주며 인자점수는 유사하다고 여겨진다. 먼저 (a)의 인자 f_1은 자동차 배기가스 인자로, (b)의 f_2는 태양 방사능이나 오존인자로 해석하였으나 (c)의 f_3는 PCFA는 Wind와 MLFA에서는 NO 인자로 전혀 다르게 해석된다. 더군다나 (a)와 (b)에서 직선을 벗어나는 개체는 이상치 측정값으로 볼 수 있다. 실제 (a)의 축 pc f_1의 양의 방향 눈에 띄는 개체는 측정일 7일로 표준화자료행렬에서 다른 개체에 비해 큰 측정값(0.949, 0.585, 1.988 1.664, 0.579, 1.005, 2.754)을 가지므로 실제 분석에서 제거를 고려할 만하다.

[R-코드 3.6.1] LA 대기오염 자료의 PCFA와 MLFA의 실행과 비교 (airpollution-PCMLFAvarimax-scores.R)

```
Data2.8.2<-read.table("airpollution.txt", header=T)
X=Data2.8.2
rownames<-rownames(X)
p=ncol(X)
n=nrow(X)
Z<-scale(X, scale=T)

# Covariance Matrix S(or Correlation Matix R)
R=round(cor(X),3)
R

##### PCFA using the principal( )          #######
library(psych)
pcfa<-principal(Z, nfactors=3, rotate="varimax")
pcfa
round(pcfa$values, 3)
gof=pcfa$values/p*100 # Goodness-of fit
round(gof, 3)

# Residual Matrix
L=pcfa$loading[, 1:3]
round(L, 3)
Psi=pcfa$uniquenesses
Rm = R-(L%*%t(L) + diag(Psi))
round(Rm, 3)

# Plot of PC Factor Loadings
par(mfrow=c(2,2))
lim<-range(pretty(L))
plot(L[,1], L[,2],main="(a) PC Factor Loadings : f1 and f2",  xlab="f1", ylab="f2",
xlim=lim, ylim=lim)
    text(L[,1], L[, 2], labels=rownames(L), cex=0.8, col="blue", pos=1)
    abline(v=0, h=0)
    arrows(0,0, L[,1], L[, 2], col=2, code=2, length=0.1)

plot(L[,1], L[,3],main="(b) PC Factor Loadings : f1 and f3",  xlab="f1", ylab="f3",
xlim=lim, ylim=lim)
    text(L[,1], L[, 3], labels=rownames(L), cex=0.8, col="blue", pos=1)
    abline(v=0, h=0)
    arrows(0,0, L[,1], L[, 3], col=2, code=2, length=0.1)

plot(L[,2], L[,3],main="(c) PC Factor Loadings : f2 and f3",  xlab="f2", ylab="f3",
```

```
xlim=lim, ylim=lim)
    text(L[,2], L[, 3], labels=rownames(L), cex=0.8, col="blue", pos=1)
    abline(v=0, h=0)
    arrows(0,0, L[,2], L[, 3], col=2, code=2, length=0.1)

# Factor Scores : Regression Method
fpc=pcfa$scores
round(fpc, 3)

# Plot of Factor Scores : PFA
win.graph( )
par(mfrow=c(2,2))
par(pty="s")
lim<-range(pretty(fpc))
plot(fpc[,1], fpc[,2],main=" (a) Factor Scores : f1 and f2",  xlab="f1", ylab="f2",
xlim=lim, ylim=lim)
     text(fpc[,1], fpc[,2], labels=rownames(fpc), cex=0.8, col="blue", pos=1)
     abline(v=0, h=0)

plot(fpc[,1], fpc[,3],main=" (b) Factor Scores : f1 and f3",  xlab="f1", ylab="f3",
xlim=lim, ylim=lim)
     text(fpc[,1], fpc[,3], labels=rownames(fpc), cex=0.8, col="blue", pos=1)
     abline(v=0, h=0)

plot(fpc[,2], fpc[,3],main="(c) Factor Scores : f2 and f3",  xlab="f1", ylab="f3",
xlim=lim, ylim=lim)
     text(fpc[,2], fpc[,3], labels=rownames(fpc), cex=0.8, col="blue", pos=1)
     abline(v=0, h=0)

##### MLFA using the factanal( ) ####
library(psych)
mlfa<-factanal(Z, factors = 3, rotation="varimax", score="regression")
mlfa

# Residual Matrix
Lm=mlfa$loading[, 1:3]
round(L, 3)
Psi=mlfa$uniquenesses
Rm = R-(Lm%*%t(Lm) + diag(Psi))
round(Rm, 3)

# ML Factor Loadings Plot
win.graph()
par(mfrow=c(2,2))
lim<-range(pretty(L))
```

```
plot(Lm[,1], Lm[,2],main="(a) ML Factor Loadings : f1 and f2",  xlab="f1", ylab="f2",
xlim=lim, ylim=lim)
     text(Lm[,1], Lm[, 2], labels=rownames(L), cex=0.8, col="blue", pos=1)
     abline(v=0, h=0)
     arrows(0,0, Lm[,1], Lm[, 2], col=2, code=2, length=0.1)

plot(Lm[,1], Lm[,3],main="(b) ML Factor Loadings : f1 and f3",  xlab="f1", ylab="f3",
xlim=lim, ylim=lim)
     text(Lm[,1], Lm[, 3], labels=rownames(L), cex=0.8, col="blue", pos=1)
     abline(v=0, h=0)
     arrows(0,0, Lm[,1], Lm[, 3], col=2, code=2, length=0.1)

plot(Lm[,2], Lm[,3],main="(c) ML Factor Loadings : f2 and f3",  xlab="f2", ylab="f3",
xlim=lim, ylim=lim)
     text(Lm[,2], Lm[, 3], labels=rownames(L), cex=0.8, col="blue", pos=1)
     abline(v=0, h=0)
     arrows(0,0, Lm[,2], Lm[, 3], col=2, code=2, length=0.1)

# Factor Scores : Regression Method
fml=mlfa$scores
round(fml, 3)

# Plot of Factor Scores : MLFA
par(mfrow=c(2,2))
par(pty="s")
lim<-range(pretty(fml))
plot(fml[,1], fml[,2],main=" (a) Factor Scores : f1 and f2",  xlab="f1", ylab="f2",
xlim=lim, ylim=lim)
    text(fml[,1], fml[,2], labels=rownames(fml), cex=0.8, col="blue", pos=1)
    abline(v=0, h=0)

plot(fml[,1], fml[,3],main=" (b) Factor Scores : f1 and f3",  xlab="f1", ylab="f3",
xlim=lim, ylim=lim)
     text(fml[,1], fml[,3], labels=rownames(fml), cex=0.8, col="blue", pos=1)
     abline(v=0, h=0)

plot(fml[,2], fml[,3],main="(c) Factor Scores : f2 and f3",  xlab="f1", ylab="f3",
xlim=lim, ylim=lim)
     text(fml[,2], fml[,3], labels=rownames(fml), cex=0.8, col="blue", pos=1)
     abline(v=0, h=0)

# Plot of Factor Scores : Pairs(MLFA, PCFA)
win.graph()
par(pty="s")
par(mfrow=c(2,2))
```

```
plot(fml[,1], fpc[,1],main="(a) Factor Scores : ml f1 and pc f1",  xlab="ml f1",
ylab="pc f1",
                    xlim=lim, ylim=lim)
    text(fml[,1], fpc[,1], labels=rownames(fml), cex=0.8, col="blue", pos=1)
    abline(v=0, h=0)
plot(fml[,2], fpc[,2],main="(b) Factor Scores : ml f2 and pc f2",  xlab="ml f2",
ylab="pc f2",
                         xlim=lim, ylim=lim)
    text(fml[,2], fpc[,2], labels=rownames(fml), cex=0.8, col="blue", pos=1)
    abline(v=0, h=0)
plot(fml[,3], fpc[,3],main="(c) Factor Scores : ml f3 and pc f3",  xlab="ml f3",
ylab="pc f3",
                         xlim=lim, ylim=lim)
text(fml[,3], fpc[,3], labels=rownames(fml), cex=0.8, col="blue", pos=1)
abline(v=0, h=0)
```

3.7 인자분석의 시각화

3.5절 인자분석 FA의 필요한 시각화 부분은 인자해석을 위한 인자적재그림과 개체들의 군집화 및 다변량 정규성 검토에 사용한 인자점수그림을 경험하였다. 특히, 주성분법에 의한 PCFA의 인자적재그림과 인자점수그림은 대수적으로 2.6절의 주성분분석의 시각화에서 언급한 비정칙값분해에 의한 행렬도와 관련이 있다.

먼저 PCFA를 위한 대수적 단계를 요약한 [표 3.4.1]에서 $n \times p$ 자료행렬 $X = [\boldsymbol{x}_1, \ldots, \boldsymbol{x}_n]^t$가 주어지고 $H = I - n^{-1} 1_n 1_n^t$에 의한 중심화자료행렬 $Y = HX = [\boldsymbol{y}_1, \ldots, \boldsymbol{y}_n]^t$를 활용한 공분산행렬 S의 스펙트럼분해는 다음과 같다.

$$Y^t Y/(n-1) = S = VDV^t = \sum_{k=1}^{p} l_k \boldsymbol{v}_k \boldsymbol{v}_k^t \tag{3.7.1}$$

여기서 $V = (\boldsymbol{v}_1, \ldots, \boldsymbol{v}_p)$는 $V^t V = VV^t = I$을 만족하는 직교행렬이고 $D = diag(l_1, \ldots, l_p)$는 $l_1 \geq \cdots \geq l_p > 0$을 만족하는 고윳값의 행렬이다. 따라서 대수적 계산의 편의상 PCFA를 위한 인자 수 $m = p$인 인자적재행렬과 인자점수는 스펙트럼분해로 다음과 같이 얻을 수 있다.

$$\hat{\Lambda} = [\sqrt{l_1}\,\boldsymbol{v}_1, \ldots, \sqrt{l_p}\,\boldsymbol{v}_p] \tag{3.7.2}$$

$$\hat{\boldsymbol{f}}_i^{pc} = (\hat{\Lambda}^t \hat{\Lambda})^{-1} \hat{\Lambda}^t (\boldsymbol{x}_i - \overline{\boldsymbol{x}}), \ i = 1, \ldots, n \tag{3.7.3}$$

만약에 공분산행렬의 스펙트럼분해 대신에 크기가 $n \times p$인 중심화자료행렬 Y의 비정칙값분해

$$Y = U \Lambda V^t = \sum_{k=1}^{p} \lambda_k \boldsymbol{u}_k \boldsymbol{v}_k^t \tag{3.7.4}$$

를 이용한다고 하자. 여기서 $U = (\boldsymbol{u}_1, \ldots, \boldsymbol{u}_p)$와 $V = (\boldsymbol{v}_1, \ldots, \boldsymbol{v}_p)$는 각각 $U^t U = I$와 $V^t V = V V^t = I$을 만족하는 직교행렬이며, $\Lambda = diag(\lambda_1, \ldots, \lambda_p)$는 $\lambda_1 \geq \cdots \geq \lambda_p > 0$을 만족하는 비정칙값에 의한 대각행렬이다.

그러면 (3.7.4) Y의 비정칙값분해의 j번째 비정칙값 λ_j와 (3.7.1) S의 스펙트럼분해의 j번째 고윳값 l_j 사이의 $l_j = (n-1)^{-1}\lambda_j^2$, $j = 1, \ldots, p$의 관계를 이용하면 인자적재행렬 (3.7.2)와 인자점수 (3.7.3)은 다음과 같다.

$$\begin{aligned} \hat{\Lambda} = [\sqrt{l_1}\,\boldsymbol{v}_1, \ldots, \sqrt{l_p}\,\boldsymbol{v}_p] &= (n-1)^{-1/2} [\lambda_1 \boldsymbol{v}_1, \ldots, \lambda_p \boldsymbol{v}_p] \\ &= (n-1)^{-1/2} V \Lambda \end{aligned} \tag{3.7.5}$$

$$\hat{\boldsymbol{f}}_i^{pc} = (\hat{\Lambda}^t \hat{\Lambda})^{-1} \hat{\Lambda}^t \boldsymbol{y}_i, \ i = 1, \ldots, n \tag{3.7.6}$$

특히 (3.7.6)에서 대수적으로 인자자점수행렬은

$$F = [\hat{\boldsymbol{f}}_1^{pc}, \ldots, \hat{\boldsymbol{f}}_n^{pc}]^t = Y\hat{\Lambda}(\hat{\Lambda}^t \hat{\Lambda})^{-1} = Y(\hat{\Lambda}^t)^{-1}$$

이므로 여기에 (3.7.4)의 Y의 비정칙값분해와 (3.7.5)의 인자적재행렬 $\hat{\Lambda}$을 대입하면 다음과 같은 인자자점수행렬을 얻게 된다.

$$F = [\hat{\boldsymbol{f}}_1^{pc}, \ldots, \hat{\boldsymbol{f}}_n^{pc}]^t = U \Lambda V^t ((n-1)^{-1/2} \Lambda^t V^t)^{-1} = (n-1)^{1/2} U \tag{3.7.7}$$

(3.7.5)의 인자적재행렬 $\hat{\Lambda} = (n-1)^{-1/2} V\Lambda$에서 상수 $(n-1)^{-1/2}$만 없으면, 인자점수행렬 $F = (n-1)^{1/2} U$에서도 $(n-1)^{1/2}$이 없다면 2장의 주성분행렬도의 기하적 성질 [표 2.6.1]과 [표 2.6.2]를 각각 만족한다. 최용석과 신상민(2013, 1장)에서는 오히려 상수가 있는 행렬도를 추천하며 실제로 이를 주성분행렬도라고 한다.

따라서 공통인자 $m(< p)$개를 가진 인자모형에서 PCFA를 위한 인자적재행렬과 인자점수행렬

$$\hat{\Lambda}_{(m)} = (n-1)^{-1/2} V_{(m)} \Lambda_{(m)} = (n-1)^{-1/2}[\lambda_1 \boldsymbol{v}_1,\ \ldots,\ \lambda_m \boldsymbol{v}_m] \tag{3.7.8}$$

$$F_{(m)} = (n-1)^{1/2} U_{(m)} = (n-1)^{1/2}(\boldsymbol{u}_1,\ \ldots,\ \boldsymbol{u}_m) \tag{3.7.9}$$

은 실제로 $m(< p)$차원의 주성분행렬도의 (2.6.5)의 열의 변수를 위한 $H_{(m)}$과 행의 개체를 위한 $G_{(m)}$에 근사적으로 각각 일치한다.

(3.7.1)에서 중심화행렬자료 대신에 표준화행렬자료를 활용해도 지금까지의 대수적 전개와 관계는 무리 없이 적용되며 성립한다. 특히, Varimax와 같은 $TT^t = T^t T = I$를 만족하는 $m \times m$ 직교행렬 T에 대하여 인자회전 후 새로이 얻은 인자적재행렬 $\hat{\Lambda}^* = \hat{\Lambda} T$와 인자점수행렬 $F^* = FT$도 주성분행렬도의 성질을 만족한다.

그러므로 인자분석의 시각화란 공통인자를 해석하기 위한 인자적재그림과 개체들의 군집과 다변량 정규성을 검토하고 이상치를 찾게 하는 인자점수그림을 말하는데 이들의 시각적 해석이 주성분행렬도의 기하적인 성질을 만족하게 된다는 점이다. 특별히 주성분 인자분석 PCFA에서 사용된 시각화 행렬도를 인자행렬도(factor biplot)라 한다.

[보기 3.7.1] LA의 대기오염 자료의 PCFA 시각화: 인자행렬도

EXAMPLE

[보기 3.6.1]에서 미국 LA에서 낮 12시에 42일 동안 풍속(Wind), 태양 방사능 양 (Solar radiation), CO, NO, NO_2, O_3, HC등 7개 변수로 측정된 대기오염자료(airpollution.txt)에 대해 PCFA와 MLFA를 다루었다. 특히, PCFA에서 시각화와 관련된 인자적그림과 인자점수그림에 대한 인자행렬도를 살펴보자. 이들은 PCA의 대수적 기하적 관점을 기반으

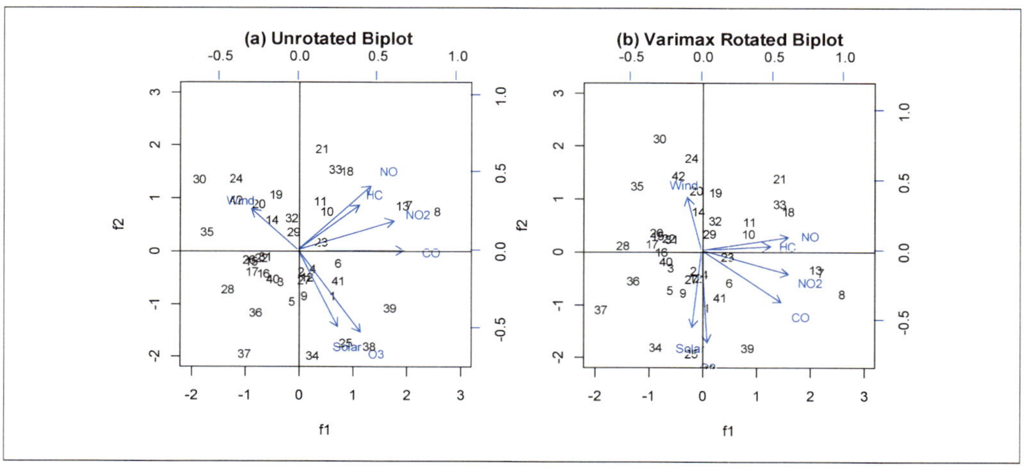

[그림 3.7.1] 대기오염 자료에 대한 PCFA의 회전 전과 후의 인자행렬도

로 하고 있다. 편의상 공통인자 수를 $m=2$로 하는 인자적재행렬과 인자점수행렬이 2차원 인자행렬도 [그림 3.7.1]을 형성하므로 이를 통해 공통인자 관점에서 개체들의 군집을 살펴보자. 더불어 인자회전 Varimax를 위해 R의 함수 varimax()를 이용하자. 이를 위한 [R-코드 3.7.1](airpollution-PCFAbiplot.R)을 참고하기 바란다.

[그림 3.7.1]의 (a)는 주성분법에 의해 추정한 인자적재와 인자점수를 동시에 그린 인자행렬도이다. 이는 이미 [그림 3.6.1]과 [그림 3.6.2]의 (a) 그림에서 축 f_2에 대하여 좌표점들이 반대방향으로 놓여진 것 외에 동일한 경향을 보인다. 공통인자에 대한 보다 명확한 해석을 위해 시도한 Varimax 인자회전 결과, 반시계 방향으로 $\theta=36.86^\circ$ 회전하는 직교변환

$$T=\begin{bmatrix}\cos\theta & -\sin\theta\\ \sin\theta & \cos\theta\end{bmatrix}=\begin{bmatrix}0.837 & -0.547\\ 0.547 & 0.837\end{bmatrix}$$

가 고려되었다. [그림 3.7.1]-(b)는 회전 후 인자행렬도로 자세한 해석은 [그림 3.6.1]을 참고하기 바란다. 다만 [그림 3.7.11]-(b)는 행렬도 관점에서 공통인자와 개체들의 관계를 동시에 상대적으로 고려할 수 있다는 장점도 있다. 즉, 축 f_1이 자동차 배기가스 인자로 이와 관련된 변수 CO, NO, NO2, HC 방향의 7, 8, 13은 매우 높은 배기가스 측정값이 관찰된 측정일이다. 태양 방사능이나 오존인자 f_2는 측정일 25, 34, 39에 이들 관련 변수 Solra와 O3에 높은 수치를 나타내고 있다. 인자 수 $m=2$를 고려한 인자행렬도라 비록 FA에서 풍속인자로 해석된 축 f_3가 없지만 이와 관련된 변수 Wind가 다른 인자들과 관련된 변수들과는 반대 방향에 있음을 알 수 있다. 이는 대기오염을 일으키는 인자들과 반대 성향이라 이 방향에 놓여진 측정일(풍속) 14(10), 19(9), 20(9), 30(10), 35(10), 42(8)의 풍속이 세므로 대기오염 변수들의 측정값은 상대적으로 낮음을 보여준다.

[R-코드 3.7.1] LA 대기오염 자료의 PCFA의 회전 전과 후의 인자적재와 인자점수 행렬도(airpollution-PCFAbiplot.R)

```
Data2.8.2<-read.table("airpollution.txt", header=T)
X=Data2.8.2
rownames(X)
colnames(X)
p=ncol(X)
n=nrow(X)
Z<-scale(X, scale=T)

# Biplot based on the Singular Value Decomposition
```

```
svd.Z <- svd(Z)
U <- svd.Z$u
V <- svd.Z$v
D <- diag(svd.Z$d)
F <- (sqrt(n-1)*U)[,1:2]  # Factor Scores Matrix : F
L <- (sqrt(1/(n-1))*V%*%D)[,1:2] # Factor Loadings Matrix : Lambda
C<- rbind(F, L)
rownames(F)<-rownames(X)
rownames(L)<-colnames(X)

# Godness-of-fit
eig <- (svd.Z$d)^2
per <- eig/sum(eig)*100
gof <- sum(per[1:2])
per
gof

# Biplot: Joint Plot of Factor Loadings and Scores
par(mfrow=c(1,2))
par(pty="s")
lim1 <- range(pretty(L))
lim2 <- range(pretty(F))
biplot(F,L, xlab="f1",ylab="f2", main=" (a)Unrotated Biplot", xlim=lim2, ylim=lim2,
cex=0.8,pch=16)

abline(v=0,h=0)

# Varimax Rotated Biplot: Joint Plot of Rotated Factor Loadings and Scores
varimax<-varimax(L)
Lt = varimax$loadings
T=varimax$rotmat
T
Ft= F%*%T
biplot(Ft,Lt, xlab="f1",ylab="f2", main=" Varimax Rotated Biplot",
                    xlim=lim2,ylim=lim2,cex=0.8,pch=16)
abline(v=0,h=0)
```

인자행렬도는 주성분행렬도 관점에서 주성분과 같이 공통인자해석이 가능하고, 원자료의 변수들 관점에서 기하적으로 개체들의 상대적인 위치는 어느 정도의 값을 가지는지를 나타낸다. 인자행렬도에 대한 보다 깊은 이해를 위해서는 2장의 2.6절 주성분분석의 시각화나 최용석과 신상민(2013, 1장-2장) 그리고 허명회(2011, 1장-2장)를 참고하기 바란다.

3.8 인자분석을 위한 R

지금까지 인자분석을 위해 FA 수행단계에 따라 주성분법에 의한 PCFA와 최대우도법에 의한 MLFA를 적용하였다. PCFA의 경우에는 주성분분석의 대수적 알고리즘을 활용한 주성분법 PCM을 따르며 R에서 제공하는 함수 principal()을 이용할 수 있다. MLFA의 경우에는 복잡한 수치적 계산 과정이 요구되므로 이를 위한 R의 함수 factanal()을 사용하면 된다. 일반적으로 이들 함수에서는 입력자료로 공분산행렬과 상관행렬을 사용할 수 있으나 인자점수와 인자 수 검정을 위해서는 원자료 X의 중심화자료행렬 Y나 표준화자료행렬 Z를 활용하는 것이 바람직하다. 이를 위해 R에서는 함수 scale()을 이용하여 간단히 Y<-scale(X, scale=F)와 Z<-scale(X, scale=T)를 지정하면 된다.

이 절에서는 [보기 3.4.1]의 [자료 1.3.2] KLPGA 선수의 성적(klpga.txt)의 PCFA를 적용하기 위한 함수 principal()을 활용한 [R-코드 3.4.1](klpga-PCFAsteps-scree.R)와 [보기 3.4.3]의 [자료 1.3.2] KLPGA 선수 성적의 MLFA를 위한 library(psych)의 함수 factanal()을 사용한 [R-코드 3.4.3](klpga-MLFAfactanal.R)를 재인용하려고 한다. MLFA에서 Varimax 인자회전이 필요한 경우 함수 factanal()에 옵션으로 rotation="varimax"을 이용하고 회전된 인자적재행렬의 인자적재그림을 위한 [R-코드 3.5.1](klpga-MLFAvarimax.R)와 [보기 3.6.1]에서 미국 LA의 대기오염 자료(airpollution.txt)에 대해 PCFA와 MLFA를 다루면서 사용한 [R-코드 3.6.1](airpollution-PCMLFAvarimax-scores.R)를 정리해서 PCFA를 위한 함수 principal()을 사용한 코드 위주로 한글 주석(#)을 달아 이용하겠다.

[보기 3.4.1]에서는 [표 3.1.1]의 FA 수행단계에 따라 [자료 1.3.2] KLPGA 선수의 성적(klpga.txt)의 PCFA를 적용하기 위한 함수 principal()을 활용한 [R-코드 3.4.1](klpga-PCFAsteps-scree.R)을 참고하기 바란다.

[R-코드 3.4.1] KLPGA 선수 성적의 PCFA(klpga-PCFAsteps-scree.R)

```
# PCFA Steps for KLPGA
#[Step 1] Data Matrix X
Data1.3.2<-read.table("klpga.txt", header=T)
X=Data1.3.2
rownames<-rownames(X)
p=ncol(X)
```

```
#[Step 2] Covariance Matrix S(or Correlation Matix R)
R=round(cor(X),3)
R

#[Step 3] Spectral Decomposition
eigen.R=eigen(R)
round(eigen.R$values, 2) # Eigenvalues
V=round(eigen.R$vectors, 2) # Eigenvectors

#[Step 4] Number of factors : m
gof=eigen.R$values/p*100 # Goodness-of fit
round(gof, 3)
plot(eigen.R$values, type="b", main="Scree Graph",
          xlab="Factor Number", ylab="Eigenvalue")

#[Step 5] Factor Loadings and Communality
V2=V[,1:2]
L=V2%*%diag(sqrt(eigen.R$values[1:2]))
round(L, 3)
round(diag(L%*%t(L)), 3)

#[Step 6] Specific Variance : Psi
Psi=diag(R-L%*%t(L))
round(Psi, 3)

#{Step 7] Residual Matrix
Rm = R-(L%*%t(L) + diag(Psi))
round(Rm, 3)

# PCFA using the principal()
library(psych)
pcfa<-principal(R, nfactors=2, rotate="none")
pcfa
round(pcfa$values, 2)
gof=pcfa$values/p*100 # Goodness-of fit
round(gof, 3)
round(pcfa$residual, 2)
```

[보기 3.4.3]에서는 [자료 1.3.2] KLPGA 선수의 성적(klpga.txt)의 MLFA를 위한 library(psych)의 함수 factanal()을 사용한 [R-코드 3.4.3](klpga-MLFAfactanal.R)을 참고하기 바란다. 공통인자 수에 대한 우도비 검정의 결과는 함수 factanal()의 결과인 mlfa로부터 제공된다.

[R-코드 3.4.3] KLPGA 선수 성적의 MLFA(klpga-MLFAfactanal.R)

```
# MLFA Steps for KLPGA
# Data Matrix X
Data1.3.2<-read.table("klpga.txt", header=T)
X=Data1.3.2
rownames<-rownames(X)
p=ncol(X)
Z<-scale(X, scale=T)

# Covariance Matrix S(or Correlation Matix R)
R=round(cor(X),3)
R

# ML Estimation using the factanal( )
library(psych)
mlfa<-factanal(Z, factors = 2, rotation="none")
mlfa

# Residual Matrix
L=mlfa$loading[, 1:2]
Psi=mlfa$uniquenesses
Rm = R-(L%*%t(L) + diag(Psi))
round(Rm, 3)
```

[R-코드 3.5.1](klpga-MLFAvarimax.R)은 MLFA에서 Varimax 인자회전이 필요한 경우 함수 factanal()에 옵션으로 rotation="varimax"을 이용하고 회전 전과 후의 인자적재행렬의 인자적재그림 [그림 3.5.1]을 구하기 위한 것이다. 이는 [보기 3.5.1]의 KLPGA 자료(klpga.txt)의 MLFA에서 회전 전과 후의 비교를 위한 [R-코드 3.4.3](klpga-MLFAfactanal.R)를 포함하고 있다.

[R-코드 3.5.1] KLPGA 선수 성적에 대한 MLFA의 Varimax 회전 전과 후 인자적재그림 (klpga-MLFAvarimax.R)

```
# MLFA  : None and Varimax Rotation for KLPGA
# Data Matrix X
Data1.3.2<-read.table("klpga.txt", header=T)
X=Data1.3.2
rownames<-rownames(X)
p=ncol(X)
```

```
# Covariance Matrix S(or Correlation Matix R)
R=round(cor(X),3)
R

# ML Estimation using the factanal( ): None
library(psych)
mlfa<-factanal(covmat=R, factors = 2, rotation="none" )
mlfa

# Residual Matrix
L=mlfa$loading[, 1:2]
Psi=mlfa$uniquenesses
Rm = R-(L%*%t(L) + diag(Psi))
round(Rm, 3)

par(mfrow=c(1,2))
# Factor Loadings Plot : None
lim<-range(pretty(L))
plot(L[,1], L[,2],main="Plot of Factor Loadings : None",  xlab="f1", ylab="f2",
                        xlim=lim, ylim=lim)
text(L[,1], L[, 2], labels=rownames(L), cex=0.8, col="blue", pos=1)
abline(v=0, h=0)
arrows(0,0, L[,1], L[, 2], col=2, code=2, length=0.1)

# ML Estimation using the factanal( ): Varimax
library(psych)
mlfa<-factanal(covmat=R, factors = 2,  rotation="varimax" ) # rotation="none"
mlfa

# Residual Matrix
L=mlfa$loading[, 1:2]
L
Psi=mlfa$uniquenesses
Rm = R-(L%*%t(L) + diag(Psi))
round(Rm, 3)

# Factor Loadings Plot : Varimax
lim<-range(pretty(L))
plot(L[,1], L[,2],main="Plot of Factor Loadings : Varimax ",  xlab="f1", ylab="f2",
                        xlim=lim, ylim=lim)
text(L[,1], L[, 2], labels=rownames(L), cex=0.8, col="blue", pos=1)
abline(v=0, h=0)
arrows(0,0, L[,1], L[, 2], col=2, code=2, length=0.1)
```

[보기 3.6.1]에서 미국 LA에서 낮 12시에 42일 동안 풍속(Wind), 태양 방사능 양(Solar radiation), CO, NO, NO_2, O_3, HC등 7개 변수로 측정된 대기오염자료(airpollution.txt)에 대해 PCFA와 MLFA를 다루면서 사용한 [R-코드 3.6.1](airpollution-PCMLFAvarimax-scores.R)를 정리해서 PCFA를 위한 함수 principal()을 사용한 코드 위주로 한글 주석(#)을 달아 두었다. MLFA는 함수 factanal() 사용한 것만 다르고 필요한 결과들은 PCFA와 동일하므로 주석은 생략했다. 인자적재그림과 인자점수그림도 인자 f_1과 f_2에 의한 것만 정리하였고 나머지 조합은 이와 유사하므로 생략했다.

[R-코드 3.6.1] LA 대기오염 자료의 PCFA와 MLFA의 실행과 비교(airpollution-PCMLFAvarimax-scores.R)

```
Data2.8.2<-read.table("airpollution.txt", header=T)
X=Data2.8.2
rownames<-rownames(X)
p=ncol(X)
n=nrow(X)
Z<-scale(X, scale=T) # 표준화자료행렬

# Covariance Matrix S(or Correlation Matix R)
R=round(cor(X),3)
R

##### PCFA using the principal( ): 주성분인자분석            #######
library(psych)
pcfa<-principal(Z, nfactors=3, rotate="varimax")
pcfa
round(pcfa$values, 3)
gof=pcfa$values/p*100 # Goodness-of fit : 총 기여율
round(gof, 3)

# Residual Matrix : 잔차행렬
L=pcfa$loading[, 1:3] # 인자적재행렬의 추정
round(L, 3)
Psi=pcfa$uniquenesses #특정분산
Rm = R-(L%*%t(L) + diag(Psi)) # 잔차행렬의 추정
round(Rm, 3)

# Plot of PC Factor Loadings : 인자적재그림
par(mfrow=c(2,2))
lim<-range(pretty(L))
plot(L[,1], L[,2],main="(a) PC Factor Loadings : f1 and f2",  xlab="f1", ylab="f2",
```

```
xlim=lim, ylim=lim)
    text(L[,1], L[, 2], labels=rownames(L), cex=0.8, col="blue", pos=1)
    abline(v=0, h=0)
    arrows(0,0, L[,1], L[, 2], col=2, code=2, length=0.1)
# 생략 : f1과 f2 f1과 f3

# Factor Scores : Regression Method
fpc=pcfa$scores
round(fpc, 3)

# Plot of Facrtor Scores : PFA : 인자점수그림
win.graph( )
par(mfrow=c(2,2))
par(pty="s")
lim<-range(pretty(fpc))
plot(fpc[,1], fpc[,2],main=" (a) Factor Scores : f1 and f2",  xlab="f1", ylab="f2",
xlim=lim, ylim=lim)
     text(fpc[,1], fpc[,2], labels=rownames(fpc), cex=0.8, col="blue", pos=1)
     abline(v=0, h=0)
# 생략 : f1과 f2 f1과 f3

##### MLFA using the factanal( ) : 최대우도인자분석####
library(psych)
mlfa<-factanal(Z, factors = 3, rotation="varimax", score="regression")
mlfa

# Residual Matrix
Lm=mlfa$loading[, 1:3]
round(L, 3)
Psi=mlfa$uniquenesses
Rm = R-(Lm%*%t(Lm) + diag(Psi))
round(Rm, 3)

# ML Factor Loadings Plot
win.graph()
par(mfrow=c(2,2))
lim<-range(pretty(L))
plot(Lm[,1], Lm[,2],main="(a) ML Factor Loadings : f1 and f2",  xlab="f1", ylab="f2",
xlim=lim, ylim=lim)
     text(Lm[,1], Lm[, 2], labels=rownames(L), cex=0.8, col="blue", pos=1)
     abline(v=0, h=0)
     arrows(0,0, Lm[,1], Lm[, 2], col=2, code=2, length=0.1)
# 생략 : f1과 f2 f1과 f3

# Factor Scores : Regression Method
```

```
fml=mlfa$scores
round(fml, 3)

# Plot of Facrtor Scores : MLFA
par(mfrow=c(2,2))
par(pty="s")
lim<-range(pretty(fml))
plot(fml[,1], fml[,2],main=" (a) Factor Scores : f1 and f2",  xlab="f1", ylab="f2",
xlim=lim, ylim=lim)
    text(fml[,1], fml[,2], labels=rownames(fml), cex=0.8, col="blue", pos=1)
    abline(v=0, h=0)
# 생략 : f1과 f2 f1과 f3
```

3.9 연습문제

3.1. 인자분석에서 차원축소 개념을 설명하라.

3.2 인자분석에서 설명비율은 수리적으로 어떤 의미를 갖는지를 설명하라.

3.3 인자분석의 시각화 기법으로 인자행렬도는 무엇을 보여주며 이는 주성분행렬도와 어떤 관계를 갖는지를 설명하라.

3.4 [자료 1.3.4](irisflower.txt)는 세 종류의 붓꽃(Setosa, Versicolor, Virginica) 각각 50포기의 꽃받침 길이(X_1), 꽃받침 폭(X_2), 꽃잎 길이(X_3), 꽃잎 폭(X_4)을 측정한 것이다.

(1) PCFA를 실시하여 적절한 인자개수를 정하고 총기여율을 구하라.
(2) 인자적재값과 인자적재그림을 통하여 인자를 해석하라.
(3) 인자점수그림을 통해 세 종류의 붓꽃이 군집을 형성하는지를 살펴보라.
(4) (1)의 인자개수에 대해 MLFA를 실시하고 (2)~(3)을 시행한 후에 서로 비교하라.
(5) 인자행렬도를 통해 인자와 개체 간 연관성을 살펴보라.

3.5 [연습문제 2.7]에서 61개 지역의 총인구 조사에서 다섯 가지 측정변수 총인구수

(1,000명), 전문가비율(%), 16세 이상 취업률(%), 공무원비율(%), 주택가격(1억)을 기준으로 얻어진 자료(censustract.txt)를 고려하자.

(1) PCFA를 실시하여 스크리그림을 통하여 적절한 인자개수를 정하고 총기여율을 구하라.

(2) 인자적재값과 인자적재그림을 통하여 인자를 해석하라.

(3) (2)의 인자적재그림과 인자점수그림을 통해 군집의 특성을 설명하라.

(4) 연습문제 2.7의 주성분분석과 비교하라.

3.6 스피어만(1904)의 일류 사립초등학교 33명의 아동들의 x_1 =고전(Classics), x_2 =프랑스어(French), x_3 =영어(English), x_4 =수학(Mathematics), x_5 =음감(Discrimination of pitch), x_6 =음악(Music) 여섯 과목의 시험점수에서 얻어진 다음과 같은 상관행렬이 있다.

$R=$

	고전	프랑스어	영어	수학	음감	음악
고 전	1.00					
프랑스어	0.83	1.00				
영 어	0.78	0.67	1.00			
수 학	0.70	0.67	0.64	1.00		
음 감	0.66	0.65	0.54	0.45	1.00	
음 악	0.63	0.57	0.51	0.51	0.40	1.00

(1) PCFA를 실시하여 적절한 인자개수를 정하고 총기여율을 구하라.

(2) 인자적재값과 인자적재그림을 통하여 인자를 해석하라.

(3) (1)의 인자개수에 대해 MLFA를 실시하고 (2)~(3)을 시행한 후에 결과를 서로 비교하라. 특히 공통성, 특정분산과 잔차행렬을 비교하라.

(4) 잔차행렬을 통해 (1)과 (3)의 PCFA와 MLFA의 인자모형이 타당함을 살펴보라.

3.7 [자료 2.8.3](trackrecord2005-men.txt)은 2005년 헬싱키 올림픽 54개국 남자의 국제 육상기록을 나타낸다.

(1) PCFA를 실시하여 스크리그림을 통하여 인자개수를 정하고 총기여율을 구하라.

(2) 인자적재값과 인자적재그림을 통하여 인자를 해석하라.

(3) 인자점수그림을 통해 형성된 군집의 특성을 살펴보라.

(4) (1)의 인자개수에 대해 MLFA를 실시하고 (2)~(3)을 시행한 후에 결과를 서로 비교하라.

(5) 인자행렬도를 통해 인자와 개체 간의 연관성을 살펴보라.

(6) [연습문제 2.9]의 PCA의 결과와 비교하라.

3.8 [자료 2.8.4](trackrecord2005-women.txt)는 2005년 헬싱키 4개국 여자 국제육상 기록이다. 이 자료를 이용하여 [연습문제 3.7]의 질문 (1)~(6)에 따라 FA를 실시하라.

3.9 [자료 1.3.3](protein.txt)은 유럽 25개국의 9가지 단백질 섭취원에 대한 평균섭취량 자료가 있다.

(1) PCFA를 실시하여 스크리그림을 통하여 인자개수를 정하고 총기여율을 구하라.

(2) 인자적재값과 인자적재그림을 통하여 인자를 해석하라.

(3) 인자점수그림을 통해 유럽 25개국 군집의 형성과 특성을 살펴보라.

(4) (1)의 인자개수에 대해 MLFA를 실시하고 (2)~(3)을 시행한 후에 결과를 서로 비교하라.

(5) 인자행렬도를 통해 단백질 섭취원 인자와 25개국 개체 간의 연관성을 살펴보라.

3.10 [자료 1.3.5](economicview.txt)는 우리나라 14개 경제관련기관의 전문가들의 향후 1년간 10가지 경제전망(성장률, GNP, 수출, 수입, 국제흑자, 연말외채, 연말환율, 실업률, 소비물가, 임금상승)에 관한 조사표인 계량치 자료이다.

(1) [표 3.1.1]의 FA 수행단계에 따라 FA를 수행하라.

(2) 인자행렬도를 얻고 인자에 따라 14개 경제관련기관의 경제전망에 따른 군집이 형성되는지를 살펴보라.

3.11 [자료 3.9.1](tennis.txt)는 2003년 3월부터 2004년 8월 15일까지 전국대회 단체전 4강 이상 입상한 대학, 실업팀에 소속된 시니어 남자 테니스 선수들 중 2004년 대한테니스협회(KTA)에 등록된 랭킹 100위권의 상위 25명과 하위 25명(총 50명)에 대한 8개의 체격요인변수군($x_1 \sim x_8$: 신장, 체중, 상완장, 전완장, 수장, 상지장/신장비율, 전완장/상지장비율, 피하지방합)과 8개의 체력요인변수군($y_1 \sim y_8$: 악력, 윗몸일으키기, 하버드스텝, 윗몸앞으로굽히기, 50m달리기, 제자리높이뛰기, 눈감고외발서기, 전신반응시간), 그리고 기초기술요인변수군($z_1 \sim z_3$: 그라운드 스트로크, 서비스, 발리)인 세 변수군에 의해 측정된 것이다(최태훈과 최용석, 2010).

(1) PCFA를 실시하여 스크리그림을 통하여 인자개수를 정하고 총기여율을 구하라.

(2) 변수들이 원래 나누어진 체격요인변수군($x_1 \sim x_8$), 체력요인변수군($y_1 \sim y_8$),

기초기술요인변수군($z_1 \sim z_3$)으로 해석 가능한지를 살펴보라.

(3) 인자적재값과 인자적재그림을 통하여 인자를 해석하라.

(4) 인자점수그림을 통해 선수들의 군집이 상위 25명과 하위 25명으로 형성되는지를 살펴보라.

(5) (1)의 인자개수에 대해 MLFA를 실시하고 (2)~(3)을 시행한 후에 결과를 서로 비교하라.

(6) 인자행렬도를 통해 세 변수군과 선수그룹 간의 연관성을 살펴보라.

(7) 상위 25명과 하위 25명 각각에 대해 인자행렬도를 비교하라.

| 자료 3.9.1 | 우리나라 남자 테니스선수 기록자료(tennis.txt)

체격								체력								기초 기술		
x_1	x_2	x_3	x_4	x_5	x_6	x_7	x_8	y_1	y_2	y_3	y_4	y_5	y_6	y_7	y_8	z_1	z_2	z_3
174	67	31.6	25.8	18.3	43.51	34.08	7.70	64.0	56	90.57	26.3	6.91	62.0	309	0.11	123	48	40
185	76	35.7	31.0	20.7	47.24	35.47	4.28	57.0	57	93.19	30.3	6.77	68.0	340	0.11	138	48	38
181	74	34.6	28.8	20.0	46.08	34.53	6.16	56.5	57	106.22	28.4	6.88	64.0	328	0.11	123	56	41
180	75	34.4	28.4	20.6	46.33	34.05	6.40	56.0	54	96.03	21.3	7.12	57.0	255	0.11	119	52	40
186	85	37.0	33.4	22.0	49.68	36.15	5.32	55.0	57	96.03	28.0	6.89	63.0	316	0.11	118	52	36
177	72	34.5	27.0	18.0	44.92	33.96	3.82	55.0	51	102.51	17.7	7.37	51.0	176	0.11	118	48	32
181	65	34.0	27.4	20.1	45.03	33.62	4.00	54.5	50	96.03	15.2	7.76	49.0	107	0.12	132	40	38
173	70	31.3	25.2	19.2	43.76	33.29	7.44	54.0	56	81.87	25.7	6.95	61.0	268	0.11	126	56	33
183	73	34.9	27.9	19.3	44.86	33.98	3.82	54.0	53	99.13	20.5	7.13	56.0	227	0.11	116	40	31
183	75	34.6	28.0	20.6	45.46	33.65	10.09	53.0	53	81.87	19.7	7.13	55.0	226	0.11	121	52	36
177	70	32.0	26.0	19.1	43.56	33.72	4.66	53.0	51	97.55	17.5	7.37	51.0	167	0.11	132	48	38
181	78	32.6	25.7	19.3	42.87	33.12	5.50	52.5	56	97.55	25.3	6.97	60.0	255	0.11	119	52	36
184	83	36.5	33.0	20.0	48.64	36.87	5.46	52.5	53	89.34	19.3	7.15	55.0	225	0.11	121	43	42
175	67	33.6	26.0	19.8	45.37	32.75	2.95	52.0	54	80.05	21.1	7.12	57.0	253	0.11	120	44	37
182	82	36.0	32.0	22.6	49.78	35.32	5.32	51.5	55	96.03	23.7	6.98	58.0	255	0.11	117	48	40
175	65	32.0	25.0	18.9	43.37	32.94	6.81	51.0	52	100.78	18.2	7.23	52.0	195	0.11	110	44	36
189	83	34.0	28.0	21.4	44.13	33.57	7.12	50.5	53	81.87	19.3	7.17	54.5	220	0.11	94	48	33
190	86	36.5	30.5	21.8	46.74	34.35	5.70	49.0	56	90.57	25.3	6.97	59.0	255	0.11	122	56	42
179	77	33.5	26.5	19.0	44.13	33.54	7.84	48.5	53	89.34	19.3	7.17	54.0	207	0.11	107	48	36
180	66	36.0	26.5	21.0	46.39	31.74	3.05	48.5	51	90.57	17.2	7.37	51.0	167	0.11	114	44	37
183	70	35.0	29.0	18.5	45.08	35.15	5.18	48.0	55	94.58	22.7	6.98	58.0	255	0.11	127	52	38
169	63	31.0	23.7	18.3	43.20	32.47	3.58	48.0	53	99.13	19.2	7.17	53.7	205	0.11	122	46	32
184	71	35.6	27.1	20.1	45.00	32.73	5.07	48.0	45	84.84	11.4	7.87	43.0	94	0.12	90	44	40
182	65	31.8	27.0	18.8	42.64	34.79	3.61	47.5	56	84.84	25.2	6.97	59.0	255	0.11	118	46	33
165	70	31.0	25.6	18.9	45.76	33.91	8.12	47.0	55	96.03	22.0	7.01	58.0	255	0.11	127	60	44
176	68	32.8	26.1	19.1	44.32	33.46	7.00	47.0	53	102.51	18.9	7.17	53.5	201	0.11	115	52	38
181	77	31.7	27.0	16.5	41.55	35.90	8.10	47.0	51	82.83	17.1	7.39	50.1	154	0.11	133	48	42
176	78	32.6	24.2	19.2	43.18	31.84	7.69	46.0	42	99.13	5.1	7.91	43.0	75	0.13	87	32	28
170	62	30.0	26.1	19.5	44.47	34.52	4.52	45.0	53	84.84	18.9	7.19	53.0	199	0.11	115	40	36
179	70	33.8	26.8	19.3	44.64	33.54	4.86	45.0	53	93.19	18.7	7.21	53.0	197	0.11	95	36	24
179	75	32.7	27.3	21.5	45.53	33.50	6.84	45.0	51	74.53	17.0	7.43	50.0	150	0.11	88	40	42
180	73	32.5	28.1	21.0	45.33	34.44	6.84	44.0	53	93.19	18.6	7.21	53.0	195	0.11	99	40	32
172	68	31.7	23.8	19.6	43.66	31.69	5.63	44.0	53	78.35	18.3	7.23	53.0	195	0.11	86	44	26
182	73	32.1	24.4	18.5	41.21	32.53	6.15	43.5	54	88.15	20.9	7.13	57.0	253	0.11	101	40	36
173	66	31.0	24.7	19.4	43.41	32.89	5.12	43.5	50	106.22	15.2	7.78	47.0	103	0.12	98	48	28
191	87	36.7	28.1	22.2	45.55	32.30	6.88	43.0	51	87.01	16.9	7.45	50.0	133	0.11	109	44	34
180	68	32.0	23.1	19.5	41.44	30.97	5.89	43.0	50	83.82	14.8	7.78	47.0	103	0.12	81	44	28
171	71	32.1	25.4	18.3	44.33	33.51	6.76	42.5	57	78.35	27.1	6.89	63.0	315	0.11	109	48	40
178	64	33.2	27.2	21.1	45.79	33.37	4.46	42.5	55	90.57	21.8	7.05	58.0	255	0.11	96	44	28
185	72	34.1	27.2	20.6	44.27	33.21	3.50	42.5	51	83.82	16.7	7.47	50.0	128	0.11	96	36	32
182	74	34.5	27.5	20.6	45.38	33.29	5.46	42.5	50	88.15	13.1	7.79	47.0	100	0.12	74	40	30
183	87	34.0	28.2	20.1	44.97	34.26	7.90	42.0	52	83.82	18.2	7.31	51.3	195	0.11	101	44	38
173	62	31.6	24.4	18.5	43.06	32.75	6.50	42.0	51	97.55	16.2	7.65	49.7	116	0.12	110	40	28
174	67	30.5	25.4	19.2	43.16	33.82	6.64	42.0	51	93.19	15.7	7.75	49.0	107	0.12	88	40	32
177	70	34.5	26.8	20.7	46.33	32.68	8.01	41.5	56	81.87	24.7	6.97	58.7	255	0.11	95	44	40
177	74	32.3	26.6	18.8	43.90	34.23	7.02	41.5	53	93.19	18.2	7.23	52.0	195	0.11	101	40	36
182	75	33.8	26.8	20.3	44.45	33.13	5.40	40.5	45	90.57	7.9	7.89	43.0	75	0.13	101	36	34
188	70	35.3	27.4	20.4	44.20	32.97	4.42	40.0	52	87.01	17.7	7.34	51.0	195	0.11	101	36	34
183	70	33.8	26.6	21.3	44.64	32.56	4.14	38.5	50	84.84	13.1	7.87	46.0	97	0.12	112	40	40
178	63	31.2	26.8	19.6	43.60	34.54	5.28	36.0	48	83.82	11.6	7.87	43.0	96	0.12	93	40	30

제 4 장

정준상관분석 (Canonical Correlation Analysis)

정준상관분석이란 두 변수군 또는 그 이상의 관계를 분석하는 다변량 기법이다. 이 장에서는 정준상관분석의 알고리즘을 소개하고 실제 자료를 바탕으로 이해를 돕는다. 또 두 변수군 각각의 선형결합 사이에 상관을 최대로 하는 정준변수의 짝을 찾고 이들의 연관성 정도를 나타내는 정준상관의 유의성검정을 소개한다. 그리고 각 변수 집단에서 정준변수와 각 변수와의 상관관계를 보여주는 정준구조를 설명하고 정준변수가 각각의 변수군에서 전체변동을 얼마나 설명하고 있는지를 나타내는 정준변수의 설명력을 정의한다. 덧붙여 정준분석에서 정준상관행렬도를 제공하여 변수군 간의 대응관계와 개체들의 관계를 시각적으로 쉽게 해석하도록 한다. 더불어 정준상관분석을 위한 R의 library(CCA)의 함수 cc()와 cancor()를 활용하여 이 분석을 쉽게 해결하도록 돕는다.

4.1 정준상관분석의 이해

정준상관분석(canonical correlation analysis, CCA)은 두 변수군(sets of variables) 사이의 관계를 분석하는 다변량기법이다. 각 변수군은 여러 변수로 구성되어 있다. 예를 들면 1.3절의 [자료 1.3.1]은 두 가지 방식(책을 참고한 경우와 참고하지 않은 경우)에 따른 시험성적자료로 오픈북군인 책을 참고한 시험군(algebra, analysis, statistics)과 클로즈북군인 책을 참고하지 않은 시험군(mechanics, vectors)으로 분류된다. 이 장에서는 두 변수군인 클로즈북군과 오픈북군 간의 최상의 상관을 알아보고 이들의 대응관계를 파악하고자 한다. 더불어 이들 변수군 관점에서 개체들의 특성이 유사한지도 확인하고자 한다.

정준상관분석은 호텔링(Harold Hotelling, 1895-1973)에 의해서 처음 개발된 기법으로 아동들의 읽기변수군(읽기속도, 읽기능력)과 산술변수군(산술속도, 산술능력) 간의 관계를 보여주었다(Johnson과 Wichern, 2007, Chapter 10). Mardia 외(1979, Chapter 10), Lindeman 외(1980, Chapter 5), Seber(1984, pp. 256-268) 등 많은 학자들에 의해서 정리되고 응용의 예를 보여주었다. 특히, Kshirsagar(1972, Chapter 7)는 이 기법의 이론을 가장 잘 정리하고 있다.

일반적으로 정준상관분석은 두 변수군이 주어질 때 각 변수군의 선형결합 간의 상관에 관심을 둔다. 이 상관을 가장 크게 하는 첫 번째 선형결합 짝을 찾고 다음으로 이 선형결합 짝과 상관관계가 없는 모든 짝들 가운데 가장 큰 상관을 가지는 두 번째 선형결합 짝을 찾는다. 이런 과정은 선형결합의 짝의 수가 크기가 가장 작은 변수군의 변수 수와 일치될 때까지 계속된다. 여기서 선형결합의 짝을 정준변수(canonical variables)라 하고 그들의 상관을 정준상관(canonical correlations)이라 한다. 따라서 정준상관은 두 변수군 사이의 연관성의 정도를 나타낸다.

4.2 정준상관과 정준변수

p개의 확률변수와 q개의 확률변수로 이루어진 두 변수군 확률벡터 $\boldsymbol{x} = (x_1, \dots, x_p)^t$와 $\boldsymbol{y} = (y_1, \dots, y_q)^t$에 의한 $(p+q)\times 1$ 벡터 $\boldsymbol{w}$가 다음과 같이 평균벡터 $\boldsymbol{\mu}$와 공분산행렬 $Cov(\boldsymbol{w}) = \Sigma$를 가진다고 하자.

$$w = \begin{bmatrix} \boldsymbol{x} \\ \boldsymbol{y} \end{bmatrix} \sim \left(\mu = \begin{bmatrix} \mu_x \\ \mu_y \end{bmatrix},\ \Sigma = \begin{bmatrix} \Sigma_{xx} & \Sigma_{xy} \\ \Sigma_{yx} & \Sigma_{yy} \end{bmatrix} \right)$$

여기서 평균벡터는 각각 $\boldsymbol{\mu}_x = (\mu_{x_1},\ \dots,\ \mu_{x_p})^t$와 $\boldsymbol{\mu}_y = (\mu_{y_1},\ \dots,\ \mu_{y_q})^t$이고, 공분산행렬은 $Var(\boldsymbol{x}) = \Sigma_{xx},\ Var(\boldsymbol{y}) = \Sigma_{yy},\ Cov(\boldsymbol{x},\ \boldsymbol{y}) = \Sigma_{xy} = \Sigma_{yx}^t$이다.

두 확률벡터 $\boldsymbol{x}$와 $\boldsymbol{y}$에 의한 n개의 관찰치를 $\boldsymbol{x}_i = (x_{i1},\ \dots,\ x_{ip})^t,\ \boldsymbol{y}_i = (y_{i1},\ \dots,\ y_{iq})^t,\ i = 1,\ \dots,\ n$라 하고 이들을 표본(sample)이라 하면 이들의 표본평균벡터는 $\hat{\boldsymbol{\mu}}_x = \overline{\boldsymbol{x}}$와 $\hat{\boldsymbol{\mu}}_y = \overline{\boldsymbol{y}}$로 각각 추정되며 공분산행렬은 다음과 같다.

$$S = \begin{bmatrix} S_{xx} & S_{xy} \\ S_{yx} & S_{yy} \end{bmatrix} \tag{4.2.1}$$

다음으로 임의의 계수벡터 $\boldsymbol{u}$와 $\boldsymbol{v}$에 대해 확률벡터 $\boldsymbol{x}$와 $\boldsymbol{y}$의 두 확률변수군 각각의 선형결합

$$\begin{aligned} Z_x &= u_1 x_1 + \cdots + u_1 x_p = \boldsymbol{u}^t \boldsymbol{x}, \\ Z_y &= v_1 y_1 + \cdots + v_1 y_q = \boldsymbol{v}^t \boldsymbol{y} \end{aligned} \tag{4.2.2}$$

을 생각하자. 이들 선형결합은 PCA의 주성분처럼 변수군의 다차원(p 또는 q 차원)정보를 1차원으로 축소하는 단순 요약 측정치를 제공한다. 따라서 (4.2.2)의 두 선형결합 Z_x와 Z_y의 분산과 공분산은 다음과 같다.

$$Var(Z_x) = \boldsymbol{u}^t \Sigma_{xx} \boldsymbol{u},\ \ Var(Z_y) = \boldsymbol{v}^t \Sigma_{yy} \boldsymbol{v},\ \ Cov(Z_x, Z_y) = \boldsymbol{u}^t \Sigma_{xy} \boldsymbol{v}$$

따라서 (4.2.2)에서 $\boldsymbol{x}$와 $\boldsymbol{y}$에 의한 n개의 관찰치 $\boldsymbol{x}_i = (x_{i1},\ \dots,\ x_{ip})^t,\ \boldsymbol{y}_i = (y_{i1},\ \dots,\ y_{iq})^t,\ i = 1,\ \dots,\ n$가 중심화 $\sum_{i=1}^{n} x_{ij} = 0,\ j = 1,\ \dots,\ p$와 $\sum_{i=1}^{n} y_{ij} = 0,\ j = 1,\ \dots,\ q$를 만족하면 이들에 의한 Z_x와 Z_y의 표본상관은 다음과 같다.

$$r_{Z_x Z_y} = \frac{\sum_{i=1}^{n} z_{x_i} z_{y_i}}{\sqrt{\sum_{i=1}^{n} z_{x_i}^2}\sqrt{\sum_{i=1}^{n} z_{y_i}^2}} = \frac{\boldsymbol{u}^t S_{xy} \boldsymbol{v}}{\sqrt{\boldsymbol{u}^t S_{xx} \boldsymbol{u}}\sqrt{\boldsymbol{v}^t S_{yy} \boldsymbol{v}}} \tag{4.2.3}$$

이제는 (4.2.2)에서 계수벡터 $\boldsymbol{u}$와 $\boldsymbol{v}$는 조건 $\boldsymbol{u}^t S_{xx} \boldsymbol{u} = \boldsymbol{v}^t S_{yy} \boldsymbol{v} = 1$을 만족하면서 (4.2.3)의 두 선형결합의 상관을 최대화하는 알고리즘(Mardia 외, 1979, pp. 282-285; Johnson과

Wichern, 2007, Chapter 10; Lindeman 외, 1980, pp. 151-153)을 통하여 구할 수 있다.

이는 라그랑즈승수법에 따라 고윳값-고유벡터 방정식으로 유도되는데 l과 γ를 라그랑즈승수라 하면 조건 $\boldsymbol{u}^t S_{xx} \boldsymbol{u} = \boldsymbol{v}^t S_{yy} \boldsymbol{v} = 1$에 따라

$$\mathcal{L} = \boldsymbol{u}^t S_{xy} \boldsymbol{v} - \frac{\sqrt{l}}{2}(\boldsymbol{u}^t S_{xx} \boldsymbol{u} - 1) - \frac{\sqrt{\gamma}}{2}(\boldsymbol{v}^t S_{yy} \boldsymbol{v} - 1) \tag{4.2.4}$$

을 최대화하는 $\boldsymbol{u}$와 $\boldsymbol{v}$를 찾는 최적화문제가 된다. (4.2.4)를 $\boldsymbol{u}$와 $\boldsymbol{v}^t$에 대해 미분하면 다음을 얻게 된다.

$$S_{xy}\boldsymbol{v} - \sqrt{l}\, S_{xx} \boldsymbol{u} = 0, \tag{4.2.5}$$

$$\boldsymbol{u}^t S_{xy} - \sqrt{\gamma}\, \boldsymbol{v}^t S_{yy} = 0^t. \tag{4.2.6}$$

(4.2.5)의 앞에서 $\boldsymbol{u}^t$와 (4.2.6)의 뒤에서 $\boldsymbol{v}$를 곱하여 주면

$$\boldsymbol{u}^t S_{xy}\boldsymbol{v} - \sqrt{l}\, \boldsymbol{u}^t S_{xx} \boldsymbol{u} = 0,$$
$$\boldsymbol{u}^t S_{xy}\boldsymbol{v} - \sqrt{\gamma}\, \boldsymbol{v}^t S_{yy} \boldsymbol{v} = 0$$

이 되고 이는 조건 $\boldsymbol{u}^t S_{xx} \boldsymbol{u} = \boldsymbol{v}^t S_{yy} \boldsymbol{v} = 1$에 의해서 다음이 된다.

$$\boldsymbol{u}^t S_{xy}\boldsymbol{v} = \sqrt{l} = \sqrt{\gamma}$$

관계 $\sqrt{l} = \sqrt{\gamma}$에 의해서 (4.2.6)은 $\boldsymbol{u}^t S_{xy} - \sqrt{l}\, \boldsymbol{v}^t S_{yy} = 0^t$이 된다. 이는 다음을 만족한다.

$$S_{yx}\boldsymbol{u} = \sqrt{l}\, S_{yy}\boldsymbol{v} \tag{4.2.7}$$

(4.2.5)를 $\boldsymbol{u}$에 대해서 풀면 다음과 같은 해를 얻게 된다.

$$\boldsymbol{u} = \frac{1}{\sqrt{l}} S_{xx}^{-1} S_{xy}\boldsymbol{v}.$$

이를 (4.2.7)에 대입하면

$$S_{yx}\frac{1}{\sqrt{l}} S_{xx}^{-1} S_{xy}\boldsymbol{v} = \sqrt{l}\, S_{yy}\boldsymbol{v}$$

이 되고 $\sqrt{l}\, S_{yy}^{-1}$을 앞에서 곱해주면 다음과 같이 된다.

$$\sqrt{l}\,S_{yy}^{-1}S_{yx}\frac{1}{\sqrt{l}}S_{xx}^{-1}S_{xy}\boldsymbol{v} = l\boldsymbol{v}$$

이를 정리하면 다음과 같다.

$$S_{yy}^{-1}S_{yx}S_{xx}^{-1}S_{xy}\boldsymbol{v} = l\boldsymbol{v} \;\Leftrightarrow\; \left(S_{yy}^{-1}S_{yx}S_{xx}^{-1}S_{xy} - lI\right)\boldsymbol{v} = 0 \tag{4.2.8}$$

이번에는 (4.2.7)을 $\boldsymbol{v}$에 대해서 정리하면 다음과 같은 해를 얻게 된다.

$$\boldsymbol{v} = \frac{1}{\sqrt{l}}S_{yy}^{-1}S_{yx}\boldsymbol{u}$$

이를 (4.2.5)에 대입하면

$$S_{xy}\frac{1}{\sqrt{l}}S_{yy}^{-1}S_{yx}\boldsymbol{u} = \sqrt{l}\,S_{xx}\boldsymbol{u}$$

이 되고 $\sqrt{l}\,S_{xx}^{-1}$을 앞에서 곱해주면 다음과 같이 된다.

$$\sqrt{l}\,S_{xx}^{-1}S_{xy}\frac{1}{\sqrt{l}}S_{yy}^{-1}S_{yx}\boldsymbol{u} = l\boldsymbol{u}$$

이를 정리하면 다음과 같다.

$$S_{xx}^{-1}S_{xy}S_{yy}^{-1}S_{yx}\boldsymbol{u} = l\boldsymbol{u} \;\Leftrightarrow\; \left(S_{xx}^{-1}S_{xy}S_{yy}^{-1}S_{yx} - lI\right)\boldsymbol{u} = 0 \tag{4.2.9}$$

따라서 조건 $\boldsymbol{u}^t S_{xx}\boldsymbol{u} = \boldsymbol{v}^t S_{yy}\boldsymbol{v} = 1$을 만족하면서 $\boldsymbol{u}^t S_{xy}\boldsymbol{v}$를 최대화하는 계수벡터 $\boldsymbol{u}$와 $\boldsymbol{v}$를 찾는 알고리즘은 최종적으로 (4.2.8)과 (4.2.9)를 통해 다음의 고윳값-고유벡터 방정식문제가 된다.

$$\left(S_{xx}^{-1}S_{xy}S_{yy}^{-1}S_{yx} - lI\right)\boldsymbol{u} = 0 \tag{4.2.10}$$

$$\left(S_{yy}^{-1}S_{yx}S_{xx}^{-1}S_{xy} - lI\right)\boldsymbol{v} = 0 \tag{4.2.11}$$

(4.2.10)과 (4.2.11)에서 $S_{xx}^{-1}S_{xy}S_{yy}^{-1}S_{yx}$ 또는 $S_{yy}^{-1}S_{yx}S_{xx}^{-1}S_{xy}$를 만족하는 고윳값 l은 공통으로 정준상관의 제곱이라 정의한다. 고윳값의 개수는 $s = \min(p,\ q)$이며 $l_1 \geq \cdots \geq l_s \geq 0$의 크기 순서로 되어 있다. 더군다나 이들 고윳값에 대응하는 고유벡터 $\boldsymbol{u}$와 $\boldsymbol{v}$ 사이에는

$$u = \frac{1}{\sqrt{l}} S_{xx}^{-1} S_{xy} v, \ \ v = \frac{1}{\sqrt{l}} S_{yy}^{-1} S_{yx} u \tag{4.2.12}$$

이 성립하여 상호 교환적으로 구할 수 있으므로 고윳값-고유벡터 방정식 (4.2.10)과 (4.2.11) 중 어느 쪽이든 한 가지만 선택하면 된다.

따라서 k번째 정준상관의 제곱인 고윳값 l_k에 대응하는 고유벡터 $\boldsymbol{u}_k$와 $\boldsymbol{v}_k$를 정준계수벡터라 하며 선형결합 (4.2.2)에 대입하면

$$Z_{xk} = \boldsymbol{u}_k^t \boldsymbol{x}, \ \ Z_{yk} = \boldsymbol{v}_k^t \boldsymbol{y} \tag{4.2.13}$$

를 얻게 되며 이를 정준변수(canonical variables 또는 canonical variates)의 쌍이라 한다. 특히, 이들 쌍의 상관은 k번째 정준상관을 $\rho_k = \sqrt{l_k}$라 하면 $\rho_k = r_{Z_{xk}Z_{yk}}$를 만족한다.

더불어 정준변수 쌍 (4.2.13)에서 두 확률벡터 $\boldsymbol{x}$와 $\boldsymbol{y}$에 의한 n개의 관찰치를 $\boldsymbol{x}_i = (x_{i1}, \dots, x_{ip})^t$, $\boldsymbol{y}_i = (y_{i1}, \dots, y_{iq})^t$, $i = 1, \dots, n$라 하면 다음과 같은 정준변수점수자료

$$Z_{\boldsymbol{x}_i} = U^t \boldsymbol{x}_i, \ \ Z_{\boldsymbol{y}_i} = V^t \boldsymbol{y}_i, \ \ i = 1, \dots, n$$

를 구하게 되고 다음과 같은 크기가 $n \times s$인 정준변수점수행렬

$$Z_{\boldsymbol{x}} = XU, \ \ Z_{\boldsymbol{y}} = YV$$

을 얻게 된다. 정준계수와 정준변수점수자료에 대한 산점도를 통해 정준변수 형성에 영향을 미치는 두 변수군 간의 대응관계와 개체들의 경향을 파악할 수 있다.

다만, (4.2.10)과 (4.2.11)에서 $S_{xx}^{-1} S_{xy} S_{yy}^{-1} S_{yx}$ 또는 $S_{yy}^{-1} S_{yx} S_{xx}^{-1} S_{xy}$가 대칭행렬이 아니므로 대수적 계산의 대안으로 [표 4.2.1]의 스펙트럼분해 (4.2.14)와 (4.2.15)를 활용하면 된다. 따라서 (4.2.3)의 k번째 정준상관의 제곱인 고유값 l_k에 대응하는 고유벡터 $\boldsymbol{u}_k$와 $\boldsymbol{v}_k$인 정준계수벡터는 (4.2.14)와 (4.2.15)의 고유벡터 $\boldsymbol{p}_k$와 $\boldsymbol{q}_k$와의 대수적 관계는 다음과 같다.

$$\boldsymbol{u}_k = S_{xx}^{-1/2} \boldsymbol{p}_k \text{와 } \boldsymbol{v}_k = S_{yy}^{-1/2} \boldsymbol{q}_k$$

지금까지 살펴본 두 변수군의 공분산행렬 S_{xx}, S_{xy}, S_{yy}에 의한 정준상관분석을 위한 대수적 알고리즘을 [표 4.2.1]에 요약 정리하였다. 더불어 상관행렬 R_{xx}, R_{xy}, R_{yy}에 의해서도 같은 알고리즘을 적용할 수 있다. 이는 1.1절의 공분산행렬과 상관행렬 간의 대수적 관계를 나타내는 [표 2.5.1]에 의해서 쉽게 보여줄 수 있다(Lindeman 외, 1980, pp. 149-151). 표준화된 자료의 공분산행렬에 의한 정준상관분석은 상관행렬에 의한 정준상

관분석이 된다는 것이다.

| 표 4.2.1 | CCA에서 스펙트럼분해를 활용한 정준상관과 정준변수의 대수적 유도 단계

[1단계] 중심화 자료행렬: $n \times p,\ X = [\boldsymbol{x}_1, \ldots, \boldsymbol{x}_n]^t,\ \boldsymbol{x}_i = (x_{i1}, \ldots, x_{ip})^t,\ i = 1, \ldots, n$

$$n \times q,\ Y = [\boldsymbol{y}_1, \ldots, \boldsymbol{y}_n]^t,\ \boldsymbol{y}_i = (y_{i1}, \ldots, y_{iq})^t,\ i = 1, \ldots, n$$

[2단계] 공분산행렬: $S = \begin{bmatrix} S_{xx} & S_{xy} \\ S_{yx} & S_{yy} \end{bmatrix}$

[3단계] 스펙트럼분해: $S_{xx}^{-1/2} S_{xy} S_{yy}^{-1} S_{yx} S_{xx}^{-1/2} = PDP^t = \sum_{k=1}^{s} l_k \boldsymbol{p}_k \boldsymbol{p}_k^t \quad (4.2.14)$

$$S_{yy}^{-1/2} S_{yx} S_{xx}^{-1} S_{xy} S_{yy}^{-1/2} = QDQ^t = \sum_{k=1}^{s} l_k \boldsymbol{q}_k \boldsymbol{q}_k^t \quad (4.2.15)$$

$P = (\boldsymbol{p}_1, \ldots, \boldsymbol{p}_s)$: $\|\boldsymbol{p}_k\| = 1$인 고유벡터행렬

$Q = (\boldsymbol{q}_1, \ldots, \boldsymbol{q}_s)$: $\|\boldsymbol{q}_k\| = 1$인 고유벡터행렬

$D = diag(l_1, \ldots, l_s)$: $l_1 \geq \cdots \geq l_s > 0$을 만족하는 고윳값의 행렬

$s = \min(p, q)$

- 정준계수행렬: $\boldsymbol{u}_k = S_{xx}^{-1/2} \boldsymbol{p}_k,\ \boldsymbol{v}_k = S_{yy}^{-1/2} \boldsymbol{q}_k$
  $\Rightarrow\ U = (\boldsymbol{u}_1, \ldots, \boldsymbol{u}_s),\ V = (\boldsymbol{v}_1, \ldots, \boldsymbol{v}_s)$
- 제k정준상관: $\rho_k = \sqrt{l_k},\ k = 1, \ldots, s$
- 제k정준변수 쌍: $Z_{xk} = \boldsymbol{u}_k^t \boldsymbol{x},\ Z_{yk} = \boldsymbol{v}_k^t \boldsymbol{y}$
- 정준변수점수: $Z_{\boldsymbol{x}_i} = U^t \boldsymbol{x}_i,\ Z_{\boldsymbol{y}_i} = V^t \boldsymbol{y}_i,\ i = 1, \ldots, n \Rightarrow Z_{\boldsymbol{x}} = XU,\ Z_{\boldsymbol{y}} = YV$: 정준변수점수행렬

[4단계] 정준변수점수와 정준계수의 산점도

[표 4.2.1]에서 k번째 정준상관의 제곱인 고유값 l_k에 대응하는 고유벡터 $\boldsymbol{u}_k = S_{xx}^{-1/2} \boldsymbol{p}_k$와 $\boldsymbol{v}_k = S_{yy}^{-1/2} \boldsymbol{q}_k$인 정준계수벡터를 (4.2.14) 또는 (4.2.15)의 스펙트럼분해를 통해 구하게 되는 데 대수적으로 한꺼번에 다음의 비정칙값분해

$$S_{xx}^{-1/2} S_{xy} S_{yy}^{-1/2} = P \Lambda Q^t = \sum_{k=1}^{s} \lambda_k \boldsymbol{p}_k \boldsymbol{q}_k^t \quad (4.2.16)$$

를 통해 구할 수도 있다. 여기서 $P = (\boldsymbol{p}_1, \ldots, \boldsymbol{p}_s)$와 $Q = (\boldsymbol{q}_1, \ldots, \boldsymbol{q}_s)$는 각각 좌우 비정칙벡터행렬이며, $\Lambda = diag(\lambda_1, \ldots, \lambda_s)$는 $\lambda_1 \geq \cdots \geq \lambda_s > 0$을 만족하는 비정칙값에 의한 대각행렬이다.

따라서 k번째 정준상관은 비정칙값 λ_k가 되며 $\rho_k = \lambda_k$을 만족하고 이 비정칙값에 대응하는 고유벡터 $\boldsymbol{p}_k$와 $\boldsymbol{q}_k$인 정준계수벡터를 한꺼번에 쉽게 구할 수 있다. 이는 (4.2.16)

에서 $K = S_{xx}^{-1/2} S_{xy} S_{yy}^{-1/2}$라 하면 대수적으로 KK^t과 K^tK은 각각 (4.2.14)와 (4.2.15)를 만족하기 때문이다.

[보기 4.2.1] 25 가족 장남과 차남의 머리 크기 자료(head.txt)의 CCA

EXAMPLE

[자료 4.2.1](head.txt)은 25 가족의 장남과 차남, 두 아들의 머리 크기를 길이(length)와 폭(width)으로 측정한 결과이다. 측정 변수들은 장남의 머리 크기 변수군 $(x_1, x_2) =$ (X1.flength, X2.fwidth)과 차남의 머리 크기 변수군 $(y_1, y_2) =$ (Y1.slength, Y2.swidth)로 분류된다. 따라서 [표 4.2.1]의 대수적 유도 단계에 따라 CCA를 적용하려고 한다. 이를 위한 [R-코드 4.2.1](head-CCAsteps.R)을 참고하기 바란다.

자료 4.2.1 25 가계 장남과 차남의 머리 자료(head.txt)

가계	장남 머리길이 (x_1)	장남 머리폭 (x_2)	차남 머리길이 (y_1)	차남 머리폭 (y_2)
1	191	155	179	145
2	195	149	201	152
3	181	148	185	149
4	183	153	188	149
5	176	144	171	142
6	208	157	192	152
7	189	150	190	149
8	197	159	189	152
9	188	152	197	159
10	192	150	187	151
11	179	158	186	148
12	183	147	174	147
13	174	150	185	152
14	190	159	195	157
15	188	151	187	158
16	163	137	161	130
17	195	155	183	158
18	186	153	173	148
19	181	145	182	146
20	175	140	165	137
21	192	154	185	152
22	174	143	178	147
23	176	139	176	143
24	197	167	200	158
25	190	163	187	150

[1단계] 다변량 자료행렬 X와 Y를 준비한다.

- [자료 4.2.1]은 크기가 25×4 다변량자료행렬
- X: 25×2 장남(first sons)자료 $\Rightarrow$ 중심화자료행렬
- Y: 25×2 차남(second sons)자료 $\Rightarrow$ 중심화자료행렬

[2단계] 공분산행렬 S를 구한다.

$S =$

	X1.flength	X2.fwidth	Y1.slength	Y2.swidth
X1.flength	95.293	52.868	69.662	46.112
X2.fwidth	52.868	54.360	51.312	35.053
Y1.slength	69.662	51.312	100.807	56.540
Y2.swidth	46.112	35.053	56.540	45.023

$= \begin{bmatrix} S_{xx} & S_{xy} \\ S_{yx} & S_{yy} \end{bmatrix}$

- $S_{xx} = \begin{pmatrix} 95.293 & 52.868 \\ 52.868 & 54.360 \end{pmatrix}$, $S_{yy} = \begin{pmatrix} 100.807 & 56.540 \\ 56.540 & 45.023 \end{pmatrix}$, $S_{xy} = \begin{pmatrix} 69.662 & 46.112 \\ 51.312 & 35.053 \end{pmatrix} = S_{yx}^t$
- $M = S_{xx}^{-1/2} S_{xy} S_{yy}^{-1} S_{yx} S_{xx}^{-1/2} = \begin{pmatrix} 0.357 & 0.306 \\ 0.306 & 0.268 \end{pmatrix}$

[3단계] M의 스펙트럼분해를 통해 정준상관과 정준변수계수 벡터를 구한다.

- $M = PDP^t = \sum_{k=1}^{s} l_k \boldsymbol{p}_k \boldsymbol{p}_k^t$, $D = diag(l_1, \ldots, l_s)$: $l_1 \geq \cdots \geq l_s > 0$, $s = \min(2, 2)$
- $\boldsymbol{u}_k = S_{xx}^{-1/2} \boldsymbol{p}_k \Rightarrow \boldsymbol{v}_k = \frac{1}{\sqrt{l}} S_{yy}^{-1} S_{yx} \boldsymbol{u}_k$
- 제k정준변수 쌍: $Z_{xk} = \boldsymbol{u}_k^t \boldsymbol{x}$, $Z_{yk} = \boldsymbol{v}_k^t \boldsymbol{y}$

| 표 4.2.2 | 장남과 차남의 머리크기 자료의 CCA 결과

변수	제1정준변수 쌍		제2정준변수 쌍	
	Z_{x1}	Z_{y1}	Z_{x2}	Z_{y2}
X1.flength	-0.057		0.140	
X2.fwidth	-0.071		-0.187	
Y1.slength		-0.051		0.176
Y2.swidth		-0.081		-0.262
고윳값: l_k	0.622		0.003	
정준상관: $\rho_k = \sqrt{l_k}$	0.789		0.054	

해석: 제1정준변수의 계수를 보면 장남과 차남 모두 음(-)으로 같은 방향의 부호를 가지

며 각각 머리길이와 폭의 합을 나타내어 머리둘레로 해석될 수 있다. 제1정준변수 쌍은 정준상관이 0.789로 높은 상관을 보여주고 있다. 두 번째 정준계수벡터 $\boldsymbol{u}_2$와 $\boldsymbol{v}_2$에서 얻어진 나머지 정준변수 쌍은 그들의 정준상관이 0.003으로 매우 낮다. 따라서 제1정준상관만 매우 유의미하므로 이에 대응하는 첫 번째 정준계수벡터로부터 제1정준변수 쌍은 다음과 같다.

$$Z_{x1} = \boldsymbol{u}_1^t \boldsymbol{x} = -0.057\,x_1 - 0.071\,x_2,$$
$$Z_{y1} = \boldsymbol{v}_1^t \boldsymbol{y} = -0.051\,y_1 - 0.081 y_2.$$

[4단계] 정준변수 점수와 정준계수의 산점도

- $Z_{\boldsymbol{x}_i} = U^t \boldsymbol{x}_i,\ Z_{\boldsymbol{y}_i} = V^t \boldsymbol{y}_i,\ i = 1,\ \ldots,\ 25$

해석: [그림 4.2.1]에는 (a) First Sons과 (b) Second Sons에 대한 정준변수점수와 정준계수의 2차원 그림이 주어져 있다. 이 산점도는 무시해도 될 제2정준상관을 고려하여 2차원을 형성하고 있어 실제는 제1축(1st Dimension)을 위주로 살펴보는 것이 타당하다. CCA가 두 자료 X(장남)와 Y(차남)의 변수들의 대응관계를 최대화 하므로 (a)와 (b)의 제1축(1st Dimension)에 대하여 음(−)의 방향으로 길이에 해당하는 X1.flength과

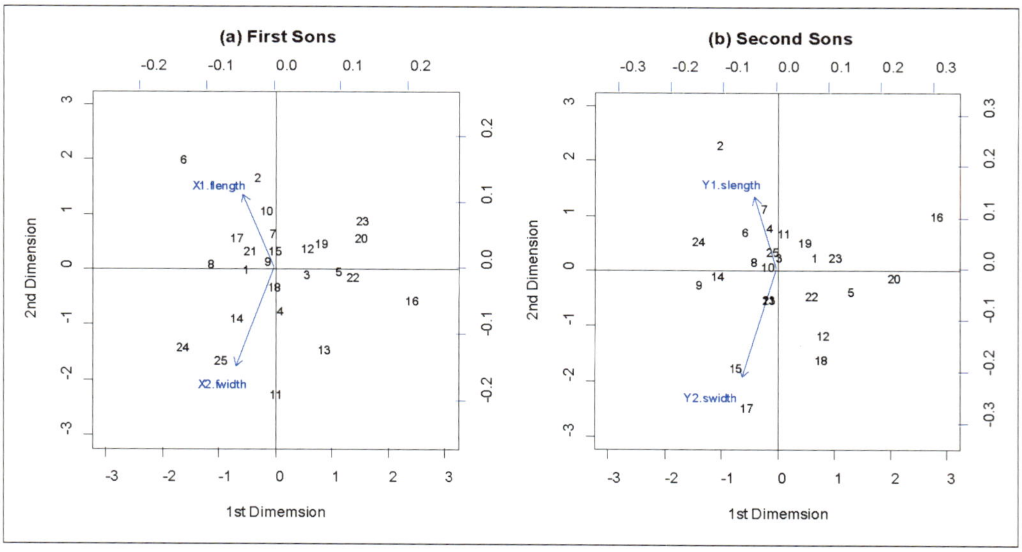

[그림 4.2.1] 장남과 차남의 머리 크기 자료의 정준변수점수와 정준계수의 산점도

Y1.slength, 폭에 해당하는 X2.fwidth와 Y2.swidth의 대응성이 높음을 알 수 있다. 특히 이들은 각각 제1정준변수 Z_{x1}과 Z_{y1}의 결정에 높은 역할을 하였다. 실제 제1축은 (a)와 (b)의 모든 변수들이 음(−)의 방향에 있어 머리둘레로 해석이 가능하며 만약에 제2축을 고려한다면 양(+)의 방향으로 형제의 머리길이(X1.flength, Y1.slength)와 음(−)의 방향으로 폭(X2.fwidth, Y2.swidth)으로 대조를 보여준다. 따라서 제2축은 길고 가는 머리와 짧고 넓적한 머리를 가진 가족을 구분하는 머리의 형상으로 해석된다. (a)와 (b)에서 개체들의 경향을 보면 제1축의 왼편에 있는 개체(2, 6, 17, 24 등)는 머리둘레가 큰 형제로 구성된 가족이다.

[R-코드 4.2.1] 장남과 차남의 머리 크기 자료의 CCA(head-CCAsteps.R))

```
#CCA Steps for First and Second Sons' Head
#[Step 1] Data Matrix
Data4.2.1<-read.table("head.txt", header=T)
Data4.2.1
n=nrow(Data4.2.1)
# Sets of Variables: X, Y
X=Data4.2.1[,1:2] #First sons
X=scale(X, scale=F)
X
Y=Data4.2.1[,3:4]
Y=scale(Y, scale=F) # Second sons
Y

#[Step 2] Covariance Matrix S(or Correlation Matix R)
S=cov(Data4.2.1)
round(S, 3)
Sxx=cov(X)
Syy=cov(Y)
Sxy=t(X)%*%Y/(n-1)
Syx=t(Sxy)

# Sx ^ Sy
Exx <- eigen(Sxx)
Eyy <- eigen(Syy)
Sx <- Exx$vectors %*% diag(sqrt(Exx$values)) %*% t(Exx$vectors)
Sy <- Eyy$vectors %*% diag(sqrt(Eyy$values)) %*% t(Eyy$vectors)

round(Sxx, 3)
round(Syy, 3)
```

```
round(Sxy, 3)

#[Step 3] Spectral Decomposition: M=PDP
M=solve(Sx)%*%Sxy%*%solve(Syy)%*%Syx%*%solve(Sx)
round(M, 3)
eigen.M=eigen(M)
eig=eigen.M$values
P=eigen.M$vectors

per <- eig/sum(eig)*100
gof <- sum(per[1:2])
per
gof
round(eig, 3) # Eigenvalues
round(sqrt(eig), 3) #Canonical Correlation

U=round(solve(Sx)%*%P, 3) # Eigenvectors
rownames(U)<-colnames(X)
U
V=solve(Syy)%*%Syx%*%U%*%diag(1/sqrt(eig))
V

#[Step 4] Canonical Varables Scores
Zx=X%*%U[, 1:2]
Zx
Zy=Y%*%V[, 1:2]
Zy

# Plot of Canonical Variables and Scores
par(mfrow=c(1,2))
par(pty="s")
lim1 <- range(pretty(Zx))
lim2 <- range(pretty(Zy))
biplot(Zx, U, xlab="1st Dimemsion",ylab="2nd Dimension", main=" (a) First Sons",
xlim=lim1,ylim=lim1,cex=0.8,pch=16)
abline(v=0,h=0)
biplot(Zy, V, xlab="1st Dimemsion",ylab="2nd Dimension", main=" (b) Second
Sons", xlim=lim2,ylim=lim2,cex=0.8,pch=16)
abline(v=0,h=0)
```

[보기 4.2.2] 두 가지 시험성적자료의 CCA

1.3절의 5개 과목의 시험성적자료 [자료 1.3.1](5subjects.txt)에서 5개 과목은 클로즈북군 (x_1, x_2)=(mechanics, vectors)과 오픈북군 (y_1, y_2, y_3)=(algebra, analysis, statistics)로 분류된다. 각 과목의 분산에 차이가 많이 나므로 이들의 공분산행렬 대신 상관행렬을 이용해야 한다. 따라서 [표 4.1.1]의 대수적 유도 단계에 따라 CCA를 적용하되 상관행렬을 이용하려 한다. 이를 위한 [R-코드 4.2.2](5subjects-CCAsteps.R)을 참고하기 바란다.

[1단계] 다변량 자료행렬 X와 Y를 준비한다.

- [자료 1.3.1]은 크기가 88×5 다변량자료행렬
- X: 88×2 클로즈북(mechanics, vectors)자료 ⇒ 표준화자료행렬
- Y: 88×3 오픈북(algebra, analysis, statistics)자료 ⇒ 표준화자료행렬

[2단계] 상관행렬 R를 구한다.

$R =$

	mechanics	vectors	algebra	analysis	statistics
mechanics	1.000	0.553	0.547	0.409	0.389
vectors	0.553	1.000	0.610	0.485	0.436
algebra	0.547	0.610	1.000	0.711	0.665
analysis	0.409	0.485	0.711	1.000	0.607
statistics	0.389	0.436	0.665	0.607	1.000

$= \begin{bmatrix} R_{xx} & R_{xy} \\ R_{yx} & R_{yy} \end{bmatrix}$

- $R_{xx} = \begin{pmatrix} 1.000 & 0.553 \\ 0.553 & 1.000 \end{pmatrix}$, $R_{yy} = \begin{pmatrix} 1.000 & 0.711 & 0.665 \\ 0.711 & 1.000 & 0.607 \\ 0.665 & 0.607 & 1.000 \end{pmatrix}$, $R_{xy} = \begin{pmatrix} 0.547 & 0.409 & 0.389 \\ 0.610 & 0.485 & 0.436 \end{pmatrix} = R_{yx}^t$
- $M = R_{xx}^{-1/2} R_{xy} R_{yy}^{-1} R_{yx} R_{xx}^{-1/2} = \begin{pmatrix} 0.175 & 0.214 \\ 0.214 & 0.267 \end{pmatrix}$

[3단계] M의 스펙트럼분해를 통해 정준상관과 정준변수계수 벡터를 구한다.

- $M = PDP^t = \sum_{k=1}^{s} l_k \boldsymbol{p}_k \boldsymbol{p}_k^t$, $D = diag(l_1, \ldots, l_s)$: $l_1 \geq \cdots \geq l_s > 0$, $s = \min(2, 3)$
- $\boldsymbol{u}_k = R_{xx}^{-1/2} \boldsymbol{p}_k \Rightarrow \boldsymbol{v}_k = \dfrac{1}{\sqrt{l}} R_{yy}^{-1} R_{yx} \boldsymbol{u}_k$
- 제k정준변수 쌍: $Z_{xk} = \boldsymbol{u}_k^t \boldsymbol{x}$, $Z_{yk} = \boldsymbol{v}_k^t \boldsymbol{y}$

[표 4.2.3] 두 가지 시험성적자료의 CCA의 결과

변수	제1정준변수 쌍 Z_{x1}	Z_{y1}	제2정준변수 쌍 Z_{x2}	Z_{y2}
mechanics	0.452		-1.112	
vectors	0.677		0.991	
algebra		0.873		-0.954
analysis		0.118		1.462
statistics		0.058		-0.265
고윳값: l_k	0.440		0.002	
정준상관: $\rho_k = \sqrt{l_k}$	0.663		0.041	

해석: [표 4.2.3]의 제1정준변수 쌍에서 정준계수의 부호(+)가 동일하므로 이들 정준변수는 각각의 시험방식에서 각 과목 성적의 합이라 여겨진다. 특히, 제1정준변수의 계수를 보면 클로즈북군 $(x_1,\ x_2)$=(mechanics, vectors)은 x_2(vectors)에 높은 가중치를 가지며 오픈북군 $(y_1,\ y_2,\ y_3)$=(algebra, analysis, statistics)에서는 y_1(algebra)에 높은 가중치를 가지고 있음을 알 수 있다. 더불어 이들 정준변수 쌍은 정준상관이 0.663으로 높은 상관을 보여주고 있다. 두 번째 정준계수벡터 $\boldsymbol{u}_2$와 $\boldsymbol{v}_2$로 얻은 나머지 정준변수 쌍은 그들의 정준상관이 0.041로 상관을 무시해도 될 정도로 낮다. 따라서 제1정준상관만 제2정준상관에 비해 매우 유의미하므로 이에 대응하는 첫 번째 정준계수벡터로부터 제1정준변수 쌍은 다음과 같다.

$$Z_{x1} = \boldsymbol{u}_1^t \boldsymbol{x} = 0.452\,x_1 + 0.677\,x_2$$
$$Z_{y1} = \boldsymbol{v}_1^t \boldsymbol{y} = 0.873\,y_1 + 0.118\,y_2 + 0.058\,y_3$$

[4단계] 정준변수 점수와 정준계수의 산점도

- $Z_{\boldsymbol{x}_i} = U^t \boldsymbol{x}_i,\ Z_{\boldsymbol{y}_i} = V^t \boldsymbol{y}_i,\ i = 1,\ \ldots,\ 88$

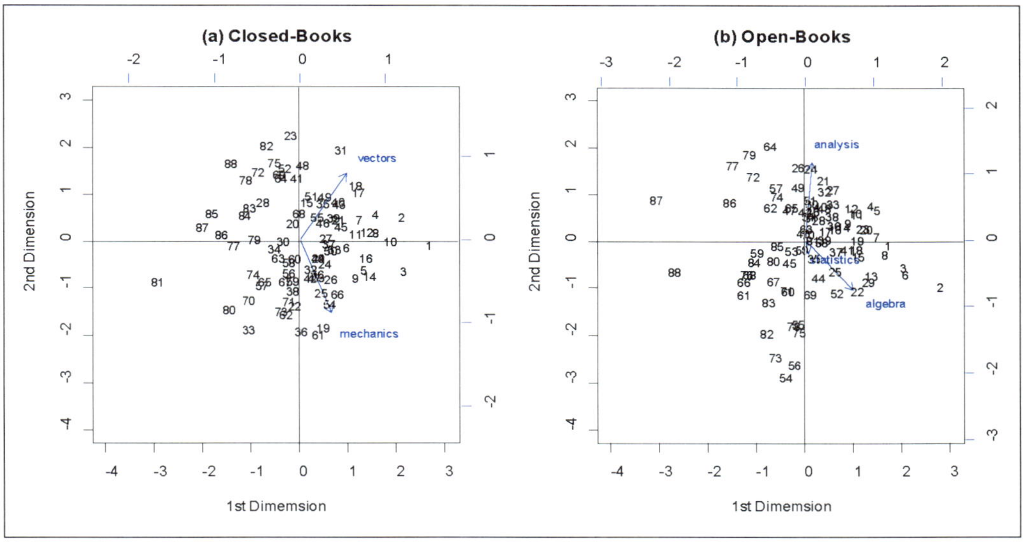

[그림 4.2.2] 두 가지 시험성적자료의 정준변수점수와 정준계수의 산점도 그림

해석: [그림 4.2.2]에는 (a) 클로즈북, (b) 오픈북에 대한 정준변수점수와 정준계수의 2차원 산점도가 주어져 있다. 비록 무시해도 될 제2정준상관을 고려하여 2차원을 형성하고 있어 실제는 제1축(1st Dimension)에서만 살펴보는 것이 타당하다. CCA의 의도가 두 자료 X(클로즈북)와 Y(오픈북)의 변수들의 대응관계를 최대화하는 데에 있으므로 (a)와 (b)의 제1축에 대하여 vectors와 algebra의 대응성이 높다. 특히 이들은 각각 정준변수 Z_{x1}과 Z_{y1}의 결정에 높은 역할을 하였다. (a)와 (b)에서 개체들의 경향을 보면 제1축의 왼편에 있는 개체(72, 77, 79, 85, 86, 87, 88 등)들은 어떤 시험 방식이든지 이에 대응하는 과목성적이 낮음을 보여 준다.

[R-코드 4.2.2] 두 가지 시험성적자료의 CCA(5subjects-CCAsteps.R))

```
#CCA Steps for 5 Subjects

#[Step 1] Data Matrix
library("MVT")
data(examScor)

# Sets of Variables: X, Y
X=examScor[,1:2] # Closed books
X=scale(X, scale=T)
Y=examScor[,3:5] # Opened books
```

```
Y=scale(Y, scale=T)

#[Step 2] Covariance Matrix S(or Correlation Matix R)
R=round(cor(examScor),3)
R

Rxx=R[1:2, 1:2]
Ryy=R[3:5, 3:5]
Rxy=R[1:2, 3:5]
Ryx=t(Rxy)
Rxx
Ryy
Rxy

# Rx ^ Ry
Exx <- eigen(Rxx)
Eyy <- eigen(Ryy)
Rx <- Exx$vectors %*% diag(sqrt(Exx$values)) %*% t(Exx$vectors)
Ry <- Eyy$vectors %*% diag(sqrt(Eyy$values)) %*% t(Eyy$vectors)

#[Step 3] Spectral Decomposition: M=PDP
M=solve(Rx)%*%Rxy%*%solve(Ryy)%*%Ryx%*%solve(Rx)
round(M, 3)
eigen.M=eigen(M)
eig=eigen.M$values
P=eigen.M$vectors

round(eig, 3) # Eigenvalues
round(sqrt(eig), 3) #Canonical Correlation
U=round(solve(Rx)%*%P, 3) # Eigenvectors
rownames(U)<-colnames(X)
U
V=solve(Ryy)%*%Ryx%*%U%*%diag(1/sqrt(eig))
V

#[Step 4] Canonical Varables Scores
Zx=X%*%U
Zx
Zy=Y%*%V
Zy

# Plot of Canonical Variables and Scores
par(mfrow=c(1,2))
par(pty="s")
lim1 <- range(pretty(Zx))
lim2 <- range(pretty(Zy))
```

```
biplot(Zx, U, xlab="1st Dimemsion",ylab="2nd Dimension", main=" (a) Closed-Books",
xlim=lim1,ylim=lim1,cex=0.8,pch=16)
abline(v=0,h=0)
biplot(Zy, V, xlab="1st Dimemsion",ylab="2nd Dimension", main=" (b) Open-Books",
xlim=lim2,ylim=lim2,cex=0.8,pch=16)
abline(v=0,h=0)
```

4.3 정준상관의 유의성 검정

[보기 4.2.2]에서 첫 번째 정준상관과 이에 대응하는 제1정준변수의 짝만을 고려하였다. 이는 첫 번째 정준상관 $\rho_1 = 0.663$이 두 번째 정준상관 $\rho_2 = 0.041$보다 상대적으로 큰 값을 가져 유의했기 때문이다. 그러나 정준상관의 유의함은 막연히 그들의 상대적 크기로 판정되기보다는 통계적 검정을 통하여 확인되어야 한다. 이는 우도비검정통계량 윌크스(Samuel Wilks, 1906-1964) Λ를 통하여 이루어진다(Mardia, 1979 외, pp. 288-289; Lindeman 외, 1980, pp. 155-156; Johnson과 Wichern, 2007, Chapter 10).

먼저 p개 변수와 q개 변수로 이루어진 두 변수군 $\boldsymbol{x} = (x_1, \ldots, x_p)^t$와 $\boldsymbol{y} = (y_1, \ldots, y_q)^t$의 공분산행렬이 $\Sigma_{xy} = 0$ 라면 모든 정준상관은 0이 된다. 이런 상황에서는 더 이상의 정준상관분석 CCA를 기대할 수 없다. 따라서 먼저 귀무가설 $H_0 : \Sigma_{xy} = 0$를 검정할 필요가 있다. 이는 다음의 우도비검정통계량이 큰 값을 가지면 귀무가설이 기각된다.

$$\Lambda = \left| I - S_{xx}^{-1/2} S_{xy} S_{yy}^{-1} S_{yx} S_{xx}^{-1/2} \right| = \prod_{k=1}^{s} (1 - \rho_k^2) \tag{4.3.1}$$

여기서 ρ_k는 k번째 정준상관을 나타내며 이것의 제곱은 (4.2.14)의 k번째 고윳값에 해당하며 $s = \min(p, q)$이다. 특히, 바틀릿(Bartlett)은 자료행렬에서 개체가 많은 경우 식 (4.3.1)을 변형한 검정통계량

$$V = -\left[n - \frac{1}{2}(p+q+3)\right] \ln \Lambda \simeq \chi^2_{(pq)} \tag{4.3.2}$$

가 기각치 $\chi^2_\alpha(pq)$보다 크다면 유의수준 α에서 귀무가설을 기각한다. 여기서 개체 수 n은 보편적으로 100보다 크거나 변수 수보다 20배 정도 큰 것을 권한다. (4.3.1)에서 유도

되는 검정통계량 V 대신 대안적인 방법으로 근사적으로 F-분포를 따르는 다음의 검정통계량을 사용하자.

$$F = \frac{1-\Lambda^{1/t}}{\Lambda^{1/t}} \frac{df_2}{df_1} \simeq F(df_1,\ df_2) \tag{4.3.3}$$

여기서

$$df_1 = pq,\ df_2 = wt - \frac{pq}{2} + 1,\ w = n - \frac{1}{2}(p+q+3),\ t = \sqrt{\frac{p^2q^2-4}{p^2+q^2-5}}$$

따라서 $F > F_\alpha(df_1,\ df_2)$이면 귀무가설 $H_0 : \Sigma_{xy} = 0$을 기각한다. 만약에 $s = \min(p,\ q)$이 1 또는 2라면 (4.3.3)의 검정통계량은 근사적인 것이 아닌 완전한 F-분포를 따르나 (4.3.2)의 검정통계량은 정확검정이 되지 못한다.

지금까지 모든 $s = \min(p,\ q)$개 정준상관으로 만들어진 (4.3.2)와 (4.3.3)의 검정이 귀무가설 $H_0 : \Sigma_{xy} = 0$을 기각한다면, 몇 개의 정준상관이 유의한지가 궁금하다. 일반적으로 k번째 정준상관의 유의성을 검정하기 위해서는 (4.3.1)과 (4.3.2)에서 귀무가설

$$H_0:\ \rho_k = \rho_{k+1} = \cdots = \rho_s = 0$$

하에 χ^2 근사와 F 근사를 활용한 두 가지 검정통계량을 이용하면 된다. 먼저 Λ_k와 V_k를 다음과 같이 정의하자.

$$\Lambda_k = \prod_{j=k}^{s} (1-\rho_j^2) \tag{4.3.4}$$

$$V_k = -\left[n - \frac{1}{2}(p+q+3)\right] \ln \Lambda_k \simeq \chi^2_{((p-k+1)(q-k+1))} \tag{4.3.5}$$

(4.3.4)에서

$$F = \frac{1-\Lambda_k^{1/t}}{\Lambda_k^{1/t}} \frac{df_2}{df_1} \simeq F(df_1,\ df_2) \tag{4.3.6}$$

여기서

$$df_1 = (p-k+1)(q-k+1),$$

$$df_2 = wt - \frac{1}{2}[(p-k+1)(q-k+1)] + 1,$$

$$w = n - \frac{1}{2}(p + q + 3),$$

$$t = \sqrt{\frac{(p-k+1)^2(q-k+1)^2 - 4}{(p-k+1)^2 + (q-k+1)^2 - 5}}.$$

[보기 4.3.1] 두 가지 시험성적자료의 CCA

[보기 4.2.2]에서 88명의 클로즈북군(mechanics, vectors)과 오픈북군(algebra, analysis, statistics)의 시험성적자료(5subjects.txt)의 표준화자료에 대한 CCA에서 구한 두 정준상관의 유의성을 따져보자. 먼저 첫 번째 정준상관 $\rho_1 = 0.663$에 대하여 다음과 같이 계산된다.

$$\Lambda_1 = \prod_{j=1}^{2}(1-\rho_j^2) = (1-0.663^2)(1-0.041^2) = 0.559,$$

$$V_1 = -[n - \frac{1}{2}(p+q+3)]\ln\Lambda_1 = -[88 - \frac{1}{2}(8)(-0.582) = 48.888,$$

$$\text{자유도: } (p-k+1)(q-k+1) = (2-1+1)(3-1+1) = 6$$

여기서 $V_1 > \chi^2_{0.05}(6) = 12.592$이므로 첫 번째 정준상관은 유의하다.

이번에는 두 번째 정준상관 $\rho_2 = 0.041$에 대해서 다음과 같이 계산된다.

$$\Lambda_2 = (1-0.041^2) = 0.998,$$

$$V_2 = -[88 - \frac{1}{2}(8)](-0.002) = 0.168,$$

$$\text{자유도: } (p-k+1)(q-k+1) = (2-2+1)(3-2+1) = 2$$

따라서 $V_2 < \chi^2_{0.05}(2) = 5.991$이므로 두 번째 정준상관은 유의하지 못하다.

$F-$분포에 근거한 검정 (4.3.6)은 $\Lambda_1 = 0.559$에서 다음의 결과를 얻게 되며 첫 번째 정준상관은 유의함을 보여준다.

$$F = \frac{1-(0.559)^{1/2}}{(0.559)^{1/2}}\frac{166}{6} = 9.338 > F_{0.05}(6,\ 166) = 2.10$$

여기서

$$df_1 = (2-1+1)\times(3-1+1) = 6,$$

$$df_2 = (84)(2) - \frac{(2-1+1)(3-1+1)}{2} + 1 = 166,$$

$$w = 88 - \frac{1}{2}(2+3+3) = 84,$$

$$t = \sqrt{\frac{(2-1+1)^2(3-1+1)^2 - 4}{(2-1+1)^2 + (3-1+1)^2 - 5}} = 2$$

두 번째 정준상관인 경우에는 $\Lambda_2 = 0.998$에 대해 $t = 0$이므로 자유도는

$$df_2 = (84)(0) - \frac{(2-2+1)(3-2+1)}{2} + 1 = 0$$

이 되고 검정통계량 F도 계산이 불가능하여 검정을 진행할 수 없게 된다.

정준상관의 유의성 검정의 F-검정의 계산은 [R-코드 4.3.1](5subjects-CCAsteps-test.R)의 #[Step 4] Testing Significant Canonical Correlations 이하에 제시되어 있으며 검정통계량의 유의확률 p-값을 제공한다.

[R-코드 4.3.1] 두 가지 시험성적자료의 CCA에서 정준상관의 유의성 검정 (5subjects-CCAsteps-test.R)

```
#CCA Test for 5 Subjects
#[Step 1] Data Matrix
library("MVT")
data(examScor)

# Sets of Variables : X, Y
X=examScor[,1:2] # Closed books
X=scale(X, scale=T)
Y=examScor[,3:5] # Opened books
Y=scale(Y, scale=T)
n=nrow(X)
p=ncol(X)
q=ncol(Y)

#[Step 2] Covariance Matrix S(or Correlation Matix R)
R=round(cor(examScor),3)
R

Rxx=R[1:2, 1:2]
Ryy=R[3:5, 3:5]
Rxy=R[1:2, 3:5]
```

```
Ryx=t(Rxy)
# Rx ^ Ry
Exx <- eigen(Rxx)
Eyy <- eigen(Ryy)
Rx <- Exx$vectors %*% diag(sqrt(Exx$values)) %*% t(Exx$vectors)
Ry <- Eyy$vectors %*% diag(sqrt(Eyy$values)) %*% t(Eyy$vectors)

#[Step 3] Spectral Decomposition: M=PDP
M=solve(Rx)%*%Rxy%*%solve(Ryy)%*%Ryx%*%solve(Rx)
round(M, 3)
eigen.M=eigen(M)
eig=eigen.M$values
round(eig, 3) # Eigenvalues
round(sqrt(eig), 3) #Canonical Correlation

#[Step 4] Testing Significant Canonical Correlations
ev <- (1 - eigen.M$values)
s <- min(p, q)
s
w=n - 3/2 - (p + q)/2
Lambda <- rev(cumprod(rev(ev)))
# initialize
d1 <- d2 <- f <- vector("numeric", s)
for (i in 1:s) {
    t <- sqrt((p^2 * q^2 - 4)/(p^2 + q^2 - 5))
    ti <- 1/t
    d1[i] <- p * q
    d2[i] <-w * t - p * q/2 + 1
    r <- (1 - Lambda[i]^ti)/Lambda[i]^ti
    f[i] <- r * d2[i]/d1[i]
    p <- p - 1
    q <- q - 1
}

p_value <- pf(f, d1, d2, lower.tail = FALSE)
(dmat <- cbind(WilksLambda = Lambda, F = f, df1 = d1, df2 = d2, p_value =
p_value))
```

4.4 정준상관분석의 시각화

CCA의 시각화는 두 변수 군으로 구성된 다변량 자료의 변수 군들의 상관이 최적이 되도록 차원축소를 하여 두 쌍의 저차원 공간을 통해 각각의 군집과 그들 간의 대응관계를 보여주려는 것이다. 이미 CCA를 적용한 [보기 4.2.1]과 [보기 4.2.2]에서 두 변수 군에 대한 두 쌍의 정준변수점수와 정준계수에 대한 산점도를 통해 두 변수군의 변수들의 최적 대응관계를 살펴보았고 이들의 관점에서 개체 간의 특성을 살펴볼 수 있었다. 이들 두 쌍의 정준변수점수와 정준계수에 대한 산점도는 대수적으로 다변량 자료에서 개체와 변수간의 관계를 시각적으로 보여주는 행렬도와 연관을 맺고 있으며 특히, Park과 Huh(1996)의 연구에 근거한 정준상관행렬도의 대수적인 면을 따른다. 최용석과 신상민(2013, 2장)에서는 비정칙값분해를 바탕으로 한 정준상관도라는 이름으로 소개하고 있으며. Gower 외(2011, Chapter 4)는 정준변량분석행렬도(canonical variate analysis biplot)라 부르고 있다.

CCA를 위한 스펙트럼분해를 활용한 정준상관과 정준변수를 구하는 대수적 단계를 요약한 [표 4.2.1]을 참고하자. 일반적으로 k번째 정준상관의 제곱인 고유값 l_k에 대응하는 고유벡터 $\boldsymbol{u}_k = S_{xx}^{-1/2}\boldsymbol{p}_k$와 $\boldsymbol{v}_k = S_{yy}^{-1/2}\boldsymbol{q}_k$인 정준계수벡터는 (4.2.14) 또는 (4.2.15)의 스펙트럼분해를 통해 구하는 대신에 (4.2.16)의 비정칙값분해

$$S_{xx}^{-1/2} S_{xy} S_{yy}^{-1/2} = P\Lambda Q^t = \sum_{k=1}^{s} \lambda_k \boldsymbol{p}_k \boldsymbol{q}_k^t$$

를 통해 구할 수 있음을 4.2절에서 설명하였다. 이들 정준계수벡터로부터 정준계수행렬 $U = (\boldsymbol{u}_1, \ldots, \boldsymbol{u}_s)$와 $V = (\boldsymbol{v}_1, \ldots, \boldsymbol{v}_s)$에 대해 두 변수군에 의한 n개의 관찰치 $\boldsymbol{x}_i = (x_{i1}, \ldots, x_{ip})^t$, $\boldsymbol{y}_i = (y_{i1}, \ldots, y_{iq})^t$, $i = 1, \ldots, n$가 각각 중심화 $\sum_{i=1}^{n} x_{ij} = 0$와 $\sum_{i=1}^{n} y_{ij} = 0$, $j = 1, \ldots, p$를 만족하는 크기가 $n \times p$와 $n \times q$인 두 개의 중심화자료행렬 $X = [\boldsymbol{x}_1, \ldots, \boldsymbol{x}_n]^t$와 $Y = [\boldsymbol{y}_1, \ldots, \boldsymbol{y}_n]^t$를 고려하자. 먼저 정준상관행렬도의 행좌표행렬과 열좌표행렬은 두 자료행렬 X와 Y에 대해 [표 4.4.1]에 각각 정리 하였다.

❙ 표 4.4.1 ❙ 정준상관행렬도의 좌표행렬

자료 행렬	행좌표행렬	열좌표행렬
$X=[\boldsymbol{x}_1,\ \dots,\ \boldsymbol{x}_n]^t$	$R_x = XU\Lambda$	$C_x = U\Lambda$
$Y=[\boldsymbol{y}_1,\ \dots,\ \boldsymbol{y}_n]^t$	$R_y = YV\Lambda$	$C_y = V\Lambda$

[표 4.4.1]에서 정준상관행렬도의 행좌표행렬 $R_x = XU\Lambda$, $R_y = YV\Lambda$와 열좌표행렬 $C_x = U\Lambda$, $C_y = V\Lambda$는 [표 4.2.1]의 [4단계] 산점도를 위한 정준변수점수행렬 $Z_x = XU$, $Z_y = YV$와 정준계수행렬 U, V와 각각 척도(scale)에만 Λ의 대수적 차이가 있다. 따라서 실제 [표 4.4.1]의 정준상관행렬도와 [표 4.2.1]의 [4단계] 산점도는 모두 같은 경향을 보이며 해석도 동일하다.

일반적으로 적절한 $m(\le s)$차원 정준상관행렬도의 설명력은 행렬도에서 보편적으로 사용하는 기준

$$t_m = \frac{\sum_{k=1}^{m} \lambda_k^2}{\lambda_1^2 + \lambda_2^2 + \cdots + \lambda_s^2} \times 100$$

를 활용하면 된다. 여기서 $s = \min(p,\ q)$이다.

[보기 4.4.1] 25 가족 장남과 차남의 머리 크기 자료의 CCA의 시각화: 정준상관행렬도

[보기 4.2.1]에서 25 가족의 장남과 차남, 두 아들의 머리 크기를 길이(length)와 폭(width)으로 측정한 [자료 4.2.1](head.txt)의 CCA를 적용하여 장남의 머리 크기 변수군 $(x_1,\ x_2)$=(X1.flength, X2.fwidth)과 차남의 머리 크기 변수군 $(y_1,\ y_2)$=(Y1.slength, Y2.swidth)에 대한 대응관계를 살펴보았다. 특히, 시각적 해석을 제공하는 정준변수점수와 정준계수의 산점도 [그림 4.2.1]과 [표 4.4.1]에서 제공하는 좌표행렬에 의한 정준상관행렬도 [그림 4.4.1]의 차이점은 척도에서 차이를 보이며 제1축(1st Dimension)에 대해 서로 반대방향으로 좌표점들이 위치했으나 전체적으로 경향은 동일하다. [그림 4.2.1]의 해석과 다소 중복되지만 [그림 4.4.1]의 정준상관행렬도를 간단히 해석하기로 하자. 이를 위한 [R-코드 4.4.1](head-CCbiplot.R)을 참고하기 바란다.

(a) CC Biplot for First Sons과 (b) CC Biplot for Second Sons에 대한 행렬도는 제1축이 99.54%, 제2축이 0.46%로 실제는 제1축을 위주로 살펴보아도 충분히 두 변수군의 대응관계와 개체 간의 군집 경향을 파악할 수 있다. (a)와 (b)의 제1축에 대하여 음(−)의

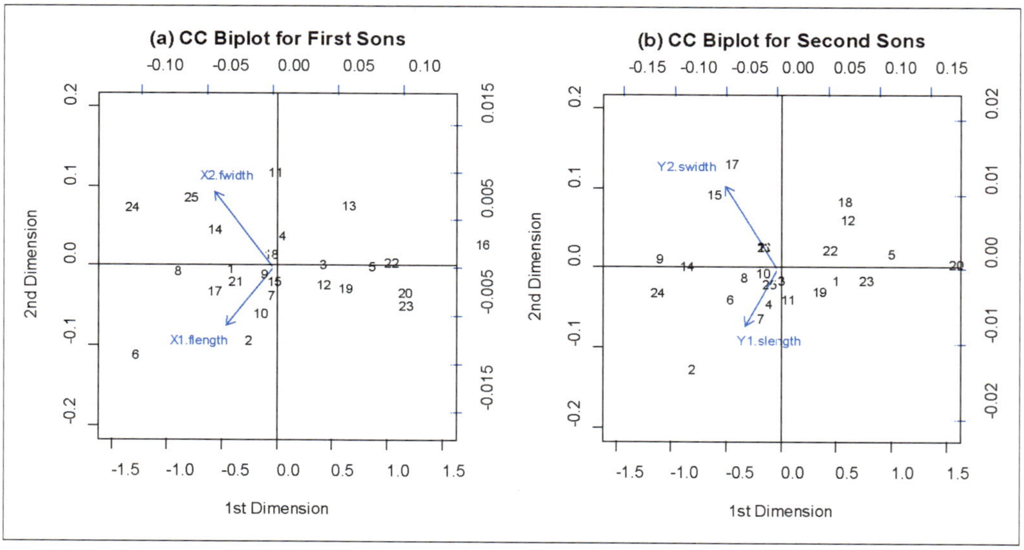

[그림 4.4.1] 장남과 차남의 머리 크기 자료의 정준상관행렬도

방향으로 길이에 해당하는 X1.flength과 Y1.slength, 폭에 해당하는 X2.fwidth와 Y2.swidth의 대응성이 높음을 알 수 있다. 따라서 제1축은 (a)와 (b)의 모든 변수들이 음(−)의 같은 방향에 있어 머리둘레로 해석이 가능하다. 비록 설명력은 매우 낮으나 제2축을 고려한다면 음(−)의 방향으로 형제의 머리길이(X1.flength, Y1.slength)와 양(+)의 방향으로 폭(X2.fwidth, Y2.swidth)으로 대조를 보여준다. 따라서 제2축은 길고 가는 머리와 짧고 넓적한 머리를 가진 가족을 구분하는 머리의 형상으로 해석된다. (a)와 (b)에서 개체들의 경향을 보면 제1축의 왼편에 있는 개체(2, 6, 17, 24 등)는 머리둘레가 큰 형제로 구성된 가계이다.

[R-코드 4.4.1] 장남과 차남의 머리 크기 자료의 정준상관행렬도(head-CCbiplot.R))

```
#CC Biplot for First and Second Sons' Head
# Data Matrix
Data4.2.1<-read.table("head.txt", header=T)
Data4.2.1
n=nrow(Data4.2.1)
# Sets of Variables : X, Y
X=Data4.2.1[,1:2] #First sons
X=scale(X, scale=F)
Y=Data4.2.1[,3:4]
Y=scale(Y, scale=F) # Second sons
```

```
# Covariance Matrix S(or Correlation Matix R)
S=cov(Data4.2.1)
Sxx=cov(X)
Syy=cov(Y)
Sxy=t(X)%*%Y/(n-1)
Exx <- eigen(Sxx)
Eyy <- eigen(Syy)
Sx <- Exx$vectors %*% diag(sqrt(Exx$values)) %*% t(Exx$vectors)
Sy <- Eyy$vectors %*% diag(sqrt(Eyy$values)) %*% t(Eyy$vectors)

# SVD : K=SxSxySy
K <- solve(Sx) %*% Sxy %*% solve(Sy)
svd.K=svd(K)
U <- solve(Sx)%*%svd.K$u
V <- solve(Sy)%*%svd.K$v

# Rows and Columns Coordinates: Rx Cx Ry Cy
Rx <- (X%*%U%*%diag(svd.K$d))[,1:2]
Cx <- (U%*%diag(svd.K$d))[,1:2]
Ry <- (Y%*%V%*%diag(svd.K$d))[,1:2]
Cy <- (V%*%diag(svd.K$d) )[,1:2]
rownames(Cx) <- colnames(X)
rownames(Cy) <- colnames(Y)

# Goodness-of-fit
cc<-svd.K$d
eig <- (svd.K$d)^2
per <- eig/sum(eig)*100
cc;eig;per

# CC Biplot
par(mfrow=c(1,2))
par(pty="s")
biplot(Rx, Cx, xlab="1st Dimension", ylab="2nd Dimension",
             main="(a) CC Biplot for First Sons",
             xlim=c(-1.5, 1.5),ylim=c(-0.2, 0.2),cex=0.8,pch=16)
abline(v=0,h=0)
biplot(Ry, Cy, xlab="1st Dimension", ylab="2nd Dimension",
             main="(b) CC Biplot for Second Sons",
             xlim=c(-1.5, 1.5),ylim=c(-0.2, 0.2),cex=0.8,pch=16)
abline(v=0,h=0)
```

4.5 정준상관분석을 위한 R

정준상관분석 CCA를 위한 스펙트럼분해를 활용한 정준상관과 정준변수의 대수적 유도 단계 [표 4.2.1]을 바탕으로 하는 대수적 알고리즘에 익숙하지 않은 독자를 위해 R에서 제공하는 library(CCA)의 함수 cc()와 cancor()를 활용한 사례를 소개하겠다. 두 가지 시험성적자료의 CCA를 위한 [R-코드 4.5.1](5subjects-CCAcc-cancor.R)를 참고하기 바란다. 특히, CCA에서 두 변수군의 대응관계와 개체들의 군집 경향을 파악하기 위한 정준상관행렬도와 유사한 경향을 보이는 그림은 함수 cc()에서는 plt.cc(cca, type="b", var.label=T)에 의해서 매우 간단히 제공되는 [그림 4.5.1]에 있으며 제2축에 대해 [그림 4.2.2]의 좌표점 위치와 반대로 되어 있으나 해석은 동일하다. 특이한 점은 정준계수가 한꺼번에 그려져 있고 상대적인 크기를 쉽게 비교하도록 원점을 중심으로 원이 그려져 있으며 개체 그림은 따로 제공된다는 점이다. 함수 cancor() 활용한 [그림 4.5.2]는 함수에서 구한 결과인 정준계수벡터 xcoef와 ycoef를 활용하여 정준상관점수행렬 두 쌍을 # Rows and Columns Coordinates: Rx Cx Ry Cy의 코드에 의해서 계산한 후 함수 biplot()를 통해 얻어진다. 해석은 [보기 4.2.2]의 [그림 4.2.2]와 동일하므로 생략한다.

CCA를 위한 스펙트럼분해를 활용한 정준상관과 정준변수의 대수적 유도 단계 [표 4.2.1]을 바탕으로 하는 대수적 알고리즘을 따라 [보기 4.2.2]에서는 클로즈북군과 오픈북

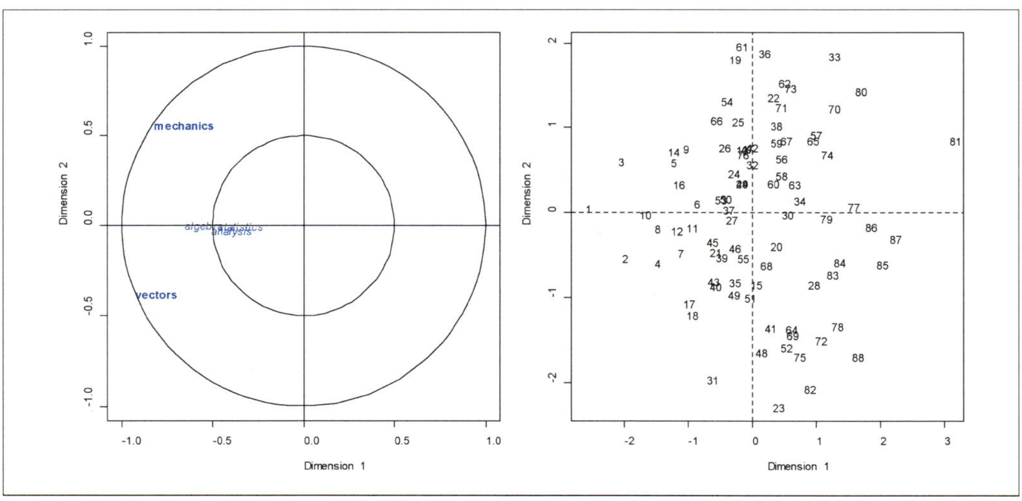

[그림 4.5.1] 두 가지 시험성적자료의 정준변수점수와 정준계수: R 함수 cc() 활용

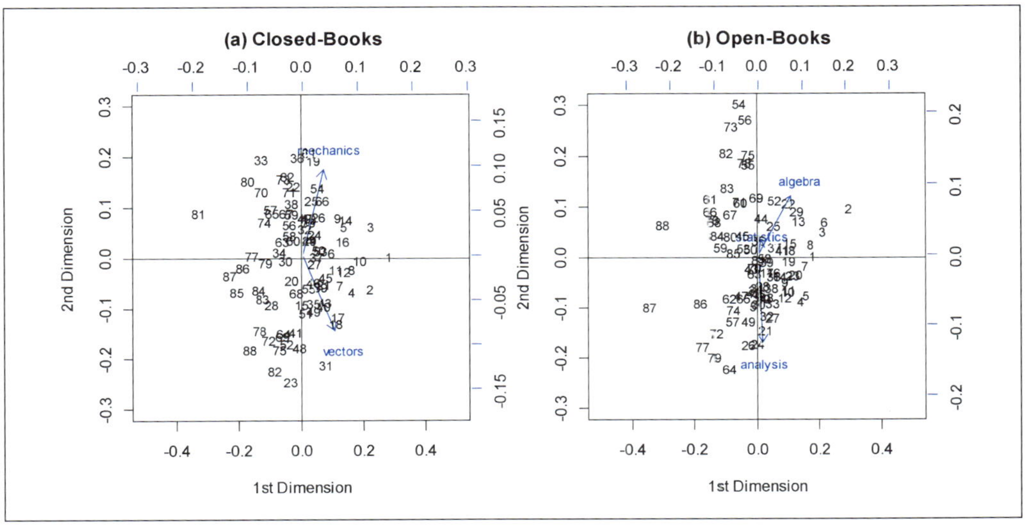

[그림 4.5.2] 두 가지 시험성적자료의 정준변수점수와 정준계수: R 함수 cancor() 활용

군으로 분류된 5개 과목의 시험성적자료 CCA 적용을 위한 [R-코드 4.2.2](5subjects-CCAsteps.R)를 재인용하였다. [보기 4.3.1]의 두 가지 시험성적자료의 CCA에서 두 정준상관의 유의성 검정을 위한 [R-코드 4.3.1](5subjects-CCAsteps-test.R)와 [보기 4.4.1]의 25 가계 장남과 차남의 머리 크기 자료의 CCA의 시각화를 위한 정준상관행렬도를 제공하는 [R-코드 4.4.1](head-CCbiplot.R)을 재인용하였다.

[R-코드 4.5.1] 두 가지 시험성적자료에 대한 R 함수 cc()와 cancor( )를 활용한 정준상관분석(5subjects-CCAcc-cancor.R)

```
#CCA for 5 Subjects
# Data Matrix
library("MVT")
data(examScor)

# Sets of Variables : X, Y
X=examScor[,1:2] # Closed books
X=scale(X, scale=T)
Y=examScor[,3:5] # Opened books
Y=scale(Y, scale=T)
Y

# CCA using the cc( )
library(CCA)
```

```
cca=cc(X, Y)
cca
plt.cc(cca, type="b", var.label=T)

# CCA using the cancor( )
cca<-cancor(X, Y)
cca
# Rows and Columns Coordinates : Rx Cx Ry Cy
Rx <- X%*%cca$xcoef[,1:2]
Cx <- cca$xcoef[,1:2]
Ry <- Y%*%cca$ycoef[,1:2]
Cy <- cca$ycoef[,1:2]
rownames(Cx) <- colnames(X)
rownames(Cy) <- colnames(Y)

par(mfrow=c(1,2))
par(pty="s")
biplot(Rx, Cx, xlab="1st Dimension", ylab="2nd Dimension",
      main=" (a) Closed-Books",  xlim=c(-0.5, 0.5),ylim=c(-0.3, 0.3),cex=0.8,pch=16)
abline(v=0,h=0)
biplot(Ry, Cy, xlab="1st Dimension", ylab="2nd Dimension",
   main=" (b) Open-Books",  xlim=c(-0.5, 0.5),ylim=c(-0.3, 0.3),cex=0.8,pch=16)
abline(v=0,h=0)
```

[보기 4.2.2]에서 클로즈북군 (x_1, x_2)=(mechanics, vectors)과 오픈북군 (y_1, y_2, y_3)=(algebra, analysis, statistics)로 분류된 5개 과목의 시험성적자료 [자료 1.3.1]에 대해 [표 4.1.1]의 대수적 유도 단계에 따라 CCA를 적용하되 상관행렬을 이용하기 위한 [R-코드 4.2.2](5subjects-CCAsteps.R)을 참고하기 바란다.

[R-코드 4.2.2] 두 가지 시험성적자료의 CCA(5subjects-CCAsteps.R))

```
#CCA Steps for 5 Subjects

#[Step 1] Data Matrix
library("MVT")
data(examScor)

# Sets of Variables: X, Y
X=examScor[,1:2] # Closed books
X=scale(X, scale=T)
Y=examScor[,3:5] # Opened books
```

```
Y=scale(Y, scale=T)

#[Step 2] Covariance Matrix S(or Correlation Matix R)
R=round(cor(examScor),3)
R

Rxx=R[1:2, 1:2]
Ryy=R[3:5, 3:5]
Rxy=R[1:2, 3:5]
Ryx=t(Rxy)
Rxx
Ryy
Rxy

# Rx ^ Ry
Exx <- eigen(Rxx)
Eyy <- eigen(Ryy)
Rx <- Exx$vectors %*% diag(sqrt(Exx$values)) %*% t(Exx$vectors)
Ry <- Eyy$vectors %*% diag(sqrt(Eyy$values)) %*% t(EyySvectors)

#[Step 3] Spectral Decomposition: M=PDP
M=solve(Rx)%*%Rxy%*%solve(Ryy)%*%Ryx%*%solve(Rx)
round(M, 3)
eigen.M=eigen(M)
eig=eigen.M$values
P=eigen.M$vectors

round(eig, 3) # Eigenvalues
round(sqrt(eig), 3) #Canonical Correlation
U=round(solve(Rx)%*%P, 3) # Eigenvectors
rownames(U)<-colnames(X)
U
V=solve(Ryy)%*%Ryx%*%U%*%diag(1/sqrt(eig))
V

#[Step 4] Canonical Varables Scores
Zx=X%*%U
Zx
Zy=Y%*%V
Zy

# Plot of Canonical Variables and Scores
par(mfrow=c(1,2))
par(pty="s")
lim1 <- range(pretty(Zx))
```

```
lim2 <- range(pretty(Zy))
biplot(Zx, U, xlab="1st Dimemsion",ylab="2nd Dimension", main=" (a) Closed-Books",
xlim=lim1,ylim=lim1,cex=0.8,pch=16)
abline(v=0,h=0)
biplot(Zy, V, xlab="1st Dimemsion",ylab="2nd Dimension", main=" (b) Open-Books",
xlim=lim2,ylim=lim2,cex=0.8,pch=16)
abline(v=0,h=0)
```

[보기 4.3.1]에서는 두 가지 시험성적자료(5subjects.txt)의 CCA에서 두 정준상관의 유의성 검정을 위한 [R-코드 4.3.1](5subjects-CCAsteps-test.R)를 참고하기 바란다.

[R-코드 4.3.1] 두 가지 시험성적자료의 CCA에서 정준상관의 유의성 검정 (5subjects-CCAsteps-test.R)

```
#CCA Test for 5 Subjects
#[Step 1] Data Matrix
library("MVT")
data(examScor)

# Sets of Variables : X, Y
X=examScor[,1:2] # Closed books
X=scale(X, scale=T)
Y=examScor[,3:5] # Opened books
Y=scale(Y, scale=T)
n=nrow(X)
p=ncol(X)
q=ncol(Y)

#[Step 2] Covariance Matrix S(or Correlation Matix R)
R=round(cor(examScor),3)
R

Rxx=R[1:2, 1:2]
Ryy=R[3:5, 3:5]
Rxy=R[1:2, 3:5]
Ryx=t(Rxy)

# Rx ^ Ry
Exx <- eigen(Rxx)
Eyy <- eigen(Ryy)
Rx <- Exx$vectors %*% diag(sqrt(Exx$values)) %*% t(Exx$vectors)
```

```
Ry <- Eyy$vectors %*% diag(sqrt(Eyy$values)) %*% t(Eyy$vectors)

#[Step 3] Spectral Decomposition: M=PDP
M=solve(Rx)%*%Rxy%*%solve(Ryy)%*%Ryx%*%solve(Rx)
round(M, 3)
eigen.M=eigen(M)
eig=eigen.M$values
round(eig, 3) # Eigenvalues
round(sqrt(eig), 3) #Canonical Correlation

#[Step 4] Testing Significant Canonical Correlations
ev <- (1 - eigen.M$values)
s <- min(p, q)
s
w=n - 3/2 - (p + q)/2
Lambda <- rev(cumprod(rev(ev)))
# initialize
d1 <- d2 <- f <- vector("numeric", s)
for (i in 1:s) {
    t <- sqrt((p^2 * q^2 - 4)/(p^2 + q^2 - 5))
    ti <- 1/t
    d1[i] <- p * q
    d2[i] <-w * t - p * q/2 + 1
    r <- (1 - Lambda[i]^ti)/Lambda[i]^ti
    f[i] <- r * d2[i]/d1[i]
    p <- p - 1
    q <- q - 1
}

p_value <- pf(f, d1, d2, lower.tail = FALSE)
(dmat <- cbind(WilksLambda = Lambda, F = f, df1 = d1, df2 = d2, p_value =
p_value))
```

[보기 4.4.1]에서는 25 가족 장남과 차남의 머리 크기 자료의 CCA의 시각화를 위한 정준상관행렬도를 제공하는 [R-코드 4.4.1](head-CCbiplot.R)을 참고하기 바란다.

[R-코드 4.4.1] 장남과 차남의 머리 크기 자료의 정준상관행렬도(head-CCbiplot.R))

```
#CC Biplot for First and Second Sons' Head
# Data Matrix
Data4.2.1<-read.table("head.txt", header=T)
Data4.2.1
```

```
n=nrow(Data4.2.1)
# Sets of Variables : X, Y
X=Data4.2.1[,1:2] #First sons
X=scale(X, scale=F)
Y=Data4.2.1[,3:4]
Y=scale(Y, scale=F) # Second sons

# Covariance Matrix S(or Correlation Matix R)
S=cov(Data4.2.1)
Sxx=cov(X)
Syy=cov(Y)
Sxy=t(X)%*%Y/(n-1)
Exx <- eigen(Sxx)
Eyy <- eigen(Syy)
Sx <- Exx$vectors %*% diag(sqrt(Exx$values)) %*% t(Exx$vectors)
Sy <- Eyy$vectors %*% diag(sqrt(Eyy$values)) %*% t(Eyy$vectors)

# SVD : K=SxSxySy
K <- solve(Sx) %*% Sxy %*% solve(Sy)
svd.K=svd(K)
U <- solve(Sx)%*%svd.K$u
V <- solve(Sy)%*%svd.K$v

# Rows and Columns Coordinates: Rx Cx Ry Cy
Rx <- (X%*%U%*%diag(svd.K$d))[,1:2]
Cx <- (U%*%diag(svd.K$d))[,1:2]
Ry <- (Y%*%V%*%diag(svd.K$d))[,1:2]
Cy <- (V%*%diag(svd.K$d) )[,1:2]
rownames(Cx) <- colnames(X)
rownames(Cy) <- colnames(Y)

# Goodness-of-fit
cc<-svd.K$d
eig <- (svd.K$d)^2
per <- eig/sum(eig)*100
cc;eig;per

# CC Biplot
par(mfrow=c(1,2))
par(pty="s")
biplot(Rx, Cx, xlab="1st Dimension", ylab="2nd Dimension",
        main="(a) CC Biplot for First Sons",
        xlim=c(-1.5, 1.5),ylim=c(-0.2, 0.2),cex=0.8,pch=16)
abline(v=0,h=0)
biplot(Ry, Cy, xlab="1st Dimension", ylab="2nd Dimension",
```

```
            main="(b) CC Biplot for Second Sons",
            xlim=c(-1.5, 1.5),ylim=c(-0.2, 0.2),cex=0.8,pch=16)
abline(v=0,h=0)
```

4.6 연습문제

4.1 정준상관분석에서 차원축소 개념을 설명하라.

4.2 정준상관점수를 주성분점수나 요인점수처럼 활용할 수 있는지를 설명하라.

4.3 정준상관분석의 시각화 기법인 정준상관행렬도는 어떤 것을 보여 주는지 설명하라.

4.4 다음의 두 변수군에 대한 상관행렬이 주어져 있다.

$$R_{xx} = \begin{pmatrix} 1.000 & 0.870 & -0.366 \\ 0.870 & 1.000 & -0.353 \\ -0.366 & -0.353 & 1.000 \end{pmatrix},\ R_{yy} = \begin{pmatrix} 1.000 & 0.696 & 0.496 \\ 0.696 & 1.000 & 0.669 \\ 0.496 & 0.669 & 1.000 \end{pmatrix},$$

$$R_{xy} = \begin{pmatrix} -0.390 & -0.493 & -0.226 \\ -0.552 & -0.646 & -0.192 \\ 0.151 & 0.225 & 0.035 \end{pmatrix} = R_{yx}^t$$

(1) 제1정준상관이 0.796임을 보여라.

(2) 제1정준변수의 쌍을 구하라.

(3) 정준상관의 유의성을 검정하라.

4.5 다음은 140명의 아동들을 대상으로 얻어진 읽기변수군 $\boldsymbol{x}$=(읽기속도, 읽기능력)^t 와 산술변수군 $\boldsymbol{y}$=(산술속도, 산술능력)^t 간의 상관관계를 보여주고 있다.

$$R = \begin{pmatrix} R_{xx} & R_{yy} \\ R_{yx} & R_{yy} \end{pmatrix} = \begin{pmatrix} 1.000 & 0.633 & 0.241 & 0.059 \\ 0.633 & 1.000 & -0.055 & 0.066 \\ 0.241 & -0.055 & 1.000 & 0.425 \\ 0.059 & 0.066 & 0.425 & 1.000 \end{pmatrix}$$

(1) 모든 정준상관을 구하고 이에 대응하는 정준변수를 구하라.

(2) 유의수준 1%에서 유의한 정준상관을 구하라.

(3) 유의한 정준변수를 해석하라.

4.6 [표 4.6.1](fitness.txt)은 헬스클럽의 중년회원 20명을 대상으로 몸무게, 허리둘레, 맥박수, 턱걸이, 복근운동, 높이뛰기에 대해 측정한 자료이다(SAS Institute Inc., 1990, Chapter 15). 이들 변수는 각각 신체적 변수군(몸무게, 허리둘레, 맥박수)과 체력적 변수군(턱걸이, 복근운동, 높이뛰기)으로 분류된다.

| 자료 4.6.1 | 헬스클럽의 자료(fitness.txt)

몸무게	허리둘레	맥박수	턱걸이	복근운동	높이뛰기
191	36	50	5	162	60
189	37	52	2	110	60
193	38	58	12	101	101
162	35	62	12	105	37
189	35	46	13	155	58
182	36	56	4	101	42
211	38	56	8	101	38
167	34	60	6	125	40
176	31	74	15	200	40
154	33	56	17	251	250
169	34	50	17	120	38
166	33	52	13	210	115
154	34	64	14	215	105
247	46	50	1	50	50
193	36	46	6	70	31
202	37	62	12	210	120
176	37	54	4	60	25
157	32	52	11	230	80
156	33	54	15	225	73
138	33	68	2	110	43

(1) 정준변수를 구하라.

(2) 정준상관은 모두 유의한지를 검정하라.

(3) 정준상관행렬도를 통해 변수와 개체들의 대응관계를 살펴보라.

4.7 다음의 상관행렬은 지능과 교육의 연관관계의 정도를 알아보고자 100쌍의 아버지와 아들을 대상으로 5개의 변수(x_1=아버지의 교육수준, x_2=아버지의 직업, y_1=아들의 아동기 IQ, y_2=아들의 교육수준, y_3=아들의 성인기 IQ)로 측정하여 얻어진 것이다.

	x_1	x_2	y_1	y_2	y_3
아버지의 교육수준	1.000				
아버지 직업	0.489	1.000			
아들의 아동기 IQ	0.318	0.308	1.000		
아들의 교육수준	0.403	0.426	0.545	1.000	
아들의 성인기 IQ	0.292	0.296	0.827	0.624	1.000

(1) 정준변수를 구하라.

(2) 정준상관은 모두 유의한지를 검정하라.

(3) 정준변수의 설명력을 서로 비교하라.

4.8 [연습문제 3.11]에서 남자 테니스 선수 상위랭크와 하위랭크는 랭킹순서대로 25명씩 선수 50명에 대한 8개의 체격요인변수군(신장, 체중, 상완장, 전완장, 수장, 상지장/신장비율, 전완장/상지장비율, 피하지방합)과 8개의 체력요인변수군(악력, 윗몸일으키기, 하버드스 텝, 윗몸앞으로굽히기, 50m달리기, 제자리높이뛰기, 눈감고외발서기, 전신반응시간), 그리고 기초기술요인변수군(그라운드 스트로크, 서비스, 발리)인 세 변수군에 의해 측정된 [자료 3.9.1](tennis.txt)을 고려하자.

(1) 체격요인변수군과 체력요인변수군 간의 정준상관분석을 실시하라.

(2) 체격요인변수군과 기초기술요인변수군 간의 정준상관분석을 실시하라.

(3) 체력요인변수군과 기초기술요인변수군 간의 정준상관분석을 실시하라.

(4) (1) ~ (3)에서 정준상관행렬도를 각각 얻고 기하적으로 변수들과 개체들의 대응관계를 해석하라.

(5) (1) ~ (4)를 상위랭킹 25명과 하위랭킹 25명에 대하여 각각 나누어 분석을 시도하고 그 경향을 비교하라.

제 5 장

군집분석 (Cluster Analysis)

서로 유사한 개체나 상관관계가 큰 변수들끼리 한 집단으로 묶는 통계적 방법을 군집분석이라 한다. 개체들 간 유사성, 비유사성 또는 거리와 같은 연관성측도를 바탕으로 초기군집을 정의하고 이들 군집 간의 거리가 가까운 것끼리 한 군집으로 묶어가는 과정을 반복한다. 이때 군집들 간의 연관성측도를 정의하는 방법에 따라 그 결과가 달라진다. 군집분석은 크게 계층 군집분석, 비계층 군집분석 그리고 통계모형에 의한 군집분석으로 구분한다. R에서는 함수 hclust()가 계층 군집분석에 활용되며, 비계층 군집분석의 K-평균법과 K-대표개체법은 각각 kmeans()와 library(cluster)의 pam()이 사용된다. 이 장에서는 군집의 수를 정하는 데에 함수 NbClust()를 활용하며, 통계모형에 의한 군집분석에는 library(mclust)의 함수 Mclust()를 통해 군집분석의 다양한 응용과 결과에 대한 해석을 보이고자 한다.

5.1 군집분석의 이해

개체와 변수들에 의한 관찰 값으로 구성된 다변량 자료에서 이들의 유사성(similarity)또는 비유사성(dissimilarity)에 의해 사전에 알려져 있지 않은 개체와 변수들의 군집과 군집의 특성을 탐색적으로 찾는 일은 매우 중요하다. 일반적으로 군집분석(cluster analysis, CA)은 개체들을 서로 유사한 것끼리 군집화 하거나 상관관계가 큰 변수들끼리 군집으로 묶는 통계적인 방법을 통해 다변량 자료의 군집화에 대한 이해를 돕는 기법이다.

만약에 군집의 수를 포함하여 군집의 정보가 알려져 있는 경우에는 6장의 판별분석(discriminant analysis)과 분류분석(classification analysis)을 활용하여 군집을 판별하는 기준을 찾고 새로운 관찰 값을 이들 중 하나에 분류 또는 할당하게 된다.

CA에서 군집화는 크게 개체 군집화와 변수 군집화로 나누어지며 전자는 개체들의 유사성 또는 1.5절에서 살펴본 유클리드 거리를 포함하여 다양한 거리에 근거하여 이루어진다. 변수 군집화는 변수들의 상관관계를 나타내는 상관계수나 기하적으로 n 차원의 개체공간(R-space)에서 변수를 나타내는 두 좌표점 벡터 간의 사이각도의 코사인 값에 의해 이루어지며 대수적으로 이들 두 값은 일치한다. 변수들의 군집은 앞서 PCA, FA, CCA를 활용해도 무방하다. 실제로 이들 분석을 통해 주성분, 인자, 정준변수들은 변수들의 차원 축소 관점에서 얻은 변수들의 군집개념으로 여길 수 있으며 이들에 의한 점수들은 원 다변량 자료를 대신하는 새로운 자료로 CA에서 개체 군집을 위해 활용될 수도 있다.

따라서 CA의 최종 목적은 개체들 간의 군집이며 이를 위한 방법으로 광범위하게는 계층 방법(hierarchical method)과 비계층 방법(nonhierarchical method)이 있다. 전자는 개체들의 군집형성 방법에 따라 병합방법(agglomerative method)과 이와는 반대 개념의 분할방법(divisive method)으로 나뉜다. 어느 방법이든지 그 결과는 덴드로그램(dendrogram)을 통하여 시각적으로 확인 가능하다. 특히, 병합방법에는 단일연결법(single linkage), 완전연결법(complete linkage), 평균연결법(average linkage)이 대표적이며, 병합방법을 따르지는 않지만 넓게는 계층 방법을 따르는 와드연결법(Ward linkage)이 있다. 이들은 개체뿐만 아니라 변수들의 군집에도 이용된다. 비계층 방법으로는 규모가 큰 자료의 개체 군집화에 효율적인 K-평균법(K-means method), K-중위수법(K-median method) 그리고 K-대표개체법(K-medoids method)이 잘 알려져 있다. 더불어 최근에는 각 개체들이 얻어진 분포나 모형에 대한 가정으로부터 공분산에 대한 다양한 통계모형에 의한 군집분석이 있다. 이들 통계모형을 특히 가우스 혼합모형이라 한다.

CA의 목적은 개체와 변수들의 군집을 찾는 것뿐만 아니라 군집에서 많이 벗어나 있는 이상치를 찾거나 결측값에 대한 대체값을 제공하는 것이다. 최근 저차원 공간에 표현된 자료를 통해 시각적으로 군집을 살펴보는 행렬도의 부류인 주성분행렬도, 인자행렬도와 정준상관행렬도와 7장의 다차원척도법(multidimensional scaling)도 CA의 목적을 충분히 도와준다.

시장조사나 금융거래의 고객위험관리에서 CA의 활용은 매우 현실적으로 요구되고 있다. 기업들은 고객들을 소득, 수입, 학력, 성별, 주거 지역 등과 같은 인구통계적 변인과 주로 구매하는 상품의 종류, 가격 등과 관련된 구매패턴, 취미, 여행 등 라이프스타일에 따라 군집화 하여 신상품 구매의 타깃을 결정하는 데에 CA를 활용하기도 한다. 또한 금융거래에서 평소 신용평가를 통해 군집화 된 고객들의 대출 여부와 한도를 조절하거나 평소 신용카드 사용자의 스타일과 다른 이상 징후를 발견하는 고객위험관리에도 CA의 활용은 매우 높은 비중을 차지한다.

요약 계층 군집분석, 비계층 군집분석, 통계모형 군집분석

- **계층 군집분석**: 병합과 분할방법에 의한 군집 형성
  - 단일연결법, 완전연결법
  - 평균연결법, 중심연결법
  - 중위수연결, 와드연결법
- **비계층 군집분석**: 초기군집 수 K와 군집중심과의 거리로 군집 형성
  - K-평균법, K-중위수법
  - K-대표개체법
- **통계모형 군집분석**: 개체에 대한 분포를 가정한 최대우도함수에 의한 군집 형성
  - 가우스 혼합모형: EII 모형, VII 모형, VEI 모형 등

5.2 연관성측도

다변량 자료에서 개체와 변수들의 군집을 발견하기 위해서는 그들의 유사성 또는 근접성(proximity 또는 closeness)을 나타내는 연관성측도(association measure)가 필요하며 그들은 매우 주관적으로 선택된다. 특히 자료를 구성하는 변수의 성질(이산, 연속, 이항)과 측정척도(명목, 순서, 구간, 비) 등을 고려해야 한다. 개체들을 군집으로 묶을 때 그들

간의 연관성은 유클리드 거리와 같이 일종의 거리에 의해 나타내며 거리가 클수록 개체 간의 연관성이 적어져 유사하지 않게 되므로 거리를 엄밀히 말하자면 비유사성(dissimilarity)을 나타내는 연관성측도라 한다. 반면에 변수들 간의 연관성은 상관계수로 나타내는데 이 값이 클수록 변수들 간의 연관성이 크며 유사하게 되므로 상관계수를 유사성을 나타내는 연관성측도로 생각할 수 있다.

비유사성

1.5절에서 크기가 $n \times p$인 다변량 자료행렬 X의 두 개체에 해당하는 r번째와 s번째 두 좌표점 $\boldsymbol{x}_r = (x_{r1}, \dots, x_{rp})^t$과 $\boldsymbol{x}_s = (x_{s1}, \dots, x_{sp})^t$을 비교하는 척도로 유클리드 거리, 가중 유클리드 거리, 표준화 유클리드 거리, 마할라노비스 거리, 시티블럭 거리, 민코프스키 거리를 [표 1.5.1]에 정리해 두었다. 이들 거리를 d_{rs}, $r, s = 1, \dots, n$라 하면 기본적으로 다음의 세 가지 조건을 만족해야 한다.

$$\text{조건 1)}\ d_{rs} \geq 0,\ r \neq s$$
$$\text{조건 2)}\ d_{rr} = 0$$
$$\text{조건 3)}\ d_{rs} = d_{sr}\ \text{(대칭성)}$$

추가적으로 다음의 조건 4-a)를 만족하면 계량형(metric)이고 조건 4-b)를 만족하면 초계량형(ultrametric)이라 한다(Izenman, 2008, pp. 412-413).

$$\text{조건 4-a)}\ d_{rk} + d_{sk} \geq d_{rs}\ \text{(삼각 부등식)}$$
$$\text{조건 4-b)}\ \max\{d_{rk},\ d_{sk}\} \geq d_{rs}$$

그러나 대부분의 거리들이 조건 4-a)와 4-b)를 만족하지 않기 때문에 이 조건들은 결코 필요조건이 아니다. 일반적으로 유클리드 거리는 모든 조건을 만족한다고 알려져 있다.

[표 1.5.1]의 개체 간의 비유사성을 나타내는 거리 외에 Mardia 외(1979, p. 381)는 그룹 간의 비유사성을 나타내는 칼 피어슨과 마할라노비스 거리를 요약하고 있다. 만약에 임의의 두 그룹 h와 k에 대하여 각 그룹의 크기를 n_g, $g = h, k$라 하고 $\overline{x}_{gr}$과 s_{gr}^2을 g번째 그룹의 r번째 변수의 평균과 분산이라 하면 그룹 간의 칼 피어슨 거리

$$d_{hk} = \left[\frac{1}{p} \sum_{j=1}^{p} \frac{(\overline{x}_{hj} - \overline{x}_{kj})^2}{(s_{hj}^2/n_h) + (s_{kj}^2/n_k)} \right]^{1/2}$$

를 정의하며 그룹 간의 마할라노비스 거리로 다음을 정의하고 있다.

$$d_{hk} = \left[(\bar{\boldsymbol{x}}_h - \bar{\boldsymbol{x}}_k)^t S^{-1} (\bar{\boldsymbol{x}}_h - \bar{\boldsymbol{x}}_k) \right]^{1/2}$$

여기서 각 군집 자료행렬의 평균벡터를 $\bar{\boldsymbol{x}}_h$, $\bar{\boldsymbol{x}}_k$라 하고 S는 전체 자료행렬의 공분산행렬이다.

변수들 간의 군집을 위해서 사용하는 비유사성은 다변량 자료행렬의 두 변수를 나타내는 $\boldsymbol{x}_l = (x_{1l}, \ldots, x_{nl})^t$과 $\boldsymbol{x}_m = (x_{1m}, \ldots, x_{nm})^t$에 대하여 다음을 사용한다.

$$d_{lm} = 1 - r_{lm} = 1 - \frac{s_{lm}}{s_l s_m} \qquad (5.2.1)$$

여기서 $s_{lm} = \Sigma_{i=1}^{n} (x_{il} - \bar{x}_l)(x_{im} - \bar{x}_m)/(n-1)$은 공분산이고 s_l과 s_m은 각 변수의 표준편차이다. $-1 \le r_{lm} \le 1$은 두 변수의 상관계수이다. 이외에도 Cox와 Cox(2001, Table 1.1)에는 다양한 비유사성을 나타내는 연관성측도가 요약되어 있다.

특별히 8장에서 살펴볼 행과 열을 가지는 범주형자료(categorical data)에서 상대 도수(relative frequency) $f_{rc}(\ge 0)$에 의한 $I \times J$ 분할표를 $F = (f_{rc})$, $r = 1, \ldots, I$; $c = 1, \ldots, J$라 하자. 각각 크기가 $f_{i.} = \Sigma_{c=1}^{J} f_{ic}$와 $f_{j.} = \Sigma_{c=1}^{J} f_{jc}$인 i와 j번째 두 행범주의 행프로파일 벡터 $\boldsymbol{r}_i = (f_{i1}, \ldots, f_{iJ})^t / f_{i.}$와 $\boldsymbol{r}_j = (f_{j1}, \ldots, f_{jJ})^t / f_{j.}$사이의 가중치 $f_{.j} = \Sigma_{r=1}^{I} f_{rj}$를 가지는 가중 유클리드 거리는 다음과 같다.

$$d_{ij} = \left[\sum_{c=1}^{J} \frac{1}{f_{.c}} \left(\frac{f_{ic}}{f_{i.}} - \frac{f_{jc}}{f_{j.}} \right)^2 \right]^{1/2}$$

범주형자료의 가중 유클리드 거리는 행범주와 더불어 열범주 간에도 동일하게 성립하며 다변량통계기법인 대응분석(correspondence analysis)에서 범주들 간의 기하적인 거리로 정의된다. 따라서 범주들의 군집 형성에 중요한 역할을 하는 연관성측도이다(최용석, 2001, 2장).

[보기 5.2.1] 경제관련기관 경제전망의 비유사성측도: 유클리드 거리

EXAMPLE

[자료 1.3.5](economicview.txt)에는 우리나라 14개 경제관련기관의 전문가들의 향후 1년간 10가지 경제전망(성장률, GNP, 수출, 수입, 국제흑자, 연말외채, 연말환율, 실업률, 소비물가, 임금상승)에 관한 조사표(동아일보, 1989.1.4)인 계량치 자료가 주어져 있다. 이 자료는 양적(quantitative)자료인 경우로 [표 1.5.1]에서 정의한 다양한 거리를 [R-코드 5.2.1](economicview-distances.R)을 참고하여 구할 수 있으며 그 결과는 독자들이 확인

해 보기 바란다.

[R-코드 5.2.1] 경제관련기관 경제전망의 연관성측도인 4가지 거리계산 (economicview-distances.R)

```
Data1.3.5<-read.table("economicview.txt", header=T)
X<-Data1.3.5[,-1]
X<-as.matrix(Data1.3.5[,-1])

n<-nrow(X)
xbar<-t(X)%*%matrix(1,n,1)/n  # 평균벡터
I<-diag(n)
J<-matrix(1,n,n)
H<-I-1/n*J                    # 중심화행렬
Y<-H%*%X                      # 중심화 자료행렬
S<-t(Y)%*%Y/(n-1)             # 공분산행렬
D<-diag(1/sqrt(diag(S)))      # 표준편차행렬의 역
Z<-Y%*%D                      # 표준화자료행렬
colnames(Z)<-colnames(X)

# 유클리드 거리
de <- as.matrix(dist(X, method="euclidean"))
de <- as.dist(de)
round(de, 3)

# 표준화 유클리드 거리
ds <- as.matrix(dist(Z, method="euclidean"))
ds <- as.dist(ds)
round(ds, 3)

# 마할라노비스 거리
library(biotools)
dm<-D2.dist(X, S)
round(sqrt(dm), 3)

# 시티블럭 거리
dc <- as.matrix(dist(X, method="manhattan"))
dc <- as.dist(dc)
round(dc, 3)
```

더불어 양적인 자료인 [자료 1.3.5]에서 10가지 경제전망 항목을 주관적 기준((1) 성장률이 8.5% 이상이 될 것이다. (2) GNP는 1950달러 이상이 될 것이다. (3) 수출은 700억

달러 이상이 될 것이다. (4) 수입은 630억 달러 이하가 될 것이다. (5) 국제흑자는 100억 달러 이하가 될 것이다. (6) 연말외채는 280억 달러 이하가 될 것이다. (7) 연말환율은 1달러당 630원 이상일 것이다. (8) 실업률은 3.0% 이하일 것이다. (9) 소비자 물가의 상승률은 6.0% 이하일 것이다. (10) 임금 상승률은 12.5% 이하일 것이다.)에 의해서 예(1)와 아니오(0) 형태로 가공된 이진수자료(economicviewbinary.txt)는 0과 1 값을 가진 이진수로 구성된 질적(qualitative) 자료행렬이다. 여기서 경제전망에 관한 두 기관의 의견이 다른 항목의 수를 비유사성측도로 정의할 수 있다. 이는 실제 앞서 정의한 두 개체 간의 거리 개념에서 보면 이진수자료의 유클리드 거리의 제곱에 해당한다.

이를 수리적으로 보기 위해 이진수자료에서 이진수자료행렬 $X=(x_{rj})$, $r=1, \ldots, n\,; j=1, \ldots, p$가

$$x_{rj} = \begin{cases} 1 & : \text{ 개체 } r\text{이 } j\text{번째 변수의 성질을 만족한다.} \\ 0 & : \text{ 그렇지 않다.} \end{cases} \tag{5.2.2}$$

을 만족한다. 이진수자료(economicviewbinary.txt)에서 한국은행과 동서증권 두 개체만을 고려한 [표 5.2.1]을 생각해 보자. 두 개체 $r=$한국은행$=1$과 $s=$동서증권$=3$에 대해 (5.2.2)에 의해서 다음을 만족한다.

$$(x_{rj}-x_{sj})^2 = \begin{cases} 0 & : \; x_{rj} = x_{sj} \\ 1 & : \; x_{rj} \neq x_{sj} \end{cases}$$

[표 5.2.1] 14개 경제관련기관 경제전망의 이진수자료의 예

기관	경제 전망									
	1	2	3	4	5	6	7	8	9	10
한국은행	0	1	0	0	0	1	1	1	1	1
동서증권	1	1	0	1	1	0	1	1	1	1

따라서 [표 5.2.1]에서 10가지 경제전망에 대한 이들 간의 제곱유클리드 거리는

$$d_{rs}^2 = \sum_{j=1}^{10} (x_{rj}-x_{sj})^2 = (0-1)^2 + (1-1)^2 + \cdots + (1-1)^2 = 4$$

이다. 이는 경제전망에 관한 두 기관의 의견이 다른 항목의 수이며 유클리드 거리는 $d_{rs}=2$로 [R-코드 5.2.1]에서 입력자료를 이진수자료 economicviewbinary.txt로 바꾸어 주면 된다.

유사성

비유사성과는 정반대의 개념인 두 개체 r와 s의 유사성 c_{rs}를 나타내는 유사성측도가 있다. 대개 유사성은 비유사성의 조건 1) ~ 조건 3)과 같은 성질을 갖고 있다(Mardia 외, 1979, p. 382; du Toit 외, 1986, p. 76). 다만 조건 2)에서는 $c_{rr}=1$을 만족한다. 특히, 이진수자료에 대해 개체 간의 유사성측도와 변수들 간의 유사성측도에 대해서 알아보고자 하며 이는 양적자료의 경우에도 동일하게 적용된다.

자료행렬 $X=(x_{rj})$, $r=1, \dots, n; j=1, \dots, p$가 (5.2.2)를 만족하는 이진수자료인 경우 먼저 두 개체 간의 유사성을 나타내는 몇 가지 유사성측도를 알아보자. 이를 위해 [표 5.2.2]의 2×2 조합표(association table)를 생각해 보자. 이는 두 개체 r와 s가 0과 1을 가지는 이진수자료로 새로 구성된 이원 분할표 형태로 a는 1-1 짝의 수, b는 1-0 짝의 수 등을 나타내며 따라서 $p=a+b+c+d$는 이들의 전체 합이 된다.

[표 5.2.2] 이진수자료의 두 개체에 대한 2×2 조합표

		개체 s		합계
		1	0	
개체 r	1	a	b	$a+b$
	0	c	d	$c+d$
합계		$a+c$	$b+d$	p

Johnson과 Wichern(2007, p. 675)은 [표 5.2.2]에서 개체 r와 s의 유사성 c_{rs}를 나타내는 유사성측도 8가지를 소개하고 있고 이를 인용하여 [표 5.2.3]에 정리하였다. 이 외에도 Cox와 Cox(2001, Table 1.2)에는 이진수자료에 대한 유사성측도를 더 제공하고 있다. [표 5.2.3] 중에서 가장 보편적으로 이용되는 것은 ①, ④, ⑤ 세 가지로 이를 다음과 같이 부른다.

- 단순매칭계수(simple matching coefficient): $c_{rs}=(a+d)/p$
- 러셀-라오계수(Russell and Rao coefficient): $c_{rs}=a/p$
- 자카드계수(Jaccard's coefficient): $c_{rs}=a/(a+b+c)$

이러한 계수들에 의한 크기가 $n \times n$인 유사성행렬을 각각 C_S, C_R, C_J라 하자. 더군다나, C_R과 C_J 그리고 C_S는 이진수자료행렬 $X=(x_{rj})$, $r=1, \dots, n; j=1, \dots, p$에서

(5.2.3)과 (5.2.4)의 행렬연산을 이용하면 쉽게 얻어진다(Mardia 외, 1979, p. 383).

$$C_R = \frac{XX^t}{p} \text{와 } C_J = \frac{XX^t}{p-d} \tag{5.2.3}$$

$$C_S = \frac{[XX^t + (J-X)(J-X)^t]}{p} \tag{5.2.4}$$

여기서, $J = 1_n 1_p^t$는 크기가 $n \times p$이고 모든 원소가 1인 행렬이고 C_S의 대각 원소는 모두 1이다. 그리고 C_R, C_J, C_S는 양반정치행렬이다.

| 표 5.2.3 | 이진수자료의 유사성측도

유사성측도	참고 사항
① $\frac{a+d}{p}$	1-1짝과 0-0짝에 대해 같은 가중치
② $\frac{2(a+d)}{2(a+d)+b+c}$	1-1짝과 0-0짝에 대해 두 배 가중치
③ $\frac{a+d}{a+d+2(b+c)}$	불일치 짝에 두 배 가중치
④ $\frac{a}{p}$	분자에 1-1짝만 있음
⑤ $\frac{a}{a+b+c}$	분자 또는 분모에 0-0짝이 없음
⑥ $\frac{2a}{2a+b+c}$	분자 또는 분모에 0-0짝이 없음. 1-1짝에 두 배 가중치
⑦ $\frac{a}{a+2(b+c)}$	분자 또는 분모에 0-0짝이 없음. 불일치 짝에 두 배 가중치
⑧ $\frac{a}{b+c}$	0-0짝을 제외하고 불일치 짝에 대한 일치 짝의 비

이진수자료행렬 $X = (x_{rj})$, $r = 1, \ldots, n$; $j = 1, \ldots, p$에서 [표 5.2.2]의 두 개체에 대한 2×2 조합표 대신에 두 변수에 대한 2×2 조합표를 구성할 수 있다. 이럴 경우 조합표는 [표 5.2.4]와 같이 분할표(contingency table)가 되고 여기서 $n = n_{11} + n_{12} + n_{21} + n_{22}$은 총 개체의 수이다.

[표 5.2.4] 이진수자료에서 두 변수에 대한 2×2 분할표

		변수 m		합계
		1	0	
변수 l	1	n_{11}	n_{12}	$n_{11}+n_{12}$
	0	n_{21}	n_{22}	$n_{21}+n_{22}$
합계		$n_{11}+n_{21}$	$n_{12}+n_{22}$	n

[표 5.2.4]에서 두 변수의 곱적률 상관계수(product moment correlation coefficient)는

$$r=\frac{n_{11}n_{22}-n_{12}n_{21}}{[(n_{11}+n_{12})(n_{21}+n_{22})(n_{11}+n_{21})(n_{12}+n_{22})]^{1/2}} \tag{5.2.5}$$

가 되며, 이 값을 두 변수 간의 유사성측도로 사용할 수 있다. (5.2.5)의 곱적률 상관계수는 귀무가설로 두 범주형 변수들 간의 유사성이 없다는 독립성을 검정하는 카이제곱 검정통계량 χ^2과는 수리적으로 $\chi^2=nr^2$의 관계가 성립한다. n이 고정된 경우에 유사성을 나타내는 곱적률 상관계수가 크면 귀무가설을 기각하게 되고 독립성에서 벗어나 통계적으로 유의하게 유사성이 있음을 말하게 된다.

참고로 개체들 간의 유사성측도를 나타낸 [표 5.2.3]에서 p 대신 n을 사용하고 $a=n_{11}$, $b=n_{12}$, $c=n_{21}$, $d=n_{22}$로 대체하면 변수들 간의 유사성측도를 만들 수 있다.

지금까지 이진수자료에 대한 개체들 간의 유사성측도와 변수들 간의 유사성측도에 대해 살펴보았다. 일반적으로 양적자료행렬 $X=(x_{rj})$, $r=1, \ldots, n;\ j=1, \ldots, p$에서는 두 변수 $\boldsymbol{x}_l=(x_{1l}, \ldots, x_{nl})^t$과 $\boldsymbol{x}_m=(x_{1m}, \ldots, x_{nm})^t$에 대한 유사성측도로 (5.2.1)에서 사용된 피어슨의 상관계수

$$c_{lm}=r_{lm}=\frac{s_{lm}}{s_l s_m} \tag{5.2.6}$$

를 이용함은 잘 알려져 있다. 특히, 음의 상관계수는 때때로 그 절대값을 유사성으로 사용한다. (5.2.6)에서 정의한 유사성에 의해 크기가 $p\times p$이고 대각원소가 1인 대칭인 유사성행렬 $C=(c_{lm})$, l, $m=1, \ldots, p$을 형성할 수 있으며 이는 상관행렬이 됨을 잘 알고 있다.

끝으로 양적변수와 질적변수가 혼합되어 있는 경우에 개체 r와 s의 유사성측도로

$$c_{rs} = 1 - \frac{1}{p}\sum_{j=1}^{p} w_j |x_{rj} - x_{sj}|$$

를 정의할 수 있으며, 따라서 유사성행렬은 양반정치이며 여기서 만약에 l번째가 질적변수이면 $w_l = 1$이고, 양적변수이면 $w_l = 1/R_l$이며 $R_l = \max_{rs}|x_{rl} - x_{sl}|$은 l번째 변수의 범위(range)라 한다(Mardia 외, 1979, pp. 383-384).

[보기 5.2.2] 14개 경제관련기관의 경제전망의 유사성측도: 단순매칭계수

EXAMPLE

[표 5.2.3]에서 정의한 유사성측도 중 단순매칭계수를 계산하는 사례를 위하여 [표 5.2.1]로 두 개체 $r=$한국은행과 $s=$동서증권에 대한 [표 5.2.5]와 같은 2×2 조합표를 구성하자. 이는 경제전망이 같은 짝 1-1과 0-0이 각각 5개와 1개이고 나머지 4개는 경제전망이 다른 짝 1-0 혹은 0-1로 이루어져 있다. 따라서 단순매칭계수를 활용한 두 개체 $r=$한국은행과 $s=$동서증권에 대한 유사성은 $c_{rs} = (a+d)/p = (5+1)/10 = 0.6$이 된다.

[표 5.2.5] 한국은행과 동서증권의 2×2 조합표

		동서증권		합계
		1	0	
한국은행	1	5	1	6
	0	3	1	4
합계		8	2	10

같은 사례에 대하여 [보기 5.2.1]에서 두 개체 간의 제곱유클리드 거리로 살펴본 비유사성은 $d_{rs}^2 = 4$로 [표 5.2.5]에 따르면 경제전망이 다른 짝 1-0 혹은 0-1의 수 $b+c = 1+3 = 4$에 해당한다. 따라서 유클리드 거리에 의한 비유사성 d_{rs}과 단순매칭계수에 의한 유사성 c_{rs}와의 관계는

$$d_{rs} = \sqrt{p(1 - c_{rs})}$$

이 됨을 알 수 있다.

다음으로 [표 5.2.4]와 같이 변수들의 관점에서 이진수자료의 2×2 분할표로 변수들 간의 유사성측도를 구하고 이를 평가하는 예를 살펴보자. [자료 1.3.5]로 만들어진 이진수자료(economicviewbinary.txt)의 14개 경제관련기관의 10가지 경제전망 중에 1=성장률과

2=GNP에 대해서 [표 5.2.6]과 같이 2×2 분할표를 구성할 수 있다.

[표 5.2.6] 1=성장률과 2=GNP의 2×2 분할표

		2=GNP		합계
		1	0	
1=성장률	1	6	4	10
	0	1	3	4
합계		7	7	14

[표 5.2.6]에서 (5.2.5)의 곱적률 상관계수를 계산하면

$$r = \frac{6\times 3 - 4\times 1}{[10\times 4\times 7\times 7]^{1/2}} = \frac{\sqrt{10}}{10} \simeq 0.316$$

이다. 이 값은 낮은 상관을 보여 성장률과 GNP는 유사하지 못함을 보여 준다. 더불어 곱적률 상관계수를 가지고 카이제곱통계량을 계산하여 보면

$$\chi^2 = n\times r^2 = 14\times(0.316)^2 \simeq 1.4$$

가 얻어진다. 실제로 이 값은 [표 5.2.6]에서

귀무가설 H_0: 성장률과 GNP는 연관성이 없다.

라는 범주형자료분석의 독립성검정을 위한 카이제곱 검정통계량

$$\chi^2 = \left(\frac{6-5}{\sqrt{5}}\right)^2 + \left(\frac{4-5}{\sqrt{5}}\right)^2 + \left(\frac{1-2}{\sqrt{2}}\right)^2 + \left(\frac{3-2}{\sqrt{2}}\right)^2 = 1.4$$

와 동일하며 자유도는 $df = (2-1)(2-1) = 1$이다. 이 경우 유의수준 5%에서 기각값은 3.84로 검정통계량값 1.4보다 크므로 귀무가설을 기각하지 못한다. 즉, 성장률과 GNP는 연관성이 없으며 통계적으로 유사하지 못하다.

비유사성과 유사성의 상호 변환

일반적으로 다변량자료행렬 X로부터 두 개체 r과 s 간의 거리로 나타낸 비유사성 d_{rs}가 크면 두 개체 간의 유사성 c_{rs}는 작아지며, 반대로 비유사성이 작아지면 유사성은 크게 된다. 비유사성과 유사성의 사이의 가장 큰 차이점은 거리를 나타내는 비유사성은 양

의 값을 나타내는 반면에 유사성은 0과 1 사이의 값을 나타낸다. 가장 잘 알려진 비유사성에서 유사성으로의 변환(transformation)은

$$c_{rs} = \frac{1}{1 + d_{rs}}$$

이며 $0 < c_{rs} \le 1$을 만족한다. 그 반대의 경우는 비유사성의 성질인 조건 4-a)의 삼각 부등식 때문에 명백하지 않다. Mardia 외(1979, p. 402)와 du Toit 외(1986, p. 77)에 따르면 만약에 유사성행렬 $C = (c_{rs})$가 양반정치(positive semidefinite)를 만족하는 경우

$$d_{rs} = \sqrt{c_{rr} - 2c_{rs} + c_{ss}} \tag{5.2.7}$$

를 표준변환이라 하며 여기서 얻어지는 비유사성행렬 $D = (d_{ij})$는 유클리드 거리행렬이 된다. 특히, (5.2.7)에서 $c_{rr} = c_{ss} = 1$인 경우는

$$d_{rs} = \sqrt{2(1 - c_{rs})}$$

로 단순하게 변환된다. 단순매칭계수를 유사성으로 사용할 경우에는 이미 [보기 5.2.2]에서 살펴보았지만 변환 $d_{rs} = \sqrt{p(1 - c_{rs})}$도 고려할 수 있다.

5.3 계층 군집분석

계층 군집분석은 개체들을 순차적으로 병합(agglomeration) 또는 분할(division)하는 과정을 통해 진행된다. 병합방법은 개체 수만큼의 초기 군집에서 시작하여 가장 가까이에 있는 군집을 묶어주는 것이다. 이는 모든 개체가 단일군집을 형성할 때까지 진행된다. 반면에 분할방법은 모든 개체들을 하나의 군집을 이루는 초기 단일군집에서 시작하여 맨 처음에는 가장 멀리 있고 유사하지 않은 두 개의 부분군집으로 나누게 된다. 같은 방법으로 각 부분군집들이 다시 비유사한 부분군집들로 나누어지는 과정을 반복하여 최종적으로는 개체 수만큼의 부분집단으로 세분화되어 모든 개체가 각각 군집을 이룰 때까지 진행된다.

계층 군집분석법은 덴드로그램에 의해 군집분석 결과를 이차원에 그림으로 나타내며, 이러한 그림을 통해 병합 또는 분할 방법에 의한 군집과정과 구조적인 관계를 시각적으로 살펴볼 수 있다.

이 절에서는 [표 5.3.1]의 병합방법 군집분석 AMCA 수행단계를 따르는 단일연결, 완전연결, 평균연결, 중심연결(centroid linkage)과 중위수연결(median linkage) 중에서 대표적인 최단거리에 의한 병합방법인 단일연결과 최장거리에 의한 병합방법인 완전연결에 대해서 설명하고자 한다. 더불어 병합적 방법은 아니지만 넓게는 계층 군집분석법을 따르는 와드연결법을 추가로 설명하고자 한다. 이러한 계층 군집분석을 위해서 R에서 제공하는 함수 hclust( )를 활용할 수 있다.

[표 5.3.1] AMCA 수행단계

[1단계] 단일 개체들로 구성된 n개 부분군집들 구성
[2단계] 개체 간의 $n \times n$ 거리행렬 $D = (d_{rs})$를 구한다.
[3단계] 최단거리(가장 유사한)의 두 군집(cluster) U, V에 대해 거리 d_{UV}를 찾고 두 군집을 병합하여 하나의 군집 (UV)로 나타낸다.
[4단계] 거리행렬 D에서 두 군집 U, V에 대응하는 행과 열을 모두 삭제하고 (UV)와 나머지 군집들과의 거리를 계산한 후 이들에 의한 새 거리행렬을 구한다.
[5단계] 모든 개체들이 하나의 군집에 속하게 될 때까지 [3단계]~[4단계]를 $n-1$번 반복한다.
[6단계] 덴드로그램을 통해 시각적으로 군집의 병합을 살펴본다.

단일연결법

n 개체들에 대하여 [표 5.3.1]의 AMCA 수행 [1단계]~[3단계]를 수행하여 최단거리를 나타내는 군집 (UV)로 찾아낸다. AMCA 수행 [4단계]에서 (UV)와 임의의 다른 군집 W간의 거리를 다음과 같이 정의하자.

$$d_{(UV)W} = \min(d_{UW},\ d_{VW}) \tag{5.3.1}$$

여기서 d_{UW}와 d_{VW}는 군집 U와 W, 그리고 V와 W 간의 각각 최소거리이다. (5.3.1)로 인하여 단일연결법을 최단연결법(nearest neighbor method)이라고도 한다.

단일연결 군집결과는 덴드로그램으로 나타낼 수 있다. 덴드로그램이 가지는 군집을 나타내고 두 가지가 만나는 점은 거리 축을 따라 병합이 일어나는 수준을 지시한다.

[보기 5.3.1] 5명 개체 간의 단일연결법과 덴드로그램

EXAMPLE

5명 개체 간의 거리를 통하여 AMCA 수행단계에 따라 단일연결법을 실시하고 덴드로그램을 통하여 시각적으로 군집의 병합 결과를 살펴보고자 한다.

[1단계] ~ [2단계] 5명의 개체 간의 거리행렬을 구한다.

- 5×5 거리행렬

$$D=(d_{rs})=\begin{array}{c} 1\\2\\3\\4\\5 \end{array}\begin{pmatrix} 0 & & & & \\ 9 & 0 & & & \\ 3 & 7 & 0 & & \\ 6 & 5 & 9 & 0 & \\ 11 & 10 & 2 & 8 & 0 \end{pmatrix}$$

[3단계] 최단거리의 두 군집을 찾고 이들의 거리를 계산하고 두 군집을 병합한다.

- 최단거리 $\min_{i,\ k}(d_{ik})=d_{53}=2$ 인 두 개체 3과 5를 병합한 새로운 군집 (35)를 찾는다.

[4단계] 거리행렬 D에서 두 군집 3과 5에 대응하는 행과 열을 모두 삭제하고 (35)와 나머지 군집들과의 거리를 계산한 후 이들에 의한 새 거리행렬을 구한다.

- 군집 3과 5를 제외한 나머지 군집 1, 2 및 4와의 거리를 각각 구한다. 이때 단일연결법의 기준 (5.3.1)에 따라 (35)에서부터 최단거리는 다음과 같다.

$$d_{(35)1}=\min(d_{31},\ d_{51})=\min(3,\ 11)=3$$
$$d_{(35)2}=\min(d_{32},\ d_{52})=\min(7,\ 10)=7$$
$$d_{(35)4}=\min(d_{34},\ d_{54})=\min(9,\ 8)=8$$

- 거리행렬 D에서 군집 3과 5를 제외하고 군집 (35)를 추가하여 새로운 거리행렬을 얻는다.

$$D_{(35)}=\begin{array}{c} (35)\\1\\2\\4 \end{array}\begin{pmatrix} 0 & & & \\ 3 & 0 & & \\ 7 & 9 & 0 & \\ 8 & 6 & 5 & 0 \end{pmatrix}$$

[5단계] [3단계] ~ [4단계]를 반복한다.

- $D_{(35)}$에서 최단거리 $d_{(35)1}=3$이므로 군집 1과 (35)를 병합한 새로운 군집 (135)를 얻게 된다. 군집 (135)와 나머지 군집 2, 4와의 거리를 통해 최단거리를 다음과 같이 계산한다.

$$d_{(135)2}=\min(d_{(35)2},\ d_{12})=\min(7,\ 9)=7$$
$$d_{(135)4}=\min(d_{(35)4},\ d_{14})=\min(8,\ 6)=6$$

• 거리행렬 $D_{(35)}$에서 군집 (35)와 1을 제외하고 군집 (135)를 추가하여 새로운 거리행렬을 구한다.

$$D_{(135)} = \begin{matrix} (135) \\ 2 \\ 4 \end{matrix} \begin{pmatrix} 0 & & \\ 7 & 0 & \\ 6 & 5 & 0 \end{pmatrix}$$

• $D_{(135)}$에서 최단거리 $d_{42} = 5$ 이므로 군집 2과 4를 병합한 새로운 군집 (24)를 얻게 된다. 군집 (24)와 이미 만들어진 (135) 간의 최단거리를 다음과 같이 계산한다.

$$d_{(135)(24)} = \min\left(d_{(135)2},\ d_{(135)4}\right) = \min(7,\ 6) = 6$$

• $D_{(135)}$에서 군집 2와 4를 제외하고 군집 (24)를 추가하여 다음과 같은 최종 거리행렬을 구한다.

$$D_{(135,\ 24)} = \begin{matrix} (135) \\ (24) \end{matrix} \begin{pmatrix} 0 & \\ 6 & 0 \end{pmatrix}$$

• 맨 마지막 단계로 군집 (135)와 (24)가 하나로 병합되어 (12345)를 형성한다.

[6단계] **덴드로그램을 통해 시각적으로 군집의 병합을 살펴본다.**

• [그림 5.3.1]의 덴드로그램에서 수직축은 군집이 병합되는 최단거리를 나타내며 수평축은 군집을 나타낸다.
• 군집 (35)와 군집 1이 병합하여 (135)가 되고 군집 2와 4가 병합하여 (24)가 되고 최종적으로 (135)와 (24)가 하나로 병합되어 (12345)를 형성함을 보여 준다.
• 단일연결법의 덴드로그램은 R의 hclust() 함수와 옵션 method="single"을 통해 얻어지며 [R-코드 5.3.1] (5obsdist-CAsingle.R)을 참고하기 바란다. 특히, 여기서 사용된 입력자료(5obsdist.txt)인 거리행렬의 형태는 다음과 같다.

OB1	OB2	OB3	OB4	OB5
0	9	3	6	11
9	0	7	5	10
3	7	0	9	2
6	5	9	0	8
11	10	2	8	0

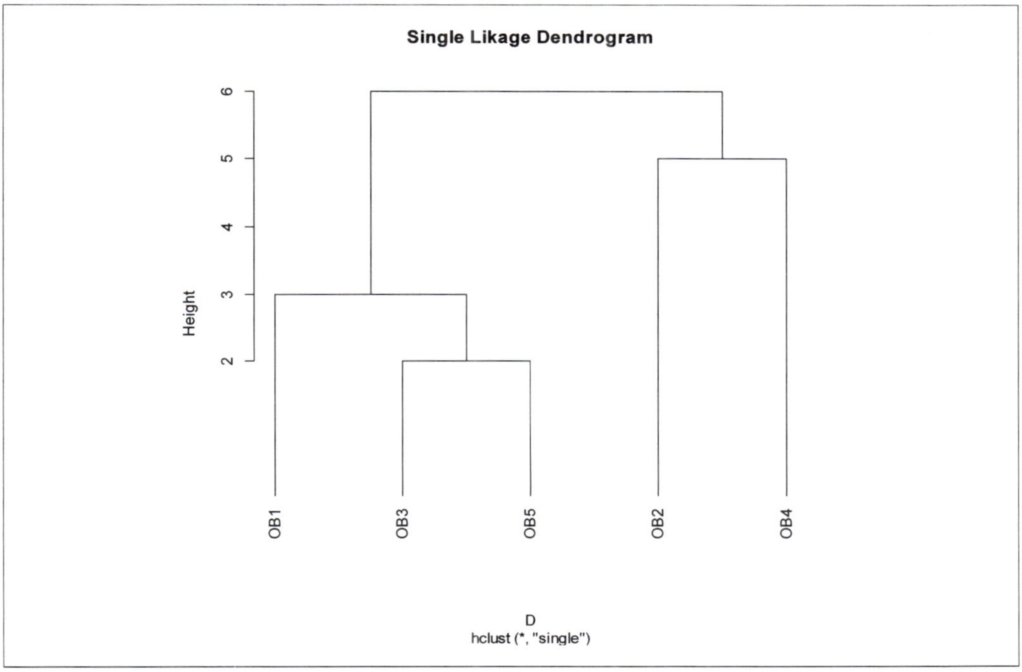

[그림 5.3.1] 5명 개체 간의 단일연결법에 의한 덴드로그램

[R-코드 5.3.1] 5명 개체 간의 단일연결법과 덴드로그램(5obsdisit-CAsingle.R)

```
# Hierachical Cluster Analysis
D<-as.dist(read.table("5obsdist.txt", header=T))
single=hclust(D, method="single") # Single Linkage
plot(single, hang=-1, main="Single Likage Dendrogram")
```

완전연결법

완전연결법은 단일연결법과 같이 AMCA 수행단계와 동일하게 진행된다. 먼저 [3단계]에서 거리행렬 D의 최단거리를 나타내는 병합군집 (UV)를 찾아내고 [4단계]~[5단계]에서 군집 (UV)와 다른 군집 W 간의 거리를 다음과 같이 정의한다.

$$d_{(UV)W} = \max(d_{UW},\ d_{VW}) \tag{5.3.2}$$

여기서 d_{UW}와 d_{VW}는 군집 U와 W, 그리고 V와 W 간의 각각 최장거리이다. (5.3.2)로 인하여 완전연결법을 최장연결법(farthest neighbor method)이라고도 한다.

[보기 5.3.2] 5명 개체 간의 완전연결법과 덴드로그램

EXAMPLE

[보기 5.3.1]에서 단일연결법으로 5명 개체 간의 거리에 대해 수행한 AMCA 수행단계를 완전연결법으로 실시하고 덴드로그램을 통하여 시각적으로 군집의 병합 결과를 살펴보고자 한다.

[1단계] ~ [2단계] 5명의 개체 간의 거리행렬을 구한다.

- 5×5 거리행렬

$$D = (d_{rs}) = \begin{matrix} 1 \\ 2 \\ 3 \\ 4 \\ 5 \end{matrix} \begin{pmatrix} 0 & & & & \\ 9 & 0 & & & \\ 3 & 7 & 0 & & \\ 6 & 5 & 9 & 0 & \\ 11 & 10 & 2 & 8 & 0 \end{pmatrix}$$

[3단계] 최단거리의 두 군집을 찾고 이들의 거리를 계산하고 두 군집을 병합한다.

- 최단거리 $\min_{i,\, k}(d_{ik}) = d_{53} = 2$ 인 두 개체 3과 5를 병합한 새로운 군집 (35)를 찾는다.

[4단계] 거리행렬 D에서 두 군집 3과 5에 대응하는 행과 열을 모두 삭제하고 (35)와 나머지 군집들과의 거리를 계산한 후 이들에 의한 새 거리행렬을 구한다.

- 군집 3과 5를 제외한 나머지 군집 1, 2 및 4와의 거리를 각각 구한다. 이때 완전연결법의 기준 (5.3.2)에 따라 (35)에서부터 최장거리는 다음과 같다.

$$d_{(35)1} = \max(d_{31},\ d_{51}) = \max(3,\ 11) = 11$$

$$d_{(35)2} = \max(d_{32},\ d_{52}) = \max(7,\ 10) = 10$$

$$d_{(35)4} = \max(d_{34},\ d_{54}) = \max(9,\ 8) = 9$$

- 거리행렬 D에서 군집 3과 5를 제외하고 군집 (35)를 추가하여 새로운 거리행렬을 얻는다.

$$D_{(35)} = \begin{matrix} (35) \\ 1 \\ 2 \\ 4 \end{matrix} \begin{pmatrix} 0 & & & \\ 11 & 0 & & \\ 10 & 9 & 0 & \\ 9 & 6 & 5 & 0 \end{pmatrix}$$

[5단계] [3단계]～[4단계]를 반복한다.

- $D_{(35)}$에서 최단거리 $d_{24} = 5$이므로 군집 2와 4를 병합 새로운 군집 (24)를 얻는다. 군집 (24)와 나머지 군집 (35)와 1과의 최장거리를 다음과 같이 계산한다.

$$d_{(24)(35)} = \max(d_{2(35)},\ d_{4(35)}) = \max(10,\ 9) = 10$$
$$d_{(24)1} = \max(d_{21},\ d_{41}) = \max(9,\ 6) = 9$$

- 거리행렬 $D_{(35)}$에서 군집 2와 4를 제외하고 군집 (24)를 추가하여 새로운 거리행렬을 구한다.

$$D_{(35,\ 24)} = \begin{matrix} (35) \\ (24) \\ 1 \end{matrix} \begin{pmatrix} 0 & & \\ 10 & 0 & \\ 11 & 9 & 0 \end{pmatrix}$$

- $D_{(35,\ 24)}$에서 최단거리 $d_{(24)1} = 9$이므로 군집 (24)와 1을 병합한 새로운 군집 (124)를 얻는다. 군집 (124)와 나머지 군집 (35)와의 최장거리를 다음과 같이 계산한다.

$$d_{(124)(35)} = \max(d_{1(35)},\ d_{(24)(35)}) = \max(11,\ 10) = 11$$

- 맨 마지막 단계로 군집 (124)와 (35)가 하나로 병합되어 (12345)를 형성한다.

[6단계] 덴드로그램을 통해 시각적으로 군집의 병합을 살펴본다.

- [그림 5.3.2] 덴드로그램의 수직축은 군집이 병합되는 최장거리를 나타내며 수평축은 군집을 나타낸다.
- 군집 3과 5가 병합하여 군집 (35)가 되고 군집 2와 4가 병합하여 (24)가 되며 군집 1이 병합하여 군집 (124)가 되고 최종적으로 (124)와 (35)가 하나로 병합되어 (12345)를 형성함을 보여 준다.
- 완전연결법의 덴드로그램은 단일연결법을 위한 [R-코드 5.3.1](5obsdisit-CAsingle.R)에서 옵션 method="complete"로 바꾸어 주면 쉽게 얻어지므로 생략하며 사용된 입력자료(5obsdist.txt)인 거리행렬은 동일하다.

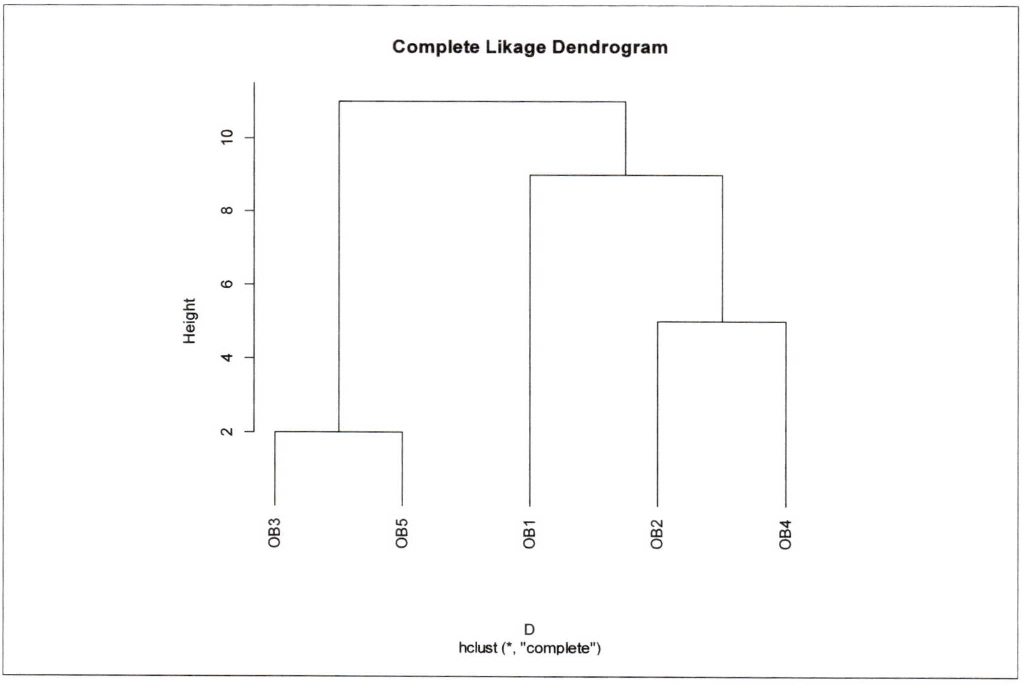

[그림 5.3.2] 5명 개체 간의 완전연결법에 의한 덴드로그램

▎평균연결법

평균연결법도 단일연결법과 완전연결법과 같이 AMCA 수행단계를 따른다. [3단계]에서 거리행렬 D 에서 최단거리를 나타내는 병합군집 (UV) 를 찾아내고 [4단계] ~ [5단계]에서 거리는 (UV)와 다른 군집 W 간의 거리를 다음과 같이 정의한다.

$$d_{(UV)W} = ave(d_{UW},\ d_{VW}) = \frac{\sum_i \sum_k d_{ik}}{n_{(UV)} n_W} \tag{5.3.3}$$

여기서 d_{ik} 는 집락 (UV) 내의 개체 i 와 군집 W의 개체 k 와의 거리이고, $n_{(UV)}$ 와 n_W 는 각각 군집 (UV) 와 W 내의 개체 수를 나타낸다.

[보기 5.3.3] 5명 개체 간의 평균연결법과 덴드로그램

EXAMPLE

[보기 5.3.1]과 [보기 5.3.2]에서 5명의 개체 간의 거리에 대한 단일연결법과 완전연결

법에 의한 AMCA 수행단계를 수행하였다. 이번에는 평균연결법을 실시하고자 한다. 실제 덴드로그램은 단일연결법과 같은 병합경향을 시각적으로 보여주어 생략하기로 한다.

[1단계] ~ [2단계] 5명의 개체 간의 거리행렬을 구한다.

- 5×5 거리행렬

$$D = (d_{rs}) = \begin{matrix} 1 \\ 2 \\ 3 \\ 4 \\ 5 \end{matrix} \begin{pmatrix} 0 & & & & \\ 9 & 0 & & & \\ 3 & 7 & 0 & & \\ 6 & 5 & 9 & 0 & \\ 11 & 10 & 2 & 8 & 0 \end{pmatrix}$$

[3단계] 최단거리의 두 군집을 찾고 이들의 거리를 계산하고 두 군집을 병합한다.

- 최단거리 $\min_{i,\ k}(d_{ik}) = d_{53} = 2$ 인 두 개체 3과 5를 병합한 새로운 군집 (35)를 찾는다.

[4단계] 거리행렬 D에서 두 군집 3과 5에 대응하는 행과 열을 모두 삭제하고 (35)와 나머지 군집들과의 거리를 계산한 후 이들에 의한 새 거리행렬을 구한다.

- 군집 3과 5를 제외한 나머지 군집 1, 2 및 4와의 거리를 각각 구한다. 이때 평균연결법의 기준 (5.3.3)에 따라 (35)에서부터 평균거리는 다음과 같다.

$$d_{(35)1} = ave(d_{31},\ d_{51}) = ave(3,\ 11) = \frac{1}{2 \times 1}(3 + 11) = 7$$

$$d_{(35)2} = ave(d_{32},\ d_{52}) = ave(7,\ 10) = \frac{1}{2 \times 1}(7 + 10) = 8.5$$

$$d_{(35)4} = ave(d_{34},\ d_{54}) = ave(9,\ 8) = \frac{1}{2 \times 1}(9 + 8) = 8.5$$

- 거리행렬 D에서 군집 3과 5를 제외하고 군집 (35)를 추가하여 새로운 거리행렬을 얻는다.

$$D_{(35)} = \begin{matrix} (35) \\ 1 \\ 2 \\ 4 \end{matrix} \begin{pmatrix} 0 & & & \\ 7 & 0 & & \\ 8.5 & 9 & 0 & \\ 8.5 & 6 & 5 & 0 \end{pmatrix}$$

[5단계] [3단계] ~ [4단계]를 반복한다.

- $D_{(35)}$에서 최단거리 $d_{(24)} = 5$이므로 군집 2와 4를 병합 새로운 군집 (24)를 얻게된

다. 군집 (24)와 나머지 군집 (35)와 1과의 평균거리를 거리행렬 D를 참고하여 다음과 같이 계산한다.

$$d_{(24)(35)} = ave(d_{2(35)},\ d_{4(35)}) = ave(d_{23} + d_{25} + d_{43} + d_{45})$$
$$= \frac{1}{2\times 2}(7 + 10 + 9 + 8) = 8.5$$

$$d_{(24)1} = ave(d_{21},\ d_{41}) = \frac{1}{2\times 1}(9 + 6) = 7.5$$

- 거리행렬 $D_{(35)}$에서 군집 2와 4를 제외하고 군집 (24)를 추가하여 새로운 거리행렬을 구한다.

$$D_{(35,\ 24)} = \begin{matrix} (35) \\ (24) \\ 1 \end{matrix} \begin{pmatrix} 0 & & \\ 8.5 & 0 & \\ 7 & 7.5 & 0 \end{pmatrix}$$

- 거리행렬 $D_{(35,\ 24)}$에서 최단거리는 $d_{(35)1} = 7$로 군집 1과 (35)를 병합하여 (135)를 얻는다. 군집 (135)와 나머지 군집 (24)와의 평균거리는 거리행렬 D를 참고하면 다음과 같다.

$$d_{(135)(24)} = ave(d_{(135)2},\ d_{(135)4}) = ave(d_{12} + d_{32} + d_{52} + d_{14} + d_{34} + d_{54})$$
$$= \frac{1}{3\times 2}(9 + 7 + 10 + 6 + 9 + 8)$$
$$= 8.17$$

- 거리행렬 $D_{(35,\ 24)}$에서 군집 1과 (35)를 제외하고 군집 (24)를 추가하여 다음과 같은 최종 거리행렬을 구한다.

$$D_{(135,\ 24)} = \begin{matrix} (135) \\ (24) \end{matrix} \begin{pmatrix} 0 & \\ 8.17 & 0 \end{pmatrix}$$

- 맨 마지막 단계로 군집 (135)와 (24)가 하나로 병합되어 (12345)를 형성한다.

[6단계] 덴드로그램을 통해 시각적으로 군집의 병합을 살펴본다.

- 평균연결법의 덴드로그램은 단일연결법과 동일하므로 생략한다.
- 평균연결법은 [R-코드 5.3.1](5obsdisit-CAsingle.R)에서 옵션 method="average"로 바꾸어 주면 된다.

▍와드연결법

개체들을 병합하여 묶어나가면 새로운 군집이 생길 때마다 정보손실이 발생한다. 와드연결법은 군집평균과 개체 간의 편차제곱합(error sum of square, ESS)에 의해 이러한 정보손실을 측정하고 이를 최소화하는 군집을 병합한다. 만약에 g개 군집 C_k, $k=1, ..., g$에서 각 군집은 개체를 n_k, $k=1, ..., g$ 가진다고 하자. 그러면 각 군집의 자료행렬을 크기가 $n_k \times p$인 $X_k = (x_{kij})$, $k=1, ..., g$, $i=1, ..., n_k$, $j=1, ..., p$라 하자. k번째 군집 C_k에서 i번째 개체 $\boldsymbol{x}_{ki} = (x_{ki1}, ..., x_{kip})^t$로 부터 n_k개 개체에 대한 군집평균 $\overline{\boldsymbol{x}_k} = (\overline{x}_{k1}, ..., \overline{x}_{kp})^t$에 대하여 제곱 유클리드 거리로 정의한 편차제곱합

$$ESS_k = \sum_{i=1}^{n_k} \|\boldsymbol{x}_{ki} - \overline{\boldsymbol{x}}_k\|^2 = \sum_{i=1}^{n_k} \sum_{j=1}^{p} (x_{kij} - \overline{x}_{kj})^2 \tag{5.3.4}$$

이 되고 g개 군집에 대한 총 편차제곱합은 $ESS = \sum_{k=1}^{g} ESS_k$로 정의된다. 맨 처음에 모든 개체들이 하나씩 군집을 이룰 때는 모든 k에 대해 $ESS_k = 0$이 되지만 군집을 만들어 감에 따라 ESS는 증가하게 된다. 모든 가능한 군집 쌍에 대해 두 군집의 병합으로 인한 ESS의 증가가 최소가 되도록 군집을 병합해 나간다.

[보기 5.3.4]에서는 우리나라 14개 경제관련기관의 전문가들의 향후 1년간 10가지 경제전망의 다변량자료에서 얻어지는 세 종류의 거리행렬에 대한 와드연결법에 의한 CA를 수행하여 덴드로그램을 통해 군집병합을 살펴보고 군집의 특성을 해석하려 한다.

[보기 5.3.4] 경제관련기관 경제전망의 와드연결법에 의한 CA

EXAMPLE

[자료 1.3.5](economicview.txt)에는 우리나라 14개 경제관련기관의 전문가들의 향후 1년간 10가지 경제전망(성장률, GNP, 수출, 수입, 국제흑자, 연말외채, 연말환율, 실업률, 소비물가, 임금상승)에 관한 조사표(동아일보, 1989.1.4)인 계량치 자료가 주어져 있다.

이 자료는 양적(quantitative) 자료인 경우로 [표 1.5.1]에서 정의한 다양한 거리를 [R-코드 5.3.2](economicview-CAward.R)를 통해 구할 수 있으며 이를 [결과 5.3.1]에 정리하였다. 이들 거리 각각에 대하여 와드연결법을 적용하기 위해 R에서 함수 hclust()의 옵션 method="ward"를 이용하였다.

와드연결법의 덴드로그램 [그림 5.3.3]을 보면 (a) 유클리드 거리의 군집병합은 (b) 표준화 유클리드 거리와 (c) 마할라노비스 거리와는 다르다. 이는 원자료의 측정변수인 10가지 경제전망의 측정단위가 다르기 때문에 생기는 것으로 보인다.

먼저 동일한 병합을 보여주는 (b)와 (c)를 해석해 보면 [표 5.3.2]와 같이 군집을 4개 정도 생각할 수 있으며 이에 따른 군집의 특성을 해석할 수 있다. 특히, 군집의 특성은 CA의 덴드로그램의 병합결과를 보고 원자료의 측정변수를 참고해서 이들 관점에서 해석할 수 있다.

[결과 5.3.1] [R-코드 5.3.2](economicview-CAward.R)의 수행결과

[유클리드 거리]

	1	2	3	4	5	6	7	8	9	10	11	12	13
2	154.568												
3	55.398	105.368											
4	105.848	258.569	155.670										
5	36.002	182.459	85.956	89.817									
6	46.655	147.957	57.000	125.730	65.881								
7	71.499	202.747	110.476	84.080	78.742	68.703							
8	52.078	201.760	102.006	66.958	48.832	74.067	47.080						
9	42.307	153.972	56.580	118.963	64.723	44.158	74.877	61.697					
10	54.271	205.027	103.971	60.964	42.767	67.157	47.562	31.396	67.590				
11	85.652	72.337	36.430	187.871	115.928	78.096	133.149	132.051	86.176	134.124			
12	25.064	154.607	50.994	107.666	50.872	39.350	69.313	54.814	34.656	57.524	83.230		
13	92.740	234.445	142.909	76.757	78.783	103.193	62.551	58.009	99.522	56.262	168.052	102.390	
14	251.939	401.384	302.004	157.574	233.669	260.037	201.497	202.529	255.356	201.897	330.799	252.201	176.671

[표준화 유클리드 거리]

	1	2	3	4	5	6	7	8	9	10	11	12	13
2	4.166												
3	2.293	3.672											
4	3.269	6.925	4.110										
5	2.390	5.476	3.496	4.157									
6	4.410	5.723	4.635	5.837	4.316								
7	3.573	4.432	4.084	4.812	5.177	4.231							
8	1.846	4.197	2.839	4.322	3.182	5.220	4.233						
9	3.700	5.189	2.854	5.207	4.631	5.231	5.088	3.880					
10	3.131	6.345	3.800	2.789	3.820	4.796	3.928	4.468	4.159				
11	3.118	4.344	2.363	4.653	4.265	4.260	3.592	3.920	2.990	3.549			
12	1.784	4.443	1.515	3.291	3.061	4.263	3.820	2.469	3.401	3.278	2.648		
13	5.362	5.571	5.684	6.926	5.856	5.563	4.699	6.336	5.696	5.349	4.994	6.088	
14	4.343	6.693	5.425	4.474	5.124	4.407	3.336	5.114	6.064	4.192	4.934	4.568	5.176

[마할라노비스 거리]

	1	2	3	4	5	6	7	8	9	10	11	12	13
2	4.166												
3	2.293	3.672											
4	3.269	6.925	4.110										
5	2.390	5.476	3.496	4.157									
6	4.410	5.723	4.635	5.837	4.316								
7	3.573	4.432	4.084	4.812	5.177	4.231							
8	1.846	4.197	2.839	4.322	3.182	5.220	4.233						
9	3.700	5.189	2.854	5.207	4.631	5.231	5.088	3.880					
10	3.131	6.345	3.800	2.789	3.820	4.796	3.928	4.468	4.159				
11	3.118	4.344	2.363	4.653	4.265	4.260	3.592	3.920	2.990	3.549			
12	1.784	4.443	1.515	3.291	3.061	4.263	3.820	2.469	3.401	3.278	2.648		
13	5.362	5.571	5.684	6.926	5.856	5.563	4.699	6.336	5.696	5.349	4.994	6.088	
14	4.343	6.693	5.425	4.474	5.124	4.407	3.336	5.114	6.064	4.192	4.934	4.568	5.176

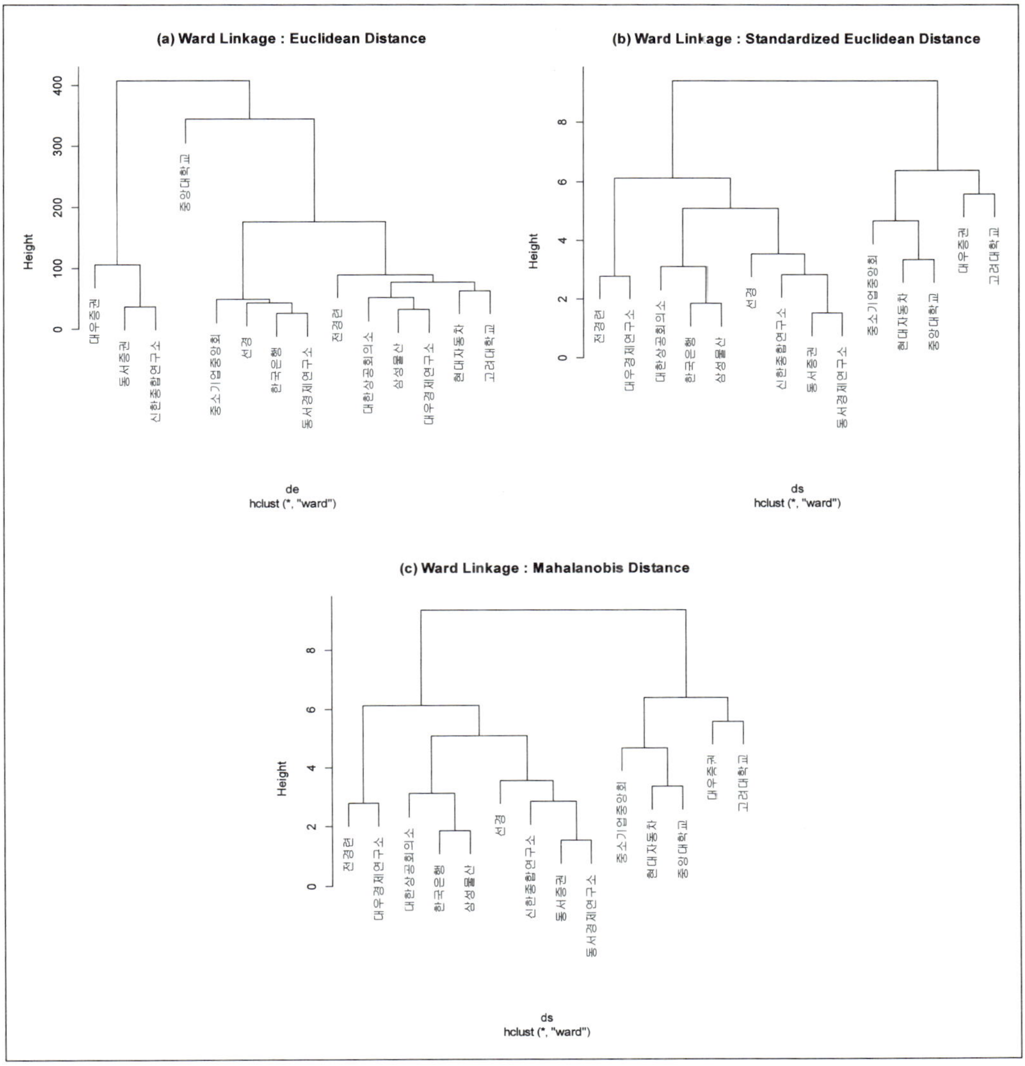

[그림 5.3.3] 와드연결법의 덴드로그램: (a) 유클리드 거리, (b) 표준화 유클리드 거리
(c) 마할라노비스 거리

반면에 (a)에서는 정책옹호를 펼치는 대한상공회의소와 삼성물산이 정책비판과 비관에 병합되어 있고, 정책비판에 있어야 할 중소기업중앙회가 정책옹호를 펼치는 한국은행, 선경과 낙관론인 동서경제연구소와 한 군집으로 되어 있다. 이는 측정단위가 다른 자료의 유클리드 거리에 대한 CA로 인하여 발생되는 일부 기관의 모호한 병합으로 발생되었다고 볼 수 있다. 따라서 독자는 CA를 적용하기 위한 거리행렬의 선택함에 있어 주관적이지만 중요하고 신중한 판단을 내릴 필요가 있다.

| 표 5.3.2 | [그림 5.3.3]의 (b)와 (c)에 의한 군집 및 특성

군집	기관	특성
C_1	전경련, 대우경제연구소	비관론
C_2	대한상공회의소, 한국은행, 삼성물산	정책옹호
C_3	선경, 신한종합연구소, 동서증권, 동서경제연구소	낙관론
C_4	중소기업중앙회, 현대자동차, 중앙대학교, 대우증권, 고려대학교	정책비판

[R-코드 5.3.2] 경제관련기관 경제전망의 3가지 거리에 대한 와드연결법의 덴드로그램 (economicview-CAward.R)

```
# AMCA : Ward Linkage
Data1.3.5<-read.table("economicview.txt", header=T)
X<-Data1.3.5[,-1]
X<-as.matrix(Data1.3.5[,-1])
기관=Data1.3.5[,1]

n<-nrow(X)
xbar<-t(X)%*%matrix(1,n,1)/n  # 평균벡터
I<-diag(n)
J<-matrix(1,n,n)
H<-I-1/n*J                    # 중심화행렬
Y<-H%*%X                      # 중심화 자료행렬
S<-t(Y)%*%Y/(n-1)             # 공분산행렬
D<-diag(1/sqrt(diag(S)))      # 표준편차행렬의 역
Z<-Y%*%D                      # 표준화자료행렬
colnames(Z)<-colnames(X)

# 유클리드 거리
de <- as.matrix(dist(X, method="euclidean"))
de <- as.dist(de)
round(de, 3)
ward=hclust(de, method="ward")
plot(ward, labels=기관, main="(a) Ward Linkage : Euclidean Distance")

# 표준화 유클리드 거리
ds <- as.matrix(dist(Z, method="euclidean"))
ds <- as.dist(ds)
round(ds, 3)
wards=hclust(ds, method="ward")
plot(wards, labels=기관,  main="(b) Ward Linkage : Standardized Euclidean Distance")
```

```
# 마할라노비스 거리
library(biotools)
dm<-D2.dist(X, S)
round(sqrt(dm), 3)
wardm=hclust(ds, method="ward")
plot(wardm, labels=기관, main="(c) Ward Linkage : Mahalanobis Distance")
```

[보기 5.3.5] KLPGA 선수 성적의 계층 군집분석

EXAMPLE

한국여자프로골프협회(KLPGA) 2006년도 상금 순위 상위 50명 자료(klpga.txt)는 측정변수로 상금률(상금 1위 선수에 대한 상대적 비율) 외에 평균퍼팅수(총퍼팅수/라운드수), 그린적중률, 파세이브율(총파세이브홀수/총홀수×100), 파브레이크율(버디이상홀수/총홀수×100), 평균타수((총스트로크수×72/코스소정파)/라운드수)가 사용되었다. 따라서 이 자료는 변수 수가 $p=6$이고 개체 수가 $n=50$인 50×6 다변량 자료행렬 X가 된다. 이미 이 자료에 대하여 [보기 2.5.1]에서 PCA를 통하여 주성분점수를 활용한 산점도로부터 상위랭킹과 하위랭킹 선수들 간의 군집을 살펴본 바가 있다.

여기서는 서로 다른 성향의 측정변수로 인하여 표준화 자료행렬을 통한 표준화 유클리드 거리에 대하여 계층 군집분석의 4가지 병합방법인 단일연결법, 완전연결법, 평균연결법과 와드연결법을 적용하여 덴드로그램 [그림 5.3.4]를 얻었다. 원 자료로부터 표준화 과정과 표준화 유클리드 거리 및 4가지 병합방법을 위한 [R-코드 5.3.3](klpga-CAamlinkages.R)을 참고하기 바란다.

덴드로그램 [그림 5.3.4]로부터 연결법에 따른 선수들의 그룹을 파악했고 각 그룹의 특징을 [표 5.3.3]에 요약하였다. 각각의 연결법에 따라 그룹에 속한 선수들의 경향이 조금씩 달리 보이거나 각 그룹에 따라 전체적 경향에서 다소 벗어나는 선수들도 있다. 예를 들자면 와드연결법에서 그룹 C_2는 10위권~20위권 중상위권 랭킹인데 40위권랭킹 선수들 40, 41, 46, 48, 50이 포함되어 있으며, 30위권~40위권 랭킹인 하위랭킹 선수 그룹 C_3에서 20위권 랭킹선수인 23이 포함되어 있다. 특히, 단일연결법에서는 10위권에서 40위권 랭킹 선수들이 한 그룹을 형성하고 있다. 전반적으로 [표 5.3.3]은 랭킹별 선수들의 세 그룹별 군집과 특성을 잘 보여주고 있다.

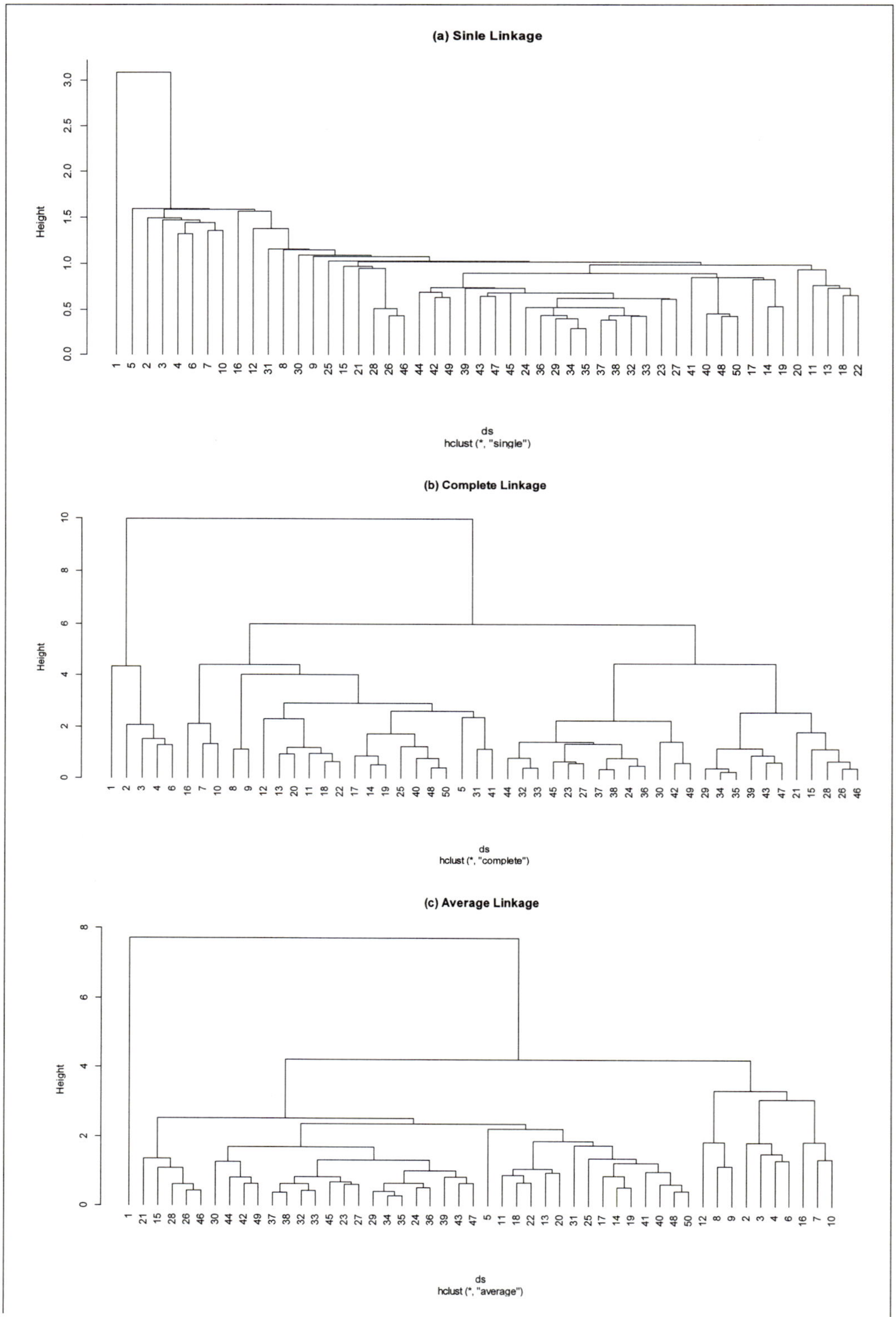
(a) Sinle Linkage
Height
ds
hclust (*, "single")
(b) Complete Linkage
Height
ds
hclust (*, "complete")
(c) Average Linkage
Height
ds
hclust (*, "average")

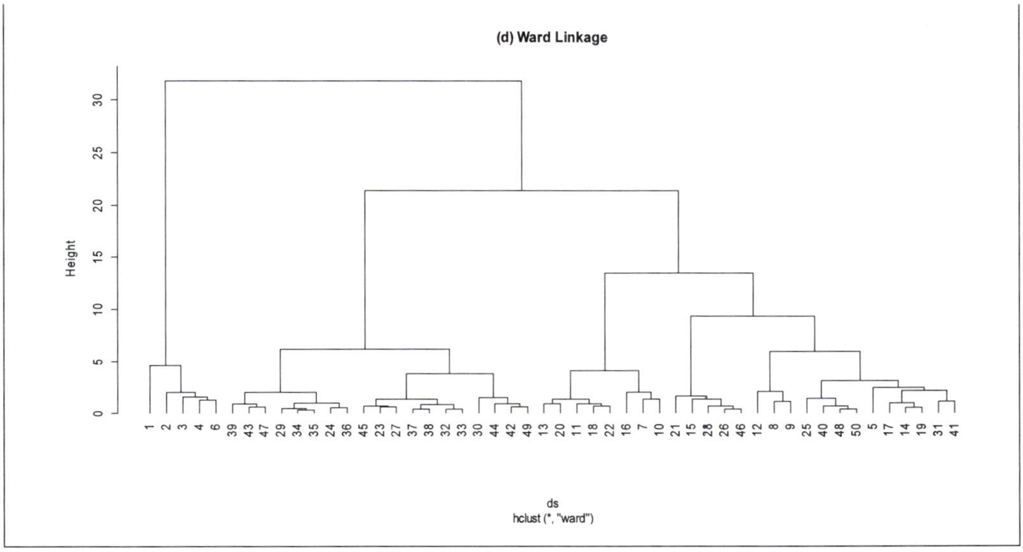

[그림 5.3.4] KLPGA 선수 성적의 표준화 유클리드 거리에 대한 계층 군집분석의 덴드로그램: (a) 단일연결법 (b) 완전연결법 (c) 평균연결법 (d) 와드연결법

| 표 5.3.3 | KLPGA 선수 성적의 계층 군집분석에 따른 군집 및 특성

연결법	그룹 C_1	그룹 C_2	그룹 C_3
단일연결법	1, 2, 3, 4, 5, 6, 7, 10	10위권 ~ 40위권	
완전연결법	1, 2, 3, 4, 6	10위권 ~ 20위권 30, 46	30위권 ~ 40위권 11, 12, 14, 17, 18, 19, 20, 22, 23, 24, 27
평균연결법	1, 2, 3, 4, 6, 7, 8, 9, 10, 12, 16	10위권 ~ 20위권 40, 41, 48, 50	30위권 ~ 40위권 21, 23, 24, 55
와드연결법	1, 2, 3, 4, 6,	10위권 ~ 20위권 40, 41, 46, 48, 50	30위권 ~ 40위권 23
그룹 특성	상위랭킹 선수	중상위랭킹 선수	하위랭킹 선수

[R-코드 5.3.3] KLPGA 선수 성적의 표준화 유클리드 거리에 대한 계층 군집분석의 덴드로그램(klpga-CAamlinkages.R)

```
# AMCA : AM Linkages
Data1.3.2<-read.table("klpga.txt", header=T)
X<-Data1.3.2
X<-as.matrix(Data1.3.2)
선수<-rownames(X)

n<-nrow(X)
xbar<-t(X)%*%matrix(1,n,1)/n  # 평균벡터
I<-diag(n)
J<-matrix(1,n,n)
H<-I-1/n*J                    # 중심화행렬
Y<-H%*%X                      # 중심화 자료행렬
S<-t(Y)%*%Y/(n-1)             # 공분산행렬
D<-diag(1/sqrt(diag(S)))      # 표준편차행렬의 역
Z<-Y%*%D                      # 표준화자료행렬
colnames(Z)<-colnames(X)

# 표준화 유클리드 거리
ds <- as.matrix(dist(Z, method="euclidean"))
ds <- as.dist(ds)
round(ds, 3)
#단일연결법
sinle=hclust(ds, method="single")
plot(sinle, labels=선수, hang=-1, main="(a) Sinle Linkage")
#완전연결법
complete=hclust(ds, method="complete")
plot(complete, labels=선수, hang=-1, main="(b) Complete Linkage")
#평균연결법
average=hclust(ds, method="average")
plot(average, labels=선수, hang=-1, main="(c) Average Linkage")
#와드연결법
ward=hclust(ds, method="ward")
plot(ward, labels=선수, hang=-1, main="(d) Ward Linkage")
```

[보기 5.3.6] 미국 내 전력공급에 관련된 22개 공익회사의 자료에 대한 와드연결법

[자료 5.3.1](utility.txt)은 미국 내 전력공급에 관련된 22개 공익회사의 8개 변수들에

대한 측정자료이다. 8개 변수는 X_1(고정요금 보상률), X_2(자금 수익률), X_3(KW당 비용), X_4(연부하율), X_5(1974-1975년 사이 절정의 kWh 수요성장), X_6(판매량), X_7(핵비율), X_8(총료비용)로 측정단위가 다르다. 따라서 22개 공익회사간의 군집을 얻기 위해 표준화 유클리드 거리를 활용하여 와드연결법으로 [그림 5.3.5]의 덴드로그램을 얻었다. 이를 위한 [R-코드 5.3.4](utility-CAward.R)을 참고하기 바란다.

덴드로그램 [그림 5.3.5]로부터 22개 공익회사에 대한 4개의 군집을 얻게 되며 이들에 대한 특성을 [표 5.3.4]에 요약해 두었다. 편의상 [자료 5.3.1]과 비교하고 해석하기 수월하도록 공익회사 이름을 줄이고 번호를 달아 두었다. 특히, 공익회사가 지리적 위치에 따라 같은 군집이 되는 경향이 있다. 예를 들자면 군집 C_4의 공익회사 (14오클라호마, 19텍사스, 1애리조나, 18서든캄퍼니, 6플로리다, 3루지애나, 9캔터키)는 주로 남부에 위치하며 X_2: 자금 수익률과 X_6: 판매량이 높은 경향을 보여주고 있다. 실제로 비슷한 지리적인 위치의 공익회사들은 발전소를 위해 기본적으로 같은 종류의 연료를 사용하며 발전소의 형태, 비용, 성장률 등이 상대적으로 동질적일 수밖에 없으며 이는 와드연결법에 의한 병합적 군집분석에 내재되어 있음을 알 수 있다.

▌자료 5.3.1▐ 미국 22개 공익회사 자료(utility.txt)

공익회사	X_1	X_2	X_3	X_4	X_5	X_6	X_7	X_8
1. 애리조나서비스	1.06	9.2	151	54.4	1.6	9077	0	0.628
2. 보스톤에디슨	0.89	10.3	202	57.9	2.2	5088	25.3	1.555
3. 루이지애나전기	1.43	15.4	113	53.0	3.4	9212	0	1.058
4. 코몬웰스에디슨	1.02	11.2	168	56.0	0.3	6423	34.3	0.700
5. 콘솔에디슨사	1.49	8.8	192	51.2	1.0	3300	15.6	2.044
6. 플로리다파워	1.32	13.5	111	60.0	-2.2	11127	22.5	1.241
7. 하와이안전기	1.22	12.2	175	67.6	2.2	7642	0	1.652
8. 아이다호파워	1.10	9.2	245	57.0	3.3	13082	0	0.309
9. 캔터키유틸리티	1.34	13.0	168	60.4	7.2	8406	0	0.862
10. 매디슨가스	1.12	12.4	197	53.0	2.7	6455	39.2	0.623
11. 네바다파워	0.75	7.5	173	51.5	6.5	17441	0	0.768
12. 뉴잉글랜드파워	1.13	10.9	178	62.0	3.7	6154	0	1.897
13. 노던스테이트파워	1.15	12.7	199	53.7	6.4	7179	50.2	0.527
14. 오클라호마가스	1.09	12.0	96	49.8	1.4	9673	0	0.588
15. 퍼시픽가스	0.96	7.6	164	62.2	-0.1	6468	0.9	1.400
16. 푸젯싸운드파워	1.16	9.9	252	56.0	9.2	15991	0	0.620
17. 샌디에고가스	0.76	6.4	136	61.9	9.0	5714	8.3	1.920
18. 서던캄퍼니	1.05	12.6	150	56.7	2.7	10140	0	1.108
19. 텍사스유틸리티	1.16	11.7	104	54.0	-2.1	13507	0	0.636
20. 위스콘신전기	1.20	11.8	148	59.9	3.5	7287	41.1	0.702
21. 유나이티드사	1.04	8.6	204	61.0	3.5	6650	0	2.116
22. 버지니아전기	1.07	9.3	174	54.3	5.9	10093	26.6	1.306

[표 5.3.4] 미국 22개 공익회사 자료의 와드연결법에 의한 군집 및 특성

군집	공익 회사	특성
C_1	5콘솔, 17샌디에고, 15퍼시픽, 7하와이안, 12뉴잉글랜드, 21유나이티드	서쪽 태평양 연안 극 서부 지방에 위치 X_8: 총연료비용이 높다.
C_2	11네바다, 8아이다호, 16푸젯싸운드	X_3: KW당 비용이 높다.
C_3	2보스톤, 22버지니아, 10매디슨, 13노던스테이트, 4콘몬웰스, 20위스콘신	X_7: 핵발전 비율이 높다.
C_4	14오클라호마, 19텍사스, 1애리조나, 18서든캄퍼니, 6플로리다, 3루지애나, 9캔터키	주로 남부에 위치하며 X_2: 자금 수익률과 X_6: 판매량이 높다.

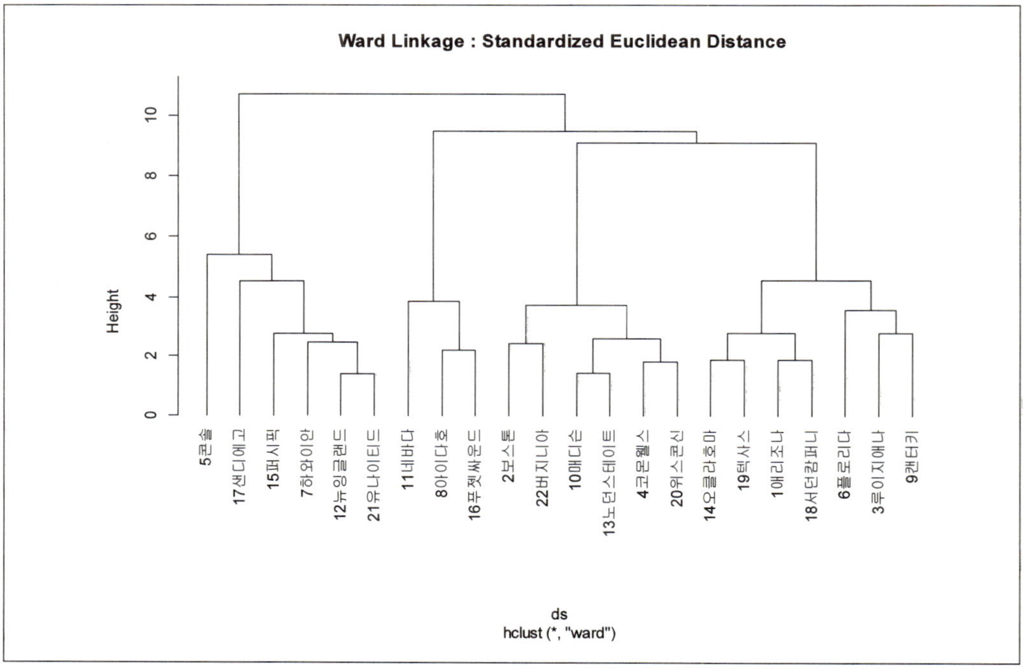

[그림 5.3.5] 공익회사 자료의 표준화 유클리드 거리에 대한 와드연결법의 덴드로그램

[R-코드 5.3.4] 공익회사 자료의 표준화 유클리드 거리에 대한 와드연결법의 덴드로그램(utility-CAward.R)

```
# AMCA : Ward Linkage for US Public Utilities
Data5.3.1<-read.table("utility.txt", header=T)
X<-Data5.3.1[,-1]
X<-as.matrix(Data5.3.1[,-1])
회사=Data5.3.1[,1]

n<-nrow(X)
xbar<-t(X)%*%matrix(1,n,1)/n  # 평균벡터
I<-diag(n)
J<-matrix(1,n,n)
H<-I-1/n*J                    # 중심화행렬
Y<-H%*%X                      # 중심화 자료행렬
S<-t(Y)%*%Y/(n-1)             # 공분산행렬
D<-diag(1/sqrt(diag(S)))      # 표준편차행렬의 역
Z<-Y%*%D                      # 표준화자료행렬
colnames(Z)<-colnames(X)

# 표준화 유클리드 거리
ds <- as.matrix(dist(Z, method="euclidean"))
ds <- as.dist(ds)
round(ds, 3)
#와드연결법
ward=hclust(ds, method="ward")
plot(ward, labels=회사, hang=-1,  main=" Ward Linkage : Standardized Euclidean Distance")
```

5.4 비계층 군집분석

5.3절의 계층 군집분석에서는 모든 개체를 각각의 군집으로 보고 이들을 순차적으로 병합하거나 하나의 군집으로 보고 이를 분할해 간다. 반면에 비계층 군집분석은 초기군집 수 K개의 군집으로 시작하여 각 군집의 중심(centroid)과 모든 개체 간의 거리를 계산하여 가장 가까운 중심을 가진 군집에 할당한다. 특히, 초기군집 수 K의 적절한 선택은 비계층 군집분석에서 매우 주관적이면서 중요하다. 비계층 군집분석에는 K-평균법, K-중

위수법과 K-대표개체법이 대표적이다. K-평균법이 가장 보편적으로 잘 알려진 방법으로 각 군집의 중심을 구할 때 평균을 사용한다. 그러나 이상치(outlier)가 있는 경우 평균이 영향을 받으므로 중위수를 활용한 것이 K-중위수법이고, 범주형변수가 포함된 경우 평균을 계산하기 어려우므로 대표개체를 중심으로 활용하는 것이 K-대표개체법이다. 이로 인하여 이들을 K-평균법보다 로버스트(robust)하다고 하며 특히, K-대표개체법을 PAM(partitioning around medoids)이라고도 한다(Kaufman과 Rousseeuw, 1990). 먼저 이 절에서는 비계층 군집방법들 중 가장 많이 사용되는 K-평균법을 설명하기로 한다.

K-평균법

MacQueen(1967)은 가장 가까운 중심점을 갖는 군집에 각 항목을 할당하는 알고리즘을 설명하면서 K-평균법이란 용어를 사용하였다. 이를 간단히 설명하면 다음과 같이 네 단계로 구성된다.

표 5.4.1 K-평균법 알고리즘

[1단계] n개 개체들을 $K(<n)$개 초기군집들로 분할한다.
[2단계] 각 군집의 중심을 군집에 속한 개체들의 평균으로 계산한다.
[3단계] 각 군집의 중심과 모든 개체 간의 유클리드 거리를 계산 한 후 개체를 가장 가까운 중심을 갖는 군집에 각각 재할당하여 새 군집을 형성한다.
[4단계] [2단계]-[3단계]를 반복하여 더 이상 할당이 이루어지지 않을 때까지 계속한다.

[1단계]에서 모든 개체들을 K개의 초기군집으로 분할하기보다는 한 군집 내의 개체들이 다른 군집 내의 개체들보다 가급적 더 가깝도록 한다. 할당에서의 큰 변화는 보통 첫 번째 재할당단계에서 일어난다.

[보기 5.4.1] K-평균법 알고리즘의 이해

EXAMPLE

다음은 4개체 A, B, C, D에 대해 두 변수 X_1, X_2를 측정한 결과이다(Johnson과 Wichern, 2007, p. 697). 이는 개체들의 2차원 산점도에서의 좌표로 $A=(5,\ 3)$, $B=(-1,\ 1)$, $C=(1,\ -2)$, $D=(-3,\ -2)$라 둘 수 있다.

개체	변수	
	X_1	X_2
A	5	3
B	-1	1
C	1	-2
D	-3	-2

[1단계] n개 개체들을 $K(< n)$개 초기군집들로 분할한다.

- 2-평균법을 적용하기 위해 개체들을 두 개 초기군집 (AB), (CD)로 분할한다.

[2단계] 각 군집의 중심을 군집에 속한 개체들의 평균으로 계산한다.

- 각 군집의 중심에 대한 좌표 $(\bar{x}_1, \bar{x}_2)$는 각 개체 좌표로부터 평균으로 계산

군집	중심좌표	
	$\bar{x}_1$	$\bar{x}_2$
(AB)	$\frac{5+(-1)}{2}=2$	$\frac{3+1}{2}=2$
(CD)	$\frac{1+(-3)}{2}=-1$	$\frac{-2+(-2)}{2}=-2$

- 군집 (AB), (CD)의 중심좌표: $C_{(AB)}=(2,\ 2)$, $C_{(CD)}=(-1,\ -2)$

[3단계] 각 군집의 중심과 모든 개체 간의 유클리드 거리를 계산한 후 개체를 가장 가까운 중심을 갖는 군집에 할당한다.

- 개체 $A=(5,\ 3)$와 두 군집 중심 $C_{(AB)}=(2,\ 2)$, $C_{(CD)}=(-1,\ -2)$ 간의 각각 제곱유클리드 거리를 계산

$$d^2(A,\ C_{(AB)}) = (5-2)^2+(3-2)^2 = 10$$

$$d^2(A,\ C_{(CD)}) = (5+1)^2+(3+2)^2 = 61$$

- 개체 A는 군집 (CD)보다 (AB)의 중심에 더 가까우드로 이 개체는 더 이상 할당되지 않는다.
- 개체 $B=(-1,\ 1)$에 대해서도 거리를 계산

$$d^2(B,\ C_{(AB)}) = (-1-2)^2 + (1-2)^2 = 10$$

$$d^2(B,\ C_{(CD)}) = (-1+1)^2 + (1+2)^2 = 9$$

- 개체 B는 중심과의 거리가 가까운 (CD)에 할당되어 군집 (BCD)를 이룬다.
- 따라서 첫 할당에서 새로운 군집 (A)와 (BCD)를 얻는다.

[4단계] [2단계] ~[3단계]를 반복하여 더 이상 할당이 이루어지지 않을 때까지 계속한다.

- 새로운 군집 (A)와 (BCD)의 군집중심을 $A=(5,\ 3)$, $B=(-1,\ 1)$, $C=(1,\ -2)$, $D=(-3,\ -2)$로 다시 계산

군집	중심좌표	
	$\bar{x}_1$	$\bar{x}_2$
(A)	5	3
(BCD)	$\frac{-1+1+(-3)}{3} = -1$	$\frac{1+(-2)+(-2)}{3} = -1$

- 군집 (A), (BCD)의 중심좌표: $C_{(A)}=(5,\ 3)$, $C_{(BCD)}=(-1,\ -1)$
- 각 개체에 대해 재할당 여부를 검토하기 위해 중심 $C_{(A)}=(5,\ 3)$와 $C_{(BCD)}=(-1,\ -1)$에서 각각 제곱유클리드 거리를 계산

군집	항목			
	A	B	C	D
(A)	0	40	41	89
(BCD)	52	4	5	5

예를 들자면 개체 $A=(5,\ 3)$와 두 $C_{(A)}=(5,\ 3)$와 $C_{(BCD)}=(-1,\ -1)$에서 각각 제곱유클리드 거리

$$d^2(A,\ C_{(A)}) = (5-5)^2 + (3-3)^2 = 0$$

$$d^2(A,\ C_{(BCD)}) = (5+1)^2 + (3+1)^2 = 52$$

- 위 표에서 각 개체는 가장 근접한 중심을 갖는 군집에 할당되었고 최종적으로 $K=2$개 군집은 A와 (BCD)가 된다.

K-중위수법

K-평균법 알고리즘 [표 5.4.1]의 [2단계]에서 각 군집의 중심에 관한 좌표점을 구할 때 평균을 사용한다. 그러나 개체들 가운데 이상치가 있는 경우 평균이 영향을 받으므로 대신에 자료를 순서화해서 위치적으로 제2분위수(제50백분위수)에 해당하는 중위수를 활용하는 것이 K-중위수법이다.

[보기 5.4.2] K-중위수법 알고리즘의 이해

EXAMPLE

K-중위수법 알고리즘을 이해하기 위해서 K-평균법의 알고리즘을 적용한 [보기 5.4.1]의 세 개체 $A=(5,\ 3)$, $B=(-1,\ 1)$, $C=(1,\ -2)$, $D=(-3,\ -2)$를 고려하자. K-중위수법은 K-평균법의 알고리즘의 [2단계]에서 군집의 중심의 좌표를 구할 때 평균 대신 중위수를 사용한다. 따라서 K-평균법의 알고리즘의 단계별 계산을 따라가면서 평균 대신 중위수를 사용하여 K-중위수법 알고리즘을 적용해 보기로 하자.

[1단계] n개 개체들을 $K(<n)$개 초기군집들로 분할한다.

- 2-평균법을 적용하기 위해 개체들을 두 초기군집 (AB), (CD)로 분할한다.

[2단계] 각 군집의 중심을 군집에 속한 개체들의 중위수로 계산한다.

- 각 군집의 중심에 대한 좌표 $(x_1^M,\ x_2^M)$는 각 개체 좌표로부터 중위수로 계산한다.
- 각 군집에 개체가 둘뿐이므로 그들의 평균이 중위수가 된다.

군집	중심좌표	
	x_1^M	x_2^M
(AB)	$\dfrac{5+(-1)}{2}=2$	$\dfrac{3+1}{2}=2$
(CD)	$\dfrac{1+(-3)}{2}=-1$	$\dfrac{-2+(-2)}{2}=-2$

- 군집 (AB), (CD)의 중심좌표: $C_{(AB)}=(2,\ 2)$, $C_{(CD)}=(-1,\ -2)$

[3단계] 각 군집의 중심과 모든 개체 간의 유클리드 거리를 계산한 후 개체를 가장 가까운 중심을 갖는 군집에 할당한다.

- [보기 5.4.1]의 [3단계]로부터 첫 할당에서 새로운 군집 (A)와 (BCD)를 얻는다.

[4단계] [2단계] ~ [3단계]를 반복하여 더 이상 할당이 이루어지지 않을 때까지 계속한다.

- 새로운 군집 (A)와 (BCD)의 군집중심을 $A=(5,\ 3)$, $B=(-1,\ 1)$, $C=(1,\ -2)$, $D=(-3,\ -2)$로 다시 계산한다.

군집	중심좌표	
	x_1^M	x_2^M
(A)	5	3
(BCD)	-1	-2

- 군집 (BCD)의 $x_1^M=-1$은 $-1,\ 1,\ -3$에서 중위수이고 $x_2^M=-2$는 $1,\ -2,\ -2$에서 중위수이다.
- 군집 (A), (BCD)의 중심좌표: $C_{(A)}=(5,\ 3)$, $C_{(BCD)}=(-1,\ -2)$
- 각 개체에 $A=(5,\ 3)$, $B=(-1,\ 1)$, $C=(1,\ -2)$, $D=(-3,\ -2)$대해 재할당 여부를 검토하기 위해 중심 $C_{(A)}=(5,\ 3)$와 $C_{(BCD)}=(-1,\ -2)$에서 각각 제곱유클리드 거리를 계산한다.

$$
\begin{aligned}
d^2(A,\ C_{(A)}) &= (5-5)^2+(3-3)^2=0,\\
d^2(A,\ C_{(BCD)}) &= (5+1)^2+(3+2)^2=61,\\
d^2(B,\ C_{(A)}) &= (-1-5)^2+(1-3)^2=40,\\
d^2(B,\ C_{(BCD)}) &= (-1+1)^2+(1+2)^2=9,\\
d^2(C,\ C_{(A)}) &= (1-5)^2+(-2-3)^2=41,\\
d^2(C,\ C_{(BCD)}) &= (1+1)^2+(-2-2)^2=20,\\
d^2(D,\ C_{(A)}) &= (-3-5)^2+(-2-3)^2=89,\\
d^2(C,\ C_{(BCD)}) &= (-3+1)^2+(-2-2)^2=20.
\end{aligned}
$$

- 위 표에서 각 개체는 가장 근접한 중심을 갖는 군집에 할당되었고 최종적으로 $K=2$개 군집은 A와 (BCD)가 된다.

군집	항목			
	A	B	C	D
(A)	0	40	41	89
(BCD)	61	9	20	20

K-대표개체법

K-평균법과 K-중위수법은 자료의 측정변수가 모두 연속형인 경우에 가능하다. 반면에 범주형변수가 포함된 자료인 경우 개체들 간에 비유사성만 잘 정의되면 K-평균법을 확장한 K-대표개체법을 적용할 수 있다. n개 개체들의 $K(<n)$개 초기군집들의 분할로 시작하는 것은 K-평균법과 유사하다. 다만, 군집의 중심을 구할 때 평균이나 중위수 대신에 가장 작은 거리합을 가지는 개체를 그 군집의 중심으로 대표하게 하는 방법이다. 이로 인하여 K-평균법과 K-중위수법보다 시간이 더 걸리게 된다.

[보기 5.4.3] K-대표개체법 알고리즘의 이해

EXAMPLE

K-대표개체법 알고리즘을 이해하기 위해서 K-평균법의 알고리즘을 적용한 [보기 5.4.1]의 네 개체 $A=(5,\ 3)$, $B=(-1,\ 1)$, $C=(1,\ -2)$, $D=(-3,\ -2)$를 고려하자. K-대표개체법은 K-평균법 알고리즘의 [2단계]에서 군집의 중심의 좌표를 구할 때 평균 대신 가장 작은 거리합을 가지는 개체를 그 군집의 중심으로 사용한다. K-평균법 알고리즘의 단계별 계산을 따라가면서 K-대표개체법 알고리즘을 이해하기로 하자.

[1단계] n개 개체들을 $K(<n)$개 초기군집들로 분할한다.

- 2-평균법을 적용하기 위해 개체들을 두 개 초기군집 (AB), (CD)로 분할한다.

[2단계] 각 군집의 중심을 군집에 속한 개체들의 가장 작은 거리합을 가지는 개체를 대표적으로 잡는다.

- 초기군집 (AB), (CD)에는 개체가 둘뿐이므로 각 군집 내에서 가장 작은 거리합을 가지는 개체를 정할 수가 없다. 이 경우 각 군집의 중심에 대한 좌표 $(x_1^{Me},\ x_2^{Me})$는 어느 개체를 중심으로 해도 무방하다.
- 군집 (AB)의 두 개체 $A=(5,\ 3)$, $B=(-1,\ 1)$의 중심좌표: $C_{(AB)}=(5,\ 3)$
- 군집 (CD)의 두 개체 $C=(1,\ -2)$, $D=(-3,\ -2)$의 중심좌표: $C_{(CD)}=(1,\ -2)$

군집	중심좌표	
	x_1^{Me}	x_2^{Me}
(AB)	5	3
(CD)	1	-2

[3단계] 각 군집의 중심과 모든 개체 간의 유클리드 거리를 계산한 후 개체를 가장 가까운 중심을 갖는 군집에 할당한다.

- 개체 $A=(5,\ 3)$와 두 군집 중심 $C_{(AB)}=(5,\ 3)$, $C_{(CD)}=(1,\ -2)$에서 각각 제곱 유클리드 거리를 계산한다.

$$d^2(A,\ C_{(AB)}) = (5-5)^2+(3-3)^2=0$$
$$d^2(A,\ C_{(CD)}) = (5-1)^2+(3+2)^2=41$$

- 개체 A는 군집 (CD)보다 (AB)의 중심에 더 가까우므로 이 개체는 더 이상 할당되지 않는다.
- 개체 $B=(-1,\ 1)$에 대해서도 거리를 계산한다.

$$d^2(B,\ C_{(AB)}) = (-1-5)^2+(1-3)^2=52$$
$$d^2(B,\ C_{(CD)}) = (-1-1)^2+(1+2)^2=13$$

- 개체 B는 중심과의 거리가 가까운(CD)에 할당되어 군집 (BCD)를 이룬다.
- 따라서 첫 할당에서 새로운 군집 (A)와 (BCD)를 얻는다.

[4단계] [2단계] ~[3단계]를 반복하여 더 이상 할당이 이루어지지 않을 때까지 계속한다.

- 새로운 군집 (A)와 (BCD)의 군집중심을 $A=(5,\ 3)$, $B=(-1,\ 1)$, $C=(1,\ -2)$, $D=(-3,\ -2)$로 다시 계산한다.
- 군집 (A)의 개체는 1개이므로 $A=(5,\ 3)$의 좌표가 중심좌표 $C_{(A)}=(5,\ 3)$가 된다.
- 군집 (BCD)의 개체가 B, C, D 3개이므로 그들 간의 거리를 계산한다.

$$d^2(B,\ C) = (-1-1)^2+(1+2)^2=13$$
$$d^2(B,\ D) = (-1+3)^2+(1+2)^2=13$$
$$d^2(C,\ D) = (1+3)^2+(-2+2)^2=16$$

을 통하여 다음과 같이 각 개체 별 거리 합을 구한다.

개체 B에 대해 $d^2(B,\ C)+d^2(B,\ D)=13+13=26$,
개체 C에 대해 $d^2(B,\ C)+d^2(C,\ D)=13+16=29$,
개체 D에 대해 $d^2(B,\ D)+d^2(C,\ D)=13+16=29$.

- 개체 B의 거리 합이 가장 작으므로 개체 $B=(-1,\ 1)$의 좌표가 대표적으로 군집

(BCD) 의 중심좌표 $C_{(BCD)} = (-1,\ 1)$가 된다.

군집	중심좌표	
	x_1^{Me}	x_2^{Me}
(A)	5	3
(BCD)	-1	1

• 각 개체 $A = (5,\ 3)$, $B = (-1,\ 1)$, $C = (1,\ -2)$, $D = (-3,\ -2)$에 대해 재할당 여부를 검토하기 위해 중심 $C_{(A)} = (5,\ 3)$와 $C_{(BCD)} = (-1,\ 1)$에서 각각 제곱유클리드 거리를 계산한다.

$$d^2(A,\ C_{(A)}) = (5-5)^2 + (3-3)^2 = 0,$$
$$d^2(A,\ C_{(BCD)}) = (5+1)^2 + (3-1)^2 = 40,$$
$$d^2(B,\ C_{(A)}) = (-1-5)^2 + (1-3)^2 = 40,$$
$$d^2(B,\ C_{(BCD)}) = (-1+1)^2 + (1-1)^2 = 0,$$
$$d^2(C,\ C_{(A)}) = (1-5)^2 + (-2-3)^2 = 41,$$
$$d^2(C,\ C_{(BCD)}) = (1+1)^2 + (-2-1)^2 = 13,$$
$$d^2(D,\ C_{(A)}) = (-3-5)^2 + (-2-3)^2 = 89,$$
$$d^2(D,\ C_{(BCD)}) = (-3+1)^2 + (-2-1)^2 = 13.$$

• 이들로부터 다음과 같이 각 개체는 가장 근접한 중심을 갖는 군집에 할당되었고 최종적으로 $K = 2$ 개 군집은 A 와 (BCD) 가 된다.

군집	항목			
	A	B	C	D
(A)	0	40	41	89
(BCD)	40	0	13	13

[보기 5.4.4] 미국 22개 공익회사의 자료의 K-평균법과 K-대표개체법에 의한 CA

EXAMPLE

미국 내 전력공급에 관련된 22개 공익회사의 8개 변수들에 대한 [자료 5.3.1] (utility.txt)에 대하여 [보기 5.3.6]에서는 표준화 유클리드 거리를 활용하여 계층 군집분석에서 와드연결법으로 [R-코드 5.3.4](utility-CAward.R)를 이용하여 그 결과를 [표 5.3.4]의 4개 군집과 그 특성에 대하여 요약하였다. 이를 비계층 군집분석의 결과와 비교 차원에서 [표 5.4.2]에 다시 인용하였다. 특히, 군집의 특성이 지리적으로 연관성이 높으며 8개 변수(X_1: 고정요금 보상률, X_2: 자금 수익률, X_3: KW당 비용, X_4: 연부하율, X_5: 1974~1975년 사이 절정의 kWh 수요성장, X_6: 판매량, X_7: 핵비율, X_8: 총연료비용) 중 군집의 특성을 잘 드러내는 변수들도 있었다.

이번에는 비계층 군집분석의 대표적인 K-평균법과 K-대표개체법에 의한 군집분석을 위하여 R에서 제공되는 함수 kmeans()와 library(cluster)의 pam()을 각각 활용한 [R-코드 5.4.1](utility-CAKmeansKmedoids.R)을 참고하기 바란다. 특히, [표 5.4.3]은 [R-코드 5.4.1]의 K-평균법에서 # Get cluster means의 aggregate() 함수의 결과로 각 군집에 대한 각 변수별 평균을 보여주고 있어 각 군집의 특성을 평균의 관점에서 보여 주고 있으며 이는 [표 5.4.2]의 군집의 특성과 일치하고 있다.

[표 5.4.2]에서 열의 군집 C_1, C_2, C_3, C_4는 계층 군집분석의 와드연결법의 덴드로그램에서 수평축의 개체를 기준으로 왼편에서부터 순차적으로 정리하였다. 비계층 군집분석의 K-평균법과 K-대표개체법의 군집 정보는 R에서 자동으로 개체에 부여되므로 이에 따라 분류차원에서 와드연결법의 군집에 따라 정리해 두었다.

실제로 와드연결법의 C_3와 C_4는 K-평균법에서 C_4와 C_3에 각각 대응한다. K-대표개체법의 C_1, C_2, C_3, C_4는 K-평균법의 C_3, C_1, C_4, C_2에 각각 대응한다. 특히, 2보스톤은 와드연결법에서 X_7: 핵발전 비율이 높아 군집 C_3에 분류되었으나 실제로 군집 C_1의 특성인 X_8: 총연료비용도 높아 실제로 K-평균법에서는 군집 C_1과 K-대표개체법에서는 C_2 로 분류되었다. 와드연결법과 K-평균법에서는 2보스톤을 제외하면 그룹의 분류는 동일하고 K-평균법과 K-대표개체법에서는 22버지니아만 제외하면 그룹 분류가 일치한다. 전반적으로 군집의 특성에 따라 잘 분류되었다고 볼 수 있다.

[표 5.4.3]은 K-평균법에 의한 군집의 각 변수별 평균을 요약하고 있는데 변수에 따른 군집의 특성을 잘 파악하는 데에 도움을 준다. 이는 R-코드 aggregate() 함수에 의해서 제공받을 수 있다.

표 5.4.2 미국 22개 공익회사 자료에 대한 계층 및 비계층 군집분석의 군집 비교

군집 방법	C_1	C_2	C_3	C_4
와드연결법	5콘솔 7하와이안 12뉴잉글랜드 15퍼시픽 17샌디에고 21유나이티드	8아이다호 11네바다 16푸젯싸운드	2보스톤 4콘몬웰스 10매디슨 13노던스테이트 20위스콘신 22버지니아	1애리조나 3루지애나 6플로리다 9캔터키 14오클라호마 18서든캄퍼니 19텍사스
와드연결법 군집특성	서쪽 태평양 연안극 서부 지방에 위치 X_8: 총연료비용이 높다.	X_3: KW당 비용이 높다.	X_7: 핵발전 비율이 높다.	주로 남부에 위치하며 X_2: 자금수익률과 X_6: 판매량이 높다.
K-평균법	2보스톤 5콘솔 7하와이안 12뉴잉글랜드 15퍼시픽 17샌디에고 21유나이티드	8아이다호 11네바다 16푸젯싸운드	1애리조나 3루이지애나 6플로리다 9캔터키 14오클라호마 18서던캄퍼니 19텍사스	4코몬웰스 10매디슨 13노던스테이트 20위스콘신 22버지니아
K-평균법 군집특성	서쪽 태평양 연안극 서부 지방에 위치 X_8: 총연료비용이 높다.	X_3: KW당 비용이 높다.	주로 남부에 위치하며 X_2: 자금수익률과 X_6: 판매량이 높다.	X_7: 핵발전 비율이 높다.
K-대표개체법	1애리조나 3루이지애나 6플로리다 9캔터키 14오클라호마 18서던캄퍼니 19텍사스 22버지니아	2보스톤 5콘솔 7하와이안 12뉴잉글랜드 15퍼시픽 17샌디에고 21유나이티드	4코몬웰스 10매디슨 13노던스테이트 20위스콘신	8아이다호 11네바다 16푸젯싸운드
K-대표개체법 군집특성	주로 남부에 위치하며 X_2: 자금수익률과 X_6: 판매량이 높다.	서쪽 태평양 연안극 서부 지방에 위치 X_8: 총연료비용이 높다.	X_7: 핵발전 비율이 높다.	X_3: KW당 비용이 높다.

| 표 5.4.3 | K-평균법에 의한 군집의 각 변수별 평균

군집	고정 요금	자금 수익률	KW당 비용	연 부하율	수요 성장	판매량	핵비율	총연료 비용	특 성
C_1	1.49	8.80	192.00	51.20	1.00	3300.00	15.60	2.04	총연료비용이 높다 (태평양연안)
C_2	1.00	9.33	176.50	62.10	3.42	6286.00	5.75	1.76	KW당 비용이 높다
C_3	1.06	10.16	168.13	54.21	3.56	12375.50	3.33	0.75	자금수익률, 판매량 높다 (남부)
C_4	1.23	12.86	157.71	56.57	3.04	8012.71	26.76	0.82	핵발전 비율이 높다

[R-코드 5.4.1] 공익회사 자료의 표준화 유클리드 거리에 대한 K-평균법과 K-대표개체법(utility-CAKmeansKmedoids.R)

```
# K-Means & K-Medoids(Partitioning Around Medoids)CA for Public Utilities
Data5.3.1<-read.table("utility.txt", header=T)
X<-Data5.3.1[,-1]
Z<-scale(X)
company=Data5.3.1[,1]

# K-means Method
kmeans <- kmeans(Z, 4) # 4 cluster solution
cluster=data.frame(company,cluster=kmeans$cluster)
C1=cluster[(cluster[,2]==1),]
C2=cluster[(cluster[,2]==2),]
C3=cluster[(cluster[,2]==3),]
C4=cluster[(cluster[,2]==4),]
C1;C2;C3;C4

# Get cluster means
aggregate(X, by=list(kmeans$cluster),FUN=mean)

# K-medoids Method
library(cluster)
kmedoids <- pam(Z, 4, metric="euclidean") # 4 cluster solution
cluster=data.frame(company,cluster=kmedoids$cluster)
C1=cluster[(cluster[,2]==1),]
C2=cluster[(cluster[,2]==2),]
C3=cluster[(cluster[,2]==3),]
C4=cluster[(cluster[,2]==4),]
C1;C2;C3;C4
# Get cluster means
aggregate(X,by=list(kmedoids$cluster),FUN=mean)
```

[보기 5.4.5] 경제관련기관 경제전망의 K-평균법과 K-대표개체법에 의한 CA

EXAMPLE

[보기 5.3.4]에는 우리나라 14개 경제관련기관의 전문가들의 향후 1년간 10가지 경제 전망(성장률, GNP, 수출, 수입, 국제흑자, 연말외채, 연말환율, 실업률, 소비물가, 임금상승)에 관한 조사표(동아일보, 1989.1.4)인 [자료 1.3.5](economicview.txt)에 대해 계층 군집분석의 와드연결법의 결과가 [표 5.3.2]에 주어져 있다.

이번에는 비계층 군집분석의 K-평균법과 K-대표개체법으로 군집분석을 위하여 [R-코드 5.4.2](economicview-CAKmeansKmedoids.R)에 의해서 [표 5.4.4]에 와드연결법의 군집 분류에 따라 같이 요약·정리하였다. [표 5.4.4]에서 계층 군집분석의 와드연결법에 따라 분류된 군집 C_1, C_2, C_3, C_4와 비교를 하기 위해서 비계층 군집분석의 K-평균법과 K-대표개체법에 의해 자동으로 부여받은 개체의 군집정보에 따라 같이 정리하였고 각 군집의 특성을 요약하였다.

표 5.4.4 경제관련기관 경제전망의 계층 및 비계층 군집분석의 군집 비교

군집 방법	C_1	C_2	C_3	C_4
와드연결법	전경련 대우경제연구소	한국은행 대한상공회의소 삼성물산	동서증권 선경 신한종합연구소 동서경제연구소	대우증권 중소기업중앙회 현대자동차 중앙대학교 고려대학교
와드연결법 군집특성	비관론	낙관론	정책옹호	정책비판
K-평균법	대우증권 한국은행 대한상공회의소 삼성물산 동서증권 선경 신한종합연구소 동서경제연구소	전경련 대우경제연구소	고려대학교	중소기업중앙회 현대자동차 중앙대학교
K-평균법 군집특성	낙관론-정책옹호	비관론	정책비판	정책비판
K-대표개체법	전경련 한국은행 대한상공회의소 삼성물산 대우경제연구소	대우증권 동서증권 선경 신한종합연구소 동서경제연구소	중소기업중앙회 현대자동차 중앙대학교	고려대학교
K-대표개체법 군집특성	낙관론	정책옹호	정책비판	정책비판

실제로 와드연결법을 기준으로 본다면 낙관론과 정책옹호 기관이 K-평균법에 한 군집으로 분류되었다. 이들 중에 정책비판의 대우증권이 같은 군집으로 분류된 것이 특이하다.

와드연결법과 K-평균법에서는 비관론의 전경련, 대우경제연구소가 K-대표개체법에서는 낙관론으로 전혀 다른 분류가 발생하였다. 정책비판의 대우증권을 제외하고 나머지 기관은 모든 군집방법에 공통적으로 정책비판으로 분류될 수 있다. 실제로 대우증권은 모든 관점에서 경제를 낙관적으로 전망한 기관이다.

전반적으로 군집의 특성은 비슷하나, 특히 와드연결법과 K-평균법에서 군집의 특성이 비관론인 전경련과 대우경제연구소가 K-대표개체법에서 낙관론으로 분류된 것은 매우 이질적이다.

[표 5.4.5]는 K-평균법에서 분류된 각 군집의 변수별 평균으로 이미 파악한 군집의 특성을 변수별로 보다 구체적인 정보를 제공받을 수 있다. 즉, 낙관-옹호론을 펼치는 군집 C_1은 실업률과 소비물가, 임금상승 등 실제 서민들이 느끼는 실물 경제와 관련된 항목을 다른 군집 C_3, C_4에 비해 비관적으로 전망하고 있다. 정책을 비관하는 군집 C_2는 성장률, GNP, 수출, 국제흑자 등 경제성장에 관련된 모든 항목을 비관적으로 전망하고 있다.

표 5.4.5 K–평균법에 의한 군집의 각 변수별 평균

군집	성장률	GNP	수출	수입	국제 흑자	연말 외채	연말 환율	실업률	소비 물가	임금 상승	특성
C_1	8.650	1976	699.75	635.0	101.0	284.38	631.25	2.83	5.960	11.63	낙관-옹호
C_2	8.667	1853	703.33	618.3	95.0	263.33	614.33	3.73	5.833	12.67	비관
C_3	8.975	1870	729.00	649.0	123.0	260.00	616.00	3.40	6.100	15.80	비판
C_4	7.850	1875	682.50	652.5	91.5	280.00	615.00	2.95	6.600	14.40	비판

[R–코드 5.4.2] 경제관련기관의 표준화 유클리드 거리에 대한 K–평균법과 K–대표개체법(economicview–CAKmeansKmedoids.R)

```
# K-Means & K-Medoids(Partitioning Around Medoids)CA for Economic Views
Data1.3.5<-read.table("economicview.txt", header=T)
X<-Data1.3.5[,-1]
X<-as.matrix(Data1.3.5[,-1])
Z<-scale(X)
기관=Data1.3.5[,1]

# 표준화 유클리드 거리
ds <- as.matrix(dist(Z, method="euclidean"))
```

```
ds <- as.dist(ds)
round(ds, 3)

library("NbClust")
ncluster<-NbClust(Z, distance="euclidean", min.nc = 2, max.nc = 8,
 method = "kmeans", index = "alllong", alphaBeale = 0.1)

# K-means Method
kmeans <- kmeans(Z, 4) # 4 cluster solution
cluster=data.frame(기관,cluster=kmeans$cluster)
C1=cluster[(cluster[,2]==1),]
C2=cluster[(cluster[,2]==2),]
C3=cluster[(cluster[,2]==3),]
C4=cluster[(cluster[,2]==4),]
C1;C2;C3;C4

# Get cluster means
aggregate(X, by=list(kmeans$cluster),FUN=mean)

# K-medoids Method
library(cluster)
kmedoids <- pam(Z, 4, metric="euclidean") # 4 cluster solution
cluster=data.frame(기관,cluster=kmedoids$cluster)
C1=cluster[(cluster[,2]==1),]
C2=cluster[(cluster[,2]==2),]
C3=cluster[(cluster[,2]==3),]
C4=cluster[(cluster[,2]==4),]
C1;C2;C3;C4
# Get cluster means
aggregate(X,by=list(kmedoids$cluster),FUN=mean)
```

일반적으로 계층 및 비계층 군집방법에 따라 분류된 군집에서 개체들을 서로 비교하고 원 자료의 측정 변수들을 통하여 그 개체들이 속한 군집의 특성을 파악한다. 그러나 [보기 5.4.5]와 같이 군집 방법에 따라 소속이 달라져 개체들의 공통적 성향에 큰 차이를 보이는 개체에 대해서는 원 자료를 통해 그 특성을 보다 면밀히 살피는 것이 필요하다. 더불어 각 군집에 대한 각 변수별 평균은 파악된 각 군집의 특성을 변수별로 보다 상세하게 살펴보는 데에 큰 도움을 주는 유용한 정보임을 알 수 있다.

5.5 군집의 수

일반적으로 계층 군집방법에서 여러 가지 연결법의 덴드로그램을 보고 대략적으로 군집의 수를 정한 다음 이를 비계층 군집방법에 활용하였다. Charrad 외(2014)는 군집의 수를 정하는 R 패키지인 Nbclust를 개발하여 library(NbClust)의 함수 NbClust()를 제안하였다.

Charrad 외(2014, 2절)에 따르면 함수 NbClust()가 제공하는 군집타당성지수(clustering validity index)는 30가지나 된다. 이들 중에 계층 군집분석에만 사용되는 Pseudot2 (Pseudo t^2)가 있으며 편의상 계층과 비계층 군집분석에 사용 가능한 CCC(cubic clustering criterion)와 Dindex에 대하여 소개하고 이들을 활용하여 군집의 수를 정하는 사례를 살펴보자.

크기가 $n \times p$ 중심화 자료행렬 $X = (x_{ij})$, $i = 1, \ldots, n$, $j = 1, \ldots, p$을 고려하고 g개 군집 C_k, $k = 1, \ldots, g$에서 각 군집은 개체 수를 n_k, $k = 1, \ldots, g$ 가진다고 하자. 이번에는 $z_{ik} = 1$은 i번째 개체가 군집 C_k에서 속함을 나타내고, 아니면 $z_{ik} = 0$을 나타낸다고 하면 이들에 의한 행렬은 크기가 $n \times g$를 나타내는 지시행렬(indicator matrix) $Z = (z_{ik})$이 된다.

따라서 $Z^t Z = diag(n_1, \ldots, n_g)$에 의해서 군집의 평균벡터에 의한 크기가 $g \times p$인 행렬 $\overline{X} = (Z^t Z)^{-1} Z^t X$를 얻게 된다.

$$R^2 = 1 - \frac{tr(X^t X - (Z\overline{X})^t Z\overline{X})}{tr(X^t X)} \tag{5.5.1}$$

라 하면 CCC는 다음과 같이 정의된다(Sarle, 1983).

$$\mathrm{CCC} = \ln\left[\frac{1 - \mathrm{E}(\mathrm{R}^2)}{1 - \mathrm{R}^2}\right] \frac{\sqrt{\mathrm{np}^*}}{(0.001 + \mathrm{E}(\mathrm{R}^2))^{1.2}} \tag{5.5.2}$$

여기서 $E(R^2)$는 R^2의 기대값에 대한 경험적 근사값이고 p^*는 군집의 수 g보다 작은 값들 중에 가장 큰 값을 선택하면 된다. 따라서 (5.5.2) CCC 지수의 최댓값이 최적의 군집 수를 나타낸다.

다음으로 Lebart 외(2000)의 Dindex는 군집내의 자료들의 동질성 정도를 나타내는 지수로 먼저 군집 C_k의 중심(centroid)을 $\boldsymbol{c}_k$라 하면 그 군집에 속한 $\boldsymbol{x}_{ki} = (x_{ki1}, \ldots, x_{kip})^t$,

$i=1, \dots, n_k$에 대해 유클리드 거리 $d(\boldsymbol{x}_{ki}, \boldsymbol{c}_k)$에 의해 다음과 같이 나타낸다.

$$w(P^g) = \frac{1}{g}\sum_{k=1}^{g}\frac{1}{n_k}\sum_{\boldsymbol{x}_{ki}\in C_k} d(\boldsymbol{x}_{ki}, \boldsymbol{c}_k). \tag{5.5.3}$$

특히, (5.5.3)의 지수는 NbClust()에서 자동으로 제공되는 그림을 통하여 유의한 군집의 수를 결정하는 그래프적인 방법이다. 이 그림은 군집의 수에 대하여 지수 값을 그린 것으로 군집의 수에 따라 지수 값이 급격하게 감소하면서 꺾이는 곳을 적절한 군집의 수 k로 선택하면 된다. 추가적으로 군집의 수에 따라 그 차이 $w(P^{g-1})-w(P^g)$에 대한 그림도 제공되며 이는 반대로 급격하게 치솟는 곳을 적절한 군집의 수로 정하면 된다.

(5.5.3)의 지수에서 유클리드 거리 $d(\boldsymbol{x}_{ki}, \boldsymbol{c}_k)$ 합은 k번째 군집 C_k에서 i번째 개체 $\boldsymbol{x}_{ki}=(x_{ki1}, \dots, x_{kip})^t$로부터 n_k개 개체에 대한 군집평균 $\overline{\boldsymbol{x}_k}=(\overline{x}_{k1}, \dots, \overline{x}_{kp})^t$을 중심 $\boldsymbol{c}_k$로 고려한다면 다음과 같다.

$$\sum_{\boldsymbol{x}_{ki}\in C_k} d(\boldsymbol{x}_{ki}, \boldsymbol{c}_k) = \sum_{i=1}^{n_k}\|\boldsymbol{x}_{ki}-\overline{\boldsymbol{x}}_k\| = \sum_{i=1}^{n_k}\sum_{j=1}^{p}\sqrt{(x_{kij}-\overline{x}_{kj})^2} \tag{5.5.4}$$

이는 유클리드 거리 $d(\boldsymbol{x}_{ki}, \boldsymbol{c}_k)$의 제곱을 고려한다면 와드연결법의 제곱 유클리드 거리로 정의한 편차제곱합 ESS_k와 유사하다.

지수를 개별 선택하지 않고 함수 NbClust()가 제공하는 모든 지수에 대해 제공하는 군집의 수에 대한 빈도를 보고 이를 선택하는 방법도 한 가지 대안으로 참고할 만하다. 실제로 함수 NbClust()의 옵션 index="all" 또는 index="alllong"을 선택하면 실행 결과에서 이런 빈도 기준에 따라 군집의 최상의 수를 제공한다.

[보기 5.5.1] 미국 22개 공익회사 자료의 K-평균법에 의한 군집 수

EXAMPLE

미국 내 전력공급에 관련된 22개 공익회사의 8개 변수들에 대한 [자료 5.3.1](utility.txt)에 대하여 [보기 5.3.6]에서는 계층 군집분석의 와드연결법으로 [표 5.3.4]의 4개 군집과 그 특성을 요약하였다. [보기 5.4.4]에서는 주관적으로 계층 군집분석의 와드연결법의 덴드로그램을 보고 판단한 군집의 수 4개를 비계층 군집분석에서 초기군집 수로 활용하였다.

비계층 군집분석의 K-평균법에서 초기군집의 수를 계층 군집분석에 맡기는 것 대신에 군집 수를 정하기 위한 객관적 기준이 되는 지수 CCC와 Dindex를 활용하는 사례를 살펴보고자 한다. [R-코드 5.5.1](utility-CAnclusterindex.R)의 실행 결과로 먼저

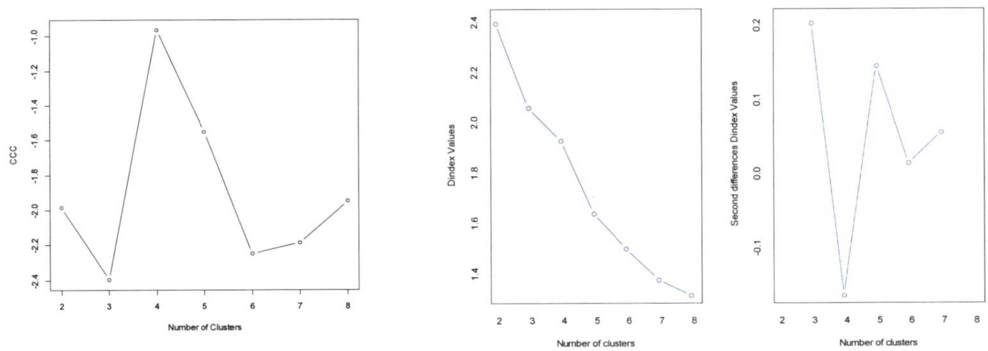

(a) CCC (b) Dindex

[그림 5.5.1] 군집 수를 위한 지수 CCC와 Dindex 그림

[그림 5.5.1]을 살펴보면 (a) CCC에서는 최댓값이 군집 수 4에서 (b) Dindex에서는 급격하게 감소하는 지점이 군집의 수 4에 해당한다. 실제로 이러한 두 가지 지수로 주관적 판단에 의해서 군집의 수를 결정하기가 막연할 때는 [결과 5.5.1]의 $Best.nc에서 R-코드 함수 NbClust()의 옵션 index="all" 또는 index="alllong"을 이용하면 자동으로 주어지는 모든 지수를 통해 빈도가 높은 군집의 수를 추천한다. 즉, 26개 지수 중 10개가 적절한 군집의 수로 4를 추천(* 10 proposed 4 as the best number of clusters)한 것이다.

[결과 5.5.1] [R-코드 5.5.1](utility-CAnclusterindex.R)의 옵션 index="all", 수행결과

```
*******************************************************************
* Among all indices:
* 4 proposed 2 as the best number of clusters
* 1 proposed 3 as the best number of clusters
* 10 proposed 4 as the best number of clusters
* 1 proposed 6 as the best number of clusters
* 4 proposed 7 as the best number of clusters
* 3 proposed 8 as the best number of clusters
                   ***** Conclusion *****
* According to the majority rule, the best number of clusters is 4
*******************************************************************
```

[$Best.nc]

	KL	CH	Hartigan	CCC	Scott	Marriot	TrCovW
Number_clusters	**4.0000**	**4.0000**	**4.0000**	**4.0000**	**6.0000**	**4**	**4.0000**
Value_Index	2.0919	6.5399	3.1376	-0.9656	63.6578	619812732	159.0238

	TraceW	Friedman	Rubin	Cindex	DB	Silhouette	Duda
Number_clusters	**4.0000**	**8.0000**	**4.0000**	**4.0000**	**7.0000**	**7.0000**	**2.0000**
Value_Index	17.2735	22.0192	-0.2194	0.3579	0.8829	0.3071	1.3648

	PseudoT2	Beale	Ratkowsky	Ball	PtBiserial	Frey	McClain
Number_clusters	**2.0000**	**2.0000**	**4.0000**	**3.000**	**7.0000**	1	**2.000**
Value_Index	-4.0092	-1.2842	0.3487	30.923	0.5533	NA	0.904

	Dunn	Hubert	SDindex	Dindex	SDbw
Number_clusters	**8.0000**	**0**	**8.0000**	**0**	**7.0000**
Value_Index	0.4755	0	0.8514	0	0 0.2773

[R-코드 5.5.2] 공익회사 자료의 표준화 유클리드 거리에 더한 K-평균법에서 군집 수를 위한 지수 구하기(utility-CAnclusterindex.R)

```
# Index for the Number of Clusters in K-Means CA: Public Utilities
library(NbClust)
Data5.3.1<-read.table("utility.txt", header=T)
X<-Data5.3.1[,-1]
Z<-scale(X)
company=Data5.3.1[,1]

#CCC Index
ccc<-NbClust(Z, distance="euclidean", min.nc = 2, max.nc = 8,
 method = "kmeans", index = "ccc")
ccc
plot(2:8, type="b", ccc$All.index, xlab="Number of Clusters",
   ylab="CCC")

#Dindex Index
dindex<-NbClust(Z, distance="euclidean", min.nc = 2, max.nc = 8,
 method = "kmeans", index = "dindex")
dindex

#All Indices
allindex<-NbClust(Z, distance="euclidean", min.nc = 2, max.nc = 8,
method = "kmeans", index = "all", )
allindex
```

[보기 5.5.2] 피셔의 붓꽃(iris flower) 자료의 군집의 수

[자료 1.3.4](irisflower.txt; data(iris))는 각각 50포기씩 세 종류의 붓꽃(setosa, versicolor, virginica)에 대해 꽃받침 길이(Sepal.Length), 꽃받침 폭(Sepal.Width), 꽃잎 길이(Petal.Length), 꽃잎 폭(Petal.Width)을 측정한 자료이다. 이는 이미 군집의 수가 3으로 알려진 자료인데 군집에 대한 정보가 없다고 하고 계층 군집분석의 완전연결법에서 지수들을 활용하여 군집의 수를 정하기로 하자.

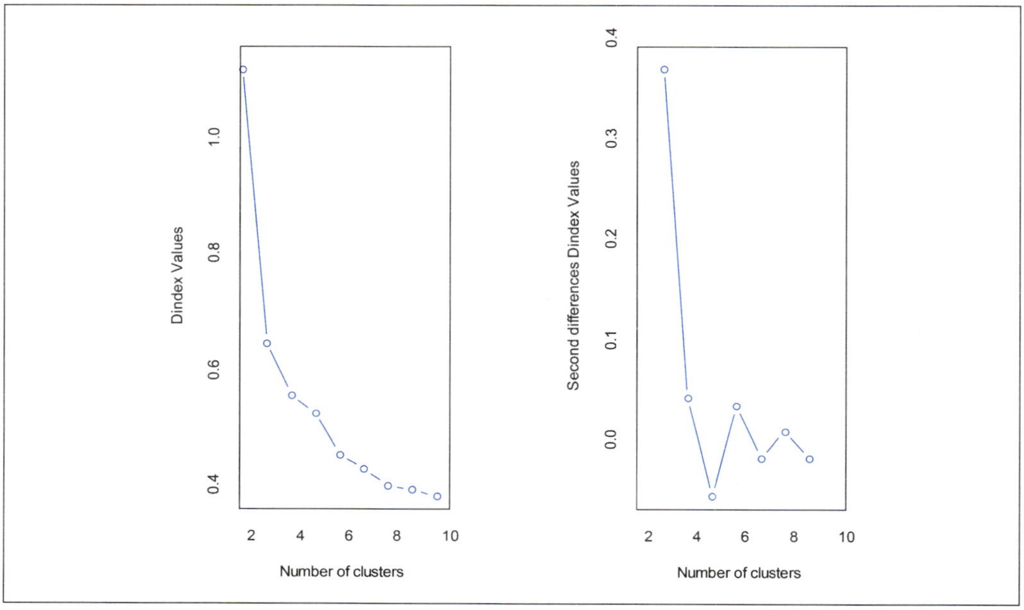

[그림 5.5.2] 군집 수를 위한 지수 Dindex 그림

세 종류의 붓꽃자료의 군집을 무시하고 섞은 총 150 포기의 중심화된 자료에 대해 [R-코드 5.5.2](iris-CAindex.R)의 실행 결과로부터 26개 지수 중 14개가 적절한 군집의 수를 3으로 선택하였다. 이는 원자료가 세 종류의 붓꽃자료로 3개의 군집으로 된 것을 잘 대변하였고 이는 [그림 5.5.1]의 Dindex 지수 그림에서도 확인 가능하다.

[표 5.5.1] 3-평균법에 의한 군집화

iristype	setosa	versicolor	virginica
1	0	2	36
2	0	48	14
3	50	0	0

이를 바탕으로 군집 수 $k=3$에 대한 K-평균법을 실시한 결과 [표 5.5.1]에 따르자면 총 150 포기 붓꽃들이 3개의 군집으로 분류되었는데 군집 1로 versicolor 2포기와 virginica 36포기 총 38포기가 묶였다. 그룹 2로는 versicolor 48포기와 virginica 14포기로 총 62포기가 묶였다. 끝으로 그룹 3에는 setosa 50포기 모두가 온전히 잘 묶였다. 전체적으로 150포기 중에서 16포기가 원래 군집이 아닌 다른 군집으로 묶였음을 알 수 있다.

[R-코드 5.5.2] [그림 5.5.2]을 위한 R-코드(iris-CAindex.R)

```
# Index for the Number of Clusters in Ward CA: Public Utilities
library(NbClust)
data(iris)
iristype<-iris[, 5]
#Deleting the information of clusters
irisdata <- scale(iris[, -5], scale=F)
diss_matrix <- dist(irisdata, method = "euclidean", diag = FALSE)
complete<-NbClust(irisdata, diss = diss_matrix, distance = "NULL", min.nc = 2,
 max.nc = 10, method = "complete", index = "alllong")
complete

#K-means Method
kmeans <- kmeans(irisdata, 3) # k=3 cluster solution
kmeans
table(kmeans$cluster, iristype)
```

허명회(2011, 8장)에서는 K-평균군집화와 관련하여 알고리즘을 소개하였고 [보기 5.5.2] 피셔의 붓꽃(iris flower) 자료를 활용하여 각 변수에 가중치를 부여하며 군집화 재현성 관점에서 군집의 수를 정하는 방법을 소개하고 있으니 참고하기 바란다.

5.6 통계모형에 의한 군집분석

지금까지 계층 및 비계층 군집분석에서 다양한 군집방법을 활용하였다. 다만 이들 방법은 개체 간의 거리 또는 이미 알려진 군집 수에 따라 군집의 중심과 개체 간의 거리에 따라 탐색적으로 군집을 한 것으로 각 개체들이 얻어진 분포나 모형에 대한 가정이 없이 이루어진 것이다.

만약에 g개 군집 C_k, $k=1, \dots, g$에서 각 군집은 개체 수를 n_k, $k=1, \dots, g$ 가진다고 하자. k번째 군집 C_k에서 i번째 개체 $\boldsymbol{x}_{ki}=(x_{ki1}, \dots, x_{kip})^t$가 확률밀도함수 $f_k(\boldsymbol{x}_{ki})$를 따른다고 한다면 다음의 혼합(mixing)밀도함수

$$f_m(\boldsymbol{x})=\sum_{k=1}^{g} p_k f_k(\boldsymbol{x}_{ki}) \tag{5.6.1}$$

는 g개 확률분포 $f_1(\boldsymbol{x}_{1i}), \dots, f_g(\boldsymbol{x}_{gi})$의 혼합형태가 된다. 여기서 p_k는 $p_k \geq 0$이고 $\sum_{k=1}^{g} p_k = 1$을 만족하며 각 개체가 k번째 그룹에 속할 기대확률이다.

가장 일반적인 혼합모형은 $\boldsymbol{x}_k \sim N_p(\boldsymbol{\mu}_k, \Sigma_k)$인 다변량정규분포의 혼합형태

$$f_k(\boldsymbol{x}_k)=\frac{1}{(\sqrt{2\pi})^p |\Sigma_k|^{1/2}} \exp\left[-\frac{1}{2}(\boldsymbol{x}_k-\boldsymbol{\mu}_k)^t \Sigma_k^{-1}(\boldsymbol{x}_k-\boldsymbol{\mu}_k)\right] \tag{5.6.2}$$

를 따르며 (5.6.2)로부터 (5.6.1)의 혼합밀도함수는 다음을 만족한다.

$$f_m(\boldsymbol{x}_k|\Theta)=\sum_{k=1}^{g} p_k f_k(\boldsymbol{x}_k)$$

이다. 여기서 $\Theta=(p_1, \dots, p_g, \boldsymbol{\mu}_1, \dots, \boldsymbol{\mu}_g, \Sigma_1, \dots, \Sigma_g)$는 모수들의 집합이다. $n=n_1+\cdots+n_g$개의 전체 개체에 대하여 우도함수 L은 다음과 같다.

$$\begin{aligned} L(\Theta) &= \prod_{i=1}^{n} f_m(\boldsymbol{x}_{ki}|\Theta) \\ &= \prod_{i=1}^{n}\left(\sum_{k=1}^{g} p_k \frac{1}{(\sqrt{2\pi})^p |\Sigma_k|^{1/2}} \exp\left[-\frac{1}{2}(\boldsymbol{x}_{ki}-\boldsymbol{\mu}_k)^t \Sigma_k^{-1}(\boldsymbol{x}_{ki}-\boldsymbol{\mu}_k)\right]\right). \end{aligned}$$

따라서 군집의 수를 g개로 고정하고 우도함수 L을 최대화하는 모수들의 집합

$$\Theta=(p_1, \dots, p_g, \boldsymbol{\mu}_1, \dots, \boldsymbol{\mu}_g, \Sigma_1, \dots, \Sigma_g)$$

의 최대우도 추정치 $\widehat{\Theta}=(\widehat{p_1}, \dots, \widehat{p_g}, \widehat{\boldsymbol{\mu}_1}, \dots, \widehat{\boldsymbol{\mu}_g}, \widehat{\Sigma_1}, \dots, \widehat{\Sigma_g})$에 의한 우도함수의 최댓값

$$L_{\max}=L(\widehat{\Theta})$$

는 군집 수에 따른 모형 선택의 근거를 제공한다. 실제로 우도함수의 추정은 EM 알고리

즘을 통해 이루어진다. 여기서 이상적인 군집의 수 g는 다음과 같이 잘 알려진 두 가지 기준 AIC(Akailke information criterion)와 BIC(Bayesian information criterion)이 최대가 되는 것을 선택하면 된다.

$$\mathrm{AIC} = 2\ln L_{\max} - 2n\left(g\frac{1}{2}(p+1)(p+2) - 1\right).$$

$$\mathrm{BIC} = 2\ln L_{\max} - 2\ln(n)\left(g\frac{1}{2}(p+1)(p+2) - 1\right).$$

이들은 유사한 결과를 제공하므로 BIC 기준을 활용하도록 하겠다. 다만 이 방법의 한 가지 문제점은 그룹의 수에 따른 혼합모형에서 추정할 모수의 수가 매우 많으므로 공분산 Σ_k의 구조를 단순화해야 하는데 이를 위해 먼저 Yeung 외(2001)는 공분산 Σ_k에 대한 스펙트럼분해

$$\Sigma_k = l_k V_k D_k V_k^t$$

를 고려하였다. 여기서 V_k는 고유벡터로 이루어지는 직교행렬로 각 군집의 방향성(orientation)을 나타내며, D_k는 대각원소가 고윳값에 비례하는 대각행렬로 형상(shape)과 l_k는 체적(volume)을 나타내는 상수라고 했다. 또한 동일한 체적은 $l = l_k$로 두자.

이들에 관한 다양한 조합의 경향에 따라 공분산 Σ_k의 구조의 다양한 모형을 생각할 수 있다. 특히, [표 5.6.1]에서는 자주 활용되는 모형에 대하여 요약하고 있으며 이들은 R의 패키지 library(mclust)의 함수 Mclust()에서 옵션 modelNames=c("EII", "VII", “VEI”)으로 실행 가능하다. 이외에도 VVI(diagonal, varying volume and shape), EEE(diagonal, equal volume, varying shape), cdots, VVV(ellipsoidal, varying volume, shape, and orientation)가 있으니 참고하기 바란다.

❙ 표 5.6.1 ❙ 공분산 Σ_k의 구조에 따른 BIC

모형	공분산 Σ_k의 구조	BIC
EII equal volume spherical	$\Sigma_k = lI$	$2\ln L_{\max} - 2\ln(n)g(p+1)$
VII unequal volume spherical,	$\Sigma_k = l_k I$	$2\ln L_{\max} - 2\ln(n)(g(p+2)-1)$
VEI diagonal, varying volume, equal shape	$\Sigma_k = l_k Diag(\lambda_1, \ldots, \lambda_p)$	$2\ln L_{\max} - 2\ln(n)(g(p+1)+p-1)$

일반적으로 [표 5.6.1]의 모형들은 다변량정규분포의 혼합형태인 (5.6.2)의 혼합모형으로 가우스 혼합모형이라고도 한다. 이는 정규분포를 가우스분포라고도 하는 데서 기인했다고 여겨진다. 김재희(2015, 11장)와 박창이 외(2015, 10장)도 이들에 대해서 정리하고 있음을 참고하기 바란다.

[보기 5.6.1] 피셔의 붓꽃(iris flower) 자료의 통계모형에 의한 군집분석

각각 50포기씩 세 종류의 붓꽃(setosa, versicolor, virginica)의 꽃받침 길이(Sepal.Length), 꽃받침 폭(Sepal.Width,), 꽃잎 길이(Petal.Length), 꽃잎 폭(Petal.Width) 등을 측정한 붓꽃자료에 대해 [보기 5.5.2]에서는 지수 CCC와 Dindex를 활용하여 군집의 수 3개를 정하였다. [R-코드 5.6.1](iris-CAmodel.R)는 [보기 5.5.2]에서 정해진 3개 그룹에 대하여 EII과 VII 모형으로 군집분석을 제공하고 있다. 특히, R-코드 irismc$BIC로 부터 EII과 VII 모형에 대한 BIC 기준값은 −888.7864과 −863.8358으로 이들 중 최댓값 기준으로 보면 VII 모형이 더 적합한 모형임을 알 수 있다.

R-코드 irismc$parameters로부터 적합된 VII 모형에 대해 추정된 모수들에 대하여 다음과 같다.

• 추정된 세 군집의 중심

변수	μ_1	μ_2	μ_3
Sepal.Length	5.006	5.907364	6.849103
Sepal.Width	3.428	2.749476	3.074839
Petal.Length	1.462	4.405190	5.735094
Petal.Width	0.246	1.433685	2.077153

• 추정된 체적 상수: $\hat{l_1} = 0.076$, $\hat{l_2} = 0.164$, $\hat{l_3} = 0.162$

• 추정된 기대확률: $\hat{p_1} = 0.333$, $\hat{p_2} = 0.416$, $\hat{p_2} = 0.251$

[표 5.6.2] VII 모형에 의한 군집화

iristype	setosa	versicolor	virginica
1	50	0	0
2	0	48	14
3	0	2	36

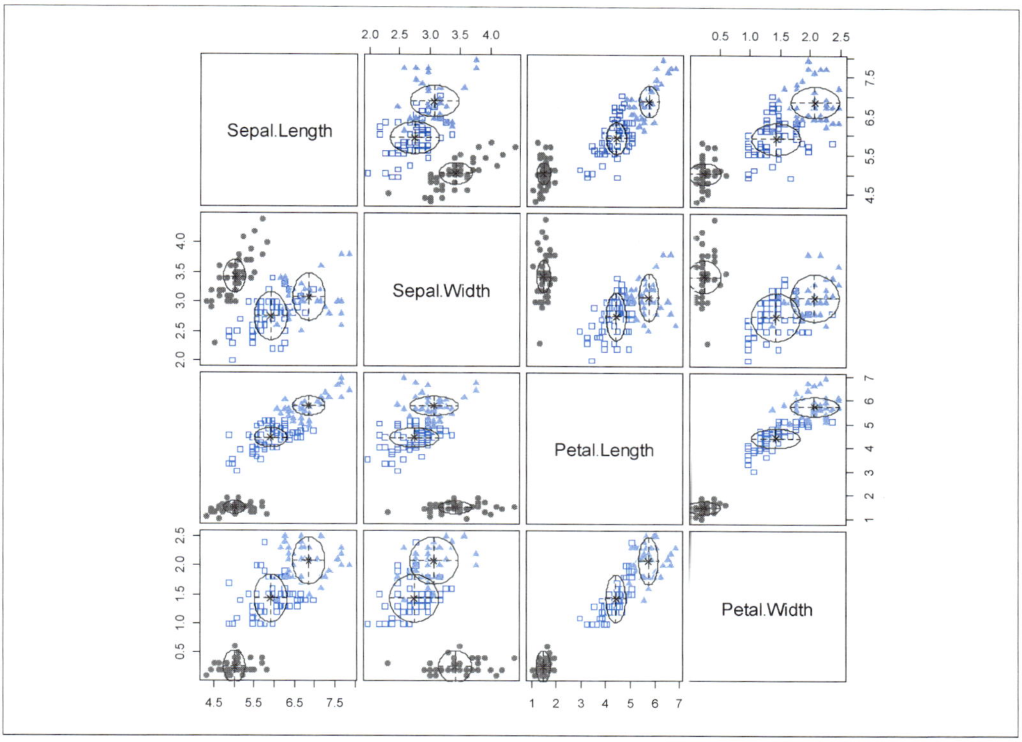

[그림 5.6.1] 다중 산점도에서 군집형성그림

R-코드 table(irismc$classification, iristype)의 실행 결과인 [표 5.6.2]에 따르자면 총 150 포기 붓꽃들이 3개의 군집으로 분류되었는데 군집 1로 setosa 50포기 모두가 온전히 잘 묶였고 그룹 2로는 versicolor 48포기와 virginica 14포기로 총 62포기가 묶였다. versicolor 2포기와 virginica 36포기 총 38포기가 그룹 3으로 묶였다. 전체적으로 150포기 중에서 16포기가 원래 군집이 아닌 다른 군집으로 묶였음을 알 수 있다. 이는 앞서 [보기 5.5.2]의 [표 5.5.1] 3-평균법에 의한 군집 결과와 동일함을 알 수 있다.

R-코드 plot(irismc, what="classification")이 제공하는 [그림 5.6.1] 다중 산점도에서 변수 짝별 붓꽃 자료의 세 군집이 가장 잘 적합된 모형에 관점에서 군집형성그림을 보여 준다.

[R-코드 5.6.1]　붓꽃(iris flower) 자료의 통계모형에 의한 군집분석(iris-CAmodel.R)

```
# CA based on Statistical Models: Iris flowers
data(iris)
iristype<-iris[, 5]
#Deleting the information of clusters
#irisdata <- scale(iris[, -5], scale=F)
irisdata<-iris[, -5]
library(mclust)
irismc<-Mclust(irisdata, G=3, modelNames=c("EII", "VII"))
irismc
attributes(irismc)

irismc$BIC
irismc$parameters
irismc$classification

table(irismc$classification, iristype)
plot(irismc,what="classification")
```

5.7 군집분석을 위한 R

R에서는 함수 hclust()가 계층 군집분석에 활용되며, 비계층 군집분석의 K-평균법과 K-대표개체법은 각각 kmeans()와 library(cluster)의 pam()이 사용된다. 특히, 군집의 수를 정하는 데는 함수 NbClust()를 활용하며, 통계모형에 의한 군집분석에는 library (mclust)의 함수 Mclust()를 통해 군집분석의 다양한 응용과 결과에 대한 해석을 하였다. 이 절에서는 이들에 대하여 적용한 [보기]와 [R-코드]를 소개하고 재인용하여 요약하도록 하겠다.

군집분석은 개체들의 군집에 관심이 많으므로 제일 먼저 다변량 자료로부터 개체들 간의 연관성측도인 유클리드 거리 등 다양한 거리를 필요로 한다. [보기 5.2.1]에서 경제 관련기관의 경제전망 자료(economicview.txt)의 비유사성측도를 얻기 위해 함수 dist(X, method="euclidean")외 몇 가지를 더 응용한 [R-코드 5.2.1](economicview-distances.R)을 재인용한다. 단지, 초기 다변량 자료행렬로부터 중심화와 표준화 자료행렬을 구하는 과정이 추가되어 있다.

[R-코드 5.2.1] 경제관련기관 경제전망의 연관성측도계산(economicview-distances.R)

```
Data1.3.5<-read.table("economicview.txt", header=T)
X<-Data1.3.5[,-1]
X<-as.matrix(Data1.3.5[,-1])

n<-nrow(X)
xbar<-t(X)%*%matrix(1,n,1)/n  # 평균벡터
I<-diag(n)
J<-matrix(1,n,n)
H<-I-1/n*J                     # 중심화행렬
Y<-H%*%X                       # 중심화 자료행렬
S<-t(Y)%*%Y/(n-1)              # 공분산행렬
D<-diag(1/sqrt(diag(S)))       # 표준편차행렬의 역
Z<-Y%*%D                       # 표준화자료행렬
colnames(Z)<-colnames(X)

# 유클리드 거리
de <- as.matrix(dist(X, method="euclidean"))
de <- as.dist(de)
round(de, 3)

# 표준화 유클리드 거리
ds <- as.matrix(dist(Z, method="euclidean"))
ds <- as.dist(ds)
round(ds, 3)

# 마할라노비스 거리
library(biotools)
dm<-D2.dist(X, S)
round(sqrt(dm), 3)

# 시티블럭 거리
dc <- as.matrix(dist(X, method="manhattan"))
dc <- as.dist(dc)
round(dc, 3)
```

계층 군집분석을 위해서는 R의 hclust() 함수를 활용해야 하고 특히 군집병합 방법인 단일연결법, 완전연결법, 평균연결법, 중심연결법과 중위수연결법, 와드연결법에 따라 함

수에서 옵션 method=" "를 통해 각각 수행이 가능하며 군집분석의 시각적인 요소인 덴드로그램도 제공받을 수 있다. [보기 5.3.6]에는 미국 내 전력공급에 관련된 22개 공익회사의 자료(utility.txt)에 대해 표준화 유클리드로부터 와드연결법과 그 결과인 덴드로그램을 얻기 위한 hclust(ds, method="ward")와 함수 plot()를 활용한 [R-코드 5.3.4](utility-CAward.R)를 재인용한다.

[R-코드 5.3.4] 공익회사 자료의 표준화 유클리드 거리에 대한 와드연결법의 덴드로그램(utility-CAward.R)

```
# AMCA: Ward Linkage for US Public Utilities
Data5.3.1<-read.table("utility.txt", header=T)
X<-Data5.3.1[, -1]
X<-as.matrix(Data5.3.1[, -1])
회사=Data5.3.1[, 1]

n<-nrow(X)
xbar<-t(X)%*%matrix(1, n, 1)/n # 평균벡터
I<-diag(n)
J<-matrix(1, n, n)
H<-I-1/n*J # 중심화행렬
Y<-H%*%X # 중심화 자료행렬
S<-t(Y)%*%Y/(n-1) # 공분산행렬
D<-diag(1/sqrt(diag(S))) # 표준편차행렬의 역
Z<-Y%*%D # 표준화자료행렬
colnames(Z)<-colnames(X)

# 표준화 유클리드 거리
ds <-as.matrix(dist(Z, method="euclidean"))
ds <-as.dist(ds)
round(ds, 3)
#와드연결법
ward=hclust(ds, method="ward")
plot(ward, labels=회사, hang=-1, main=" Ward Linkage: Standardized Euclidean
Distance")
```

비계층 군집분석의 대표적인 K-평균법과 K-대표개체법으로 군집분석을 위하여 R에서 제공되는 함수 kmeans()와 library(cluster)의 pam()을 각각 활용해야 한다. [보기 5.4.4]에서 미국 22개 공익회사의 자료의 비계층 군집분석을 위한 [R-코드 5.4.1](utility-CAKmeansKmedoids.R)에 재인용하였다. 특히, # Get cluster means의 함수

aggregate()는 각 군집에 대한 각 변수별 평균을 제공하여 각 군집의 특성을 평균의 관점에서 살펴볼 수 있는 유용한 함수이다.

[R-코드 5.4.1] 공익회사 자료의 표준화 유클리드 거리에 대한 K-평균법과 K-대표개체법(utility-CAKmeansKmedoids.R)

```
# K-Means & K-Medoids(Partitioning Around Medoids)CA for Public Utilities
Data5.3.1<-read.table("utility.txt", header=T)
X<-Data5.3.1[, -1]
Z<-scale(X)
company=Data5.3.1[, 1]

# K-means Method
kmeans <-kmeans(Z, 4) # 4 cluster solution
cluster=data.frame(company, cluster=kmeans$cluster)
C1=cluster[(cluster[, 2]==1), ]
C2=cluster[(cluster[, 2]==2), ]
C3=cluster[(cluster[, 2]==3), ]
C4=cluster[(cluster[, 2]==4), ]
C1;C2;C3;C4

# Get cluster means
aggregate(X, by=list(kmeans$cluster), FUN=mean)

# K-medoids Method
library(cluster)
kmedoids <-pam(Z, 4, metric="euclidean") # 4 cluster solution
cluster=data.frame(company, cluster=kmedoids$cluster)
C1=cluster[(cluster[, 2]==1), ]
C2=cluster[(cluster[, 2]==2), ]
C3=cluster[(cluster[, 2]==3), ]
C4=cluster[(cluster[, 2]==4), ]
C1;C2;C3;C4
# Get cluster means
aggregate(X, by=list(kmedoids$cluster), FUN=mean)
```

군집분석에서 군집의 수를 결정하는 일은 매우 중요하다. 이를 위해 R 패키지인 Nbclust가 개발되어 library(NbClust)의 함수 NbClust()를 활용하면 된다. 다만, 함수 NbClust()가 제공하는 군집타당성지수(clustering validity index)는 30가지나 된다. 이들 중에 계층 군집분석에만 사용되는 Pseudot2(Pseudo t^2)가 있으며 편의상 계층과 비계층 군집분석에 사용 가능한 CCC(cubic clustering criterion)와 Dindex를 중심으로 활용 빈도가 높다. [보기 5.5.1]의 미국 22개 공익회사의 자료에서 지수 CCC와 Dindex를 활용하는 사례를 위한 [R-코드 5.5.1](utility-CAnclusterindex.R)를 재인용한다.

[R-코드 5.5.1] 공익회사 자료의 K-평균법에서 군집 수를 위한 지수 (utility-CAnclusterindex.R)

```
# Index for the Number of Clusters in K-Means CA: Public Utilities
Data5.3.1<-read.table("utility.txt", header=T)
X<-Data5.3.1[, -1]
Z<-scale(X)
company=Data5.3.1[, 1]

l#CCC Index
ccc<-NbClust(Z, distance="euclidean", min.nc=2, max.nc=8,
 method="kmeans", index="ccc")
ccc
plot(2:8, type="b", ccc$All.index, xlab="Number of Clusters",
 ylab="CCC")

#Dindex Index
dindex<-NbClust(Z, distance="euclidean", min.nc=2, max.nc=8,
 method="kmeans", index="dindex")
dindex

#All Indices
allindex<-NbClust(Z, distance="euclidean", min.nc=2, max.nc=8,
method="kmeans", index="all", )
allindex
```

통계모형에 의한 군집분석은 R의 패키지 library(mclust)의 함수 Mclust()에서 옵션 modelNames=c("EII", "VII", “VEI”)으로 실행 가능하다. [보기 5.6.1]에는 피셔의 붓꽃(iris flower) 자료의 통계모형에 의한 군집분석을 위한 [R-코드 5.6.1](iris-CAmodel.R)을 재인용하여 정리해둔다. 특히, R-코드 irismc$BIC에서 EII과 VII 모형에 대한 BIC 기준값을 제공받으며 최댓값을 주는 것을 적합 모형으로 선택하면 된다.

[R-코드 5.6.1] 붓꽃(iris flower) 자료의 통계모형에 의한 군집분석(iris-CAmodel.R)

```
# CA based on Statistical Models: Iris flowers
data(iris)
iristype<-iris[, 5]
#Deleting the information of clusters
#irisdata <-scale(iris[, -5], scale=F)
irisdata<-iris[, -5]
library(mclust)
irismc<-Mclust(irisdata, G=3, modelNames=c("EII", "VII"))
irismc
attributes(irismc)

irismc$BIC
irismc$parameters
irismc$classification

table(irismc$classification, iristype)
plot(irismc, what="classification")
```

5.8 연습문제

5.1 군집분석의 목적은 무엇인지를 설명하라.

5.2 연관성측도에서 비유사성과 유사성의 차이점을 설명하라.

5.3 와드연결법은 어떤 점에서 계층 군집분석으로 분류할 수 있는지를 설명하라.

5.4 비계층 군집분석에서 초기 군집의 수를 정하는 방법에 대해서 논의하라.

5.5 통계모형에 의한 군집분석에서 왜 모형이라는 용어를 사용하는지를 설명하라.

5.6 다음은 5종(species) 분류로 사자, 기린, 소, 양, 인간에 대하여 1=꼬리가 길다, 2=거친 동물이다, 3=긴 목을 가졌다, 4=농가동물이다, 5=다른 동물을 먹이로 한다, 6=네 다리로 걷는다는 6가지 특징으로 분류한 이진수자료이다(Chatfield와

Collins, 1980, p. 194).

종	특징				
	1	2	3	4	5
사자	1	1	0	0	1
기린	1	1	1	0	0
소	1	0	0	1	0
양	1	0	0	1	0
인간	0	0	0	0	1

(1) 러셀-라오계수와 단순매칭계수를 개체 간의 짝을 통하여 각각 구하라.

(2) (5.2.3)과 (5.2.4)의 유사성행렬 C_R과 C_S에 관한 행렬식을 이용하여 계산해 보라.

(3) 종의 특징 중에서 1=꼬리가 길다와 6=네 다리로 걷는다에 대해 2×2 조합표를 만들고 이들 간의 곱적률 상관계수를 통해 두 특징의 유사성을 살펴보라.

(4) 6가지 특징에 대해 개체 간의 제곱유클리드 거리를 구하고 이를 통하여 비유사성과 유사성계수의 관계를 설명하라.

(5) 단일연결법과 완전연결법의 덴드로그램에 의해서 군집을 얻고 군집의 특성을 설명하라.

5.7 [자료 5.8.1](kellogg.txt)은 켈로그에 의해서 제조된 총 23종류의 시리얼에 대한 것으로 10가지 변수 $X_1 \sim X_{10}$으로 측정한 결과를 표준화한 자료이다. 여기서 변수들은 다음과 같다.

X_1: 칼로리, X_2: 단백질(g), X_3: 지방(g), X_4: 나트륨(mg),
X_5: 다이어트 식이섬유(g), X_6: 복합탄수화물(g), X_7: 당분(g),
X_8: 칼륨(mg), X_9: 비타민과 무기물(하루 권장량 (%): 0, 25, 100),
X_{10}: 유형(온 또는 냉)

(1) 주관적 기준에 따라 이진수자료를 만들어 보라.

(2) 유사성계수로 단순매칭계수를 이용하여 비유사성행렬을 구하라.

(3) 계층 군집분석인 단일연결법, 평균연결법과 와드법의 덴드로그램을 통해 군집을 얻고 각 군집의 특성을 논하라.

(4) K-평균법과 K-대표개체법에 의한 군집분석을 서로 비교하라.

(5) (3)과 (4)의 결과를 서로 비교하라.

(6) 시리얼 간의 유클리드 거리에 대한 K-평균법을 실시하고 (4)의 결과와 비교하라.

▎자료 5.8.1 ▎ 켈로그 시리얼자료(kellogg.txt)

시리얼	X_1	X_2	X_3	X_4	X_5	X_6	X_7	X_8	X_9	X_{10}
AllB	0.1818	0.6	0.3333	0.8125	0.6429	0	0.3333	1	0.9677	0
AllF	0	0.6	0	0.4375	1	0.0667	0	1	1	0
AppJ	0.5455	0.2	0	0.3906	0.0714	0.2667	0.9333	0.5	0.0323	0
CorF	0.4545	0.2	0	0.9063	0.0714	0.9333	0.1333	0	0.0484	0
CorP	0.5455	0	0	0.2813	0.0714	0.4	0.8	0.5	0	0
Crac	0.5455	0.4	1	0.4375	0.2857	0.2	0.4667	1	0.4516	0
Cris	0.5455	0.2	0	0.6875	0.0714	0.9333	0.2	1	0.0323	0
Froo	0.5455	0.2	0.3333	0.3906	0.0714	0.2667	0.8667	0.5	0.0323	0
FroF	0.5455	0	0	0.625	0.0714	0.4667	0.7333	0	0.0161	0
FrMW	0.4545	0.4	0	0	0.2143	0.4667	0.4667	0.5	0.2581	0
FruB	0.6364	0.4	0	0.75	0.3571	0.4667	0.8	1	0.5484	0
JRCN	0.5455	0.2	0.3333	0.5313	0.0714	0.6667	0.4	1	0.129	1
JRFN	0.8182	0.4	0.3333	0.5313	0.1429	0.8667	0.6	1	0.2419	1
MuCB	1	0.4	0.6667	0.4688	0.2143	0.6667	0.8667	1	0.4516	0
Nut&	0.6364	0.2	0.3333	0.5938	0	0.5333	0.6	0.5	0.0645	0
NGAR	0.8182	0.4	0.6667	0.6875	0.2143	0.9333	0.4667	1	0.3548	0
NutW	0.3636	0.4	0	0.5313	0.2143	0.7333	0.1333	1	0.2258	0
Prod	0.4545	0.4	0	1	0.0714	0.8667	0.2	1	0.0806	1
RaBr	0.6364	0.4	0.3333	0.6563	0.3571	0.4667	0.8	0.5	0.7097	0
Rais	0.3636	0.2	0	0	0.1429	0.5333	0.4	1	0.2903	0
RiKr	0.5455	0.2	0	0.9063	0	1	0.2	0	0.0484	0
Smac	0.5455	0.2	0.3333	0.2188	0.0714	0.1333	1	0.5	0.0645	0
Spec	0.5455	1	0	0.7188	0.0714	0.6	0.2	0	0.1129	0

5.8 [연습문제 2.9]에서 [자료 2.8.3](trackrecord2005-men.txt)은 2005년 헬싱키 올림픽 54개 국 남자의 국제육상 기록에 대한 PCA를 수행하고 있다.

(1) PCA 결과 두 주성분에 대하여 얻어진 주성분점수를 원자료로 하여 국가 간 유클리드 거리를 구하라.

(2) (1)에서 구한 거리에 대하여 단일연결법, 완전연결법과 와드연결법에 의한 군집과 그 특성을 서로 비교하라.

(3) K-평균법에 의해 적절한 군집의 수를 정하고 군집분석의 결과를 (2)와 비교하라.

(4) PCA 적용하기 전 원자료에 대한 유클리드 거리에 대한 K-평균법의 군집분석의 결과를 얻고 (3)과 비교하라.

(5) 통계모형에 따른 군집분석을 시행하여 BIC 기준관점에서 가장 적절한 모형을 찾고 그 결과를 설명하라.

5.9 [보기 5.3.5]에는 2006년도 상금 순위 상위 50명 KLPGA 선수에 대해 측정변수로 상금률(상금 1위 선수에 대한 상대적 비율) 외에 평균퍼팅수(총퍼팅수/라운드수), 그린적중률, 파 세이브율(총파세이브홀수/총홀수×100), 파브레이크율(버디이상홀수/총홀수× 100), 평균타수 ((총스트로크수×72/코스소정파)/라운드수))이 사용된 성적 [자료 1.3.2](klpga.txt)가 있다. 이에 대하여 원자료의 표준화 유클리드 거리에 대한 단일연결법, 완전연결법, 평균연결 법과 와드연결법에 의한 군집과 그 특성을 [표 5.3.3]에 서로 비교·요약하고 있다.

(1) K-평균법에서 적절한 군집의 수를 CCC와 Dindex 그림을 통해 정하라.

(2) (1)에서 구한 군집의 수를 초기군집의 수로 하여 군집분석의 결과를 구하고 계층 군집분석의 결과를 요약한 [표 5.3.3]과 비교하라.

(3) (2)에서 구한 군집의 수로 K-대표개체법을 적용한 군집분석을 실시하고 그 결과를 (2)와 비교하라.

(4) 통계모형에서 군집의 수를 2와 3으로 할 때 BIC 기준값을 통해 적절한 모형을 찾고 그 결과를 비교하라.

5.10 [보기 2.5.2]에서 12개 변수(L, B, H, OH, U, S, Q, FH, NB, NH, BL, HL)에 의해 22명의 남자(M)와 18명 여자(F)의 두개골 자료(skull.txt)를 고려하자.

(1) PCA 결과 세 주성분에 대하여 얻어진 주성분점수를 원자료로 하여 유클리드 거리를 구하라.

(2) (1)에서 구한 거리에 대하여 단일연결법, 완전연결법과 와드연결법에 의한 군집이 남녀로 잘 구분이 되는지를 살펴보라.

(3) K-평균법에 의해 적절한 군집의 수를 정하고 군집분석의 결과를 (2)와 비교하라.

(4) PCA 적용하기 전 원자료에 대한 유클리드 거리에 대한 K-평균법의 군집분석의 결과를 얻고 (3)과 비교하라.

제 6 장

판별분석, 분류나무 (Discriminant Analysis, Classification Tree)

판별분석은 이미 알려진 개체들의 군집을 잘 분류해 주는 판별기준으로, 개체들의 다양한 정보를 측정한 변수들의 선형결합 내지는 비선형결합에 의한 함수를 찾는 것이다. 특히, 군집자료의 다변량정규분포와 공분산행렬의 동질성 가정에 따라 선형과 이차선형함수에 의한 판별분석이 이루어진다. 반면에 군집의 다변량 정규성과 무관하게 공분산행렬의 동질성만 만족되면 피셔의 선형판별함수를 활용한 판변분석을 고려할 수 있다. 더불어 0과 1의 값을 가지는 이항변수와 같이 범주형변수가 포함된 경우 이에 대하여 로지스틱 판별함수에 의한 판별분석이 가능하다. 최근 데이터 마이닝에서 의사결정나무(decision tree)로 잘 알려진 CART(classification and regression tree)는 범주형과 연속형자료의 분류작업에 대한 시각적결과를 보여주므로 분류나 예측의 결과를 파악하기가 쉽다. R에서는 선형판별분석과 이차판별분석은 library(MASS)의 함수 lda()와 qda()를 각각 활용하면 된다. 피셔 선형판별분석은 알고리즘에 따라 FLDA=function(z, group)에 의해서 함수화한 것을 이용하고 로지스틱 판별분석은 함수 glm()과 오분류율은 library(DAAG)의 함수 CVbinary()를 활용하며 분류나무은 library(rpart)의 rpart()를 활용하면 된다.

6.1 판별분석의 이해

다변량자료가 이미 잘 알려진 두 개 또는 그 이상의 모집단 또는 군집으로부터 얻어졌다고 하면 이들에 속한 개체를 가장 잘 분리(separation)할 수 있는 판별기준 또는 판별함수를 구하고 이러한 기준의 적합정도를 오분류율(rate of misclassification)로 평가하는 과정을 판별분석(discriminant analysis, DA)이라 한다. 더불어 새롭게 관찰되거나 측정된 임의의 개체를 소속 모집단 또는 군집에 할당(allocation)하거나 분류(classification)하는 절차를 분류분석(classification analysis)이라 한다. 이들 두 분석은 개념적으로는 다르지만 일반적으로 판별과 분류분석이 동시에 함께 이루어지므로 대개 구분하지 않고 판별분석 DA로 이를 소개한다.

영국의 통계학자 피셔(Fisher, R.A., 1890-1962)에 의해 처음 소개된 판별이라는 용어는 가능한 전체 개체를 이미 잘 알려진 군집으로 잘 분리하도록 하는 기준인 판별자(discriminant)를 찾는 데 있어 오히려 분리라는 용어가 DA의 개념을 더 함축하고 있다고 여겨진다. 그리고 이 기준에 의해서 새로운 개체를 잘 분류 또는 할당하기 위한 것이다.

DA는 판별기준에 의해서 판정과 판단을 내려야 하는 분야에 많이 활용된다. 예를 들자면 은행에서 고객의 많은 금융거래 정보(수신, 여신, 보험, 카드, 급여이체 외환 등)에 의해서 기존 고객의 등급이 우수, 보통, 불량으로 신용이 평가되어 이를 판별기준으로 새로운 고객의 대출여부를 판단한다. 또한 카드회사의 고객위험관리차원에서 경우에는 평소 고객의 카드 사용에 대한 다양한 정보(시간대, 장소, 금액, 구입품목 등)를 가지고 그 고객의 카드사용에 대한 경향을 파악하여 이를 판별기준으로 카드가 분실되거나 오용되어 터무니없는 결제여부를 자동으로 판별 감지하여 일시 결제중지를 판단하기도 한다. 의료분야에서도 환자의 질병 여부를 판단할 외적 증상에 대한 정보(혈압, 고지혈, 당뇨, 감마지티피 등)를 활용하여 판별기준을 구축하고 새 환자에게 이를 활용하는 인공지능에 의한 진단 시스템이 활용된다. 그리고 보험회사나 자동차 회사에서는 기존 고객의 다양한 정보(직업, 수입, 교육수준, 취미 등)를 토대로 얻어진 판별기준에 의해서 새로운 신상품에 대한 고객의 잠재적 구매여부를 가늠하게 된다.

실제로 DA는 여러 분야에서 이미 알려진 개체들의 군집을 잘 분류해 주는 판별기준으로 개체들의 다양한 정보를 측정한 변수들의 선형결합 내지는 비선형결합에 의한 함수를 찾는 것이다. 가장 잘 알려진 것이 선형함수(linear function)로 피셔의 선형판별함수가 있다. 0과 1의 값을 가지는 이항변수와 같이 범주형변수가 포함된 경우 선형로지스틱판별함수를 고려할 수 있다. 비선형함수로 마할라노비스 거리에 의한 이차판별함수(quadratic discriminant function)가 있다. 최근 데이터 마이닝에서 의사결정나무(decision tree)로 잘 알려진 분류와 회귀나무(classification and regression tree)인 CART도 자료의 분할에 의한 DA의 시각적 방법으로 활용도가 높다.

[표 6.1.1]에는 판별분석 DA 수행단계를 요약해 두었는데 [4단계]에서 LDA(선형판별분석)와 QDA(이차판별분석)는 두 집단 외에도 여러 집단의 경우 선형판별점수(linear discriminant score)와 이차판별점수(quadratic discriminant score)를 활용하는 판별분석을 포괄적으로 일컫는 용어이다.

[표 6.1.1] DA 수행단계

[1단계] 알려진 군집에 따른 다변량 자료행렬을 준비한다.
[2단계] 각 군집의 자료가 다변량 정규성을 따르는지를 검정한다.
[3단계] [2단계]가 만족이 되면 각 군집의 공분산행렬의 동질성 검정을 실시한다.
[4단계] [3단계] 공분산행렬의 동질성이 만족되면 LDA(선형판별분석)를 실시하고 만족되지 않으면 QDA(이차판별분석)을 실시한다.
[5단계] [2단계]의 다변량 정규성이 만족되지 않고 [3단계] 공분산 동질성이 만족되면 FLDA(피셔 선형판별분석)을 실시한다.
[6단계] 오분류율을 계산하여 판별함수의 타당성을 평가한다.
[7단계] 임의의 관찰된 개체를 적합된 판별함수로 적절한 군집으로 분류한다.

6.2 두 군집의 판별분석

p개 확률변수들에 의한 확률벡터 $\boldsymbol{x} = (x_1,\ x_2,\ \dots,\ x_p)^t$에 의해서 얻어진 n_1개와 n_2개의 관찰개체를 갖는 두 개의 군집 C_1과 C_2를 고려하자. 그리고 각 군집의 확률밀도함수를 $f_1(\boldsymbol{x})$과 $f_2(\boldsymbol{x})$라 하자. 만약에 관찰된 $\boldsymbol{x}_o = (x_{o1},\ x_{o2},\ \dots,\ x_{op})^t$에 대해 가장 직관적인 할당 또는 분류규칙은 다음과 같다.

$$f_1(\boldsymbol{x}_o) > f_2(\boldsymbol{x}_o) \ \Rightarrow\ \boldsymbol{x}_o \text{는 군집 } C_1 \text{에 할당된다.} \tag{6.2.1}$$

(6.2.1)의 분류규칙의 타당성은 오분류율(misclassification error rate)에 의해서 평가를 받게 되는데 실제로 오분류율은 오분류 비용이 발생되므로 이를 고려한 오분류 평균비용(expected cost of misclassification, ECM)을 최소화하는 분류규칙을 찾으면 된다. 이를 이해하기 위해서 먼저 $p=1$개 일변량 확률변수에 의해서 오분류 조건부확률을 그림으로

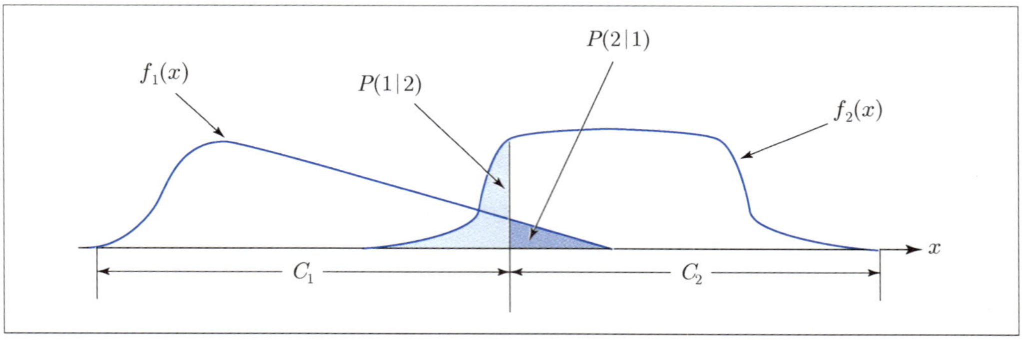

[그림 6.2.1] $p=1$ 인 경우 가상의 두 군집에 관한 오분류 조건부확률: $P(1|2)$, $P(2|1)$

나타내면 [그림 6.2.1]과 같다.

[그림 6.2.1]에 따르면 두 개의 군집 C_1과 C_2의 확률밀도함수를 각각 $f_1(x)$과 $f_2(x)$라 하면 두 군집의 개체들 가운데 서로 겹쳐 분류가 애매한 경우인 오분류가 발생한다. 먼저 개체들이 각 군집에 속할 사전확률을 각각 p_1, p_2라 하고 군집 C_1과 C_2를 개체들이 분류되는 영역을 나타내기로 하면 이 개체들이 오분류될 확률은 각각 다음과 같다.

$$P(\text{군집 } C_1\text{으로 오분류}) = P(1|2)\,p_2 = p_2\int_{C_2} f_1(x)\,dx$$

$$P(\text{군집 } C_2\text{으로 오분류}) = P(2|1)\,p_1 = p_1\int_{C_1} f_2(x)\,dx$$

여기서 $P(2|1) = P(x \in C_2 | C_1)$은 군집 C_1의 개체를 군집 C_2로 $P(1|2) = P(x \in C_1 | C_2)$은 그 반대로 이들은 오분류할 조건부 확률이고 $p_1 + p_2 = 1$을 만족한다.

다음으로 오분류 비용을 고려하기도 하는데 $c(2|1)$은 군집 C_1의 개체를 군집 C_2로 오분류비용이고 $c(1|2)$는 그 반대인 경우이다. 따라서 오분류 평균비용(ECM)은

$$\text{ECM} = c(2|1)P(2|1)p_1 + c(1|2)P(1|2)p_2 \qquad (6.2.2)$$

와 같이 정의되며 ECM을 최소로 하는 방법을 찾는 것이 타당한 분류규칙으로 이를 [표 6.2.1]에 정리해 두었다.

┃표 6.2.1┃ ECM 분류규칙

ECM을 최소로 하는 분류규칙은 관찰된 $\boldsymbol{x}_o=(x_{o1},\ x_{o2},\ \ldots,\ x_{op})^t$에 대해

$$\frac{f_1(\boldsymbol{x}_o)}{f_2(\boldsymbol{x}_o)}>\left(\frac{c(1|2)}{c(2|1)}\right)\left(\frac{p_2}{p_1}\right)\Rightarrow \boldsymbol{x}_o\text{는 군집 } C_1\text{에 할당된다.}$$

$$\frac{f_1(\boldsymbol{x}_o)}{f_2(\boldsymbol{x}_o)}\le\left(\frac{c(1|2)}{c(2|1)}\right)\left(\frac{p_2}{p_1}\right)\Rightarrow \boldsymbol{x}_o\text{는 군집 } C_2\text{에 할당된다.}$$

[표 6.2.1]의 ECM 분류규칙을 적용하기 위해서는 확률밀도함수, 오분류 손실비용 및 사전확률을 알아야 한다. 그러나 실제로는 이러한 것을 구하기가 쉽지는 않다. 그러므로 [표 6.2.2]에서 요약한 것처럼 몇 가지 특수한 경우에 대해 ECM 분류규칙을 알아보자.

┃표 6.2.2┃ ECM 분류규칙의 특수한 경우

관찰된 $\boldsymbol{x}_o=(x_{o1},\ x_{o2},\ \ldots,\ x_{op})^t$에 대해

- $p_2/p_1=1$ (동일한 사전확률):

$$\frac{f_1(\boldsymbol{x}_o)}{f_2(\boldsymbol{x}_o)}>\frac{c(1|2)}{c(2|1)}\ \Rightarrow \boldsymbol{x}_o\text{는 군집 } C_1\text{에 할당된다.}$$

- $c(1|2)/c(2|1)=1$ (동일한 오분류 비용):

$$\frac{f_1(\boldsymbol{x}_o)}{f_2(\boldsymbol{x}_o)}>\frac{p_2}{p_1}\ \Rightarrow \boldsymbol{x}_o\text{는 군집 } C_1\text{에 할당된다.}$$

- $p_1/p_2=c(1|2)/c(2|1)=1$ (동일한 사전확률과 오분류 비용):

$$\frac{f_1(\boldsymbol{x}_o)}{f_2(\boldsymbol{x}_o)}>1\Rightarrow \boldsymbol{x}_o\text{는 군집 } C_1\text{에 할당된다.}$$

특히, 사전확률의 비를 모르거나 오분류 비용을 결정할 수 없는 경우에 이들 각각의 비를 같은 것으로 간주하여 [표 6.2.2]의 맨 마지막 경우 내지는 (6.2.1)의 직관적 분류규칙을 활용하게 된다.

ECM 분류규칙 외에 오분류 비용을 고려하지 않는 총오분류확률(total probability of misclassification, TPM)

$$\begin{aligned}\text{TPM}&=P(\text{군집 } C_1\text{으로 오분류 또는 군집 } C_2\text{으로 오분류})\\&=P(\text{군집 } C_1\text{으로 오분류})+P(\text{군집 } C_2\text{으로 오분류})\\&=P(1|2)\,p_2+P(2|1)\,p_1\end{aligned}$$

을 최소로 하는 분류규칙은 [표 6.2.2]에서 동일한 오분류 비용의 ECM 분류규칙과 수리적으로 동일하며 [표 6.2.3]에 정리하였다.

[표 6.2.3] TPM 분류규칙

관찰된 $\boldsymbol{x}_o = (x_{o1}, x_{o2}, \dots, x_{op})^t$ 에 대해

$$\frac{f_1(\boldsymbol{x}_o)}{f_2(\boldsymbol{x}_o)} > \frac{p_2}{p_1} \quad \Rightarrow \quad \boldsymbol{x}_o \text{는 군집 } C_1 \text{에 할당된다.}$$

그밖에 새로운 관찰값 $\boldsymbol{x}_0$ 를 사후확률(posterior probability) $P(C_i|\boldsymbol{x}_0)$ 가 최대가 되는 군집으로 분류하는 분류규칙이 있다. 베이즈법칙에 의해 사후확률

$$P(C_i|\boldsymbol{x}_0) = \frac{p_i f_i(\boldsymbol{x}_0)}{p_1 f_1(\boldsymbol{x}_0) + p_2 f_2(\boldsymbol{x}_0)} \tag{6.2.3}$$

를 유도할 수 있다. 따라서 (6.2.3)의 분모는 두 군집에 대하여 동일하므로 사후확률에 의한 [표 6.2.4]의 베이즈 분류규칙을 얻게 된다. 이 또한 [표 6.2.2]의 동일한 오분류 비용의 ECM 분류규칙과 [표 6.2.3]의 TPM 분류규칙과 수리적으로 동일하다.

[표 6.2.4] 베이즈 분류규칙

관찰된 $\boldsymbol{x}_o = (x_{o1}, x_{o2}, \dots, x_{op})^t$ 에 대해

$$P(C_1|\boldsymbol{x}_0) > P(C_2|\boldsymbol{x}_0) \quad \Rightarrow \quad \boldsymbol{x}_o \text{는 군집 } C_1 \text{에 할당된다.}$$

6.3 다변량 정규성을 따르는 두 군집의 판별분석

p 개 확률변수에 의한 $\boldsymbol{x} = (x_1, x_2, \dots, x_p)^t$ 가 다변량 정규분포 $N_p(\boldsymbol{\mu}_k, \Sigma_k)$, $k = 1, 2$를 따르는 두 개의 군집 C_1과 C_2에서 각 군집은 개체를 n_1개와 n_2개를 가진다고 하자. 그러면 군집 C_k의 확률밀도함수는 다음과 같다.

$$f_k(\boldsymbol{x}) = \frac{1}{(\sqrt{2\pi})^p |\Sigma_k|^{1/2}} \exp\left[-\frac{1}{2}(\boldsymbol{x} - \boldsymbol{\mu}_k)^t \Sigma_k^{-1} (\boldsymbol{x} - \boldsymbol{\mu}_k)\right], \quad k = 1, 2 \tag{6.3.1}$$

이들 확률밀도함수를 통하여 6.2절의 [표 6.2.2]의 ECM 분류규칙을 유도할 때 각 군집의 공분산행렬의 동질성 $\Sigma_1 = \Sigma_2 = \Sigma$을 검토하는 것이 매우 중요하다. 이 결과에 따라 ECM 분류규칙을 만족하는 판별함수가 선형(linear) 또는 이차(quadratic)가 되기 때문이다. Mardia 외(1979, p. 14)는 공분산행렬의 동질성 검정에 더하여 박스의 M-검정을 소개하고 있어 이를 요약해 보고 [보기 6.3.1]과 [보기 6.3.2]에서 실제 자료에 대해 적용해 보기로 하자. 박스의 M-검정에 관한 다소 번거로운 계산 과정은 Tsagris(2014, 2장)에서 제공하는 R-함수 코드를 활용하면 된다. 그는 기존 R-패키지가 제공하지 않는 다변량 통계학의 몇 가지 주제에 관련된 알고리즘과 이를 바탕으로 구성한 R-함수를 소개하고 있어 매우 유용한 참고문헌이라 여겨진다.

공분산행렬의 동질성 검정

만약에 g개 군집 C_k, $k=1, \ldots, g$에서 각 군집은 개체 수를 n_k, $k=1, \ldots, g$ 가진다고 하자. 그리고 k번째 군집 C_k의 개체 $x_{ki} = (x_{ki1}, \ldots, x_{kip})'$, $i=1, \ldots, n_k$가 다변량 정규분포 $N_p(\boldsymbol{\mu}_k, \Sigma_k)$, $k=1, \ldots, g$를 따른다고 하면 g개 군집의 공분산행렬의 동질성에 대한 귀무가설

$$H_0 : \Sigma_1 = \Sigma_2 = \cdots = \Sigma_g = \Sigma$$

은 우도비검정(likelihood ratio test)의 검정통계량

$$\Lambda = \prod_{k=1}^{g} \left(\frac{|S_k|}{|S_p|} \right)^{(n_k - 1)/2} \tag{6.3.2}$$

에 의해서 이루어진다. 여기서 S_k는 k번째 군집의 공분산행렬이고 S_p는 모든 군집의 공분산행렬의 가중평균합인 합동(pooled 또는 combined) 공분산행렬

$$S_p = \frac{\sum_{k=1}^{g} (n_k - 1) S_k}{\sum_{k=1}^{g} (n_k - 1)} \tag{6.3.3}$$

이다. (6.3.2)에서 박스의 M-검정(Box's M-test)통계량

$$M = -2\gamma \ln \Lambda = \gamma \sum_{k=1}^{g} (n_k - 1) \log \left| S_k^{-1} S_p \right| \ \sim^{app.} \chi^2_{(df)} \tag{6.3.4}$$

은 근사적으로 자유도가 $df=p(p+1)(k-1)/2$을 따르는 카이제곱분포를 이룬다. 여기서

$$\gamma=1-\left[\sum_{k=1}^{g}\frac{1}{(n_k-1)}-\frac{1}{\sum_{k=1}^{g}(n_k-1)}\right]\left[\frac{2p^2+3p-1}{6(p+1)(g-1)}\right]$$

이다. 특히, (6.3.4)의 박스 검정통계량은 각 군집의 개체 수가 $n_k>20$이고 군집의 수가 $k\le 5$와 변수 수가 $p\le 5$인 경우, 카이제곱분포에 잘 근사한다.

❙표 6.3.1❙ 박스 M-검정: $H_0:\Sigma_1=\Sigma_2=\cdots=\Sigma_g=\Sigma$

k번째 군집 C_k의 개체 $\boldsymbol{x}_{ki}=(x_{ki1},\ ...,\ x_{kip})^t,\ i=1,\ \cdots,\ n_k\sim N_p(\boldsymbol{\mu}_k,\ \Sigma_k),\ k=1,\ ...,\ g$:
$$M=-2\gamma\ln\Lambda=\gamma\sum_{k=1}^{g}(n_k-1)\log\left\|S_k^{-1}S_p\right\|>\chi^2_{(p(p+1)((g-1)/2)}(\alpha)$$
$\Rightarrow$ 유의수준 α에서 H_0가 기각된다.

[표 6.3.1]의 박스 M-검정은 g개 군집의 공분산행렬의 동질성검정으로, 특히 두 군집의 경우 [보기 6.3.1]에서 다루기로 하자.

[보기 6.3.1] 피셔의 두 종류 붓꽃(setosa, versicolor) 자료의 공분산행렬의 동질성

EXAMPLE

각각 50포기씩 세 종류의 붓꽃(setosa, versicolor, virginica)의 꽃받침 길이(Sepal.Length), 꽃받침 폭(Sepal.Width,), 꽃잎 길이(Petal.Length), 꽃잎 폭(Petal.Width) 등을 측정한 붓꽃자료에 대해 편의상 두 종류의 붓꽃(setosa, versicolor)과 두 개의 변수(꽃받침 길이, 꽃받침 폭)에 의한 자료(setoavesicolor.txt)를 구성하였다.

이 자료에서 [그림 6.3.1]은 (a) 산점도와 (b) 각 변수별 확률밀도함수를 보여주고 있다. 특히 확률밀도함수는 library(MASS)의 함수 ldahist()에 의해서 제공된다. (a)의 산점도를 보면 도형은 두 군집을 나타내는데 ○=setosa와 △=versicolor이다. 전체적으로 꽃받침 길이가 짧고, 꽃받침 폭이 클수록 setosa 종류임을 타나내고 있다. 유일하게 단 하나의 꽃이 예외로 보인다. (b)의 일변량 관점에서 각 변수별 확률밀도함수를 보면 군집 간에 중심이 차이를 보이며 분산은 변수 꽃받침의 길이에서 두 군집 간에 큰 차이를 보이고 있다.

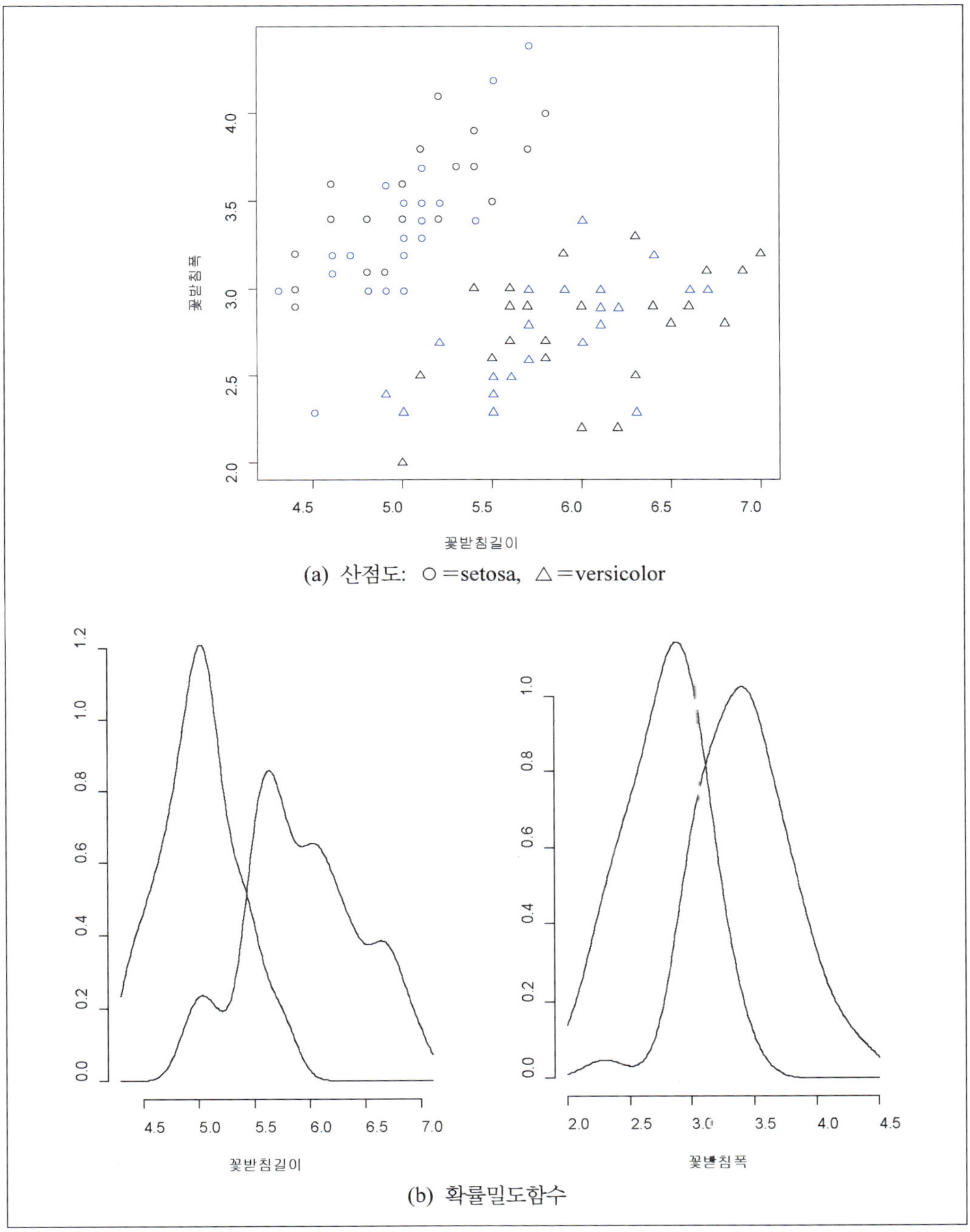

[그림 6.3.1] 두 종류 붓꽃(setosa, versicolor) 자료의 다중 산점도와 변수별 확률밀도함수

이번에는 두 군집의 공분산행렬의 동질성에 대한 가설 $H_0 : \Sigma_1 = \Sigma_2 = \Sigma$을 검정하였다. 이를 위한 [R-코드 6.3.1](setosaversicolor-Boxtest.R)은 앞서 언급한 Tsagris(2014, 2장)의 공분산행렬의 동질성검정을 위한 박스 M-검정에 관련된 R-함수 코드를 활용한 것이다.

[R-코드 6.3.1]에서 정의한 함수 cov.Mtest=function(x, ina, a=0.05)를 활용하기 위해선 자료에서 군집을 나타내는 변수를 수치벡터로 나타내고(ina=as.numeric(setosa_versi[, 3])), 실제 개체를 측정한 변수에 의한 자료를 지정하고(x=setosa_versi[, 1:2]), 이들을 함수에서 일대일 대응을 위해 지정하면(cov.Mtest(x, ina)) 된다. 그 결과는 [R-코드 6.3.1]의 맨 마지막 명령문

```
list(M.test=test, degrees=df, critical=crit, p.value=pvalue)
```

에 의해서 [표 6.3.1]의 검정통계량값($M.test), 자유도($degrees), 유의확률 p-값($p.value)을 제공한다. 이들 결과를 얻기까지 필요한 몇 가지 계산 과정을 [박스 M-검정의 결과 및 해석]에서 정리하려 한다.

박스 M-검정의 결과 및 해석

- 두 종류의 붓꽃 군집 C_1(setosa)과 C_2(versicolor)의 개체 수: $n_1 = 50$, $n_2 = 50$
- 공분산 행렬:

$$S_1 = \begin{bmatrix} 6.0882 & 4.8616 \\ 4.8616 & 7.0408 \end{bmatrix}, \quad S_2 = \begin{bmatrix} 13.0552 & 4.1746 \\ 4.1740 & 4.8250 \end{bmatrix}$$

- 합동 공분산행렬:

$$S_p = \frac{(n_1-1)S_1 + (n_2-1)S_2}{n_1+n_2-2} = \frac{49S_1 + 49S_2}{98}$$

$$\Rightarrow \quad S_p = \begin{bmatrix} 0.1953408 & 0.0922000 \\ 0.0922000 & 0.1210796 \end{bmatrix}$$

- $\gamma = 1 - \left[\frac{1}{49} + \frac{1}{49} - \frac{1}{98}\right]\left[\frac{2\times 2^2 + 3\times 2 - 1}{6(2+1)(2-1)}\right]$

  $= 1 - 0.03061224 \times 0.7222222 = 0.9778912$

- $M = -2\gamma \ln \Lambda = \gamma \sum_{k=1}^{2} (n_k - 1)\log\left|S_k^{-1} S_p\right| = 0.9778912 \times 20.19596 = 19.74945$
- 자유도 $df = p(p+1)(g-1)/2 = 2(2+1)(2-1)/2 = 3$

- 유의수준 0.05에서 기각치 $\chi_3^2(0.05) = 7.814728$
- p-값=0.0001912932
- 검정의 결과: $M > \chi_3^2(0.05) \Leftrightarrow 19.74945 > 7.814728 \Rightarrow H_0 : \Sigma_1 = \Sigma_2 = \Sigma$가 유의수준 5%에서 기각된다. 즉, p-값이 유의수준 0.05보다 매우 작다.

[R-코드 6.3.1] 두 종류 붓꽃 자료의 공분산행렬 동질성 검정(setosaversicolor-Boxtest.R)

```
# Box's test for the hypothesis test of the equality of at least
#two covariance matrices in Mardia et al.(1979, p. 140).
library(MASS)
setosa_versi<-read.table("setosaversicolor.txt", header=T)
attach(setosa_versi)

# Scatter Plot
plot(setosa_versi[, 1:2], pch=unclass(종류), col=1:2)

# Density function of Variables
par(mfrow=c(1, 2))
ldahist(data= 꽃받침길이, g=종류, type="density")
ldahist(data= 꽃받침폭, g=종류, type="density")

cov.Mtest=function(x, ina, a=0.05){
## x is the data set
## ina is a numeric vector indicating the groups of the data set
## a is the significance level, set to 0.05 by default
x=as.matrix(x)
p=ncol(x) ## dimension of the data set
n=nrow(x) ## total sample size
k=max(ina) ## number of groups
nu=rep(0, k) ## the sample size of each group will be stored here later
pame=rep(0, k) ## the determinant of each covariance will be stored here
## the next "for" function calculates the covariance matrix of each group
nu=as.vector(table(ina))
mat=mat1=array(dim=c(p, p, k))
for (i in 1:k) {
mat[, , i]=cov(x[ina==i, ])
pame[i]=det(mat[, , i]) ## the detemirnant of each covariance matrix
mat1[, , i]=(nu[i]-1)*cov(x[ina==i, ]) }
## the next 2 lines calculate the pooled covariance matrix
Sp=apply(mat1, 1:2, sum)
Sp=Sp/(n-k)
```

```
for (i in 1:k)
pamela=det(Sp) ## determinant of the pooled covariance matrix
test1=sum((nu-1)*log(pamela/pame))
gama1=(2*(p^2)+3*p-1)/(6*(p+1)*(k-1))
gama2=(sum(1/(nu-1))-1/(n-k))
gama=1-gama1*gama2
test=gama*test1 ## this is the M (test statistic)
df=0.5*p*(p+1)*(k-1) ## degrees of freedom of the chi-square distribution
pvalue=1-pchisq(test, df) ## p-value of the test statistic
crit=qchisq(1-a, df) ## critical value of the chi-square distribution
list(M.test=test, degrees=df, critical=crit, p.value=pvalue) }
ina=as.numeric(setosa_versi[, 3])
x=setosa_versi[, 1:2]
cov.Mtest(x, ina)
```

[보기 6.3.2] 예초기 소유 자료의 공분산행렬의 동질성

EXAMPLE

예초기 제조회사는 이 기계를 소유한 $n_1 = 12$ 가구와 그렇지 않은 $n_2 = 12$ 가구 두 군집에 대해 소득(x_1)과 대지면적(x_2)을 조사하여 [자료 6.3.1](ridingmower.txt)에 정리 하였다(Johnson과 Wichern, 2007, Chapter 11).

먼저 [그림 6.3.2]는 (a) 산점도와 (b) 각 변수별 확률밀도함수를 보여주고 있다. (a)의 산점도를 보면 ○=소유자, △=미소유자를 나타내고 있어 전체적으로 소득(x_1)이 높고 대지면적(x_2)이 클수록 예초기 ○=소유자가 많음을 알 수 있다. (b)의 각 변수별 확률밀도함수를 보면 군집 간에 일변량 관점에서 중심에서 차이를 보이며 분산은 유사함을 보이고 있다. 실제 두 군집의 공분산행렬의 동질성의 귀무가설 $H_0 : \Sigma_1 = \Sigma_2 = \Sigma$에 대한 박스 M-검정을 위한 [프로그램 6.3.2](ridingmower-Boxtest.R)의 실행 결과 귀무가설을 채택하게 되어 두 집단의 공분산행렬이 동일하다고 여겨도 된다. [박스 M-검정을 위한 결과 및 해석]을 참고하기 바란다.

| 자료 6.3.1 | 예초기 자료(ridingmower.txt)

소유자		미소유자	
소득	대지면적	소득	대지면적
60.0	18.4	75.0	19.6
85.5	16.8	52.8	20.8
64.8	21.6	64.8	17.2
61.5	20.8	43.2	20.4
87.0	23.6	84.0	17.6
110.1	19.2	49.2	17.6
108.0	17.6	59.4	16.0
82.8	22.4	66.0	18.4
69.0	20.0	47.4	16.4
93.0	20.8	33.0	18.8
51.0	22.0	51.0	14.0
81.0	20.0	63.0	14.8

| 박스 M-검정의 결과 및 해석

- 두 군집 C_1(소유)과 C_2(미소유)의 개체 수: $n_1 = 12,\ n_2 = 12$
- 공분산 행렬:

$$S_1 = \begin{bmatrix} 3879.08 & -130.00 \\ -130.00 & 44.91 \end{bmatrix},\quad S_2 = \begin{bmatrix} 2207.76 & -28.48 \\ -28.48 & 49.11 \end{bmatrix}$$

- 합동 공분산행렬:

$$S_p = \frac{(n_1-1)S_1 + (n_2-1)S_2}{n_1+n_2-2} = \frac{11\times S_1 + 11\times S_2}{22}$$

$$\Rightarrow\ S_p = \begin{bmatrix} 276.674659 & -7.203636 \\ -7.203636 & 4.273333 \end{bmatrix}$$

- $M = -2\gamma \ln \Lambda = \gamma \sum_{k=1}^{2} (n_k - 1)\log\left| S_k^{-1} S_p \right| = 0.9934638$
- 자유도 $df = p(p+1)(g-1)/2 = 2(2+1)(2-1)/2 = 3$
- 유의수준 0.05에서 기각치 $\chi_3^2(0.05) = 7.814728$
- p-값$=0.8028335$
- 검정의 결과: $M < \chi_3^2(0.05) \Leftrightarrow 0.9934638 < 7.814728 \Rightarrow H_0 : \Sigma_1 = \Sigma_2 = \Sigma$가 유의수준 5%에서 기각되지 않는다. 즉, p-값이 유의수준 0.05보다 매우 크다. 따라서 두 집단의 공분산행렬이 동질함을 보여준다.

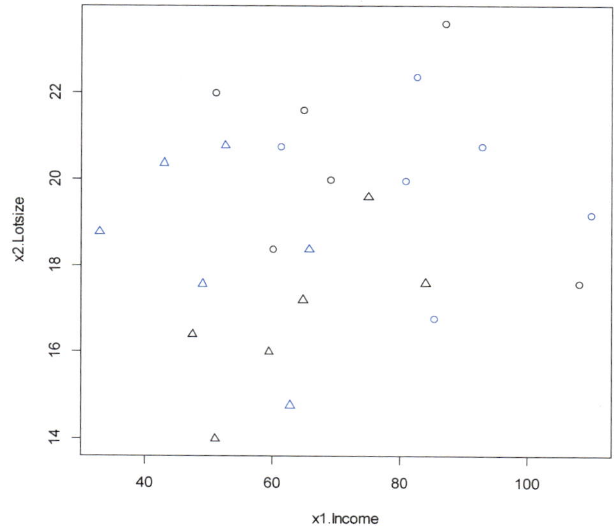

(a) 예초기 자료의 산점도: ○=소유자, △=미소유자

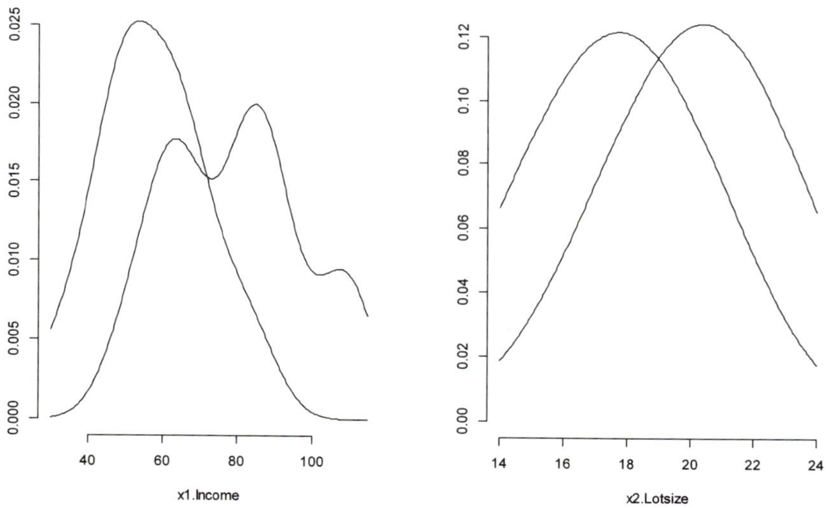

(b) 변수별 확률밀도함수

[그림 6.3.2] 예초기 자료의 산점도와 각 변수별 확률밀도함수

[R-코드 6.3.2] 예초기 자료의 공분산행렬의 동질성 검정(ridingmower-Boxtest.R)

```
# Box's test for the hypothesis test of the equality of covariance matrices
# in Riding-Mowers data.
library(MASS)
ridingmower<-read.table("ridingmower.txt", header=T)
attach(ridingmower)

# Scatter Plot
plot(ridingmower[, 2:3], pch=unclass(pop), col=1:2)

# Density function of Variables
par(mfrow=c(1, 2))
ldahist(data= x1.Income, g=pop, width=30, type="density")
ldahist(data= x2.Lotsize, g=pop, width=10, type="density")

cov.Mtest=function(x, ina, a=0.05){
## x is the data set
## ina is a numeric vector indicating the groups of the data set
## a is the significance level, set to 0.05 by default
x=as.matrix(x)
p=ncol(x) ## dimension of the data set
n=nrow(x) ## total sample size
k=max(ina) ## number of groups
nu=rep(0, k) ## the sample size of each group will be stored here later
pame=rep(0, k) ## the determinant of each covariance will be stored here
## the next "for" function calculates the covariance matrix of each group
nu=as.vector(table(ina))
mat=mat1=array(dim=c(p, p, k))
for (i in 1:k) {
mat[, , i]=cov(x[ina==i, ])
pame[i]=det(mat[, , i]) ## the detemirnant of each covariance matrix
mat1[, , i]=(nu[i]-1)*cov(x[ina==i, ]) }
## the next 2 lines calculate the pooled covariance matrix
Sp=apply(mat1, 1:2, sum)
Sp=Sp/(n-k)
for (i in 1:k)
pamela=det(Sp) ## determinant of the pooled covariance matrix
test1=sum((nu-1)*log(pamela/pame))
gama1=(2*(p^2)+3*p-1)/(6*(p+1)*(k-1))
gama2=(sum(1/(nu-1))-1/(n-k))
gama=1-gama1*gama2
test=gama*test1 ## this is the M (test statistic)
```

```
df=0.5*p*(p+1)*(k-1) ## degrees of freedom of the chi-square distribution
pvalue=1-pchisq(test, df) ## p-value of the test statistic
crit=qchisq(1-a, df) ## critical value of the chi-square distribution
list(M.test=test, degrees=df, critical=crit, p.value=pvalue) }

ina=as.numeric(ridingmower[, 1])
x=ridingmower[, 2:3]
cov.Mtest(x, ina)
```

공분산행렬의 동질성이 만족되는 경우 판별분석

p 개 확률변수에 의한 $\boldsymbol{x}=(x_1, x_2, \ldots, x_p)^t$ 가 다변량 정규분포 $N_p(\boldsymbol{\mu}_k, \Sigma_k)$, $k=1, 2$ 를 따르며 두 군집 C_1과 C_2의 공분산행렬의 동질성에 관한 귀무가설 $H_0 : \Sigma_1 = \Sigma_2 = \Sigma$ 이 만족이 될 경우에 관찰된 $\boldsymbol{x}_o=(x_{o1}, x_{o2}, \ldots, x_{op})^t$ 에 대해 [표 6.2.1] ECM 분류규칙에서 (6.3.1)의 두 군집의 정규확률밀도함수 $f_1(\boldsymbol{x}_o)$과 $f_2(\boldsymbol{x}_o)$를 대입하면 (6.3.5)와 같은 분류규칙을 얻게 된다.

$$
\begin{aligned}
&\frac{f_1(\boldsymbol{x}_o)}{f_2(\boldsymbol{x}_o)} > \left(\frac{c(1|2)}{c(2|1)}\right)\left(\frac{p_2}{p_1}\right) \\
\Leftrightarrow\ &\frac{\dfrac{1}{(\sqrt{2\pi})^p|\Sigma|^{1/2}}\exp\left[-\dfrac{1}{2}(\boldsymbol{x}_o-\boldsymbol{\mu}_1)^t\Sigma^{-1}(\boldsymbol{x}_o-\boldsymbol{\mu}_1)\right]}{\dfrac{1}{(\sqrt{2\pi})^p|\Sigma|^{1/2}}\exp\left[-\dfrac{1}{2}(\boldsymbol{x}_o-\boldsymbol{\mu}_2)^t\Sigma^{-1}(\boldsymbol{x}_o-\boldsymbol{\mu}_2)\right]} > \left(\frac{c(1|2)}{c(2|1)}\right)\left(\frac{p_2}{p_1}\right) \\
\Leftrightarrow\ &\exp\left[-\frac{1}{2}(\boldsymbol{x}_o-\boldsymbol{\mu}_1)^t\Sigma^{-1}(\boldsymbol{x}_o-\boldsymbol{\mu}_1)+\frac{1}{2}(\boldsymbol{x}_o-\boldsymbol{\mu}_2)^t\Sigma^{-1}(\boldsymbol{x}_o-\boldsymbol{\mu}_2)\right] > \left(\frac{c(1|2)}{c(2|1)}\right)\left(\frac{p_2}{p_1}\right) \\
\Leftrightarrow\ &(\boldsymbol{\mu}_1-\boldsymbol{\mu}_2)^t\Sigma^{-1}\boldsymbol{x}_o-\frac{1}{2}(\boldsymbol{\mu}_1-\boldsymbol{\mu}_2)^t\Sigma^{-1}(\boldsymbol{\mu}_1+\boldsymbol{\mu}_2)] > \ln\left[\left(\frac{c(1|2)}{c(2|1)}\right)\left(\frac{p_2}{p_1}\right)\right] \qquad (6.3.5) \\
\Rightarrow\ &\boldsymbol{x}_o \text{는 군집 } C_1 \text{에 할당된다.}
\end{aligned}
$$

(6.3.5)의 왼편 식에서 $(\boldsymbol{\mu}_1-\boldsymbol{\mu}_2)^t\Sigma^{-1}\boldsymbol{x}_o$는 $\boldsymbol{x}_o=(x_{o1}, x_{o2}, \ldots, x_{op})^t$ 에 대해 선형식이므로

$$L(\boldsymbol{x}_o) = (\boldsymbol{\mu}_1-\boldsymbol{\mu}_2)^t\Sigma^{-1}\boldsymbol{x}_o \qquad (6.3.6)$$

라 두고 $\beta_0 = \dfrac{1}{2}(\boldsymbol{\mu}_1-\boldsymbol{\mu}_2)^t\Sigma^{-1}(\boldsymbol{\mu}_1+\boldsymbol{\mu}_2)$라 두면 (6.3.5)는 다음과 같이 나타낼 수 있다.

$$L(\boldsymbol{x}_o) > \beta_0 + \ln\left[\left(\frac{c(1|2)}{c(2|1)}\right)\left(\frac{p_2}{p_1}\right)\right] \Rightarrow \boldsymbol{x}_o \text{는 군집 } C_1 \text{에 할당된다.} \tag{6.3.7}$$

일반적으로 (6.3.7)의 $L(\boldsymbol{x}_o)$와 β_0는 모평균 $\boldsymbol{\mu}_1$, $\boldsymbol{\mu}_2$ 그리고 공분산행렬 Σ는 각각 표본평균 $\overline{\boldsymbol{x}}_1$, $\overline{\boldsymbol{x}}_2$과 표본공분산 S_1, S_2에 의해서 추정되며, 특히 공분산행렬 Σ는 (6.3.3)에서 군집의 수가 $g=2$인 경우의 합동공분산행렬

$$S_p = \frac{(n_1-1)S_1 + (n_2-1)S_2}{n_1+n_2-2}$$

에 의해서 추정된다. 그러므로 $L(\boldsymbol{x}_o)$와 β_0의 추정량은 다음과 같다.

$$\widehat{L}(\boldsymbol{x}_o) = (\overline{\boldsymbol{x}}_1 - \overline{\boldsymbol{x}}_2)^t S_p^{-1} \boldsymbol{x}_o, \tag{6.3.8}$$

$$\widehat{\beta_0} = \frac{1}{2}(\overline{\boldsymbol{x}}_1 - \overline{\boldsymbol{x}}_2)^t S_p^{-1} (\overline{\boldsymbol{x}}_1 + \overline{\boldsymbol{x}}_2).$$

따라서 (6.3.7)의 표본 ECM 분류규칙은 다음과 같다.

$$\widehat{L}(\boldsymbol{x}_o) > \widehat{\beta_0} + \ln\left[\left(\frac{c(1|2)}{c(2|1)}\right)\left(\frac{p_2}{p_1}\right)\right] \Rightarrow \boldsymbol{x}_o \text{는 군집 } C_1 \text{에 할당된다.}$$

| 표 6.3.2 | $\Sigma_1 = \Sigma_2$인 경우 표본 ECM 분류규칙(선형분류규칙)

관찰된 $\boldsymbol{x}_o = (x_{o1}, x_{o2}, \ldots, x_{op})^t$에 대해

$$\widehat{L}(\boldsymbol{x}_o) > \widehat{\beta_0} + \ln\left[\left(\frac{c(1|2)}{c(2|1)}\right)\left(\frac{p_2}{p_1}\right)\right] \Rightarrow \boldsymbol{x}_o \text{는 군집 } C_1 \text{에 할당된다.} \tag{6.3.9}$$

여기서 $\widehat{L}(\boldsymbol{x}_o) = (\overline{\boldsymbol{x}}_1 - \overline{\boldsymbol{x}}_2)^t S_p^{-1} \boldsymbol{x}_o$, $\widehat{\beta_0} = \frac{1}{2}(\overline{\boldsymbol{x}}_1 - \overline{\boldsymbol{x}}_2)^t S_p^{-1} (\overline{\boldsymbol{x}}_1 + \overline{\boldsymbol{x}}_2)$.

(6.3.9)의 왼편 식 $\widehat{L}(\boldsymbol{x}_o) = (\overline{\boldsymbol{x}}_1 - \overline{\boldsymbol{x}}_2)^t S_p^{-1} \boldsymbol{x}_o$은 $\boldsymbol{x}_o = (x_{o1}, x_{o2}, \ldots, x_{op})^t$에 대해 선형식이므로 이를 선형판별함수라 하며 이에 의한 분류규칙을 선형분류규칙(linear classification rule)이라 부른다. 특히, $p_1 = p_2$, $c(2|1) = c(1|2)$이면 (6.3.9)의 우변은 $\widehat{\beta_0}$이 된다.

다만, Johnson과 Wichern(2007, Chapter 11) 그리고 Rencher(1995, Chapter 8)에 따르면 실제 선형판별함수

$$\widehat{L}(\boldsymbol{x}_o) = (\overline{\boldsymbol{x}}_1 - \overline{\boldsymbol{x}}_2)^t S_p^{-1} \boldsymbol{x}_o = \hat{\boldsymbol{l}}^t \boldsymbol{x}_o = \hat{l}_1 x_{o1} + \cdots + \hat{l}_p x_{op}$$

에서 각 변수의 선형결합을 나타내는 $p \times 1$ 계수벡터 $\hat{\boldsymbol{l}} = S_p^{-1}(\overline{\boldsymbol{x}}_1 - \overline{\boldsymbol{x}}_2)$은 변수들의 측정 단위가 다르거나 분산에 차이를 많이 보이는 경우 상대적 비교를 위하여 척도화 또는 표준화를 해야 한다. 여기서 표준화 계수벡터를 $\tilde{\boldsymbol{l}} = c\hat{\boldsymbol{l}}$, $c \neq 0$라 하면 c는 정규화(normalization)를 제공하며 다음의 두 가지가 잘 알려져 있다.

$$c = \| \hat{\boldsymbol{l}} \|^{-1} = (\hat{\boldsymbol{l}}^t \hat{\boldsymbol{l}})^{-1/2} \text{ 또는 } c = \hat{l}_1^{-1} \tag{6.3.10}$$

(6.3.10)의 $c = (\hat{\boldsymbol{l}}^t \hat{\boldsymbol{l}})^{-1/2}$는 표준화 계수벡터가 $\|\tilde{\boldsymbol{l}}\| = 1$이 되게 하며 변수들의 계수들이 모두 구간 $[-1, 1]$에 속하게 된다. $c = \hat{l}_1^{-1}$는 표준화 계수벡터 $\tilde{\boldsymbol{l}}$의 첫 번째 원소가 1이 되게 하고 모든 계수를 구간 $[-1, 1]$에 속하게 하며 선형판별함수에서 변수 x_1에 대한 $x_2, \ldots, x_p$의 상대적 중요도를 평가하는 데에 유용하다. 그러므로 (6.3.10)에서 표준화된 선형판별함수를 구해야 하고 이를 편의상 $\widehat{L}(\boldsymbol{x}_o)_s = \tilde{\boldsymbol{l}}^t \boldsymbol{x}_o = \tilde{l}_1 x_{o1} + \cdots + \tilde{l}_p x_{op}$로 나타내기로 하자.

공분산행렬의 동질성이 만족되지 않는 경우 판별분석

두 군집의 공분산행렬이 서로 다른 $\Sigma_1 \neq \Sigma_2$ 경우에는 분류규칙은 두 군집의 정규확률밀도함수 $f_1(\boldsymbol{x}_o)$과 $f_2(\boldsymbol{x}_o)$의 비에서 각 군집의 공분산행렬이 존재하게 되어 매우 복잡한 형태의 분류규칙이 유도된다. 즉,

$$\begin{aligned}
&\frac{f_1(\boldsymbol{x}_o)}{f_2(\boldsymbol{x}_o)} > \left(\frac{c(1|2)}{c(2|1)}\right)\left(\frac{p_2}{p_1}\right) \\
&\Leftrightarrow \frac{\dfrac{1}{(\sqrt{2\pi})^p |\Sigma_1|^{1/2}} \exp\left[-\dfrac{1}{2}(\boldsymbol{x}_o - \boldsymbol{\mu}_1)^t \Sigma_1^{-1} (\boldsymbol{x}_o - \boldsymbol{\mu}_1)\right]}{\dfrac{1}{(\sqrt{2\pi})^p |\Sigma_2|^{1/2}} \exp\left[-\dfrac{1}{2}(\boldsymbol{x}_o - \boldsymbol{\mu}_2)^t \Sigma_2^{-1} (\boldsymbol{x}_o - \boldsymbol{\mu}_2)\right]} > \left(\frac{c(1|2)}{c(2|1)}\right)\left(\frac{p_2}{p_1}\right) \\
&\Leftrightarrow \frac{|\Sigma_1|^{-1/2}}{|\Sigma_2|^{-1/2}} \exp\left[-\frac{1}{2}(\boldsymbol{x}_o - \boldsymbol{\mu}_1)^t \Sigma_1^{-1} (\boldsymbol{x}_o - \boldsymbol{\mu}_1) + \frac{1}{2}(\boldsymbol{x}_o - \boldsymbol{\mu}_2)^t \Sigma_2^{-1} (\boldsymbol{x}_o - \boldsymbol{\mu}_2)\right] \\
&\qquad > \left(\frac{c(1|2)}{c(2|1)}\right)\left(\frac{p_2}{p_1}\right) \\
&\Leftrightarrow -\frac{1}{2}\boldsymbol{x}_o^t (\Sigma_1^{-1} - \Sigma_2^{-1}) \boldsymbol{x}_o + (\boldsymbol{\mu}_1^t \Sigma_1^{-1} - \boldsymbol{\mu}_2^t \Sigma_2^{-1}) \boldsymbol{x}_o - k > \ln\left[\left(\frac{c(1|2)}{c(2|1)}\right)\left(\frac{p_2}{p_1}\right)\right]
\end{aligned} \tag{6.3.11}$$

여기서 $k = \frac{1}{2}\ln\left(\frac{|\Sigma_1|}{|\Sigma_2|}\right) + \frac{1}{2}(\boldsymbol{\mu}_1^t \Sigma_1^{-1}\boldsymbol{\mu}_1 - \boldsymbol{\mu}_2^t \Sigma_2^{-1}\boldsymbol{\mu}_2)$.

$\Rightarrow$ $\boldsymbol{x}_o$는 군집 C_1에 할당된다.

(6.3.11)의 왼편 식은 $\boldsymbol{x}_o = (x_{o1},\ x_{o2},\ \dots,\ x_{op})^t$에 대해 $\boldsymbol{x}_o^t(\Sigma_1^{-1} - \Sigma_2^{-1})\boldsymbol{x}_o$이 이차식이므로

$$Q(\boldsymbol{x}_o) = -\frac{1}{2}\boldsymbol{x}_o^t(\Sigma_1^{-1} - \Sigma_2^{-1})\boldsymbol{x}_o + (\boldsymbol{\mu}_1^t \Sigma_1^{-1} - \boldsymbol{\mu}_2^t \Sigma_2^{-1})\boldsymbol{x}_o \qquad (6.3.12)$$

라 두면 (6.3.11)은

$$Q(\boldsymbol{x}_o) > k + \ln\left[\left(\frac{c(1|2)}{c(2|1)}\right)\left(\frac{p_2}{p_1}\right)\right] \Rightarrow \boldsymbol{x}_o\text{는 군집 } C_1\text{에 할당된다.} \qquad (6.3.13)$$

실제로 (6.3.13)에서 $Q(\boldsymbol{x}_o)$와 k의 추정은 모평균 $\boldsymbol{\mu}_1$, $\boldsymbol{\mu}_2$ 그리고 공분산행렬 Σ_1, Σ_2의 추정치 표본평균 $\overline{\boldsymbol{x}}_1$, $\overline{\boldsymbol{x}}_2$과 표본공분산 S_1, S_2를 대입하여

$$\widehat{Q}(\boldsymbol{x}_o) = -\frac{1}{2}\boldsymbol{x}_o^t(S_1^{-1} - S_2^{-1})\boldsymbol{x}_o + (\overline{\boldsymbol{x}}_1^t S_1^{-1} - \overline{\boldsymbol{x}}_2^t S_2^{-1})\boldsymbol{x}_o \qquad (6.3.14)$$

$$\hat{k} = \frac{1}{2}\ln\left(\frac{|S_1|}{|S_2|}\right) + \frac{1}{2}(\overline{\boldsymbol{x}}_1^t S_1^{-1}\overline{\boldsymbol{x}}_1 - \overline{\boldsymbol{x}}_2^t S_2^{-1}\overline{\boldsymbol{x}}_2)$$

을 얻게 된다. 따라서 두 군집의 공분산행렬이 다른 $\Sigma_1 \neq \Sigma_2$ 경우 표본 ECM 분류규칙은 다음과 같이 정리된다.

$$\widehat{Q}(\boldsymbol{x}_o) > \hat{k} + \ln\left[\left(\frac{c(1|2)}{c(2|1)}\right)\left(\frac{p_2}{p_1}\right)\right] \Rightarrow \boldsymbol{x}_o\text{는 군집 } C_1\text{에 할당된다.}$$

표 6.3.3 $\Sigma_1 \neq \Sigma_2$인 경우 표본 ECM 분류규칙(이차분류규칙)

관찰된 $\boldsymbol{x}_o = (x_{o1},\ x_{o2},\ \dots,\ x_{op})^t$에 대해

$$\widehat{Q}(\boldsymbol{x}_o) > \hat{k} + \ln\left[\left(\frac{c(1|2)}{c(2|1)}\right)\left(\frac{p_2}{p_1}\right)\right] \Rightarrow \boldsymbol{x}_o\text{는 군집 } C_1\text{에 할당된다.} \qquad (6.3.15)$$

여기서 $\widehat{Q}(\boldsymbol{x}_o) = -\frac{1}{2}\boldsymbol{x}_o^t(S_1^{-1} - S_2^{-1})\boldsymbol{x}_o + (\overline{\boldsymbol{x}}_1^t S_1^{-1} - \overline{\boldsymbol{x}}_2^t S_2^{-1})\boldsymbol{x}_o$,

$\hat{k} = \frac{1}{2}\ln\left(\frac{|S_1|}{|S_2|}\right) + \frac{1}{2}(\overline{\boldsymbol{x}}_1^t S_1^{-1}\overline{\boldsymbol{x}}_1 - \overline{\boldsymbol{x}}_2^t S_2^{-1}\overline{\boldsymbol{x}}_2)$.

(6.3.15)의 왼편 식 $\widehat{Q}(\boldsymbol{x}_o)$는 $\boldsymbol{x}_o = (x_{o1},\ x_{o2},\ \ldots,\ x_{op})^t$에 대해 이차식이므로 이를 이차판별함수라 하고 이에 의한 분류규칙을 이차분류규칙(quadratic classification rule)이라 부른다.

[표 6.3.3]의 이차분류규칙은 자료의 크기와 다변량 정규분포의 가정에 매우 민감하다는 단점을 가지고 있다. 특히, 자료의 크기가 작은 경우 공분산행렬의 추정에 영향을 주게 되어 이차분류칙을 적용할 때 주의가 따른다. 더불어 정규분포를 따르지 않는 자료의 경우에는 다음 세 가지 방법이 가능하다.

첫째, 변환을 통해 자료를 정규분포를 따르도록 한 후 공분산행렬의 동질성 검정을 통해 선형분류규칙 [표 6.3.2] 또는 이차분류규칙 [표 6.3.3]을 적용한다.

둘째, 모집단의 정규성 여부에 무관하게 선형분류규칙 또는 이차분류규칙을 적용한 후 이들이 자료의 분류에 잘 들어맞는지를 검토하는 것이다.

셋째, 자료의 크기가 충분히 큰 경우 훈련표본(training sample)과 타당성검사표본(validation sample)으로 나누어 전자로 판별함수를 만들고 후자로 이것의 분류규칙의 정도를 평가하는 교차타당성(cross-validation) 방법도 고려할 수 있다.

[보기 6.3.3] 공분산행렬의 동질성이 만족된 예초기 소유 자료의 선형판별분석 EXAMPLE

[보기 6.3.2]에서 예초기를 소유한 $n_1 = 12$ 가구와 그렇지 않은 $n_2 = 12$ 가구 두 군집에 대해 소득(x_1)과 대지면적(x_2)을 조사한 [자료 6.3.1](ridingmower.txt)의 공분산행렬의 동질성에 대한 박스 M-검정을 실시하였다. 그 결과 두 집단의 공분산행렬이 동일하다고 여겨도 되었다. 더불어 이 자료가 다변량 정규분포를 하는지를 알아보기 위해 1.8절 다변량 정규성의 검정에서 사용한 R의 library(MVN)에서 함수 mardiaTest() 또는 mvn()을 활용한 [R-코드 6.3.3] (ridingmower-Mardiatest-LDA.R)가 주어져 있다. 이 코드의 수행결과가 [그림 6.3.3]에 있는데 카이제곱그림과 첨도와 왜도에 의한 검토결과 예초기 소유와 미소유 두 군집 모두 정규분포를 따른다.

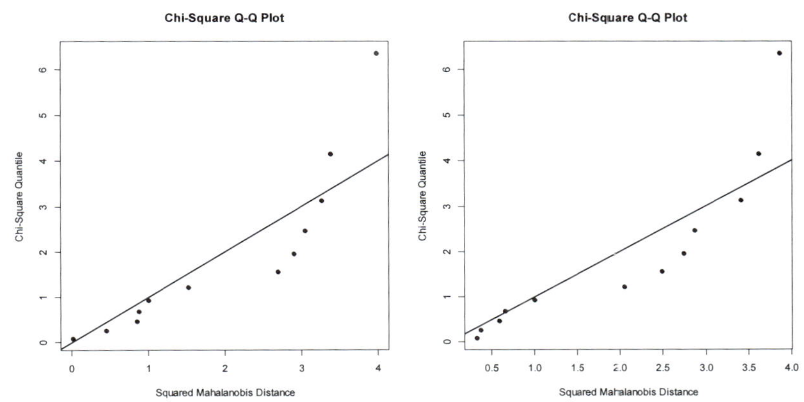


```
Mardia's Multivariate Normality Test
---------------------------------------
data: owner

g1p:              0.23663
chi.skew:         0.47326
p.value.skew:     0.9760514

g2p:              5.661766
z.kurtosis:       -1.012485
p.value.kurt:     0.3113062

chi.small.skew:   0.6991341
p.value.small:    0.9514357

Result: Data are multivariate normal.
---------------------------------------
```

```
Mardia's Multivariate Normality Test
---------------------------------------
data: nonowner

g1p:              0.5969362
chi.skew:         1.193872
p.value.skew:     0.8791064

g2p:              5.659681
z.kurtosis:       -1.013388
p.value.kurt:     0.3108749

chi.small.skew:   1.763675
p.value.small:    0.779121

Result: Data are multivariate normal.
---------------------------------------
```

[그림 6.3.3] 예초기 자료(소유와 미소유 군집)에 대한 정규성검정

따라서 [자료 6.3.1]의 예초기 자료의 두 군집은 다변량 정규성이 만족되며 공분산행렬의 동질성이 성립하므로 [표 6.3.2]의 선형분류규칙을 적용할 수 있다. 이를 위해 [R-코드 6.3.3]에서 선형판별분석 LDA를 위한 library(MASS)의 함수 lda()를 활용하면 되고 그 결과를 다음과 같이 요약할 수 있다.

- 두 군집(소유, 미소유)의 표본평균: $\overline{\boldsymbol{x}}_1 = (79.475,\ 20.267)^t$, $\overline{\boldsymbol{x}}_2 = (57.400,\ 17.633)^t$
- 공분산 행렬:

$$S_1 = \begin{bmatrix} 3879.08 & -130.00 \\ -130.00 & 44.91 \end{bmatrix},\ S_2 = \begin{bmatrix} 2207.76 & -28.48 \\ -28.48 & 49.11 \end{bmatrix}$$

- 합동공분산행렬: $S_p = \begin{bmatrix} 276.674659 & -7.203636 \\ -7.203636 & 4.273333 \end{bmatrix}$

• 선형판별함수: $\widehat{L}(\boldsymbol{x}_o)_s = \tilde{l}_1 x_{o1} + \tilde{l}_p x_{o2} = -0.048 \times \text{Income} - 0.380 \times \text{Lotsize}$

• 분류표:

		선형판별함수에 의한 분류군집		
		소유	미소유	합계
군집	소유	11	1	12
	미소유	2	10	12

분류표는 개체들의 원래 군집에서 선형판별함수에 의한 분류가 잘 못된 것이 3개(1+2)가 있음을 보여준다.

[R-코드 6.3.3] 예초기 자료의 다변량 정규성 검정과 LDA(ridingmower-Mardiatest-LDA.R)

```
# MVD test and Linear DA for two groups(owner, nonowner)
# of riding mower on two variables(x1.Income x2.Lotsize)
library(MASS)
library(MVN)

ridingmower<-read.table("ridingmower.txt", header=T)
attach(ridingmower)
ridingmower
# MVN tests based on the Skewness and Kurtosis Statistics
par(mfrow=c(1, 2))
owner=ridingmower[1:12, 2:3]
nonowner=ridingmower[13:24, 2:3]
owner
nonowner
result_owner=mardiaTest(owner, qqplot=TRUE)
result_nonowner=mardiaTest(nonowner, qqplot=TRUE)
result_owner
result_nonowner

# Linear DA
LDA=lda(pop~x1.Income+x2.Lotsize, data=ridingmower)
LDA
lcluster=predict(LDA, ridingmower)$class
lct=table(pop, lcluster)
lct
# Total percent correct
mean(pop==lcluster)
```

[보기 6.3.4] 두 종류 붓꽃자료(setosa, versicolor)의 다변량 정규성 검정과 QDA

각각 50포기씩 세 종류의 붓꽃(setosa, versicolor, virginica)의 꽃받침 길이(Sepal.Length), 꽃받침 폭(Sepal.Width,), 꽃잎 길이(Petal.Length), 꽃잎 폭(Petal.Width)을 측정한 붓꽃 자료에서 [보기 6.3.1]에서는 편의상 두 종류의 붓꽃(setosa, versicolor)과 두 개의 변수(꽃받침 길이, 꽃받침 폭)에 의한 자료(setoavesicolor.txt)를 구성하였다. 공분산행렬의 동질성 에 대한 박스 M-검정을 실시한 결과 두 집단의 공분산행렬이 동일하지 못했다.

이들 두 군집(setosa, versicolor)에 대한 다변량 정규성의 검정 수행결과가 [그림 6.3.4]에 주어져 있는데 카이제곱그림과 첨도와 왜도에 의한 검토결과 두 종류의 붓꽃 모두 정규분포를 따른다.

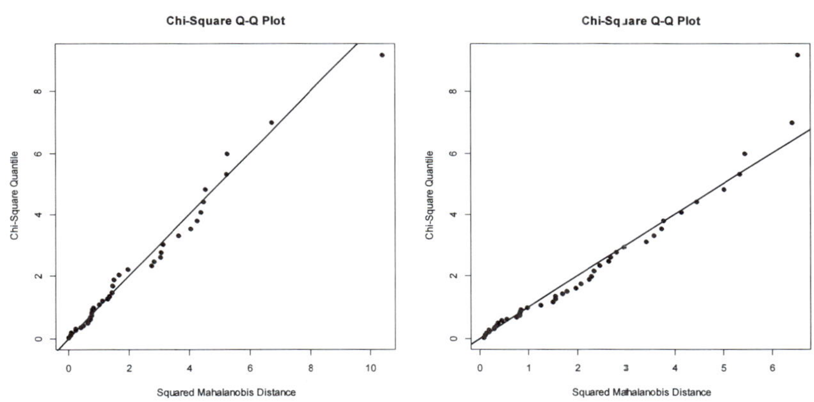


```
Mardia's Multivariate Normality Test
---------------------------------------
data: setosa

g1p:              0.09114042
chi.skew:         0.7595035
p.value.skew:     0.9437932

g2p:              8.105738
z.kurtosis:       0.09346006
p.value.kurt:     0.9255381

chi.small.skew:   0.8379339
p.value.small:    0.9332914

Result: Data are multivariate normal.
---------------------------------------
```

```
Mardia's Multivariate Normality Test
---------------------------------------
data: versicolor

g1p:              0.2112977
chi.skew:         1.760814
p.value.skew:     0.7796433

g2p:              6.974427
z.kurtosis:       -0.9064869
p.value.kurt:     0.3646782

chi.small.skew:   1.942645
p.value.small:    0.7463072

Result: Data are multivariate normal.
---------------------------------------
```

[그림 6.3.4] 두 종류 붓꽃(setosa, versicolor) 자료에 대한 정규성검정

따라서 두 군집은 다변량 정규성이 만족되며 공분산행렬의 동질성이 성립하지 않으므로 [표 6.3.3]의 이차분류규칙을 적용할 수 있다. 이를 위해 [R-코드 6.3.4](setosaversicolor-mardiaTest-QDA.R)에서 이차판별분석 QDA를 위한 library(MASS)의 함수 qda()를 활용하면 되고 그 결과를 다음과 같이 요약할 수 있다.

- 두 종류의 붓꽃 군집 C_1(setosa)과 C_2(versicolor)의 개체 수: $n_1 = 50,\ n_2 = 50$
- 두 군집의 표본평균: $\overline{\boldsymbol{x}}_1 = (5.006,\ 3.428)^t,\ \overline{\boldsymbol{x}}_2 = (5.936,\ 2.770)^t$
- 공분산 행렬:

$$S_1 = \begin{bmatrix} 6.0882 & 4.8616 \\ 4.8616 & 7.0408 \end{bmatrix},\ S_2 = \begin{bmatrix} 13.0552 & 4.1746 \\ 4.1740 & 4.8250 \end{bmatrix}$$

- 분류표:

		이차판별함수에 의한 분류군집		
		setosa	versicolor	합계
군집	setosa	49	1	50
	versicolor	0	50	50

분류표는 개체들의 원래 군집에서 이차판별함수에 의해 군집 setosa에서 1개가 군집 versicolor로 오분류된 것이 있음을 보여준다.

[R-코드 6.3.4] 두 종류 붓꽃 자료의 다변량 정규성 검정과 QDA (setosaversicolor-mardiaTest-QDA.R)

```
# Quadratic DA for two groups(setosa, vesicolor) on two variables(꽃받침길이, 꽃받침폭)
library(MASS)
library(MVN)

setosa_versi<-read.table("setosaversicolor.txt", header=T)
attach(setosa_versi)

# MVN tests based on the Skewness and Kurtosis Statistics
par(mfrow=c(1, 2))
setosa=setosa_versi[1:50, 1:2]
versicolor=setosa_versi[51:100, 1:2]
setosa
versicolor
```

```
result_setosa=mardiaTest(setosa, qqplot=TRUE)
result_versicolor=mardiaTest(versicolor, qqplot=TRUE)
result_setosa
result_versicolor

# Quadratic DA with 3 groups applying
 # resubstitution prediction and equal prior probabilities.
QDA=qda(종류~꽃받침길이+꽃받침폭, data=setosa_versi, prior=c(1, 1)/2)
QDA
qcluster=predict(QDA, setosa_versi)$class
qct=table(종류, qcluster)
qct
# Total percent correct
mean(종류==qcluster)
```

6.4 여러 군집의 판별분석

6.2절에서는 오분류 기대비용 ECM을 최소화하는 분류규칙에 따라 두 군집의 판별분석을 살펴보았고, 특히 6.3절에서는 다변량 정규분포를 따르는 두 군집의 공분산행렬의 동질성 여부에 따라 선형판별분석과 이차판별분석에 대해 살펴보았다.

이 절에서는 $g(>2)$개의 군집 C_1, C_2, ..., C_g에 대한 판별분석을 살펴보기로 하자. 먼저 6.2절의 두 군집의 오분류 기대비용 ECM을 여러 군집의 경우로 확장하기 위해서 군집 C_k의 확률밀도함수를 $f_k(\boldsymbol{x})$, 사전확률을 p_k, 군집 C_k에 속하는 개체를 군집 C_h로 분류할 때 손실비용을 $c(h|k)$라 하자. 특히, 모든 h에 대해 $c(h|h)=0$이다. 또한 군집 C_h의 개체를 군집 C_k에 오분류할 확률을 $P(k|h)$라 하면, 군집 C_1의 개체 $\boldsymbol{x}$를 C_2, C_3, ..., C_g에 등에 오분류할 조건부 기대비용은 다음과 같다.

$$\begin{aligned} \text{ECM}_1 &= P(2|1)c(2|1) + P(3|1)c(3|1) + \cdots + P(g|1)c(g|1) \\ &= \sum_{k=2}^{g} P(k|1)c(k|1). \end{aligned}$$

동일한 방법으로 ECM_2, ..., ECM_g를 구하고 각 사전확률을 곱하고 모두 더하면 총 ECM인 TECM(total ECM)을 다음과 같이 얻게 된다.

$$
\begin{aligned}
\text{TECM} &= p_1\text{ECM}_1 + p_2\text{ECM}_2 + \cdots + p_g\text{ECM}_g \\
&= \sum_{i=1}^{g} p_i \left(\sum_{k=1,\ k\neq i}^{g} P(k|i)\, c(k|i) \right).
\end{aligned} \tag{6.4.1}
$$

(6.4.1)의 TECM을 최소화하는 분류규칙은 [표 6.4.1]에 정리하였다.

[표 6.4.1] 여러 군집의 TECM 분류규칙

> 관찰된 $\boldsymbol{x}_o = (x_{o1}, x_{o2}, \ldots, x_{op})^t$에 대해
>
> $$\sum_{i=1, i\neq k}^{g} p_i f_i(\boldsymbol{x}_o)\, c(k|i): \text{ 최솟값} \Rightarrow \boldsymbol{x}_o\text{는 군집 } C_k,\ k=1, \ldots, g\text{에 할당된다.} \tag{6.4.2}$$
>
> 만약에 같은 값을 가지는 군집이 발생하면 어느 군집이든 선택하면 된다.

(6.4.1)에서 오분류 비용이 모두 동일한 $c(k|i)=1$라 하면 총오분류확률 TPM을 다음과 같이 정의할 수 있다.

$$
\text{TPM} = \sum_{i=1}^{g} p_i \left(\sum_{k=1,\ k\neq i}^{g} P(k|i) \right) \tag{6.4.3}
$$

따라서 (6.4.3)을 최소로 하는 분류규칙인 여러 군집의 TPM 분류규칙을 [표 6.4.2]에 정리 하였다. 참고로 (6.4.4)에서 빠져 있는 $p_k f_k(\boldsymbol{x}_o)$가 가장 큰 값이 되면 $\sum_{i=1,\ i\neq k}^{g} p_i f_i(\boldsymbol{x}_o)$는 최솟값이 된다. 그러므로 오분류 비용이 동일하다면 [표 6.4.1]의 TECM 분류규칙은 [표 6.4.3]과 같이 요약될 수 있다.

[표 6.4.2] 여러 군집의 TPM 분류규칙

> 관찰된 $\boldsymbol{x}_o = (x_{o1}, x_{o2}, \ldots, x_{op})^t$에 대해
>
> $$\sum_{i=1, i\neq k}^{g} p_i f_i(\boldsymbol{x}_o): \text{ 최솟값} \Rightarrow \boldsymbol{x}_o\text{는 군집 } C_k,\ k=1, \ldots, g\text{에 할당된다.} \tag{6.4.4}$$

| 표 6.4.3 | TECM 분류규칙의 특수한 경우

관찰된 $\boldsymbol{x}_o = (x_{o1},\ x_{o2},\ \dots,\ x_{op})^t$ 에 대해 • $c(k\|i)/c(i\|k) = 1$ (동일한 오분류 비용): 모든 $i\ (\neq k)$에 대해 $$p_k f_k(\boldsymbol{x}_o) > p_i f_i(\boldsymbol{x}_o) \ \Rightarrow\ \boldsymbol{x}_o \text{는 군집 } C_k,\ k=1,\ \dots,\ g\text{에 할당된다.}$$ • $p_i/p_k = 1$ (동일한 사전확률): 모든 $i\ (\neq k)$에 대해 $$f_k(\boldsymbol{x}_o)c(i\|k) > f_i(\boldsymbol{x}_o)c(k\|i) \ \Rightarrow\ \boldsymbol{x}_o \text{는 군집 } C_k,\ k=1,\ \dots,\ g\text{에 할당된다.}$$ • $p_i/p_k = c(k\|i)/c(i\|k) = 1$ (동일 사전확률과 오분류 비용): 모든 $i\ (\neq k)$에 대해 $$f_k(\boldsymbol{x}_o) > f_i(\boldsymbol{x}_o) \ \Rightarrow\ \boldsymbol{x}_o \text{는 군집 } C_k,\ k=1,\ \dots,\ g\text{에 할당된다.}$$

또한 두 군집의 경우와 같이 여러 군집에서도 베이즈법칙에 의해 관찰값 $\boldsymbol{x}_0$를 사후확률(posterior probability)

$$P(C_k|\boldsymbol{x}_0) = \frac{p_k f_k(\boldsymbol{x}_0)}{p_1 f_1(\boldsymbol{x}_0) + \cdots + p_g f_g(\boldsymbol{x}_0)},\ k=1,\ \dots,\ g \tag{6.4.5}$$

이 최대가 되는 군집으로 분류하는 분류규칙을 고려할 수 있다.

6.5 다변량 정규성을 따르는 여러 군집의 판별분석

p개 확률변수에 의한 $\boldsymbol{x} = (x_1,\ x_2,\ \dots,\ x_p)^t$가 다변량 정규분포 $N_p(\boldsymbol{\mu}_i,\ \Sigma_i)$, $i=1,\ 2,\ \dots,\ g$를 따르는 $g(>2)$개의 군집 $C_1,\ C_2,\ \dots,\ C_g$에서 각 군집은 개체 수를 각각 $n_1,\ n_2,\ \dots,\ n_g$가진다고 하자. 그러면 군집 C_i의 확률밀도함수는 다음과 같다.

$$f_i(\boldsymbol{x}) = \frac{1}{(\sqrt{2\pi})^p|\Sigma_i|^{1/2}}\exp\left[-\frac{1}{2}(\boldsymbol{x}-\boldsymbol{\mu}_i)^t\Sigma_i^{-1}(\boldsymbol{x}-\boldsymbol{\mu}_i)\right],\ i=1,\ 2,\ \dots,\ g$$

[표 6.4.3]의 오분류 비용이 동일한 경우 TECM 분류규칙에 대입하여 $p_i f_i(\boldsymbol{x})$ 또는 이와 동치인 $\ln p_i f_i(\boldsymbol{x})$를 최대로 하는 분류규칙은 관찰된 $\boldsymbol{x}_o = (x_{o1},\ x_{o2},\ \dots,\ x_{op})^t$ 에 대해

$$\begin{aligned}\ln p_k f_k(\boldsymbol{x}_o) &= \ln p_k - \frac{p}{2}\ln(2\pi) - \frac{1}{2}\ln|\Sigma_k| - \frac{1}{2}(\boldsymbol{x}_o - \boldsymbol{\mu}_k)^t \Sigma_k^{-1}(\boldsymbol{x}_o - \boldsymbol{\mu}_k) \\ &= \max_i \ln p_i f_i(\boldsymbol{x}_o) \qquad (6.5.1) \\ &\Rightarrow \boldsymbol{x}_o \text{는 군집 } C_k \text{에 할당된다.}\end{aligned}$$

(6.5.1)에서 모든 군집에 동일한 상수항을 제외하고 군집 C_i에 대해 이차판별점수 (quadratic discrimination score)를

$$Q_i(\boldsymbol{x}) = -\frac{1}{2}\ln|\Sigma_i| - \frac{1}{2}(\boldsymbol{x} - \boldsymbol{\mu}_i)^t \Sigma_i^{-1}(\boldsymbol{x} - \boldsymbol{\mu}_i) + \ln p_i, \; i = 1, 2, \ldots, g \qquad (6.5.2)$$

로 정의하자. 따라서 TECM 분류규칙에 의하면 $Q_i(\boldsymbol{x})$를 최대로 하는 군집에 $\boldsymbol{x}$를 할당하게 되며. (6.5.2)에서 모평균과 공분산을 추정하여 표본에 대한 이차판별점수

$$\widehat{Q}_i(\boldsymbol{x}) = -\frac{1}{2}\ln|S_i| - \frac{1}{2}(\boldsymbol{x} - \overline{\boldsymbol{x}}_i)^t S_i^{-1}(\boldsymbol{x} - \overline{\boldsymbol{x}}_i) + \ln p_i \qquad (6.5.3)$$

를 이용하여 관찰값을 할당하게 된다.

만약에 모든 군집의 공분산행렬이 같은 경우, $\Sigma_i = \Sigma, \; i = 1, 2, \ldots, g$ 라면 (6.5.2)는

$$Q_i(\boldsymbol{x}) = -\frac{1}{2}\ln|\Sigma| - \frac{1}{2}\boldsymbol{x}^t\Sigma^{-1}\boldsymbol{x} + \boldsymbol{\mu}_i^t\Sigma^{-1}\boldsymbol{x} - \frac{1}{2}\boldsymbol{\mu}_i^t\Sigma^{-1}\boldsymbol{\mu}_i + \ln p_i$$

이 되며 처음 두 개 항인 상수항과 $\boldsymbol{x}$에 관한 이차항은 모든 군집에 동일하므로 제외하고 나머지 항만으로 다음과 같은 선형판별점수(linear discrimination score)

$$L_i(\boldsymbol{x}) = \boldsymbol{\mu}_i^t\Sigma^{-1}\boldsymbol{x} - \frac{1}{2}\boldsymbol{\mu}_i^t\Sigma^{-1}\boldsymbol{\mu}_i + \ln p_i, \; i = 1, 2, \ldots, g \qquad (6.5.4)$$

를 얻게 된다. 여기서 모평균 $\boldsymbol{\mu}_i$와 공분산행렬 Σ의 추정량 $\overline{\boldsymbol{x}}_i$와 합동공분산행렬

$$S_p = \frac{\sum_{i=1}^{g}(n_i - 1)S_i}{\sum_{i=1}^{g}(n_i - 1)}$$

에 의해서 (6.5.4)의 선형판별점수 $L_i(\boldsymbol{x})$의 추정량

$$\widehat{L}_i(\boldsymbol{x}) = \overline{\boldsymbol{x}}_i^t S_p^{-1}\boldsymbol{x} - \frac{1}{2}\overline{\boldsymbol{x}}_i^t S_p^{-1}\overline{\boldsymbol{x}}_i + \ln p_i, \; i = 1, 2, \ldots, g \qquad (6.5.5)$$

을 얻게 된다.

[표 6.5.1] 오분류 비용이 동일한 경우 표본 TECM 분류규칙

관찰된 $\boldsymbol{x}_o = (x_{o1}, x_{o2}, \ldots, x_{op})^t$에 대해

- $\Sigma_1 \neq \cdots \neq \Sigma_g$:

$\widehat{Q}_k(\boldsymbol{x}_o) = \max\{\widehat{Q}_1(\boldsymbol{x}_o), \widehat{Q}_2(\boldsymbol{x}_o), \ldots, \widehat{Q}_g(\boldsymbol{x}_o)\} \Rightarrow \boldsymbol{x}_o$는 군집 C_k에 할당된다.

여기서 $\widehat{Q}_i(\boldsymbol{x}) = -\frac{1}{2}\ln|S_i| - \frac{1}{2}(\boldsymbol{x} - \overline{\boldsymbol{x}}_i)^t S_i^{-1}(\boldsymbol{x} - \overline{\boldsymbol{x}}_i) + \ln p_i$는 군집 C_i의 이차판별점수

- $\Sigma_1 = \cdots = \Sigma_g$:

$\widehat{L}_i(\boldsymbol{x}) = \overline{\boldsymbol{x}}_i^t S_p^{-1}\boldsymbol{x} - \frac{1}{2}\overline{\boldsymbol{x}}_i^t S_p^{-1}\overline{\boldsymbol{x}}_i + \ln p_i, \ i = 1, 2, \ldots, g$

$$\widehat{L}_k(\boldsymbol{x}_o) = \max\{\widehat{L}_1(\boldsymbol{x}_o), \widehat{L}_2(\boldsymbol{x}_o), \ldots, \widehat{L}_g(\boldsymbol{x}_o)\}$$
$\Rightarrow \boldsymbol{x}_o$는 군집 C_k에 할당된다.

지금까지 오분류 비용이 동일한 TECM 분류규칙을 통해 다변량 정규성을 만족하는 여러 군집에 대해 공분산행렬이 동일하지 않은 경우 $\Sigma_1 \neq \cdots \neq \Sigma_g$와 동일한 경우 $\Sigma_1 = \cdots = \Sigma_g$에 대한 이차판별점수와 선형판별점수가 각각 유도되는 수리적인 과정을 살펴보았고 이를 [표 6.5.1]에 정리하였다. 참고로 여러 군집의 공분산행렬의 동질성 검정은 이미 6.3절의 [표 6.3.1] 박스 M-검정을 활용하면 된다. 특히 이 절에서는 독자를 위하여 6.3절에서 활용된 Tsagris(2014, Chapter 2)의 알고리즘에 따른 다소 긴 R-함수 코드대신에 library(biotools)의 함수 boxM()을 사용하려 한다.

[보기 6.5.1] 피셔의 세 종류 붓꽃 자료의 판별분석

EXAMPLE

각각 50포기씩 세 종류의 붓꽃(setosa, versicolor, virginica)의 꽃받침 길이(Sepal.Length), 꽃받침 폭(Sepal.Width,), 꽃잎 길이(Petal.Length), 꽃잎 폭(Petal.Width) 등을 측정한 붓꽃자료에 대해 [표 6.1.1]의 DA 수행단계에 따라 판별분석을 살펴보자. [그림 6.5.1]는 세 종류의 붓꽃 자료의 다중 산점도로 1장의 [그림 1.3.4]에서도 소개하였다. 참고로 세 붓꽃의 군집을 변수짝별로 살펴볼 수 있으며 군집형성을 잘 보여 주는 변수로 꽃잎 길이(Petal.Length), 꽃잎 폭(Petal.Width)임을 알 수 있다. [R-코드 6.5.1](iris-QDA.R)은 세 종류 붓꽃 자료에 대한 판별분석을 위한 다변량 정규성과 공분산행렬의 동질성 검정을 포함하여 이들 결과에 따른 이차판별분석을 제공하고 있다.

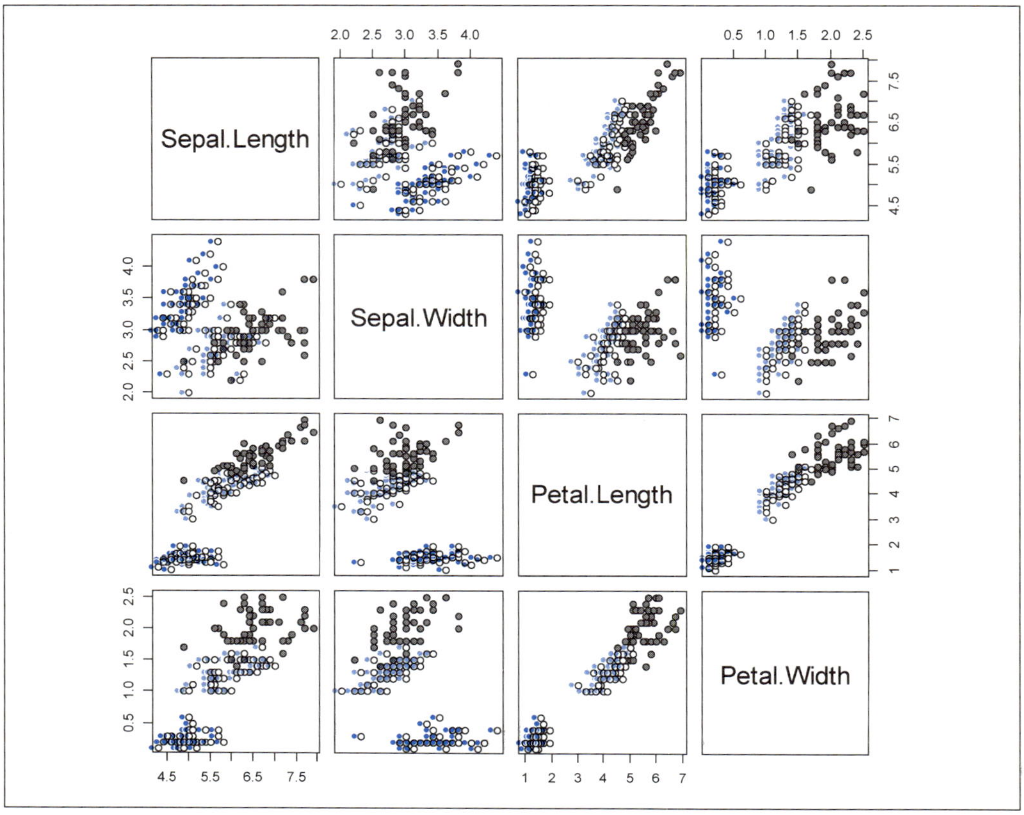

[그림 6.5.1] 세 종류 붓꽃(setosa, versicolor, virginica) 자료에 대한 다중 산점도: ◐ = setosa, ◐ = versicolor, ● = virginica

[1단계] 알려진 군집에 따른 다변량 자료행렬을 준비한다.

- 붓꽃 자료는 세 종류의 군집: C_1(setosa), C_2(versicolor), C_3(virginica)
- 각 군집의 개체 수: $n_1 = n_2 = n_3 = 50$
- 세 군집의 평균벡터: $\bar{\boldsymbol{x}}_1 = (5.006,\ 3.428,\ 1.462,\ 0.246)^t$,

$$\bar{\boldsymbol{x}}_2 = (5.936,\ 2.770,\ 4.260,\ 1.326)^t$$

$$\bar{\boldsymbol{x}}_3 = (6.588,\ 2.974,\ 5.552,\ 2.026)^t$$

- 공분산 행렬:

공분산행렬	꽃받침길이	꽃받침폭	꽃잎길이	꽃잎폭
$S_1 =$	0.124 0.099 0.016 0.010	0.099 0.144 0.012 0.009	0.016 0.012 0.030 0.006	0.010 0.009 0.006 0.011
$S_2 =$	0.266 0.085 0.183 0.056	0.085 0.098 0.083 0.041	0.183 0.083 0.221 0.073	0.056 0.041 0.073 0.039
$S_3 =$	0.404 0.094 0.303 0.049	0.094 0.104 0.071 0.048	0.303 0.071 0.305 0.049	0.049 0.048 0.049 0.075

[2단계] 각 군집의 자료가 다변량 정규성을 따르는지를 검정한다.

• [보기 1.8.2]에서 세 군집은 모두 다변량 정규성이 만족되었다.

[3단계] [2단계]가 만족이 되면 각 군집의 공분산행렬의 동질성 검정을 실시한다.

• $S_p = \dfrac{(n_1-1)S_1+(n_2-1)S_2+(n_3-1)S_3}{n_1+n_2+n_3-3} = \dfrac{(49)S_1+(49)S_2+(49)S_3}{150-3}$

합동공분산행렬	꽃받침길이	꽃받침폭	꽃잎길이	꽃잎폭
$S_p =$	0.265 0.093 0.168 0.038	0.093 0.115 0.055 0.033	0.168 0.055 0.185 0.043	0.038 0.033 0.043 0.042

• 박스 M-검정: $M = -2\gamma \ln \Lambda = \gamma \sum_{k=1}^{3} (n_k-1) \log \left| S_k^{-1} S_p \right| = 140.943$

• 자유도: $df = p(p+1)(k-1)/2 = 4(4+1)(3-1)/2 = 20$

• p-값=0.000

• 검정의 결과: p-값이 유의수준 0.05보다 매우 작아 $H_0 : \Sigma_1 = \Sigma_2 = \Sigma_3$가 유의수준 5%에서 기각되므로 세 군집의 공분산행렬이 동질하지 않음을 보여준다.

[4단계] [3단계] 공분산행렬의 동질성이 만족되면 LDA(선형판별분석)를 실시하고 만족되지 않으면 QDA(이차판별분석)을 실시한다.

• [3단계]의 결과로부터 이차판별점수를 활용한 이차판별분석을 실시해야 한다.

• 분류표:

		이차판별함수에 의한 분류군집			
		setosa	versicolor	virginica	합계
군집	setosa	50	0	0	50
	versicolor	0	48	2	50
	virginica	0	1	49	50

• 분류표의 결과 군집 versicolor에서 군집 virginica로 2개 오분류가 발생했고 군집 virginica에서는 군집 versicolor로 1개가 오분류 되었다.

[R-코드 6.5.1] 세 종류 붓꽃 자료의 QDA(iris-QDA.R)

```
llibrary("MVN")
library(biotools)

#[Step 1] Iris flower data : setosa, versicolor, virginica
iris
attach(iris)
pairs(iris[1:4], pch=21, bg=c("red", "green", "blue")[unclass(iris$Species)])

#[Step 2] MVN tests based on the Skewness and Kurtosis Ststistics
setosa = iris[1:50, 1:4] # Iris data only for setosa and four variables
versicolor = iris[51:100, 1:4] # Iris data only for versicolor and four variables
virginica = iris[101:150, 1:4] # Iris data only for virginica and four variables
result_setosa = mardiaTest(setosa, qqplot = TRUE)
result_versicolor = mardiaTest(versicolor, qqplot = TRUE)
result_virginica = mardiaTest(virginica, qqplot = TRUE)
list(result_setosa, result_versicolor, result_virginica)

#[Step 3] Box's M-Test for Equlaity of Covariance Matrices
boxM(iris[, -5], iris[, 5])
S1=cov(setosa);S2=cov(versicolor);S3=cov(virginica)
Sp=(49*S1+49*S2+49*S3)/(150-3)
list(S1, S2, S3, Sp)

# [Step 4] Quadratic DA with 3 groups applying
# resubstitution prediction and equal prior probabilities.
QDA=qda(Species~ Sepal.Length+Sepal.Width+Petal.Length+Petal.Width,
                data=iris, prior=c(1,1,1)/3)
qcluster=predict(QDA, iris)$class
```

```
table(Species, qcluster)

# Total percent correct
mean(Species==qcluster)
```

[보기 6.5.2] 세 종류 와인 자료의 판별분석

EXAMPLE

이탈리아의 같은 지역에서 3가지 다른 품종의 총 178가지 와인의 화학분석한 자료(library(HDclassif), data(wine))로 R에서 제공되며 분석에 사용된 13가지 변수는 V1=알코올, V2=사과산(Malic acid), V3=화산재(Ash), V4=화산재의 알칼리성분(Alcalinity), V5=마그네슘(Magnesium), V6=총 페놀(Total phenols, 충치치료 액제), V7=플라바노이드(Flavanoids, 혈관과 심장 보호효과), V8=비플라바노이드페놀(Nonflavanoid phenols), V9=프로안토사이아닌(Proanthocyanins), V10=색의 농도(Color intensity), V11=색상(hue), V12=희석와인의 OD280/OD315, V13=프롤린(Proline, 아미노산의 일종)이다.

[표 6.1.1]의 DA 수행단계에 따른 판별분석을 살펴보자. [그림 6.5.2]는 세 종류의 와인 자료의 다중 산점도이다. [R-코드 6.5.2](wine-QDA.R)은 세 종류 와인 자료에 대한

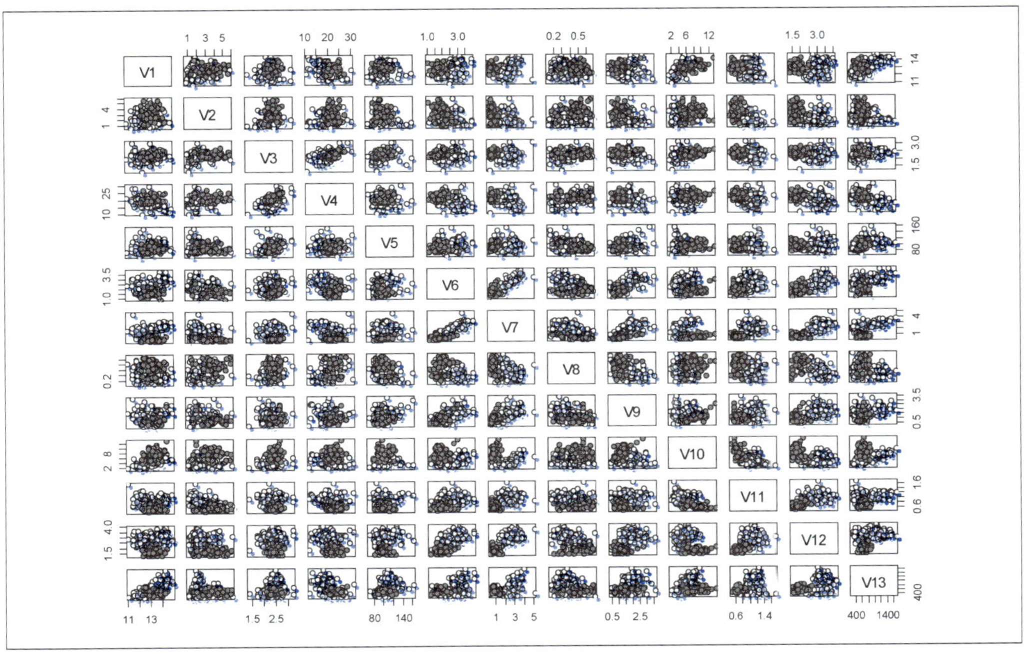

[그림 6.5.2] 세 종류 와인 자료에 대한 다중 산점도: ●=1, ●=2, ●=3

판별분석을 위한 다변량 정규성과 공분산행렬의 동질성 검정을 포함하여 이차판별분석을 제공하고 있다.

[1단계] **알려진 군집에 따른 다변량 자료행렬을 준비한다.**

- 와인 자료는 세 종류의 군집: C_1, C_2, C_3
- 각 군집의 개체 수: $n_1 = 59$, $n_2 = 71$, $n_3 = 48$
- 세 군집의 평균벡터:

평균벡터	V1	V2	V3	V4	V5	V6	V7	V8	V9	V10	V11	V12	V13
$\overline{x}_1 =$	13.745	2.010	2.456	17.038	106.339	2.840	2.982	0.290	1.899	5.528	1.062	3.158	1115.712
$\overline{x}_2 =$	12.279	1.933	2.245	20.238	94.549	2.259	2.081	0.364	1.630	3.087	1.056	2.785	519.507
$\overline{x}_3 =$	13.154	3.334	2.437	21.417	99.313	1.679	0.782	0.448	1.154	7.396	0.683	1.684	629.896

- 공분산 행렬: 크기가 13×13인 세 군집의 공분산행렬 S_1, S_2, S_3는 생략한다.

[2단계] **각 군집의 자료가 다변량 정규성을 따르는지를 검정한다.**

- [그림 6.5.3] 와인 세 군집 중 C_2만 다변량 정규성이 만족되지 못했으나 나머지 두 군집이 만족이 되어 일단 만족된 것으로 하고 분석을 진행하기로 하자.

[3단계] [2단계]**가 만족이 되면 각 군집의 공분산행렬의 동질성 검정을 실시한다.**

- 합동공분산행렬:

$$S_p = \frac{(n_1 - 1)S_1 + (n_2 - 1)S_2 + (n_3 - 1)S_3}{n_1 + n_2 + n_3 - 3} = \frac{(58)S_1 + (70)S_2 + (47)S_3}{178 - 3}$$

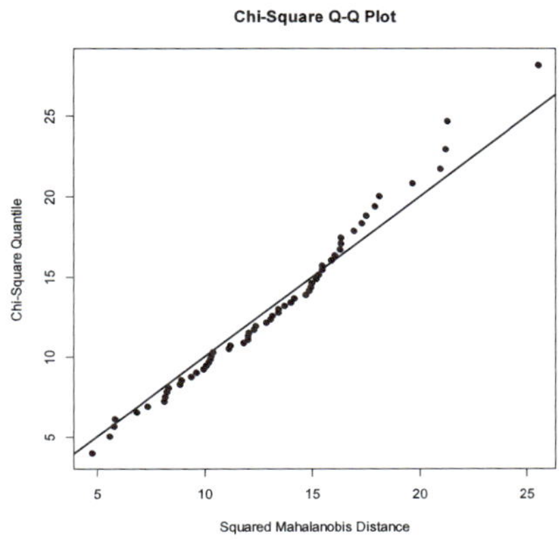


```
Mardia's Multivariate Normality Test
---------------------------------------
data: c1

g1p:              49.75764
chi.skew:         489.2835
p.value.skew:     0.1290062

g2p:              187.6823
z.kurtosis:       -1.423117
p.value.kurt:     0.1547024

chi.small.skew:   517.8613
p.value.small:    0.0218589

Result: Data are multivariate normal.
---------------------------------------
```

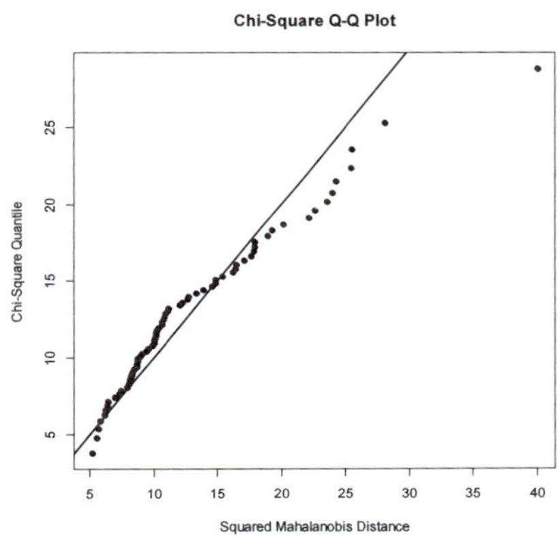


```
Mardia's Multivariate Normality Test
---------------------------------------
data: c2

g1p:              60.18472
chi.skew:         712.1859
p.value.skew:     1.205757e-13

g2p:              211.1312
z.kurtosis:       3.441382
p.value.kurt:     0.0005787517

chi.small.skew:   746.723
p.value.small:    1.611745e-16

Result: Data are not multivariate normal.
---------------------------------------
```

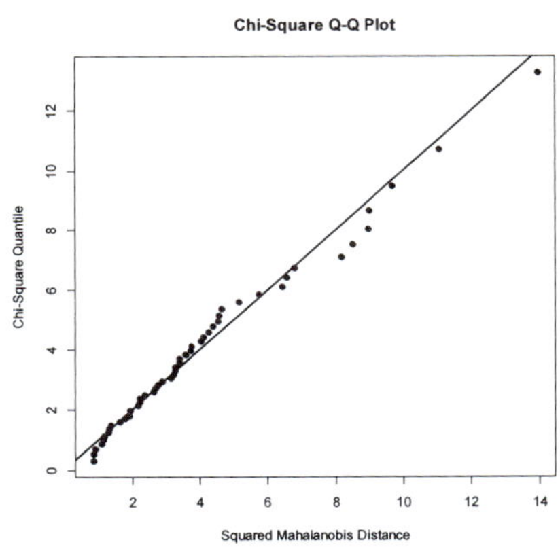


```
Mardia's Multivariate Normality Test
---------------------------------------
data: c3

g1p:              53.73332
chi.skew:         429.8665
p.value.skew:     0.7958293

g2p:              186.0365
z.kurtosis:       -1.572303
p.value.kurt:     0.1158803

chi.small.skew:   460.7632
p.value.small:    0.4159264

Result: Data are multivariate normal.
---------------------------------------
```

[그림 6.5.3] 세 종류의 와인 자료의 다변량 정규성검정

• 박스 M-검정: $M = -2\gamma \ln \Lambda = \gamma \sum_{k=1}^{3}(n_k - 1)\log\left|S_k^{-1}S_p\right| = 684.203$

• 자유도: $df = p(p+1)(k-1)/2 = 13(13+1)(3-1)/2 = 182$

• p-값$=0.000$

• 검정의 결과: p-값이 유의수준 0.05보다 매우 작아 $H_0 : \Sigma_1 = \Sigma_2 = \Sigma_3$가 유의수준 5%에서 기각되므로 세 와인 군집의 공분산행렬이 동질하지 않음을 보여준다.

[4단계] [3단계] 공분산행렬의 동질성이 만족되면 LDA(선형판별분석)를 실시하고 만족되지 않으면 QDA(이차판별분석)을 실시한다.

• [3단계]의 결과로부터 이차판별점수를 활용한 이차판별분석을 실시해야 한다.

• 분류표:

		이차판별함수에 의한 분류군집			
		1	2	3	합계
군집	1	59	0	0	59
	2	1	70	0	71
	3	0	0	48	48

• 분류표의 결과 군집 2에서 군집 1로 이차판별함수에 의해서 오직 1개 오분류가 발생했다. 비록 C_2 군집이 다변량 정규성을 만족하지 못해도 이차판별함수는 판별분석을 잘 수행하고 있음을 보여 주었다.

[R-코드 6.5.2] 세 종류 와인 자료의 QDA(wine-DA.R)

```
library(HDclassif)
library("MVN")
library(biotools)

#[Step 1] Wine data : clusters 1, 2, 3
data(wine)
attach(wine)
pairs(wine[2:14], pch=21, bg=c("red", "green", "blue")[unclass(wine$class)])

#[Step 2] MVN tests based on the Skewness and Kurtosis Ststistics
c1 = wine[1:59, 2:14]
c2 = wine[60:130,2:14]
c3 = wine[131:178,2:14]
```

```
result_c1 = mardiaTest(c1, qqplot = TRUE)
result_c2 = mardiaTest(c2, qqplot = TRUE)
result_c3 = mardiaTest(c3, qqplot = TRUE)
list(result_c1,result_c2,result_c3)

#[Step 3] Box's M-Test for Equlaity of Covariance Matrices
boxM(wine[, -1], wine[, 1])
S1=cov(c1);S2=cov(c2);S3=cov(c3)
Sp=(58*S1+70*S2+47*S3)/(178-3)
list(S1, S2, S3, Sp)

#[Step 4] Quadratic DA with 3 groups applying
# resubstitution prediction and equal prior probabilities.
QDA=qda(class~., data=wine, prior=c(1,1,1)/3)
qcluster=predict(QDA, wine)$class
table(class, qcluster)

# Total percent correct
mean(class==qcluster)
```

6.6 판별함수의 평가

지금까지 판별분석에서 각 군집의 다변량 정규성과 공분산행렬의 동질성 검정을 통해 찾아진 판별함수로 각 군집의 개체들의 분류를 시도하여 최종적으로 분류표를 얻고 오분류 수를 계산하였다. 실제 오분류 수를 전체 자료의 개체 수로 나누면 이를 오분류율이라 한다. 최적의 기준은 없지만 오분류율이 낮을수록 판별함수는 좋다고 평가하게 된다.

일반적으로 오분류율 또는 오류율(error rate)은 앞서 정규분포와 같이 분포함수를 정확하게 아는 경우에는 쉽게 계산 가능한 오분류 확률에 의해 구해지나 그렇지 않은 경우에는 표본 판별함수와 관련된 오분류율을 구하게 된다.

6.2절의 [표 6.2.3]에서 두 군집 C_1과 C_2에서 총오분류확률 TPM을 최소로 하는 분류규칙을 만족하는 경우 TPM의 최솟값인 최적오류율(optimum error rate, OER)은 다음과 같이 정의된다.

$$\text{OER} = p_2 \int_{C_2} f_1(\boldsymbol{x})d\boldsymbol{x} + p_1 \int_{C_1} f_2(\boldsymbol{x})d\boldsymbol{x} \tag{6.6.1}$$

만약 각 군집의 확률밀도함수 $f_1(x)$과 $f_2(x)$를 안다면 (6.6.1)의 OER은 쉽게 계산할 수 있게 된다. 더군다나 확률밀도함수에서 모르는 모수의 추정량을 각 군집의 개체인 표본으로부터 구하여 표본 ECM 분류규칙인 [표 6.3.2]의 선형분류규칙과 [표 6.3.3]의 이차분류규칙을 만족하는 군집 C_1과 C_2에 대하여 (6.6.1)의 값을 구할 때 이는 실제오류율(actual error rate, AER)이 된다. 그러나 확률밀도함수 $f_1(x)$과 $f_2(x)$를 모른다면 AER은 구할 수 없게 된다.

이런 상황에 대한 대안으로 두 군집에서 각 군집의 분포에 전혀 의존하지 않으며 어떤 분류절차에도 항상 적용될 수 있는 겉보기오류율(apparent error rate, APER)을

$$APER_2 = \left(\frac{n_{11M} + n_{22M}}{n_1 + n_2} \right) 100\% \tag{6.6.2}$$

로 정의하자. 편의상 겉보기오류율이라는 용어 대신에 판별함수에 의해 잘못 분류된 비율을 나타내는 뜻에서 오분류율(misclassification rate)이라 하자. 개체 수가 각각 n_1과 n_2인 두 군집 C_1과 C_2에 대해 임의의 판별함수에 의해 분류된 [표 6.6.1]의 분류표를 고려하자.

[표 6.6.1] 두 군집의 판별분석에서 분류표

		판별함수에 의한 두 군집의 분류		
		C_1	C_2	합계
군집	C_1	n_{11C}	n_{12M}	n_1
	C_2	n_{21M}	n_{22C}	n_2

단, n_{11C}는 C_1에서 나온 개체가 C_1에 정분류된 개수, $n_{12M} = n_1 - n_{11C}$은 C_1에서 나온 개체가 C_2로 오분류된 개수, n_{22C}는 C_2에서 나온 개체가 C_2로 정분류된 개수, $n_{21M} = n_2 - n_{22C}$은 C_2에서 나온 개체가 C_1으로 오분류된 개수를 각각 나타낸다.

참고로 $100\% - APER_2 = CCR_2$은 전체 개체 $n_1 + n_2$에 대해 판별함수에 의해 제대로 분류된 개체 수 $n_{11C} + n_{22C}$에 대한 비율로 이를 정분류율(correct classification rate, CCR)이라 하자. 즉,

$$CCR_2 = \left(\frac{n_{11C} + n_{22C}}{n_1 + n_2} \right) 100\%. \tag{6.6.3}$$

다음으로 각 개체가 $n_1, n_2, \ldots, n_g$인 $g(>2)$개 군집 $C_1, C_2, \ldots, C_g$에 대한 정분류율은 (6.6.3)의 관점에서 [표 6.6.2]로

$$CCR_g = \left(\frac{n_{11C} + \cdots + n_{ggC}}{n_1 + \cdots + n_g}\right)100\% = \left(\frac{\sum_{k=1}^{g} n_{kkC}}{\sum_{k=1}^{g} n_k}\right)100\% \tag{6.6.4}$$

를 정의하자. (6.6.4)로 오분류율은 다음과 같이 계산된다.

$$APER_g = \left(\frac{\sum_{k=1}^{g} (n_k - n_{kkC})}{\sum_{k=1}^{g} n_k}\right)100\% = 100\% - CCR_g \tag{6.6.5}$$

[표 6.6.2] $g(>2)$개 군집의 판별분석에서 분류표

		판별함수에 의한 군집의 분류				
		C_1	C_2	$\cdots$	C_g	합계
군집	C_1	n_{11C}	n_{12M}	$\cdots$	n_{1gM}	n_1
	C_2	n_{21M}	n_{22C}	$\cdots$	n_{1gM}	n_2
	$\vdots$	$\vdots$	$\vdots$	$\vdots$	$\vdots$	$\vdots$
	C_g	n_{g1M}	n_{g2M}	$\cdots$	n_{ggC}	n_g

다음의 [보기 6.6.1]에서는 두 군집에 대한 판별분석 [보기 6.3.3]과 [보기 6.3.4], 세 군집에 대한 판별분석 [보기 6.5.1]과 [보기 6.5.2]에서 제시한 분류표를 통해 (6.6.5)로 $g=2$와 $g=3$인 경우의 오분류율 $APER_2$와 $APER_3$에 의하서 판별함수의 분류 성능을 살펴보기로 하자. 실제 이들 보기를 위한 R-코드의 맨 아래 # Total percent correct에서 mean(class==qcluster)에 의해서 (6.6.4)의 정분류율이 계산된다.

지금까지 오분류율과 정분류율의 계산은 판별함수를 만드는 데에 사용된 자료를 판별함수의 평가를 통해 이루어졌으며 이런 방법을 재대입법(resubstitution method, RSM)이라 한다.

[보기 6.6.1] 예초기 소유 자료, 두 종류 붓꽃자료, 세 종류 붓꽃자료, 세 종류 와인자료의 판별분석에서 판별함수의 RSM에 의한 오분류율에 의한 평가

(1) [보기 6.3.3]에서는 예초기를 소유한 $n_1 = 12$ 가구와 그렇지 않은 $n_2 = 12$ 가구 두 군집에 대해 소득(x_1)과 대지면적(x_2)을 조사한 자료에 대해 선형판별분석을 실시하여 얻은 다음과 같은 분류표를 재인용하자.

		선형판별함수에 의한 RSM의 분류군집		
		소유	미소유	합계
군집	소유	11	1	12
	미소유	2	10	12

이 분류표는 선형판별함수에 의한 오분류가 3개(1+2)가 있음을 보여주며 (6.6.2)의 정의로부터 오분류율은 12.5%로 다음과 같으며 선형판별함수의 성능이 다소 낮아 보인다.

$$APER_2 = \left(\frac{1+2}{12+12}\right)100\% = 12.5\%.$$

(2) [보기 6.3.4]에서는 각각 50포기씩 편의상 두 종류의 붓꽃(setosa, versicolor)과 두 개의 변수(꽃받침 길이, 꽃받침 폭)에 의한 자료에 대해 이차판별함수에 의해서 판별분석을 실시하였다. 그 결과 다음의 분류표는 개체들의 원래 군집에서 이차판별함수에 의해 군집 setosa에서 1개가 군집 versicolor로 오분류된 것이 있음을 보여준다.

		이차판별함수에 의한 RSM의 분류군집		
		setosa	versicolor	합계
군집	setosa	49	1	50
	versicolor	0	50	50

따라서 다음의 오분류율은 1%로 매우 낮아 이차판별함수가 군집을 분류하는 데에 매우 높은 성능을 보여주는 것으로 평가할 수 있다.

$$APER_2 = \left(\frac{1+0}{50+50}\right)100\% = 1\%.$$

(3) [보기 6.5.1]에서 각각 50포기씩 세 종류의 붓꽃(setosa, versicolor, virginica)의 꽃받침 길이(Sepal.Length), 꽃받침 폭(Sepal.Width), 꽃잎 길이(Petal.Length), 꽃잎 폭

(Petal.Width) 등을 측정한 붓꽃자료에 대한 이차판별함수에 의한 분류군집의 분류표는 군집 versicolor에서 군집 virginica로 2개 오분류가 발생했고 군집 virginica에서는 군집 versicolor로 1개가 오분류 되어 있음을 보여 주었다.

		이차판별함수에 의한 RSM의 분류군집			
		setosa	versicolor	virginica	합계
군집	setosa	50	0	0	50
	versicolor	0	48	2	50
	virginica	0	1	49	50

따라서 오분류율은

$$APER_3 = \left(\frac{0+2+1}{50+50+50}\right)100\% = 2\%$$

이다. 오분류율 2%는 이차판별함수가 세 군집을 분류하는 데에 좋은 높은 성능을 보여주는 것으로 평가할 수 있다.

(4) [보기 6.5.2]에서는 이탈리아의 같은 지역에서 3가지 다른 품종의 총 178가지 와인의 화학분석한 자료에 대해 분석에 사용된 13가지 변수에 의한 이차판별분석의 분류표의 결과 군집 2에서 군집 1로 1개 오분류가 발생했다.

		이차판별함수에 의한 RSM의 분류군집			
		1	2	3	합계
군집	1	59	0	0	59
	2	1	70	0	71
	3	0	0	48	48

따라서 오분류율은

$$APER_3 = \left(\frac{0+1+0}{59+71+48}\right)100\% = 0.56\%$$

로 이는 이차판별함수가 세 군집을 분류하는 데에 매우 높은 완벽한 성능을 보여주는 것으로 평가할 수 있다.

일반적으로 겉보기오류율 $APER_g$는 계산이 쉽고 직관적으로 명확하지만 최적오류율

AER을 실제보다 작게 추정하는 경향이 있다. 이는 표본크기가 큰 경우에도 변하지 않는데 본질적인 원인은 판별함수를 만드는 데에 사용된 자료를 판별함수의 평가에 그대로 이용하는 재대입법 RSM 때문이다.

재대입법의 대안으로 전체 표본을 훈련표본과 타당성검사표본으로 나누어 전자로 판별함수를 만들고 후자로 이것의 분류규칙의 정도를 평가하는 교차타당성 방법도 고려할 수 있다. 6.3절에서 언급한 바 있는 이 방법은 군집의 자료가 정규분포를 하지 않는 경우에도 유용하다. 이때 오분류율은 타당성검사표본에서 오분류된 비율로 정의한다. 이와 같은 방법을 교차타당성방법(cross-validation method, CVM)이라 한다. 이 방법은 오류율에 대한 불편추정치를 제공하지만 표본크기가 비교적 커야 하며, 또한 분류함수를 구할 때 훈련표본을 사용하여 모든 표본을 다 이용하는 것이 아니기 때문에 구해진 분류함수가 실제 우리가 구하고자 하는 것이 아닐 수 있다.

이러한 단점을 보완하여 교차타당성방법에 Lachenbruch의 홀드아웃절차(holdout procedure) 또는 잭나이프(Jacknife)를 활용한 방법이 자주 이용된다. 이를 넓은 의미에서 교차타당성방법 CVM이라 하자. 각 개체 수가 n_1, n_2, …, n_g인 $g(>2)$개 군집 C_1, C_2 …, C_g이 주어진다면 홀드아웃절차는 [표 6.6.3]에 따라 이루어진다.

[표 6.6.3] 홀드아웃절차(holdout procedure)에 의한 교차타당성방법 CVM

[1단계] 개체 수 n_1개의 군집 C_1에서 한 개체를 제외(홀드아웃개체)하고 나머지 개체 n_1-1, n_2, …, n_g로 판별함수를 구한다.

[2단계] [1단계]에서 구한 판별함수로 홀드아웃개체를 판별하여 분류를 시도한다.

[3단계] 군집 C_1에 속한 모든 개체에 대하여 [1단계]와 [2단계]를 시도하고 군집 C_1에서 오분류되는 홀드아웃개체 수 $n_{1M}^{(H)}$를 계산한다.

[4단계] 나머지 군집 C_2, …, C_g에 대해서도 [1단계]-[3단계]를 반복 시도하여 오분류되는 홀드아웃개체 수 $n_{kM}^{(H)}$, $k=2$, …, g를 구한다.

[표 6.6.3]의 결과로부터 기대실제오류율(expected actual error rate)의 추정치는

$$EAER_g = \left(\frac{\sum_{k=1}^{g} n_{kM}^{(H)}}{\sum_{k=1}^{g} n_k} \right) 100\% \tag{6.6.6}$$

으로 계산된다. 특히, 앞서 편의상 겉보기오류율 $APER_g$을 개념상 오분류율이라 하였음

으로 이런 관점에서 (6.6.6)의 기대실제오류율을 기대 오분류율이라 하자.

[보기 6.6.2] 예초기 자료와 붓꽃 자료의 판별함수의 CVM에 의한 기대 오분류율

(1) [보기 6.6.1]에서 예초기를 소유한 $n_1 = 12$ 가구와 그렇지 않은 $n_2 = 12$ 가구 두 군집에 대해 소득(x_1)과 대지면적(x_2)을 조사한 자료의 선형판별함수에 의한 오분류율은 $APER_2 = 12.5\%$ 였다. 이번에는 홀드아웃절차에 의한 교차타당성방법 CVM에 의한 분류표로부터 기대 오분류율은

		선형판별함수에 의한 CVM의 분류군집		
		소유	미소유	합계
군집	소유	10	2	12
	미소유	3	9	12

$$EAER_2 = \left(\frac{2+3}{12+12}\right)100\% = 20.83\%$$

이다. 이는 오분류율 12.5%보다 8.33%가 많음을 알 수 있다. 이는 표본의 크기가 작아 두 기준에서 차이가 많이 났다고 여겨진다.

(2) [보기 6.6.1]에서 각각 50포기씩 세 종류의 붓꽃(setosa, versicolor, virginica)의 꽃받침 길이(Sepal.Length), 꽃받침 폭(Sepal.Width), 꽃잎 길이(Petal.Length), 꽃잎 폭(Petal.Width) 등을 측정한 붓꽃자료에 대한 이차판별함수에 의한 오분류율은 $APER_3 = 2\%$ 였다. 이번에는 교차타당성방법 CVM에 의한 분류표로부터 기대 오분류율이

		이차판별함수에 의한 CVM의 분류군집			
		setosa	versicolor	virginica	합계
군집	setosa	50	0	0	50
	versicolor	0	47	3	50
	virginica	0	1	49	50

$$EAER_3 = \left(\frac{0+3+1}{50+50+50}\right)100\% = 2.67\%$$

이다. 이는 오분류율 2%에 비해 0.67% 증가되었지만 이 기준도 이차판별함수가 세 군집을 분류하는 데에 좋은 높은 성능을 보여주는 것으로 평가할 수 있다.

(1)과 (2)의 교타타당성방법 CVM의 결과를 위한 [R-코드 6.6.1](ridingmower-iris-DA-CVM.R)을 참고하기 바란다.

[R-코드 6.6.1] 예초기 자료와 붓꽃 자료의 DA에서 CVM에 의한 기대오분류율 (ridingmower-iris-DA-CVM.R)

```
# CVM based on the holdout(jacknife)prediction : Evaluating Discriminant Function
library(MASS)
# Riding mower Data on two variables(x1.Income x2.Lotsize)
ridingmower<-read.table("ridingmower.txt", header=T)
attach(ridingmower)
# Linear DA
LDA=lda(pop~x1.Income + x2.Lotsize, data=ridingmower, CV=TRUE)
# Confusion Table
confusion_ridingmower=table(ridingmower$pop, LDA$class)
# Expected actual error rate : EAER
EAER=(1-sum(diag(prop.table(confusion_ridingmower))))*100
list(confusion_ridingmower, EAER)

# Iris flower data : setosa, versicolor, virginica
data(iris)
attach(iris)

# Quadratic DA with 3 groups applying
# holdout(jacknife)prediction and equal prior probabilities.
QDA=qda(Species~ Sepal.Length+Sepal.Width+Petal.Length+Petal.Width,
          data=iris, prior=c(1,1,1)/3, CV=TRUE)
# Confusion Table
confusion_iris=table(iris$Species, QDA$class)
# Expected actual error rate : EAER
EAER=(1-sum(diag(prop.table(confusion_iris))))*100
list(confusion_iris, EAER)
```

6.7 두 군집의 피셔 선형판별분석

p개 확률변수에 의한 $\boldsymbol{x} = (x_1,\ x_2,\ \ldots,\ x_p)^t$에 대해 개체 수가 각각 n_1개와 n_2개 두 군집 C_1과 C_2의 판별분석을 위해 제안된 피셔 선형판별함수를 얻기 위한 기본 정보를 요약한 [표 6.7.1]을 참고하자. [표 6.7.1]에서 자료(표본)의 각 군집의 i번째 개체는 각각 $\boldsymbol{x}_{1i} = (x_{1i1},\ x_{1i2},\ \ldots,\ x_{1ip})^t$과 $\boldsymbol{x}_{2i} = (x_{2i1},\ x_{2i2},\ \ldots,\ x_{2ip})^t$이고 변환자료는 선형결합

$$y = \boldsymbol{l}^t \boldsymbol{x} = l_1 x_1 + \cdots + l_p x_p \tag{6.7.1}$$

에 의해서 얻어진 것이다.

피셔의 생각은 두 군집의 평균 $\bar{y}_1$과 $\bar{y}_2$의 차이에 합동공분산의 표준편차를 고려한

$$\frac{|\bar{y}_1 - \bar{y}_2|}{s_p} = \frac{|\boldsymbol{l}^t \bar{\boldsymbol{x}}_1 - \boldsymbol{l}^t \bar{\boldsymbol{x}}_2|}{\sqrt{\boldsymbol{l}^t S_p \boldsymbol{l}}} \tag{6.7.2}$$

[표 6.7.1] 피셔 선형판별함수를 위해 필요한 정보

군집, 크기	$C_1,\ n_1$	$C_2,\ n_2$
자료(표본)	$\boldsymbol{x}_{11},\ \boldsymbol{x}_{12},\ \ldots,\ \boldsymbol{x}_{1n_1}$	$\boldsymbol{x}_{21},\ \boldsymbol{x}_{22},\ \ldots,\ \boldsymbol{x}_{2n_2}$
평균벡터 공분산행렬	$\bar{\boldsymbol{x}}_1 = \frac{1}{n_1}\sum_{i=1}^{n_1} \boldsymbol{x}_{1i}$ $S_1 = \frac{1}{n_1 - 1}\sum_{i=1}^{n_1}(\boldsymbol{x}_{1i} - \bar{\boldsymbol{x}}_1)(\boldsymbol{x}_{1i} - \bar{\boldsymbol{x}}_1)^t$	$\bar{\boldsymbol{x}}_2 = \frac{1}{n_2}\sum_{i=1}^{n_2} \boldsymbol{x}_{2i}$ $S_2 = \frac{1}{n_2 - 1}\sum_{i=1}^{n_2}(\boldsymbol{x}_{2i} - \bar{\boldsymbol{x}}_2)(\boldsymbol{x}_{2i} - \bar{\boldsymbol{x}}_2)^t$
합동 공분산행렬	$S_p = \frac{(n_1 - 1)S_1 + (n_2 - 1)S_2}{n_1 + n_2 - 2}$	
변환자료	$y_{11},\ y_{12},\ \ldots,\ y_{1n_1}$	$y_{21},\ y_{22},\ \ldots,\ y_{2n_2}$
평균 분산	$\bar{y}_1 = \frac{1}{n_1}\sum_{i=1}^{n_1} y_{1i}$ $s_1^2 = \frac{1}{n_1 - 1}\sum_{i=1}^{n_1}(y_{1i} - \bar{y}_1)^2$	$\bar{y}_2 = \frac{1}{n_2}\sum_{i=1}^{n_2} y_{2i}$ $s_2^2 = \frac{1}{n_2 - 1}\sum_{i=1}^{n_1}(y_{2i} - \bar{y}_2)^2$
합동 공분산	$s_p^2 = \frac{(n_1 - 1)s_1^2 + (n_2 - 1)s_2^2}{n_1 + n_2 - 2} = \frac{\sum_{i=1}^{n_1}(y_{1i} - \bar{y}_1)^2 + \sum_{i=1}^{n_2}(y_{2i} - \bar{y}_2)^2}{n_1 + n_2 - 2}$	

를 최대화하는 선형결합을 구하면 두 군집을 잘 판별하는 판별함수를 구할 수 있다고 여겼다. 다만, 두 군집에 대해 다변량 정규분포의 가정은 필요하지 않지만 두 군집의 공분산이 서로 같다는 가정이 필요하며 따라서 두 군집의 분산의 가중평균인 합동공분산을 사용해야 한다.

먼저 (6.7.2)의 최대화는 이것의 제곱

$$\frac{(\overline{y}_1-\overline{y}_2)^2}{s_p^2}=\frac{(\boldsymbol{l}^t\overline{\boldsymbol{x}}_1-\boldsymbol{l}^t\overline{\boldsymbol{x}}_2)^2}{\boldsymbol{l}^t S_p \boldsymbol{l}} \tag{6.7.3}$$

의 최대화로 선형결합 $y=\boldsymbol{l}^t\boldsymbol{x}=l_1x_1+\cdots+l_px_p$는

$$\hat{y}=\hat{\boldsymbol{l}}^t\boldsymbol{x}=(\overline{\boldsymbol{x}}_1-\overline{\boldsymbol{x}}_2)^t S_p^{-1}\boldsymbol{x} \tag{6.7.4}$$

일 때 최대가 된다. 특히, (6.7.4)를 피셔의 선형판별함수라 하고 이를 얻기 위한 자세한 증명은 Johnson과 Wichern(2007, pp. 590-591)을 참고하기 바란다.

더군다나 관찰된 $\boldsymbol{x}_o=(x_{o1},\ x_{o2},\ \ldots,\ x_{op})^t$에 대하여 (6.7.4)의 피셔 선형판별함수는 6.3절의 [표 6.3.2]에서 두 군집의 공분산의 동질성 $\Sigma_1=\Sigma_2$이 만족되는 ECM 분류규칙(선형분류규칙)의 선형판별함수 $\widehat{L}(\boldsymbol{x}_o)=(\overline{\boldsymbol{x}}_1-\overline{\boldsymbol{x}}_2)^t S_p^{-1}\boldsymbol{x}_o$와 동일하다.

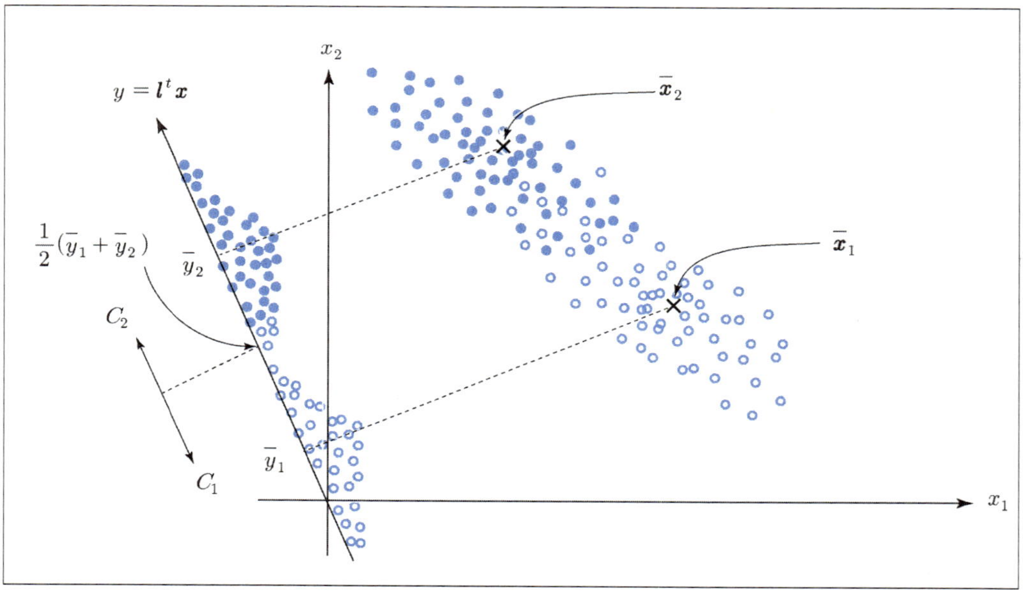

[그림 6.7.1] 측정변수 $p=2$에 대한 두 군집의 피셔 선형판별 절차

특히, 변수 수가 $p=2$인 $\boldsymbol{x}=(x_1,\ x_2)^t$에 대해 개체가 각각 n_1개와 n_2개 두 군집 C_1과 C_2로부터 선형결합 $y=\boldsymbol{l}^t\boldsymbol{x}$에 의해서 변환자료의 $y_{11},\ y_{12},\ \dots,\ y_{1n_2}$과 $y_{21},\ y_{22},\ \dots,\ y_{2n_2}$ 두 군집평균 $(\overline{y}_1+\overline{y}_2)/2$을 기준으로 관찰된 $\boldsymbol{x}_o=(x_{o1},\ x_{o2},\ \dots,\ x_{op})^t$에 대하여 두 군집 C_1과 C_2으로 분류할 수 있는 과정을 [그림 6.7.1]은 보여주고 있다. 또한 변환자료에 대해 두 군집의 평균은 실제로

$$\frac{1}{2}(\overline{y}_1+\overline{y}_2)=\frac{1}{2}(\overline{\boldsymbol{x}}_1-\overline{\boldsymbol{x}}_2)^t S_p^{-1}(\overline{\boldsymbol{x}}_1-\overline{\boldsymbol{x}}_2) \tag{6.7.5}$$

이 되며 이는 [표 6.3.2]에서 두 군집의 공분산의 동질성이 만족되는 ECM 분류규칙(선형분류규칙)의 $\widehat{\beta}_0$이 된다. 따라서 관찰된 $\boldsymbol{x}_o=(x_{o1},\ x_{o2},\ \dots,\ x_{op})^t$에 대하여 (6.7.4)의 피셔 선형판별함수에 의해서 분류규칙은 다음과 같다.

$$\hat{y}_o=(\overline{\boldsymbol{x}}_1-\overline{\boldsymbol{x}}_2)^t S_p^{-1}\boldsymbol{x}_o>\widehat{\beta}_0 \ \Rightarrow\ \boldsymbol{x}_o \text{는 군집 } C_1\text{에 할당된다.}$$

이는 [표 6.3.2]의 ECM 분류규칙(선형분류규칙)에서 $p_1=p_2$, $c(2|1)=c(1|2)$인 경우의 분류규칙과 동일하다. [표 6.7.2]에는 피셔의 선형판별함수으 분류규칙에 대하여 정리해 두었다.

❙표 6.7.2❙ 피셔 선형판별함수의 분류규칙

관찰된 $\boldsymbol{x}_o=(x_{o1},\ x_{o2},\ \dots,\ x_{op})^t$에 대해
$\hat{y}_o=(\overline{\boldsymbol{x}}_1-\overline{\boldsymbol{x}}_2)^t S_p^{-1}\boldsymbol{x}_o>\widehat{\beta}_0 \Rightarrow \boldsymbol{x}_o$는 군집 C_1에 할당된다. (6.7.6)
여기서 $\widehat{\beta}_0=\frac{1}{2}(\overline{\boldsymbol{x}}_1-\overline{\boldsymbol{x}}_2)^t S_p^{-1}(\overline{\boldsymbol{x}}_1+\overline{\boldsymbol{x}}_2)$.

끝으로 (6.7.3)의 최댓값은 두 군집의 평균벡터간의 제곱 마할라노비스 거리가 되며 다음과 같다.

$$d_{12}^2=(\overline{\boldsymbol{x}}_1-\overline{\boldsymbol{x}}_2)^t S_p^{-1}(\overline{\boldsymbol{x}}_1-\overline{\boldsymbol{x}}_2) \tag{6.7.7}$$

6.8 여러 군집의 피셔 선형판별분석

피셔의 두 군집에 대한 선형판별분석 절차는 개체 수가 각각 $n_1, n_2, \ldots, n_g$인 $g(>2)$개의 군집 $C_1, C_2, \ldots, C_g$에 대해서도 확장가능하다. 이 경우에도 군집의 분포가 다변량 정규분포하지 않아도 되며 다만 공분산행렬들의 동질성 $\Sigma_1 = \Sigma_2 = \cdots = \Sigma_g = \Sigma$은 만족된다고 가정하자. [표 6.8.1]은 $g(>2)$개의 군집의 피셔 선형판별함수를 위해 필요한 정보를 요약하고 있다. 여기서도 p개 확률변수에 의한 $\boldsymbol{x} = (x_1, x_2, \ldots, x_p)^t$에 대해 선형결합은 $y = \boldsymbol{l}^t \boldsymbol{x}$를 고려하자.

표 6.8.1 $g(>2)$개 군집의 피셔 선형판별함수를 위해 필요한 정보

군집, 크기	$C_k,\ n_k,\ k=1, \ldots, g,\ n = n_1 + \cdots + n_g$
자료(표본) C_k의 i번째 개체	$\boldsymbol{x}_{k1}, \boldsymbol{x}_{k2}, \ldots, \boldsymbol{x}_{kn_k},\ k=1, \ldots, g$ $\boldsymbol{x}_{ki} = (x_{ki1}, x_{ki2}, \ldots, x_{kip})^t,\ i=1, \ldots, n_k$
평균벡터, 공분산행렬	$\bar{\boldsymbol{x}}_k = \frac{1}{n_k}\sum_{i=1}^{n_k}\boldsymbol{x}_{ki},\ S_k = \frac{1}{n_k-1}\sum_{i=1}^{n_k}(\boldsymbol{x}_{ki}-\bar{\boldsymbol{x}}_k)(\boldsymbol{x}_{ki}-\bar{\boldsymbol{x}}_k)^t$
합동공분산행렬	$S_p = \frac{\sum_{k=1}^{g}(n_k-1)S_k}{\sum_{k=1}^{g}(n_k-1)}$

[표 6.8.1]의 군집 C_k의 자료(표본)에서 크기가 $n_k \times p$인 k번째 자료행렬

$$X_k = (\boldsymbol{x}_{k1}, \boldsymbol{x}_{k2}, \ldots, \boldsymbol{x}_{kn_k})^t,\ k = 1, \ldots, g$$

에서 크기가 $n \times p$인 전체 자료행렬 $X = (X_1^t, \ldots, X_g^t)^t$를 고려하자. 군집 C_k의 i번째 관찰값 $\boldsymbol{x}_{ki}$에 대해 선형결합은

$$y_{ki} = \boldsymbol{l}^t \boldsymbol{x}_{ki} = l_1 x_{ki1} + \cdots + l_p x_{kip}$$

로 나타내면 $\boldsymbol{y}_k = (y_{k1}, \ldots, y_{kn_k})^t = X_k \boldsymbol{l},\ k = 1, \ldots, g$는 군집 C_k의 자료행렬 X_k의 선형결합인 크기가 $n_k \times 1$인 변환자료가 된다. 이들에 의해서 $\boldsymbol{y}$는 크기가 $n \times 1$인 선형결합 벡터가 되면 전체 자료행렬 X의 선형결합

$$\boldsymbol{y} = \begin{bmatrix} \boldsymbol{y}_1 \\ \vdots \\ \boldsymbol{y}_g \end{bmatrix} = \begin{bmatrix} X_1\boldsymbol{l} \\ \vdots \\ X_g\boldsymbol{l} \end{bmatrix} = X\boldsymbol{l}$$

이 된다. 그러면 $\boldsymbol{y}$는 총제곱합(total sum of squares)

$$\boldsymbol{y}^t H\boldsymbol{y} = \boldsymbol{l}^t X^t HX\boldsymbol{l} = \boldsymbol{l}^t T\boldsymbol{l} \quad (6.8.1)$$

을 가지며 여기서 $H = I - n^{-1}1_n 1_n^t$는 중심화행렬이며 $T = X^t HX$이다. 그리고 (6.8.1)은 집단내제곱합(within groups sum of squares)

$$\sum_{k=1}^{g} \boldsymbol{y}_k^t H_k \boldsymbol{y}_k = \sum_{k=1}^{g} \boldsymbol{l}^t X_k^t H_k X_k \boldsymbol{l} = \boldsymbol{l}^t W\boldsymbol{l} \quad (6.8.2)$$

과 집단간제곱합(between groups sum of squares)

$$\sum_{k=1}^{g} n_k(\bar{y}_k - \bar{y})^2 = \sum_{k=1}^{g} n_k[\boldsymbol{l}^t(\bar{\boldsymbol{x}}_k - \bar{\boldsymbol{x}})^2] = \boldsymbol{l}^t B\boldsymbol{l} \quad (6.8.3)$$

의 합으로 이루어진다. 여기서 H_k는 크기가 $n_k \times n_k$인 중심화행렬이고 $\bar{y}_k = \boldsymbol{l}^t \bar{\boldsymbol{x}}_k$, $\bar{y} = \boldsymbol{l}^t \bar{\boldsymbol{x}}$이다. 따라서 (6.8.1) ~ (6.8.3)으로 다음의 관계가 성립한다.

$$\boldsymbol{l}^t T\boldsymbol{l} = \boldsymbol{l}^t W\boldsymbol{l} + \boldsymbol{l}^t B\boldsymbol{l}$$

피셔의 생각은 p개 확률변수에 의한 $\boldsymbol{x} = (x_1, x_2, \dots, x_p)^t$에 대해 선형결합 $y = \boldsymbol{l}^t \boldsymbol{x}$은 다음의 비

$$\frac{\boldsymbol{l}^t B\boldsymbol{l}}{\boldsymbol{l}^t W\boldsymbol{l}} \quad (6.8.4)$$

가 최대가 되게 하는 $\boldsymbol{l}$을 선택하여 구하며 이는 $W^{-1}B$의 가장 큰 고윳값에 대응하는 고유벡터 $\hat{\boldsymbol{l}}$을 선택하는 것이었다. 이럴 경우 선형결합은 $\hat{y} = \hat{\boldsymbol{l}}^t \boldsymbol{x}$를 피셔의 선형판별함수 또는 첫 번째 정준변수(canonical variate)한다. 이로 인하여 피셔의 선형판별함수를 정준판별분석이라고도 한다. 실제로 (6.8.4)의 B와 W는 [표 6.8.1]의 정보에 의해서

$$B = \sum_{k=1}^{g} (\bar{\boldsymbol{x}}_k - \bar{\boldsymbol{x}})(\bar{\boldsymbol{x}}_k - \bar{\boldsymbol{x}})^t,$$

$$W = \sum_{k=1}^{g}\sum_{i=1}^{n_k} (\boldsymbol{x}_{ki} - \bar{\boldsymbol{x}}_k)(\boldsymbol{x}_{ki} - \bar{\boldsymbol{x}}_k)^t = \sum_{k=1}^{g}(n_k - 1)S_k = (n-g)S_p$$

이며 여기서 S_p와 $n = n_1 + \cdots + n_g$은 [표 6.8.1]에 정의되어 있다.

[표 6.8.2]에는 피셔의 선형판별함수를 구하는 알고리즘과 군집의 자료에서 계산 가능한 판별점수의 선택에 대하여 요약해 두었다. 즉, [표 6.8.2]의 [4단계] 선형판별함수 $\hat{y} = \boldsymbol{v}_1{}^t \boldsymbol{x}$는 [3단계] 스펙트럼분해 $W^{-1}B = VDV^t$에서 가장 큰 고윳값에 해당하는 고유벡터 $\boldsymbol{v}_1$을 선택하여 궁극적으로 (6.8.4)의 $\boldsymbol{l}^t B\boldsymbol{l}/\boldsymbol{l}^t W\boldsymbol{l}$ 를 최대화 하는 $\boldsymbol{l}$을 선택한 것이 된다. 이를 통하여 [5단계] 군집 C_k의 자료행렬 X_k의 첫 번째 판별점수 $\hat{\boldsymbol{y}}_k = X_k \boldsymbol{v}_1$를 구하게 된다.

[표 6.8.2] 피셔의 선형판별함수에 의한 판별점수: $\hat{\boldsymbol{y}}_k = X_k \hat{\boldsymbol{l}}$

[1단계] 공분산행렬의 동질성($\Sigma_1 = \cdots = \Sigma_g$)검정: 박스 M-검정

[2단계] 집단간행렬: $B = \sum_{k=1}^{g} (\bar{\boldsymbol{x}}_k - \bar{\boldsymbol{x}})(\bar{\boldsymbol{x}}_k - \bar{\boldsymbol{x}})^t$

[3단계] 집단내행렬: $W = \sum_{k=1}^{g} \sum_{i=1}^{n_k} (\boldsymbol{x}_{ki} - \bar{\boldsymbol{x}}_k)(\boldsymbol{x}_{ki} - \bar{\boldsymbol{x}}_k)^t = \sum_{k=1}^{g} (n_k - 1) S_k$

[4단계] 스펙트럼분해: $W^{-1}B = VDV^t$

- 고윳값행렬: $D = diag(\lambda_1, \ldots, \lambda_s)$: $\lambda_1 \geq \cdots \geq \lambda_s > 0$, $s \leq \min(g-1, p)$
- 고유벡터행렬: $V = (\boldsymbol{v}_1, \ldots, \boldsymbol{v}_s)$, $V^t V = VV^t = I$

[5단계] 선형판별함수: $\hat{y} = \boldsymbol{v}_1{}^t \boldsymbol{x}$

[6단계] 선형판별점수: 군집 C_k의 자료행렬 X_k의 판별점수: $\hat{\boldsymbol{y}}_k = X_k \hat{\boldsymbol{l}}$

- 제1: $X_k \boldsymbol{v}_1$, 제2: $X_k \boldsymbol{v}_2$, ..., 제s: $X_k \boldsymbol{v}_s$

Mardia 외(1979)에 따르면 [표 6.8.2]에서 구한 선형판별함수 $\hat{y} = \boldsymbol{v}_1{}^t \boldsymbol{x}$에 의해서 관찰된 $\boldsymbol{x}_o = (x_{o1}, x_{o2}, \ldots, x_{op})^t$에 대해 다음과 같은 분류규칙을 정의할 수 있다.

$$\left| \boldsymbol{v}_1{}^t \boldsymbol{x}_o - \boldsymbol{v}_1{}^t \bar{\boldsymbol{x}}_k \right| = \min_{1 \leq r \leq g} \left| \boldsymbol{v}_1{}^t \boldsymbol{x}_o - \boldsymbol{v}_1{}^t \bar{\boldsymbol{x}}_r \right| \Rightarrow \boldsymbol{x}_o \text{는 군집 } C_k\text{에 할당된다.} \quad (6.8.5)$$

[보기 6.8.1] 공분산행렬의 동질성이 만족된 예초기 자료의 피셔 선형판별분석

EXAMPLE

[보기 6.3.2]에서 예초기를 소유한 $n_1 = 12$ 가구와 그렇지 않은 $n_2 = 12$ 가구 두 군집에 대해 소득(x_1)과 대지면적(x_2)을 조사한 [자료 6.3.1](ridingmower.txt)에 대해 박스 M-검정을 통해 공분산행렬의 동질성이 만족됨을 보였다. 실제 이 자료는 다변량 정규분포도 하지만 이와 무관하게 피셔의 선형판별분석을 적용하기에 적합한 자료이다. [R-코드

6.8.1](ridingmower-FiseherLDA.R)은 [표 6.8.2]의 피셔 선형판별분석 단계에 따라 함수화 FLDA=function(z, group)에 의해서 필요한 다양한 결과를 제공하며 이를 요약하자면 다음과 같다.

[1단계] **공분산행렬의 동질성($\Sigma_1 = \cdots = \Sigma_g$)검정: 박스 M-검정**

- [보기 6.3.2]에서 p-값$=0.8028335$이 유의수준 0.05보다 매우 크므로 $H_0 : \Sigma_1 = \Sigma_2 = \Sigma$가 유의수준 5%에서 기각되지 않아 두 집단의 공분산행렬이 동질함을 보여주었다.

[2단계] **집단간행렬:** $B = \sum_{k=1}^{2} (\overline{\boldsymbol{x}}_k - \overline{\boldsymbol{x}})(\overline{\boldsymbol{x}}_k - \overline{\boldsymbol{x}})^t$

- 두 군집(소유, 미소유)의 표본평균: $\overline{\boldsymbol{x}}_1 = (79.475,\ 20.267)^t$, $\overline{\boldsymbol{x}}_2 = (57.400,\ 17.633)^t$
- 전체 평균 벡터: $\overline{\boldsymbol{x}} = (68.4375,\ 18.9500)^t$

$$B = \begin{bmatrix} 243.65281 & 29.065417 \\ 29.06542 & 3.467222 \end{bmatrix}$$

[3단계] **집단내행렬:** $W = \sum_{k=1}^{2} \sum_{i=1}^{n_k} (\boldsymbol{x}_{ki} - \overline{\boldsymbol{x}}_k)(\boldsymbol{x}_{ki} - \overline{\boldsymbol{x}}_k)^t = \sum_{k=1}^{2} (n_k - 1) S_k = (n-2) S_p$

- 공분산행렬: $S_1 = \begin{bmatrix} 3879.08 & -130.00 \\ -130.00 & 44.91 \end{bmatrix}$, $S_2 = \begin{bmatrix} 2207.76 & -28.48 \\ -28.48 & 49.11 \end{bmatrix}$
- 합동공분산행렬: $S_p = \begin{bmatrix} 276.674659 & -7.203636 \\ -7.203636 & 4.273333 \end{bmatrix}$
- 집단내행렬: $W = \begin{bmatrix} 6086.842 & -158.48000 \\ -158.480 & 94.01333 \end{bmatrix}$

[4단계] $W^{-1}B = VDV^t : V = (v_1, \ldots, v_s)$, $D = diag(\lambda_1, \ldots, \lambda_s)$, $s \le \min(g-1, p)$

- $W^{-1}B = \begin{bmatrix} 0.0503 & 0.0050 \\ 0.3939 & 0.0470 \end{bmatrix}$
- $s \le \min(g-1,p) = \min(2-1,2) = 1$개 0아닌 고윳값
- 고윳값: $\lambda_1 = 0.0973$
- 고유벡터: $v_1 = (0.1267,\ 0.9920)^t$

[5단계] 선형판별함수: $\hat{y} = {v_1}^t \boldsymbol{x}$

- 선형판별함수: $\hat{y} = 0.1267 \times \text{Income} + 0.9920 \times \text{Lotsize}$
- 분류표:

		피셔 선형판별함수에 의한 분류군집		
		소유	미소유	합계
군집	소유	11	1	12
	미소유	2	10	12

분류표는 개체들의 원래 군집에서 피셔 선형판별함수에 의한 분류가 잘못된 것이 3개(1+2)가 있고 오분류율 $APER_2 = 12.5\%$이다.

[6단계] 선형판별점수: 군집 C_k의 자료행렬 X_k의 판별점수: $\hat{\boldsymbol{y}}_k = X_k \hat{\boldsymbol{l}}$

- 제1 판별점수: $X_k v_1$
- [결과 6.8.1]에는 첫 번째 판별점수와 소득(x_1)과의 산점도를 군집별로 나타나게 해 두었다. 실제 판별점수의 평균이 27.463로 산점도에서 이를 기준으로 살펴보면 아래쪽에 군집 1에 속할 개체가 하나 있고 위쪽에 군집 2에 속할 개체가 2개 있어 [5단계]의 분류표와 같음을 산점도를 통해 알 수 있다.

[결과 6.8.1] 예초기 자료에 대한 피셔의 제1 판별점수와 소득(x_1)의 산점도

제1판별점수		
개체	$\hat{y}$	군집
1	25.84936	1
2	27.49116	1
3	29.63140	1
4	28.41997	1
5	34.42636	1
6	32.98680	1
7	31.13377	1
8	32.70419	1
9	28.57610	1
10	32.40864	1
11	28.28076	1
12	30.09559	1
13	28.93906	2
14	27.31834	2
15	25.26681	2
16	25.70597	2
17	28.09478	2
18	23.68825	2
19	23.39270	2
20	26.60910	2
21	22.26999	2
22	22.82728	2
23	20.34515	2
24	22.65821	2

판별점수와 소득의 산점도(1=소유, 2=미소유)

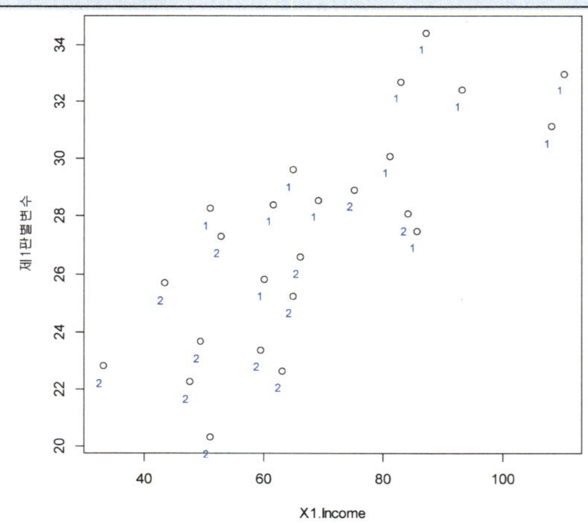

[R-코드 6.8.1] 예초기 자료에 대한 피셔의 선형판별분석(ridingmower-FisherLDA.R)

```
# Fisher Linear DA for two groups(owner,nonowner)
# of riding mower on two variables(x1.Income x2.Lotsize)
library(MASS)
ridingmower<-read.table("ridingmower.txt", header=T)
attach(ridingmower)
ridingmower
z=ridingmower[, 2:3]
group=as.numeric(ridingmower[, 1])

FLDA=function(z,group) {
k=max(group) ; n=nrow(z)
d=ncol(z) ; pred=rep(0,n)
x=z ; ina=group
xbar=colMeans(x)
S=array(dim=c(ncol(x),ncol(x),k))
B1=array(dim=c(ncol(x),ncol(x),k))
mat=matrix(rep(0,d*k),nrow=d,ncol=k)
for (i in 1:k) {
S[,,i]=(nrow(x[ina==i,])-1)*cov(x[ina==i,])
B1[,,i]=( (colMeans(x[ina==i,])-xbar)%*%t(colMeans(x[ina==i,])-xbar) )
mat[,i]=colMeans(x[ina==i,]) }
W=apply(S,1:2,sum) ## Within sum of squares
B=apply(B1,1:2,sum) ## Between sum of squares
invW=solve(W)
M=invW%*%B
eigen.M=eigen(M)
V=eigen.M$vectors
v1=V[,1]
z=as.matrix(z)
for (j in 1:n) {
w=matrix(z[j,],d,1)
like=rep(0,k)
for (m in 1:k) {
like[m]=abs(v1%*%w-v1%*%mat[,m]) }
pred[j]=which.min(like) } ## The predicted group
cluster=table(group, pred)
APER=1-mean(group==pred)
list(xbar=xbar, B=B, W=W, invW=invW, M=M, eigen=eigen(M),V=V,
table=cluster, APER=APER) }

FLDA(z, group)
```

```
# Discriminant Scores
v1=FLDA(z, group)$V[,1]
z=as.matrix(z)
y=z%*%v1
y
mean(y)
plot(z[, 1], y, xlab="X1.Income", ylab="제1판별변수" )
text(z[, 1], y, labels=group, cex=0.8, col=2, pos=1)
```

[보기 6.8.2] 공분산행렬의 동질성이 만족된 세 군집의 자료의 피셔 선형판별분석

크기가 9×2인 전체 자료행렬 $X = (X_1^t, X_2^t, X_3^t)^t$를 구성하는 각 군집의 개체 수가 각각 3개인 세 군집의 자료(fisherexample.txt)를 다음과 같이 고려하자.

	X_k	x_1	x_2
$X=$	$X_1 =$	-2	5
		0	3
		-1	1
	$X_2 =$	0	6
		2	4
		1	2
	$X_3 =$	1	-2
		0	0
		-1	-4

세 군집의 피셔 판별분석을 [R-코드 6.8.2](fisherexample-FisherLDA.R)은 [표 6.8.2]의 피셔 선형판별분석 단계에 따른 다양한 결과를 통해 요약하자면 다음과 같다.

[1단계] 공분산행렬의 동질성($\Sigma_1 = \cdots = \Sigma_g$)검정: 박스 M-검정

- 박스 M-검정: $M = -2\gamma \ln \Lambda = \gamma \sum_{k=1}^{3} (n_k - 1) \log \left| S_k^{-1} S_p \right| = 0.8074$
- 자유도: $df = p(p+1)(k-1)/2 = 2(2+1)(3-1)/2 = 6$
- p-값 = 0.9919가 유의수준 0.05보다 매우 크므로 $H_0 : \Sigma_1 = \Sigma_2 = \Sigma_3$이 기각되지 않아 세 군집의 공분산행렬이 동질하다고 여겨진다.

[2단계] 집단간행렬: $B = \sum_{k=1}^{2} (\overline{\boldsymbol{x}}_k - \overline{\boldsymbol{x}})(\overline{\boldsymbol{x}}_k - \overline{\boldsymbol{x}})^t$

- 세 군집의 표본평균: $\overline{\boldsymbol{x}}_1 = (-1,\ 3)^t$, $\overline{\boldsymbol{x}}_2 = (1,\ 4)^t$, $\overline{\boldsymbol{x}}_3 = (0,\ -2)^t$
- 전체 평균 벡터: $\overline{\boldsymbol{x}} = (0,\ 1.6667)^t$

$$B = \begin{bmatrix} 2 & 1 \\ 1 & 20.6667 \end{bmatrix}$$

[3단계] 집단내행렬: $W = \sum_{k=1}^{3} \sum_{i=1}^{n_i} (\boldsymbol{x}_{ki} - \overline{\boldsymbol{x}}_k)(\boldsymbol{x}_{ki} - \overline{\boldsymbol{x}}_k)^t = \sum_{k=1}^{3} (n_k - 1) S_k = (n-3) S_p$

$$W = \begin{bmatrix} 6 & -2 \\ -2 & 24 \end{bmatrix}$$

[4단계] $W^{-1}B = VDV^t : V = (v_1,\ \ldots,\ v_s),\ D = diag(\lambda_1,\ \ldots,\ \lambda_s),\ s \le \min(g-1,\ p)$

- $W^{-1}B = \begin{bmatrix} 0.3571 & 0.4667 \\ 0.0714 & 0.9000 \end{bmatrix}$
- $s \le \min(g-1, p) = \min(3-1, 2) = 2$개 0아닌 고윳값
- 고윳값: $\lambda_1 = 0.9557,\ \lambda_1 = 0.3015$
- 고유벡터: $\boldsymbol{v}_1 = (-0.6149,\ -0.7886)^t,\ \boldsymbol{v}_2 = (-0.9930,\ 0.1185)^t$

[5단계] 선형판별함수: $\hat{y}_1 = \boldsymbol{v}_1{}^t \boldsymbol{x},\ \hat{y}_2 = \boldsymbol{v}_2{}^t \boldsymbol{x}$

- 제1선형판별함수: $\hat{y}_1 = -0.6149X_1 - 0.7886X_2$
- 제2선형판별함수: $\hat{y}_2 = -0.9930X_1 + 0.1185X_2$
- 분류표:

		피셔 제1선형판별함수에 의한 분류군집			
		1	2	3	합계
군집	1	3	0	0	3
	2	1	2	0	3
	3	0	0	3	3

분류표는 원래 군집에서 피셔 제1선형판별함수에 의한 오분류가 1개가 있어 오분류율 $APER_2 = 11.11\%$이다.

[6단계] 선형판별점수: 군집 C_k 의 자료행렬 X_k의 판별점수: $\hat{y}_k = X_k \hat{l}$

• 제1판별점수: $X_k v_1$, 제2판별점수: $X_k v_2$

• [결과 6.8.2]의 제1과 제2판별점수의 산점도를 군집별로 나타나게 해두었고 각 군집의 평균에 의한 중심점(▲)을 표시해두었다. 그 결과 분류가 군집별로 비교적 잘 되었음을 보여준다.

[결과 6.8.2] 세 군집자료에 대한 피셔의 제1과 제2판별점수의 산점도

제1과 제2 판별점수			
개체	$\hat{y}_1$	$\hat{y}_2$	군집
1	–2.7134164	2.5783878	1
2	-2.3658910	0.3554872	1
3	-0.1737627	1.1114503	1
4	-4.7317820	0.7109744	2
5	-4.3842566	-1.5119262	2
6	-2.1921283	-0.7559631	2
7	0.9623930	-1.2299460	3
8	0.0000000	0.0000000	3
9	3.7693890	0.5189716	3

제1과 제2판별점수의 산점도(▲: 각 군집의 평균)

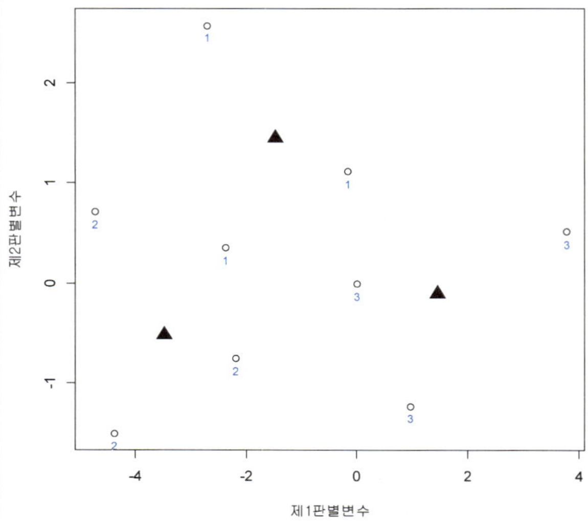

[R-코드 6.8.2] 세 군집 자료의 피셔 선형판별분석(fisherexample-FisherLDA.R)

```
library(biotools)

fisherexample<-read.table("fisherexample.txt", header=T)
attach(fisherexample)
fisherexample
z=fisherexample[, 1:2]
z
group=as.numeric(fisherexample[, 3])

#Box's M-Test for Equlaity of Covariance Matrices
boxM(z, group)
```

```
FLDA=function(z,group) {
k=max(group) ; n=nrow(z)
d=ncol(z) ; pred=rep(0,n)
x=z ; ina=group
xbar=colMeans(x)
S=array(dim=c(ncol(x),ncol(x),k))
B1=array(dim=c(ncol(x),ncol(x),k))
mat=matrix(rep(0,d*k),nrow=d,ncol=k)
for (i in 1:k) {
S[,,i]=(nrow(x[ina==i,])-1)*cov(x[ina==i,])
B1[,,i]=( (colMeans(x[ina==i,])-xbar)%*%t(colMeans(x[ina==i,])-xbar) )
mat[,i]=colMeans(x[ina==i,]) }
W=apply(S,1:2,sum) ## Within sum of squares
B=apply(B1,1:2,sum) ## Between sum of squares
invW=solve(W)
M=invW%*%B
eigen.M=eigen(M)
V=eigen.M$vectors
v1=V[,1]
z=as.matrix(z)
for (j in 1:n) {
w=matrix(z[j,],d,1)
like=rep(0,k)
for (m in 1:k) {
like[m]=abs(v1%*%w-v1%*%mat[,m]) }
pred[j]=which.min(like) } ## The predicted group
cluster=table(group, pred)
APER=1-mean(group==pred)
list(xbar=xbar, B=B, W=W, invW=invW, M=M, eigen=eigen(M),V=V,
table=cluster, APER=APER) }

FLDA(z, group)

# Discriminant Scores and Scatter Plot
V=FLDA(z, group)$V
z=as.matrix(z)
y=z%*%V
centroid=aggregate(y, by=list(group), mean)
list(y, centroid)

plot(y[, 1], y[,2], xlab="제1판별변수", ylab="제2판별변수" )
text(y[, 1], y[,2], labels=group, cex=0.8, col=2, pos=1)
```

6.9 로지스틱 판별분석

지금까지 판별분석에서 다룬 다변량자료는 측정 변수가 대부분 연속형인 양적변수(quantitative variables)를 다루었고 일부 그룹이나 성별에 관련된 변수만 질적변수(qualitative variables)이었다. 질적변수를 일반적으로 범주형변수(categorical variables)라고도 한다.

범주형변수 가운데 임의로 변수 Y가 남녀, 예초기 소유와 미소유, 적혈구 수치가 정상과 비정상과 같이 두 가지 경우의 이항반응(binary response)을 보이는 경우 이들을 각각 0 또는 1로 나타내기로 하자. 따라서 변수 Y를 이항 반응변수라 하고 특히 이들이 군집의 개념을 갖는다고 하자. 이 경우 $Y=1$은 개체 n_1개의 군집 C_1을 나타내며 $Y=0$은 개체 n_2개의 군집 C_2를 나타내며 $Y=1$인 확률을 π라 하면 이항반응 변수의 확률분포는 성공확률 $P(Y=1)=\pi$와 실패확률 $P(Y=0)=(1-\pi)$에 의해 규정되고, 평균과 분산은 각각

$$E(Y)=\pi,$$
$$Var(Y)=\pi(1-\pi)$$

이다. 만약 두 군집의 개체 수의 합 $n(=n_1+n_2)$개의 이항반응들이 서로 독립이라면 이들 중 $Y=1$을 나타낸 횟수는 이항분포 $B(n, \pi)$가 된다.

실제로 우리의 관심이 이항 반응변수 Y에 미치는 한 개의 설명변수 X가 있다고 하자. 설명변수의 측정값 $X=x$일 때 Y가 1이 될 확률 π는 x에 선형적으로 의존하므로 π 대신 π_x와 같이 나타내면 다음과 같다.

$$\pi_x = E(Y|x) = \beta_0 + \beta_1 x \tag{6.9.1}$$

(6.9.1)을 선형확률모형(linear probability model)이라 하는데 보통의 회귀모형처럼 보여 이를 적용하게 되면 몇 가지 문제점이 있다. 첫째, (6.9.1)의 좌변에서 π_x는 확률이므로 구간 (0, 1) 사이의 값을 갖는 반면, 우변은 어떤 x값에서는 이러한 범위를 벗어날 수 있게 된다. 둘째, (6.9.1)에서 모수에 관한 최소제곱추정량(least squares estimator)이 최적인 성질을 갖지 못하며, 최대우도추정값이 어떤 x값에서의 구간 $(0, 1)$의 범위를 벗어나는 부적합한 경우가 발생한다. 더불어 확률 π_x와 x의 관계가 선형이기보다 x가 증가함에 따라 π_x가 연속적으로 단조증가 또는 단조감소하는 비선형인 경우가 종종 있다.

전체적으로 모형 (6.9.1)의 문제점을 해결하는 로지스틱회귀모형(logistic regression model)

$$\text{logit}[\pi_x] = \log\left(\frac{\pi_x}{1-\pi_x}\right) = \beta_0 + \beta_1 x \tag{6.9.2}$$

을 고려하자. (6.9.2) 좌변의 $\text{logit}[\pi_x]$는 Y가 0이 될 확률 $1-\pi_x$에 대한 π_x의 비인 $\pi_x/(1-\pi_x)=$ 오즈비(odds ratio)에 자연로그(natural log)를 취한 값이다. 따라서 (6.9.2)로 로지스틱회귀모형을 변형하면

$$\pi_x = \frac{\exp(\beta_0 + \beta_1 x)}{1+\exp(\beta_0 + \beta_1 x)} \tag{6.9.3}$$

와 같이 확률 π_x에 관해 직접 표현할 수도 있다. 여기서 모수 β_1의 부호는 곡선의 증가 또는 감소를 나타내며 곡선의 변화율은 $|\beta_1|$가 커짐에 따라 증가한다. $\beta_1=0$이면 (6.9.3)의 우변은 상수가 되며 π_x는 모든 x값에 대해 같은 값을 갖는다. 이때 곡선은 x축에 평행인 직선이 되며 이항반응 Y는 X와 독립이다.

특히, $Y=1$은 군집 C_1과 $Y=0$은 군집 C_2를 나타내므로 (6.9.3)으로

$$\text{군집 } C_1\text{에 속할 확률: } P(Y=1|x) = \pi_x$$
$$\text{군집 } C_2\text{에 속할 확률: } P(Y=0|x) = 1-\pi_x$$

을 정의할 수 있다. 실제 각 군집의 총 개체 $n(=n_1+n_2)$에 대하여 최대우도법에 의해서 (6.9.3)의 계수 β_0와 β_1의 최대우도추정량 $\widehat{\beta_0}$와 $\widehat{\beta_1}$에 의해서 군집 C_1에 속할 확률과 군집 C_2에 속할 확률을 추정하면 다음과 같다.

$$\hat{P}(Y=1|x) = \hat{\pi}_x = \frac{\exp(\widehat{\beta_0} + \widehat{\beta_1} x)}{1+\exp(\widehat{\beta_0} + \widehat{\beta_1} x)}$$
$$\hat{P}(Y=0|x) = 1-\hat{\pi}_x = \frac{1}{1+\exp(\widehat{\beta_0} + \widehat{\beta_1} x)}$$

판별분석의 관점에서 이는 관측값 x_0에 대해 로지스틱판별함수를 활용하여 [표 6.9.1]과 같은 판별규칙을 정의할 수 있다.

[표 6.9.1] 로지스틱 판별함수의 분류규칙

관찰된 x_o에 대해
$$\hat{P}(Y=1\mid x_o) > \hat{P}(Y=0\mid x_o) \Leftrightarrow \widehat{\beta_0} + \widehat{\beta_1}\, x_o > 0 \qquad (6.9.4)$$
$\Rightarrow$ x_o는 군집 C_1에 할당된다.

[표 6.9.1]의 분류규칙 조건은

$$\hat{P}(Y=1\mid x_o) > \hat{P}(Y=0\mid x_o) \Leftrightarrow \hat{\pi}_{x_o} > 1-\hat{\pi}_{x_o} \Leftrightarrow \hat{\pi}_{x_o} > \frac{1}{2}$$

을 만족하므로 이는 실제로는 (6.9.2)의 로지스틱회귀모형의 추정값이 양수가 되는

$$\text{logit}[\hat{\pi}_{x_o}] = \widehat{\beta_0} + \widehat{\beta_1}\, x_o > 0$$

조건이 성립한다. 따라서 이런 이유로 로지스틱 회귀모형을 로지스틱 판별함수라 하고 이에 의한 판별분석을 간단히 로지스틱판별분석이라 한다. 일반적으로 회귀모형에서 설명변수가 하나인 것을 단순(simple)회귀모형이라 하고 여러 개인 것을 다중(multiple)회귀모형이라 한다. 이런 관점에서 (6.9.2)의 모형을 단순로지스틱 회귀모형이라 부르기도 한다.

다음으로 두 군집 C_1과 C_2를 나타내는 이항반응 Y(1 또는 0)에 영향을 미치는 하나의 설명변수 X 대신에 p개의 $X_1, \ldots, X_p$에 의해서 측정값 $\boldsymbol{x} = (x_1, x_2, \ldots, x_p)^t$를 고려하면 (6.9.2)와 (6.9.3)의 모형은 확장되어 다중로지스틱 회귀모형으로 각각 다음과 같이 나타낼 수 있다. 여기서 $\beta = (\beta_1, \ldots, \beta_p)^t$는 $p \times 1$인 계수 벡터이다.

$$\begin{aligned} \text{logit}[\hat{\pi}_x] = \log\left(\frac{\pi_x}{1-\pi_x}\right) &= \beta_0 + \beta_1 x_1 + \cdots + \beta_p x_p \\ &= \beta_0 + \boldsymbol{\beta}^t \boldsymbol{x} \qquad (6.9.5) \end{aligned}$$

$$\pi_x = \frac{\exp(\beta_0 + \boldsymbol{\beta}^t \boldsymbol{x})}{1+\exp(\beta_0 + \boldsymbol{\beta}^t \boldsymbol{x})}. \qquad (6.9.6)$$

두 군집의 총 개체 $n(=n_1+n_2)$에 대하여 최대우도법에 의해서 (6.9.5)와 (6.9.6)을 만족하는 계수의 최대우도추정량 $\widehat{\beta_0}$과 $\hat{\boldsymbol{\beta}} = (\widehat{\beta_1}, \ldots, \widehat{\beta_p})^t$을 사용하고 관찰값 $\boldsymbol{x}_o = (x_{o1}, x_{o2}, \ldots, x_{op})^t$에 대해 [표 6.9.1]의 관점에서 다중로지스틱 판별함수에 의한 분류규칙을 [표 6.9.2]에 요약할 수 있다.

| 표 6.9.2 | 다중로지스틱 판별함수의 분류규칙

관찰된 $\boldsymbol{x}_o = (x_{o1},\ x_{o2},\ \ldots,\ x_{op})^t$ 에 대해

$$\hat{P}(Y=1 \mid \boldsymbol{x}_o) > \hat{P}(Y=0 \mid \boldsymbol{x}_o) \Leftrightarrow \hat{\beta}_o + \hat{\boldsymbol{\beta}}^t \boldsymbol{x}_o > 0 \tag{6.9.7}$$

$\Rightarrow \boldsymbol{x}_o$는 군집 C_1에 할당된다.

[보기 6.9.1] 예초기 소유 자료의 로지스틱 판별분석

예초기를 소유한 $n_1 = 12$ 가구와 그렇지 않은 $n_2 = 12$ 가구 두 군집에 대해 소득(x_1)과 대지면적(x_2)을 조사한 [자료 6.3.1](ridingmower.txt)에 대해 선형판별분석과 관련하여 [보기 6.3.2], [보기 6.3.3], [보기 6.6.1]에서 몇 가지를 살펴보았다. 즉, 두 군집의 공분산행렬의 동질성과 다변량 정규성이 만족이 되었고 판별분석결과 재대입법 RSM에 의한 오분류율이 12.5%이었다. 반면에 [보기 6.6.2]에서는 교차타당성방법 CVM에 의해서 오분류율은 20.83%이었다. 더불어 [보기 6.8.1]의 피셔 선형판별분석에서는 오분류율은 12.5%로 선형판별분석의 재대입법의 것과 동일하였다.

이제 로지스틱 판별분석의 모형적합을 위해 R의 함수 glm()을 활용하며 그 결과를 이용하여 로지스틱 판별함수의 오분류는 library(DAAG)의 CVbinary() 함수를 활용하면 되고 [R-코드 6.9.1](ridingmower-LogisticDA.R)가 이와 관련된 다양한 결과를 제공하며 특히 [결과 6.9.1]에는 로지스틱 판별함수의 추정에 관하여 요약하였고 나머지 결과에 대하여 다음과 같이 요약정리 할 수 있다.

- 적합된 다중로지스틱 판별함수: [결과 6.9.1]에 따르면 두 가지 설명변수 소득(Income)과 대지면적(Lotsize)이 유의함

$$\text{logit}[\hat{\pi}_x] = -25.9382 + 0.1109 \times \text{Income} + 0.9638 \times \text{Lotsize}$$

- 분류표: [표 6.9.2]의 다중로지스틱 판별함수의 분류규칙에 따라 오분류된 4개의 개체를 살펴보면 다음과 같다. 이는 재대입법으로 처리한 것으로 오분류율은 16.67%이다.

개체	소득(Income)	대지면적(Lotsize)	군집	logit$[\hat{\pi}_x]$	분류군집
1	60.0	18.4	1	-1.55028	0
2	85.5	16.8	1	-0.26441	0
13	75.0	19.6	0	1.26978	1
17	84.0	17.6	0	0.34028	1

• 교차타당성방법(CVM):

		로지스틱판별함수에 의한 CVM의 분류군집		
		소유	미소유	합계
군집	소유	10	2	12
	미소유	3	9	12

분류표는 개체들의 원래 군집에서 로지스틱 판별함수에 의한 교차타당성방법(CVM)에 의한 분류가 잘못된 것이 5개(2+3)가 있고 오분류율 $EAER_2 = 20.83\%$이다.

• 재대입법(RSM)

		로지스틱판별함수에 의한 RSM의 분류군집		
		소유	미소유	합계
군집	소유	10	2	12
	미소유	2	10	12

재대입법에 의한 분류표는 로지스틱 판별함수에 의한 분류가 잘못된 것이 4개(2+2)가 있어 $APER_2 = 16.67\%$의 오분류율을 가진다.

[결과 6.9.1] 예초기 자료에 대한 로지스틱 판별분석의 결과

```
Coefficients:
                Estimate    Std.Error    z value    Pr(>|z|)
(Intercept)     -25.9382    11.4871      -2.258     0.0239*
x1.Income         0.1109     0.0543       2.042     0.0412*
x2.Lotsize        0.9638     0.4628       2.083     0.0373*
......................................
Signif. codes: 0 '***' 0.001 '**' 0.01 '*' 0.05 '.' 0.1 ' ' 1
```

[R-코드 6.9.1] 예초기 자료에 대한 로지스틱 판별분석(ridingmower-LogisticDA.R)

```
library(DAAG)
setwd("c:/R과 함께하는 다변량자료분석/R_code_data")
ridingmower<-read.table("ridingmower.txt", header=T)
attach(ridingmower)
```

```
z=ridingmower[, 2:3]
group=as.numeric(ridingmower$pop<=1)
ridingmower=data.frame(z, pop=group)

rdm.glm=glm(pop~x1.Income + x2.Lotsize, family=binomial, data=ridingmower)
summary(rdm.glm)

# Logistic DA based on the fitted Logistic discriminant fuction
logit=-25.9382+0.1109*x1.Income+0.9638*x2.Lotsize
cluster=as.numeric(logit>0)
data.frame(ridingmower, logit, cluster)
confusion=table(pop, cluster) # Confusion Table
APER=(sum(diag(prop.table(confusion))))*100
list(confusion, APER)

# Confusion Table : Cross-Validation method
rdm.CV=CVbinary(rdm.glm)
names(rdm.CV)
CVt=table(pop, round(rdm.CV$cv))
EAER=(sum(diag(prop.table(CVt))))*100
list(CVt,EAER)

# Confusion Table : Resubstitution method
Rt=table(pop, round(rdm.CV$internal))
APER=(sum(diag(prop.table(Rt))))*100
list(Rt, APER)
```

[보기 6.9.2] 혈장 내의 적혈구 침전률 자료의 로지스틱 판별분석

EXAMPLE

혈장 내의 적혈구 침전율은 혈장 속의 어떤 단백질 수준이 증가함에 따라 증가하게 된다. 예를 들면, 류마티즘 질환이나 만성 또는 악성 질환이 있으면 적혈구 침전율이 증가한다. 이러한 특성은 혈액을 이용한 검사법에서 매우 유용하다. [자료 6.9.1](blood.txt)은 정광모와 최용석(2003)에서 인용하였으며, 혈장 응고 작용을 하는 두 가지 종류의 단백질인 피보리노겐과 글로불린을 측정하였다. 적혈구 침전율이 20 미만이면 반응을 0으로, 20 이상이면 1로 나타내었다. 반응값 0은 건강한 상태이고 1의 경우는 건강하지 않은 상태이다. 이에 따라 두 군집을 건강(반응=0)과 비건강(반응=1)으로 나누고 자료가 정규성과 군집의 공분산행렬의 동질성 검토를 통해 기존의 판별분석을 적용하고 두 군집을 나타내는 이항반응에 대한 로지스틱판별분석의 결과를 함께 비교하고자 한다. 이를 위한 [R-코드 6.9.2](blood-LogisticDA-QDA.R)를 수행하여 필요한 일부 결과를 [결과 6.9.2]

에 요약·정리 하였다.

| 자료 6.9.1 | 적혈구 자료(blood.txt)

일련번호	피보린 fibrin	글루빈 globul	반응 respon
1	2.52	38	0
2	2.56	31	0
3	2.19	33	0
4	2.18	31	0
5	3.41	37	0
6	2.46	36	0
7	3.22	38	0
8	2.21	37	0
9	3.15	39	0
10	2.60	41	0
11	2.29	36	0
12	2.35	29	0
13	5.06	37	1
14	3.34	32	1
15	2.38	37	1
16	3.15	36	0
17	3.53	46	1
18	2.68	34	0
19	2.60	38	0
20	2.23	37	0
21	2.88	30	0
22	2.65	46	0
23	2.09	44	1
24	2.28	36	0
25	2.67	39	0
26	2.29	31	0
27	2.15	31	0
28	2.54	28	0
29	3.93	32	1
30	3.34	30	0
31	2.99	36	0
32	3.32	35	0

- [결과 6.9.2]의 1)과 2)에서는 적혈구 침전률에 따른 건강한 군집(반응=0)과 건강하지 못한 군집(반응=1) 각각 다변량 정규성이 만족되며 공분산행렬의 동질성은 만족되지

않아 이차판별분석을 실시하였다.

- 이차판별분석에서 교차타당성방법(CVM)에 따르면 분류표는 개체들의 원래 군집에서 분류가 잘못된 것이 총 6개(4+2)가 있고 오분류율 $EAER_2 = 18.75\%$이다.

		이차판별함수에 의한 CVM의 분류군집		
		건강	비건강	합계
군집	건강	22	4	26
	비건강	2	4	6

- 이차판별분석의 재대입법(RSM)은 오분류가 4개(3+1)로 CVM보다는 낮은 오분류율 $APER_2 = 12.50\%$를 보여준다.

		이차판별함수에 의한 RSM의 분류군집		
		건강	비건강	합계
군집	건강	23	3	26
	비건강	1	5	6

- [결과 6.9.2]의 3)과 4)에서는 적합된 다중로지스틱 판별함수을 제공하는데 3)에서 두 가지 설명변수 fibrin, globul 중 globul이 모형에서 유의하지 않아 4)에서 설명변수가 하나인 다음의 단순로지스틱 판별함수를 추정할 수 있다.

$$\text{logit}[\hat{\pi}_x] = -6.8451 + 0.1109 \times \text{fibrin}$$

- [표 6.9.1]의 로지스틱 판별함수의 분류규칙에 따라 비건강(반응=1) 군집의 6개 개체 모두 오분류되어 살펴보면 다음과 같다. 이는 재대입법으로 처리한 것으로 오분류율은 18.75%이다.

개체	피보린(fibrin)	군집	$\text{logit}[\hat{\pi}_x]$	분류군집
13	5.06	1	-6.283946	0
14	3.34	1	-6.474694	0
15	2.38	1	-6.581158	0
17	3.53	1	-6.453623	0
23	2.09	1	-6.613319	0
29	3.93	1	-6.409263	0

- 로지스틱 판별함수에 의한 교차타당성방법(CVM)에 따르면 분류표는 개체들의 원래

군집에서 의한 분류가 잘못된 것이 2개가 있고 오분류율 $EAER_2 = 12.50\%$이다.

		로지스틱판별함수에 의한 CVM의 분류군집		
		건강	비소유	
군집	건강	26	0	26
	비건강	4	2	6

• 재대입법(RSM)도 CVM과 동일하게 분류가 되었고 오분류가 2개 있어 오분류율 $APER_2 = 12.50\%$이다.

[결과 6.9.2] 적혈구 자료에 대한 이차판별분석과 로지스틱 판별분석의 결과

1) Mardia's Multivariate Normality Test

```
data : c1[, 1:2]

g1p            : 0.370934
chi.skew       : 0.370934
p.value.skew   : 0.9847867

g2p            : 4.469457
z.kurtosis     : -1.081003
p.value.kurt   : 0.2796956

chi.small.skew  : 0.7789615
p.value.small   : 0.9412461

Result          : Data are multivariate normal.
```

Mardia's Multivariate Normality Test

```
data : c2[, 1:2]

g1p            : 0.5455098
chi.skew       : 2.363876
p.value.skew   : 0.6691651

g2p            : 6.380226
z.kurtosis     : -1.032408
p.value.kurt   : 0.3018812

chi.small.skew  : 2.847561
p.value.small   : 0.5836511

Result          : Data are multivariate normal.
```

Signif. codes: 0 '***' 0.001 '**' 0.01 '*' 0.05 '.' 0.1 ' ' 1

2) Box's M-test for Homogeneity of Covariance Matrices

data: z

Chi-Sq (approx.) = 11.5393, df = 3, p-value = 0.00914

3) Coefficients:

	Estimate	Std.Error	z value	Pr(>|z|)
(Intercept)	-12.7921	5.7963	-2.207	0.0273*
fibrin	1.9104	0.9710	1.967	0.0491*
globul	0.1558	0.1195	1.303	0.1925

....

Signif. codes: 0 '***' 0.001 '**' 0.01 '*' 0.05 '.' 0.1

4) Coefficients:

	Estimate	Std.Error	z value	Pr(>|z|)
(Intercept)	-6.8451	2.7703	-2.471	0.0135*
fibrin	1.8271	0.9009	2 028	0.0425*

…………………………………

Signif. codes: 0 '***' 0.001 '**' 0.01 '*' 0.05 '.' 0.1 ' ' 1

[R-코드 6.9.2] 적혈구 자료에 대한 이차 및 로지스틱 판별분석 (blood-LogisticDA-QDA.R)

```
# Logisitic DA for two groups(건강=0, 비건강=1 )
# on two variables(피보리노겐, 글루블린)
library(DAAG)
library(MVN)
library(biotools)

blood<-read.table("blood.txt", header=T)
attach(blood)
z=blood[, 1:2]
#group=as.numeric(blood[, 3])

# MVN tests based on the Skewness and Kurtosis Ststistics
c1=blood[respon==1,]
c2=blood[respon==0,]
mardiaTest(c1[,1:2])
mardiaTest(c2[,1:2])

#Box's M-Test for Equlaity of Covariance Matrices
boxM(z, respon)

# Quadratic DA: CVM
QDA=qda(respon~., data=blood, prior=c(1,1)/2, CV=TRUE)
# Confusion Table
confusion=table(blood$respon, QDA$class)
# Expected actual error rate : EAER
EAER=(1-sum(diag(prop.table(confusion))))*100
list(confusion, EAER)

# Quadratic DA : RSM
QDA=qda(respon~., data=blood, prior=c(1,1)/2)
qcluster=predict(QDA, blood)$class
confusion=table(respon, qcluster)
APER=(1-mean(respon==qcluster))*100
```

```
list(confusion, APER)

# Logistic DA
blood.glm=glm(respon~., family=binomial, data=blood)
summary(blood.glm)

blood.glm=glm(respon~fibrin, family=binomial, data=blood)
summary(blood.glm)

# Confusion Table : Cross-Validation method
blood.CV=CVbinary(blood.glm)
CVt=table(respon, round(blood.CV$cv))
EAER=(1-mean(respon==round(blood.CV$cv)))*100
list(CVt, EAER)

# Confusion Table : Resubstitution method
Rt=table(respon, round(blood.CV$internal))
APER=(1-mean(respon==round(blood.CV$internal)))*100
list(Rt, APER)
```

6.10 분류나무

지금까지 살펴본 판별분석에서 판별함수에 의한 분류와 전혀 다른 관점에서의 분류나무(classification trees) 또는 의사결정나무(decision trees)가 있다. 이는 범주형변수와 연속형변수 모두 사용이 가능하며 시각적으로 뿌리(root), 마디(node)와 가지(branch)를 가진 나무구조로 개체들의 분류를 시도하므로 이해하기가 쉽다. 더군다나 보통의 판별분석과 같이 개체들의 분류도 제공하면서 이와 같은 분류가 개별 변수별로 어떤 관점에서 결정 되었는지에 대한 근거를 제시한다. 이를 위한 알고리즘으로 CART(classification and regression trees), CHAID(Chi-squared automatic interaction detection), C4.5가 있다. 이들은 오늘날 데이터마이닝(data mining)과 관련하여 매우 널리 사용되고 있으며 이 절에서는 CART에 초점을 맞추어 그 알고리즘을 설명하고 한다.

일반적으로 분류나무는 마디(node), 가지(branch), 깊이(depth)를 가지는 데 마디에는 뿌리(root)에서 시작해서 끝(terminal)이 있으며 중간(internal)에는 부모(parent)와 자식(child) 마디를 가지고 있다. 일반적으로 끝마디는 더 이상 분리되지 않는 마디로 모든 군집의 각 개체가 끝마디들 중의 하나에 분류되며 하나의 군집으로 표시된다. 이들에 대한 보다 자세한 정의를 [표 6.10.1]과 같이 요약하기로 하자.

[표 6.10.1] 분류나무의 이해

- 뿌리마디: 분류나무의 가장 꼭대기에 위치하며 유일한 시작 지점으로 모든 군집들의 총 개체들로 이루어져 있다.
- 마디: 변수들의 일부로 이루어진 부분집합으로 끝마디와 중간마디가 있다.
- 부모마디: 중간마디로 두 자식마디로 분리(이항 분리)되는 마디다.
- 가지: 뿌리마디에서 끝마디까지의 일련의 마디를 나타낸다.
- 깊이: 하나의 가지의 마디의 개수를 나타낸다.

이러한 분류나무의 형성 단계에는 크게 성장, 가지치기, 타당성평가 및 예측 등 크게 5단계로 나누어지며 [표 6.10.2]에 구체적으로 요약 정리해두었다.

[표 6.10.2] 분류나무의 형성 단계

[1단계] 성장(growing): 각 마디에서 최적의 분리기준(splitting rule)과 정지기준 (stoping rule)을 선택한다.
[2단계] 가지치기(pruning): 부적절하거나 불필요한 가지를 제거한다.
[3단계] 타당성 평가: 분류표(confusion table)를 이용 오분류율에 의해서 평가한다.
[4단계] 해석: 분류나무를 통한 최종 분류된 군집의 특성을 파악한다.
[5단계] 예측: 새로운 개체나 교차타당성방법에 의한 분류를 분류나무에 적용하여 군집을 예측하거나 평균잔차제곱으로 분류나무를 평가한다.

여기서 가장 중요한 것은 모든 변수에 대해 가장 적합한 분리를 시도하기 위한 분리기준이 필요하다. 이는 분리의 적합을 측정하는 지수로 대표적으로 엔트로피지수(Entropy index)와 지니지수(Gini index)가 있으며 이는 마디의 불순도(impurity)를 나타낸다 (Lzenman, 2008, Chapter 9; Hardle와 Simar, 2007, 18.5절; 허명회, 2014, 18장). 이러한 지수를 분리기준지수 또는 불순도지수라 하자.

먼저 개체 수가 각각 n_1, n_2, ..., n_g인 $g\,(>2\,)$개의 군집 C_1, C_2 , ..., C_g을 고려하자. 각 군집의 총 개체 $n = n_1 + \cdots + n_g$가 특정한 군집 C_k에 속할 군집 확률을

$$\pi_k = \frac{n_k}{n},\ k = 1,\ \ldots,\ g$$

로 정의하자. 이번에는 $n_k(t)$를 마디 t에서 군집 C_k에 속할 개체 수라고 하면 $n(t) =$

$\sum_{k=1}^{g} n_k(t)$는 마디 t에서 개체 수가 된다. 특히, 군집 C_k의 한 개체가 마디 t로 떨어질 경우의 빈도는 다음과 같이 된다.

$$p(k,\ t) = \pi_k \frac{n_k(t)}{n_k}$$

따라서 마디 t에서 개체의 비율은 $p(t) = \sum_{k=1}^{g} p(k,\ t)$로 마디 t에서 하나의 개체가 군집 C_k에 속할 조건부 확률은 다음과 같다.

$$p(k|t) = \frac{p(k,\ t)}{p(t)} = \frac{n_k(t)}{n(t)} \tag{6.10.1}$$

주어진 마디 t에서 군집의 동질성의 정도를 불순도(impurity)라 하며 이는 (6.10.1)로 마디불순도함수(node impurity function)

$$i(t) = \psi(p(1|t),\ \ldots,\ p(g|t)) \tag{6.10.2}$$

를 정의하자. 여기서 $\psi(t)$는 $(p_1,\ \ldots,\ p_g) \in [0,\ 1]^g$에서 정의되는 대칭함수이고 $\sum_{k=1}^{g} p_k = 1$을 만족하고 $(1,\ 0,\ \ldots,\ 0)$, $(0,\ 1,\ \ldots,\ 0)$, $\ldots$, $(0,\ 0,\ \ldots,\ 1)$에서 최솟값이 되며, $\left(\frac{1}{k},\ \frac{1}{k},\ \ldots,\ \frac{1}{k}\right)$에서 최댓값이 되는 함수이다. 특히, 군집이 두 개인 경우 $g = 2$로 $\psi(p)$는 $\psi(0) = \psi(1) = 0$이 되며 $p = 1/2$에서 최대가 된다.

(6.10.2)를 만족하는 함수 중 하나는 지니지수(Gini index)

$$i(t) = \sum_{k=1}^{g} p(k|t)[1 - p(k|t)] = 1 - \sum_{k=1}^{g} p^2(k|t) \tag{6.10.3}$$

이다. 이 지니지수는 (6.10.2)에서 $p(k|t) = p_k$인 $i(t) = \psi(p_1,\ \ldots,\ p_g)$인 경우로, 군집이 두 개인 $g = 2$인 경우에 지니지수는 $p = p(1|t)$일 때 $i(t) = 2p(1-p)$가 된다.

다음으로 엔트로피지수(Entropy index)

$$i(t) = -\sum_{k=1}^{g} p(k|t)\log p(k|t) \tag{6.10.4}$$

이다. 이는 군집이 두 개인 $g = 2$인 경우 엔트로피지수는 $p = p(1|t)$일 때 다음과 같이 된다.

$$i(t) = -p\log p - (1-p)\log(1-p) \quad (6.10.5)$$

일반적으로 해당 마디의 불순도 지수들의 감소가 작은 경우 마디의 분리를 멈추게 된다.

[표 6.10.3]에는 반응변수 Y가 1또는 0을 나타내는 자료에서 특정변수 X_j가 임의 값 c에 대해 $X_j \le c$와 $X_j > c$에 따라 분리가 되는 경우를 나타내는 분류표이다.

[표 6.10.3] 변수 X_j에서 분리를 위한 분류표

	1	0	행의 합
$X_j \le c$	n_{11}	n_{12}	n_{1+}
$X_j > c$	n_{21}	n_{22}	n_{2+}
열의 합	n_{+1}	n_{+2}	n_{++}

부모마디 t에서 엔트로피지수 (6.10.5)를 불순도 측도로 사용하다고 하면 p의 추정치 $\hat{p} = n_{+1}/n_{++}$을 사용하면 $1-\hat{p} = n_{+2}/n_{++}$로 추정된 불순도 지수는 다음과 같다.

$$i(t) = -\left(\frac{n_{+1}}{n_{++}}\right)\log\left(\frac{n_{+1}}{n_{++}}\right) - \left(\frac{n_{+2}}{n_{++}}\right)\log\left(\frac{n_{+2}}{n_{++}}\right)$$

분류나무에서 임의의 부모마디 t에서 두 자식마디 t_L과 t_R로 분리는 $X_j \le c$에 대해 t_L로 $X_j > c$에 대해 t_R로 되었다고 하자. 그러면 개체가 t_L쪽 또는 t_R쪽으로 떨어질 확률을 각각 p_L과 $p_R = 1 - p_L$이라고 하면 이들의 추정치는 $X_j \le c$에 대해 $\hat{p}_L = n_{11}/n_{1+}$과 $\hat{p}_R = n_{12}/n_{1+}$를 얻고 $X_j > c$에 대해 추정치 $\hat{p}_L = n_{21}/n_{2+}$와 $\hat{p}_R = n_{22}/n_{2+}$를 얻게 된다. 따라서 다음과 같다.

$$i(t_L) = -\left(\frac{n_{11}}{n_{1+}}\right)\log\left(\frac{n_{11}}{n_{1+}}\right) - \left(\frac{n_{12}}{n_{1+}}\right)\log\left(\frac{n_{12}}{n_{1+}}\right)$$
$$i(t_R) = -\left(\frac{n_{21}}{n_{2+}}\right)\log\left(\frac{n_{21}}{n_{2+}}\right) - \left(\frac{n_{22}}{n_{2+}}\right)\log\left(\frac{n_{22}}{n_{2+}}\right)$$

만약에 마디 t에서 특정 변수 X_j에 대해 분리가 s에서 두 자식마디 t_L과 t_R로 일어났다면 이 분리의 질적측도인 분리적합도(goodness of split)를 다음과 같이 정의하자.

$$sp(s,\ t) = i(t) - p_L i(t_L) - p_R i(t_R) \quad (6.10.6)$$

특정 변수 X_j에 대한 최상의 분리(best split)는 (6.10.6)을 가장 최대화하는 최적 분리

s를 찾는 것이다. 이는 (6.10.6)의 우편의 항 $p_L i(t_L) + p_R i(t_R)$을 최소화하는 최적 분리 s를 찾는 것과 수리적으로 동일하다.

다음으로 몇 가지 보기를 통해 분류나무의 적용과 해석에 대하여 살펴보자. 실제로 분류나무를 위한 R 함수는 library(tree)의 tree(), library(party)의 ctree() 그리고 library(rpart)의 rpart() 함수가 있으나 그 기능은 비슷하며 이 절에서는 Breiman 외(1984)의 내용을 가장 많이 수용하고 최근 개발된 rpart() 함수를 활용하자. rpart() 함수에 의해서 제공되는 분류나무에는 각 마디마다 군집의 개체 수에 대한 정분류를 나타내는 정보를 제공하는 장점이 있다. 실제로 맨 마지막에 있는 끝마디로 분류의 정도를 평가하면 된다.

[보기 6.10.1] 세 종류 붓꽃 자료의 분류나무

EXAMPLE

각각 50포기씩 세 종류의 붓꽃(setosa, versicolor, virginica)의 꽃받침 길이(Sepal.Length), 꽃받침 폭(Sepal.Width), 꽃잎 길이(Petal.Length), 꽃잎 폭(Petal.Width)을 측정한 붓꽃자료에 대해 [보기 6.5.1], [보기 6.6.1], [보기 6.6.2]에서 판별분석을 살펴보았다. 이 자료에 대해 분리기준지수로 디폴트로 주어진 지니지수를 사용한 [R-코드 6.10.1](iris-CART.R)를 수행하여 얻어진 분류나무가 [그림 6.10.1]에 있다. [표 6.10.2] 분류나무의 형성 단계에 따라 결과를 요약해보자.

[1단계] 성장

- R의 rpart() 함수의 디폴트로 주어지는 분리기준지수로 지니지수를 사용
- 엔트로피지수를 활용하기 위해선 추가적으로 옵션 parms=list(split="information")을 사용하면 된다.
- 엔트로피지수는 지니지수와 동일한 결과를 제공한다.

[2단계] 가지치기

- [그림 6.10.1]의 분류나무는 끝마디가 붓꽃 세 그룹의 분류를 잘 나타내고 있어 가지치기를 시도하지 않았다.

[3단계] 타당성 평가

- 오분류가 총 6(=1+5)로 오분류율은 $6/150 \times 100\% = 4\%$이다. 실제 분류나무에 의한 분류표는 다음과 같다. 이는 [보기 6.5.1]과 [보기 6.6.1]의 이차판별함수에 의한 판별분석에서 재대입법의 오분류율 2%와 [보기 6.6.2]의 교차타당성방법 2.67%보다

더 높음을 알 수 있다.

		분류나무에 의한 분류군집			
		setosa	versicolor	virginica	합계
군집	setosa	50	0	0	50
	versicolor	0	49	1	50
	virginica	0	5	45	50

[4단계] 해석

- 붓꽃 세 종류의 군집에 대해 총 150 개체(50/50/50)가 뿌리마디에서 최적분리기준 Petal.Length<2.45에 대해 자식마디 두 가지인 setosa와 나머지로 나누어진다. 그 결과(50/0/0)는 setosa 군집의 50개 개체 모두가 이 군집으로 잘 분류되었음을 나타내고 있다.
- 분리기준 Petal.Width<1.75에 의해서 자식마디 군집 versicolor과 virginica로 나누어진다. 군집 versicolor(0/49/5)와 virginica(0/1/45)는 먼저 versicolor 50개 개체 중 49개가 정분류되었고 1개가 virginica로 오분류되었으며, virginica 50개 개체는 45개가 이 군집으로 정분류되었고 5개는 versicolor로 오분류되었음을 보여준다.

[5단계] 예측

- 분류나무의 예측평가는 [R-코드 6.10.1]에서 재대입법은 # RSM: mean squared error 이하에서 교차타당성방법은 # CVM: mean squared error 이하에서 제공되는 평균잔차제곱에 의해서 이루어지며 이 값이 작을수록 예측이 잘된 분류나무로 여길 수 있다.
- 분류나무의 예측평가를 위해 원자료를 가지고 분류나무의 적합과 분류평가에 모두 사용한 결과 평균잔차제곱이 3.642였다. 이는 재대입법으로 볼 수 있다.
- 교차타당성방법에 의해 전체 자료 중 70%를 훈련표본과 30%를 검사표본으로 나누어 구한 평균잔차제곱은 3.649로 재대입법의 결과랑 비슷하다.
- R에서 표본은 library(caret)의 함수 createDataPartition()을 활용하여 훈련표본과 검사표본으로 나눌 수 있다.

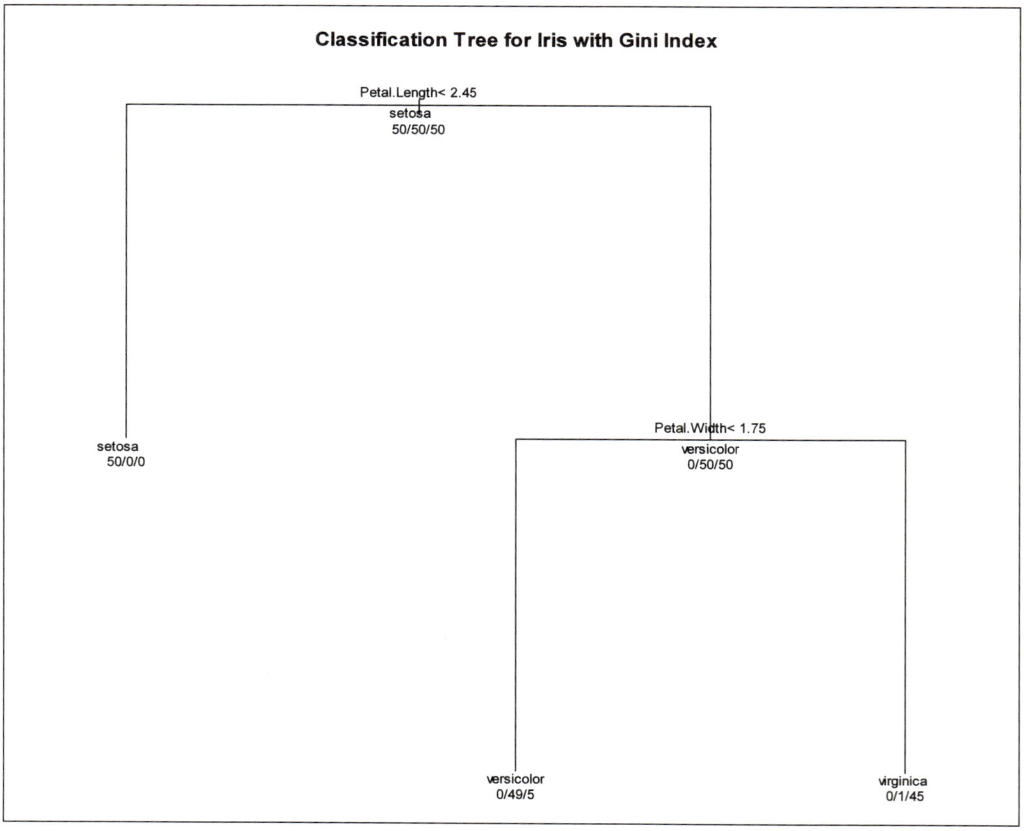

[그림 6.10.1] 세 종류 붓꽃(setosa, versicolor, virginica) 자료에 대한 분류나무

[R-코드 6.10.1] 세 종류 붓꽃 자료의 분류나무(iris-CART.R)

```
l# Classification Tree with rpart for Iris
library(rpart)
# Iris flower data : setosa, versicolor, virginica
data(iris)
attach(iris)

# grow tree
fit=rpart(Species~., data=iris, method="class")
fit
printcp(fit) # display the results
summary(fit) # detailed summary of splits
# RSM : mean squared error
error=as.numeric(Species)-predict(fit)
MSE.RSM=mean(error*error)
```

```
# plot tree
plot(fit, uniform=TRUE, main="Classification Tree for Iris with Gini Index")
text(fit, use.n=TRUE, all=TRUE, cex=.8)

# Confusion Table
ct=predict(fit, type="class")
table(Species, ct)

# CVM :  mean squared error
library(caret)
set.seed(1000) #reproducability setting
subsample<-createDataPartition(y=iris$Species, p=0.7, list=FALSE)
iris.train<-iris[subsample, ]
iris.test<-iris[-subsample, ]
# grow tree
testfit=rpart(Species~., data=iris.train, method="class")
error=as.numeric(iris.test$Species)-predict(testfit, newdata=iris.test)
MSE.CV=mean(error*error)
list(MSE.RSM, MSE.CV)
```

[보기 6.10.2] 세 종류 와인 자료의 분류나무

EXAMPLE

이탈리아의 같은 지역에서 3가지 다른 품종의 총 178(=59+71+48)가지 와인의 화학 분석한 자료(library(HDclassif), data(wine))로 분석에 사용된 13가지 변수는 V1=알코올, V2=사과산, V3=화산재, V4=화산재의 알칼리성분, V5=마그네슘, V6=총 페놀, V7=플라바노이드, V8=비플라바노이드페놀, V9=프로안토사이아닌, V10=색의 농도, V11=색상, V12=희석와인의 OD280/OD315, V13=프롤린이다. 이 자료에 대해 [보기 6.5.2]와 [보기 6.6.1]에서 이차선형함수에 의한 판별분석을 살펴보았다. 여기서는 두 가지 분리기준지수를 각각 사용한 [R-코드 6.10.2](wine-CART.R)를 수행하여 얻어진 분류나무가 [그림 6.10.2]에 있다. [표 6.10.2] 분류나무의 형성 단계에 따라 결과를 요약해보자.

[1단계] 성장

- R의 rpart() 함수의 디폴트로 주어지는 분리기준지수로 지니지수와 엔트로피지수를 활용(parms=list(split="information"))하여 분류나무 [그림 6.10.2]의 (a)와 (b)를 성장시켰다.
- 특히, 분류나무 성장에 (a)에서는 뿌리마디로부터 V13(프롤린), V7(플라바노이드),

V12(희석와인의 OD280/OD315), V11(색상)이 주요 분리기준 변수로 사용되었다.

- (b)에서는 V7(플라바노이드), V13(프롤린), V10(색의 농도) 세 변수만 주요 분리기준 변수로 사용되었다.
- 분류나무의 특성상 자료에서 변수가 많다 보니 분리기준 지수에 따라서 뿌리마디에서 분류기준변수가 달라지며 전체적으로 (a)와 (b)의 분류나무 형태가 달라져 있다.

[2단계] 가지치기

- 분류나무 [그림 6.10.2]에는 끝마디가 와인 세 그룹의 분류를 잘 나타내고 있어 가지치기를 시도하지 않고 이를 바탕으로 [3단계] ~ [5단계]를 수행한다.

[3단계] 타당성 평가

- 지니지수에 의한 분류나무의 오분류는 분류표에서 총 11(=2+5+4)개로 오분류율은 $11/178 \times 100\% = 6.18\%$이다. 이는 [보기 6.5.2]와 [보기 6.6.1]의 이차판별함수에 의한 판별분석에서 재대입법의 오분류율 0.56%보다는 매우 높음을 알 수 있다.

		지니지수에 의한 분류나무의 분류군집			
		1	2	3	합계
군집	1	57	2	0	59
	2	2	66	3	71
	3	0	4	44	48

- 엔트로피지수에 의한 분류나무의 오분류는 분류표에서 총 6(=1+5)개로 오분류율은 $6/178 \times 100\% = 3.37\%$이다. 이는 여전히 이차판별함수에 의한 오분류율보다는 높지만 지니지수에 의한 오분류율 보다는 1.8배 낮다. 군집 3의 오분류는 0으로 지니지수에 의한 오분류 4개에 비해 낮아 이는 엔트로피지수에서 새롭게 선택된 분리기 준 V10(색의 농도)<3.826에 의해서 충실히 군집 3이 잘 분류되었음을 보여준다. 이는 분류나무 [그림 6.10.2]의 (b)에서 확인 가능하다.

		엔트로피지수에 의한 분류나무의 분류군집			
		1	2	3	합계
군집	1	58	1	0	59
	2	4	66	1	71
	3	0	0	48	48

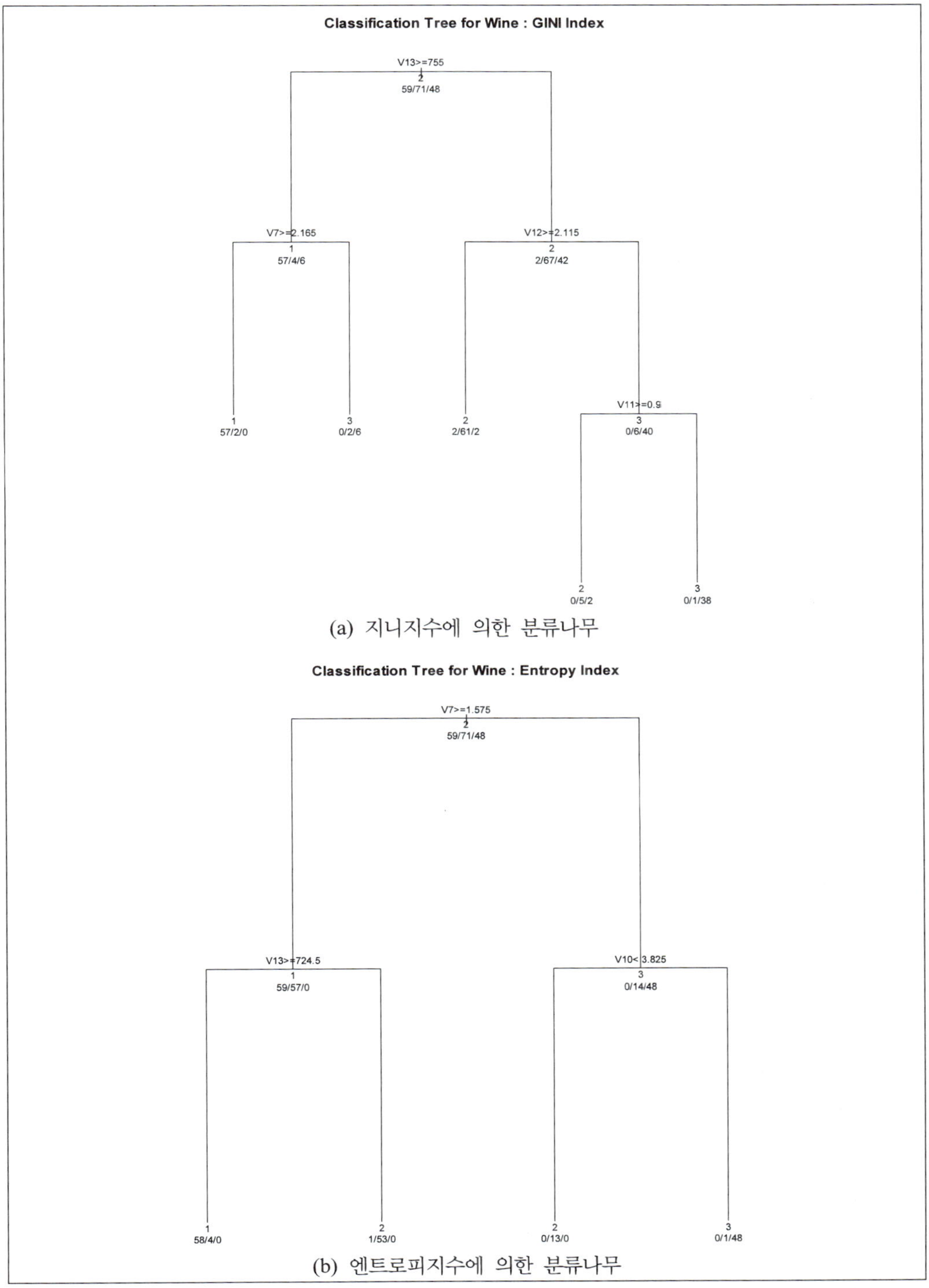

(a) 지니지수에 의한 분류나무

(b) 엔트로피지수에 의한 분류나무

[그림 6.10.2] 세 종류 와인(1, 2, 3) 자료에 대한 분류나무: (a) 지니지수 (b) 엔트로피지수

[4단계] 해석

- 엔트로피지수에 의한 분류나무 (b)에 의한 해석을 하기로 하자. 와인 종류의 군집에 대해 총 178개체(59/71/48)가 뿌리마디에서 최적분리기준 $V7 \geq 1.575$에 대해 자식마디 두 가지인 군집1과 군집3로 나누어진다. 그 결과 (59/57/0)와 (0/14/48)은 각각 군집1과 군집3의 59개와 48개 개체는 모두가 각 군집으로 잘 분류되었고 다만 군집2는 71개 중 57개가 군집1로 14개가 군집3으로 분류되었음을 의미한다.
- 분리기준 $V13 \geq 724.5$에 의해서 (59/57/0)는 자식마디 군집1(58/4/0)과 군집2(1/53/0)로 나누어지고 $V10 < 3.825$에 의해서 (0/14/48)는 군집2(0/13/0)와 군집3(0/1/48)로 최종 끝마디로 분류되었다.
- (59/57/0)에서 군집1(58/4/0)과 군집2(1/53/0)의 분류에서는 군집1의 59개 개체가 1개 군집2로 오분류되었다.
- (0/14/48)에서 군집2(0/13/0)와 군집3(0/1/48)의 분류에서는 군집2의 개체 14개중 1개가 군집3으로 오분류되었고 군집3의 총 48개 개체는 군집3으로 정분류 되었음을 보여준다.
- 전체적으로 군집1의 개체 총 59개중 58개, 군집2의 개체 총 71개 중 66(=53+13)개, 군집3의 개체 총 48개 중 전부가 군집3으로 정분류되었고 따라서 오분류는 6(=1+5)개 일어났다.

[5단계] 예측

- 지니지수와 엔트로피지수에 의한 분류나무의 적합과 분류평가에 모두 사용한 결과 지니지수의 경우에 평균잔차제 곱이 3.358였고 엔트로피지수는 3.374로 비슷한 결과를 주었다.

[R-코드 6.10.2] 세 종류 와인 자료의 분류나무(wine-DA.R)

```
# Classification Tree with rpart for Wine data
library(HDclassif)
data(wine)
attach(wine)
wine
# grow tree
fit=rpart(class~., data=wine, , method="class")
fit
printcp(fit) # display the results
```

```
summary(fit) # detailed summary of splits

# plot tree
plot(fit, uniform=TRUE, main="Classification Tree for Wine : GINI Index")
text(fit, use.n=TRUE, all=TRUE, cex=.8)

# Confusion Table
ct=predict(fit, type="class")
confusion=table(class, ct)
APER=(1-sum(diag(prop.table(confusion))))*100
error=as.numeric(class)-predict(fit)
MSE.RSM=mean(error*error)

# grow tree
fit1=rpart(class~., data=wine, , method="class", parms=list(split="information"))
fit1
printcp(fit1) # display the results
summary(fit1) # detailed summary of splits

# plot tree
plot(fit1, uniform=TRUE, main="Classification Tree for Wine : Entropy Index")
text(fit1, use.n=TRUE, all=TRUE, cex=.8)

# Confusion Table
ct1=predict(fit1, type="class")
confusion1=table(class, ct1)
APER1=(1-sum(diag(prop.table(confusion1))))*100

error=as.numeric(class)-predict(fit1)
MSE.RSM1=mean(error*error)
list(APER, APER1, MSE.RSM, MSE.RSM1)
```

[보기 6.10.3] 척추수술 자료의 분류나무

척추수술 후 관측되는 척추기형(Kyphosis) 여부 present와 absent의 각각 17명과 64명에 대한 임상에서 측정변수로 나이(Age, 월), 척추 시작번호(highest vertebrae operated on Start)와 척추 수(Number of vertebrae involved)로 하는 자료 data(kyphosis)를 통해 분류나무를 구하여 보자. 지니지수를 사용한 [R-코드 6.10.3](kyphosis-CART.R)를 수행하여 얻어진 분류나무가 [그림 6.10.3]의 (a)와 (b)에 있다. 특히 (b)는 가지치기한 분류나무로 이들 분류나무의 형성 단계에 따라 결과를 요약해보자.

[1단계] 성장

• R의 rpart() 함수의 디폴트로 주어지는 분리기준지수로 지니지수를 활용하여 분류나무 [그림 6.10.3]의 (a)를 형성시켰다.

• 특히, 분류나무 성장에 (a)에서는 뿌리마디로부터 Start ≥ 8.5, Start ≥ 14.5, Age < 55, Age ≥ 111이 주요 분리기준 변수로 사용되었다.

[2단계] 가지치기

• [그림 6.10.3]의 (b)는 (a)의 가지치기를 한 분류나무이다.

• 만약에 가지치기를 통해 분류나무의 크기를 조정하기 위해선 [R-코드 6.10.3]의 # prune Tree 이하를 참조하자. 함수 fit=rpart()에 의해서 추정된 분류나무로 printcp(fit)가 제공하는 정보로 교차타당성오차(cross-valued error)를 나타내는 열 xerro에서 최솟값에 해당하는 cp(complexity parameter)를 활용하여 가지치기 함수 prune(fit, cp=)을 결정한다.

• [그림 6.10.3]의 분류나무 (a)에서 다음과 같은 printcp(fit)의 정보의 열 xerro에서 최솟값 0.94118에 대응하는 cp에 의해 prune(fit, cp=0.019608)로 가지치기를 한 [그림 6.10.3]의 분류나무 (b)를 얻는다.

	CP	nsplit	rel error	xerror	xstd
1	0.176471	0	1.00000	1.00000	0.21559
2	0.019608	1	0.82353	0.94118	0.21078
3	0.010000	4	0.76471	1.00000	0.21559

• 참고: R-코드에서 cp 값을 자동으로 정하는 방법으로 함수 prune(fit, cp=)에 다음을 대체하면 된다.

```
cp=fit$cptable[which.min(fit$cptable[, "xerror"]), "CP"]
```

[3단계] 타당성 평가

• 지니지수에 의한 분류나무의 오분류는 분류표에서 총 13(=11+2)개로, 오분류율은 $13/81 \times 100\% = 16.05\%$ 이다.

		지니지수에 의한 분류나무의 분류군집		
		absent	present	합계
군집	absent	53	11	64
	present	2	15	17

- 가지치기 한 분류나무의 오분류는 분류표에서 총 14(=8+6)개로, 오분류율은 $14/81 \times 100\% = 17.28\%$로 가지치기 전에 비해 오분류가 1개 더 발생하였다. 다만 가지치기 하고 나서 present의 실제 17개체보다 과소 예측된 11개로 가지치기 전 보다 4개 정도 덜 예측되었다.

		가지치기한 분류나무의 분류군집		
		absent	present	합계
군집	absent	56	8	64
	present	6	11	17

[4단계] 해석

- 지니지수에 의한 분류나무 (a)의 분류결과는 [3단계] 타당성 평가에서 이미 척추기형이 없는 64개체 중 11개가 오분류 되었고 척추기형이 있는 17개체 중 2개가 오분류 되었음을 보여 주었다.
- 두 군집 absent와 present에 대해 총 81개체(64/17)가 뿌리마디에서 최적분리기준 Start $\geq$ 8.5에 대해 자식마디에서 두 가지인 군집으로 나누어진다. 기준이 만족되지 않으면 척추기형은 presnt 군집으로 만족이 되면 absent 그룹으로 분류된다.
- 기준 Start $\geq$ 14.5을 만족하면 척추기형은 absent 군집으로 븐류되며 만족되지 않으면 다음의 분리기준 Age $<$ 55로 넘어간다.
- 분리기준 Age $<$ 55을 만족하면 absent 군집으로 분류되며 만족되지 않으면 다음의 기준 Age $\geq$ 111에 의해서 이 기준이 만족되면 척추기형은 absent 군집으로 분류되며 만족되지 않으면 presnt 군집으로 최종 분류된다.

[5단계] 예측

- 지니지수에 의한 분류나무와 가지치기한 분류나무의 적합과 분류평가에 모두 사용한 결과 평균잔차제곱이 0.820이었다.

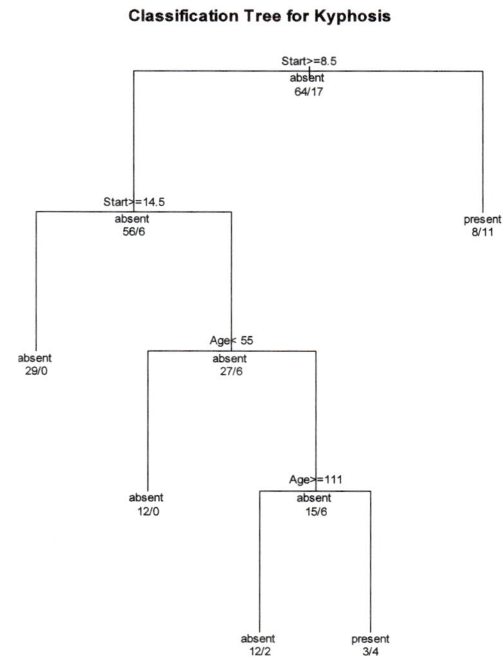

(a) 지니지수에 의한 분류나무

(b) 가지치기한 분류나무

[그림 6.10.3] 척추수술 자료에 대한 분류나무: (a) 지니지수 (b) 가지치기

[R-코드 6.10.3] 척추수술 자료의 분류나무와 가지치기(kyphosis-CRAT.R)

```
# Classification Tree with rpart for kyphosis data
library(rpart)
data(kyphosis)
attach(kyphosis)
# Grow tree
fit <- rpart(Kyphosis ~ Age + Number + Start,
    method="class", data=kyphosis)
printcp(fit) # display the results
summary(fit) # detailed summary of splits

 # Plot tree
 plot(fit, uniform=TRUE,
    main="Classification Tree for Kyphosis")
 text(fit, use.n=TRUE, all=TRUE, cex=.8)

# Confusion Table
ct=predict(fit, type="class")
confusion=table(Kyphosis, ct)
APER=(1-sum(diag(prop.table(confusion))))*100
error=as.numeric(Kyphosis)-predict(fit)
MSE.RSM=mean(error*error)
list(confusion, APER, MSE.RSM)

# Prune Tree
#subtree <- prune(fit, cp=fit$cptable[which.min(fit$cptable[,"xerror"]),"CP"])
subtree <- prune(fit,cp=0.019608)
plot(subtree, uniform=TRUE, main="Classification Tree for Kyphosis : Pruning Tree")
text(subtree, use.n=TRUE, all=TRUE, cex=.8)

# Confusion Table for Pruned Tree
ct1=predict(subtree, type="class")
confusion1=table(Kyphosis, ct1)
APER1=(1-sum(diag(prop.table(confusion1))))*100
error1=as.numeric(Kyphosis)-predict(subtree)
MSE.RSM1=mean(error*error)
list(confusion1, APER1, MSE.RSM1)
```

지금까지 살펴본 CART를 포함한 분류나무는 연속형과 범주형 자료의 분류작업이 가능하고 시각적 결과를 보여주므로 분류나 예측의 결과를 파악하기가 쉽다. 다만 연속형 자료인 경우 변수들의 값에 대한 예측력이 떨어지고 표본과 변수의 수가 많은 경우 분류나무는 매우 복잡해지고는 한다. 더군다나 같은 모집단에 얻어진 자료에 따라 분류나무의 결과는 끝마디를 제외하고 분류 기준변수가 서로 완전히 달라 안정적이지 못하다. 이는 자료에 따라 뿌리마디에서 비슷한 분류예측을 하는 서로 다른 기준변수가 있기 때문이다. 이런 문제는 배깅(bagging ; bootsrap aggregation)을 통해 다소 해결할 수 있음을 허명회(2014, 18장)는 적용사례를 통해 보여주고 있다.

특히, 분류나무는 변수들 간의 선형성, 군집의 등분산성 등에 대한 가정을 요구하지 않는 이항나무(binary tree) 형태인 분류법에 의한 비모수적인 도구로 데이터마이닝(data mining) 등에서 중요한 역할을 한다.

6.11 판별분석과 분류나무를 위한 R

R에서는 선형판별분석과 이차판별분석은 library(MASS)의 함수 lda()와 qda()를 각각 활용하면 된다. 피셔 선형판별분석은 알고리즘에 따라 FLDA=function(z, group)에 의해서 함수화한 것을 이용하고 로지스틱 판별분석은 함수 glm()과 오분류율은 library(DAAG)의 함수 CVbinary()를 활용하며 분류나무는 library(rpart)의 rpart()를 활용하면 된다. 이 절에서는 이들에 대하여 적용한 [보기]와 [R-코드]를 다시 소개하고 인용하여 요약하도록 하겠다.

- 군집의 공분산행렬의 동질성에 대해서는 6.3절에서 활용된 Tsagris(2014, 2장)의 알고리즘에 따른 [보기 6.3.2]에서 예초기 자료 대한 [R-코드 6.3.2](ridingmower-Boxtest.R)를 통해 박스 M-검정을 실시하고 있다.

[R-코드 6.3.2] 예초기 자료에 대한 공분산행렬의 동질성 검정(ridingmower-Boxtest.R)

```
# Box's test for the hypothesis test of the equality of covariance matrices
# in Riding-Mowers data.
library(MASS)
ridingmower<-read.table("ridingmower.txt", header=T)
attach(ridingmower)

# Scatter Plot
plot(ridingmower[, 2:3], pch=unclass(pop), col=1:2)

# Density function of Variables
```

```
par(mfrow=c(1,2))
ldahist(data= x1.Income, g=pop, width=30, type="density")
ldahist(data= x2.Lotsize, g=pop, width=10, type="density")

cov.Mtest=function(x,ina,a=0.05){
## x is the data set
## ina is a numeric vector indicating the groups of the data set
## a is the significance level, set to 0.05 by default
x=as.matrix(x)
p=ncol(x) ## dimension of the data set
n=nrow(x) ## total sample size
k=max(ina) ## number of groups
nu=rep(0,k) ## the sample size of each group will be stored here later
pame=rep(0,k) ## the determinant of each covariance will be stored here
## the next "for" function calculates the covariance matrix of each group
nu=as.vector(table(ina))
mat=mat1=array(dim=c(p,p,k))
for (i in 1:k) {
mat[,,i]=cov(x[ina==i,])
pame[i]=det(mat[,,i]) ## the detemirnant of each covariance matrix
mat1[,,i]=(nu[i]-1)*cov(x[ina==i,]) }
## the next 2 lines calculate the pooled covariance matrix
Sp=apply(mat1,1:2,sum)
Sp=Sp/(n-k)
for (i in 1:k)
pamela=det(Sp) ## determinant of the pooled covariance matrix
test1=sum((nu-1)*log(pamela/pame))
gama1=(2*(p^2)+3*p-1)/(6*(p+1)*(k-1))
gama2=(sum(1/(nu-1))-1/(n-k))
gama=1-gama1*gama2
test=gama*test1 ## this is the M (test statistic)
df=0.5*p*(p+1)*(k-1) ## degrees of freedom of the chi-square distribution
pvalue=1-pchisq(test,df) ## p-value of the test statistic
crit=qchisq(1-a,df) ## critical value of the chi-square distribution
list(M.test=test,degrees=df,critical=crit,p.value=pvalue) }

ina=as.numeric(ridingmower[, 1])
x=ridingmower[, 2:3]
cov.Mtest(x, ina)
```

• 군집의 다변량 정규성은 library(MVN)에서 함수 mardiaTest()를 통해 이루어진다. 함수 mardiaTest()가 R의 버전에 따라 경고 메시지('mardiaTest' is deprecated. Use 'mvn' instead.)가 뜨면 함수 mvn(data, multivariatePlot="qq")을 사용하면 된다. 만약에 다변량 정규성과 공분산 행렬의 동질성이 만족이 되면 선형판별분석을 하게 되는데 이는 library(MASS)의 함수 lda()를 활용하면 되고 [보기 6.3.3]의 예초기 자료에 대한 [R-코드 6.3.3](ridingmower-Mardiatest-LDA.R)를 활용한 다변량 정규성검정을 참고하기 바란다.

[R-코드 6.3.3] 예초기 자료의 다변량 정규성 검정과 LDA(ridingmower-Mardiatest-LDA.R)

```
# MVD test and Linear DA for two groups(owner,nonowner)
# of riding mower on two variables(x1.Income x2.Lotsize)
library(MASS)
library(MVN)
ridingmower<-read.table("ridingmower.txt", header=T)
attach(ridingmower)
ridingmower

# MVN tests based on the Skewness and Kurtosis Statistics
par(mfrow=c(1,2))
owner=ridingmower[1:12, 2:3]
nonowner=ridingmower[13:24, 2:3]
owner
nonowner
result_owner = mardiaTest(owner, qqplot = TRUE)
result_nonowner = mardiaTest(nonowner, qqplot = TRUE)
result_owner
result_nonowner

# Linear DA
LDA=lda(pop~x1.Income + x2.Lotsize, data=ridingmower)
LDA
lcluster=predict(LDA, ridingmower)$class
lct=table(pop, lcluster)
lct
# Total percent correct
mean(pop==lcluster)
```

• 다변량 정규성만 만족되는 경우 이차판별분석을 library(MASS)의 함수 qda()를 활용하면 되고 [보기 6.3.4]에서 두 종류 붓꽃자료(setosa, versicolor)에 대한 [R-코드 6.3.4](setosaversicolor-mardiaTest-QDA.R)를 참고하면 된다.

[R-코드 6.3.4] 두 종류 붓꽃 자료의 다변량 정규성 검정과 QDA (setosaversicolor-mardiaTest-QDA.R)

```
# Quadratic DA for two groups(setosa, vesicolor) on two variables(꽃받침길이,꽃받침폭)
library(MASS)
library(MVN)
setosa_versi<-read.table("setosaversicolor.txt", header=T)
attach(setosa_versi)

# MVN tests based on the Skewness and Kurtosis Statistics
par(mfrow=c(1,2))
setosa=setosa_versi[1:50, 1:2]
versicolor=setosa_versi[51:100, 1:2]
setosa
versicolor
result_setosa = mardiaTest(setosa, qqplot = TRUE)
result_versicolor = mardiaTest(versicolor, qqplot = TRUE)
result_setosa
result_versicolor

# Quadratic DA with 3 groups applying
 # resubstitution prediction and equal prior probabilities
QDA=qda(종류~꽃받침길이+꽃받침폭, data=setosa_versi, prior=c(1,1)/2)
QDA
qcluster=predict(QDA, setosa_versi)$class
qct=table(종류, qcluster)
qct
# Total percent correct
mean(종류==qcluster)
```

• 참고로 [R-코드 6.11.1](wine-QDA.R)은 [보기 6.5.2]에서는 library(HDclassif)의 세 종류 와인 총 178가지에 대한 data(wine)에 대한 이차판별분석을 진행하기 위한 함수 mardiaTest()에 의한 다변량 정규성과 함수 boxM()에 의한 공분산행렬의 동질성 검토를 포함하고 있는 [R-코드 6.5.2]를 여기서 재인용하였다.

[R-코드 6.5.2] 세 종류 와인 자료의 QDA(wine-DA.R)

```
library(HDclassif)
library("MVN")
library(biotools)
```

```
#[Step 1] Wine data : clusters 1, 2, 3
data(wine)
attach(wine)
pairs(wine[2:14], pch=21, bg=c("red", "green", "blue")[unclass(wine$class)])

#[Step 2] MVN tests based on the Skewness and Kurtosis Ststistics
c1 = wine[1:59, 2:14]
c2 = wine[60:130,2:14]
c3 = wine[131:178,2:14]
result_c1 = mardiaTest(c1, qqplot = TRUE)
result_c2 = mardiaTest(c2, qqplot = TRUE)
result_c3 = mardiaTest(c3, qqplot = TRUE)
list(result_c1,result_c2,result_c3)

#[Step 3] Box's M-Test for Equlaity of Covariance Matrices
boxM(wine[, -1], wine[, 1])
S1=cov(c1);S2=cov(c2);S3=cov(c3)
Sp=(58*S1+70*S2+47*S3)/(178-3)
list(S1, S2, S3, Sp)

#[Step 4] Quadratic DA with 3 groups applying
# resubstitution prediction and equal prior probabilities.
QDA=qda(class~., data=wine, prior=c(1,1,1)/3)
qcluster=predict(QDA, wine)$class
table(class, qcluster)

# Total percent correct
mean(class==qcluster)
```

• 다변량 정규성과는 무관하게 공분산행렬의 동질성만 확보되면 피셔의 선형판별분석 단계 [표 6.8.2]에 따른 함수화 FLDA=function(z, group)에 의해서 피셔의 선형판별 분석에 필요한 다양한 결과를 제공받게 된다. [보기 6.8.1]에서 예초기 자료에 대한 [R-코드 6.8.1](ridingmower-FiseherLDA.R)를 재인용하였다.

[R-코드 6.8.1] 예초기 자료에 대한 피셔의 선형판별분석(ridingmower-FiseherLDA.R)

```
# Fisher Linear DA for two groups(owner,nonowner)
# of riding mower on two variables(x1.Income x2.Lotsize)
library(MASS)
library(MVN)

ridingmower<-read.table("ridingmower.txt", header=T)
attach(ridingmower)
z=ridingmower[, 2:3]
group=as.numeric(ridingmower[, 1])

FLDA=function(z,group) {
k=max(group) ; n=nrow(z)
d=ncol(z) ; pred=rep(0,n)
x=z ; ina=group
xbar=colMeans(x)
S=array(dim=c(ncol(x),ncol(x),k))
B1=array(dim=c(ncol(x),ncol(x),k))
mat=matrix(rep(0,d*k),nrow=d,ncol=k)
for (i in 1:k) {
S[,,i]=(nrow(x[ina==i,])-1)*cov(x[ina==i,])
B1[,,i]=( (colMeans(x[ina==i,])-xbar)%*%t(colMeans(x[ina==i,])-xbar) )
mat[,i]=colMeans(x[ina==i,]) }
W=apply(S,1:2,sum) ## Within sum of squares
B=apply(B1,1:2,sum) ## Between sum of squares
invW=solve(W)
M=invW%*%B
eigen.M=eigen(M)
V=eigen.M$vectors
v1=V[,1]
z=as.matrix(z)
for (j in 1:n) {
w=matrix(z[j,],d,1)
like=rep(0,k)
for (m in 1:k) {
like[m]=abs(v1%*%w-v1%*%mat[,m]) }
pred[j]=which.min(like) } ## The predicted group
cluster=table(group, pred)
APER=1-mean(group==pred)
list(xbar=xbar, B=B, W=W, invW=invW, M=M, eigen=eigen(M),V=V,
table=cluster, APER=APER) }
FLDA(z, group)
```

```
# Discriminant Scores
y=z%*%v1
y
mean(y)
plot(z[, 1], y, xlab="X1.Income", ylab="제1판별변수" )
text(z[, 1], y, labels=group, cex=0.8, col=2, pos=1)
```

• 로지스틱 판별분석을 적용하기 위해서 R의 함수 glm()을 활용하며 그 결과를 이용하여 로지스틱 판별함수의 오분류는 library(DAAG)의 CVbinary() 함수를 활용하면 되고 [보기 6.9.1]의 예초기 자료에 대한 [R-코드 6.9.1](ridingmower-LogisticDA.R)가 이와 관련된 다양한 결과를 제공한다.

[R-코드 6.9.1] 예초기 자료에 대한 로지스틱 판별분석(ridingmower-LogisticDA.R)

```
library(DAAG)
ridingmower<-read.table("ridingmower.txt", header=T)
attach(ridingmower)
z=ridingmower[, 2:3]
group=as.numeric(ridingmower$pop<=1)
ridingmower=data.frame(z, pop=group)

rdm.glm=glm(pop~x1.Income + x2.Lotsize, family=binomial, data=ridingmower)
summary(rdm.glm)

# Logistic DA based on the fitted Logistic discriminant fuction
logit=-25.9382+0.1109*x1.Income+0.9638*x2.Lotsize
cluster=as.numeric(logit>0)
data.frame(ridingmower, logit, cluster)
confusion=table(pop, cluster) # Confusion Table
APER=(sum(diag(prop.table(confusion))))*100
list(confusion, APER)

# Confusion Table : Cross-Validation method
rdm.CV=CVbinary(rdm.glm)
names(rdm.CV)
CVt=table(pop, round(rdm.CV$cv))
EAER=(sum(diag(prop.table(CVt))))*100
list(CVt,EAER)

# Confusion Table : Resubstitution method
Rt=table(pop, round(rdm.CV$internal))
```

```
APER=(sum(diag(prop.table(Rt))))*100
list(Rt, APER)
```

• 분류나무를 위한 R 함수는 library(tree)의 tree(), library(party)의 ctree() 그리고 library(rpart)의 rpart() 함수가 있으나 그 기능은 비슷하며 여기서는 Breiman 외(1984)의 내용을 가장 많이 수용한 최근 개발된 rpart() 함수를 활용하였다. 더불어 분류나무를 단순화 하기 위한 가지치기는 함수 prune(fit, cp=)을 활용한다. [보기 6.10.3]은 척추수술 자료(data(kyphosis))의 분류나무와 가지치기를 포함하여 자세한 해석을 하고 있으며 이를 위한 [R-코드 6.10.3](kyphosis-CRAT.R)을 참고로 재인용하였다.

[R-코드 6.10.3] 척추수술 자료의 분류나무와 가지치기(kyphosis-CRAT.R)

```
# Classification Tree with rpart for kyphosis data
library(rpart)
data(kyphosis)
attach(kyphosis)
# Grow tree
fit <- rpart(Kyphosis ~ Age + Number + Start,
    method="class", data=kyphosis)
printcp(fit) # display the results
summary(fit) # detailed summary of splits

 # Plot tree
 plot(fit, uniform=TRUE,
    main="Classification Tree for Kyphosis")
 text(fit, use.n=TRUE, all=TRUE, cex=.8)

# Confusion Table
ct=predict(fit, type="class")
confusion=table(Kyphosis, ct)
APER=(1-sum(diag(prop.table(confusion))))*100
error=as.numeric(Kyphosis)-predict(fit)
MSE.RSM=mean(error*error)
list(confusion, APER, MSE.RSM)

# Prune Tree
#subtree <- prune(fit, cp=fit$cptable[which.min(fit$cptable[,"xerror"]),"CP"])
subtree <- prune(fit,cp=0.019608)
plot(subtree, uniform=TRUE, main="Classification Tree for Kyphosis : Pruning Tree")
text(subtree, use.n=TRUE, all=TRUE, cex=.8)
```

```
# Confusion Table for Pruned Tree
ct1=predict(subtree, type="class")
confusion1=table(Kyphosis, ct1)
APER1=(1-sum(diag(prop.table(confusion1))))*100
error1=as.numeric(Kyphosis)-predict(subtree)
MSE.RSM1=mean(error*error)
list(confusion1, APER1, MSE.RSM1)
```

6.12 연습문제

6.1 각 군집의 다변량 정규성을 검토하는 방법에는 어떤 것들이 있는 지를 논의하라.

6.2 여러 군집의 공분산행렬의 동질성 검정인 박스의 M-검정이 유도된 우도비 검정에 대하여 설명하라.

6.3 선형판별분석과 이차판별분석이라고 부른 이유에 대하여 설명하라.

6.4 다양한 오분류율의 정의와 역할에 대하여 설명하라.

6.5 피셔의 선형판별분석에서 합동공분산행렬이 요구되는 이유를 설명하라.

6.6 연속형 변수로만 되어 있는 자료의 경우 로지스틱 판별분석의 적용이 가능한지를 논의하라.

6.7 분류나무에서 분리적합도(goodness of split)에 대하여 설명하라.

6.8 [자료 6.12.1](salmon.txt)은 미국 알래스카와 캐나다의 두 지역에서 잡힌 연어의 생장고리 지름을 나타낸 것이다. 강에서 부화 1년 후의 지름과 바다에서 1년이 더 지난 후의 지름을 측정하였다. 미국 알래스카와 캐나다의 두 지역을 군집으로 할 때 이를 통하여 연어가 어디에서 부화한 것인지에 대한 관심이 있다.

| 자료 6.12.1 | 연어의 생장고리 자료(salmon.txt)

알래스카			캐나다		
성별	민물	바다	성별	민물	바다
2	108	368	1	129	420
1	131	355	1	148	371
1	105	469	1	179	407
2	86	506	2	152	381
1	99	402	2	166	377
2	87	423	2	124	389
1	94	440	1	156	419
2	117	489	2	131	345
2	79	432	1	140	362
1	99	403	2	144	345
1	114	428	2	149	393
2	123	372	1	108	330
1	123	372	1	135	355
2	109	420	2	170	386
2	112	394	1	152	301
1	104	407	1	153	397
2	111	422	1	152	301
2	126	423	2	136	438
2	105	434	2	122	306
1	119	474	1	148	383
1	114	396	2	90	385
2	100	470	1	145	337
2	84	399	1	123	364
2	102	429	2	145	376
2	101	469	2	115	354
2	85	444	2	134	383
1	109	397	2	117	355
2	106	442	2	126	345
1	82	431	1	118	379
2	118	381	2	120	369
1	105	388	1	153	403
1	121	403	2	150	354
1	85	451	1	154	390
1	83	453	1	155	349
1	53	427	2	109	325
1	95	411	2	117	344
1	76	442	1	128	400
1	95	426	1	144	403
2	87	402	2	163	370
1	70	397	2	145	355
2	84	511	1	133	375
2	91	469	1	128	383
1	74	451	2	123	349
2	101	474	1	144	373
1	80	398	2	140	388
1	95	433	2	150	339
2	92	404	2	124	341
1	99	481	1	125	346
2	94	491	1	153	352
1	87	480	1	108	339

(1) 알래스카와 캐나다 두 군집의 자료가 다변량 정규분포를 하는지를 검정하라.
(2) 두 군집의 공분산행렬을 구하고 동질성을 박스의 M-검정하라.
(3) (1)과 (2)에 따라 선형판별분석과 이차판별분석 중 판별분석을 실시하라.
(4) 재대입법 RSM과 교차타당성방법 CVM에 의해서 오분류율을 평가하고 비교하라.
(5) 피셔의 선형판별분석을 적용할 수 있다면 적용하라.
(6) 이 자료에 분류나무를 적용하라.
(7) 이 자료를 성별에 따른 두 군집으로 나누고 판별분석과 분류나무를 적용하라.

6.9 [자료 1.3.2](klpga.txt)는 2006년도 상금 순위 상위 50명 KLPGA 선수의 성적의 군집분 석에서 측정변수로 상금률(상금 1위 선수에 대한 상대적 비율) 외에 평균퍼팅수(총퍼팅수/라운드수), 그린적중률, 파세이브율(총파세이브홀수/총홀수×100), 파브레이크율(버디이상홀 수/총홀수×100), 평균타수((총스트로크수×72/코스소정파)/라운드수))이 사용되었다. 상금 순위에 따른 1위에서 10위를 제1군집, 11위에서 30위를 제2군집, 31위에서 50위를 제3군집으로 하여 판별분석을 실하고자 한다.
(1) 세 군집의 자료가 다변량 정규분포를 하는지를 검정하라.
(2) 세 군집의 공분산행렬을 구하고 동질성을 박스의 M-검정하라.
(3) (1)과 (2)에 따라 선형판별분석과 이차판별분석 중 판별분석을 실시하라.
(4) 재대입법 RSM과 교차타당성방법 CVM에 의해서 오분류율을 평가하고 비교하라.
(5) 이 자료에 분류나무를 적용하라.

6.10 [보기 6.6.1]에서는 각각 50포기씩 세 종류의 붓꽃(setosa, versicolor, virginica)의 꽃받 침 길이(Sepal.Length), 꽃받침 폭(Sepal.Width), 꽃잎 길이(Petal.Length), 꽃잎 폭 (Petal.Width)을 측정한 붓꽃자료의 이차판별분석을 실하였다. 측정변수 모두를 사용하는 대신에 새로운 변수 꽃받침 형태(=꽃받침 길이/꽃받침 폭)와 꽃잎 형태(=꽃잎 길이/꽃잎 폭)로 세 종류 붓꽃의 군집을 판별하고자 한다.
(1) 새로운 두 변수의 관점에서 산점도를 얻고 군집의 형성을 기술하라.
(2) 세 군집이 각각 이변량정규분포과 공분산행렬의 동질성을 살펴보라.
(3) (1)의 결과에 따라 판별분석을 실시하라.
(4) 판별분석에 재대입법과 교차타당성방법에 의한 분류표와 오분류율을 비교하라.
(5) (3)의 오분류율과 [보기 6.6.1]의 오분류율와 비교 분석하라.

(6) 분류나무를 적용하여 분류표를 작성하고 오분류율을 구하여 (3)과 (4)와 비교하라.

6.11 [자료 5.3.1](utility.txt)은 미국 내 전력공급에 관련된 22개 공익회사의 8개 변수들에 대한 측정자료이다. 8개 변수는 X_1: 고정요금 보상율, X_2: 자금 수익률, X_3: KW당 비용, X_4: 연부하율, X_5: 1974~1975년 사이 절정의 kWh 수요성장, X_6: 판매량, X_7: 핵비율, X_8: 총연료비용으로 측정단위가 다르다. 이 자료에 대해 [보기 5.3.6]에서 와드연결법에 의해서 군집분석을 하여 [표 5.3.4]과 같이 4개의 군집을 형성하였다.

(1) 네 군집의 자료의 다변량 정규분포와 공분산행렬의 동질성을 살펴보라.

(2) (1)에 따라 선형판별분석과 이차판별분석 중 판별분석을 실시하라.

(3) 재대입법 RSM과 교차타당성방법 CVM에 의해서 오분류율을 평가하고 비교하라.

(4) 이 자료에 분류나무를 적용하고 가지치기가 가능한지를 검토하라.

6.12 [자료 6.12.2](admission.txt)는 경영대학원 입학성적 자료는 지원자들이 합격, 불합격, 경계로 분류된 세 군집의 학부평균학점(GPA)와 적성검사(GMAT)점수이다.

(1) 세 군집의 평균벡터, 공분산행렬, 합동공분산행렬을 각각 구하라.

(2) 세 군집의 이변량정규분포와 공분산행렬의 동질성을 검토하라.

(3) (1)에서 구한 합동공분산행렬이 필요한지를 (2)를 통해 확인하라.

(4) 선형판별분석과 이차판별분석 중 (2)의 결과에 따라 선택하고 판별분석하라.

(5) (4)에서 적용하지 않은 판별분석을 시행하여 두 결과를 재대입법에 의해 비교하라.

(6) 피셔의 판별분석의 적용이 가능한지를 검토하고 가능하다면 실시하라.

(7) 분류나무를 적용하여 오분류율을 검토하고 (4)와 (5)의 결과와 비교하라.

| 자료 6.12.2 | 경영대학원 입학성적 자료(admission.txt)

합격			불합격			경계		
지원자	GPA	GMAT	지원자	GPA	GMAT	지원자	GPA	GMAT
1	2.96	596	32	2.54	446	60	2.86	494
2	3.14	473	33	2.43	425	61	2.85	496
3	3.22	482	34	2.20	474	62	3.14	419
4	3.29	527	35	2.36	531	63	3.28	371
5	3.69	505	36	2.57	542	64	2.89	447
6	3.46	693	37	2.35	406	65	3.15	313
7	3.03	626	38	2.51	412	66	3.50	402
8	3.19	663	39	2.51	458	67	2.89	485
9	3.63	447	40	2.36	399	68	2.80	444
10	3.59	588	41	2.36	482	69	3.13	416
11	3.30	563	42	2.66	420	70	3.01	471
12	3.40	553	43	2.68	414	71	2.79	490
13	3.50	572	44	2.48	533	72	2.89	431
14	3.78	591	45	2.46	509	73	2.91	446
15	3.44	692	46	2.63	504	74	2.75	546
16	3.48	528	47	2.44	336	75	2.73	467
17	3.47	552	48	2.13	408	76	3.12	463
18	3.35	520	49	2.41	469	77	3.08	440
19	3.39	543	50	2.55	538	78	3.03	419
20	3.28	523	51	2.31	505	79	3.00	509
21	3.21	530	52	2.41	489	80	3.03	438
22	3.58	564	53	2.19	411	81	3.05	399
23	3.33	565	54	2.35	321	82	2.85	483
24	3.40	431	55	2.60	394	83	3.01	453
25	3.38	605	56	2.55	528	84	3.03	414
26	3.26	664	57	2.72	399	85	3.04	446
27	3.60	609	58	2.85	381			
28	3.37	559	59	2.90	384			
29	3.80	521						
30	3.76	646						
31	3.24	467						

6.13 [자료 6.12.3](oil.txt)은 캘리포니아 엘크힐(Elk Hills)의 매장층에서 원유에 관한 자료이다. 원유 매장층은 C_1 : 빌헬름층, C_2 : 서브-멀니아층, C_3 : 상층 세 군집으로 구분된다. 5가지 원유의 성분 X_1 (바나듐), X_2 (철), X_3 (베릴륨), X_4 (포화탄화수소), X_5 (방향탄화수소)을 통해 판별분석과 분류나무를 시도하라.

(1) 세 군집의 다변량정규분포와 공분산행렬의 동질성을 검토하라.

(2) 선형판별분석과 이차판별분석 중 (1)의 결과에 따라 선택하고 판별분석을 실시하라.

(3) (2)에서 적용하지 않은 판별분석을 시행하여 두 결과를 교차타당성방법에 의해 비교하라.

(4) 피셔의 판별분석의 적용이 가능한지를 검토하고 가능하다면 실시하라.

(5) 분류나무를 적용하여 오분류율을 검토하고 (2)와 (3)의 결과와 비교하라.

| 자료 6.12.3 | 원유 성분 자료(oil.txt)

매장층	X_1	X_2	X_3	X_4	X_5
1	3.9	51.0	0.20	7.06	12.19
1	2.7	49.0	0.07	7.14	12.23
1	2.8	36.0	0.30	7.00	11.30
1	3.1	45.0	0.08	7.20	13.01
1	3.5	46.0	0.10	7.81	12.63
1	3.9	43.0	0.07	6.25	10.42
1	2.7	35.0	0.00	5.11	9.00
2	5.0	47.0	0.07	7.06	6.10
2	3.4	32.0	0.20	5.82	4.69
2	1.2	12.0	0.00	5.54	3.15
2	8.4	17.0	0.07	6.31	4.55
2	4.2	36.0	0.50	9.25	4.95
2	4.2	35.0	0.50	5.69	2.22
2	3.9	41.0	0.10	5.63	2.94
2	3.9	36.0	0.07	6.19	2.27
2	7.3	32.0	0.30	8.02	12.92
2	4.4	46.0	0.07	7.54	5.76
2	3.0	30.0	0.00	5.12	10.77
3	6.3	13.0	0.50	4.24	8.27
3	1.7	5.6	1.00	5.69	4.64
3	7.3	24.0	0.00	4.34	2.99
3	7.8	18.0	0.50	3.92	6.09
3	7.8	25.0	0.70	5.39	6.20
3	7.8	26.0	1.00	5.02	2.50
3	9.5	17.0	0.05	3.52	5.71
3	7.7	14.0	0.30	4.65	8.63
3	11.0	20.0	0.50	4.27	8.40
3	8.0	14.0	0.30	4.32	7.87
3	8.4	18.0	0.20	4.38	7.98
3	10.0	18.0	0.10	3.06	7.67
3	7.3	15.0	0.05	3.76	6.84
3	9.5	22.0	0.30	3.98	5.02
3	8.4	15.0	0.20	5.02	10.12
3	8.4	17.0	0.20	4.42	8.25
3	9.5	25.0	0.50	4.44	5.95
3	7.2	22.0	1.00	4.70	3.49
3	4.0	12.0	0.50	5.71	6.32
3	6.7	52.0	0.50	4.80	3.20
3	9.0	27.0	0.30	3.69	3.30
3	7.8	29.0	1.50	6.72	5.75
3	4.5	41.0	0.50	3.33	2.27
3	6.2	34.0	0.70	7.56	6.93
3	5.6	20.0	0.50	5.07	6.70
3	9.0	17.0	0.20	4.39	8.33
3	8.4	20.0	0.10	3.74	3.77
3	9.5	19.0	0.50	3.72	7.37
3	9.0	20.0	0.50	5.97	11.17
3	6.2	16.0	0.05	4.23	4.18
3	7.3	20.2	0.50	4.39	3.50
3	3.6	15.0	0.70	7.00	4.82
3	6.2	34.0	0.07	4.84	2.37
3	7.3	22.0	0.00	4.13	2.70
3	4.1	29.0	0.70	5.78	7.76
3	5.4	29.0	0.20	4.64	2.65
3	5.0	34.0	0.70	4.21	6.50
3	6.2	27.0	0.30	3.97	2.97

제 7 장

다차원척도법 (Multidimensional Scaling)

정치학, 경제학, 심리학, 사회학, 시장조사, 지리학, 그리고 교육학 등 여러 분야에 다양하게 응용되고 있는 다차원척도법(MDS)은 다차원상의 개체 간의 거리를 나타내는 자료에서 그들의 유사성(similarity) 또는 비유사성(dissimilarity)을 저차원의 공간에 기하적으로 나타내어 그들의 관계를 탐색적으로 살펴보는 다변량 그래프적 기법이다. 이 기법은 크게 이원과 삼원 MDS로 나누어지며, 특히 이원 MDS에는 계량형과 비계량형 MDS가 있고 INDSCAL 모형에 바탕을 둔 삼원 MDS가 있다. 더불어 새먼의 비선형사상 알고리즘에 바탕을 둔 비선형 계량형 MDS가 있다. R에서는 이원 MDS인 계량형·비계량형 MDS를 위해 각각 함수 cmdscale()과 library(MASS)의 함수 isoMDS()를 각각 활용하면 된다. 삼원 MDS는 library(smacof)의 함수 smacofIndDiff()에서 옵션 constraint="indscal"에 의해 적용 가능하다. 끝으로 비선형 MMDS는 library(MASS)의 sammon 함수를 활용하면 된다.

7.1 다차원척도법의 이해

다차원척도법(multidimensional scaling, MDS)이란 다차원상의 개체(objects) 간의 거리를 나타내는 자료에서 그들의 유사성(similarity) 또는 비유사성(dissimilarity)을 저차원의 공간에 기하적으로 나타내어 그들의 관계를 탐색적으로 살펴보는 다변량 그래프적 기법이다. 특히, MDS에서는 저차원 공간을 형상공간(configuration space)이라 하며 여기에 개체를 기하적으로 나타낸 것을 형상 또는 MDS 그림이라 한다.

일반적으로 n개 개체 간의 거리는 그들간의 비유사성 d_{ij}, $i,\ j=1,\ \dots,\ n$를 측정한 것이다. 따라서 MDS는 크기가 $n \times n$인 비유사성행렬(dissimilarity matrix)

$$D=(d_{ij}),\ i,\ j=1,\ \dots,\ n \tag{7.1.1}$$

을 구하고 이 비유사성 행렬 D를 저차원 공간에 기하적으로 나타내는 기법이다. 여기서 비유사성행렬 D는 대각원소들이 0(동일 개체의 비유사성)인 대칭행렬이다.

MDS는 비유사성행렬 D를 구성하는 개체 간의 비유사성 d_{ij}의 측정척도(measure)에 따라 계량형(metric) MDS와 비계량형(non-metric) MDS로 나눌 수 있다(최용석, 2014, 3장; Kruskal과 Wish, 1978, pp. 19-23; Mardia 외, 1979, Chapter 14; Johnson과 Wichern, 2007, 12.6절).

계량형 MDS는 비유사성 d_{ij}의 측정척도가 절대척도(absolute scaling)와 구간척도(interval scaling)로 개체 간의 실제 측정거리이나 유클리드 거리(Euclidean distance)를 나타내며 비계량형 MDS의 경우는 그들의 크기 순서를 나타내는 순서척도(ordinal scaling)로 사용한다. 이런 이유에서 계량형 MDS를 고전척도법(classical scaling), 비계량형 MDS를 순서척도법(ordinal scaling)으로 각각 언급하기도 한다(최용석, 2014, 3장; Chatfield와 Collins, 1980, Chapter 10; du Toit 외, 1986, Chapter 6).

계량형·비계량형 MDS의 수리적 알고리즘은 엄격히 다르지만 행렬 D가 실제 측정값이나 유클리드 거리의 자료인 경우에 이들은 대동소이한 결과를 제공한다고 알려져 있다(Chatfield와 Collins, 1980, pp. 209-210; Mardia 외, 1979, p. 415). 그러나 엄격히 말해 비계량형 MDS가 계량형 MDS보다는 대개 바람직한 결과를 제공한다고 알려져 있다(Kruskal과 Wish, 1978, pp. 76-78; Chatfield와 Collins, 1980, pp. 209-210). 1950년에서 출발하여 1960년대까지 광범위하게 개발된 계량형·비계량형 MDS를 이원(two-way) MDS라 하며. 이는 이원행렬(two-way matrix)인 비유사성행렬 D에 적용된 MDS임을 뜻한다. 반면에 이원행렬 D를 주체(subjects) 각각에 대해서 고려한 것을 삼원행렬(three-way matrix)이라 하고 이에 대한 MDS를 삼원 MDS라 한다(Kruskal과 Wish, 1978, p. 60; du Toit 외, 1986, pp. 144-151; Everitt와 Dunn, 1991, pp. 82-88; 최용석, 2014, 4장). 특히, 최용석(2014, 4장)은 Carroll과 Chang(1970)의 INDSCAL(individual differences scaling) 모형의 삼원 MDS와 이 부류인 Ramsay(1982)의 최대우도(maximum likelihood) MDS를 자세히 소개하고 있다.

이외에도 베이즈(Bayesian) 추정과 MCMC 알고리즘을 적용한 Oh와 Raftery(2001)의 베이즈 MDS를 정리하고 있다. 이를 바탕으로 Okada와 Shigemasu(2010)는 베이즈 MDS의 알고리즘을 위한 Oh와 Raftery(2001)의 FORTRAN 프로그램을 R-프로그램으로 전환하여 제공하고 있다. 특히, Izenman(2008, Chapter 13)은 계량형 MDS의 한 방법으로 베이즈 MDS를 소개하고 있다. 더불어 Sammon(1969)의 비선형사상 알고리즘을 적용한 새먼사상(Sammon mapping)을 MDS에 적용한 것을 비선형(nonlinear) MDS라 하자. 근본적으로 이는 계량형 MDS의 스트레스 최소화 알고리즘의 비선형 버전이며 sammon 함수를 활용하는 R-프로그램에서 제공된다.

MDS는 정치학, 경제학, 심리학, 사회학, 시장조사, 지리학, 그리고 교육학 등 여러 분야에 다양하게 응용되고 있다. 이런 다양한 사례와 MDS의 개념은 통계 패키지 SAS/PROC MDS를 활용한 최용석(1995, 2014)에서도 찾아볼 수 있다. 일반적으로 MDS를 수행하기 위해 필요한 단계를 [표 7.1.1]에 요약해 두었다.

표 7.1.1 MDS 수행단계

[1단계] 개체 간의 비유사성에 의한 $n \times n$ 거리행렬 $D=(d_{ij})$, $i, j=1, \dots, n$을 구한다.
[2단계] MDS의 알고리즘을 선택한다.
[3단계] MDS의 적합도를 계산한다.
[4단계] MDS 그림을 해석하고 개체 간의 군집을 시도한다.

7.2 계량형 다차원척도법

일반적으로 MDS는 고차원에서 개체 간의 거리를 나타내는 비유사성 d_{ij}와 차원축소된 형상공간에서 거리 δ_{ij} 사이의 관계가 일치되도록 표현한다. 이들 거리 d_{ij}와 δ_{ij}의 관계는 다음과 같이 모형화할 수 있다.

$$d_{ij} = f(\delta_{ij}) + \epsilon_{ij},\ i,\ j = 1,\ \ldots,\ n. \tag{7.2.1}$$

여기서, ε_{ij}는 측정 및 저차원 공간 근사에 따른 왜곡오차를 의미한다. Everitt와 Dunn(1991, 5장)과 허명회(1994, 8장)에 따르면, 만약에 (7.2.1)에서 측정수준에 의해서 $f(\delta_{ij}) = \delta_{ij}$이면 절대척도라 하고 $f(\delta_{ij}) = a + b\delta_{ij}$, $b > 0$이면 구간척도, $f(\delta_{ij}) = b\delta_{ij}$, $b > 0$이면 비율척도라 한다. d_{ij}와 δ_{ij} 사이의 관계가 이들 세 가지 수준을 만족하는 경우를 계량형 MDS라 한다.

계량형 MDS를 위한 대표적인 토거선(Torgerson)의 알고리즘은 대수적으로 스펙트럼 분해(spectral decomposition)를 이용한다. (7.2.1)에서 정의한 크기가 $n \times n$인 비유사성 행렬 $D = (d_{ij})$, $i,\ j = 1,\ \ldots,\ n$가 있다면 토거선의 알고리즘은 다음의 [표 7.2.1]과 같이 요약될 수 있다.

[표 7.2.1] 토거선 알고리즘

[1단계] 비유사성행렬 $D = (d_{ij})$, $i,\ j = 1,\ \ldots,\ n$로부터 행렬 $A = (a_{ij})$를 계산한다. 여기서,

$$a_{ij} = -\frac{1}{2}d_{ij}^2,\ i,\ j = 1,\ \ldots,\ n.$$

[2단계] 행렬 A에서 이중-중심화행렬 $B = (b_{ij}) = HAH$를 계산한다. 여기서, $b_{ij} = a_{ij} - \overline{a_{i.}} - \overline{a_{.j}} + \overline{a_{..}}$이며, $\overline{a_{i.}}$, $\overline{a_{.j}}$ 그리고 $\overline{a_{..}}$는 각각 행렬 A의 i 번째 행의 평균, j 번째 열의 평균, 그리고 모든 원소의 평균이다. $H = I_n - J_n/n$이며 I_n은 단위행렬이고 J_n은 모든 원소가 1인 $n \times n$ 행렬이다.

[3단계] 행렬 B의 스펙트럼분해 $B = VD_lV^t$를 계산한다. 여기서, D_l은 고윳값 $l_1 \geq \cdots \geq l_n > 0$를 대각원소로 하는 대각행렬이며, V는 고유벡터 $\boldsymbol{v}_1,\ \ldots,\ \boldsymbol{v}_n$가 열인 직교행렬이다.

[4단계] 행렬 B의 스펙트럼분해에서 $s\ (\leq p)$개의 고윳값과 이에 대응하는 고유벡터를 가지고 크기가 $n \times s$인 행렬

$$C_{(s)} = V_{(s)}D_{l(s)}^{1/2} = (\boldsymbol{v}_1 l_1^{1/2},\ \ldots,\ \boldsymbol{v}_s l_s^{1/2})$$

를 계산한다. 이는 s차원 형상공간의 좌표를 제공한다.

실제로 Mardia 외(1979, Section 14.4)는 비유사성이 유클리드 거리가 아니더라도 근사적으로 [표 7.2.1]의 토거선 알고리즘이 적용될 수 있음을 보여주고 있다. 사실 (7.2.1)에서 설명한 절대, 구간과 비율척도 모형도 이 알고리즘을 활용하게 된다.

여기서 토거선의 알고리즘을 살펴보자. 우선 p개의 변수로 n개의 개체에 대해 얻은 중심화된 다변량 좌표행렬을 $X = (x_{ik})$, $i = 1,\ \ldots,\ n$; $k = 1,\ \ldots,\ p$라 하면, 행렬 X의 i번째 행벡터 $\boldsymbol{x}_i = (x_{i1},\ \ldots,\ x_{ip})^t$는 i번째 개체를 나타내며 이들 n개의 행벡터

$\boldsymbol{x}_1, \ldots, \boldsymbol{x}_n$은 p차원 공간에서의 좌표점들로 생각될 수 있다. 더불어 행렬 X는 중심화되어 있기 때문에 $\sum_{i=1}^{n} x_{ij} = 0$을 만족한다. 다음으로 i번째 좌표점 $\boldsymbol{x}_i$와 j번째 좌표점 $\boldsymbol{x}_j$ 사이의 제곱유클리드 거리(squared Euclidean distance)는

$$\begin{aligned} d_{ij}^2 &= (\boldsymbol{x}_i - \boldsymbol{x}_j)^t (\boldsymbol{x}_i - \boldsymbol{x}_j) \\ &= \boldsymbol{x}_i^t \boldsymbol{x}_i + \boldsymbol{x}_j^t \boldsymbol{x}_j - 2\boldsymbol{x}_i^t \boldsymbol{x}_j \end{aligned} \tag{7.2.2}$$

이며 (7.2.2)에서 원소 $b_{ij} = \boldsymbol{x}_i^t \boldsymbol{x}_j$라 하면 행렬 $B = (b_{ij})$는 내적행렬이 되며 이 행렬에서

$$d_{ij}^2 = b_{ii} + b_{jj} - 2b_{ij} \tag{7.2.3}$$

가 성립한다. (7.2.3)에서 다음의 관계

$$\frac{1}{n}\sum_{j=1}^{n} d_{ij}^2 = b_{ii} + \frac{1}{n}\sum_{j=1}^{n} b_{jj},$$

$$\frac{1}{n}\sum_{i=1}^{n} d_{ij}^2 = \frac{1}{n}\sum_{i=1}^{n} b_{ii} + b_{jj},$$

$$\frac{1}{n^2}\sum_{i=1}^{n}\sum_{j=1}^{n} d_{ij}^2 = \frac{1}{n}\sum_{i=1}^{n} b_{ii} + \frac{1}{n}\sum_{j=1}^{n} b_{jj}$$

를 통해

$$\begin{aligned} b_{ij} &= -\frac{1}{2}\left(d_{ij}^2 - b_{ii} - b_{jj}\right) \\ &= -\frac{1}{2}\left(d_{ij}^2 - \frac{1}{n}\sum_{j=1}^{n} d_{ij}^2 - \frac{1}{n}\sum_{i=1}^{n} d_{ij}^2 + \frac{1}{n^2}\sum_{i=1}^{n}\sum_{j=1}^{n} d_{ij}^2\right) \\ &= a_{ij} - \bar{a}_{i.} - \bar{a}_{.j} + \bar{a}_{..} \end{aligned}$$

를 얻게 되며 여기서,

$$a_{ij} = -\frac{1}{2}d_{ij}^2 \ , \ \bar{a}_{i.} = \frac{1}{n}\sum_{j=1}^{n} a_{ij} \ , \ \bar{a}_{.j} = \frac{1}{n}\sum_{i=1}^{n} a_{ij} \ , \ \bar{a}_{..} = \frac{1}{n^2}\sum_{i=1}^{n}\sum_{j=1}^{n} a_{ij}.$$

즉, 토거선 알고리즘의 [2단계]에서와 같이 a_{ij}를 원소로 가지는 행렬 A에서 이중-중심화행렬

$$B = (b_{ij}) = HAH$$

를 정의하게 되면 행렬 X와 행렬 B는

$$B = XX^t$$

의 관계를 만족하게 된다. 행렬 B는 행렬계수(rank)가 p이고 대칭이며 양반정치(positive semidefinite)로 n-p개의 고윳값이 0이므로 스펙트럼분해 $B = VD_l V^t$를 통해 $B = V_{(p)} D_{l(p)} V_{(p)}{}^t$이다. 따라서 p차원 공간에서의 좌표행렬 X는

$$X = V_{(p)} D_{l(p)}^{1/2}$$

와 같이 표현될 수 있다. 여기서 $D_{l(p)} = diag(l_1, \dots, l_p)$은 고윳값 $l_1 \geq \cdots \geq l_p > 0$를 대각원소로 하는 대각행렬이며, $V_{(p)}$는 고유벡터 $\boldsymbol{v}_1, \dots, \boldsymbol{v}_p$가 열인 직교행렬이다.

p차원 공간에서의 좌표로 이루어진 좌표행렬 X는 토거선의 알고리즘 [표 7.2.1]의 마지막 [4단계]에서 $s\,(\leq p)$차원 형상공간의 좌표로 이루어진 행렬 $C_{(s)}$로 차원축소 가능하며, 이 행렬 $C_{(s)}$가 s차원의 MDS 그림의 좌표점을 제공하게 되며 이 그림의 설명력인 근사적합도는

$$fit_1 = \frac{\sum_{i=1}^{s} l_i^2}{\sum_{i=1}^{n} l_i^2} \times 100 \tag{7.2.4}$$

로 정의된다. 최소한 고윳값 하나는 양이 되며 이 경우에는 1차원의 형상공간에서 개체들의 거리는 비유사성행렬 D를 구성하는 개체들의 비유사성을 근사적으로 나타낸다.

특히, 비유사성이 유클리드 거리가 아닌 경우에는 행렬 B가 양반정치가 아니며, 이럴 경우에 행렬 B의 고윳값이 음의 값을 가지는 경우가 발생한다. 만약에 음의 고윳값의 개수가 적다면 여전히 토거선 알고리즘의 적용이 가능하며 [4단계]의 행렬 $C_{(s)}$가 제공하는 s차원의 MDS 그림의 적합도는 (7.2.4)의 적합도 대신에 다음을 고려하게 된다.

$$fit_2 = \frac{\sum_{i=1}^{s} l_i}{\sum_{i=1}^{n} |l_i|} \times 100 \tag{7.2.5}$$

만약에 행렬 B에서 음의 고윳값이 많다면 계량형 MDS를 적용하는 것이 바람직하지 못하며 이 경우에 비계량형 MDS나 비선형 계량형 MDS를 적용하게 된다. 더불어 Cox

와 Cox(2001, pp. 45-48)에는 비유사성에 상수를 더하여 행렬 B를 양반정치로 만드는 다양한 방법이 있으니 참고하기 바란다.

[보기 7.2.1] 4×2 자료행렬 X의 산점도, 거리의 3차원 공간 표현 및 계량형 MDS

다음과 같이 주어진 4×2 자료행렬 X에서 4개의 행좌표점 $(a,\ b,\ c,\ d)$에 대한 거리를 3차원의 유클리드 공간에 나타내는 방법을 알아보기로 하자. 먼저 일반적으로 자료행렬 X의 4개의 행좌표점은 2개의 변수에 의한 2차원 유클리드 공간인 [그림 7.2.1]-(a) 산점도로 나타낼 수 있다.

$$X=\begin{bmatrix} 6 & 4 \\ 4 & 8 \\ 4 & 2 \\ 2 & 2 \end{bmatrix}\begin{matrix} a \\ b \\ c \\ d \end{matrix}$$

다음으로 이들 4개 좌표점들 사이의 잘 알려지지 않은 클락거리와 유클리드 거리에 따른 비유사성행렬이 다음과 같이 주어진다.

거리 d_{ij}, $i,\ j=1,\ \ldots,\ 4$	클락거리 $d_{ij}=\sqrt{\sum_{k=1}^{2}\left(\frac{x_{ik}-x_{jk}}{x_{ik}+x_{jk}}\right)^2}$	유클리드 거리 $d_{ij}=\sqrt{\sum_{k=1}^{2}(x_{ik}-x_{jk})^2}$
비유사성행렬 $D=(d_{ij})$	$\begin{bmatrix} 0 & 0.389 & 0.389 & 0.601 \\ 0.389 & 0 & 0.600 & 0.686 \\ 0.389 & 0.600 & 0 & 0.333 \\ 0.601 & 0.686 & 0.333 & 0 \end{bmatrix}$	$\begin{bmatrix} 0 & 4.472 & 2.828 & 4.472 \\ 4.472 & 0 & 6.000 & 6.325 \\ 2.828 & 0.600 & 0 & 2.000 \\ 4.472 & 6.325 & 2.000 & 0 \end{bmatrix}$

특히, 클락거리를 이용하여 4개 행좌표점을 유클리드 공간에 표현하기 위한 다음의 세 단계 [그림 7.2.1]-(b)와 (d)에 따르면 좌표점을 쉽게 찾을 수 있다.

[1단계] 점 a를 원점으로 두고, 이로부터 거리가 0.389인 점 b를 찾는다. 이때, 편의상 점 b의 좌표를 [그림 7.2.1]-(b)와 같이 (0.389, 0)라 하자.

[2단계] [그림 7.2.1]-(c)처럼 점 a를 중심으로 한 반지름이 0.389인 원과 점 b를 중심으로 한 반지름이 0.601인 원의 교차점 c를 찾는다.

[3단계] 점 $a,\ b,\ c$를 중심으로 3차원 공간에서 각각 반지름이 0.601, 0.686, 0.333인 세 구의 교차점인 점 d를 찾으면 [그림 7.2.1]-(d)와 같다.

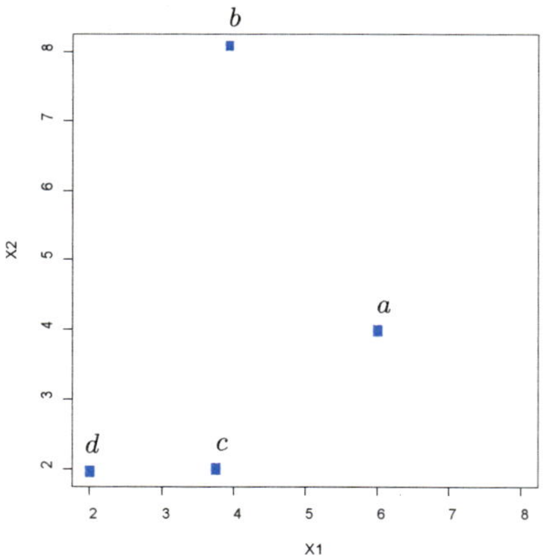

(a) 자료행렬 X의 2차원 산점도

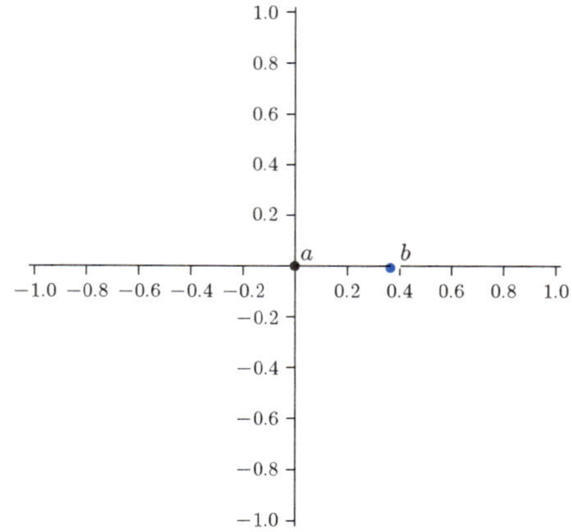

(b) [1단계] 유클리드 공간상의 점 a와 b

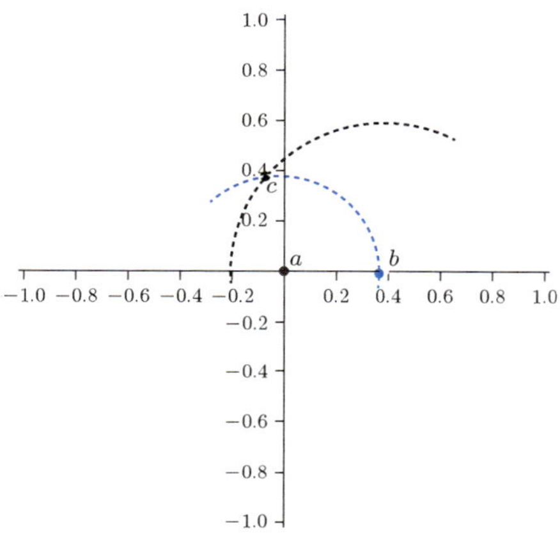

(c) [2단계] 점 a, b와 두 원의 교차점 c

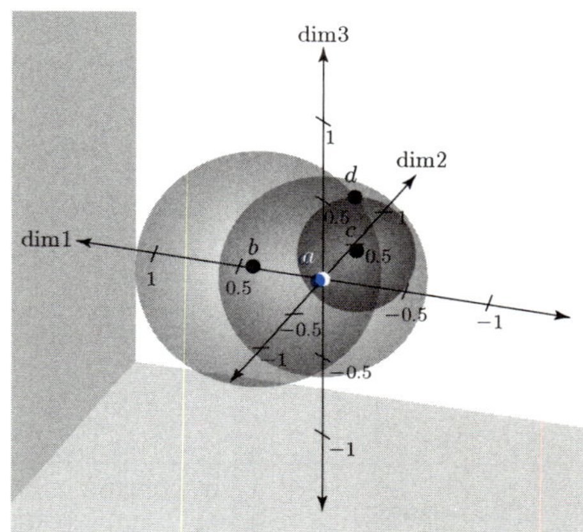

(d) [3단계] 점 a, b, c와 세 구의 교차점 d

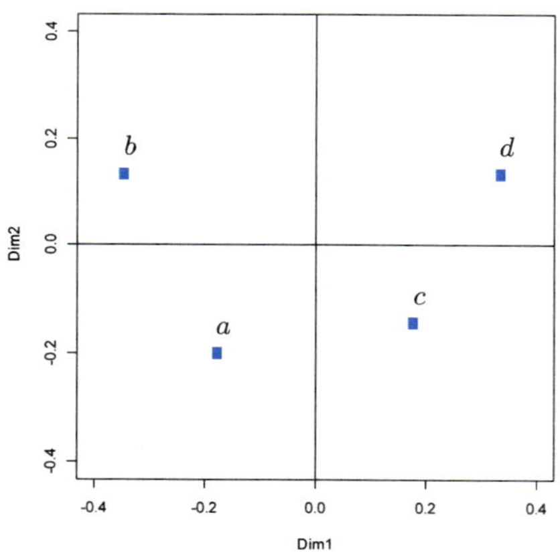

(e) 클락거리의 계량형 MDS 그림

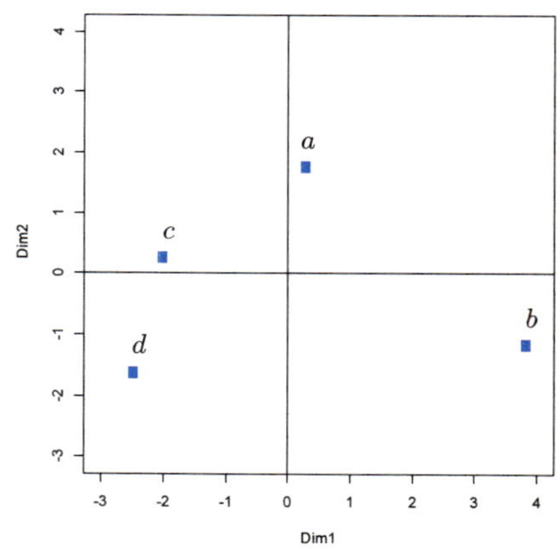

(f) 유클리드 거리의 계량형 MDS 그림

[그림 7.2.1] 자료행렬 X의 (a) 2차원 산점도, (b) ~ (d) 클락거리의 3차원 유클리드공간 표현, (e) 클락거리의 계량형 MDS 그림, (f) 유클리드 거리의 계량형 MDS 그림

이와 같이 n개의 좌표점에 대한 거리를 유클리드공간에 나타내려면 이론상 $n-1$차원의 공간이 필요하나, 실제로 3차원을 넘는 고차원 공간은 시각적으로 표현할 수는 없다. 이러한 경우에 근사적으로 나타낼 부분공간이 필요하므로 MDS를 이용하게 된다. 즉, 주어진 4개 행좌표점의 클락거리에 의한 비유사성행렬 D에서 토거선 알고리즘에 따라 크기가 4×2인 부행렬 $C_{(2)}=V_{(2)}D_{l(2)}^{1/2}$를 계산하면, 적합도가 96.39%인 [그림 7.2.1]-(e)와 같은 2차원의 부분공간 상의 계량형 MDS 그림의 좌표를 구할 수 있다. 유클리드 거리에 대한 계량형 MDS 그림 [그림 7.2.1]-(f)는 설명력이 100%이다. (e)와 (f)의 MDS 그림에서 제1축(Dim1)에 대하여 a와 b가 유사하고 c와 d가 유사한 경향을 보여 이들 짝을 유사한 군집으로 생각할 수 있다. 반면에 산점도 (a)에서 a를 어느 좌표와 군집화할지가 애매한 경향이 있다. 이를 위한 [R-코드 7.2.1](example721-metricMDS.R)을 참고 바란다.

참고로 [R-코드 7.2.1]은 클락거리에 의한 계량형 MDS를 위한 것으로 유클리드 거리를 활용할 경우 다음의 (1) 또는 (2) 중 하나를 활용하면 된다. 다만 R의 dist() 함수를 활용하면 클락거리는 제공되고 있지 않으나 일반적으로 유클리드 거리, 시티블럭 거리(또는 맨허튼거리), 민코프스키 거리 등에 의한 거리행렬을 구할 수가 있음을 1.5절에서 설명했다.

<table>
<tr>
<td><pre>(1) D <-matrix(0, n, n)
    for (i in 1:n) { for (j in 1:n) {
      tmp<- as.matrix(sqrt(t((X[i,]-X[j,]))%*%(X[i,]-X[j,])))
      d<- sqrt(t(tmp)%*%tmp)
      D[i,j] <- d}}</pre></td>
<td><pre>(2) de <- as.matrix(dist(X, method="euclidean"))
    D <- de</pre></td>
</tr>
</table>

[R-코드 7.2.1] 4×2 자료행렬 X의 계량형 MDS(example721-metricMDS.R)

```
#[보기 7.2.1] Metric MDS based ont the Torgerson's Algorithm
#Clark distance from data matrix
X <- matrix(c(6,4,4,8,4,2,2,2),byrow=T, nrow=4)
           n <- nrow(X)
rownames(X) <- c("a","b","c","d")
# Scatter Plot
par(pty="s")
lim <- range(pretty(X))
plot(X[,1],X[,2],xlab="X1",ylab="X2",xlim=lim,ylim=lim,pch=15,col=2)
abline(v=0,h=0)
text(X[,1],X[,2],rownames(X),cex=1,col=2,pos=3)
```

```
# Clark's distance
D <- matrix(0,n,n)
for (i in 1:n) { for (j in 1:n) {
tmp <- as.matrix((X[i,]-X[j,])/(X[i,]+X[j,]))
d <- sqrt(t(tmp)%*%tmp)
D[i,j] <- d}}
round(D, 3)

#Metric MDS: Torgerson's Algorithm
        A <- -(D^2)/2
        J <- matrix(1,n,n)
        H <- diag(1,n)-J/n
        B <- H%*%A%*%H
        eg.B <- eigen(B)
        tmp <- sum(eg.B$values>=0)
        eig <- eg.B$values[1:tmp]
        per <- eig/sum(eig)*100
        gof <- sum(per[1:2])
        V <- eg.B$vectors[,1:2]
        C <- V%*%diag(sqrt(eig[1:2]))
list(eig, gof)
# MDS Map
par(pty="s")
        lim <- range(pretty(C))
        plot(C[,1],C[,2],xlab="Dim1",ylab="Dim2",xlim=lim,ylim=lim,pch=15,col=2)
        abline(v=0,h=0)
        text(C[,1],C[,2],rownames(X),cex=1,col=2,pos=3)
```

다음으로 [표 7.2.1]의 토거선 알고리즘에 바탕을 둔 계량형 MDS 대신에 R에서 제공하는 함수 cmdscale()를 활용한 계량형 MDS의 [보기 7.2.2]~[보기 7.2.6]을 살펴보자.

[보기 7.2.2] 유럽 10대 도시 간 거리의 계량형 MDS

EXAMPLE

유럽의 대표적인 10대 도시인 London, Stockholm, Lisboa, Madrid, Paris, Amsterdam, Berlin, Prague, Rome, Dublin 간의 거리에 대한 [자료 7.2.1](eurodist.txt)이 주어져 있다(Borg와 Groenen, 1997, p. 16). 이는 실제 도시 간의 측정 자료로 2차원 지도상의 유클리드 거리며 도시 간의 비유사성으로 생각할 수 있다. [R-코드 7.2.2](eurodist-metricMDS.R)를 통해 계량형 MDS의 결과 [그림 7.2.2]를 얻게 된다. 계량형 MDS의 결과로 형상좌표

($points), 적합도($GOF) 99.91%인 2차원 MDS 그림이 요약되어 있다. MDS 그림은 유럽 10개국의 지도상의 위치를 상대적으로 잘 나타내고 있다. 다만, 실제 지도를 고려해서 비교한다면 제1축(Dim1)은 왼편과 오른편이 각각 남쪽-북쪽을 나타내며 제2축(Dim2)의 위쪽과 아래쪽은 각각 동쪽-서쪽을 나타내고 있다. 특히, 프랑스 파리는 두 축에 대하여 지리적으로 중간 지점에 위치하고 있다.

▌자료 7.2.1▐ 유럽 10대 도시 간 거리(eurodist.txt)

London	0									
Stockholm	569	0								
Lisboa	667	1212	0							
Madrid	530	1043	201	0						
Paris	141	617	596	431	0					
Amsterdam	140	446	768	608	177	0				
Berlin	357	325	923	740	340	218	0			
Prague	396	423	882	690	337	272	114	0		
Rome	569	787	714	516	436	519	472	364	0	
Dublin	190	648	714	622	320	302	514	573	755	0

```
$points
           [,1]       [,2]
[1,]    19.730810 -163.18395
[2,]   574.823271  -39.60407
[3,]  -637.232901  -48.24758
[4,]  -463.893626   52.80746
[5,]   -41.864114  -36.93423
[6,]   130.259657  -77.22925
[7,]   275.607296   86.04878
[8,]   214.158008  181.83787
[9,]   -79.551796  397.20296
[10,]    7.963395 -352.69797


$GOF
[1] 0.9983561 0.9990561
```

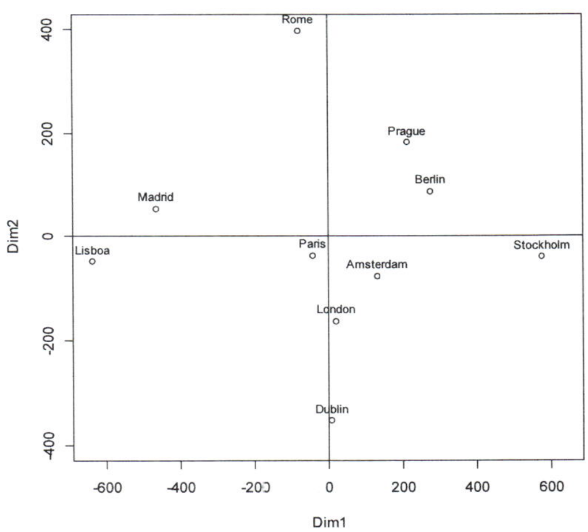

[그림 7.2.2] 유럽 10대 도시 간 거리의 계량형 MDS 결과와 MDS 그림

이와 같이 지리적 거리에 대한 사례들은 다차원척도법을 소개할 때 많은 문헌의 앞머리에서 주로 언급된다.

[R-코드 7.2.2] 유럽 10대 도시 간 거리의 계량형 MDS(eurodist-metricMDS.R)

```
# 10 European Cities's Distances
Data7.2.1<-read.table("eurodist.txt", header=T)
D<-Data7.2.1
도시=colnames(D)
n<-nrow(D)

# Metric MDS
win.graph()
con<-cmdscale(D, k=2, eig=T)
con
x<-con$points[,1]
y<-con$points[,2]
lim1<-c(-max(abs(x)), max(abs(x)))
lim2<-c(-max(abs(y)), max(abs(y)))

plot(x,y, xlab="Dim1", ylab="Dim2", xlim=lim1, ylim=lim2)
text(x,y,도시, cex=0.8, pos=3)
abline(v=0, h=0)
```

다음은 실제 다변량 자료행렬에 대해 개체 간의 표준화 유클리드 거리에 대한 계량형 MDS를 적용한 [보기 7.2.3]과 [보기 7.2.4]이다.

[보기 7.2.3] 경제관련기관의 경제전망에 대한 계량형 MDS

EXAMPLE

[자료 1.3.5](economicview.txt)에는 우리나라 14개 경제관련기관의 전문가들의 향후 1년간 10가지 경제전망(성장률, GNP, 수출, 수입, 국제흑자, 연말외채, 연말환율, 실업률, 소비물가, 임금상승)에 관한 조사표(동아일보, 1989.1.4)인 계량치 자료가 주어져 있다.

이 자료의 표준화 유클리드 거리를 개체 간의 비유사성으로 하여 R에서 제공하는 계량형 MDS를 위한 함수 cmdscale()를 적용하기 위해 [R-코드 7.2.3](economicview-metricMDS.R)를 활용하였다. 수행 결과 [그림 7.2.3]에는 계량형 MDS의 결과로 형상좌표, 적합도 95.00%와 MDS 그림이 요약되어 있다. MDS 그림을 통해 기관의 경제 전망

```
$points
          [,1]        [,2]
1    -21.71643  -14.849106
2   -173.35595   14.449015
3    -73.10563   -8.801029
4     79.74440  -32.209457
5      1.38951  -30.959710
6    -30.60194   16.191754
7     27.55577   32.928546
8     26.83160   -5.061016
9    -25.32975    4.520979
10    28.83632   -9.428923
11  -102.95241    8.592498
12   -23.01218   -9.770924
13    58.13583   17.159496
14   227.58087   17.237877

$GOF
[1] 0.9500013 0.9500013
```

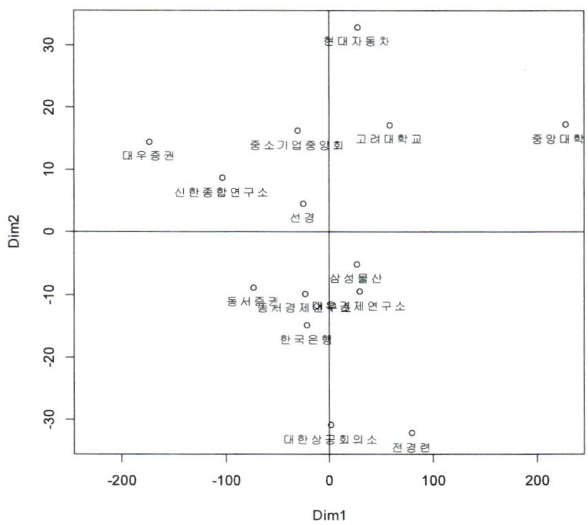

[그림 7.2.3] 경제전망 자료의 계량형 MDS의 결과(일부)와 MDS 그림

에 대한 군집을 시도한 것과 특성을 [표 7.2.2]에 요약하고 있다. 이는 MDS 그림의 사분면을 따라 형성되는 기관의 군집을 요약하고 있으며 실제로 MDS 그림에서는 제1사분면과 제3사분면을 가르는 축을 정책비판-정책옹호 차원축이라 하고 제2사분면과 제4사분면을 가르는 축을 낙관론-비관론 차원축이라고 해석한다. 참고로 5장의 [보기 5.3.4]에서 군집분석에 의한 결과와도 비교해 보기 바란다. 일부 기관은 군집 형성에 차이를 보이기도 하나 전체적으로 유사한 경향을 보여 준다.

| 표 7.2.2 | 경제전망에 대한 MDS 그림의 군집 및 특성

사분면	기관	특성
제1사분면	현대자동차, 중앙대학교, 고려대학교	정책비판
제2사분면	중소기업중앙회, 대우증권, 신한종합연구소, 선경	낙관론
제3사분면	동서증권, 동서경제연구소, 한국은행	정책옹호
제4사분면	삼성물산, 대우경제연구소, 전경련, 대한상공회의소	비관론

[R-코드 7.2.3] 경제전망 자료의 표준화 유클리드 거리에 대한 계량형 MDS

```
Data1.3.5<-read.table("economicview.txt", header=T)
X<-scale(Data1.3.5[,-1], scale=T)
X<-as.matrix(Data1.3.5[,-1])
기관=Data1.3.5[,1]

#표준화 유클리드 거리
D <- as.matrix(dist(X, method="euclidean"))

# Metric MDS
con<-cmdscale(D, k=2, eig=T)
con
x<-con$points[,1]
y<-con$points[,2]
#lim<-c(-max(abs(con$points)), max(abs(con$points)))
lim1<-c(-max(abs(x)), max(abs(x)))
lim2<-c(-max(abs(y)), max(abs(y)))
plot(x,y, xlab="Dim1", ylab="Dim2", xlim=lim1, ylim=lim2)
text(x,y, 기관, cex=0.8, pos=1)
abline(v=0, h=0)
```

[보기 7.2.4] KLPGA 선수 성적의 계량형 MDS

EXAMPLE

[자료 1.3.2](klpga.txt)의 한국여자프로골프협회(KLPGA) 2006년도 상금 순위 상위 50명 자료는 측정변수로 상금률(상금 1위 선수에 대한 상대적 비율) 외에 평균퍼팅수(총퍼팅수/라운드수), 그린적중률, 파세이브율(총파세이브홀수/총홀수×100), 파브레이크율(버디이상홀수/총홀수×100), 평균타수((총스트로크수×72/코스소정파)/라운드수)가 사용되었다. 변수 수는 $p=6$이고 개체 수는 $n=50$인 50×6 다변량 자료행렬 X가 된다. 이미 이 자료에 대하여 [보기 2.5.1]에서 PCA를 통하여 주성분점수를 활용한 산점도와 [보기 5.3.5]에서는 다양한 계층적 군집분석을 통해 상위랭킹과 하위랭킹 선수들 간의 군집을 살펴보았다.

여기서는 서로 다른 성향의 측정변수로 인하여 표준화 자료행렬을 통한 표준화 유클리드 거리에 의한 비유사성에 대해 계량형 MDS를 적용하여 선수들의 군집을 시도하여 [표 7.2.3]에 요약해 두었다. 이를 위한 [R-코드 7.2.4](klpga-metricMDS.R)를 참고하기 바란다. [그림 7.2.4]에서 MDS 그림은 제1축(Dim1)의 적합도가 98.53%로 이 축을 중심으로

```
$points
        [,1]          [,2]
1    -84.9528156   -3.9559911
2    -48.1690119   -2.4337911
3    -44.3170478    1.3181089
4    -35.5548694    3.2623177
5    -26.1082166   -8.2853044
6    -23.2711574    4.6528920
7    -15.4549600    5.0420437
8     -5.4461263   -0.4828101
9     -4.7794225   -0.1109205
10    -4.5739813    8.4488877
          ---생략 ---

49    11.2142453    1.1772248
50    11.7816655    0.3493432

$GOF
[1] 0.9853022 0.9853022
```

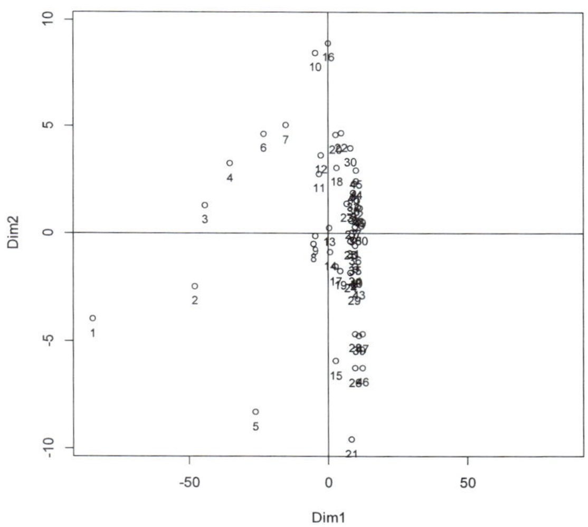

[그림 7.2.4] KLPGA 선수의 성적에 대한 계량형 MDS의 결과(일부)와 MDS 그림

[표 7.2.3]과 같이 선수들의 군집을 고려할 수 있어 이를 선수랭킹 차원축으로 해석할 수 있다.

| 표 7.2.3 | KLPGA 선수의 성적에 대한 MDS 그림의 군집 및 특성

축	선 수	특 성
제1축 왼편	1, 2, 3, 4, 5, 6, 7, 8, 9, 10, 11, 12	상위권
제1축 가운데	13, 14, 15, 16, 17, 18, 19, 20	중위권
제1축 오른편	30위 ~ 50위	하위권

[R-코드 7.2.4] KLPGA 선수의 성적에 대한 계량형 MDS(klpga-metricMDS.R)

```
#[보기 7.2.4] KLPGA의 계량형 MDS
Data1.3.2<-read.table("klpga.txt", header=T)
X<-scale(Data1.3.2, scale=T)
X<-as.matrix(Data1.3.2)
선수<-rownames(X)

# 표준화 유클리드 거리
D <-as.matrix(dist(X, method="euclidean"))
```

```
win.graph()
# Metric MDS
con<-cmdscale(D, k=2, eig=T)
con
x<-con$points[, 1]
y<-con$points[, 2]
lim1<-c(-max(abs(x)), max(abs(x)))
lim2<-c(-max(abs(y)), max(abs(y)))
plot(x, y, xlab="Dim1", ylab="Dim2", xlim=lim1, ylim=lim2)
text(x, y, 선수, cex=0.8, pos=1)
abline(v=0, h=0)
```

지금까지는 다변량 행렬자료가 연속형인 경우 계량형 MDS의 적용에 대하여 살펴보았다. 다음의 보기는 연속형을 주관적 또는 객관적 기준에 따라 이항형(binary)으로 한 이진수자료에서 개체 간의 비유사성으로 유클리드 거리를 활용한 계량형 MDS를 보여주려 한다. 이진수자료의 비유사성은 5.2절의 개체 간의 연관성측도에서 단순매칭계수(simple matching coefficient)와 깊은 연관성을 맺고 있다.

[보기 7.2.5] 은행 경영평가 자료의 계량형 MDS

[자료 7.2.2](bankbinary.txt)는 중앙일보(1998. 6. 29)에 실린 '살아난 은행들도 조마조마'라는 제목의 퇴출된 은행 및 시중 17개 은행의 경영평가 결과에 대해 다음의 8가지 항목으로 가공한 것이다.

(1) 국제결제은행(BIS)의 자기자본비율은 8% 이상인가?
(2) 총자산은 130,000억원 이상인가?
(3) 무수익 여신은 8,000억원 이상인가?
(4) 총여신대비 무수익 여신비율은 6% 이하인가?
(5) 부실여신은 3,300억원 이하인가?
(6) 지점 수는 110개 이상인가?
(7) 직원 수는 1,700명 이상인가?
(8) 중소기업 지원 성적은 B 이상인가?

| 자료 7.2.2 | 17개 은행 경영평가 현황(bankbinary.txt)

구 분	은행	경영 평가 항목							
		(1)	(2)	(3)	(4)	(5)	(6)	(7)	(8)
인수되는 은행	1 동화	0	0	0	0	0	1	1	0
	2 동남	0	0	0	0	1	1	0	0
	3 대동	0	0	0	0	0	0	1	0
	4 충청	0	0	0	0	0	1	0	1
	5 경기	0	0	0	0	0	1	1	1
인수하는 은행	6 신한	1	1	1	1	0	1	1	0
	7 주택	1	1	1	1	1	1	1	0
	8 국민	1	1	1	1	1	1	1	1
	9 하나	1	1	0	1	1	1	1	1
	10 한미	1	1	0	1	1	1	1	1
경영평가 대상은행	11 조흥	0	1	1	0	0	1	1	1
	12 상업	0	1	1	0	0	1	1	1
	13 한일	0	1	1	1	0	1	1	1
	14 외환	0	1	1	0	0	1	1	1
	15 평화	0	0	0	0	1	0	1	1
	16 강원	0	0	0	0	0	0	0	1
	17 충북	0	0	0	0	1	0	0	0

가공 방법은 8가지 항목에 따라 [자료 7.2.2]와 같은 예(1)와 아니오(0)의 형태인 이진수자료로 고려하였으며, 이런 경우 원자료의 측정변수의 단위에 무관하게 되며 여기서 계량형 MDS를 위한 비유사성행렬 $D=(d_{ij}),\ i,\ j=1,\ \cdots,\ 17$를 이루는 비유사성을

$$d_{ij} = \frac{i\text{ 번째와 } j\text{ 번째 개체 간에 일치하지 않는 항목의 수}}{\text{전체항목의 수}}$$

로 정의하였다. 이는 단순매칭계수와 일치하는 것으로 예를 들자면, 동화은행과 동남은행은 8가지 경영평가 항목 중 2가지가 일치하지 않아, 이들의 비유사성은 2/8=0.250이 된다. 단순매칭계수는 개체간의 연관성측도로 5장 군집분석의 5.2절에 잘 설명되어 있다.

```
$points
          [,1]        [,2]
1   -0.21234463  0.01631285
2   -0.24888495  0.28314522
3   -0.34642089  0.04248459
4   -0.31994190 -0.13614291
5   -0.19276609 -0.15124818
6    0.43989603  0.21331867
7    0.43989603  0.21331867
8    0.45432894 -0.02547142
9    0.29464889  0.09919277
10   0.29464889  0.09919277
11   0.07979117 -0.23814584
12   0.07979117 -0.23814584
13   0.24420302 -0.25686623
14   0.07979117 -0.23814584
15  -0.22772240  0.08480493
16  -0.47050394 -0.13023282
17  -0.38841049  0.36262863

$GOF
[1] 0.6828287 0.8221444
```

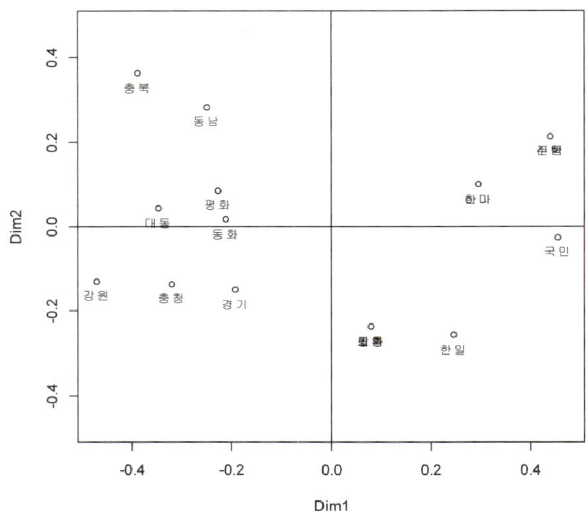

[그림 7.2.5] 은행 경영평가 자료에 대한 계량형 MDS의 결과와 MDS 그림

[그림 7.2.5]는 계량형 MDS의 형상좌표와 적합도가 82.21%인 MDS 그림이다. 이를 위한 [R-코드 7.2.5](bankbinary-metricMDS.R)를 활용하면 된다. 이미 [자료 7.2.2]의 은행들은 크게 인수하는 은행, 인수되는 은행, 경영평가대상 은행으로 군집화되 있어 MDS를 통해 이들의 군집화의 타당성을 살펴보게 된다. [표 7.2.4]는 MDS 그림을 보고 사분면에 따른 군집화와 이미 알려진 군집의 특성을 정리해 둔 것이다. 특히, 제1사분면의 주택(7)과 신한(8), 하나(9)와 한미(10)의 좌표점이 같아 각각 겹치게 되고, 그리고 제4사분면의 조흥(11), 상업(12), 외환(14)의 좌표점이 겹쳐 있다. 이는 연속형 변수별로 이항적 기준에 의해 이진수자료로 변환하다 보면 개체 간에 동일한 자료 값을 가지는 경우가 많이 발생되기 때문이다.

표 7.2.4 은행 경영평가 자료에 대한 MDS 그림의 군집 및 특성

사분면	은 행	특 성
제1사분면	주택, 신한, 하나, 한미,	인수하는 은행
제2, 제3사분면	충북, 동남, 대동, 평화, 동화, 강원, 충청, 경기	인수되는 은행
제4사분면	조흥, 상업, 외환, 한일, 국민	경영평가 대상

MDS 그림에 나타난 은행들의 경영평가 결과에서 특이한 점은 제2와 제3사분면의 인수되는 은행으로 분류되어 퇴출되어야 할 충북, 평화, 강원 은행이 실제로는 경영평가대상으로 되어 있었다.

[R-코드 7.2.5] 은행 경영평가 자료의 계량형 MDS(bankbinary-metricMDS.R)

```
#[보기 7.2.5] Bank data의 계량형 MDS
# Dissimilarity Matrix from Binary Data
Data7.2.2<-read.table("bankbinary.txt", header=T)
X<-Data7.2.2[, -1]
은행<-Data7.2.2[, 1]
n<-nrow(X)
p<-ncol(X)

# Dissimilarity Matrix from Binary Data
m <-as.matrix(dist(X, method="euclidean", diag=T))
D<-round(m^2, 3)/p

# Metric MDS
win.graph()
con<-cmdscale(D, k=2, eig=T)
con
x<-con$points[, 1]
y<-con$points[, 2]
lim<-c(-max(abs(con$points)), max(abs(con$points)))
plot(x, y, xlab="Dim1", ylab="Dim2", xlim=lim, ylim=lim)
text(x, y, 은행, cex=0.8, pos=1)
abline(v=0, h=0)
```

지금까지 개체 간의 연관성측도로 유클리드 거리와 같이 거리가 클수록 개체 간의 연관성이 적어 유사하지 않게 되는 비유사성에 대하여 계량형 MDS를 적용하였다. 다음의 [보기 7.2.6]에서는 비유사성과는 정반대 개념인 유사성으로 측정된 자료에 대해선 비유사성 자료로 변환하여 계량형 MDS를 적용한 사례를 보이고자 한다.

[보기 7.2.6] 모스부호 자료의 계량형 MDS

Mardia 외(1979, Chapter 14)에서는 점(., dot)과 선(-, dash)의 짧은 신호로 구성된 모스부호(Morse code)에서 0, 1, 2, 3, 4, 5, 6, 7, 8, 9로 이루어진 10개의 아라비아 숫자에 대한 [자료 7.2.3](morse.txt)과 같은 유사성자료를 제공하고 있다.

| 자료 7.2.3 | 아라비아 숫자에 대한 모스부호의 유사성자료(morse.txt)

1.----	84									
2..---	62	89								
3...--	16	59	86							
4....-	6	23	38	89						
5.....	12	8	27	56	90					
6-....	12	14	33	34	30	86				
7--...	20	25	17	24	18	65	85			
8---..	37	25	16	13	10	22	65	88		
9----.	57	28	9	7	5	8	31	58	91	
0-----	52	18	9	7	5	18	15	39	79	94

이 자료는 모스부호를 모르는 598명에게 청각적으로 기계에 의해서 두 수의 모스부호 신호를 짝을 지어 두 번(1 다음 2, 2 다음 1과 같이) 들려주고 두 신호의 짝이 같다고 생각하는 사람들의 비율을 나타낸 유사성행렬 자료 [자료 7.2.3]의 하삼각행렬만 고려한 것이다. Seber(1984, Example 5.5)와 Izenman(2008, pp. 469-471)에서도 전체 모스부호자료에 대한 다차원척도그림을 제공하고 있으니 참고하기 바란다.

[자료 7.2.3]의 아라비아 숫자에 대한 모스부호자료가 유사성행렬 $C=(c_{ij})$, $i,\ j=1,\ \ldots,\ 10$를 이루고 이를 통해 비유사성행렬 $D=(d_{ij})$, $i,\ j=1,\ \ldots,\ 10$를 얻기 위해 5.2절의 (5.2.7)의 표준변환

$$d_{ij}=\sqrt{c_{ii}-2c_{ij}+c_{jj}}$$

를 활용한다. 이것의 행렬표현은 다음과 같다.

$$D=\sqrt{diag(C)J-2C+Jdiag(C)} \tag{7.2.6}$$

여기서, $diag(C)$는 크기가 10×10 행렬 C의 대각원소로 이루어지는 대각행렬을 나타내며 J는 크기가 10×10이고 모든 원소가 1인 행렬이다.

```
$points
              [,1]       [,2]
 [1,] -4.5683272 -3.1377040
 [2,] -0.4079107 -5.9626237
 [3,]  3.6389106 -4.4990989
 [4,]  5.6363286 -0.6275020
 [5,]  5.6464513  0.4205213
 [6,]  3.7426401  3.7170866
 [7,]  0.9389537  5.2143848
 [8,] -2.9284754  3.6160868
 [9,] -6.0970041  0.8048214
[10,] -5.6015668  0.4540277


$GOF
[1] 0.5582581 0.5622199
```

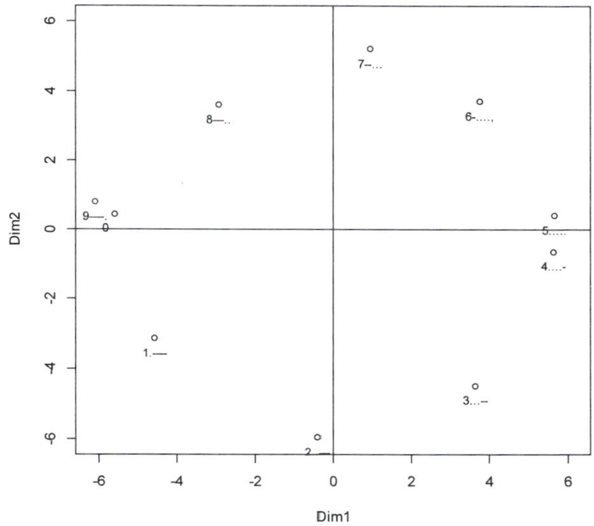

[그림 7.2.6] 모스부호 자료에 대한 계량형 MDS의 결과와 MDS 그림

[R-코드 7.2.6] 모스부호 자료의 계량형 MDS(morse-metricMDS.R)

```
#Morse data의 계량형 MDS
# Dissimilarity Matrix from Similarity Matrix
Data7.2.3<-read.table("morse.txt", header=T, check.names=F)
C<-as.matrix(Data7.2.3)
부호=colnames(C)
n<-nrow(C)

# Standard Transformation : cij(similarity) to dij(dissimilarity)
J<-matrix(1,n,n)
cii=diag(diag(C))%*%J
cij=C
cjj=J%*%diag(diag(C))
D<-sqrt(cii-2*cij+cjj)
D
# Metric MDS
win.graph()
con<-cmdscale(D, k=2, eig=T)
con
x<-con$points[,1]
y<-con$points[,2]
lim1<-c(-max(abs(x)), max(abs(x)))
```

```
lim2<-c(-max(abs(y)), max(abs(y)))

plot(x,y, xlab="Dim1", ylab="Dim2", xlim=lim1, ylim=lim2)
text(x,y,부호, cex=0.8, pos=1)
```

유사성에서 비유사성으로 (7.2.6)의 변환을 반영한 [R-코드 7.2.6]에서는 실제로 아라비아 숫자에 대한 모스부호의 유사성자료 [자료 7.2.3]에서 비유사성행렬을 계산하고 이에 대하여 계량형 MDS를 제공하고 있다. [그림 7.2.6]에서 적합도 56.22%인 2차원 MDS 그림을 살펴보자.

제1축(Dim1)의 왼편에서부터 아래쪽으로 0(-----), 1(.----), 2(..---), 3(...--), 4(...-), 5(.....), 6(-....), 7(--...), 8(---..), 9(----.) 순서로 다소 거칠지만 원을 형성하고 있다. 수평축(제1축, Dim1)은 왼쪽에서 오른쪽으로 갈수록 모스부호인 점(.)의 증가되는 추세를 측정하며 그 반면에 수직축(제2축, Dim2)은 아래쪽은 아라비아 숫자 1(.----), 2(..---), 3(...--), 4(....-)로 점(.)이 먼저 시작되며 위쪽은 9(----.), 8(---..), 7(--...), 6(-....)으로 선(-)이 먼저 시작되어 신호의 동질성을 측정한다. 0(-----)과 5(.....)는 2차원축의 이런 경향에서 벗어나 있다. 이를 제대로 분류하기 위해선 MDS 그림의 좌표축을 시계방향으로 30도 정도 회전할 필요가 있다. 회전한 후에, 특히 좌표점을 나타내는 숫자를 원점에서 시작되는 벡터로 보면 0과 9, 그리고 4와 5는 각각 그들이 서로 이루는 각도가 매우 작아 매우 연관성이 높게 여겨진다. 그 이유로는 마지막 한 개의 신호에서 차이를 보여 실험에 참가한 모스부호에 익숙하지 않은 사람들이 그 차이를 인지하지 못하기 때문이라 여겨진다. 그리고 이러한 기하적인 해석은 계량형 MDS 그림이 주성분분석의 대수적인 면과 기하적인 면을 따르는 토거선 알고리즘에 바탕을 두고 있고 주성분행렬도(principal component biplot)의 관점에서 이런 기하적인 해석이 유용하게 사용되었다. 행렬도에 대해선 9장이나 최용석과 신상민(2013, 1장)을 참고하기 바란다.

7.3 비계량형 다차원척도법

이 절에서는 비계량형 MDS를 위한 크루스칼-세퍼드(Kruskal-Shepard)의 알고리즘을 소개하려 한다. 개체 간의 거리를 나타내는 비유사성 d_{ij}와 차원축소된 형상공간에서 거리 δ_{ij} 사이의 관계가 (7.2.1)의 $d_{ij} = f(\delta_{ij}) + \epsilon_{ij}$를 만족하면서 함수 $f(\cdot)$는 모든 $i,\ j,\ k,\ l = 1,\ \ldots,\ n$에 대하여 $d_{ij} \le d_{kl}$이면 $f(d_{ij}) \le f(d_{kl})$가 성립

하는 단조증가함수라 하면 차원축소된 형상공간의 개체 간의 거리 δ_{ij}를 구하기 위해 사용할 수 있는 정보로 유클리드공간의 개체 간의 거리 d_{ij}들의 크기순서(rank order)가 유일하다. 예를 들어 [보기 7.2.2]에서 유럽 10대 도시간 지도를 만든다고 했을 때 다음과 같은 정보를 활용하게 된다.

프라하(Prague)에서 베를린(Berinl)까지의 거리가 114로 가장 가깝다.
런던(London)에서 암스테르담(Amsterdam)까지의 거리가 140으로 그다음 가장 가깝다.

……

스톡홀롬(Stockholm)에서 리스본(Lisboa)까지의 거리가 1212로 가장 멀다.

따라서 Seber(1984, p. 241)는 비계량형 MDS의 목표는 d_{ij}와 δ_{ij}에 대한 그림이 (근사적) 단조증가하는 s차원의 형상공간을 찾는 것이라고 했다. 예를 들어, 만약에 $n = 3$인 경우 $d_{23} < d_{12} < d_{13}$라면 $\delta_{23} \le \delta_{12} \le \delta_{13}$를 만족하는 3개체들의 형상좌표를 구하는 것이다. 이를 위한 대표적인 크루스칼-세퍼드 알고리즘이 있다.

비계량형 MDS에서는 비유사성행렬 D가 반드시 거리행렬이라 여기지 않아도 되나 실제로 자료가 유사성행렬로 나타날 때 가장 적절한 경우가 많다. 이와 같은 전제에서 출발하여 1960년대 초에 Shepard(1962)와 Kruskal(1964)에 의해서 비계량 MDS의 형상공간을 제공하는 크루스칼-세퍼드 알고리즘이 개발되었다. 여기서는 Mardia 외(1979, p. 414)와 du Toit 외(1986, pp. 131-133)에 나타나 있는 이 알고리즘을 [표 7.3.1] 크루스칼-세퍼드 알고리즘으로 소개한다.

알고리즘의 [4단계]에서 스트레스 공식의 최소화는 최경사하경법, Levenberg-Marquart, 가우스-뉴턴법과 같은 비선형회귀(nonlinear regression)문제를 해결하는 수치최적화 알고리즘이 적용된다. 자세한 수리적 설명과 비교는 Kennedy와 Gentle(1980, pp. 47-485)을 참고하기 바란다. 그리고 [3단계]의 순위상 계산과정을 최소제곱단조회귀(least square monotone regression)라 한다. Guttman(1968)이 순위상(rank image)이라는 용어를 사용하였고 불일치(disparity)라고도 한다(Izenman, 2008, pp. 492-493). 그리고 [4단계]의 스트레스는 크루스칼의 <스트레스 공식 1>이라 하며 이 외에도 <스트레스 공식 2>가 있으며 영(Young)의 < S-스트레스 공식 1과 공식 2>가 있는데 최용석(2014, 1.3절)을 참고하기 바란다.

[표 7.3.1] 크루스칼-세퍼드 알고리즘

[1단계] 크기가 $n \times n$인 비유사성행렬 $D=(d_{ij})$에서 $m=n(n-1)/2$개의 비대각원소를 그 크기에 따라 다음과 같이 순서화 한다. $$d_{i_1j_1} \le d_{i_2j_2} \le \cdots \le d_{i_mj_m}$$ [2단계] X^*를 s차원 형상공간의 좌표행렬이라 하고 이에 대응하는 비유사성행렬을 D^*라 한다면 $\delta^*_{i_1j_1}, \delta^*_{i_2j_2}, ..., \delta^*_{i_mj_m}$는 당연히 $d_{i_1j_1}, d_{i_2j_2}, ..., d_{i_mj_m}$에 대응되는 값이다. [3단계] $\delta^*_{i_1j_1}, \delta^*_{i_2j_2}, ..., \delta^*_{i_mj_m}$와 거의 일치하면서 $d_{i_1j_1}, d_{i_2j_2}, ..., d_{i_mj_m}$에 단조관계를 갖는 순 위상(rank image)인 $\hat{d}_{i_1j_1} \le \hat{d}_{i_2j_2} \le \cdots \le \hat{d}_{i_mj_m}$을 계산한다. [4단계] 크루스칼의 스트레스 $$\left[\sum_{i<}\sum_{j}(\delta^*_{ij}-\hat{d}_{ij})^2 / \sum_{i<}\sum_{j}(\delta^*_{ij})^2\right]^{1/2} \tag{7.3.1}$$ 을 정의하고 이를 최소화하는 형상공간 좌표행렬 X^*를 찾는다.

Davison(1992, Chapter 5)에서 크루스칼의 스트레스를 최소화하는 비계량형 MDS는 R에서는 library(MASS)의 함수 isoMDS()를 활용하면 되고 보다 다양한 MDS를 위한 패키지 프로그램인 SAS/PROC MDS의 활용과 응용은 최용석(2014)에 잘 나와 있으니 참고하기 바란다.

[표 7.3.1] 크루스칼-세퍼드 알고리즘의 [2단계]에서 MDS 그림을 위한 형상공간의 적절한 차원수 s를 정하는 적합도 문제를 다루기로 하자. 일반적으로 가능한 차원수 s를 작게 잡는 것이 해석상 유리하지만 차원수 s가 커질수록 스트레스는 작아지는 경향이 있다. 7.2절의 [표 7.2.1] 토거선 알고리즘에 바탕을 두는 계량형 MDS에서는 (7.2.4)와 (7.2.5)의 적합도로 MDS 그림의 차원수를 정의하였다. Chatfield와 Collins(1980, p. 208)는 2, 3 그리고 4차원 정도에서 적절한 차원을 찾도록 권하고 있다. 대개 필자의 경험상 2차원(좌표축이 2개) 정도이면 차원축소를 목표로 하는 다변량기법(주성분분석, 인자분석, 행렬도, 대응분석 등)의 기하적 해석이 원만하게 이루어진다고 생각된다.

이 외에도 비계량형 MDS의 차원수 결정을 위한 적합도로 잘 알려진 크루스칼의 판별기준은 [표 7.3.2]와 같다(Kruskal, 1964; Mardia 외, 1979, p. 414; Everitt와 Dunn, 1991, p. 77; Johnson과 Wichern, 2007, 12.6; Izenman, 2008, p. 501).

표 7.3.2 차원수 결정을 위한 크루스칼의 판별기준

스트레스	0.0	0.025	0.05	0.10	0.20
적합도	완벽 (perfect)	뛰어남 (excellent)	좋음 (good)	보통 (fair)	나쁨 (poor)

나머지 방법으로는 Guttman(1968)의 상그림(image diagram)과 세퍼드그림(Shepard diagram)이 있다. 상그림은 수직축에 순위상($\widehat{d_{ij}}$)과 수평축에 s차원의 형상좌표에서 얻어지는 비유사성(δ_{ij}^*)에 대한 산점도이다. 이는 비계량형 MDS를 위한 모형의 적합성을 보여준다. 따라서 이 상그림의 점들이 원점에서 수평축에 대해 45°각도로 직선상에 놓여있다면 비계량형 MDS에 관한 모형이 완벽하게 적합되었음을 의미한다. 그리고 이 직선에서 눈에 띄게 벗어나는 점은 이상치(outlier)이다. 이상치가 많을수록 크루스칼의 스트레스는 양적으로 커지게 된다. 세퍼드그림은 수직축에 순위상($\widehat{d_{ij}}$)과 수평축에 실제 비유사성(d_{ij})에 대한 산점도이다. 상그림과 같이 이 그림에도 순위상이 단조관계를 보여주기 때문에 모형에서 가정한 $f(\cdot)$의 단조성을 평가하는 방법이다. 이 그림들의 보다 자세한 설명은 Davison(1992, pp. 95-99)을 참고하기 바라고 실제 활용의 예를 다음의 [보기 7.3.1]에서 보이기로 하자.

[보기 7.3.1] 9가지 직업 간의 비유사성행렬자료의 비계량형 MDS

EXAMPLE

[자료 7.3.1](jobs.txt)은 9가지 직업 preacher(목사), surgeon(외과의사), teacher(초등학교 교사), journalist(기자), policeman(경찰관), plumber(배관공), farmer(농부), actor(배우), bank clerk(은행원) 간의 비유사성행렬자료이다. 이 자료는 62명의 사람에게 9가지 직업을 각각 두 직업씩 짝 지은 36가지의 경우에 대해 서로 얼마나 다른지를 0점(유사하다) ~ 5점(완전히 다르다)의 척도로 응답하게 한 후 그 평균으로 얻어진 것이다. du Toit 외(1986, Chapter 6)에서는 이 자료에 대해 계량형과 비계량형 MDS를 모두 제공하고 있으며 군집분석의 결과도 제공하고 있다.

| 자료 7.3.1 | 9가지 직업 간의 비유사성행렬자료(jobs.txt)

Preacher	0.00								
Surgeon	3.06	0.00							
Teacher	2.14	3.95	0.00						
Journalist	3.21	3.95	3.03	0.00					
Policeman	3.51	4.17	2.82	3.33	0.00				
Plumber	4.40	3.77	3.86	4.14	3.60	0.00			
Farmer	3.64	3.69	3.47	3.90	3.56	2.53	0.00		
Actor	3.12	4.13	2.72	2.58	3.68	4.17	4.10	0.00	
Bank clerk	3.73	4.05	3.31	3.46	3.29	3.92	3.59	3.72	0.00

[R-코드 7.3.1](jobs-nonmetricMDS.R)에 의해서 비계량형 MDS의 결과 [그림 7.3.1]에는 (a) 비계량형 MDS 그림을 위한 2차원 형상좌표와 스트레스 값 5.60%가 주어져 있다. 스트레스 값 5.60%=0.056은 [표 7.3.2]의 기준에 따르면 적합도가 좋음(good)에 해당한다. 더불어 (b)와 (c)에는 각각 세퍼드그림과 상그림을 위한 3종류의 좌표(원거리, FITDIST, FITDATA)가 주어져 있다. (b) 세퍼드그림은 수직축에 순위상(FITDATA, $\widehat{d_{ij}}$)과 수평축에 실제 비유사성(원거리, d_{ij})에 대한 산점도로 비계량형 MDS 모형에서 가정한 $f(\cdot)$의 단조성이 만족됨을 보이고 있다. (c) 상그림은 수직축에 순위상(FITDATA, $\widehat{d_{ij}}$)과 수평축에 2차원의 형상좌표로부터 얻어지는 비유사성(FITDIST, δ_{ij}^*)에 대한 산점도로 원점을 지나는 직선상에 잘 놓여 있어 비계량형 MDS가 잘 적합되었다고 여겨진다.

끝으로 (a)의 MDS 그림에 나타나는 9가지 직업들은 3가지 동질적인 직업군으로 나누어진다. 그림의 수평축(제1축)의 오른편에 육체적 노동력이 요구되는 직업인 farmer(농부)와 plumber(배관공), 왼편에는 전문지식이 요구되는 teacher(초등학교 교사), actor(배우), journal(기자)이 각각 그룹을 이루고 있다. 수직축(제2축)의 위쪽에는 정복차림의 bank(은행원)와 police(경찰관)가 한 그룹을 이루고 있다. 그 반대편에는 치료와 치유를 직업으로 하는 surgeon(외과의사)과 preach(목사)가 놓여 있지만 이들의 직업은 서로 비유사할 뿐만 아니라 다른 직업군과도 유사하지 않다.

```
$points
        [,1]        [,2]
1 -1.7844040 -1.36283047
2  1.1366153 -3.10068831
3 -1.5140725  0.21137777
4 -2.2278390  0.77786359
5 -0.2383229  1.22888103
6  4.0353214  0.07967289
7  2.7295200  0.39470793
8 -2.6242817 -0.37751648
9  0.4874634  2.14853205

$stress
[1] 5.598862
```

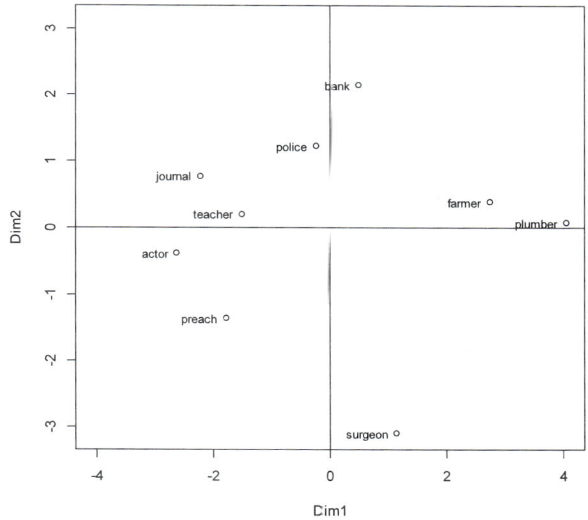

(a) 비계량형 MDS 그림

```
      원거리 FITDIST   FITDATA
 [1,] 2.14 1.5972510 1.326969
 [2,] 2.53 1.3432663 1.326969
 [3,] 2.58 1.2215031 1.326969
 [4,] 2.72 1.2567262 1.326969
 [5,] 2.82 1.6318242 1.326969
 [6,] 3.03 0.9112457 1.326969
 [7,] 3.06 3.3988974 2.012820
 [8,] 3.12 1.2946962 2.012820
 [9,] 3.21 2.1861394 2.012820
[10,] 3.29 1.1715476 2.012820
          --- 생략 ---
[35,] 4.17 6.6752779 6.335556
[36,] 4.40 5.9958335 6.335556
```

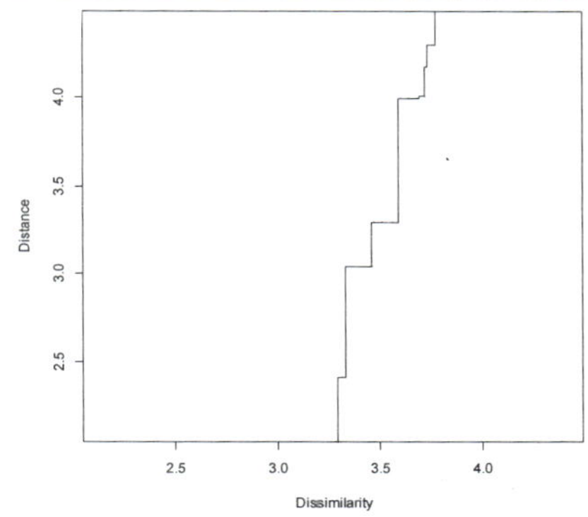

(b) 세퍼드 그림

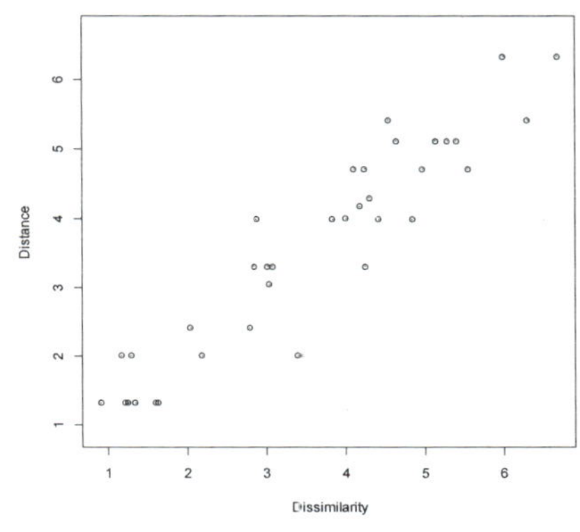

(c) 상그림

[그림 7.3.1] 9가지 직업의 비계량형 MDS 결과와 (a) MDS 그림 (b)세퍼드그림 (c) 상그림

[R-코드 7.3.1]　9가지 직업의 비계량형 MDS(jobs-nonmetricMDS.R)

```
# Nine Jobs's Dissimilarity
Data7.3.1<-read.table("jobs.txt", header=T)
D<-Data7.3.1
직업=colnames(D)
# Nonmetric MDS
win.graph()
library(MASS)
con<-isoMDS(D, k=2)
con
x<-con$points[,1]
y<-con$points[,2]
lim1<-c(-max(abs(x)), max(abs(x)))
lim2<-c(-max(abs(y)), max(abs(y)))
plot(x,y, xlab="Dim1", ylab="Dim2", xlim=lim1, ylim=lim2)
text(x,y,직업, cex=0.8, pos=2)
abline(v=0, h=0)
# Shepard  Diagram
win.graph()
dist_sh <- Shepard(D[lower.tri(D)], con$points)
dist_sh
cdist_sh=cbind(dist_sh$x, dist_sh$y, dist_sh$yf)
cdist_sh
plot(cdist_sh[,1], cdist_sh[,3], pch = ".", xlab = "Dissimilarity", ylab = "Distance",
xlim = range(cdist_sh[,1]), ylim = range(cdist_sh[,1]))
lines(cdist_sh[,1],  cdist_sh[,3], type = "S")
# Image Diagram
win.graph()
plot(cdist_sh[,2], cdist_sh[,3], pch = ".", xlab = "FitDissimilarity", ylab = "Distance",
xlim = range(cdist_sh[,2]), ylim = range(cdist_sh[,2]))
lines(cdist_sh[,2],  cdist_sh[,3], type = "p")
```

[보기 7.3.2] 유럽 10대 도시 간 거리의 비계량형 MDS

EXAMPLE

[보기 7.2.2]에는 유럽의 대표적인 10대 도시인 London, Stockholm, Lisboa, Madrid, Paris, Amsterdam, Berlin, Prague, Rome, Dublin 간의 거리에 대한 [자료 7.2.1](eurodist.txt)에

대해 계량형 MDS를 적용한 사례가 주어져 있다. 이번에는 비계량형 MDS를 적용하기 위해 [R-코드 7.3.2](eurodist-nonmetricMDS.R)를 수행하여 비계량형 MDS의 결과 [그림 7.3.2]를 얻게 된다. 스트레스 값 9.09%=0.0909는 적합도가 보통(fair)에 해당한다. 이는 비계량형 MDS 모형의 적합을 평가하는 (b) 세퍼드그림과 (c) 상그림에 따르면 단조성과 직선성은 따르지만 이를 벗어나는 이상치가 다소 있기 때문이다. 그러나 (a) MDS 그림은 [그림 7.2.2]의 계량형 MDS 그림과 거의 일치하며 유럽 10개국의 지도상의 위치를 상대적으로 잘 나타내고 있다.

```
$points
           [,1]        [,2]
1    -21849.5490  -45892.293
2   -173928.3473   72809.073
3    268531.5290   38530.580
4    166549.1956  -31440.524
5      -260.3591  -42720.366
6    -72037.8552  -42346.969
7   -120765.0104  -12617.482
8    -89075.9744    4568.222
9     36467.5025   66300.447
10     6368.8683   -7190.688

$stress
[1] 9.090684
```

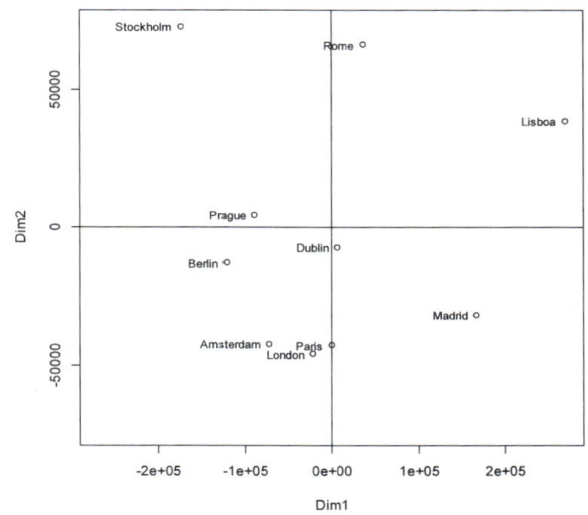

(a) 비계량형 MDS 그림

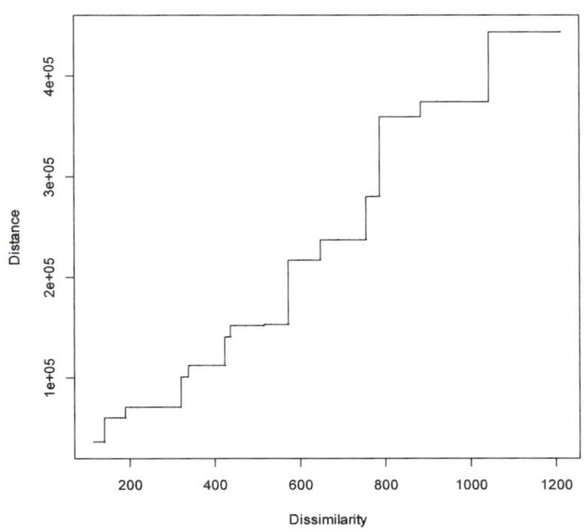

(b) 세퍼드 그림

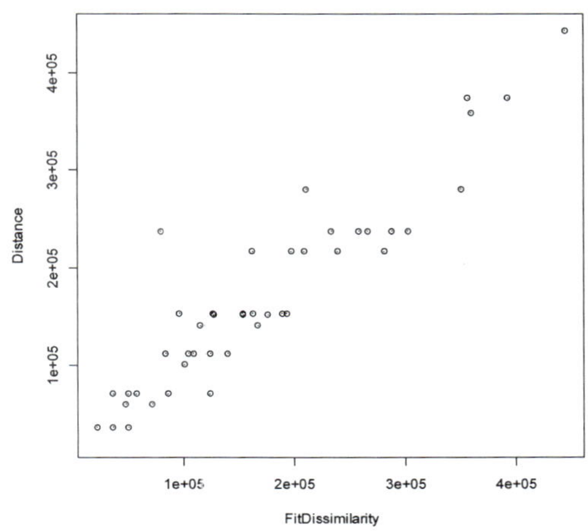

(c) 상그림

[그림 7.3.2] 유럽 10대 도시 간 거리의 비계량형 MDS 결과

[R-코드 7.3.2] 유럽 10대 도시 간 거리의 비계량형 MDS(eurodist-nonmetricMDS.R)

```
# 10 European Cities's Distances
Data7.2.1<-read.table("eurodist.txt", header=T)
D<-Data7.2.1
도시=colnames(D)
n<-nrow(D)
p<-ncol(D)

# Nonmetric MDS
win.graph()
library(MASS)
con<-isoMDS(D, k=2)
con
x<-con$points[,1]
y<-con$points[,2]
lim1<-c(-max(abs(x)), max(abs(x)))
lim2<-c(-max(abs(y)), max(abs(y)))
plot(x,y, xlab="Dim1", ylab="Dim2", xlim=lim1, ylim=lim2)
text(x,y,도시, cex=0.8, pos=2)
abline(v=0, h=0)

# Shepard  Diagram
win.graph()
dist_sh <- Shepard(D[lower.tri(D)], con$points)
dist_sh
cdist_sh=cbind(dist_sh$x, dist_sh$y, dist_sh$yf)
cdist_sh
plot(cdist_sh[,1], cdist_sh[,3], pch = ".", xlab = "Dissimilarity", ylab = "Distance",
xlim = range(cdist_sh[,1]), ylim = range(cdist_sh[,3]))
lines(cdist_sh[,1],  cdist_sh[,3], type = "S")

# Image Diagram
win.graph()
plot(cdist_sh[,2], cdist_sh[,3], pch = ".", xlab = "FitDissimilarity", ylab = "Distance",
xlim = range(cdist_sh[,2]), ylim = range(cdist_sh[,2]))
lines(cdist_sh[,2],  cdist_sh[,3], type = "p")
```

[보기 7.3.3] KLPGA 선수의 성적(klpga.txt)에 대한 비계량형 MDS

[보기 7.2.4]에는 한국여자프로골프협회(KLPGA) 2006년도 상금 순위 상위 50명 [자료 1.3.2] (klpga.txt)에 대하여 표준화 자료행렬을 통한 표준화 유클리드 거리에 의한 비유사성의 계량형 MDS를 시도하였다. 이번에는 [R-코드 7.3.3](klpga-nonmetricMDS.R)는 비계량형 MDS를 위한 것으로 [그림 7.3.3]과 같은 결과를 얻었다. (a) MDS 그림의

```
$points
         [,1]        [,2]
1  -86.383875 -3.9940850
2  -47.997437 -2.7708907
3  -44.291852  2.2620888
4  -35.455988  3.1644999
5  -26.347106 -7.0989300
6  -23.037830  4.3198173
7  -15.038345  4.7631293
8   -5.369932 -1.3744589
9   -4.283186 -0.2529404
10  -4.527304  7.7751160
        ---생략 ---

49  11.228572  1.3227883
50  11.209908 -0.1985411

$stress
[1] 1.860657
```

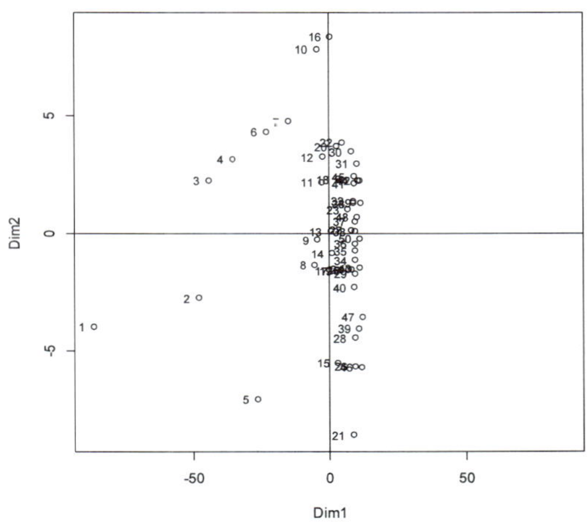

(a) 비계량형 MDS 그림

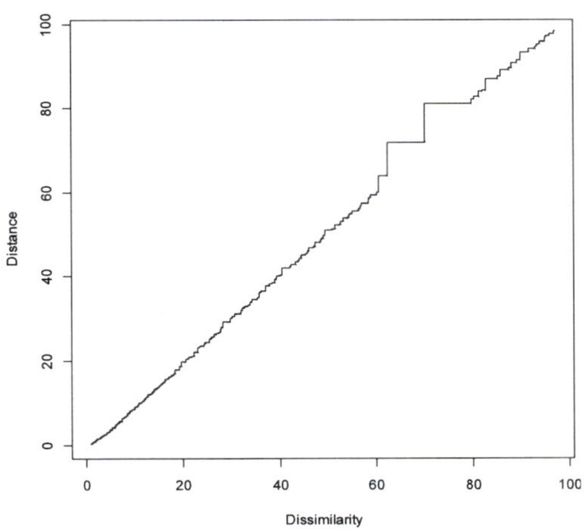

(b) 세퍼드 그림

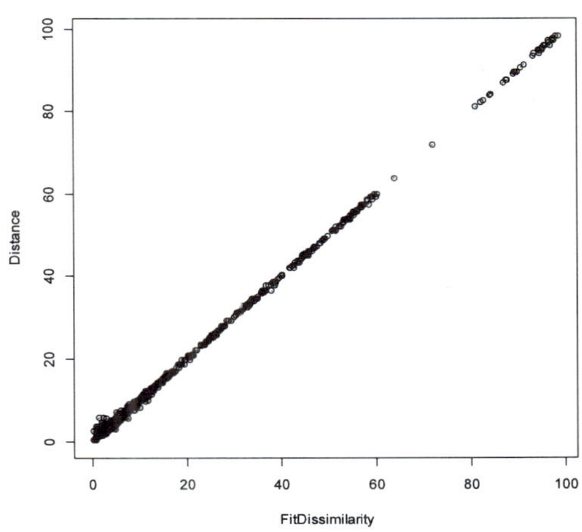

(c) 상그림

[그림 7.3.3] KLPGA 선수의 성적에 대한 비계량형 MDS의 결과

스트레스 값이 1.86%=0.0186으로 [표 7.3.2]의 기준에 따르면 적합도가 뛰어남(excellent)에 해당한다. 이러한 적합도는 (b) 세퍼드그림과 (c) 상그림에서 매우 돋보이는 단조성과 직선성을 통해서도 짐작할 수 있다.

MDS 그림 (a)의 해석은 제1축의 왼편에 상금 순위 상위권 선수(1, 2, 3, 4, 5, 6, 7, 8, 9, 10, 11, 12)가 포진 하는 등 [그림 7.2.3]의 계량형 MDS 그림과 동일하다.

[R-코드 7.3.3] KLPGA 선수의 성적에 대한 비계량형 MDS(klpga-nonmetricMDS.R)

```
Data1.3.2<-read.table("klpga.txt", header=T)
X<-scale(Data1.3.2, scale=T)
X<-as.matrix(Data1.3.2)
선수<-rownames(X)
n<-nrow(X)
p<-ncol(X)

# 표준화 유클리드 거리
D <- as.matrix(dist(X, method="euclidean"))

# Nonmetric MDS
win.graph()
library(MASS)
con<-isoMDS(D, k=2)
con
x<-con$points[,1]
y<-con$points[,2]
lim1<-c(-max(abs(x)), max(abs(x)))
lim2<-c(-max(abs(y)), max(abs(y)))
plot(x,y, xlab="Dim1", ylab="Dim2", xlim=lim1, ylim=lim2)
text(x,y,선수, cex=0.8, pos=2)
abline(v=0, h=0)

win.graph()
# Shepard  Diagram
klpga_sh <- Shepard(D[lower.tri(D)], con$points)
klpga_sh
plot(klpga_sh, pch = ".", xlab = "Dissimilarity", ylab = "Distance",
xlim = range(klpga_sh$x), ylim = range(klpga_sh$x))
lines(klpga_sh$x, klpga_sh$yf, type = "S")
```

일반적으로 [표 7.2.1] 토거선 알고리즘에 바탕을 두는 계량형 MDS는 [표 7.3.1] 크루스칼-세퍼드 알고리즘에 바탕을 두는 비계량형 MDS보다는 수치적으로 계산이 더 간단하다. 그러나 계량형 MDS는 거리함수의 단조 변환에 대하여 얼마나 로버스트(robust)한 것인지는 알려져 있지 않다. 다시 말해서 거리측정에 대한 주관적 판단을 사용하기보다는 비계량형 MDS와 같이 비유사성의 순위순서를 유지하도록 함수 $f(\cdot)$를 객관적으로 세우는 것이 요구된다. 더군다나 두 방법은 이미 여러 보기에서 살펴본 바와 같이 잘 알려진 사례의 경우에는 유사한 결과를 제공한다. 다만 R에서는 계량형 MDS를 위해서는 함수 cmdscale()을 사용하고 비계량형 MDS를 위해서는 library(MASS)의 함수 isoMDS()와 추가적으로 세퍼드그림과 상그림을 얻기 위해서 함수 Shepard()를 활용한다.

7.4 삼원 다차원척도법

계량형과 비계량형 MDS를 이원 MDS라고 하는데 이는 n개 개체들의 비유사성 d_{ij}, $i,\ j=1,\ \ldots,\ n$에 의한 이원(two-way)행렬 형태인 하나의 비유사성행렬 D에 적용된 MDS를 뜻한다. 더 나아가 이번에는 m명의 주체(subjects) 각각에 대해서 고려한 두 개 이상의 비유사성행렬 $D^{(s)}$, $s=1,\ \ldots,\ m$에 적용되는 삼원 MDS를 살펴보기로 하자. 삼원(three-way)이란 이원행렬 형태의 비유사성행렬을 주체에 대하여 각각 고려한 것을 말한다. 이를 위한 INDSCAL(INdividual Differences SCALing) 모형의 알고리즘을 소개하고 기하적 관점에서 이해하려 한다. INDSCAL 모형의 내용에 대해선 Davison(1992, Chapter 6), Young(1987, Chapter 6) 그리고 Schiffman 외(1981, pp. 371-389)를 참고할 수 있다.

m명의 주체에 대해서 고려한 삼원행렬 형태인 비유사성행렬

$$D^{(s)}=(d_{ij}^{(s)}),\ i,\ j=1,\ \ldots,\ n;\ s=1,\ \ldots,\ m \tag{7.4.1}$$

을 고려하자. 여기서 $d_{ij}^{(s)}$는 s번째 주체에 대해 i번째와 j번째 개체 사이의 가중유클리드 거리에 의한 비유사성을 나타낸다. 삼원 MDS에서 궁극적으로 구하고자 하는 $k\ (\le p)$ 차원 형상공간에서 크기가 $n\times k$인 형상좌표를 $X_{(k)}$라 하자. s번째 주체에 대한 r번째 차원에 대한 가중치를 w_{sr}라 하고, i번째와 j번째 개체 간의 비유사성을

$$\delta_{ij}^{(s)}=\left[\sum_{r=1}^{k} w_{sr}(x_{ir}-x_{jr})^2\right]^{1/2} \tag{7.4.2}$$

라 하면 삼원 MDS를 위한 모형은

$$d_{ij}^{(s)} = f_s(\delta_{ij}^{(s)}) + \epsilon_{ij} \tag{7.4.3}$$

를 만족한다. 여기서 $f_s(\cdot)$는 일반적으로 계량형인 경우 선형함수이고 비계량형인 경우는 단조함수이며 ϵ_{ij}는 왜곡오차이다. 특히, (7.4.2)는 INDSCAL 모형의 차원축소된 형상공간의 비유사성이 일반적인 유클리드 거리 대신에 가중유클리드 거리를 고려하고 있음을 나타낸다. 이런 이유로 INDSCAL 모형을 가중 다차원척도법(weighted MDS)이라고도 한다.

[표 7.4.1]은 삼원 MDS에 대한 입력자료와 MDS 결과에서 얻어지는 형태를 비교하고 있다. 이들을 입력자료와 결과의 도식도(schematic diagram)라 한다(Young과 Lewyckyj,

[표 7.4.1] 삼원 MDS를 위한 입력자료와 결과의 도식도

입력	$m(\geq 2)$개의 $n \times n$ 비유사성행렬 $D^{(s)}$, $s=1, \ldots, m$ • $d_{ij}^{(s)} \equiv$주체 s에 대해 개체 i와 j의 비유사성 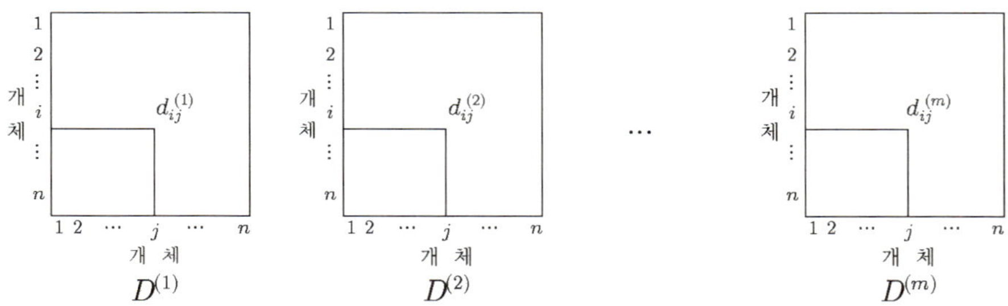
결과	k 차원의 $n \times k$ 형상좌표행렬 $X_{(k)}$ • $x_{ir} \equiv$차원 r에서의 개체 i의 좌표 • 주체의 $m \times k$ 가중치행렬 W • $w_{sr} \equiv$차원 r에서 주체 s의 가중치 • $\delta_{ij}^{(s)} \equiv$ 형상공간에서 주체 s에 대한 개체 i와 j의 비유사성 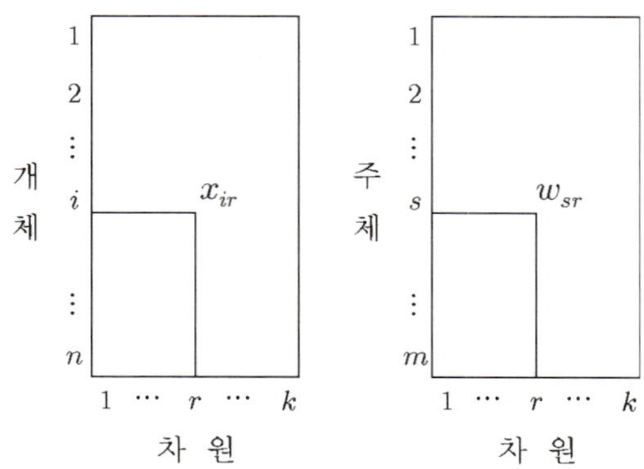

1979, Chapter 1; Schiffman 외, 1981, pp. 372-373; Young, 1987, pp. 122-135). [표 7.4.1]에서 삼원 MDS인 INDSCAL 모형의 입력자료는 주체×개체×개체의 삼원 행렬자료이다. 다시 말해서 각 주체에 따른 개체 간의 비유사성으로 이루어진 정사각형인 이원 정방대칭행렬이 $D^{(s)}$, $s=1, \ldots, m$이다. 그러므로 각각의 정사각형은 이원 MDS의 입력자료로 볼 수 있고 이들을 각 m명의 주체에 따라 모아 두었다고 생각하면 된다. 그리고 INDSCAL 모형의 결과는 2개의 좌표행렬로 이루어져 있다. 그 하나는 개체 형상공간에서의 좌표행렬 $X_{(k)}$와 나머지는 주체 형상공간에서의 가중치좌표행렬 W이다. 여기서 형상공간에서 주체 s에 대한 개체 i와 j의 비유사성 $\delta_{ij}^{(s)}$를 계산하게 된다. 특히, 개체공간을 그룹자극(group stimulus)공간이라고도 한다(Schiffman 외, 1981, p. 374).

INDSCAL 모형에 바탕을 두는 삼원 MDS의 기하학적 해석을 이해하기 위해 다음을 생각해 보자. 삼원 MDS의 적용 결과는 차원축소된 k차원 형상공간에서 개체들의 좌표행렬 $X_{(k)}=(x_{ir})$, $i=1, \ldots, n$; $r=1, \ldots, k$을 얻는 것이다. 여기서 x_{ir}은 개체공간의 r차원에서 i번째 개체의 좌표이다. 특히, 삼원 MDS에서는 (7.4.2)의 주체 s에 대하여 i번째와 j번째 개체 간의 비유사성 $\delta_{ij}^{(s)}$가 정의되기 위해선 가중치가 필요하다. 만약에 r차원에서 s번째 주체에 대한 가중치를 w_{sr}이라 하면 이젠 r차원에서 s번째 주체에 대한 개체공간상의 좌표는

$$y_{ir}^{(s)} \;=\; w_{sr}^{1/2}\, x_{ir} \qquad (7.4.4)$$

에 의해서 제공된다. (7.4.4)에 의해서 제공되는 가중 형상공간을 개인지각공간(private perceptual space)이라 한다. 따라서 이 공간에서 주체 s에 대하여 i번째와 j번째 개체 간의 비유사성은 (7.4.4)에 의해서 유클리드 거리

$$\delta_{ij}^{(s)} \;=\left[\sum_{r=1}^{k}(y_{ir}^{(s)}-y_{jr}^{(s)})^2\right]^{1/2} \qquad (7.4.5)$$

로 나타낼 수 있겠다. 그리고 (7.4.4)를 (7.4.5)에 대입하면 (7.4.2)를 얻게 된다. 이와 같이 (7.4.4)와 (7.4.5)는 (7.4.2)인 유클리드 거리의 가중 일반화의 해석을 제공하며 대수적으로는 가중치에 의한 선형변환을 통해 INDSCAL 모형을 나타내고 있다. 다시 말해서 각 차원에 대한 각 주체의 가중치의 제곱근 $w_{sr}^{1/2}$에 의해서 각 차원이 재측정 된다. 즉 (7.4.5)에서 $w_{sr}^{1/2}$가 증가한다면 k차원에 있는 개체 간의 차이는 개체 i와 개체 j의 비유사성을 판단하는 데에 큰 영향을 준다.

특히, R에서는 library(smacof)의 함수 smacofIndDiff()에서 옵션 constraint="indscal"

에 의해서 INDSCAL 모형에 의한 삼원 MDS를 적용할 수 있다.

지금까지 설명을 기하적으로 보이기 위해 du Toit 외(1986, p. 146)가 요약한 예를 [보기 7.4.1]에서 살펴보자.

[보기 7.4.1] INDSCAL 모형의 기하적 성질

EXAMPLE

INDSCAL 모형 (7.4.3)에서 주체별 가중치가 개체형상좌표에 기하적으로 어떻게 영향을 주는가를 살펴보기 위해 (7.4.2)와 같은 비유사성으로 이루어진 비유사성행렬에 삼원 MDS를 적용하여 임의의 세 개체의 $k=2$ 차원의 형상좌표행렬

$$X_{(k)} = \begin{bmatrix} -0.5 & -1.6 \\ -1.3 & -1.2 \\ 1.6 & 0.8 \end{bmatrix} = (x_{ir}), \quad i=1,\ 2,\ 3;\ r=1,\ 2$$

를 얻었다고 하자. 그리고 두 주체에 대한 가중치행렬로

$$W = \begin{bmatrix} 0.6 & 0.4 \\ 0.8 & 0.2 \end{bmatrix} = (w_{sk}),\ s=1,\ 2;\ k=1,\ 2$$

를 고려한다 하자. 이를 차원계수(dimension coefficient)라고도 한다.

주체 1($s=1$)에 대한 개인지각공간의 좌표는 (7.4.4)에 의해서

$$\begin{aligned} Y^{(1)} = [y_{ir}^{(1)}] &= \begin{bmatrix} w_{11}^{1/2} x_{11} & w_{12}^{1/2} x_{12} \\ w_{11}^{1/2} x_{21} & w_{12}^{1/2} x_{22} \\ w_{11}^{1/2} x_{31} & w_{12}^{1/2} x_{32} \end{bmatrix} \\ &= \begin{bmatrix} (0.6)^{1/2}(-0.5) & (0.4)^{1/2}(-1.6) \\ (0.6)^{1/2}(-1.3) & (0.4)^{1/2}(-1.2) \\ (0.6)^{1/2}(1.6) & (0.4)^{1/2}(0.8) \end{bmatrix} \\ &= \begin{bmatrix} -0.39 & -1.01 \\ -1.01 & -0.76 \\ 1.24 & 0.51 \end{bmatrix} \end{aligned}$$

이다. 이와 같이 주체 2($s=2$)에 대한 개인지각공간의 좌표 $Y^{(2)}$도 계산을 할 수 있다. 이러한 좌표들의 대수적 계산과정과 기하적 해석을 위하여 [R-코드 7.4.1](example741-three-wayMDS.R)을 이용하면 [그림 7.4.1]을 얻게 된다.

[그림 7.4.1]에 따르면 (a) 개체 형상공간 그림, (b) 주체별 가중치 그림, (c) 주체 1의 개인지각공간 그림, (d) 주체 2의 개인지각공간 그림이 요약되어 있다. 이 결과는 주체별 가중치가 개체형상좌표에 기하적으로 어떻게 영향을 주는가를 나타내고 있다. 기하적으

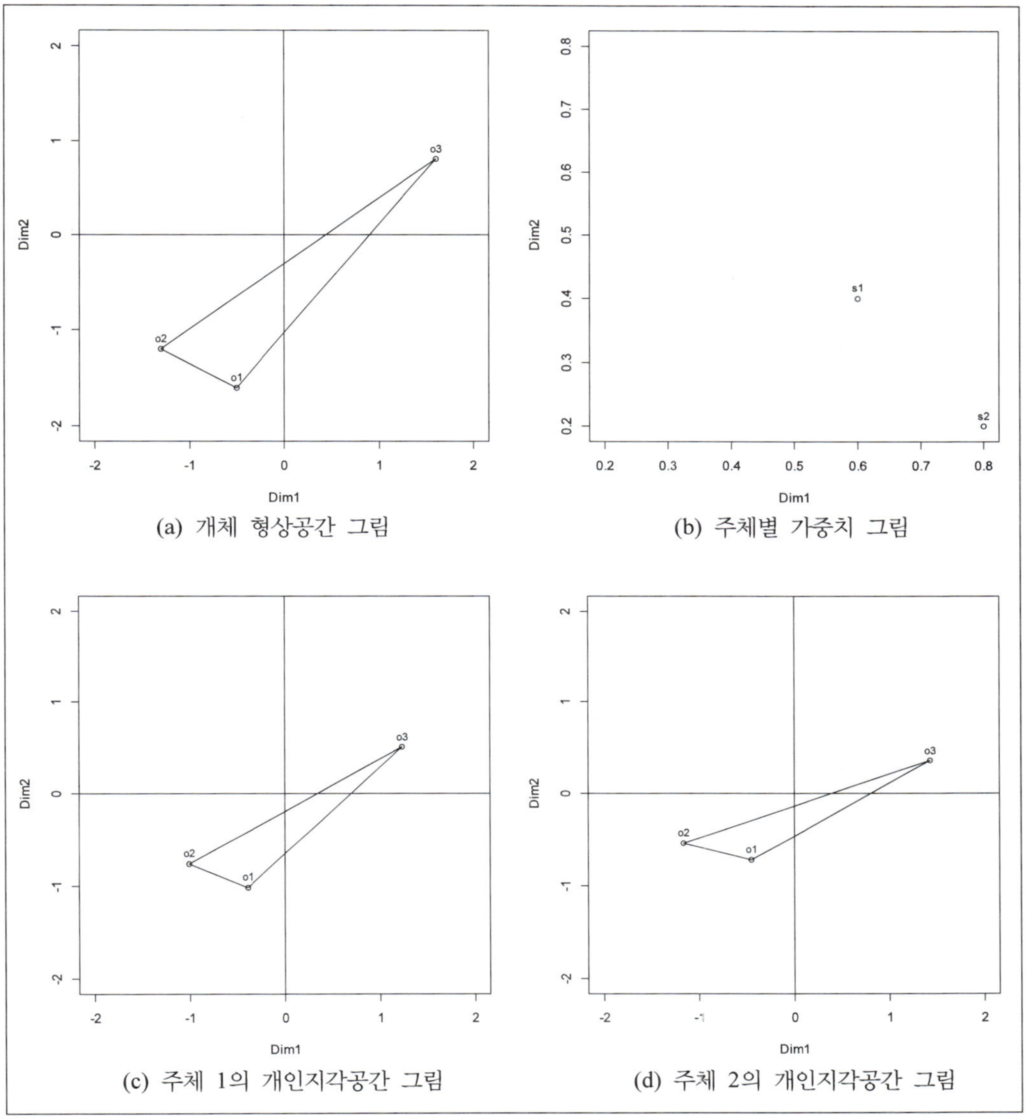

(a) 개체 형상공간 그림

(b) 주체별 가중치 그림

(c) 주체 1의 개인지각공간 그림

(d) 주체 2의 개인지각공간 그림

[그림 7.4.1] INDSCAL 모형의 기하적 성질: 개체와 주체별 관련 가중치와 공간 그림

로 각 그림 (a), (c), (d)에서 개체 좌표점 o1, o2, o3을 이어 만든 삼각형을 보면 그림 (a) 보다는 그림 (c)와 (d)의 것이 작다. 이는 $Y^{(1)}$와 $Y^{(2)}$의 좌표가 제공하는 그림 (c)와 (d)의 경우 (a)에 대해 (b)의 가중치가 각각 고려되어 크기가 변화된 것이다. 보다 자세히 그림 (c)를 제공하는 $Y^{(1)}$의 수치적 계산과정을 살펴보면 개체들의 형상좌표행렬 $X_{(k)}$의 첫 번째 열의 각 원소에 가중치 $(0.6)^{1/2} = 0.77$과 두 번째 열의 각 원소에는 가중치 $(0.4)^{1/2} =$

0.63이 각각 곱해져 있다. 이들은 주체 1의 가중치로 그 값들이 1보다 작아 그림 (a)의 큰 삼각형 모양을 그림 (c)의 작은 삼각형 모양으로 기하적 변화를 가져왔다. 따라서 각 주체에 대한 가중치에 따라 개체간의 비유사성이 충분히 달라질 수 있음을 알 수 있다.

[R-코드 7.4.1] INDSCAL 모형의 기하적 성질(example741-three-wayMDS.R)

```
# 2-dimensional Objects' Configuration Coordinates
X=matrix(c(-0.5, -1.6, -1.3, -1.2, 1.6, 0.8), nrow=3, byrow=T)
id=c("o1", "o2", "o3")
# Subjects' Weighted Matrix
W=matrix(c(0.6, 0.4, 0.8, 0.2), nrow=2, byrow=T)
sub=c("s1", "s2")
win.graph()
par(mfrow=c(1,2))
lim<-c(-2, 2)

# Objects' Configuration Plot
plot(X, xlab="Dim1", ylab="Dim2",  xlim=lim, ylim=lim)
text(X,id, cex=0.8, pos=3)
lines(X[c(1:3,1),])
abline(v=0, h=0)
lim<-range(pretty(W))
plot(W, xlab="Dim1", ylab="Dim2", xlim=lim, ylim=lim)
text(W,sub, cex=0.8, pos=3)

# Subjects' Configrarion Coordinates
Y1=X%*%diag(sqrt(W[1,]))
Y2=X%*%diag(sqrt(W[2,]))

win.graph()
par(mfrow=c(1,2))
lim<-c(-2, 2)
# Subject 1 Weighted Configuration Plot
plot(Y1, type="o", xlab="Dim1", ylab="Dim2",  xlim=lim, ylim=lim)
text(Y1,id, cex=0.8, pos=3)
lines(Y1[c(1:3,1),])
abline(v=0, h=0)
# Subject 2 Weighted Configuration Plot
plot(Y2, type="o", xlab="Dim1", ylab="Dim2",  xlim=lim, ylim=lim)
text(Y2,id, cex=0.8, pos=3)
lines(Y2[c(1:3,1),])
abline(v=0, h=0)
```

[보기 7.4.2] 15군데 신체부위 자료의 삼원 MDS

EXAMPLE

[자료 7.4.1](body.txt)은 Young과 Lewyckyj(1979, pp. 105-108)의 아동과 성인에게 15군데 신체(cheek, face, mouth, head, ear, body, arm, elbow, hand, palm, finger, leg, knee, foot, toe)의 비유사성을 서로 판단하도록 조사한 자료의 일부이다. 이는 신체부위에 대한 아동이 판단하는 특성과 이런 판단들이 성인이 됨에 따라 변화하는 방향을 파악하는데 의미가 있다. 이 조사에는 나이가 6세, 8세, 10세의 아동들 3그룹과 대학교 2년생을 1그룹으로 하여 총 4그룹을 구성하였고 각 그룹 당 15명씩 배당되어 총 60명의 주체에 대해서 이루어졌다.

▌자료 7.4.1▌ 15군데 신체부위에 대한 비유사성자료(body.txt 일부)

subject	cheek	face	mouth	head	ear	body	arm	elbow	hand	palm	finger	leg	knee	foot	toe
1	0	2	1	3	4	10	5	9	6	7	8	11	12	13	14
1	2	0	12	1	13	3	8	10	11	9	7	4	5	6	14
1	3	2	0	1	4	9	5	11	6	7	8	10	13	12	14
1	2	1	3	0	4	9	5	6	11	7	8	10	12	13	14
1	10	1	11	2	0	6	3	4	5	12	13	7	8	14	9
1	14	12	9	6	13	0	8	7	5	10	11	1	4	2	3
1	12	14	11	10	13	5	0	4	1	3	2	6	9	7	8
1	5	7	14	8	6	9	1	0	2	3	4	10	11	12	13
1	13	11	12	10	14	9	3	4	0	1	2	6	5	7	8
1	8	6	7	9	4	5	3	10	1	0	2	12	11	13	14
1	4	5	13	6	9	12	3	4	1	2	0	7	8	10	11
1	14	12	13	11	9	7	4	6	5	3	10	0	8	1	2
1	12	11	14	10	13	4	5	8	6	7	9	1	0	2	3
1	12	14	10	13	11	9	4	5	8	6	7	2	3	0	1
1	13	8	9	11	14	3	6	5	7	10	12	2	4	1	0

입력자료인 비유사성행렬 D를 구성하는 [자료 7.4.1]을 살펴보면 이는 15×15인 정방행렬로 구성되어 있다. 이는 주체인 한 사람이 15군데 신체부위를 각각 돌아가면서 표준부위로 두고 15점 척도로 이것과 나머지 신체부위와의 유사성을 판단한 순위-순서형(rank-order) 자료이다. 다시 말해서, 첫 번째 행은 첫 번째 신체부위인 cheek을 표준개체(부위)인 0점으로 두고 나머지 14개 신체부위에서 이와 가장 유사한 개체인 mouth를 1점으로 하고, 두 번째 유사한 개체인 face를 2점으로 하여 14점을 받은 toe는 매우 다른 개체의 순위를 말한다. 두 번째 행은 두 번째 신체부위인 face를 표준개체 0점으로 두고 첫 번째 행처럼 나머지 부위와의 유사성에 따라서 순위를 매겨간다. 따라서 이렇게 만들어진 비유사성행렬 D의 대각원소는 항상 0이고 비대각 원소는 비대칭으로 이루어져 있다는 점이다. 실제 자료 파일(body.txt)에는 분석 편의상 6세 아동 15명과 성인인 대학교 2년

생 15명으로 이루어진 두 그룹의 총 30명에 대해 [자료 7.4.1]과 같은 15×15 비유사성 행렬 D가 30개 정리되어 있다. 즉, (7.4.1)과 (7.4.2)의 표현에 따르자면 30명의 주체 ($s = 1, \ldots, 30$) 각각에 대하여 비유사성행렬 $D^{(s)}$이 존재하여 전체적으로 삼원행렬로 이루어진다. 실제로 [자료 7.4.1]은 $D^{(1)}$에 해당한다.

삼원 MDS를 적용하기 위해 [R-코드 7.4.2](body-three-wayMDS.R)를 활용하면 [그림 7.4.2]를 얻게 된다.

15개 신체 각 부위에 대한 적합도(스트레스)가 36.09%인 삼원 MDS 그림 (a)와 (b)는 3차원 형상공간좌표의 차원별로 조합되어 주어져 있다. 먼저 제1축(Dim1)과 제2축(Dim2)에 의한 (a)는 각 신체 부위가 각 정점에 놓인 삼각형 모양을 나타내고 있다. 특히, 정점의 세 신체부위인 arm(팔), leg(다리), head(머리)는 각 군집으로 중심의 body(몸)와 구분되고 있다. 구체적으로 수평축인 제1축은 오른편의 팔과 다리 부위와 왼편의 머리 부위로 분할하고 있고 수직축인 제2축은 위쪽 팔 부위와 아래쪽 다리 부위로 분할하고 있다.

(b)에서는 제3축(Dim3)의 아래쪽으로는 body(몸), head(머리), face(얼굴), leg(다리), arm(팔) 등과 같이 신체 중 포괄적으로 큰 부위를 나타내고 위쪽으로는 mouth(입), ear(귀), hand(손), palm(손바닥), finger(손가락), toe(발톱) 등과 같이 큰 부위의 세밀한 부위를 나타내고 있다.

다음으로 가중치(차원계수)에 의한 아동과 성인 주체별 신체를 어떻게 유사하다고 인지하는지를 살펴보자. 각 차원에서 가중치의 평균이 아동들은 0.82, 1.18, 1.11이고 성인들은 1.04, 0.78, 1.18이다. 특히, 제2축의 경우에는 아동 1.18에 비해 성인 0.78로 다소 작다. 이는 (a)에서 제2축(팔과 다리부위를 분할하는 축)에서 본다면 성인들은 아동들이 생각하는 것보다 팔과 다리부위가 더 비슷하다고 생각한다. (a)의 제1축(팔과 다리부위와 머리부위로 분할하는 축)에서 본다면 아동(0.82)에 비해 성인(1.04)이 팔과 다리 그리고 머리부위를 더 다르다고 본다는 점이다. 그리고 아동과 성인들이 제3축에 높으면서 비슷한 가중치(1.11, 1.18)를 받고 있는데 이를 (b)의 제3축(신체의 포괄적 부위와 세밀한 부위를 분할하는 축)의 관점에서 본다면 성인과 아동 모두 머리부위와 팔과 다리부위가 비슷하지 않다고 생각한다는 점이다.

끝으로 [그림 7.4.2]의 (c) 세퍼드 그림과 (d) 상그림 결과 원점을 지나는 직선상에 좌표점들이 많이 놓여 있어 삼원 MDS를 위한 INDSCAL 모형이 적합함을 알 수 있다.

3차원 형상공간 좌표	D1	D2	D3
cheek	-0.7638827	0.008308956	−0.01242829
face	-0.6311545	-0.100556769	-0.14274269
mouth	-0.6155198	-0.181314311	0.16915074
head	-0.5610039	0.035730106	-0.32895577
ear	-0.7163926	0.198199342	0.21381355
body	-0.1645797	-0.231533234	-0.53876130
arm	0.5238638	0.223602821	-0.15310310
elbow	0.2809692	0.198564344	0.37632177
hand	0.4275937	0.388570210	-0.01674191
palm	0.1934722	0.496686114	-0.10488038
finger	0.3161937	0.450689835	0.19829937
leg	0.4830224	-0.353198701	-0.14840340
knee	0.4410860	-0.261099551	0.30619488
foot	0.4271554	-0.425488898	0.02891056
toe	0.3591768	-0.447160264	0.15332597

가중치 (차원 계수)			
아동	0.8152222	1.1788767	1.1147560
성인	1.0351090	C.7848393	1.1791134

스트레스
0.3608931

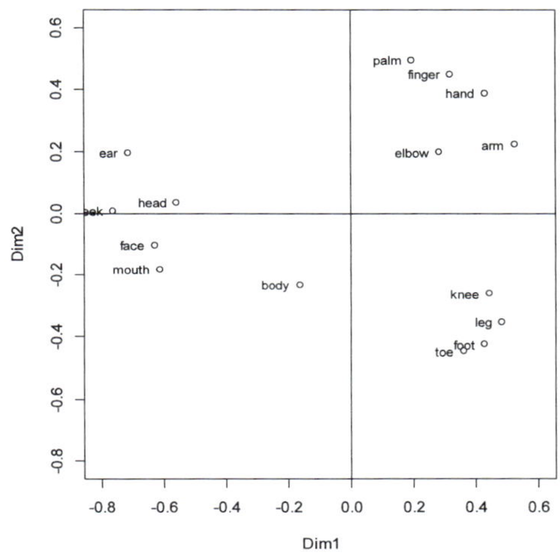

(a) 제1축과 제2축의 삼원 MDS 그림

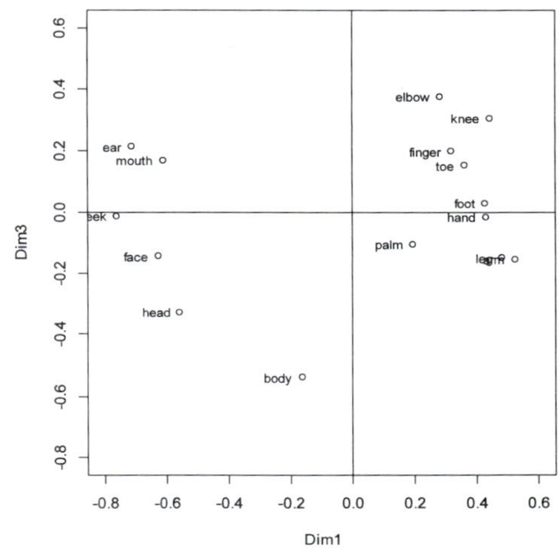

(b) 제1축과 제3축의 삼원 MDS 그림

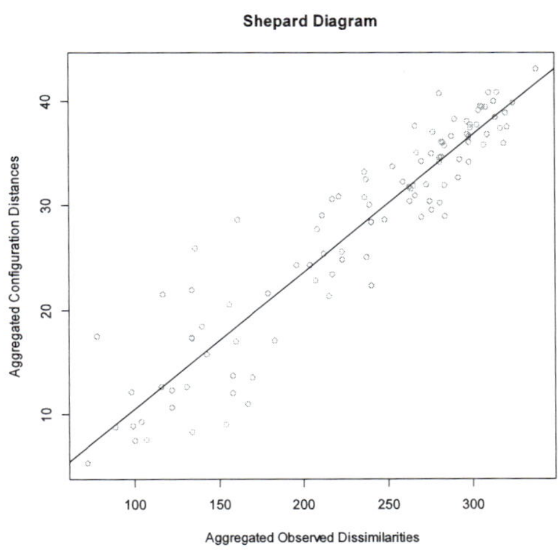

(c) 세퍼드 그림

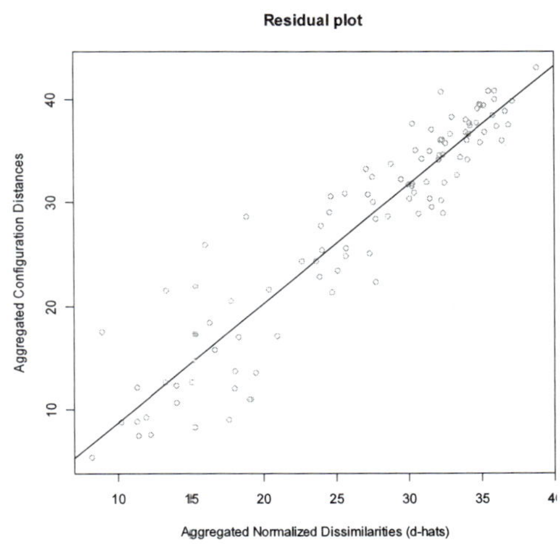

(d) 상그림

[그림 7.4.2] 신체부위 자료에 대한 삼원 MDS의 결과

[R-코드 7.4.2] 신체부위 자료에 대한 삼원 MDS(body-three-wayMDS.R)

```
# Body data: Three Way MDS(INDSCAL)
Data7.4.1<-read.table("body.txt", header=T)
attach(Data7.4.1)
D<-as.matrix(Data7.4.1)
부위=colnames(D)
n=nrow(D)
d <- list(NULL)
for(i in 1:30){
    d[[i]] <- as.dist(D[(i*15-14):(i*15),])
}
d
library(smacof)

body.diag <- smacofIndDiff(d, ndim=3, constraint = "indscal")
summary(body.diag)
# Dimension Coefficients
w=matrix(unlist(body.diag$cweights), ncol=3, byrow=T)
w1=colSums(w[1:45, ])/15
w2=colSums(w[46:90, ])/15
stress=body.diag$stress
C=body.diag$gspace
plot3d(body.diag)
list(C, w, w1, w2, stress)
win.graph()
par(mfrow=c(1,2))
lim<-range(pretty(C))
plot(C[, 1], C[,2], xlab="Dim1", ylab="Dim2", xlim=lim, ylim=lim)
text(C[, 1], C[,2],부위, cex=0.8, pos=3)
abline(v=0, h=0)
plot(C[, 1], C[,3], xlab="Dim1", ylab="Dim3", xlim=lim, ylim=lim)
text(C[, 1], C[,3],부위, cex=0.8, pos=3)
abline(v=0, h=0)
win.graph()
plot(body.diag, plot.type = "Shepard")
plot(body.diag, plot.type = "resplot")
```

[보기 7.4.3] 15가지 레크레이션 자료(recreation.txt)의 삼원 MDS

Ramsay(1983)는 10명에게 15가지 레크레이션(concert, museum, theatre, movie, watch TV, conference, reading, watch hockey, ballet, political debate, fashion show, documentary film, exhibition, window shopping, restaurant)의 비유사성을 판단하기 위해 설문조사를 했다. 이 조사는 예를 들자면 concert-restaurant과 같이 레크레이션을 각각 둘씩 짝지은 105가지 경우에 대해 다음과 같이 비유사성의 정도를 25점 척도로 표시하도록 한 설문지에서 얻은 것이다.

예) concert-restaurant		
매우 유사하다(0점) (very similar)	________________	매우 다르다(24점) (very different)

완전한 자료는 파일 recreation.txt에 정리해 두었다. 여기서 [자료 7.4.2]는 사례에서 자료를 이해하고자 일부를 정리한 것으로 첫 번째 설문 응답자의 자료이다.

따라서 (7.4.1)에 따르면 [자료 7.4.2]는 크기가 15×15인 비유사성행렬에 해당하며 설문 응답자 10명의 주체에 대하여 이와 같은 행렬 10개가 존재하는 삼원행렬자료 $D^{(s)}$, $s = 1, \ldots, 10$ 중 $D^{(1)}$에 해당한다. 이 자료에 대해 [R-코드 7.4.3](recreation-threewayMDS.R)을 활용하여 삼원 MDS를 적용하여 그 결과를 [그림 7.4.3]에 요약하였다.

| 자료 7.4.2 | 15가지 레크레이션의 비유사성자료(recreation.txt 일부)

concert	0														
museum	8	0													
theatre	18	21	0												
movie	5	22	16	0											
watch TV	8	24	22	11	0										
conference	11	13	19	18	22	0									
reading	19	12	15	9	21	14	0								
watch hockey	6	6	15	19	21	13	23	0							
ballet	24	18	21	15	9	19	16	23	0						
political debate	21	21	23	23	23	13	12	11	23	0					
fashion show	22	20	24	21	23	10	13	12	7	7	0				
documentary film	10	7	21	11	9	10	6	8	14	22	22	0			
exhibition	23	21	18	9	8	10	7	14	22	9	11	8	0		
window shopping	5	14	19	16	23	22	19	20	8	17	23	21	20	0	
restaurant	14	23	11	8	21	22	7	10	23	19	21	9	7	22	0

2차원 형상공간 좌표

	D1	D2
concert	-0.10157542	0.581314891
museum	-0.53472578	0.451202758
theatre	0.66987811	0.412249544
movie	0.63624169	-0.026210617
watch_tv	0.45656687	-0.562250757
conferen	0.12195108	0.540903668
reading	-0.28725074	-0.064053345
hockey	-0.29089100	0.505177017
ballet	-0.36398171	-0.608962040
politic	0.05308083	-0.786901585
fashion	-0.56951384	-0.469113878
document	0.04422941	0.173899294
exhibit	0.30507971	-0.259994298
shopping	-0.71877029	0.005999406
restaura	0.57968108	0.106739941

가중치 (차원 계수)

주체	[,1]	[,2]
[1,]	1.0091829	1.0369081
[2,]	0.9919245	1.0541560
[3,]	1.0068968	0.9740603
[4,]	0.9891194	1.0379630
[5,]	0.9863103	1.0149120
[6,]	0.9688171	1.0505900
[7,]	1.0261627	1.0168768
[8,]	1.0141715	0.9925213
[9,]	1.0725005	0.9055273
[10,]	0.9513643	1.0279002

스트레스
0.3909782

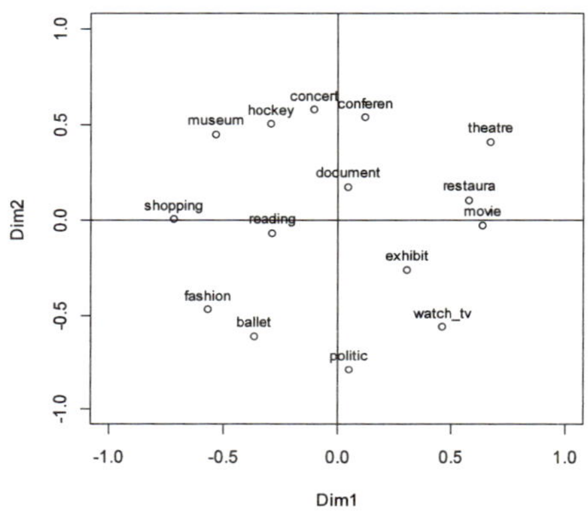

(a) 삼원 MDS 그림

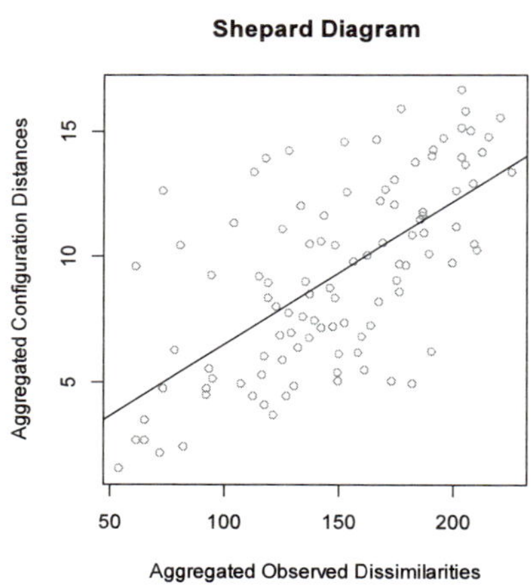

(b) 세퍼드그림

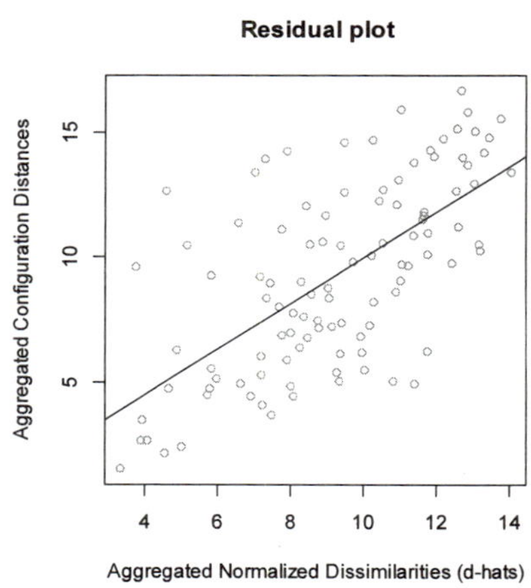

(c) 상그림

[그림 7.4.3] 15가지 레크레이션 자료에 대한 삼원 MDS의 결과

[그림 7.4.3]의 (a) 삼원 MDS 그림에서 수평축인 제1축(Dim1)은 왼편의 쇼핑(shopping), 패션쇼(fashion), 발레(ballet), 박물관(museum), 하키관람(hokey), 독서(reading) 등과 같이 현장감이 있고 동적인 레크레이션을 나타내며 독서가 예외적이다. 오른편의 영화(movie), 전시회(exhibit), TV시청(watch TV), 연극(theatre), 식사(restura) 등은 주로 정적인 레크레이션으로 구분하고 있다. 특히, 원점 주위의 학회(conferen), 정치적 논쟁(politic), 기록영화(document)는 정적인 레크레이션으로 콘서트(concert)는 동적인 레크레이션으로 분류할 수 있다.

가중치(차원계수)에서 각 10명의 주체들이 레크레이션에 대해서 느끼는 비유사성의 정도를 보면 가중치 값이 거의 1.00로 대동소이 하여 앞서 설명한 (a)의 각 축에 대한 레크레이션의 유사성을 모두가 비슷하게 여긴다고 볼 수 있다.

끝으로 스트레스 39.10%는 (a)의 삼원 MDS의 적합도로는 다소 낮으며 이는 (b) 세퍼드 그림과 (c) 상그림을 봐도 직선 주위에 점들이 많이 흩어져 있음을 알 수 있다.

[R-코드 7.4.3] 15가지 레크레이션 자료에 대한 삼원 MDS(recreation-three-wayMDS.R)

```
# Recreation data: Three Way MDS(INDSCAL)
Data7.4.2<-read.table("recreation.txt", fill=T, header=T)
attach(Data7.4.2)
D<-as.matrix(Data7.4.2)
recreat=colnames(D)
d <-list(NULL)
for(i in 1:10){
 d[[i]] <-as.dist(D[(i*15-14):(i*15), ])
}
d
library(smacof)
recreat.diag <-smacofIndDiff(d, ndim=2, constraint="indscal")
summary(recreat.diag)
# Dimension Coefficients
w1=matrix(unlist(recreat.diag$cweights), ncol=2, byrow=T)
w=array(dim=c(10, 2))
for(i in 1:10){
 w[i, ] <-colSums(w1[(i*2-1):(i*2), ])
}
stress=recreat.diag$stress
C=recreat.diag$gspace
list(C, w, stress)
win.graph()
```

```
lim<-range(pretty(C))
plot(C[, 1], C[, 2], xlab="Dim1", ylab="Dim2", xlim=lim, ylim=lim)
text(C[, 1], C[, 2], recreat, cex=0.8, pos=3)
abline(v=0, h=0)
win.graph()
par(mfrow=c(1, 2))
plot(body.diag, plot.type="Shepard")
plot(body.diag, plot.type="resplot")
```

삼원 MDS에는 INDSCAL 모형 외에도 램지모형(Ramsay model)에 기반을 둔 최대우도 MDS가 있다. Young(1987, pp. 36-39)은 다차원척도법에서 최대우도기법이 자료분석의 기술적이며 탐색적 도구에서 추론적 도구로 변화 발전시켰다고 평가하고 있다. 최용석(2014, 5장)은 최대우도 MDS를 위한 램지모형에 대한 알고리즘을 자세히 소개하고 SAS/PROC MDS를 활용한 사례를 제공하고 있다.

7.5 비선형 다차원척도법

새먼사상은 Sammon(1969)의 비선형사상 알고리즘에 바탕을 둔 것으로 Dzwinel(1994)은 고차원의 자료를 분석하는데 이것의 유용한 활용성을 요약하고 있다. 특히, Johnson과 Wichern(2007, p. 715) 그리고 Izenman(2008, pp. 488-490)이 다차원척도법의 관점에서 새먼사상을 간단히 언급하고 있다. 이 절에서는 새먼의 비선형사상을 다차원척도법에 적용한 비선형(nonlinear) 계량형 다차원척도법(metric MDS, MMDS)의 이론을 정리 요약하기로 하자. 새먼사상은 일반적으로 패턴인식에서 고차원 공간의 자료들 간의 관계를 잘 유지하도록 저차원 공간으로 비선형 사상시키는 매우 잘 알려진 기법이다. 이를 위해 R에서는 library(MASS)의 sammon 함수를 활용한다.

먼저 일반적으로 다차원척도법이란 개체간의 거리를 나타내는 비유사성 d_{ij}와 차원축소된 $s\ (\le p)$차원 형상공간에서 두 개체 간의 거리 δ_{ij} 사이의 관계가 (7.2.1)의 $d_{ij} = f(\delta_{ij}) + \epsilon_{ij}$를 만족하면서 함수 $f(\cdot)$는 비선형 MMDS의 모형을 위해서 $f(\delta_{ij}) = \delta_{ij}$로 두자. 그리고 새먼 스트레스를

$$E = \frac{1}{\sum_{i<j}^{n} d_{ij}} \sum_{i<j}^{n} \frac{(d_{ij} - \delta_{ij})^2}{d_{ij}} \tag{7.5.1}$$

로 정의하자. 이는 7.3절의 크루스칼이나 영의 스트레스 공식과 유사하나 (7.5.1)의 스트레스는 개체 간의 원 거리 d_{ij}에 의해서 동일하게 나누어져 가중화되어 있다. 이로 인하여 척도(scale)에 영향을 받기 쉽다. 특히, 새먼의 스트레스는 찾고자 하는 $s\ (\le p)$차원의 형상공간에서 개체 i의 좌표점 $\boldsymbol{x}_i = (x_{i1},\ \dots,\ x_{is})^t$가 s개 좌표 $x_{i1},\ \dots,\ x_{is}$로 이루어져 있어 두 개체의 거리 δ_{ij}를 형성하는 ns개의 좌표점의 함수로 이루어져 있다. 그러므로 이 스트레스를 최소화하는 $s\ (\le p)$차원 형상공간에서 크기가 $n \times s$인 형상좌표

$$X_{(s)} = (\boldsymbol{x}_1,\ \dots,\ \boldsymbol{x}_n)^t = (x_{ir}),\ i = 1,\ \dots,\ n;\ r = 1,\ \dots,\ s$$

를 찾는 것이다. 이는 지금까지 다차원척도법에서 얻고자 하는 형상공간의 형상좌표 개념과 동일하다.

(7.5.1)의 새먼의 스트레스는 찾고자 하는 $s(\le p)$차원의 형상공간에서 두 개체의 거리 δ_{ij}를 형성하는 ns개의 좌표점의 함수로 이루어져 있다. 따라서 스트레스를 최소화하는 과정에서 최경사하강법과 같은 수치최적화 알고리즘이 활용되며 이를 [표 7.5.1]의 새먼 비선형사상 알고리즘으로 정리하였다. 참고로 (7.5.3)에서 편도함수들은 다음과 같다.

$$\frac{\partial E}{\partial x_{ir}} = -\frac{2}{c} \sum_{j \ne i,\ j=1}^{n} \left[\frac{d_{ij} - \delta_{ij}}{\delta_{ij} d_{ij}} \right] (x_{ir} - x_{jr}),$$

$$\frac{\partial^2 E}{\partial x_{ir}^2} = -\frac{2}{c} \sum_{j \ne i,\ j=1}^{n} \frac{1}{d_{ij}\delta_{ij}} \left[(d_{ij} - \delta_{ij}) - \frac{(x_{ir} - x_{jr})^2}{\delta_{ij}} \left(1 + \frac{d_{ij} - \delta_{ij}}{\delta_{ij}} \right) \right].$$

Dzwinel(1994)에 따르면 (7.5.3)의 경험적으로 주어진 마요인(magic factor) α의 범위가 모든 문제에서 최적화가 될 것이라고 기대하기란 어렵다는 점을 지적한다. 대안으로 정규경사하강법(normal gradient descent)에 의해서 [표 7.2.1]의 [2단계]의 (7.5.3) 대신에 $t+1$ 번째에서 $s\ (\le p)$차원 형상공간의 좌표로 다음을 사용할 수 있음을 제안하고 있다.

$$x_{ir}(t+1) = x_{ir}(t) - \frac{\partial E(t)}{\partial x_{ir}(t)}$$

| 표 7.5.1 | 새먼 비선형사상 알고리즘

[1단계] t번째 반복 후 사상 오차

$$E(t) \equiv \frac{1}{c} \sum_{i<j}^{n} \frac{(d_{ij} - \delta_{ij}(t))^2}{d_{ij}} \tag{7.5.2}$$

를 정의한다. 여기서 $c = \sum_{i<j}^{n} d_{ij}$이고 $\delta_{ij}(t) = \left[\sum_{r=1}^{s} (x_{ir}(t) - x_{jr}(t))^2 \right]^{1/2}$이다.

[2단계] $t+1$ 번째에서 $s\ (\le p)$차원 형상공간의 좌표는

$$x_{ir}(t+1) = x_{ir}(t) - \alpha \frac{\partial E(t)}{\partial x_{ir}(t)} \Big/ \left| \frac{\partial^2 E(t)}{\partial x_{ir}(t)^2} \right| \tag{7.5.3}$$

이다. 여기서 $\alpha \approx 0.3$ 또는 0.4로 경험적으로 결정된 마요인이다.

일반적으로 비계량형 MDS에서는 반복적으로 계산하는 수치해석적 알고리즘에서 초기값으로 계량형 MDS의 형상좌표를 사용한다. 이와 동일하게 비선형 MMDS의 비선형사상 알고리즘에서도 초기값으로 이를 사용한다. 실제로 비선형 MMDS을 수행하기 위한 sammon 함수를 제공하는 R에서는 수치적 반복연산을 필요로 하는 비계량형 MDS를 위한 isoMDS 함수처럼 초기값으로 계량형 MDS를 위한 cmdscale 함수를 사용한다.

[보기 7.5.1] 모스부호 자료의 비선형 MMDS

EXAMPLE

[보기 7.2.6]에는 [자료 7.2.3](morse.txt)의 점과 선의 짧은 신호로 구성된 모스부호(Morse code)에서 0, 1, 2, 3, 4, 5, 6, 7, 8, 9로 이루어진 10개의 아라비아 숫자에 대한 유사성자료의 계량형 MDS를 제공하고 있다.

[자료 7.2.3]은 모스부호를 모르는 598명에게 청각적으로 기계에 의해서 두 수의 모스부호신호를 짝을 지어 두 번(1 다음 2, 2 다음 1과 같이) 들려주고 두 신호의 짝이 같다고 생각하는 사람들의 비율을 나타낸 유사성행렬 자료 $C = (c_{ij}),\ i,\ j = 1,\ \ldots,\ 10$이다. [R-코드 7.2.6](morse-metricMDS.R)에는 이를 통해 비유사성행렬 $D = (d_{ij}),\ i,\ j = 1,\ \ldots,\ 10$를 얻기 위해 표준변환 $d_{ij} = \sqrt{c_{ii} - 2c_{ij} + c_{jj}}$를 활용하는 과정을 담고 있는데 비선형 MMDS를 위한 [R-코드 7.5.1](morse-nonlinearMMDS.R)에도 이를 활용하려 한다.

```
$points
            [,1]       [,2]
 [1,] -4.6618949 -4.1836605
 [2,] -1.0539490 -7.0980521
 [3,]  3.7099466 -6.3363248
 [4,]  7.2526860 -2.5674052
 [5,]  8.9508245  1.8553730
 [6,]  4.3261943  5.1366448
 [7,]  0.5403624  6.5095479
 [8,] -3.7152921  5.7320422
 [9,] -6.7245801  1.8623565
[10,] -8.6242978 -0.9105217

$stress
[1] 0.0481311
```

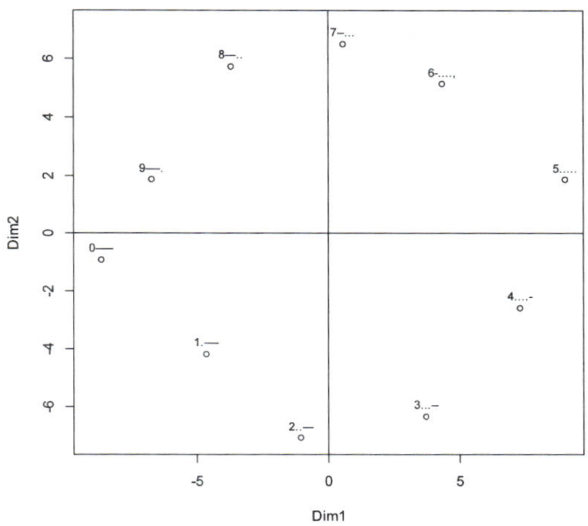

[그림 7.5.1] 모스부호 자료에 대한 비선형 MMDS의 결과와 MDS 그림

[R-코드 7.5.1] 모스부호 자료의 비선형 MMDS(morse-nonlinearMMDS.R)

```
#Morse data의 비선형 계량형 MDS
# Dissimilarity Matrix from Similarity Matrix
Data7.2.3<-read.table("morse.txt", header=T, check.names=F)
C<-as.matrix(Data7.2.3)
부호=colnames(C)
n<-nrow(C)

# Standard Transformation: cij(similarity) to dij(dissimilarity)
J<-matrix(1, n, n)
cii=diag(diag(C))%*%J
cij=C
cjj=J%*%diag(diag(C))
D<-sqrt(cii-2*cij+cjj)
D
# Nonlinear Metric MDS
win.graph()
library(MASS)
con<-sammon(D, k=2, magic=0.3)
con
x<-con$points[, 1]
y<-con$points[, 2]
lim1<-c(-max(abs(x)), max(abs(x)))
```

```
lim2<-c(-max(abs(y)), max(abs(y)))

plot(x, y, xlab="Dim1", ylab="Dim2", xlim=lim1, ylim=lim2)
text(x, y, 부호, cex=0.8, pos=3)
abline(v=0, h=0)
```

[그림 7.5.1]을 보면 최종적합도 0.048은 2차원의 형상좌표에 의한 비선형 MMDS의 그림이 크루스칼 판별기준에 따르면 좋음(good)에 해당한다. 이 다차원척도그림은 전반적으로 제1축의 왼편 아래쪽부터 오른편으로 0(-----), 1(.----), 2(..---), 3(...--), 4(....-), 5(.....), 6(-....), 7(--...), 8(---..), 9(----.) 순서로 매끈한 원을 형성하고 있다. 즉, 수평축(1차원축)은 왼쪽에서 오른쪽으로 갈수록 모스부호인 점이 증가되는 추세를 측정하며 그 반면에 수직축(2차원축)은 아래쪽은 아라비아 숫자 1(.----), 2(..---), 3(...--), 4(....-)로 점이 먼저 시작되며 위쪽은 6(-....), 7(--...), 8(---..), 9(----.)로 선이 먼저 시작되어 신호의 동질성을 측정한다. 신호의 동질성을 나타내는 2차원축에 대하여 그 경향성이 벗어난 5(.....)와 0(-----)을 제대로 분류하기 위해서는 전체적으로 축의 회전을 반시계방향으로 30도 정도로 할 필요가 있다.

추가적으로 [보기 7.2.6]의 계량형 MDS와 간단히 비교 요약하자면 계량형 최종적합도는 0.56이고 비선형 MMDS는 0.048이다. 특히, 계량형 MDS에서 일부 모스부호가 1축의 왼쪽으로부터 다소 겹친 원을 형성한 반면 비선형 MMDS에서는 모스부호가 고루 분포된 매끄러우면서 큰 원을 형성하고 있다. 즉, 계량형 MDS에서 좌표점을 나타내는 숫자를 원점에서 시작되는 벡터로 보면 0과 9, 그리고 4와 5는 각각 그들이 서로 이루는 각도가 매우 작아 매우 연관성이 높게 여겨진다. 반면에 비선형 MMDS에서는 다소 이들의 기하적 성질이 줄어들고 있다. 그러나 실제로 비선형 MMDS에서는 비선형사상 알고리즘의 초기값만 계량형 MDS를 사용하고 있기 때문에 이러한 기하적 성질이 유지된다고 말할 수 없다.

[보기 7.5.2] 9가지 직업 간 비유사성행렬자료의 비선형 MMDS

EXAMPLE

[보기 7.3.1]에는 9가지 직업 preacher(목사), surgeon(외과의사), teacher(초등학교 교사), journalist(기자), policeman(경찰관), plumber(배관공), farmer(농부), actor(배우), bank clerk(은행원)간의 비유사성행렬자료 [자료 7.3.1](jobs.txt)에 대한 비계량형 MDS를 보여 주고 있다. 이 자료는 62명의 사람에게 9가지 직업을 각각 두 직업씩 짝 지은 36가

지의 경우에 대해 서로 얼마나 다른지를 0점(유사하다) ~ 5점(완전히 다르다)의 척도로 응답하게 한 후 그 평균으로 얻어진 것이다. 여기서는 이 자료에 대해 비선형 MMDS를 적용하고자 한다.

[R-코드 7.5.2](jobs-nonlinearMMDS.R)에 의한 결과 [그림 7.5.2]에는 비선형 MMDS 그림을 위한 2차원 형상좌표와 스트레스 값 5.63%가 주어져 있다. 이는 [표 7.3.2]의 기준에 따르면 적합도가 좋음(good)에 해당한다.

비선형 MMDS 그림에 나타나는 9가지 직업들은 [보기 7.3.1]의 해석과 동일하다. 다만 MDS 그림에서 제1축에 대해 왼편과 오른편 그리고 제2축에 대해선 위 아래로 좌표점의 위치가 달라졌을 뿐 이들 직업들은 3가지 동질적인 직업군으로 나누어진다. [그림 7.5.2]의 비선형 MMDS 그림에서는 수평축(제1축)의 왼편에 육체적 노동력이 요구되는 직업인 farmer(농부)와 plumber(배관공), 오른편에는 전문지식이 요구되는 teacher(초등학교 교사), actor(배우), journal(기자)이 각각 그룹을 이루고 있다. 수직축(제2축)의 아래편에는 정복차림의 bank(은행원)와 police(경찰관)가 한 그룹을 이루고 있다. 그 반대편에는 치료와 치유를 직업으로 하는 surgeon(외과의사)과 preach(목사)가 놓여 있다.

```
$points
          [,1]       [,2]
 [1,]  0.9322700  1.8589823
 [2,] -1.0361414  2.7226361
 [3,]  0.5331927  0.2066049
 [4,]  2.2213099 -1.0226190
 [5,]  0.6226405 -2.1463304
 [6,] -2.7762172 -0.7701454
 [7,] -2.1077646  0.6652356
 [8,]  2.5569923  0.6788101
 [9,] -0.9462823 -2.1931742

$stress
[1] 0.05632525
```

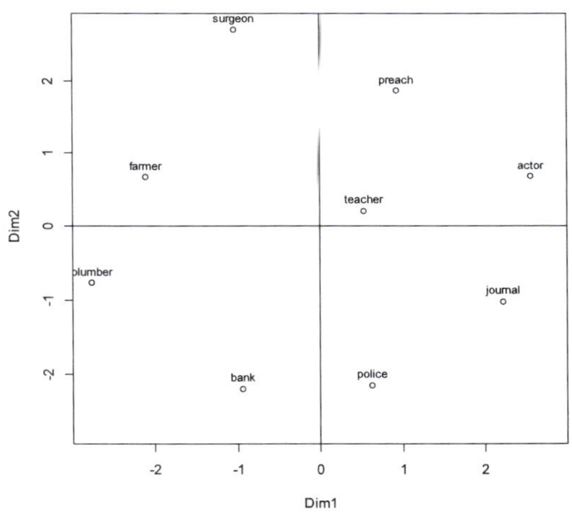

비선형 MMDS 그림

[그림 7.5.2] 9가지 직업의 비선형 MMDS 결과와 MDS 그림

[R-코드 7.5.2] 9가지 직업의 비선형 MMDS(jobs-nonlinearMMDS.R)

```
# Nine Jobs's Dissimilarity
Data7.3.1<-read.table("jobs.txt", header=T)
D<-as.matrix(Data7.3.1)
직업=colnames(D)

# Nonlinear Metric MDS
win.graph()
library(MASS)
con<-sammon(D, k=2, magic=0.3)
con
x<-con$points[, 1]
y<-con$points[, 2]
lim1<-c(-max(abs(x)), max(abs(x)))
lim2<-c(-max(abs(y)), max(abs(y)))

plot(x, y, xlab="Dim1", ylab="Dim2", xlim=lim1, ylim=lim2)
text(x, y, 직업, cex=0.8, pos=3)
abline(v=0, h=0)
```

이 절에서 다룬 비선형 MMDS도 고차원의 두 개체 간의 비유사성으로 정의한 거리 d_{ij}와 차원 축소된 $s(\le p)$차원의 공간에서 두 개체 사이의 거리 δ_{ij}사이의 관계가 서로 일치되도록 하는 것이 기본 개념이다. 특히, 계량형과 비선형 MMDS 두 방법 모두 다음과 같은 기본모형을 가정한다.

$$d_{ij} = \delta_{ij} + \epsilon_{ij},\ i,\ j = 1,\ \ldots,\ n.$$

여기서 ϵ_{ij}는 측정 및 $s(\le p)$ 차원 공간근사에 따른 왜곡오차인 오차항이다. R에서 제공하는 계량형 MDS와 비선형 MMDS를 보면 비선형 MMDS를 위한 sammon 함수를 사용할 때 반복적인 수치적 알고리즘의 초기값으로 계량형 MDS를 위한 mdscale 함수를 활용한다는 점을 이미 설명한 바 있다. 다만 비선형 MMDS는 새먼 스트레스 공식 (7.5.1)을 최소화 시키는 [표 7.5.1]의 알고리즘을 활용하고 계량형 MDS는 [표 7.2.1]의 알고리즘을 활용하여 $s\ (\le p)$차원 형상공간에서 크기가 $n \times s$인 형상좌표 $C_{(s)}$ 를 찾는 것이다. 더불어 계량형 MDS의 MDS 그림이 PCA(주성분분석)의 대수적 성질과 기하적 성질을 따르므로 최용석과 신상민(2013, 1.6절)의 주성분행렬도 관점에서 기하적인 해석이 유용하게 사용된다는 점이다. 반면에 비선형 MMDS는 비록 알고리즘의 초기값으로 계량형 MDS의 형상좌표를 사용하지만 계량형 MDS의 이러한 기하적 성질이 유지된다고 말할 수 없다.

7.6 다차원척도법을 위한 R

R에서 이원 MDS인 계량형과 비계량형 MDS를 위해 함수 cmdscale()와 library(MASS)의 함수 isoMDS()를 각각 활용하면 된다. 특히, 함수 isoMDS()의 결과를 활용해서 함수 Shepard()는 비계량형 MDS를 위한 모형의 적합도를 판정할 세퍼드그림을 제공하며 더불어 순위상($\hat{d}_{ij}$)과 적합된 비유사성(δ^*_{ij})에 대한 산점도인 상그림도 얻을 수 있다. 다음으로 INDSCAL 모형에 바탕을 둔 삼원 MDS는 library(smacof)의 함수 smacofIndDiff()에서 옵션 constraint="indscal"에 의해 적용가능 하며 모형 적합도를 판정할 세퍼드그림과 상그림이 제공된다. 끝으로 새먼의 비선형사상 알고리즘에 바탕을 둔 비선형 MMDS는 library(MASS)의 sammon 함수를 활용하게 된다.

이 절에서는 이들에 대하여 적용한 [보기]와 [R-코드]를 재인용하여 요약하도록 하겠다.

- [표 7.2.1]의 토거선 알고리즘에 의한 계량형 MDS를 4×2 자료행렬 X에 대해 적용한 [보기 7.2.1]의 [R-코드 7.2.1](example721-metricMDS.R)를 참고하기 바란다.

[R-코드 7.2.1] 4×2 자료행렬 X의 계량형 MDS(example721-metricMDS.R)

```
#[보기 7.2.1] Metric MDS based ont the Torgerson's Algorithm
#Clark distance from data matrix
X <- matrix(c(6,4,4,8,4,2,2,2),byrow=T, nrow=4)
        n <- nrow(X)
rownames(X) <- c("a","b","c","d")
# Scatter Plot
par(pty="s")
lim <- range(pretty(X))
plot(X[,1],X[,2],xlab="X1",ylab="X2",xlim=lim,ylim=lim,pch=15,col=2)
abline(v=0,h=0)
text(X[,1],X[,2],rownames(X),cex=1,col=2,pos=3)
```

```
# Clark's distance
D <- matrix(0,n,n)
for (i in 1:n) { for (j in 1:n) {
tmp <- as.matrix((X[i,]-X[j,])/(X[i,]+X[j,]))
d <- sqrt(t(tmp)%*%tmp)
D[i,j] <- d}}
round(D, 3)

#Metric MDS: Torgerson's Algorithm
        A <- -(D^2)/2
        J <- matrix(1,n,n)
        H <- diag(1,n)-J/n
        B <- H%*%A%*%H
        eg.B <- eigen(B)
        tmp <- sum(eg.B$values>=0)
        eig <- eg.B$values[1:tmp]
        per <- eig/sum(eig)*100
        gof <- sum(per[1:2])
        V <- eg.B$vectors[,1:2]
        C <- V%*%diag(sqrt(eig[1:2]))
list(eig, gof)
# MDS Map
par(pty="s")
        lim <- range(pretty(C))
        plot(C[,1],C[,2],xlab="Dim1",ylab="Dim2",xlim=lim,ylim=lim,pch=15,col=2)
        abline(v=0,h=0)
        text(C[,1],C[,2],rownames(X),cex=1,col=2,pos=3)
```

- 함수 cmdscale()를 활용한 유럽 10대 도시 간 거리에 대한 계량형 MDS는 [보기 7.2.2]의 [R-코드 7.2.2](eurodist-metricMDS.R)를 참고하면 된다.

[R-코드 7.2.2] 유럽 10대 도시 간 거리의 계량형 MDS(eurodist-metricMDS.R)

```
# 10 European Cities's Distances
Data7.2.1<-read.table("eurodist.txt", header=T)
D<-Data7.2.1
도시=colnames(D)
n<-nrow(D)

# Metric MDS
```

```
win.graph()
con<-cmdscale(D, k=2, eig=T)
con
x<-con$points[, 1]
y<-con$points[, 2]
lim1<-c(-max(abs(x)), max(abs(x)))
lim2<-c(-max(abs(y)), max(abs(y)))

plot(x, y, xlab="Dim1", ylab="Dim2", xlim=lim1, ylim=lim2)
text(x, y, 도시, cex=0.8, pos=3)
abline(v=0, h=0)
```

• library(MASS)의 함수 isoMDS()를 각각 활용한 비계량형 MDS는 [보기 7.3.1]에서 9가지 직업에 대한 비유사성에 대한 분석을 참고하면 된다. 이를 위한 [R-코드 7.3.1](jobs-nonmetricMDS.R)을 재인용하였다. 특히, 함수 isoMDS()의 결과를 활용해서 함수 Shepard()는 비계량형 MDS를 위한 모형의 적합도를 판정할 세퍼드그림과 상그림을 제공한다.

[R-코드 7.3.1] 9가지 직업의 비계량형 MDS(jobs-nonmetricMDS.R)

```
# Nine Jobs's Dissimilarity
Data7.3.1<-read.table("jobs.txt", header=T)
D<-Data7.3.1
직업=colnames(D)

# Nonmetric MDS
win.graph()
library(MASS)
con<-isoMDS(D, k=2)
con
x<-con$points[,1]
y<-con$points[,2]
lim1<-c(-max(abs(x)), max(abs(x)))
lim2<-c(-max(abs(y)), max(abs(y)))
plot(x,y, xlab="Dim1", ylab="Dim2", xlim=lim1, ylim=lim2)
text(x,y,직업, cex=0.8, pos=2)
abline(v=0, h=0)

# Shepard  Diagram
win.graph()
```

```
dist_sh <- Shepard(D[lower.tri(D)], con$points)
dist_sh
cdist_sh=cbind(dist_sh$x, dist_sh$y, dist_sh$yf)
cdist_sh
plot(cdist_sh[,1], cdist_sh[,3], pch = ".", xlab = "Dissimilarity", ylab = "Distance",
xlim = range(cdist_sh[,1]), ylim = range(cdist_sh[,1]))
lines(cdist_sh[,1],  cdist_sh[,3], type = "S")

# Image Diagram
win.graph()
plot(cdist_sh[,2], cdist_sh[,3], pch = ".", xlab = "FitDissimilarity", ylab = "Distance",
xlim = range(cdist_sh[,2]), ylim = range(cdist_sh[,2]))
lines(cdist_sh[,2],  cdist_sh[,3], type = "p")
```

- 삼원 MDS는 library(smacof)의 함수 smacofIndDiff()에서 옵션 constraint="indscal"에 의해 적용 가능하다. [보기 7.4.2]는 6세 아동 15명과 성인인 대학교 2년생 15명으로 이루어진 두 그룹에 대한 총 30명에 대해 15×15 비유사성행렬 30개에 대한 삼원 MDS의 적용을 보여주고 있다. 더불어 이를 적용한 모형 적합도를 판정할 세퍼드그림과 상그림이 제공된다. 이를 위한 [R-코드 7.4.2](body-three-wayMDS.R)를 재인용 한다.

[R-코드 7.4.2]   신체부위 자료에 대한 삼원 MDS(body-three-wayMDS.R)

```
# Body data: Three Way MDS(INDSCAL)
Data7.4.1<-read.table("body.txt", header=T)
attach(Data7.4.1)
D<-as.matrix(Data7.4.1)
부위=colnames(D)
n=nrow(D)
d <- list(NULL)
for(i in 1:30){
   d[[i]] <- as.dist(D[(i*15-14):(i*15),])
}
d
library(smacof)

body.diag <- smacofIndDiff(d, ndim=3, constraint = "indscal")
summary(body.diag)
# Dimension Coefficients
```

```
w=matrix(unlist(body.diag$cweights), ncol=3, byrow=T)
w1=colSums(w[1:45, ])/15
w2=colSums(w[46:90, ])/15
stress=body.diag$stress
C=body.diag$gspace
plot3d(body.diag)
list(C, w, w1, w2, stress)
win.graph()
par(mfrow=c(1,2))
lim<-range(pretty(C))
plot(C[, 1], C[,2], xlab="Dim1", ylab="Dim2", xlim=lim, ylim=lim)
text(C[, 1], C[,2],부위, cex=0.8, pos=3)
abline(v=0, h=0)
plot(C[, 1], C[,3], xlab="Dim1", ylab="Dim3", xlim=lim, ylim=lim)
text(C[, 1], C[,3],부위, cex=0.8, pos=3)
abline(v=0, h=0)
win.graph()
plot(body.diag, plot.type = "Shepard")
plot(body.diag, plot.type = "resplot")
```

- 비선형 MMDS는 library(MASS)의 sammon 함수를 활용하면 되고 이를 모스부호 (Morse code)에서 0, 1, 2, 3, 4, 5, 6, 7, 8, 9로 이루어진 10개의 아라비아 숫자에 대한 유사성자료 대해 적용한 [보기 7.5.1]을 참고하기 바란다. 이를 위한 [R-코드 7.5.1](morse-nonlinearMMDS.R)을 여기서 재인용한다.

[R-코드 7.5.1] 모스부호 자료의 비선형 MMDS(morse-nonlinearMMDS.R)

```
#Morse data의 비선형 계량형 MDS
# Dissimilarity Matrix from Similarity Matrix
Data7.2.3<-read.table("morse.txt", header=T, check.names=F)
C<-as.matrix(Data7.2.3)
부호=colnames(C)
n<-nrow(C)

# Standard Transformation: cij(similarity) to dij(dissimilarity)
J<-matrix(1, n, n)
cii=diag(diag(C))%*%J
cij=C
cjj=J%*%diag(diag(C))
```

```
D<-sqrt(cii-2*cij+cjj)
D
# Nonlinear Metric MDS
win.graph()
library(MASS)
con<-sammon(D, k=2, magic=0.3)
con
x<-con$points[, 1]
y<-con$points[, 2]
lim1<-c(-max(abs(x)), max(abs(x)))
lim2<-c(-max(abs(y)), max(abs(y)))

plot(x, y, xlab="Dim1", ylab="Dim2", xlim=lim1, ylim=lim2)
text(x, y, 부호, cex=0.8, pos=3)
abline(v=0, h=0)
```

7.7 연습문제

7.1 다차원척도법에서 차원의 축소에 대한 개념을 설명하라.

7.2 이원과 삼원 비유사성 행렬에 대해 그 차이를 설명하라.

7.3 계량형과 비계량형 MDS의 그 차이를 설명하라.

7.4 유사성자료와 비유사성자료의 차이점과 상호 연관성을 설명하라.

7.5 우리나라 도시 간 철도거리 [자료 7.7.1](railroad.txt)에 대하여 MDS를 실시하고자 한다.

(1) 계량형과 비계량형 MDS를 실시하고 MDS 그림의 축을 해석하라.

(2) 비선형 MDS의 결과와 비교하라.

(3) (1)과 (2) MDS 그림의 적합도를 서로 비교하라.

| 자료 7.7.1 | 도시 간 철도거리(단위: ㎞)(railroad.txt)

도시	서울	부산	광주	대구	인천	강릉	청주	전주
서울	0.0							
부산	444.5	0.0						
광주	353.8	364.7	0.0					
대구	323.9	120.6	350.0	0.0				
인천	30.9	475.4	384.7	359.9	0.0			
강릉	348.5	505.0	523.0	388.8	379.4	0.0		
청주	141.2	326.1	235.4	211.4	172.1	288.6	0.0	
전주	279.9	391.0	124.6	276.4	310.8	449.4	136.3	0.0

7.6 5장 [연습문제 5.7]의 [자료 5.8.1](kellogg.txt)은 총 23종류의 시리얼에 대한 것으로 10가지 변수 $X_1 \sim X_{10}$으로 측정되었다.

(1) [자료 5.8.1]로부터 유클리드 거리에 대한 계량형 MDS를 실시하라.

(2) (1)에서 시리얼 유형의 군집화를 시도하고 그 특성을 기술하라.

(3) (2)의 결과와 [연습문제 5.7]의 (6)에서 실시한 K-평균법의 결과와 비교하라.

(4) [연습문제 5.7]의 (1)과 (2)의 이진수자료에서 얻어진 비유사성행렬자료에 대한 계량형 MDS를 실시하고 시리얼의 유형을 군집화하라.

(5) 주성분분석의 주성분점수의 산점도와 MDS 그림을 비교하여 시리얼 유형의 군집에 차이가 있는지를 살펴보라.

(6) (1)의 유클리드 거리에 대한 비계량형 MDS와 비선형 MMDS를 실시하여 (1)의 결과와 비교하라.

7.7 5장 [연습문제 5.10]에서 12개 변수(L, B, H, OH, U, S, Q, FH, NB, NH, BL, HL)에 의해 22명의 남성(M)과 18명의 여성(F)의 두개골 자료(skull.txt)를 고려하자.

(1) [연습문제 5.10]의 (1)에서 구한 주성분점수의 유클리드 거리에 대한 계량형 MDS를 실시하라.

(2) (1)에서 남녀 간의 군집화를 시도하고 [연습문제 5.10]의 (2)의 군집분석과 비교하라.

(3) 두개골 원자료에 대한 유클리드 거리에 대한 K-평균법을 실시한 [연습문제 5.10]의 (4)의 결과와 계량형 MDS의 결과를 비교하라.

(4) (3)의 유클리드 거리에 대한 비계량형 MDS와 비선형 MMDS를 실시하여 (1)과 (3)의 결과와 비교하라.

7.8 [자료 7.7.2](color.txt)는 사람의 눈으로 색을 인지하는 실험의 결과이다. 색채의 파장 길이(434μm−674μm)에 따른 14가지 색을 각각 두 색씩 짝을 지은 91가지 경우에 대하여 31명이 0점(전혀 유사하지 않다)~4점(동일하다)의 5점척도로 평가하여 그 평균 점수로 14가지 색의 행렬자료를 만들었다. 참고로 파장 길이에 따라 434=남색, 445=청색, 472=청록색, 504=녹색, 555=황녹색, 600=노랑색, 628=귤색, 651=주황색, 674=적색 등 몇 가지 색을 살펴볼 수 있다(Izenman, 2008, pp. 468-469).

(1) [자료 7.7.2]가 유사성행렬인지 또는 비유사성행렬인지를 말하라.

(2) 비계량형 MDS에서 MDS 그림은 색채환(color circle)을 제공함을 보여라.

(3) 비계량형과 계량형 MDS의 결과를 비교하라.

자료 7.7.2 14가지 색채자료(color.txt)

434	1													
445	0.86	1												
465	0.42	0.5	1											
472	0.42	0.44	0.81	1										
490	0.18	0.22	0.47	0.54	1									
504	0.06	0.09	0.17	0.25	0.61	1								
537	0.07	0.07	0.10	0.10	0.31	0.62	1							
555	0.04	0.07	0.08	0.09	0.26	0.45	0.73	1						
584	0.02	0.02	0.02	0.02	0.07	0.14	0.22	0.33	1					
600	0.07	0.04	0.01	0.01	0.02	0.08	0.14	0.19	0.58	1				
610	0.09	0.07	0.02	0.00	0.02	0.02	0.05	0.04	0.37	0.74	1			
628	0.12	0.11	0.01	0.01	0.01	0.02	0.02	0.03	0.27	0.5	0.76	1		
651	0.13	0.13	0.05	0.02	0.02	0.02	0.02	0.02	0.2	0.41	0.62	0.85	1	
674	0.16	0.14	0.03	0.04	0.00	0.01	0.00	0.02	0.23	0.28	0.55	0.68	0.76	1

7.9 다음은 두 명의 학생들이 여덟 나라의 비유사성을 판단한 자료이다(Davison, 1992, pp. 147-149).

(1) 삼원 MDS를 실시하고 MDS 그림의 적절한 차원수를 결정하라.

(2) (1)의 MDS 그림을 해석하여라.

(3) 모형의 적합성을 제시하는 세퍼드그림과 상그림을 해석하여라.

학생 1	Angola	.
	Argentina	1.41 .
	Australia	1.00 1.00 .
	China	1.00 1.73 1.41 .
	Cuba	1.41 1.41 1.73 1.00 .
	Japan	1.41 1.41 1.00 1.00 1.41 .
	United States	1.73 1.00 1.41 1.41 1.00 1.00 .
	Zimbabwe	0.71 1.41 1.00 1.00 1.41 1.41 1.73 .
학생 2	Angola	.
	Argentina	1.00 .
	Australia	2.00 2.00 .
	China	3.00 3.00 2.00 .
	Cuba	1.00 1.00 3.00 1.00 .
	Japan	2.00 2.00 1.00 2.00 1.00 .
	United States	3.00 3.00 2.00 3.00 2.00 2.00 .
	Zimbabwe	1.00 1.00 3.00 1.00 3.00 3.00 1.00 .

7.10 [자료 7.7.3](field.txt)은 관심영역자료로 건강, 과학, 기술, 상업, 사무, 중개, 사회, 예술 여덟 가지 관심 영역에 대한 네 그룹 각각의 심리적 시험 점수에 대한 상관계수를 구한 것이다(du Toit 외, 1986, p. 148). 네 그룹은 유색 여성, 아시아 여성, 남아프리카 공용 네덜란드어를 사용하는 백인 여성, 영어를 사용하는 백인 여성으로 이루어져 있다.

(1) 네 그룹 각각에 대한 이원 MDS를 실시하고 관심 영역 간의 유사성을 비교하라.

(2) 삼원 MDS를 실시하고 세퍼드 그림과 상그림을 통하여 모형의 적합성을 논의하라.

(3) 삼원 MDS 그림을 해석하고 (1)과 비교하라.

자료 7.7.3 관심영역 자료(field.txt)

유색 여성	건강	1.00
	과학	0.71 1.00
	기술	0.72 0.67 1.00
	상업	0.60 0.55 0.88 1.00
	사무	0.55 0.60 0.55 0.55 1.00
	중개	0.63 0.41 0.69 0.71 0.76 1.00
	사회	0.67 0.54 0.61 0.56 0.66 0.76 1.00
	예술	0.63 0.58 0.76 0.76 0.49 0.64 0.59 1.00
아시아 여성	건강	1.00
	과학	0.80 1.00
	기술	0.54 0.72 1.00
	상업	0.34 0.52 0.84 1.00
	사무	0.35 0.43 0.66 0.69 1.00
	중개	0.33 0.45 0.62 0.67 0.78 1.00
	사회	0.52 0.65 0.60 0.50 0.54 0.66 1.00
	예술	0.32 0.53 0.79 0.76 0.64 0.72 0.59 1.00
남아프리카 공용 네덜란드어 사용 백인 여성	건강	1.00
	과학	0.77 1.00
	기술	0.55 0.74 1.00
	상업	0.47 0.61 0.85 1.00
	사무	0.23 0.23 0.49 0.53 1.00
	중개	0.37 0.36 0.62 0.60 0.74 1.00
	사회	0.59 0.52 0.55 0.49 0.47 0.74 1.00
	예술	0.48 0.59 0.72 0.69 0.43 0.64 0.63 1.00
영어를 사용 백인 여성	건강	1.00
	과학	0.72 1.00
	기술	0.53 0.69 1.00
	상업	0.45 0.51 0.77 1.00
	사무	0.17 0.16 0.45 0.40 1.00
	중개	0.31 0.25 0.49 0.38 0.77 1.00
	사회	0.54 0.41 0.47 0.37 0.44 0.67 1.00
	예술	0.38 0.50 0.67 0.55 0.36 0.49 0.55 1.00

제 8 장

대응분석 (Correspondence Analysis)

대응분석(correspondence analysis, CRA)은 분할표 자료의 행과 열 범주를 저차원 공간상의 점들로 동시에 나타내어 그들의 관계를 탐구하는 탐색적 자료분석기법이다.

이 장에서는 먼저 행과 열범주를 나타내는 변수가 둘뿐인 이원분할표의 단순 CRA를 다루는데, 특히 단순 CRA에서 행과 열범주의 독립성과 동질성문제를 살펴본다. 또 범주를 나타내는 범주변수가 셋 이상인 다원분할표를 위한 다중 CRA를 소개한다. 이들 CRA의 알고리즘에 바탕을 둔 복잡한 계산은 R을 활용하여 제공받을 수 있으며 library(ca)의 함수 ca()와 mjca()는 각각 단순 CRA와 다중 CRA를 가능하게 한다.

8.1 대응분석의 이해

일반적으로 범주형자료인 분할표 자료에 대하여 삼원분할표 이하에서는 카이제곱검정으로 각 범주 변수 간의 연관성을 살펴본다. 또한 삼원분할표 이상의 경우에는 로그선형모형(log-linear model) 또는 로짓모형(logit model)을 통하여 범주 간의 연관성을 살펴본다(정광모와 최용석, 2002). 이 장에서는 이들 검정과 모형 대신에 대응분석(correspondence analysis, CRA)이라는 다변량 그래프적 방법을 소개한다. 대응분석이란 분할표 자료의 행(row)과 열(column)을 저차원 공간상의 점들로 동시에 나타내어 그들의 관계를 탐구하는 탐색적 자료분석 기법이다.

CRA가 다변량 자료분석에서 널리 알려진 때는 1980년대이다. 1960년대 프랑스에서 벤제크리(Jean-Paul Benzécri, 1932)의 자료분석 모임이 다양한 분야에서 수집된 자료를 분석하는 데에 대응분석 기법을 응용하고 발전시켰다. 이와 대등한 분석기법으로 일본에서는 1950년대 하야시(Chikio Hayashi, 1918~2002)에 의해서 수량화 제3방법(third quantification method)으로 개발되어 발전되었다.

CRA 기법은 미국에서는 reciprocal averaging 혹은 appropriate scoring이라 하고 네덜란드에서는 homogeneity analysis, 캐나다에서는 dual scaling 그리고 이스라엘에서는 scalogram이라 한다(최용석, 2001, 1장). 대응분석은 사회학, 생태학, 심리학, 기상학, 교육학, 지리학, 경제학 등의 여러 분야에 걸쳐 응용되고 있다.

CRA는 이원분할표 자료에 적용되는 단순(simple) CRA와 다원분할표 자료에 적용되는 다중(multiple) CRA로 나눌 수 있다(Greenacre와 Hastie, 1987). 최용석(2001, 3장)에 따르면 CRA를 적용하는 자료로 분할표가 일반적이나 분할표의 범주를 나타내는 분류변수를 개체별로 나타낸 자료와 0과 1에 의한 표시행렬(indicator matrix)과 표시행렬에서 얻어진 버트행렬(Burt matrix)도 활용된다.

CRA의 필요한 수행단계를 [표 8.1.1]에 요약해 둔다.

| 표 8.1.1 | CRA 수행단계

[1단계] 범주형 자료의 형태를 결정한다: 분할표, 분류변수, 표시행렬, 버트행렬
[2단계] CRA에서 단순과 다중을 선택한다.
[3단계] CRA 그림의 적합도인 설명력을 계산한다.
[4단계] CRA 그림을 해석하고 범주 간의 대응관계를 통해 연관성을 찾는다.

8.2 단순 대응분석

단순 CRA의 대수적인 면을 알아보자. 범주형 자료의 형태가 [표 8.2.1]과 같은 행과 열의 수가 각각 n과 p인 이원분할표 자료행렬을

$$O=(o_{ij}),\quad o_{ij}\geq 0,\ i=1,\ \ldots,\ n\ ;\ j=1,\ \ldots,\ p \tag{8.2.1}$$

라 하자.

┃표 8.2.1┃ $n\times p$ 이원분할표

		열 범주				행합
		1	2	$\cdots$	p	
행 범주	1	o_{11}	o_{21}	$\cdots$	o_{1p}	$o_{1.}$
	2	o_{21}	o_{22}	$\cdots$	o_{2p}	$o_{2.}$
	$\vdots$	$\vdots$	$\vdots$	$\vdots$	$\vdots$	$\vdots$
	n	o_{n1}	o_{n2}	$\cdots$	o_{np}	$o_{n.}$
열합		$o_{.1}$	$o_{.2}$		$o_{.p}$	$o_{..}$

(8.2.1)의 O의 i번째 행 $(o_{i1},\ \ldots,\ o_{ip})$은 크기가 $o_{i.}=\Sigma_{j=1}^{p}o_{ij}$이고 p개의 범주를 갖는 다항표본(multinomial sample)이다. 이들 표본의 총 크기는 O의 모든 원소들의 합 $o_{..}=\Sigma_{i=1}^{n}\Sigma_{j=1}^{p}o_{ij}=1_n^t O 1_p$가 된다. 여기서 1_n와 1_p는 크기가 각각 $n\times 1$과 $p\times 1$인 원소 1을 갖는 벡터이다.

단순 CRA에서는 [표 8.2.1]과 같은 이원분할표로부터 대응행렬(correspondence matrix)

$$F=(f_{ij}),\ f_{ij}=\frac{o_{ij}}{o_{..}},\quad i=1,\ \ldots,\ n;\ j=1,\ \ldots,\ p \tag{8.2.2}$$

를 정의하게 되는데 이는 상대도수(relative frequencies)로 이루어져 있는 자료행렬임을 알 수 있다. 크기가 $f_{i.}=\Sigma_{j=1}^{p}f_{ij}$인 행프로파일(row profile)벡터가

$$\boldsymbol{r}_i=\frac{1}{f_{i.}}(f_{i1},\ \ldots,\ f_{ip})^t=\frac{1}{o_{i.}}(o_{i1},\ \ldots,\ o_{ip})^t,\ i=1,\ \ldots,\ n \tag{8.2.3}$$

로 정의될 때 이들 n개의 행프로파일 $\boldsymbol{r}_1, \ldots, \boldsymbol{r}_n$은 p차원 가중유클리드공간(weighted Euclidean space)에서 행좌표점(벡터)으로 볼 수 있다. 여기서 가중유클리드공간이란 두 개의 행좌표 $\boldsymbol{r}_i$와 $\boldsymbol{r}_k$ 사이의 거리가 카이제곱거리인 가중치 $f_{.j} = \sum_{i=1}^{n} f_{ij}$를 갖고

$$d^2(\boldsymbol{r}_i, \boldsymbol{r}_k) = (\boldsymbol{r}_i - \boldsymbol{r}_k)^t D_c^{-1}(\boldsymbol{r}_i - \boldsymbol{r}_k) = \sum_{j=1}^{p} \frac{(f_{ij}/f_{i.} - f_{kj}/f_{k.})^2}{f_{.j}} \tag{8.2.4}$$

로 정의되는 p차원의 유클리드공간을 말한다. 여기서 $D_c = diag(f_{.1}, \ldots, f_{.p})$는 가중치를 대각원소로 하는 크기가 $p \times p$인 대각행렬이다.

행프로파일의 경우와 마찬가지로 크기가 $f_{.j} = \sum_{i=1}^{n} f_{ij}$인 j번째 열프로파일(column profile)벡터를 $\boldsymbol{c}_j = (f_{1j}, \ldots, f_{nj})^t / f_{.j}$라고 하면, 이들 p개의 열 프로파일 $\boldsymbol{c}_1, \ldots, \boldsymbol{c}_p$는 n차원의 가중유클리드공간에서 정의되는 p개의 열좌표점(벡터)이 된다. 따라서 이들 간의 거리도 행좌표점의 거리인 (8.2.4)와 유사하게 정의된다.

일반적으로 단순 CRA는 많은 다변량분석에 적용되는 차원축소기법(method of dimension reduction)을 통하여 p차원과 n차원의 가중유클리드공간에서의 행좌표점 $\boldsymbol{r}_1, \ldots, \boldsymbol{r}_n$과 열좌표점 $\boldsymbol{c}_1, \ldots, \boldsymbol{c}_p$를 하나의 그림으로 동시에 나타내어 이들의 관계를 탐구하는 것이 목적이다. 이렇게 그려지는 그림이 바로 단순 CRA 그림에 해당한다. 차원수가 다른 행 좌표점과 열 좌표점을 하나의 그림에 동시에 나타내는 방법에는 대칭적 방법과 투영적 방법이 있는데 여기서는 Greenacre(1984)의 대칭적 방법을 소개하며 이는 최용석(2001, 1장)에서 잘 정리되어 있어 그 절차를 단순 CRA 알고리즘으로 [표 8.2.2]에 요약하려 한다. 이를 위하여 몇 가지 더 정리해 보기로 하자.

우선 행프로파일의 중심(centroid)은 n개 행프로파일 벡터들의 가중평균인

$$\mathrm{c} = \sum_{i=1}^{n} f_{i.} \boldsymbol{r}_i = \sum_{i=1}^{n} (f_{i1}, \ldots, f_{ip})^t = F^t \mathbf{1}_n$$

와 같이 크기가 $p \times 1$인 벡터로 정의할 수 있다. 마찬가지의 방법으로 p개 열프로파일의 중심은 크기가 $n \times 1$인 벡터 $\boldsymbol{r} = F\mathbf{1}_p$로 정의할 수 있다. 이들 두 벡터를 고려한 중심화 대응행렬 $\widetilde{F} = F - \boldsymbol{r}\boldsymbol{c}^t$의 변환된 잔차행렬(residual matrix) Y의 비정칙값분해

$$Y = D_r^{-1/2} \widetilde{F} D_c^{-1/2} = U \Lambda V^t \tag{8.2.5}$$

를 이용하면 대칭적 방법의 행 좌표점과 열 좌표점을 쉽게 얻을 수 있다. 여기서, $D_r = diag(f_{1.}, \ldots, f_{n.})$과 $D_c = diag(f_{.1}, \ldots, f_{.p})$는 각각 행과 열의 주변비율

$f_{i.} = \sum_{j=1}^{p} f_{ij}$, $i = 1, \ldots, n$과 $f_{.j} = \sum_{i=1}^{n} f_{ij}$, $j = 1, \ldots, p$를 대각원소로 하는 크기가 각각 $n \times n$과 $p \times p$인 대각행렬이다. 그리고 $\Lambda = diag(\lambda_1, \ldots, \lambda_p)$는 비정칙값인 $\lambda_1, \ldots, \lambda_p$를 대각원소로 갖는 크기가 $p \times p$인 대각행렬이며, 행렬 U와 V는 각각 $U^t U = I_p$와 $V^t V = I_p$를 만족한다. (8.2.5)에서 대응행렬 F 대신에 중심화 대응행렬 $\widetilde{F}$를 이용하는 대수적 이유는 최용석(2001, 2장)에서 자세히 설명하고 있으니 참고하기 바란다.

따라서 단순 CRA 그림의 행 좌표점과 열 좌표점은 (8.2.5)에서 각각

$$A = D_r^{-1/2} U\Lambda, \ B = D_c^{-1/2} V\Lambda \tag{8.2.6}$$

로 주어진다. 이들 좌표행렬의 기하적 성질을 최용석(2001, 2장)에서 발췌하여 정리하면, (8.2.6)의 행좌표행렬 A는 비정칙값분해 (8.2.5)와 $V^t V = I_p$를 이용하여 다음과 같이 분해될 수 있다.

$$\begin{aligned} A &= D_r^{-1/2} U\Lambda \\ &= D_r^{-1/2} (U\Lambda V^t) V \\ &= D_r^{-1/2} (D_r^{-1/2} \widetilde{F} D_c^{-1/2}) V \\ &= (D_r^{-1} \widetilde{F})(D_c^{-1/2}) V. \end{aligned} \tag{8.2.7}$$

여기서 $D_r^{-1} \widetilde{F} = (\tilde{\boldsymbol{r}}_1, \ldots, \tilde{\boldsymbol{r}}_n)^t$는 중심화 대응행렬 $\widetilde{F}$의 행좌표점에 해당하는 행프로파일 벡터 $\tilde{\boldsymbol{r}}_i = (f_{i1} - f_{i.}f_{.1}, \ldots, f_{ip} - f_{i.}f_{.p})^t / f_{i.}$, $i = 1, \ldots, n$로 구성되어 있다. 물론 두 개의 행좌표점 $\tilde{\boldsymbol{r}}_i$와 $\tilde{\boldsymbol{r}}_k$ 사이에는 (8.2.4)와 같은 가중유클리드공간상의 카이제곱거리

$$d^2(\tilde{\boldsymbol{r}}_i, \tilde{\boldsymbol{r}}_k) = (\tilde{\boldsymbol{r}}_i - \tilde{\boldsymbol{r}}_k)^t D_c^{-1} (\tilde{\boldsymbol{r}}_i - \tilde{\boldsymbol{r}}_k) \tag{8.2.8}$$

를 만족한다. 더불어 (8.2.7)을 보면 $D_r^{-1} \widetilde{F}$에 $D_c^{-1/2}$이 곱해져 있는데, 이는 행프로파일 벡터 $\tilde{\boldsymbol{r}}_i$가 재척도(rescale)되어 $\hat{\boldsymbol{r}}_i = D_c^{-1/2} \tilde{\boldsymbol{r}}_i$가 됨을 보여준다. 그러면, (8.2.8)의 가중유클리드상의 카이제곱거리는

$$(\tilde{\boldsymbol{r}}_i - \tilde{\boldsymbol{r}}_k)^t D_c^{-1} (\tilde{\boldsymbol{r}}_i - \tilde{\boldsymbol{r}}_k) = (\hat{\boldsymbol{r}}_i - \hat{\boldsymbol{r}}_k)^t (\hat{\boldsymbol{r}}_i - \hat{\boldsymbol{r}}_k)$$

인 일반적인 유클리드 거리(ordinary Euclidean distance)가 된다. (8.2.7)에서 $V^t V = I_p$를 만족하는 직교행렬 V가 뒤에서 곱해진 것은 기하적으로 재척도된 행좌표점 $\hat{\boldsymbol{r}}_i$을 좌

표축에 대해서 직교 변환시키는 효과를 갖는다. 열좌표점 행렬 $B = D_c^{-1/2} V \Lambda$에 대해서도 행 좌표점 행렬 A의 기하적 성질을 동일하게 적용할 수 있다.

다음으로 s차원의 단순 CRA 그림을 위해서는 각각 (8.2.6)의 행렬 A와 B의 s개 열로 이루어진 부행렬

$$A_{(s)} = D_{r(s)}^{-1/2} U_{(s)} \Lambda_{(s)}, \ B_{(s)} = D_{c(s)}^{-1/2} V_{(s)} \Lambda_{(s)} \tag{8.2.9}$$

를 이용하면 된다. 덧붙여 설명하자면, 단순 CRA 그림의 행좌표점과 열좌표점 사이의 거리는 기하적으로 아무런 의미가 없고, 다만 두 좌표점이 같은 방향에 위치한다면 이들이 나타내는 행범주와 열범주가 대응관계에 있다고 본다.

끝으로, (8.2.9)의 부행렬 $A_{(s)}$와 $B_{(s)}$가 제공하는 $s(\geq 2)$차원의 단순 CRA 그림은 다차원의 이원분할표 자료를 차원축소를 통하여 근사적으로 나타내고 있다. 이런 근사의 정도를 설명하는 근사적합도는

$$fit = \frac{\sum_{k=1}^{s} \lambda_k^2}{\sum_{k=1}^{q} \lambda_k^2} \times 100 \tag{8.2.10}$$

를 따른다. 여기서 $q = \min(n-1, p-1)$이다. 특히, 단순 CRA에서는 비정칙값의 제곱인 고윳값을 주결여성(principal inertia)이라 하며, 이들의 합을 총결여성(total inertia)이라 부른다. 즉, 고윳값의 전체합계에서 최대 고윳값부터 내림순으로 s개의 고윳값들이 차지하는 누적비율을 고려하여 이들 고윳값의 개수에 대응되는 차원의 수를 정한다.

경험상 설명력이 70% 이상이면 충분하고 눈으로 쉽게 확인해 볼 수 있는 $s=2$차원의 단순 CRA 그림이 선호된다. 따라서 단순 CRA는 (8.2.9)의 좌표에서 얻은 단순 CRA 그림을 통하여 행좌표점과 열좌표점의 거리로서 그들의 연관성을 시각적으로 보여 준다. 행좌표점 간의 거리나 열좌표점 간의 거리는 각각 유클리드 거리를 의미하나 행좌표점과 열좌표점 사이의 거리는 별 의미가 없고 다만 방향성만 가질 뿐이다.

지금까지 정리한 $s(\geq 2)$차원 단순 CRA 그림을 얻기 위한 대수적인 과정을 [표 8.2.2]에 단순 CRA 알고리즘으로 요약하고 있으니 참고하기 바란다.

| 표 8.2.2 | 단순 CRA 알고리즘

[1단계] $n\times p$ 이원분할표 자료행렬: $O=(o_{ij}),\ o_{ij}\geq 0,\ i=1,\ ...,\ n;\ j=1,\ ...,\ p$

[2단계] 대응행렬: $F=(f_{ij}),\ f_{ij}=\dfrac{o_{ij}}{o_{..}},\ \ i=1,\ ...,\ n;\ j=1,\ ...,\ p$

- $o_{..}=\sum_{i=1}^{n}\sum_{j=1}^{p}o_{ij}$: O의 모든 원소들의 총합
- 행과 열 프로파일의 중심: $\boldsymbol{c}=F^{t}\mathbf{1}_n,\ \boldsymbol{r}=F\mathbf{1}_p$

  $\Rightarrow$ 중심화 대응행렬: $\widetilde{F}=F-\boldsymbol{r}\boldsymbol{c}^t$

[3단계] 잔차행렬의 비정칙값분해: $Y=D_r^{-1/2}\widetilde{F}D_c^{-1/2}=U\Lambda V^t$

- $D_r=diag(f_{1.},\ ...,\ f_{n.})$, 행주변비율의 합 $f_{i.}=\sum_{j=1}^{p}f_{ij},\ i=1,\ ...,\ n$
- $D_c=diag(f_{.1},\ ...,\ f_{.p})$, 열주변비율의 합 $f_{.j}=\sum_{i=1}^{n}f_{ij},\ j=1,\ ...,\ p$
- $\Lambda=diag(\lambda_1,\ ...,\ \lambda_p)$: Y의 비정칙값 $\lambda_1,\ ...,\ \lambda_p$에 의한 대각행렬
- U와 V는 각각 $U^tU=I_p$와 $V^tV=I_p$를 만족한다.

[4단계] 단순 CRA 그림의 행과 열 좌표점:

$$A=D_r^{-1/2}U\Lambda,\ \ B=D_c^{-1/2}V\Lambda$$

$\Rightarrow$ s 차원의 단순 CRA 그림의 행과 열 좌표점:

$$A_{(s)}=D_{r(s)}^{-1/2}U_{(s)}\Lambda_{(s)},\ \ B_{(s)}=D_{c(s)}^{-1/2}V_{(s)}\Lambda_{(s)}$$

[5단계] $s(\geq 2)$차원의 단순 CRA 그림의 설명력:

$$fit=\frac{\sum_{k=1}^{s}\lambda_k^2}{\sum_{k=1}^{q}\lambda_k^2}\times 100$$

여기서 $q=\min(n-1,p-1)$이다.

다음의 [보기 8.2.1]과 [보기 8.2.2]를 통해 단순 CRA 알고리즘을 따른 것과 R에서 library(ca)의 함수 ca()를 활용한 결과를 제공하여 서로 비교하려 한다.

[보기 8.2.1] 결혼 전 성관계에 대한 반응과 피임허용의 이원분할표의 단순 CRA

EXAMPLE

[자료 8.2.1](presex.txt)은 결혼 전 성관계에 대해 4점척도(매우 나쁘다, 거의 나쁘다, 조금 나쁘다, 전혀 나쁘지 않다)로 조사했고, 동시에 14세와 16세의 10대들의 임신조절을 위한 피임에 대해 4점 척도(매우 반대, 반대, 찬성, 매우 찬성)로 조사한 결과로부터

얻은 분할표 자료이다. 이 자료에 대해 [R-코드 8.2.1](presex-SCRAalgorithm.R)는 단순 CRA의 알고리즘 [표 8.2.2]를 따른 것이다.

| 자료 8.2.1 | 결혼 전 성관계에 대한 반응과 피임허용의 이원분할표(presex.txt)

혼전 성관계	10대 임신조절			
	매우 반대	반 대	찬 성	매우 찬성
매우 나쁘다	81	68	60	38
거의 나쁘다	24	26	29	14
조금 나쁘다	18	41	74	42
전혀 나쁘지 않다	36	57	161	157

[1단계] 범주형 자료의 형태를 결정한다: 분할표, 분류변수, 표시행렬, 버트행렬

- [자료 8.2.1]은 4×4 이원분할표 자료행렬이다.

[2단계] CRA에서 단순과 다중을 선택한다.

- [자료 8.2.1]이 이원분할표로 단순 CRA를 실시한다.
- [표 8.2.2]의 단순 CRA 알고리즘을 적용한다.

[3단계] CRA 그림의 적합도를 계산한다.

- 고윳값: 0.128, 0.011, 0.000, 0.000
- 설명력: 92.055, 7.941, 0.004, 0.000

⇒ [그림 8.2.1]의 2차원 CRA 그림의 설명력은 약 100(= 92.06 + 7.94)%에 이르며 완벽하게 이원분할표 자료의 행과 열범주의 연관성을 시각적으로 보여주게 된다.

[4단계] CRA 그림을 해석하고 범주 간의 대응관계를 통해 연관성을 찾는다.

- [그림 8.2.1]을 보면 '매우나쁨, 거의나쁨, 조금나쁨, 전혀안나쁨'은 행범주인 결혼 전 성관계에 대한 4점척도(매우 나쁘다, 거의 나쁘다, 조금 나쁘다, 전혀 나쁘지 않다)를 나타내는 행좌표점이며, '매반, 반대, 찬성, 매찬'은 열범주로 피임허용에 대한 4점척도(매우 반대, 반대, 찬성, 매우 찬성)를 나타내는 열좌표점이다.
- 수평축(Dim1)에 대하여 왼편의 행범주(매우나쁨, 거의나쁨)는 열범주(매반, 반대)방향으로 놓여져 있다. 이는 혼전 성관계가 나쁘다고 여기는 사람들은 10대에 피임을 반대하는 입장에 있음을 나타낸다.

```
좌표점 :

              제1축        제2축
매우나쁨    -0.4936961   0.06384614
거의나쁨    -0.3464748  -0.07896714
조금나쁨     0.1012440  -0.19906842
전혀안나쁨   0.3319888   0.06426015

매반  -0.6071969   0.12012594
반대  -0.2840350  -0.10959974
찬성   0.1835685  -0.08357146
매찬   0.3649515   0.11561864

설명력 :

        [,1]   [,2]   [,3]   [,4]
[1,]   0.128  0.011  0.000    0
[2,]  92.055  7.941  0.004    0
```

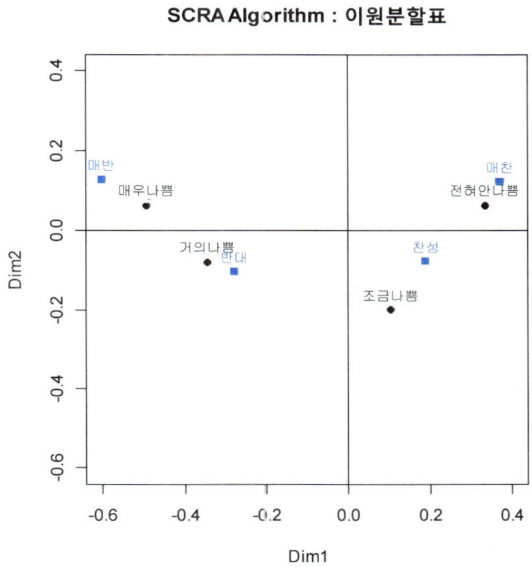

[그림 8.2.1] 결혼 전 성관계에 대한 반응과 피임허용의 이원분할표의 단순 CRA 그림

- 오른편의 행범주(조금나쁨, 전혀안나쁨)는 열범주(찬성, 매찬) 방향으로 놓여져 있어 이를 서로 대응한다고 한다. 이는 혼전 성관계에 대해 부정적이지 않은 사람들은 10대에 피임을 찬성하고 있다.
- 따라서 혼전 성경험에 대해서도 관대한 사람들은 10대에게 피임을 허용해야 한다고 좀 더 강하게 느끼는 입장을 보이고 있다.

[R-코드 8.2.1] 결혼 전 성관계에 대한 반응과 피임허용의 이원분할표의 단순 CRA 수행단계(presex–SCRAalgorithm.R)

```
# Simple CRA : Two-Way Table
O<-matrix(c(81, 68,  60,  38,
            24, 26,  29,  14,
            18, 41,  74,  42,
            36, 57, 161, 157), byrow=T, nrow=4)
F <- O/sum(O)
          r <- apply(F,1,sum)
          c <- apply(F,2,sum)
          Dr<- diag(1/sqrt(r))
          Dc<- diag(1/sqrt(c))
r;c;Dr;Dc
```

```
cF<- F-r%*%t(c)
Y <- Dr%*%(cF)%*%Dc
svd.Y <- svd(Y)
        U <- svd.Y$u
        V <- svd.Y$v
        D <- diag(svd.Y$d)
A <- (Dr%*%U%*%D)[,1:2]
B <- (Dc%*%V%*%D)[,1:2]
        rownames(A) <- c("매우나쁨", "거의나쁨", "조금나쁨", "전혀안나쁨")
        rownames(B) <- c("매반", "반대", "찬성", "매찬")
A;B
eig <- (svd.Y$d)^2
        per <- eig/sum(eig)*100
        gof <- sum(per[1:2])
rbind(round(eig, 3),round(per, 3))

par(pty="s")
        lim <-range(pretty(A))
        plot(B[, 1:2], xlab="Dim1",ylab="Dim2",xlim=lim,ylim=lim,pch=15,col=2,
        main="SCRA Algorithm : 이원분할표")
        text(B[, 1:2],rownames(B),cex=0.8,col=2,pos=3)
        points(A[, 1:2],pch=16, col=4)
        text(A[, 1:2],rownames(A),cex=0.8,pos=3, col=4)
        abline(v=0,h=0)
```

[보기 8.2.2] [보기 8.2.1]에서 CRA를 위한 R의 함수 ca()의 활용

[보기 8.2.1]에서는 [자료 8.2.1]의 결혼 전 성관계에 대한 반응과 피임허용의 이원분할표 자료에 대해 단순 CRA 알고리즘 [표 8.2.2]에 따른 [R-코드 8.2.1]을 실행한 결과를 바탕으로 단순 CRA를 수행했다.

이번에는 library(ca)의 함수 ca()를 활용한 [R-코드 8.2.2](presex-SCRA.R)를 참고하기 바란다. 이는 [R-코드 8.2.1]에서와 같이 분할표를 입력 자료로 하거나 외부 파일(presex.txt)을 입력자료로 하고 있다.

[그림 8.2.2]의 단순 CRA 그림에 대한 해석은 [그림 8.2.1]과 동일하며 자동으로 제1축(Dimension 1)과 제2축(Dimension 2)의 설명력이 각각 92.1%와 7.9%로 표기되어 있다. [그림 8.2.2]에서 함수 ca()에 의해서 주어지는 결과를 보면 단순 CRA 그림의 좌표점의 정보통계량이 다음과 같이 주어져 있다. 이들에 대한 자세한 해석과 계산과정은 최용석

```
Principal inertias (eigenvalues):
                 1        2        3
Value      0.127926 0.011036 5e-06
Percentage 92.05%   7.94%    0%


Rows:
        매우나쁨   거의나쁨   조금나쁨   전혀안나쁨
Mass     0.266739  0.100432  0.188985  0.443844
ChiDist  0.497810  0.355416  0.223343  0.338151
Inertia  0.066102  0.012687  0.009427  0.050752
Dim. 1  -1.380320 -0.968706  0.283067  0.928204
Dim. 2   0.607768 -0.751709 -1.894986  0.611710


Columns
          매반       반대       찬성      매찬
Mass     0.171706  0.207343  0.349892  0.271058
ChiDist  0.618968  0.304466  0.201710  0.382831
Inertia  0.065784  0.019221  0.014236  0.039726
Dim. 1  -1.697656 -0.794131  0.513237  1.020365
Dim. 2   1.143511 -1.043309 -0.795539  1.100605
```

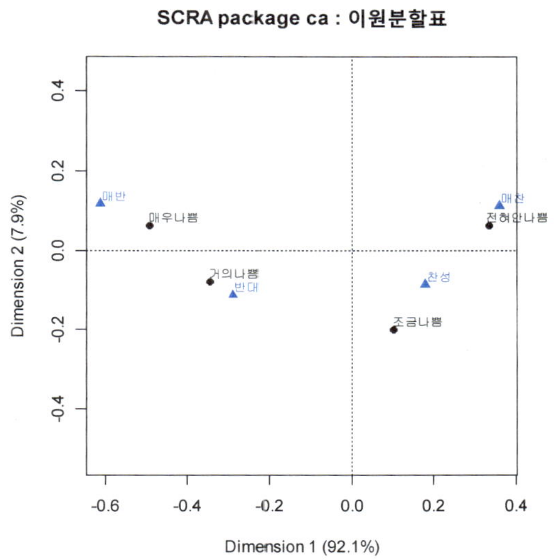

[그림 8.2.2] 결혼 전 성관계에 대한 반응과 피임허용의 이원분할표의 단순 CRA 그림과 좌표점의 정보 통계량

(2001, 5장)을 참고하기 바란다.

- Mass: [표 8.2.2]의 [2단계]에서 행과 열 프로파일의 중심
- ChiDist: 중심으로부터 거리
- Inertia: 좌표점의 결여성(Mass와 ChiDist의 제곱의 곱)으로 각 축의 주결여성에 대한 좌표점의 절대 기여도를 구할 수 있다.
- Dim. 1: 제1축 좌표점
  Dim. 2: 제2축 좌표점

[R-코드 8.2.2] [R-코드 8.2.1]에서 R의 함수 ca()의 활용(presex-SCRA.R)

```
# Simple CRA ca() : Matrix for Two-Way Table
O<-matrix(c(81, 68,  60,  38,
            24, 26,  29,  14,
            18, 41,  74,  42,
            36, 57, 161, 157), byrow=T, nrow=4)
rownames(O)<-c("매우나쁨", "거의나쁨", "조금나쁨", "전혀안나쁨")
colnames(O)<-c("매반", "반대", "찬성", "매찬")
library(ca)
```

```
sca=ca(O)
par(pty="s")
plot(sca, main="SCRA package ca : 이원분할표")

# Simple CRA ca() : Text for Two-Way Table
Data8.2.1<-read.table("presex.txt", header=T)
O=Data8.2.1
library(ca)
sca=ca(O)
sca
win.graph()
par(pty="s")
plot(sca, main="SCRA package ca : 이원분할표")
```

[보기 8.2.3] 지위에 따른 흡연습관의 이원분할표에 대한 단순 CRA

EXAMPLE

[자료 8.2.2]는 어느 회사에서 지위에 따라 개인의 흡연습관을 나타낸 이원분할표 자료이다(Greenacre, 1984, p. 72). 이 자료는 R에서 data(smoke)로 제공되고 있다. 열범주로 지위에 따라 5가지 범주로 나누고 각 그룹에서 흡연습관에 응답할 사람을 남녀 구분 없이 임의로 10% 선정하였다. 그리고 이들 각자에게 4가지 경우의 흡연습관 none(담배를 전혀 피우지 않는다), light(하루에 담배를 1~10개비 피운다), medium(하루에 담배를 11~20개비 피운다) 그리고 heavy(하루에 담배를 1갑 이상 피운다)에 따라 응답하도록 하였다.

자료 8.2.2 지위에 따른 흡연습관의 이원분할표(data(smoke))

	흡 연 습 관			
지 위	none	light	medium	heavy
상위 경영직(SM)	4	2	3	2
하위 경영직(JM)	4	3	7	4
상위 고용직(SE)	25	10	12	4
하위 고용직(JE)	18	24	33	13
비서직(SC)	10	6	7	2

[R-코드 8.2.3](smoke-SCRA.R)의 수행 결과 ca()를 활용하는 경우 단순 CRA 그림에 설명력이 자동으로 제시되므로 다른 결과는 생략하기로 하자. [그림 8.2.3]의 단순 CRA 그림을 살펴보자.

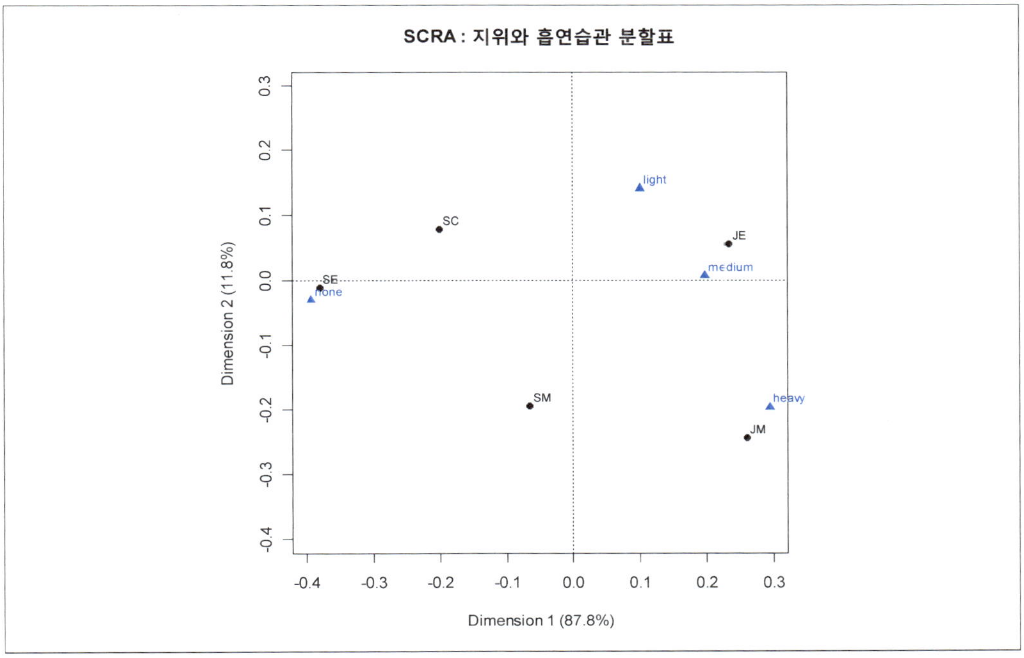

[그림 8.2.3] 지위에 따른 흡연습관의 이원분할표에 대한 단순 CRA 그림

- 제1축의 설명력이 87.8%로 매우 높아 이 축으로도 [자료 8.2.2]의 행과 열범주의 연관성을 충분히 시각적으로 보여 줄 수 있다.
- 제1축에 대하여 왼편의 SE(상위 고용직)과 SC(비서직)은 오른편의 JM(하위 경영직), JE(하위 고용직)과는 다른 방향으로 상대적으로 멀리 떨어져 있다. 이런 행범주들의 상대적 위치는 지위에 따라 흡연습관의 유사성에 차이점이 있음을 기하적으로 말하고 있다.
- 실제 이들 행범주 SE와 SC는 흡연 습관을 나타내는 열범주 none(담배를 전혀 피우지 않는다) 방향으로 대응하고, 원점에 가까우나 SM도 이 방향으로 대응하고 있다.
- 이와는 반대로 행범주 JE는 열범주 medium(하루에 담배를 11~20개비 피운다)과 light(하루에 담배를 1~10개비 피운다)와 대응하며 JM은 열범주 heavy(하루에 담배를 1갑 이상 피운다)와 대응하고 있다.
- 전반적으로 행범주인 지위에 따라 열범주인 흡연습관의 차이를 보여주고 있다.

[R-코드 8.2.3] 지위에 따른 흡연습관의 이원분할표에 대한 단순 CRA(smoke-SCRA.R)

```
# Simple CRA: smoker data
library(ca)
```

```
data(smoke)
O=smoke
sca=ca(O)
sca
win.graph()
par(pty="s")
plot(sca, main="SCRA: 지위와 흡연습관 분할표")
```

8.3 대응분석에서 독립성과 동질성

일반적으로 범주형자료분석에서 [표 8.2.1]과 같은 이원분할표 $O=(o_{ij})$, $o_{ij} \geq 0$, $i=1, \ldots, n$; $j=1, \ldots, p$의 각 셀이 확률 $\{\pi_{ij}\}$를 가질 때 행과 열범주의 독립성문제에 대한 귀무가설

$$H_0 \ : \ \pi_{ij} = \pi_{i.} \times \pi_{.j}$$

를 검정하는 데는 귀무가설 H_0에서 자유도 $(n-1)(p-1)$인 피어슨의 카이제곱 검정통계량

$$X^2 = \sum_{i=1}^{n} \sum_{j=1}^{p} \left(\frac{o_{ij} - e_{ij}}{\sqrt{e_{ij}}} \right)^2 \tag{8.3.1}$$

이 사용된다. 여기서 $e_{ij} = o_{i.} o_{.j} / o_{..}$는 셀의 기댓값으로 $o_{i.} = \Sigma_{j=1}^{p} o_{ij}$, $o_{.j} = \Sigma_{i=1}^{n} o_{ij}$, $o_{..} = \Sigma_{i=1}^{n} \Sigma_{j=1}^{p} o_{ij}$이다. Greenacre와 Hastie(1987)에 따르면 (8.2.2)의 대응행렬 F에 대하여 (8.3.1)의 X^2-검정통계량은 단순 CRA에서 행프로파일 $\boldsymbol{r}_i = (f_{i1}, \ldots, f_{ip})^t / f_{i.}$, $i=1, \ldots, n$과 열 프로파일 $\mathbf{c}_j = (f_{1j}, \ldots, f_{nj})^t / f_{.j}$, $j=1, \ldots, p$이 그들 중심 $\boldsymbol{c} = \sum f_{i.} \boldsymbol{r}_i$와 $\boldsymbol{r} = \sum f_{.j} \boldsymbol{c}_j$에 대해 카이제곱거리의 가중합으로 각각 다음을 만족한다.

$$X^2 = o_{..} \sum_{i=1}^{n} f_{i.} (\boldsymbol{r}_i - \boldsymbol{c})^t D_c^{-1} (\boldsymbol{r}_i - \boldsymbol{c}) \tag{8.3.2}$$

$$= o_{..} \sum_{j=1}^{p} f_{.j} (\boldsymbol{c}_j - \boldsymbol{r})^t D_r^{-1} (\boldsymbol{c}_j - \boldsymbol{r}) \tag{8.3.3}$$

여기서 $D_r = diag(f_{1.}, \dots, f_{n.})$과 $D_c = diag(f_{.1}, \dots, f_{.p})$는 $f_{i.} = \Sigma_{j=1}^{p} f_{ij}$과 $f_{.j} = \Sigma_{i=1}^{n} f_{ij}$는 가중치이고 이들을 대각원소로 가지는 대각행렬이다.

따라서 (8.3.2)에서 $X^2 / o_{..}$은 기하적으로 중심 $\boldsymbol{c}$로부터 행좌표점들 $\boldsymbol{r}_1, \dots, \boldsymbol{r}_n$의 카이제곱거리의 가중평균을 의미한다. 마찬가지로 (8.3.3)은 중심 $\boldsymbol{r}$로부터 열범주를 나타내는 열좌표점들 $\boldsymbol{c}_1, \dots, \boldsymbol{c}_p$의 카이제곱거리의 가중평균이 된다. 단순 CRA에서는 이를 이원분할표의 총결여성(total inertia)이라 한다.

참고로 행과 열의 독립성 가정인 $\pi_{ij} = \pi_{i.} \times \pi_{.j}$가 만족이 되면

$$\text{행범주의 동질성 가정: } \frac{\pi_{1j}}{\pi_{1.}} = \cdots = \frac{\pi_{nj}}{\pi_{n.}},\ j = 1, \dots, p$$

$$\text{열범주의 동질성 가정: } \frac{\pi_{i1}}{\pi_{.1}} = \cdots = \frac{\pi_{ip}}{\pi_{.p}},\ i = 1, \dots, n$$

을 만족하게 된다.

따라서 (8.3.2)와 (8.3.3)의 카이제곱통계량이 유의하여 독립성과 동질성 가정이 기각이 된다면 기하적으로 단순 CRA 그림에서는 행범주나 열범주를 나타내는 좌표점들이 중심으로부터 멀리 떨어져 있고 특히 좌표점들이 어느 특정한 좌표축을 기준으로 서로 반대쪽에 놓여져 있어 서로의 연관성인 대응관계를 잘 보여주게 된다.

비록 카이제곱검정에서 잔차 제곱의 합에 의한 (8.3.1)의 카이제곱검정통계량이 통합적으로 귀무가설을 기각하지 못해 행범주와 열범주 간에 연관성이 없다고 하더라고 단순 CRA 그림은 개별 잔차들의 경향을 고려해서 행범주와 열범주 간의 대응관계를 시각적으로 보여주는 장점이 있다.

[보기 8.3.1] 결혼 전 성관계에 대한 반응과 피임허용의 독립성과 동질성 검정 EXAMPLE

[보기 8.2.1]과 [보기 8.2.2]에서 결혼 전 성관계에 대한 반응(매우 나쁘다, 거의 나쁘다, 조금 나쁘다, 전혀 나쁘지 않다)과 10대들의 임신조절을 위한 피임에 대한 생각(매우 반대, 반대, 찬성, 매우 찬성)을 조사한 [자료 8.2.1](presex.txt)에 대하여 단순 CRA를 실시하였다.

이번에는 전통적으로 [자료 8.2.1]과 같은 이원분할표에 대하여 행범주와 열범주의 연관성이 없다는 독립성문제를 다루기 위하여 다음과 같은 귀무가설을 고려할 수 있다.

H_0 : 혼전 성관계에 대한 반응과 10대들의 피임에 대한 생각은 서로 연관성이 없다.

이 귀무가설에 대해 카이제곱검정을 실시한 결과와 단순 CRA 그림을 통해 시각적으로 행범주와 열범주의 독립성과 동질성 검토를 요약하기로 하자. 카이제곱검정을 위해서 [R-코드 8.2.2](presex-SCRA.R)에서 이원분할표 자료행렬 O에 대해서

```
> chisq.test(O)
```

를 추가하여 수행하면 된다. 또는 (8.3.2)와 (8.3.3)에 의해서 카이제곱검정통계량은 각각

```
> sum(sca$rowinertia)*sum(O),  > sum(sca$colinertia)*sum(O)
```

을 [R-코드 8.2.2]에 추가해서 동일한 값을 얻을 수도 있다. 즉, [그림 8.2.2]의 Rows: Inertia와 Columns: Inertia로부터 카이제곱검정통계량은 다음과 같이 계산됨을 보여준다.

$$X^2 = o_{..} \times (0.066102 + 0.012687 + 0.009427 + 0.050752) = 128.6836$$

$$X^2 = o_{..} \times (0.065784 + 0.019221 + 0.014236 + 0.039726) = 128.6836$$

- 카이제곱검정: 카이제곱통계량 $X^2 = 128.684(df = 9 = (4-1)(4-1))$는 귀무가설을 기각하기에 충분히 큰 값으로 혼전 성관계와 10대 피임허용 각각의 동질성가정도 기각한다. 실제 p-값$< 2.2 \times 10^{-16}$이다.
- 이러한 사실은 단순 CRA 그림 [그림 8.2.1]과 [그림 8.2.2]의 기하적 정보로도 알 수 있다. [그림 8.2.1]의 수평축(제1축, Dim1)에 대해 왼편 음($-$)의 같은 방향에 있어 한 군집을 이루는 행범주(매우나쁨, 거의나쁨) 간에는 동질하고, 오른편 양($+$)의 방향에 같이 놓인 또 다른 군집인 행범주(조금나쁨, 전혀안나쁨) 간에도 동질성이 있다. 그러나 이들 양편의 두 군집 간에는 동질성이 없다.
- 이와 유사한 해석을 제1축에 대하여 10대 피임 허용에 관한 열범주 중 음(-)의 방향에 있는 (매반, 반대)는 다른 방향에 놓인 열범주(찬성, 매찬) 간에도 적용할 수 있다. 더불어 행범주와 열범주 간의 연관성은 이미 [보기 8.2.1]에서 살펴보았다.

[보기 8.3.2] 지위에 따른 흡연습관의 독립성과 동질성 검정

EXAMPLE

[보기 8.2.3]에서 지위(SM, JM, SE, JE, SC)에 따른 개인의 흡연습관(none, light, medium, heavy)의 [자료 8.2.2](data(smoke))에 대하여 단순 CRA를 살펴보았다. 이 자료에 대하여 행범주 지위와 열범주 흡연습관의 연관성이 없다는 독립성문제를 다루기 위하여 다음과 같은 귀무가설을 고려할 수 있다.

$$H_0: \text{지위와 흡연습관은 서로 연관성이 없다.}$$

귀무가설에 대해 카이제곱 검정을 위해 [R-코드 8.2.3](smoke-SCRA.R)에 함수 chisq.test(O)를 추가하면 된다. 더불어 단순 CRA 그림을 통해 시각적으로 행범주와 열범주의 독립성과 동질성 검토를 요약하기로 하자.

- 카이제곱검정: 카이제곱통계량 $X^2 = 16.4416 \quad (df = 12 = (5-1)(4-1))$은 p-값 $= 0.1718$을 가져 유의수준 5%에서 귀무가설을 기각하지 못한다. 따라서 지위와 흡연습관은 연관성이 없게 된다. 이는 행범주 간과 열범주 간의 동질성을 기각하지 못하게 되어 통합적인 검정통계량에 의해서는 행범주와 열범주의 연관성을 보여주는 것이 의미가 없어 보인다.
- 단순 CRA 그림 [그림 8.2.3]에서 우선 수평축(제1축, Dim1)에 대해 왼편 음(−)의 방향에 지위에서 SE(상위 고용직), SC(비서직), SM(상위 경영직)이 한 군집을 이루어 동질하고, 오른편 양(+)의 방향에는 JM(하위 경영직), JE(하위 고용직)가 한 그룹을 이루어 동질하나 전체적으로 행범주 간에는 동질성이 없어 보인다.
- 열범주의 경우에도 제1축에 대해 음(−)의 방향에 놓여진 none(담배를 전혀 피우지 않는다)과는 달리 나머지 흡연을 하는 열범주들은 다른 방향인 양(+)에 놓여 있어 동질하나 전체적으로 열범주 간의 동질성은 없다.
- 따라서 단순 CRA 그림 [그림 8.2.3]의 행범주와 열범주의 연관성은 이미 [보기 8.2.3]에서 살펴보았다.

지금까지는 행과 열범주를 나타내는 범주변수가 둘뿐인 이원분할표에 일반적으로 적용하는 단순 CRA를 살펴보았다. 다음 8.4절에서는 범주변수가 셋 이상인 다원분할표의 다중 CRA를 소개한다. 다중 CRA는 분할표의 범주를 나타내는 분류변수를 개체별로 나타낸 자료와 0과 1에 의한 표시행렬(indicator matrix)과 표시행렬에서 얻어진 버트표(Burt table)를 입력 자료로 활용한다.

8.4 다중 대응분석

일반적으로 다중 CRA는 다원분할표를 0과 1로 나타낸 표시행렬(indicator matrix)

Z나 버트(Burt)행렬 $B = Z^t Z$의 대응분석을 말한다. 먼저 대상의 총계가 n이고 p개의 범주변수로 이루어진 다원분할표를 고려하자. 여기서 $j(=1, \ldots, p)$번째 범주변수는 q_j 개의 범주를 가질 때, n개의 대상에 대하여 1과 0으로만 나타낸 크기가 $n \times q_j$인 행렬 Z_j로 표현이 가능하다. 이러한 생각에서 전체 범주변수에 대한 다원분할표는

$$Z = [\, Z_1 \mid Z_2 \mid \cdots \mid Z_p \,] \tag{8.4.1}$$

로 나타낼 수 있다. 일반적으로 다중 CRA에서 (8.4.1)의 행렬 Z를 $q = q_1 + q_2 + \cdots + q_p$라 하면 크기가 $n \times q$인 표시행렬이라 정의하고, 특히, Z_j, $j = 1, \ldots, p$를 분할계획행렬(partition design matrix)이라 한다.

표시행렬을 이해하기 위해 어느 가게 고객 $n = 12$명을 대상으로 한 통계조사에서 범주변수인 성별, 나이, 키에 따른 $p = 3$인 삼원분할표 [자료 8.4.1]을 고려하자(최용석과 정광모, 2003, 8장).

[자료 8.4.1] 세 범주변수(성별, 나이, 키)에 따른 삼원분할표

성별	나이	키	
		크다	작다
남	중장년	1	3
	청소년	2	1
여	중장년	1	2
	청소년	1	1

[자료 8.4.1]의 분할표로부터 먼저 0과 1로 작성한 (8.4.2) 표시행렬 Z를 살펴보자. 이 표시행렬은 각 행이 3개의 1과 3개의 0으로 총 6개의 열로 이루어져 있다. 이 6개 열은 세 범주변수(성별, 나이, 키)가 가지는 분류변수(남/여, 중장년/청소년, 키큼/키작음)의 총 수이다. 따라서 표시행렬 Z의 각 행에서 1로 표시된 열은 각 대상이 어떤 범주변수의 분류변수에 속하는지를 나타낸다. 따라서 표시행렬 Z의 크기는 통계조사에 참여한 모든 고객(12명)이 6개의 분류변수에 1과 0으로 표시되므로 12×6가 된다.

$Z = [\, Z_1 \mid Z_2 \mid Z_3 \,] =$ (8.4.2)

남	여	중장년	청소년	키큼	키작음
1	0	1	0	1	0
1	0	1	0	0	1
1	0	1	0	0	1
1	0	1	0	0	1
1	0	0	1	1	0
1	0	0	1	1	0
1	0	0	1	0	1
0	1	1	0	1	0
0	1	1	0	0	1
0	1	1	0	0	1
0	1	0	1	1	0
0	1	0	1	0	1

다음으로 (8.4.2)의 $Z = [\, Z_1 \mid Z_2 \mid Z_3 \,]$의 내적은

$$B = Z^t Z = \begin{pmatrix} Z_1^t Z_1 & Z_1^t Z_2 & Z_1^t Z_3 \\ Z_2^t Z_1 & Z_2^t Z_2 & Z_2^t Z_3 \\ Z_3^t Z_1 & Z_3^t Z_2 & Z_3^t Z_3 \end{pmatrix} \tag{8.4.3}$$

로, 이러한 행렬 B를 버트행렬 또는 버트 분할표라고 부른다. 즉, 다음과 같다.

$B =$

	남	여	중장년	청소년	키큼	키작음
남	7	0	4	3	3	4
여	0	5	3	2	2	3
중장년	4	3	7	0	2	5
청소년	3	2	0	5	3	2
키큼	3	2	2	3	5	0
키작음	4	3	5	2	0	7

(8.4.3)의 행렬 B의 구조를 살펴보면 $Z_1^t Z_2$는 [자료 8.4.1]에서 범주변수 성별과 나이에 따른 이원분할표가 되며 $Z_1^t Z_1$은 범주변수 성별의 분류변수 남녀에 따른 주변합을 대각 원소로 하는 대각행렬이다. 나머지도 이와 같이 구성되어 있다.

버트행렬로 중심화 대응행렬을 구하고 이로부터 비정칙값분해를 통해 만들어지는 다중 CRA의 대수적 알고리즘을 [표 8.4.1]에 요약하기로 하자. 참고로 다중 CRA의 대수적 알고리즘은 단순 CRA 알고리즘의 대수적 전개와 유사하다.

| 표 8.4.1 | 다중 CRA 알고리즘

[1단계] $n \times q$ 표시행렬: $Z = [\, Z_1 \mid Z_2 \mid \cdots \mid Z_p \,]$,

- Z_j: $n \times q_j$, $j = 1, \ldots, p$
- $q = q_1 + q_2 + \cdots + q_p$

[2단계] $q \times q$ 버트행렬: $B = Z^t Z = (b_{ij})$, $i, j = 1, \ldots, q$

[3단계] 대응행렬: $P = (p_{ij})$, $p_{ij} = \dfrac{b_{ij}}{b_{..}}$, $i,j = 1, \ldots, q$

- $b_{..} = \sum_{i=1}^{q} \sum_{j=1}^{q} b_{ij}$: B의 모든 원소들의 총합
- 행과 열 프로파일의 중심: $\boldsymbol{c} = P^t \boldsymbol{1}_q$, $\boldsymbol{r} = P\boldsymbol{1}_q$

  $\Rightarrow$ 중심화 대응행렬: $\tilde{P} = P - \boldsymbol{r}\boldsymbol{c}^t$

[4단계] 잔차행렬의 비정칙값분해: $Y = D_r^{-1/2} \tilde{P} D_c^{-1/2} = U \Lambda V^t$

- $D_r = diag(p_{1.}, \ldots, p_{q.})$, 행주변비율의 합 $p_{i.} = \sum_{j=1}^{q} p_{ij}$, $i = 1, \ldots, q$
- $D_c = diag(p_{.1}, \ldots, p_{.q})$, 열주변비율의 합 $p_{.j} = \sum_{i=1}^{q} p_{ij}$, $j = 1, \ldots, q$
- $\Lambda = diag(\lambda_1, \ldots, \lambda_q)$: Y의 비정칙값 $\lambda_1, \ldots, \lambda_p$에 의한 대각행렬
- U와 V는 각각 $U^t U = I_q$와 $V^t V = I_q$를 만족한다.

[5단계] 다중 CRA 그림의 좌표점: $C_B = D_c^{-1/2} V \Lambda$

$\Rightarrow$ s차원의 다중 CRA 그림의 좌표점: $C_{B(s)} = D_{c(s)}^{-1/2} V_{(s)} \Lambda_{(s)}$

[6단계] $s(\geq 2)$차원의 다중 CRA 그림의 설명력:

$$fit = \frac{\sum_{k=1}^{s} \lambda_k^2}{\sum_{k=1}^{q} \lambda_k^2} \times 100$$

최용석(2001, 3장)에서는 SAS/PROC CORRESP에서 비교적 자세히 다중 CRA를 다루고 있으니 관심있는 독자는 참고하기 바란다. R에서는 다중 CRA를 위해 [표 8.4.1]의 알고리즘에 바탕을 둔 것과 library(ca)의 함수 mjca()를 활용할 수 있다.

[보기 8.4.1] ~ [보기 8.4.3]에서는 분석하고자 하는 입력자료가 표시행렬과 버트행렬로 [표 8.4.1]의 알고리즘을 활용한 다중 CRA의 사례를 소개하고자 한다.

[보기 8.4.1] 성별, 나이, 키에 따른 삼원분할표의 다중 CRA

EXAMPLE

[자료 8.4.1] 세 범주변수(성별, 나이, 키)에 따른 삼원분할표에 대하여 얻어진 표시행렬 (8.4.2)를 입력자료로 하여 [표 8.4.1]의 알고리즘에 따라 다중 CRA를 위한 [R-코드 8.4.1](customer-MCRAalgorithm.R)을 참고하자.

```
> B
        남 여 중장년 청소년 키큼 키작음
남       7  0     4      3    3      4
여       0  5     3      2    2      3
중장년   4  3     7      0    2      5
청소년   3  2     0      5    3      2
키큼     3  2     2      3    5      0
키작음   4  3     5      2    0      7

설명력 :
       [,1]   [,2]   [,3] [,4] [,5] [,6]
[1,]  0.193  0.110  0.052    0    0    0
[2,] 54.386 30.923 14.690    0    0    0

좌표 :
              [,1]        [,2]
남     -0.03553638  0.15971843
여      0.04975093 -0.22360581
중장년  0.19862898  0.01428748
청소년 -0.27808057 -0.02000247
키큼   -0.27808057 -0.02000247
키작음  0.19862898  0.01428748
```

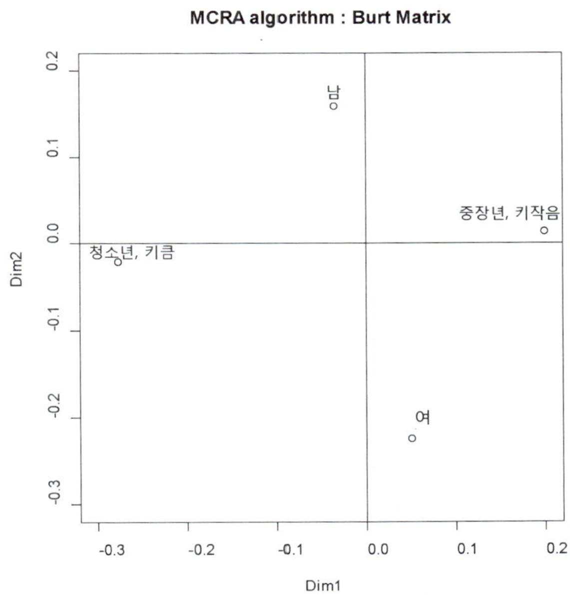

[그림 8.4.1] 성별, 나이, 키에 따른 삼원분할표의 다중 CRA 그림과 설명력

[R-코드 8.4.1]의 수행결과는 [그림 8.4.1]에 버트행렬, 설명력, 좌표, 다중 CRA 그림이 정리되어 있다. 단순 CRA 결과에서 행과 열좌표점이 둘 다 제공되나 다중 CRA에서 삼원분할표를 표시행렬로 전환한 이유로 열좌표점만 제공된다.

- 다중 CRA 그림의 제1축(Dim1)과 제2축(Dim2)은 각각 54.39%와 30.92%를 설명하며 2차원의 다중 CRA 그림의 설명력은 85.31%이다.
- 그림상 좌표가 겹쳐 있어 결과의 좌표를 참고한다면 수평축인 제1축에 대하여 왼편의 청소년 고객은 키가 크며 오른편의 중장년 고객은 키가 작음에 대응하고 있다.
- 제2축에서는 남과 여가 서로 반대쪽에 놓여 있어 기하적으로 이들 범주의 이질성을 나타내고 있다.
- 고객들의 경향은 남자 고객은 청소년과 키가 크며 여자 고객은 그 반대의 경향과 대응하고 있다.

[R-코드 8.4.1] 성별, 나이, 키에 따른 삼원분할표의 다중 CRA 알고리즘 (customer-MCRAalgorithm.R)

```
# MCRA : Burt Table from Indicator Matrix
Z<-matrix(c(1, 0, 1, 0, 1, 0,
            1, 0, 1, 0, 0, 1,
            1, 0, 1, 0, 0, 1,
            1, 0, 1, 0, 0, 1,
            1, 0, 0, 1, 1, 0,
            1, 0, 0, 1, 1, 0,
            1, 0, 0, 1, 0, 1,
            0, 1, 1, 0, 1, 0,
            0, 1, 1, 0, 0, 1,
            0, 1, 1, 0, 0, 1,
            0, 1, 0, 1, 1, 0,
            0, 1, 0, 1, 0, 1), byrow=T, nrow=12)
colnames(Z)<-c("남", "여", "중장년", "청소년", "키큼", "키작음")
Z
B <- t(Z) %*% Z
B
P <- B / sum(B)
cm <- apply(P, 2, sum)
Dc<-diag(1/sqrt(cm))
eP <- cm %*% t(cm)
Y <- (P - eP) / sqrt(eP)
## Singular Value Decomposition
svd.Y<-svd(Y)
V<-svd.Y$v
Dl<-diag((svd.Y$d)^2)
lam<-(svd.Y$d)^2
fit<-lam/sum(lam)*100
rbind(round(lam, 3),round(fit, 3))
Cb<- Dc%*%V%*%Dl
rownames(Cb)<-colnames(Z)
Cb2=Cb[, 1:2]
Cb2
par(pty="s")
lim<-range(pretty(Cb))
plot(Cb2, xlab="Dim1", ylab="Dim2", xlim=lim, ylim=lim, main="MCRA algorithm :
Burt Matrix")
text(Cb2, colnames(Z), pos=3, col=1)
abline(v=0, h=0)
```

범주변수가 많고 그에 따른 분류변수가 많은 경우, 분할표와 표시행렬이 제공되지 않고 버트행렬이 제공되는 경우가 많다. [보기 8.4.2]에서는 삼원분할표의 경우에 버트행렬이 주어져 있다면 이에 대한 다중 CRA를 적용해 보기로 하자.

[보기 8.4.2] 사고운전자의 부상정도에 따른 삼원분할표의 다중 CRA

EXAMPLE

[자료 8.4.2]는 Jobson(1992, Table 9.55)에서 인용한 운전상태(정상, 음주)와 안전띠 사용(착용, 미착용)에 따른 사고운전자의 부상 정도(없음, 경상, 중경상, 중상)를 고려한 삼원분할표이다. 이 분할표로 표시행렬을 만든 후 다음과 같은 버트행렬을 얻었다.

| 자료 8.4.2 | 운전상태, 안전띠 사용, 사고운전자의 부상정도에 따른 삼원분할표

운전상태	안전띠 사용	운전자의 부상 정도			
		없음	경상	중경상	중상
정 상	착 용	12500	604	344	38
	미착용	61971	3519	2272	237
음 주	착 용	313	43	15	4
	미착용	3992	481	370	66

$B =$

	음주	정상	미착용	착용	중상	중경상	경상	없음
음주	5284	0	4909	375	70	524	385	4305
정상	0	81485	67999	13486	275	4123	2616	74471
미착용	4909	67999	72908	0	303	4000	2642	65963
착용	375	13486	0	13861	42	647	359	12813
중상	70	275	303	42	345	0	0	0
중경상	524	4123	4000	647	0	4647	0	0
경상	385	2616	2642	359	0	0	3001	0
없음	4305	74471	65963	12813	0	0	0	78776

[표 8.4.1]의 알고리즘에 따라 입력자료인 버트행렬(accident.txt)의 다중 CRA를 위한 [R-코드 8.4.2](accident-MCRAalgorithm.R)을 참고하자. [그림 8.4.2]를 요약하면 다음과 같다.

```
설명력 :
       [,1]   [,2]   [,3]   [,4]   [,5]   [,6] [,7] [,8]
[1,]  0.139  0.111  0.111  0.106  0.091   0    0    0
[2,] 24.895 19.956 19.906 18.921 16.322   0    0    0


좌표 :
              [,1]         [,2]
음주     -0.62768463  0.040612277
정상      0.04070302 -0.002633555
미착용   -0.04947265 -0.014749590
착용      0.26022305  0.077581927
중상     -0.90174945  2.116345970
중경상   -0.34671784  0.280312505
경상     -0.48577017 -0.635121524
없음      0.04290771 -0.001609016
```

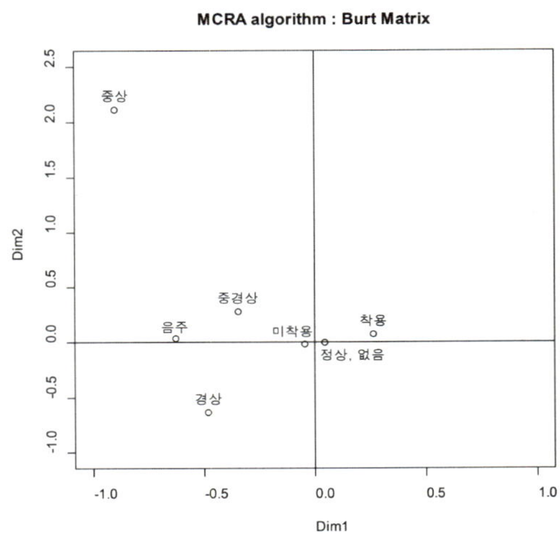

[그림 8.4.2] 운전상태, 안전띠 사용, 사고운전자의 부상 정도에 따른 삼원분할표의 다중 CRA 그림과 설명력

- 다중 CRA 그림의 제1축(Dim1)과 제2축(Dim2)은 각각 24.90%와 19.96%를 설명하며 2차원의 다중 CRA 그림의 설명력은 총 44.86%이다. 일반적으로 다중 CRA의 설명력은 높지 않은 것이 특징이다.
- 수평축인 제1축에 대하여 왼편의 음주를 했을 경우 안전띠를 미착용하며 따라서 사고가 나면 운전자의 부상 정도가 중상, 중경상, 경상에 대응한다. 이와 반대로 오른편에는 운전자가 음주를 하지 않은 정상상태라면 안전띠를 착용하게 되고 사고가 나도 부상자가 없음을 보여주고 있다.

[R-코드 8.4.2] 사고운전자 부상 정도의 삼원분할표에 대한 다중 CRA 알고리즘 (accident-MCRAalgorithm.R)

```
accident<-read.table("accident.txt", head=T)
B<-as.matrix(accident)
rownames(B)<-colnames(B)
B
P <-B / sum(B)
cm <-apply(P, 2, sum)
Dc<-diag(1/sqrt(cm))
eP <-cm %*% t(cm)
Y <-(P -eP) / sqrt(eP)
```

```
## Singular Value Decomposition
svd.Y<-svd(Y)
V<-svd.Y$v
Dl<-diag((svd.Y$d)^2)
lam<-(svd.Y$d)^2
fit<-lam/sum(lam)*100
rbind(round(lam, 3), round(fit, 3))
Cb<-Dc%*%V%*%Dl
rownames(Cb)<-colnames(B)
Cb2=Cb[, 1:2]
Cb2
limy<-range(pretty(Cb2))
limx<-c(-1, 1)
plot(Cb2, xlab="Dim1", ylab="Dim2", xlim=limx, ylim=limy, main="MCRA algorithm:
Burt Matrix")
text(Cb2, rownames(Cb), col=1, pos=3)
abline(v=0, h=0)
```

[보기 8.4.3] 인구통계적 변인과 사회경제적 변인에 의한 버트표

EXAMPLE

[자료 8.4.3](sociecono.txt)은 교육수준, 나이, 거주지역의 규모 등 인구통계적 변인과 사회경제적 변인 간의 관계를 통해 얻어진 버트행렬이다. 이 자료에 대한 다중 CRA는 Lebart 외 2인(1984, pp. 100-108)에 잘 소개되어 있다. 물론 이 분석을 통하여 연관성이 높은 범주의 대응을 살피려 한다. 먼저 프랑스의 18세 이상 남녀 1000명을 대상으로 7가지 질문(범주변수)과 응답항목(분류변수)은 다음과 같다.

(1) 성: SEXM(남), SEXF(여)
(2) 교육수준: EDU1(무학), EDU2(초등), EDU3(고중퇴), EDU4(고졸), EDU5(대졸)
(3) 주거상태: LOD1(대출), LOD2(소유), LOD3(전세), LOD4(기숙)
(4) 주식소유: STO1(소유), STO2(무소유)
(5) 동산소유: HOU1(소유), HOU2(무소유)
(6) 나이: AGE1(25 미만), AGE2(25-34), AGE3(35-49), AGE4(50-64), AGE5(65 이상)
(7) 거주지 규모: SIZ1(2천 미만), SIZ2(2천-2만 미만), SIZ3(2만-10만 미만), SIZ4(10만-50만 미만), SIZ5(50만 이상)

전체적으로 범주변수가 7개이고 분류변수는 총 25개로 이와 같은 경우 칠원분할표에 해당한다. 삼원분할표를 넘는 다원분할표의 경우에는 이와 같이 버트행렬을 활용하여 다중 CRA를 적용할 수 있다. 이를 위해 [R-코드 8.4.3](sociecono-MCRAalgorithm.R)을 참고하기 바란다.

| 자료 8.4.3 | 인구통계적 변인과 사회경제적 변인에 의한 버트행렬 B(sociecono.txt)

	성별		교육수준					주거상태				주식		동산		나이					거주지규모				
	SEXM	SEXF	EDU1	EDU2	EDU3	EDU4	EDU5	LOD1	LOD2	LOD3	LOD4	STO1	STO2	HOU1	HOU2	AGE1	AGE2	AGE3	AGE4	AGE5	SIZ1	SIZ2	SIZ3	SIZ4	SIZ5
SEXM	469	0	102	164	69	65	69	62	151	224	32	54	415	35	434	18	111	169	84	87	42	40	81	161	145
SEXF	0	531	94	163	91	102	81	58	142	302	29	67	464	47	484	22	136	187	104	82	41	47	94	168	181
EDU1	102	94	196	0	0	0	0	17	59	105	15	12	184	11	185	9	27	54	47	59	19	17	35	70	55
EDU2	164	163	0	327	0	0	0	45	116	151	15	26	301	21	306	0	55	125	84	63	43	34	67	110	73
EDU3	69	91	0	0	160	0	0	16	37	98	9	19	141	14	146	14	47	60	27	12	12	13	34	52	49
EDU4	65	102	0	0	0	167	0	27	39	87	14	27	140	19	148	16	62	63	16	10	8	15	21	57	66
EDU5	69	81	0	0	0	0	150	15	42	85	8	37	113	17	133	1	56	54	14	25	1	8	18	40	83
LOD1	62	58	17	45	16	27	15	120	0	0	0	11	109	7	113	3	23	68	20	6	7	20	27	48	18
LOD2	151	142	59	116	37	39	42	0	293	0	0	60	233	48	245	9	24	91	80	89	59	33	62	72	67
LOD3	224	302	105	151	98	87	85	0	0	526	0	45	481	23	503	22	180	182	79	63	11	29	80	191	215
LOD4	32	29	15	15	9	14	8	0	0	0	61	5	56	4	57	6	20	15	9	11	6	5	6	18	26
STO1	54	67	12	26	19	27	37	11	60	45	5	121	0	39	82	2	18	35	27	39	4	9	22	36	50
STO2	415	464	184	301	141	140	113	109	233	481	56	0	879	43	836	38	229	321	161	130	79	78	153	293	276
HOU1	35	47	11	21	14	19	17	7	48	23	4	39	43	82	0	3	11	27	20	21	7	12	12	25	26
HOU2	434	484	185	306	146	148	133	113	245	503	57	82	836	0	918	37	236	329	168	148	76	75	163	304	300
AGE1	18	22	9	0	14	16	1	3	9	22	6	2	38	3	37	40	0	0	0	0	2	4	8	15	11
AGE2	111	136	27	55	47	62	56	23	24	180	20	18	229	11	236	0	247	0	0	0	13	16	34	102	82
AGE3	169	187	54	125	60	63	54	68	91	182	15	35	321	27	329	0	0	356	0	0	31	34	71	100	120
AGE4	84	104	47	84	27	16	14	20	80	79	9	27	161	20	168	0	0	0	188	0	25	20	26	60	57
AGE5	87	82	59	63	12	10	25	6	89	63	11	39	130	21	148	0	0	0	0	169	12	13	36	52	56
SIZ1	42	41	19	43	12	8	1	7	59	11	6	4	79	7	76	2	13	31	25	12	83	0	0	0	0
SIZ2	40	47	17	34	13	15	8	20	33	29	5	9	78	12	75	4	16	34	20	13	0	87	0	0	0
SIZ3	81	94	35	67	34	21	18	27	62	80	6	22	153	12	163	8	34	71	26	36	0	0	175	0	0
SIZ4	161	168	70	110	52	57	40	48	72	191	18	36	293	25	304	15	102	100	60	52	0	0	0	329	0
SIZ5	145	181	55	73	49	66	83	18	67	215	26	50	276	26	300	11	82	120	57	56	0	0	0	0	326

- [그림 8.4.3]에서 다중 CRA 그림의 제1축(Dim1)과 제2축(Dim2)은 각각 15.544%와 11.857%를 설명하고 있다.
- 수평축인 제1축에 대하여 나이(age1-age5)와 거주지역규모(siz1, siz5) 사이의 대응관계를 보여준다. 오른편의 나이가 적은(age1-age3) 젊은 사람은 거주지역규모가 큰 지역(siz4, siz5)에서 살고 있다.
- 주식소유는 그림의 제1축 왼편 sto1(소유)와 오른편 sto2(무소유)로 나뉘어져 있고 특히, 여성(sexf)들이 sto2(무소유)와 대응하고 있어 주식을 소유하지 않고 있으며 나이가 적은(age1~age3) 젊은 사람과 높은 교육수준 (edu3~edu5)과도 관계가 있으며 거주지규모도 큰 지역(siz4, siz5)에 살고 있다.
- 주거상태(lod1(대출), lod2(소유), lod3(전세), lod4(기숙))의 경우는 제1축에 대하여 왼편의 남성(sexm)들이 lod2(소유)와 대응하고 있어 주거를 주로 소유하고 있으며 이들은 동산도 소유(hou1)하고 연령이 높고(age4, age5), 거주지규모도 작은지역(siz1~siz3)에 살며 교육수준은 낮다(edu1, edu2).

설명력 :

```
        [,1]   [,2]
[1,]  0.063  0.048
[2,] 15.544 11.857
```

좌표 :

```
       [,1]   [,2]
sexm -0.018  0.017
sexf  0.016 -0.015
edu1 -0.033  0.035
edu2 -0.054  0.061
edu3  0.050  0.000
edu4  0.068 -0.047
edu5  0.032 -0.127
lod1  0.014  0.072
lod2 -0.145 -0.007
lod3  0.072 -0.011
lod4  0.042 -0.010
sto1 -0.123 -0.181
sto2  0.017  0.025
hou1 -0.172 -0.171
hou2  0.015  0.015
age1  0.090 -0.002
age2  0.115 -0.027
age3  0.009  0.021
age4 -0.081  0.035
age5 -0.119 -0.043
siz1 -0.160  0.106
siz2 -0.061  0.035
siz3 -0.033  0.030
siz4  0.032  0.015
siz5  0.042 -0.067
```

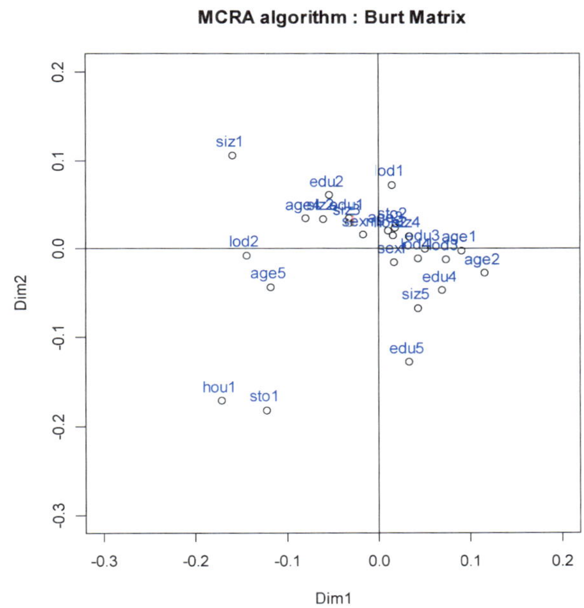

[그림 8.4.3] 인구통계적 변인과 사회경제적 변인에 의한 버트행렬의 다중 CRA 그림

[R-코드 8.4.3] 인구통계적 변인과 사회경제적 변인에 의한 버트행렬에 대한 다중 CRA 알고리즘(sociecono-MCRAalgorithm.R)

```
sociecono<-read.table("sociecono.txt", head=T)
B<-as.matrix(sociecono)
colnames<-colnames(B)
B
P <- B / sum(B)
cm <- apply(P, 2, sum)
Dc<-diag(1/sqrt(cm))
eP <- cm %*% t(cm)
Y <- (P - eP) / sqrt(eP)

## Singular Value Decomposition
svd.Y<-svd(Y)
V<-svd.Y$v
```

```
Dl<-diag((svd.Y$d)^2)
lam<-(svd.Y$d)^2
lam
fit<-lam[1:2]/sum(lam)*100
rbind(round(lam[1:2], 3),round(fit, 3))
Cb<- Dc%*%V%*%Dl
Cb2=Cb[, 1:2]
rownames(Cb2)<-colnames
round(Cb2, 3)
par(pty="s")
lim<-range(pretty(Cb))
plot(Cb2, xlab="Dim1", ylab="Dim2", xlim=lim, ylim=lim, main="MCRA algorithm :
Burt Matrix")
text(Cb2, colnames, col=2,  pos=3)
abline(v=0, h=0)
```

[보기 8.4.1] ~ [보기 8.4.3]에서는 다중 CRA를 적용하기 위해 입력자료로 삼원분할표에서 변환된 표시행렬과 버트행렬을 사용하였다. 이번에는 삼원분할표의 각 칸의 위치를 범주변수의 분류변수로 지정하여 각 칸의 도수를 활용하여 입력자료로 하는 다음의 [보기 8.4.4]를 살펴보자. 이 입력자료를 다시 분할표로 만들어 주는 작업을 R의 함수 xtabs()를 활용하면 된다.

[보기 8.4.4] 사고운전자의 부상 정도에 따른 삼원분할표를 입력자료로 하는 다중 CRA

EXAMPLE

[보기 8.4.2]에는 운전상태(정상, 음주)와 안전띠 사용(착용, 미착용)에 따른 사고운전자의 부상 정도(없음, 경상, 중경상, 중상)를 고려한 삼원분할표 [자료 8.4.2]의 버트행렬을 활용한 다중 CRA를 적용하였다. 여기서는 삼원분할표를 직접 입력자료로 활용하기 위해서는 이를 변환한 [자료 8.4.4](accidenttable.txt)와 같은 형태를 고려하자.

변환된 [자료 8.4.4]에 대하여 R의 library(ca)의 함수 mjca()를 활용한 다중 CRA를 위한 [R-코드 8.4.4](accidenttable-MCRA.R)를 활용하였다. [그림 8.4.4]의 다중 CRA 그림의 해석은 다음과 같이 요약할 수 있다. 함수 mjca()를 활용하는 경우에 다중 CRA 그림의 좌표점은 범주변수 : 분류변수 형태로 표시되어 분류변수가 어떤 범주변수를 나타내는지를 보여주어 해석하기가 더 용이하다.

▌자료 8.4.4▐ [자료 8.4.2]의 삼원분할표 입력형태(accidenttable.txt)

운전	벨트	부상	빈도
정상	착용	없음	12500
정상	착용	경상	604
정상	착용	중경상	344
정상	착용	중상	38
정상	미착용	없음	61971
정상	미착용	경상	3519
정상	미착용	중경상	2272
정상	미착용	중상	237
음주	착용	없음	313
음주	착용	경상	43
음주	착용	중경상	15
음주	착용	중상	4
음주	미착용	없음	3992
음주	미착용	경상	481
음주	미착용	중경상	370
음주	미착용	중상	66

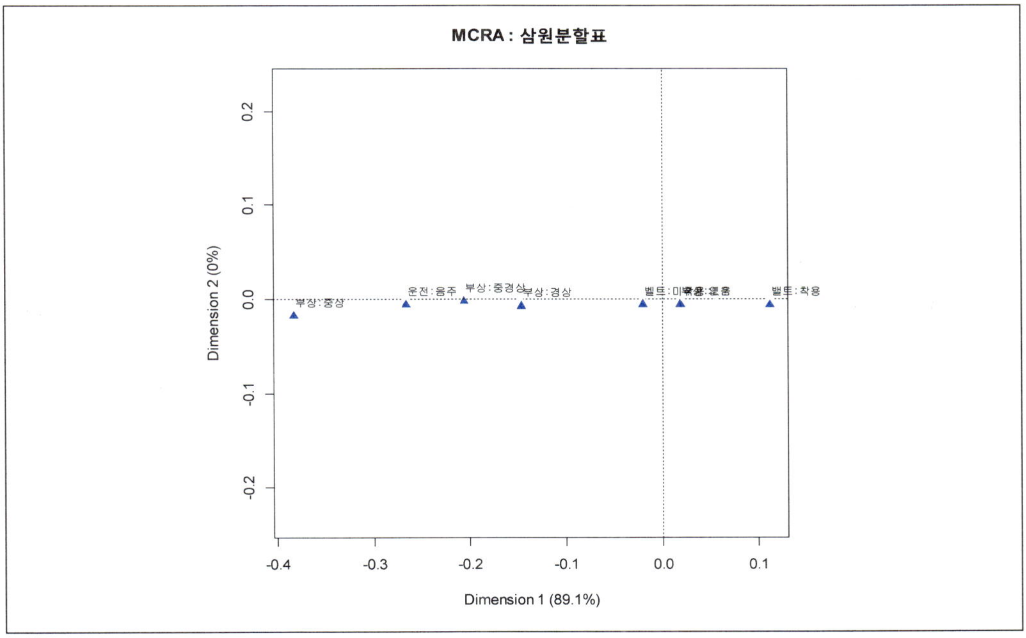

[그림 8.4.4] 삼원분할표 입력자료의 다중 CRA

• 다중 CRA 그림의 제1축(Dim1)의 설명력이 89.1%로 매우 높아 제1축만으로도 범주들의 대응관계를 충분히 파악할 수 있다.
• 수평축인 제1축에 대하여 왼편의 음주를 했을 경우(운전: 음주)에 안전띠를 미착용(벨트: 미착용)하며 따라서 사고가 나면 운전자의 부상 정도가 중상, 중경상, 경상에 대응한다. 오른편은 이와 반대의 대응관계를 보여주고 있다. 이들 해석은 [보기 8.4.2]의 결과와 동일하다.

[R-코드 8.4.4] 삼원분할표 입력자료에 대한 다중 CRA(accidenttable-MCRA.R)

```
acdtable<-read.table("accidenttable.txt", header=T)
table=xtabs(빈도 ~ 벨트+부상+운전, data=acdtable)
mjca(table)
plot(mjca(table), main="MCRA: 삼원분할표")
```

[보기 8.4.5] 자살유형에 따른 성별과 연령별 삼원분할표를 입력자료로 하는 다중 CRA

EXAMPLE

1.3절에서 소개한 [자료 1.3.6]은 $2\times5\times6$ 삼원분할표로 서독에서 성별(sex)과 연령별(age) 6가지 자살유형(method)인 Poison(독약), Gas(가스), Hang(목 매기), Drown(익사), Gun(총기), Jump(뛰어내림) 각 범주에 따른 빈도수를 나타내는 범주형자료에 대해 카이제곱검정과 범주들의 연관성을 시각적으로 보여주는 모자이크 그림을 적용하였다.

$2\times5\times6$ 삼원분할표인 [자료 1.3.6]은 [보기 8.4.2]의 $2\times2\times4$ 삼원분할표 [자료 8.4.2]와 동일한 구조이다. 다만 [보기 8.4.4]에서 다중 CRA를 적용하기 위해서 $16(=2\times2\times4)$개 칸의 도수를 나타낸 [자료 8.4.4]와 같이 만들기 위해선 분류변수의 $60(=2\times5\times6)$가지 조합을 고려해서 [자료 8.4.5]와 같이 입력하기가 다소 번거롭다.

▌자료 8.4.5▐ 2×5×6 삼원분할표

Sex	Age	Method	Freq
Male	10-20	Poison	1160
Female	10-20	Poison	921
Male	25-35	Poison	2823
Female	25-35	Poison	1672
Male	40-50	Poison	2465
Female	40-50	Poison	2224
Male	55-65	Poison	1531
Female	55-65	Poison	2283
Male	70-90	Poison	938
Female	70-90	Poison	1548
Male	10-20	Gas	335
Female	10-20	Gas	40
	------중간생략------		
Female	55-65	Jump	388
Male	70-90	Jump	268
Female	70-90	Jump	383

따라서 [자료 8.4.5]의 입력형태 대신에 빈도만 입력해서 외부 자료파일(sucidefreq.txt)를 만들고 분류변수는 R에서 범주변수(sex, age, method)에 분류변수를 입력하고 이들 조합으로 자료를 만들어 주는 함수 expand.grid()을 이용하는 것이 바람직하다. 따라서 빈도로만 되어 있는 자료와 분류변수의 조합으로 구성되는 변환된 자료에 대해 R의 library(ca)의 함수 mjca()를 활용한 다중 CRA를 위한 [R-코드 8.4.5](sucidefreq-MCRA.R)를 활용하였다. [그림 8.4.5]의 다중 CRA 그림의 해석은 다음과 같이 요약할 수 있다.

- 2차원 다중 CRA 그림의 설명력은 제1축(Dimension 1)과 제2축(Dimension 2)이 각각 67.6%와 10.8%로 총 78.4%로 높다.
- 수평축인 제1축에 대하여 먼저 연령별(Age)로 살펴보면 축의 왼편에 10~20세와 25~35세가 같은 위치에 있어 서로 대응하여 동질하며 40~50세는 다소 원점에 가깝지만 이들과 같이 대응한다고 볼 수 있다. 오른편에는 높은 연령대(55~65, 70~90)가 대응하고 있다.
- 성별(Sex)은 제1축에 대하여 왼편이 남자(Male)이고 오른편에 여자(Female)가 있어 서로 동질하지 않음을 보여준다.

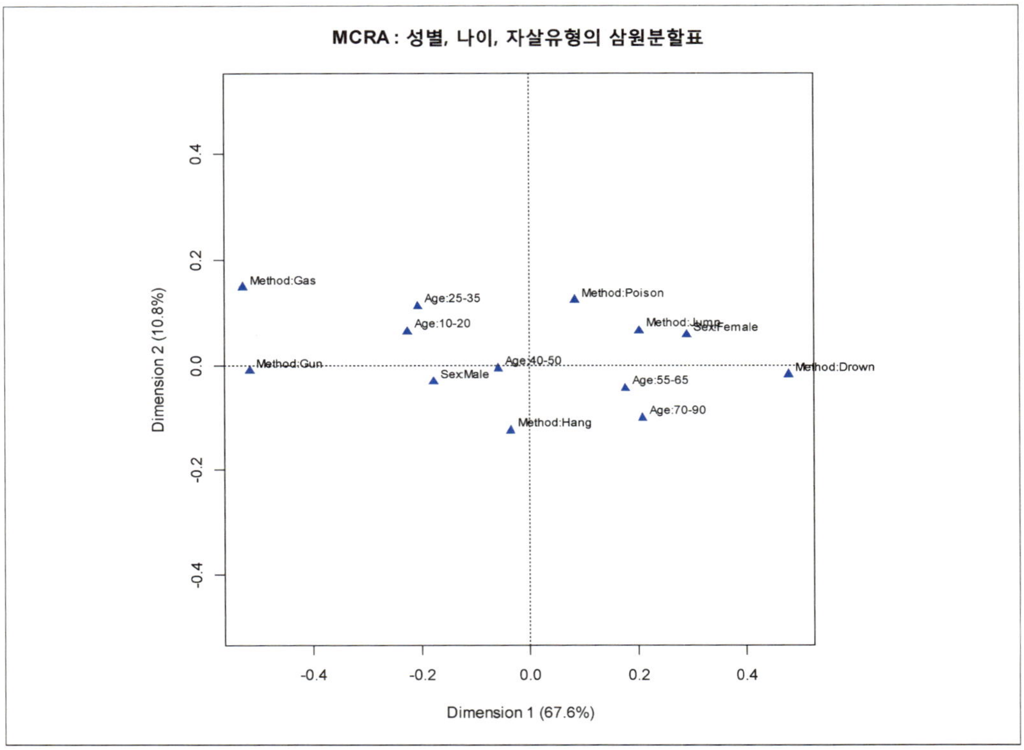

[그림 8.4.5] [자료 1.3.6]의 삼원분할표의 다중 CRA

- 자살유형(Method)을 보면 제1축의 왼편에 Gun(총기)와 Gas(가스)가 있고 Hang(목매기)도 이들과 대응하나 뚜렷하지는 않다. 오른편에는 Poison(독약), Jump(뛰어내림), Drown(익사)가 서로 대응한다.
- 전체적으로 나이가 젊은 남성들은 자살 유형으로 Gun(총기)와 Gas(가스)가 있고 Hang(목매기)를 선택하고 나이가 많은 여성들은 Poison(독약), Jump(뛰어내림), Drown(익사)의 자살유형을 선택하고 있음을 보여주고 있다.

[R-코드 8.4.5] [자료 1.3.6]의 삼원분할표에 대한 다중 CRA(sucidefreq-MCRA.R)

```
Data1.3.6<-read.table("sucidefreq.txt")
Data1.3.6
Freq<-as.matrix(Data1.3.6)

sex<-c("Male", "Female")
age<-c("10-20", "25-35", "40-50", "55-65", "70-90")
```

```
method<-c("Poison", "Gas", "Hang", "Drown", "Gun", "Jump")
data<-expand.grid(Sex=sex, Age=age, Method=method)
data<-cbind(data, Freq)

# Makeing a 3-way table
table<-xtabs(Freq~Sex+Age+Method, data=data)
plot(mjca(table), main="MCRA: 성별, 나이, 자살유형의 삼원분할표")
```

8.5 분류변수 자료의 다중 대응분석

8.4절에서는 다원분할표로부터 표시행렬과 버트행렬에 의한 다중 CRA의 알고리즘과 그 응용을 살펴보았다. 일반적으로 범주형자료는 처음부터 분할표, 표시행렬, 버트행렬로 구성되어 있지 않고 범주변수의 각각에 분류변수가 입력자료로 되어 있는 경우가 많다. 또한 입력의 편의성과 분석의 수월성을 위해 분류변수 대신 명목상 수치를 부여하기도 한다. 예를 들자면 [자료 8.5.1](view.txt)은 120명의 성인 남녀를 대상으로 성별(sex), 나이(age), 수입(income)에 따른 경제전망(view)과 정책 선호도(policy) 5가지 질문을 통하여 수집된 가상의 자료이다.

(1) sex(성별): 1(male), 2(female)
(2) age(나이): 1(30세 미만), 2(30세 이상)
(3) income(연수입): 1(1000만원 미만), 2(1000만원 이상)
(4) view(경제전망): 1(낙관), 2(비관)
(5) policy(정부의 경제정책): 1(찬성), 2(반대)

실제 [자료 8.5.1]은 5개 범주변수로 구성되어 있어 오원분할표를 구성해야 하나 사원분할표 이상의 경우에는 매우 복잡하므로 원자료에 대하여 직접 다중 CRA를 적용하는 것이 바람직하다. 이를 위해 R에서는 library(ca)에서 제공되는 함수 mjca()를 활용하면 된다.

| 자료 8.5.1 | 경제전망과 경제정책선호 조사 자료(view.txt)

id	sex	age	income	view	policy
1	1	2	2	2	2
2	1	1	1	1	2
3	2	1	1	1	1
4	1	2	2	2	2
5	2	1	1	2	2
6	1	2	1	2	1
7	1	1	1	2	2
8	1	2	2	2	2
9	1	1	1	1	2
10	2	1	1	1	1
		------중간생략------			
115	2	1	1	1	1
116	1	2	2	2	2
117	2	1	1	2	2
118	1	2	1	2	1
119	1	1	1	2	2
120	2	1	1	1	1

[보기 8.5.1] 경제전망과 경제정책선호도 조사 자료의 다중 CRA

EXAMPLE

[자료 8.5.1](view.txt) 5가지 범주변수 성별(sex), 나이(age), 수입(income)에 따른 경제전망(view)과 정책 선호도(policy)에 대한 분류변수를 입력자료로 하여 다중 CRA를 위한 [R-코드 8.5.1](view-MCRA.R)를 활용하였다. 여기서는 [표 8.4.1]의 알고리즘을 활용하는 것 대신에 R의 library(ca)에서 제공되는 함수 mjca()를 활용하고 있다. [그림 8.5.1]은 다중 CRA 그림이 주어져 있는데 제1축(Dimension 1)과 제2축(Dimension 2)의 설명력이 자동으로 표기되어 있고 해석은 다음과 같이 요약할 수 있다.

- 제1축과 제2축의 설명력은 각각 85.2%와 0.5%이다. 제1축만으로도 충분히 범주변수의 대응관계를 보여 줄 수 있다.
- 제1축의 왼편에 연령(age:1)과 수입(income:1)이 낮은 여성(sex:2)들이 경제전망을 낙관(view:1)하고 정부의 경제정책을 찬성(policy:1)하고 있다.
- 제1축의 오른편에는 연령(age:2)과 수입(income:2)이 높은 남성(sex:1)들이 경제전망을 비판(view:2)하고 경제정책을 반대(policy:2)하고 있음을 보여주고 있다.

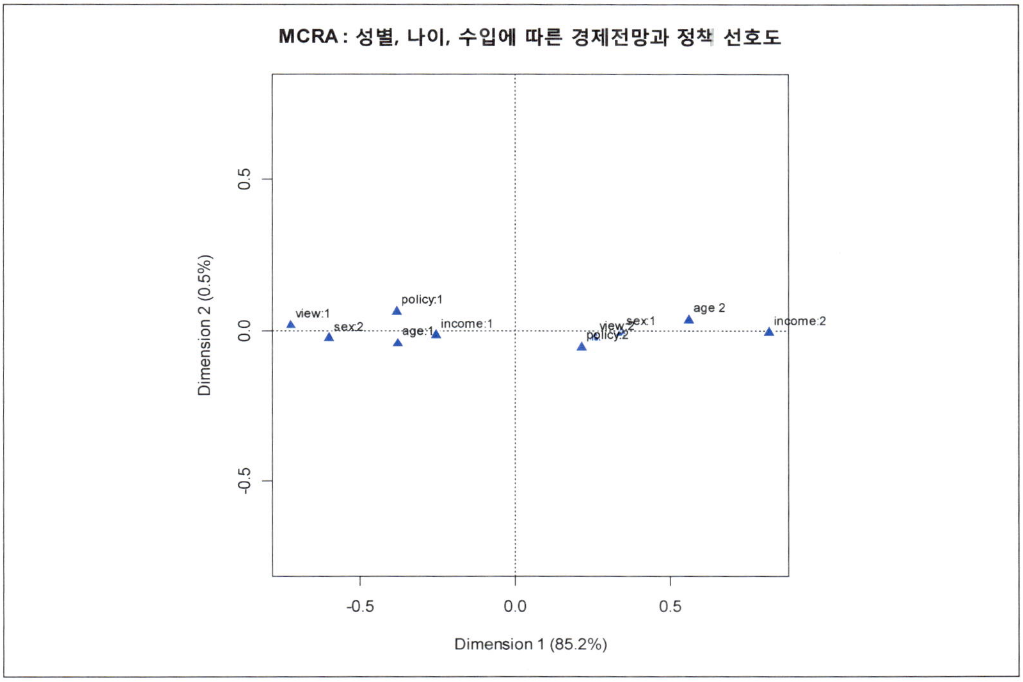

[그림 8.5.1] [자료 8.5.1] 5가지 범주의 분류변수 자료의 다중 CRA 그림

[R-코드 8.5.1] [자료 8.5.1] 5가지 범주의 분류변수 자료의 다중 CRA(view-MCRA.R)

```
view<-read.table("view.txt", header=T)
view<-view[, -1]
##Multiple CRA Plot
library("ca")
mjca(view)
par(pty="s")
plot(mjca(view), main="MCRA: 성별, 나이 수입에 따른 경제전망과 정책선호도")
```

[보기 8.5.2] 외상 후 스트레스 증후군에 대한 다시점 자료의 다중 CRA

EXAMPLE

[자료 8.5.2](ptsd.txt)는 화재에서 생존한 316명의 부상자를 대상으로 3개월, 6개월 그리고 12개월 후 면접을 통하여 외상 후 스트레스 증후군(PTSD)에 대한 다시점 자료(longitudinal data)가 있다. 이 자료에 대한 범주변수명과 분류변수 값에 대한 설명은 [표 8.5.1]을 참고하기 바란다.

| 표 8.5.1 | [자료 8.5.2]에 대한 범주변수명과 분류변수 값

범주변수	분류변수 값	범주변수 명
개체고유번호	정수	subject
시점	1, 2, 3	time
스트레스증후	사례(1), 대조(0)	ptsd
자아통제력	실수	control
인생문제수	실수	problems
스트레스수	정수	sevent
가족결속력	정수	cohes

| 자료 8.5.2 | 외상 후 스트레스 증후군에 대한 다시점자료(ptsd.txt)

subject	time	ptsd	control	problems	sevent	cohes
15	1	0	3.22222	5.625	1	8
15	2	0	3.16667	5.375	0	8
15	3	0	3.27778	3.750	1	8
18	1	1	2.55556	9.250	0	8
18	2	0	3.44444	4.375	0	8
18	3	0	3.33333	2.375	0	8
19	1	1	2.72222	7.750	1	7
19	2	1	2.77778	7.750	1	7
19	3	0	2.77778	7.500	1	7
			------중 간 생 략 ------			
571	1	0	3.55556	3.000	0	7
571	2	0	2.94444	1.875	0	7
571	3	0	3.50000	2.750	0	7

특히, 범주변수 명 subject는 각 개체가 세 가지 시점에서 반복 측정되어 있음을 보여주는 개체고유 번호를 나타내는 변수이다. 그리고 외상 후 스트레스 증후군에서 대조(0)은 외상 후 스트레스증후가 없음을 나타낸다. 그리고 여러 지역을 살면서 자각한 자아통제력(control), 인생문제수(problems), 마지막 면접 후 생긴 스트레스 사건의 수(sevent), 가족결속(cohes), 면접한 시점(time)을 기록하고 있다.

자아통제력(control), 인생문제수(problems), 스트레스수(sevent), 가족결속력(cohes)의 값은 실수와 정수로 되어 있어 그 범위가 다양하다. 이를 분석의 편의상 자아통제력(control), 인생문제수(problems), 스트레스수(sevent)는 3을 기준으로 상과 하로 나누고 가족결속력(cohes)은 6을 기준으로 상과 하로 나누었다.

변환된 자료에 대하여 다중 CRA를 위한 [R-코드 8.5.2](ptsd-MCRA.R)를 활용하였다.

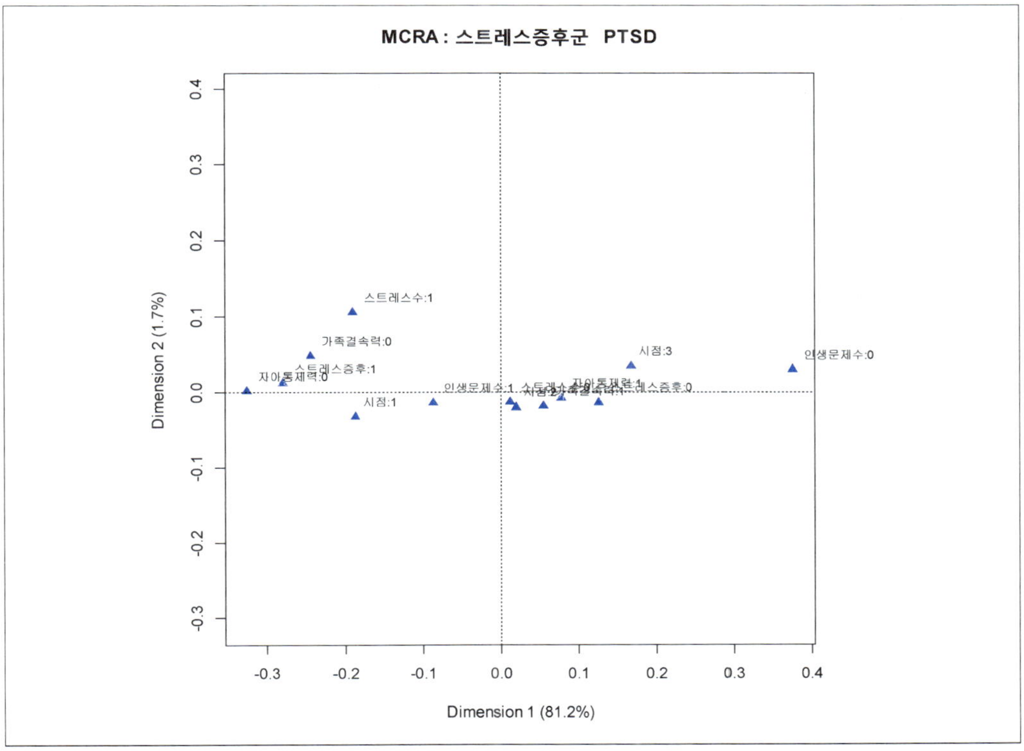

[그림 8.5.2] 외상 후 스트레스 증후군에 대한 다시점자료의 다중 CRA 그림

[그림 8.5.2]의 다중 CRA 그림의 해석은 다음과 같이 요약할 수 있다.

- 제1축 왼편의 범주들은 시점:1(3개월 후), 자아통제력:0과 가족결속력:0, 인생문제수:1과 스트레스수:1이 서로 대응한다. 이는 환자가 외상 3개월 후 자아통제력과 가족결속력이 낮으며 인생문제와 스트레스가 높음을 보여주고 있다.
- 제2축의 오른편에는 범주변수의 대응 관계는 외상 후 환자가 시점 2~3(3~12개월 후)에서 자아통제력(1)과 가족결속력(1)이 높고, 인생문제수(0)와 스트레스수(0)가 낮아졌음을 보여주고 있다.

[R-코드 8.5.2] 외상 후 스트레스 증후군에 대한 다시점자료의 다중 CRA(ptsd-MCRA.R)

```
ptsd<-read.table("ptsd.txt", header=T)
v1 <-as.numeric(ptsd$자아통제력>=3)
v2 <-as.numeric(ptsd$인생문제수>=3)
```

```
v3<-as.numeric(ptsd$스트레스수>=3)
v4 <-as.numeric(ptsd$가족결속력>=6)
nptsd <-data.frame(ptsd[, 1:3], 자아통제력=v1, 인생문제수=v2, 스트레스수=v3, 가족
결속력=v4)
nptsd<-nptsd[, -1]
library("ca")
mjca(nptsd)
par(pty="s")
plot(mjca(nptsd), main="MCRA: 스트레스 증후군 PTSD")
```

8.6 대응분석을 위한 R

R에서는 CRA는 단순 CRA와 다중 CRA를 위해 library(ca)의 함수 ca()와 mjca()를 각각 활용하면 된다. 특히, 이들 함수를 사용하기에 적합한 자료로는 8.5절에서 살펴본 바와 같이 범주형자료로 여러 범주변수에 따라 분류변수가 입력 자료로 되어 있는 형태로 다원분할표가 필요 없는 경우이다.

[자료 8.4.4]와 같이 삼원분할표 또는 사원분할표가 자료로 주어진 경우 이를 다중 CRA 분석을 위해서는 분할표의 각 칸의 위치를 범주변수의 분류변수 의해서 지정하고 도수를 추가하면 된다. 이렇게 하면 굳이 표시행렬이나 버트행렬을 만들지 않고도 다원분할표를 대응분석할 수 있게 된다.

만약에 다원분할표 대신 표시행렬과 버트행렬이 주어진 경우에는 이들에 대해 [표 8.4.1]의 다중 CRA 알고리즘을 활용하면 쉽게 다중 CRA를 적용할 수 있다.

이외에도 Greenacre(2007, pp. 213-254)도 library(ca)의 함수 ca()와 mjca()의 다양한 사례를 소개하고 있으며 허명회(2014, 16장)는 library(MASS)의 함수 corresp()와 mca()의 활용을 소개하고 있다.

이 절에서는 이들에 대하여 적용한 [보기]와 [R-코드]를 재인용하여 요약하도록 하겠다.

- [보기 8.2.1]에서 [표 8.2.2]의 알고리즘을 적용한 단순 CRA를 결혼 전 성관계에 대한 반응과 피임허용의 이원분할표 [자료 8.2.1]에 적용하기 위한 [R-코드 8.2.1](presex-SCRAalgorithm.R)를 참고하기 바란다.

[R-코드 8.2.1] 결혼 전 성관계에 대한 반응과 피임허용의 이원분할표의 단순 CRA 수행 단계(presex-SCRAalgorithm.R)

```
# Simple CRA : Two-Way Table
O<-matrix(c(81, 68,  60,  38,
            24, 26,  29,  14,
            18, 41,  74,  42,
            36, 57, 161, 157), byrow=T, nrow=4)
F <- O/sum(O)
          r <- apply(F,1,sum)
          c <- apply(F,2,sum)
          Dr<- diag(1/sqrt(r))
          Dc<- diag(1/sqrt(c))
r;c;Dr;Dc
cF<- F-r%*%t(c)
Y <- Dr%*%(cF)%*%Dc
svd.Y <- svd(Y)
          U <- svd.Y$u
          V <- svd.Y$v
          D <- diag(svd.Y$d)
A <- (Dr%*%U%*%D)[,1:2]
B <- (Dc%*%V%*%D)[,1:2]
          rownames(A) <- c("매우나쁨", "거의나쁨", "조금나쁨", "전혀안나쁨")
          rownames(B) <- c("매반", "반대", "찬성", "매찬")
A;B
eig <- (svd.Y$d)^2
          per <- eig/sum(eig)*100
          gof <- sum(per[1:2])
rbind(round(eig, 3),round(per, 3))

par(pty="s")
          lim <-range(pretty(A))
          plot(B[,  1:2],  xlab="Dim1",ylab="Dim2",xlim=lim,ylim=lim,pch=15,col=2,
          main="SCRA Algorithm : 이원분할표")
          text(B[, 1:2],rownames(B),cex=0.8,col=2,pos=3)
          points(A[, 1:2],pch=16, col=4)
          text(A[, 1:2],rownames(A),cex=0.8,pos=3, col=4)
          abline(v=0,h=0)
```

• [보기 8.2.2]는 library(ca)의 함수 ca()를 활용하기 위해 R에서 결혼 전 성관계에 대한 반응과 피임허용의 이원분할표 [자료 8.2.1]를 행렬자료로 직접 입력하는 방법과 외부파일 형태를 불러와서 단순 CRA를 수행을 위한 [R-코드 8.2.2](presex-SCRA.R)를 재인용하였다.

[R-코드 8.2.2] [R-코드 8.2.1]에서 R의 함수 ca()의 활용(presex-SCRA.R)

```
# Simple CRA ca(): Matrix for Two-Way Table
O<-matrix(c(81, 68, 60, 38,
            24, 26, 29, 14,
            18, 41, 74, 42,
            36, 57, 161, 157), byrow=T, nrow=4)
rownames(O)<-c("매우나쁨", "거의나쁨", "조금나쁨", "전혀안나쁨")
colnames(O)<-c("매반", "반대", "찬성", "매찬")
library(ca)
sca=ca(O)
par(pty="s")
plot(sca, main="SCRA package ca: 이원분할표")

# Simple CRA ca(): Text for Two-Way Table
Data8.2.1<-read.table("presex.txt", header=T)
O=Data8.2.1
library(ca)
sca=ca(O)
sca
win.graph()
par(pty="s")
plot(sca, main="SCRA package ca: 이원분할표")
```

• 다중 CRA의 알고리즘 [표 8.4.1]은 표시행렬 또는 버트행렬을 입력자료로 할 경우 적용이 가능하다. [보기 8.4.1]은 세 범주변수(성별, 나이, 키)에 따른 삼원분할표 [자료 8.4.1]에서 표시행렬로 변환하여 다중 CRA를 위한 [R-코드 8.4.1](customer-MCRAalgorithm.R)을 참고하기 바란다.

[R-코드 8.4.1] 성별, 나이, 키에 따른 삼원분할표의 다중 CRA 알고리즘 (customer-MCRAalgorithm.R)

```
# MCRA : Burt Table from Indicator Matrix
Z<-matrix(c(1, 0, 1, 0, 1, 0,
            1, 0, 1, 0, 0, 1,
            1, 0, 1, 0, 0, 1,
            1, 0, 1, 0, 0, 1,
            1, 0, 0, 1, 1, 0,
            1, 0, 0, 1, 1, 0,
            1, 0, 0, 1, 0, 1,
            0, 1, 1, 0, 1, 0,
            0, 1, 1, 0, 0, 1,
            0, 1, 1, 0, 0, 1,
            0, 1, 0, 1, 1, 0,
            0, 1, 0, 1, 0, 1), byrow=T, nrow=12)
colnames(Z)<-c("남", "여", "중장년", "청소년", "키큼", "키작음")
Z
B <- t(Z) %*% Z
B
P <- B / sum(B)
cm <- apply(P, 2, sum)
Dc<-diag(1/sqrt(cm))
eP <- cm %*% t(cm)
Y <- (P - eP) / sqrt(eP)
## Singular Value Decomposition
svd.Y<-svd(Y)
V<-svd.Y$v
Dl<-diag((svd.Y$d)^2)
lam<-(svd.Y$d)^2
fit<-lam/sum(lam)*100
rbind(round(lam, 3),round(fit, 3))
Cb<- Dc%*%V%*%Dl
rownames(Cb)<-colnames(Z)
Cb2=Cb[, 1:2]
Cb2
par(pty="s")
lim<-range(pretty(Cb))
plot(Cb2, xlab="Dim1", ylab="Dim2", xlim=lim, ylim=lim, main="MCRA algorithm : Burt Matrix")
text(Cb2, colnames(Z), pos=3, col=1)
abline(v=0, h=0)
```

• [보기 8.4.2]에는 운전상태, 안전띠 사용, 사고운전자의 부상 정도에 따른 삼원분할표 [자료 8.4.2]에 대하여 버트행렬이 입력자료로 사용될 경우 다중 CRA의 알고리즘 [표 8.4.1]을 적용하고 있다. 이를 위한 [R-코드 8.4.2](accident-MCRAalgorithm.R)을 참고하기 바란다. 이는 [보기 8.4.1]에서 표시행렬 Z를 입력자료로 사용하는 [R-코드 8.4.1]과 동일한 알고리즘 [표 8.4.1]에 바탕을 두고 있다.

[R-코드 8.4.2] 사고운전자 부상정도의 삼원분할표에 대한 다중 CRA 알고리즘 (accident-MCRAalgorithm.R)

```
accident<-read.table("accident.txt", head=T)
B<-as.matrix(accident)
rownames(B)<-colnames(B)
B
P <-B / sum(B)
cm <-apply(P, 2, sum)
Dc<-diag(1/sqrt(cm))
eP <-cm %*% t(cm)
Y <-(P -eP) / sqrt(eP)

## Singular Value Decomposition
svd.Y<-svd(Y)
V<-svd.Y$v
Dl<-diag((svd.Y$d)^2)
lam<-(svd.Y$d)^2
fit<-lam/sum(lam)*100
rbind(round(lam, 3), round(fit, 3))
Cb<-Dc%*%V%*%Dl
rownames(Cb)<-colnames(B)
Cb2=Cb[, 1:2]
Cb2
limy<-range(pretty(Cb2))
limx<-c(-1, 1)
plot(Cb2, xlab="Dim1", ylab="Dim2", xlim=limx, ylim=limy, main="MCRA algorithm:
Burt Matrix")
text(Cb2, rownames(Cb), col=1, pos=3)
abline(v=0, h=0)
```

• 다중 CRA에서 다원분할표에 대해 표시행렬이나 버트행렬 대신에 보다 쉬운 방법으로 분할표의 각 칸의 위치를 범주변수의 분류변수 의해서 지정하고 도수를 추가한 입

력형태를 고려할 수 있다. [보기 8.4.4]에는 운전상태(정상, 음주)와 안전띠 사용(착용, 미착용)에 따른 사고운전자의 부상 정도(없음, 경상, 중경상, 중상)를 고려한 삼원분할표를 대신한 [자료 8.4.4]에 대하여는 library(ca)의 함수 mjca()를 활용한 [R-코드 8.4.4](accidenttable-MCRA.R)를 참고하기 바란다.

[R-코드 8.4.4] 삼원분할표의 입력자료에 대한 다중 CRA(accidenttable-MCRA.R)

```
acdtable<-read.table("accidenttable.txt", header=T)
table=xtabs(빈도 ~ 벨트+부상+운전, data=acdtable)
mjca(table)
plot(mjca(table), main="MCRA: 삼원분할표")
```

- [보기 8.4.5]에는 2×5×6 삼원분할표에 대한 다중 CRA 적용 사례를 보이고 있다. 다만 [보기 8.4.4]와 동일한 구조의 삼원분할표이나 [자료 8.4.4]와 같이 변환하기 위해선 60(=2×5×6)개의 칸을 나타내어야 하므로 각 칸을 나타내는 분류변수의 60가지 조합을 고려해서 입력하기가 다소 번거롭다. 따라서 빈도로만 되어 있는 자료와 R에서 범주변수(sex, age, method)에 분류변수를 입력하고 이들 조합으로 자료를 만들어 주는 함수 expand.grid()을 이용하고 함수 xtabs()을 통해 library(ca)의 함수 mjca()를 활용한 [R-코드 8.4.5](sucidefreq-MCRA.R)를 여기서 인용한다.

[R-코드 8.4.5] [자료 1.3.6]의 삼원분할표에 대한 다중 CRA(sucidefreq-MCRA.R)

```
Data1.3.6<-read.table("sucidefreq.txt")
Data1.3.6
Freq<-as.matrix(Data1.3.6)

sex<-c("Male", "Female")
age<-c("10-20", "25-35", "40-50", "55-65", "70-90")
method<-c("Poison", "Gas", "Hang", "Drown", "Gun", "Jump")
data<-expand.grid(Sex=sex, Age=age, Method=method)
data<-cbind(data, Freq)

# Makeing a 3-way table
table<-xtabs(Freq~Sex+Age+Method, data=data)
plot(mjca(table), main="MCRA: 성별, 나이, 자살유형의 삼원분할표")
```

• 분할표, 표시행렬, 버트행렬로 구성되어 있지 않고 범주변수의 각각에 분류변수가 입력자료로 되어 있는 경우의 다중 CRA는 필요한 범주변수에 대하여 수행 가능하다. [보기 8.5.2]에는 화재에서 생존한 316명의 부상자를 대상으로 3개월, 6개월 그리고 12개월 후 면접을 통하여 외상 후 스트레스 증후군에 대한 다시점 자료 [자료 8.5.2]가 있다. 분석의 편의상 자아통제력, 인생문제수, 스트레스수는 3을 기준으로 상과 하로 나누고 가족결속력은 6을 기준으로 상과 하로 나누었다. 이 변환된 자료에 대하여 다중 CRA를 위한 [R-코드 8.5.2](ptsd-MCRA.R)를 활용하였다.

[R-코드 8.5.2] [자료 8.5.2] 외상 후 스트레스 증후군에 대한 다시점자료의 다중 CRA (ptsd-MCRA.R)

```
ptsd<-read.table("ptsd.txt", header=T)
v1 <-as.numeric(ptsd$자아통제력>=3)
v2 <-as.numeric(ptsd$인생문제수>=3)
v3<-as.numeric(ptsd$스트레스수>=3)
v4 <-as.numeric(ptsd$가족결속력>=6)
nptsd <-data.frame(ptsd[, 1:3], 자아통제력=v1, 인생문제수=v2, 스트레스수=v3, 가족
결속력=v4)
nptsd<-nptsd[, -1]
library("ca")
mjca(nptsd)
par(pty="s")
plot(mjca(nptsd), main="MCRA: 스트레스 증후군 PTSD")
```

8.7 연습문제

8.1. 대응분석에서 차원축소 개념에 대하여 설명하라.

8.2 대응분석의 종류에 대해서 분석하고자 하는 자료와 관련하여 설명하라.

8.3 단순 CRA 그림에서 행범주와 열범주 좌표점 간의 관련성을 설명하라.

8.4 단순 CRA에서 정의되는 카이제곱거리가 이원분할표의 행범주와 열범주 간의 독

립성 검정과 어떤 연관성을 가지는지를 설명하라.

8.5 대응분석 그림에서 정의되는 가중 유클리드공간에 대해서 설명하라.

8.6 [자료 8.7.1](schyear.txt)은 부산지역에 거주하는 기혼여성들을 대상으로 학력(고졸이하, 전문대졸, 대졸, 대학원졸이상)에 따른 유명상표선호도(아주 그렇다, 조금 그렇다, 보통이다, 별로 그렇지 않다, 전혀 그렇지 않다)를 통계조사한 분할표이다 (최용석, 2003, p. 12).

[자료 8.7.1] 학력과 유명상표 선호도에 대한 이원분할표(schyear.txt)

유명상표 선호도	학 력			
	고졸 이하	전문대졸	대졸	대학원졸
아주 그렇다	7	5	6	2
조금 그렇다	72	64	54	10
보통이다	77	34	40	6
별로 그렇지 않다	58	22	20	11
전혀 그렇지 않다	25	0	8	2

(1) 행범주와 열범주간의 독립성을 검정하라.

(2) 단순 CRA를 적용하고 설명력에 따라 CRA 그림의 차원을 결정하라.

(3) [그림 8.7.1]의 CRA 그림을 얻고 해석하라.

(4) (1)에서 독립성검정과 관련하여 (3)과 비교하여 추가적으로 설명하라.

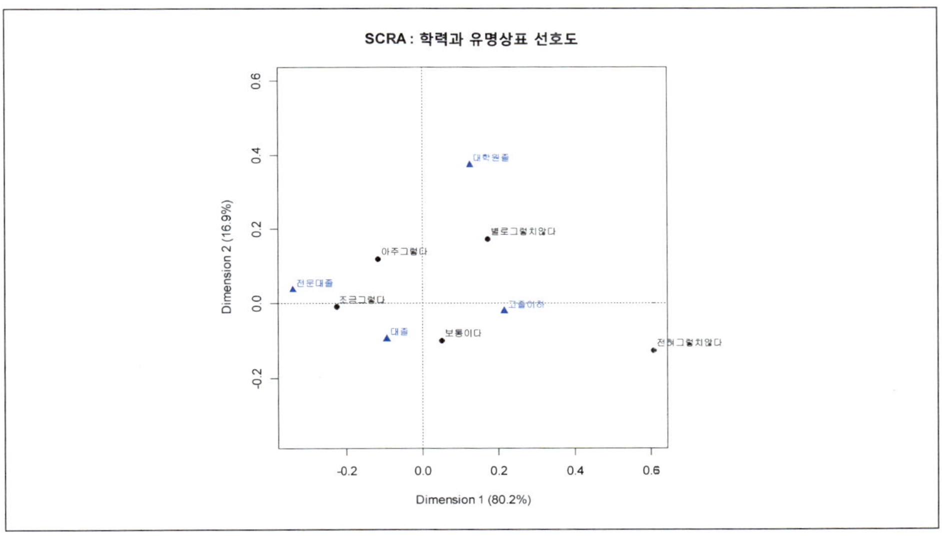

[그림 8.7.1] 학력과 유명상표 선호도의 이원분할표의 단순 CRA 그림

8.7 다음은 여성들의 유방암 자가 진단 빈도와 나이의 이원분할표이다(정광모와 최용석, 2009, p. 285).

나이	유방암 자가 진단 빈도		
	매달	수시로	안한다
<45	91	90	51
45−49	150	200	155
50+	109	198	172

(1) 나이와 유방암 자가 진단 빈도와의 연관성을 검정하라.

(2) 단순 CRA 알고리즘 [표 8.2.2]에 따라 단순 CRA를 적용하라.

(3) [그림 8.7.2]와 같은 단순 CRA 그림을 얻고 해석하라.

(4) R의 library(ca)의 ca() 함수를 활용하여 단순 CRA를 적용하라.

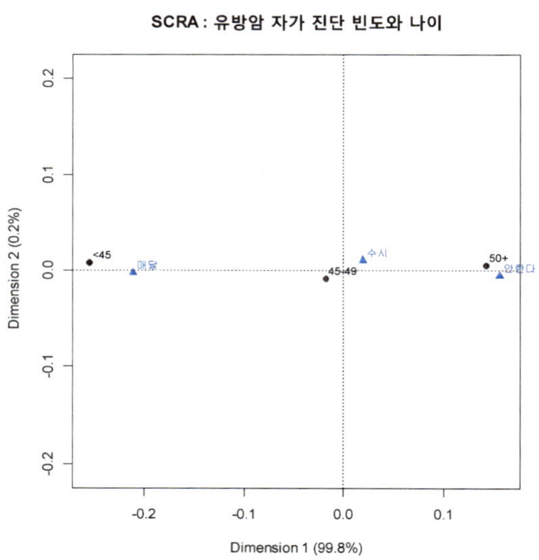

[그림 8.7.2] 유방암 자가 진단 빈도와 나이의 이원분할표의 단순 CRA 그림

8.8 다음은 10대(14세~16세)의 임신조절 허용과 종교집회 참여도에 따른 이원분할표(정광모와 최용석, 2009, p. 164)이다.

종교집회 참여도	10대 임신조절			
	매우반대	반대	찬성	매우찬성
한 번도 없다	49	49	19	9
일년에 한 번 미만	31	27	11	11
일년에 한 번 또는 두 번	46	55	25	8
일년에 여러 번	34	37	19	7
한달에 한 번	21	22	14	16
한달에 두 번 내지는 세 번	26	36	16	16
거의 매주	8	16	15	11
매주	32	65	57	61
한주에 여러 번	4	17	16	20

(1) 단순 CRA 그림을 얻고 행과 열의 대응관계를 설명하라.

(2) 카이제곱검정을 통하여 행과 열의 독립성검정을 실시하라.

(3) (1)과 (2)의 결과를 서로 비교하라.

8.9 다음의 자료는 안전띠 착용여부에 따른 고속도로상의 자동차사고 기록에 대한 삼원분할표(정광모와 최용석, 2002, p. 152)이다.

안전띠	이탈	사망	
		예	아니오
착용	예	14	1,105
	아니오	483	411,111
미착용	예	497	4,624
	아니오	1,008	157,342

(1) 범주변수와 분류변수를 구분하라.

(2) 삼원분할표로부터 분류변수에 의한 입력자료로 변환하라.

(3) (2)의 변환된 자료의 다중 CRA를 실시하라.

(4) 다중 CRA 그림에서 범주변수간의 연관성문제를 살펴보라.

8.10 [자료 8.7.2](apitude.txt)는 2차 세계대전 중 미국공군 지원자들이 치른 적성시험 결과와 10년간 추적을 통하여 교육수준과 직업을 조사한 자료에 대한 버트행렬이다(허명회, 1999, p. 91). 세 개의 범주변수는 버트표의 열에 따라 교육수준(1=낮음, 2, 3, 4=높음), 적성수준(1=낮음, 2, 3, 4, 5=높음), 직업수준(1=자영업, 2=전문직, 3=교육직, 4=월급직)을 갖는다.

| 자료 8.7.2 | 교육, 적성, 직업에 대한 버트행렬(apitude.txt)

교육1	교육2	교육3	교육4	적성1	적성2	적성3	적성4	적성5	직업1	직업2	직업3	직업4
1040	0	0	0	215	281	372	128	44	239	6	1	794
0	1108	0	0	208	285	386	176	53	309	11	7	781
0	0	1237	0	138	284	446	238	131	233	70	12	922
0	0	0	968	83	197	385	186	117	53	199	215	501
215	208	138	83	644	0	0	0	0	122	30	20	472
281	285	284	197	0	1047	0	0	0	226	51	66	704
372	386	446	385	0	0	1589	0	0	306	115	96	1072
128	176	238	186	0	0	0	728	0	130	59	38	501
44	53	131	117	0	0	0	0	345	50	31	15	249
239	309	233	53	122	226	306	130	50	834	0	0	0
6	11	70	199	30	51	115	59	31	0	286	0	0
1	7	12	215	20	66	96	38	15	0	0	235	0
794	781	922	501	472	704	1072	501	249	0	0	0	2998

(1) 다중 CRA를 실시하라.

(2) 2차원 다중 CRA 그림의 설명력은 얼마이며 그림을 해석하라.

8.11 다음은 미국의 모 고등학교 졸업생들을 대상으로 알콜, 담배, 마리화나를 접해 본 경험에 관하여 설문조사를 한 결과에 의한 2×2×2삼원 분할표이다(정광모와 최용석, 2009, p, 131).

알콜	담배	마리화나	
		예	아니오
예	예	911	538
	아니오	44	456
아니오	예	3	43
	아니오	2	279

(1) 분류변수에 의한 입력자료로 변환하라.

(2) 다중 CRA를 적용하라.

(3) 다중 CRA 그림을 얻고 해석하라.

제 9 장

행렬도 (Biplot)

다변량자료의 분석에서 탐색적이고 시각적인 분석 방법인 행렬도의 활용은 통계분석의 묘미를 더해 준다. 이미 행렬도의 대수적이고 기하적인 배경이 되는 2.6절의 주성분분석의 시각화에서 행렬도를 간략하게 미리 소개하였다. 행렬도는 n개의 개체와 p개의 변수로 이루어진 다변량 자료행렬의 행과 열을 동시에 나타낸 다변량 시각적 그림이다. 행렬도에는 크게 주성분행렬도, 대칭행렬도, JK^t행렬도 세 종류가 잘 알려져 있는데 실제로 주성분분석의 주성분점수에 대한 그림은 JK^t행렬도가 제공한다. 이들에 대해 대수적인 성질을 살펴보고, 특히 주성분행렬도를 적용한 몇 가지 보기를 통해 행렬도를 해석하고 이해하고자 한다. 이를 위해 R에서 함수 biplot()을 활용한 주성분행렬도를 얻을 수 있으며 대수적으로 스펙트럼분해를 바탕으로 하는 함수 princomp() 또는 비정칙값분해에 의한 prcomp()의 결과를 활용한다.

9.1 행렬도의 이해

행렬도(biplot)는 Gabriel(1971, 1981)에 의해서 주로 개발되었는데 biplot의 bi는 2차원을 의미하는 것이 아니라, n개의 개체와 p개의 변수로 이루어진 자료행렬의 행과 열을 동시에 나타내는 것을 말한다. 행렬도에 대한 개론적이며 다양한 설명은 최용석과 신상민(2013), Gower 외(2011), Johnson과 Wichern(2007, 12.8), Jolliffe(2002, pp. 90-103), Gower와 Hand(1996), du Toit 외(1986, pp. 107-114) 등을 참고할 수 있겠다. 특히, Gower와 Hand(1996)의 ≪Biplots≫에서는 기존의 행렬도를 순수하게 전통적 행렬도(classical biplot)라 하여 하나의 그림에 개체와 변수에 관한 정보를 나타내는 관점에서 주성분분석(PCA), 대응분석(CRA), 그리고 다차원척도법(MDS) 등을 행렬도의 넓은 범주에서 다루고 있다. Gower 외(2011)는 전작 ≪Biplots≫에서 이해하기 어려운 문제점을 극복하고 실제로 독자들이 적용해 볼 수 있는 R을 추가하여 응용과 이해가 수월하도록 행렬도를 기술하였다. [표 9.1.1]에는 행렬도를 수행하기 위한 단계를 요약해 두었다.

행렬도를 위한 패키지 프로그램은 du Toit 외(1986, pp. 107-114)에서 범용컴퓨터의 SAS/PROC MATRIX에 의한 것과 최용석(1999)의 SAS/IML로 작성한 모듈(module) 형식의 것이 있었다. 최용석(2006)은 Gower와 Hand(1996)의 관점을 수용하여 다변량 여러 기법과 관련한 행렬도 외에 모형진단 행렬도와 다변량 선형모형 행렬도를 제안하기도 하였다. 여기서 더 나아가 R을 활용하고 비선형 및 일반화 행렬도를 기술하고 있는 Gower 외(2011)와 최용석과 신상민(2013)은 9장의 바탕이 되었음을 알려둔다.

표 9.1.1 Biplot 수행단계

[1단계] 다변량 자료행렬을 선택한다: 중심화, 표준화
[2단계] 자료행렬의 비정칙값분해를 실시한다.
[3단계] 비정칙값분해로 s차원 행렬도의 설명력을 계산한다.
[4단계] 행렬도를 선택한다: 주성분, 대칭, JK^t
[5단계] 행렬도의 행좌표점과 열좌표점의 대수적 기하적 해석과 상호 관계를 해석한다.

9.2 행렬도의 이론

이 절에서는 Bradu와 Gabriel(1978), Jolliffe(2002, pp. 90-103), 최용석과 신상민(2013)의 내용을 중심으로 행렬도의 이론을 소개한다. 행과 열의 수가 각각 n과 p인 자료행렬을

$$X = (x_{ij}), \quad i = 1, \ldots, n; \ j = 1, \ldots, p$$

라 하자. Bradu와 Gabriel(1978), 그리고 Jolliffe(2002, p. 90)는 각 열을 나타내는 변수들의 평균 $\overline{x}_{\cdot j} = \sum_{i=1}^{n} x_{ij} / n$을 뺀 새로운 중심화 자료행렬 $Y = (x_{ij} - \overline{x}_{\cdot j})$에 근거한 행렬도를 대부분 보여주고 있다. 만약에, 자료행렬 X의 열을 구성하는 변수 간에 측정단위가 다른 경우에는 s_j를 j번째 변수의 표준편차라 할 때, 표준화 $y_{ij} = (x_{ij} - \overline{x}_{.j})/s_j$를 통해 표준화 자료행렬 $Y = (y_{ij})$를 사용하게 된다. 지금부터는 원 자료행렬 X 대신에 중심화 혹은 표준화된 새로운 자료행렬 Y를 사용하기로 하자.

일반적으로 행렬도는 [표 9.2.1]에서 정의한 자료행렬의 비정칙값분해(singular value decomposition)의 대수적인 면과 기하적인 면을 따르고 있다(Jobson, 1992, pp. 426-431; 최용석과 신상민, 2013, 1장). 행렬도의 대수적 바탕인 비정칙값분해는 전통적으로 PCA의 대수적 바탕이 되는 공분산행렬 또는 상관행렬의 스펙트럼분해와 비교해서 계산상 다소 유리하나 그 역할은 동일하다. [표 2.5.6]에서는 중심화자료행렬의 비정칙값분해를 활용한 주성분분석의 대수적 유도와 성질을 요약하고 있다.

[표 9.2.1] 행렬도에서 비정치값분해를 통한 세 가지 행렬도의 대수적 유도 단계

[1단계] 자료행렬 Y: 크기가 $n \times p$이고 계수(rank)가 r이다.

[2단계] Y의 비정칙값분해: $Y = U \Lambda V^t = \sum_{k=1}^{r} \boldsymbol{u}_k \lambda_k \boldsymbol{v}_k^t = \sum_{k=1}^{r} (\boldsymbol{u}_k \lambda_k^m)(\lambda_k^{1-m} \boldsymbol{v}_k^t)$ (9.2.1)

- $U = (\boldsymbol{u}_1, \ldots, \boldsymbol{u}_r)$: 직교 열벡터 $\boldsymbol{u}_k = (u_{1k}, \ldots, u_{nk})^t$, $k = 1, \ldots, r$
- $V = (\boldsymbol{v}_1, \ldots, \boldsymbol{v}_r)$: 직교 열벡터 $\boldsymbol{v}_k = (v_{1k}, \ldots, v_{pk})^t$, $k = 1, \ldots, r$
- $\Lambda = diag(\lambda_1, \ldots, \lambda_r)$: $\lambda_1 \geq \cdots \geq \lambda_r > 0$을 만족하는 비정칙값의 대각행렬
- $0 \leq m \leq 1$: 상수

[3단계] 행렬도의 좌표점:

- $n \times r$ 행 좌표점: $A = U\Lambda^m = (\boldsymbol{u}_1 \lambda_1^m, \ldots, \boldsymbol{u}_r \lambda_r^m)$
- $p \times r$ 열 좌표점: $B = V\Lambda^{1-m} = (\boldsymbol{v}_1 \lambda_1^{1-m}, \ldots, \boldsymbol{v}_r \lambda_r^{1-m})$

$\Rightarrow$ s차원 행렬도의 행과 열 좌표점: $A_{(s)} = U_{(s)}\Lambda_{(s)}^{m}$, $B_{(s)} = V_{(s)}\Lambda_{(s)}^{1-m}$

[4단계] 행렬도의 선택:

• $m=0$: 주성분 행렬도, $m=1/2$: 대칭 행렬도, $m=1$: JK^t 행렬도

[5단계] $s(\geq 2)$차원 행렬도의 설명력: $fit = \dfrac{\sum_{k=1}^{s}\lambda_k^2}{\sum_{k=1}^{r}\lambda_k^2} \times 100$

먼저 [표 9.2.1]의 (9.2.1)에서 상수 $0 \leq m \leq 1$에 대하여 대각행렬 Λ가 $\Lambda = \Lambda^m \Lambda^{1-m}$을 만족하도록 다음과 같이 정의하자.

$$\Lambda^m = diag(\lambda_1^m, \ldots, \lambda_r^m), \ \Lambda^{1-m} = diag(\lambda_1^{1-m}, \ldots, \lambda_r^{1-m}) \qquad (9.2.2)$$

그리고 (9.2.2)를 활용하여 크기가 $n \times r$과 $p \times r$인 행렬 A와 B를 각각 다음과 같이

$$A = U\Lambda^m = (\boldsymbol{u}_1\lambda_1^m, \ldots, \boldsymbol{u}_r\lambda_r^m), \qquad (9.2.3)$$

$$B = V\Lambda^{1-m} = (\boldsymbol{v}_1\lambda_1^{1-m}, \ldots, \boldsymbol{v}_r\lambda_r^{1-m}) \qquad (9.2.4)$$

로 정의하자. 이때, (9.2.1)의 비정칙값분해는 다음과 같이 인자분해(factorization)

$$Y = AB^t = \begin{pmatrix} \boldsymbol{a}_1^t \\ \vdots \\ \boldsymbol{a}_n^t \end{pmatrix} (\boldsymbol{b}_1, \ldots, \boldsymbol{b}_p) \qquad (9.2.5)$$

를 만족한다. du Toit 외(1986, p. 108)는 (9.2.5)를 비정칙값 인자분해라 하였다. 여기서 자료행렬 Y의 (i, j)번째 원소 y_{ij}는 (9.2.5)의 행렬 A와 B의 i번째 행과 j번째 열인, 각각 크기가 $r \times 1$인 벡터

$$\boldsymbol{a}_i = (a_{i1}, \ldots, a_{ir})^t = (u_{i1}\lambda_1^m, \ldots, u_{ir}\lambda_r^m)^t, \qquad (9.2.6)$$

$$\boldsymbol{b}_j = (b_{j1}, \ldots, b_{jr})^t = (v_{j1}\lambda_1^{1-m}, \ldots, v_{jr}\lambda_r^{1-m})^t \qquad (9.2.7)$$

의 내적이다. 즉, $y_{ij} = \boldsymbol{a}_i^t\boldsymbol{b}_j$, $i=1, \ldots, n$, $j=1, \ldots, p$가 된다

따라서 Gabriel(1981, Chapter 8)에 따르면, 행렬도란 (9.2.1)을 만족하는 표시점(marker)인 (9.2.6)과 (9.2.7)의 $\boldsymbol{a}_1, \ldots, \boldsymbol{a}_n$과 $\boldsymbol{b}_1, \ldots, \boldsymbol{b}_p$에 의한 자료행렬 Y의 n개 행과 p개 열의 그래프적 표현(그림)이라 한다. 그리고 이러한 표시점은 행렬도에서 좌표점

(coordinate point)으로 볼 수 있다. 좌표점을 나타내는 두 벡터 모두 r개의 원소로 구성되어 있다.

만약에 주어진 자료행렬의 계수가 2이면, 2차원 공간에 좌표점으로 모두 나타나게 된다. Gabriel(1971)은 이를 계수 2인 자료행렬의 정확 행렬도(exact biplot)라 부르고 있다. 따라서 $r > 2$ 인 일반적인 경우의 자료행렬은 행렬도에 의해서 정확하게 표현될 수 없다.

(9.2.6)과 (9.2.7)에서 행좌표점 $\boldsymbol{a}_i$와 열좌표점 $\boldsymbol{b}_j$의 처음 $s(< r)$개 원소만을 가진 형태를

$$\boldsymbol{a}_i^{(s)} = (a_{i1}, \ldots, a_{is})^t = (u_{i1}\lambda_1^m, \ldots, u_{is}\lambda_s^m)^t,$$
$$\boldsymbol{b}_j^{(s)} = (b_{j1}, \ldots, b_{js})^t = (v_{j1}\lambda_1^{1-m}, \ldots, v_{js}\lambda_s^{1-m})^t$$

라 하자. 그러면 이들에 의한 내적은 다음과 같다.

$$y_{ij}^{(s)} = \boldsymbol{a}_i^{(s)t}\boldsymbol{b}_j^{(s)} = \sum_{k=1}^{s} u_{ik}\lambda_k v_{jk}.$$

이는 계수 $s(1 \le s \le r)$인 부행렬(sub-matrix)

$$Y_{(s)} = (y_{ij}^{(s)}) = A_{(s)}B_{(s)}^t, \; i = 1, \ldots, n, \; j = 1, \ldots, p \tag{9.2.8}$$

를 이룬다. 여기서 (9.2.8)의 $y_{ij}^{(s)}$는 (9.2.5)의 Y의 (i, j)번째의 원소

$$y_{ij} = \boldsymbol{a}_i^t\boldsymbol{b}_j = \sum_{k=1}^{r} u_{ik}\lambda_k v_{jk} \tag{9.2.9}$$

에 대한 근사값을 가지게 된다.

따라서 자료행렬 Y가 부행렬 $Y_{(s)}$에 의해서 근사적으로 일치한다면, $Y_{(s)}$의 행렬도는 자료행렬의 근사적 행렬도(approximate biplot)를 제공하게 된다. 특히, (9.2.8)에서 $s = 2$인 경우는 (9.2.9)의 계수 $r = 2$인 근사를 하여 인자분해 $Y = AB^t$의 근사로 다음과 같이 됨을 알 수 있다.

$$Y_{(2)} = A_{(2)}B_{(2)}^t \tag{9.2.10}$$

여기서 $A_{(2)}$와 $B_{(2)}$는 각각 크기가 $n \times 2$와 $p \times 2$인 부행렬로 $A_{(2)}$의 i번째 행과 $B_{(2)}$의 j번째 행은

$$\boldsymbol{a}_i^{(2)} = (u_{i1}\lambda_1^m, u_{i2}\lambda_2^m)^t, \; i = 1, \ldots, n,$$

$$\boldsymbol{b}_j^{(2)} = (v_{j1}\lambda_1^{1-m},\ v_{j2}\lambda_2^{1-m})^t,\ j = 1,\ \dots,\ p$$

이다. Gabriel(1971)은 (9.2.10)의 두 행렬 $A_{(2)}$와 $B_{(2)}$를 행렬도를 위한 인자(factor)라 하였다.

행렬도에서 근사란 계수 r인 자료행렬 Y가 (9.2.8)의 계수 $s(1 \le s \le r)$인 부행렬 $Y_{(s)}$에 의해서 다음과 같이 근사적으로 잘 표현이 된다는 점이다.

$$AB^t = Y \doteq Y_{(s)} = A_{(s)}B_{(s)}^t \tag{9.2.11}$$

이는 Householder와 Young(1938)에 따르자면 $Y_{(s)}$는 자료행렬 Y의 계수 s 근사(rank s approximation)를 [표 9.2.2]와 같이 대수적으로 제공하게 된다.

[표 9.2.2] 행렬도에서 계수 s 근사

> 크기가 $n \times p$이고 계수가 r인 자료행렬 Y가 (9.2.1)의 비정칙값분해 $Y = \sum_{k=1}^{r} \boldsymbol{u}_k \lambda_k \boldsymbol{v}_k^t$를 만족할 때
>
> $$\| Y - M \|^2 = \sum_{i=1}^{n}\sum_{j=1}^{p}(y_{ij} - m_{ij})^2 \tag{9.2.12}$$
>
> 를 최소화하는 계수 $s\ (\le r)$인 행렬 M은 $Y_{(s)} = \sum_{k=1}^{s} \boldsymbol{u}_k \lambda_k \boldsymbol{v}_k^t$가 된다. 여기서, 크기가 $n \times p$인 행렬 Y의 놈 제곱은 $\|Y\|^2 = tr(Y^tY) = \sum_{i=1}^{n}\sum_{j=1}^{p} y_{ij}^2$로 정의된다.

더군다나, (9.2.12)에서 $M = Y_{(s)} = \sum_{k=1}^{s} \boldsymbol{u}_k \lambda_k \boldsymbol{v}_k^t$이면

$$\| Y - Y_{(s)} \|^2 = \lambda_{s+1}^2 + \cdots + \lambda_r^2$$

이다. (9.2.1)의 비정칙값분해 $Y = \sum_{k=1}^{r} \boldsymbol{u}_k \lambda_k \boldsymbol{v}_k^t$에서

$$\| Y \|^2 = \lambda_1^2 + \cdots + \lambda_r^2$$

이므로 s차원의 행렬도를 제공하는 $Y_{(s)}$에 의한 Y의 근사정도는 근사적합도

$$1-\frac{\| Y-Y_{(s)}\|^2}{\| Y\|^2}=\frac{\lambda_1^2+\cdots+\lambda_s^2}{\lambda_1^2+\cdots+\lambda_r^2}$$

에 의해서 측정된다. 이 측정치에 100을 곱한 것은 이미 [표 9.2.1]의 [5단계]에서 정의한 바 있으며, 이는 고차원의 원자료에 대한 저차원인 s 차원 행렬도의 설명력이라 할 수 있다(Gabriel, 1971; Jolliffe, 2002, p. 93; du Toit 외, 1986, pp. 107-127).

9.3 세 가지 행렬도

[표 9.3.1] 세 가지 전형적인 행렬도

행렬도	m	A	B
주성분(GH^t)	0	U	$V\Lambda$
대칭	1/2	$U\Lambda^{1/2}$	$V\Lambda^{1/2}$
JK^t	1	$U\Lambda$	V

자료행렬 Y의 비정칙값분해 $Y=U\Lambda V^t$로부터 인자분해 (9.2.5)의 $Y=AB^t$를 구성하는 (9.2.3)과 (9.2.4)의 $A=U\Lambda^m$과 $B=V\Lambda^{1-m}$에서 상수 $m(0\le m\le 1)$에 따라 여러 가지 행렬도가 있을 수 있다.

Gabriel(1971)은 $m=0$과 $1/2$, 1인 세 가지 전형적인 행렬도를 소개하고 있으며 이를 [표 9.3.1]에 요약하였다. 이 중 $m=0$인 경우를 주성분행렬도(principal component biplot)라 하며, 이는 가장 보편적인 행렬도로 주성분분석의 성질을 가지고 있는 행렬도이다. 주성분분석과 주성분행렬도에 대한 대수적인 관계에 대해서는 이미 2.6절 주성분분석의 시각화에서 설명한 바 있으며 [표 2.6.1]과 [표 2.6.2]는 주성분행렬도의 성질을 잘 요약하고 있다. 이 책에서 사용하는 주성분행렬도는 [표 2.6.2]에서 인자 $(n-1)$을 제거하고 자료행렬의 두 행인 개체 간의 마할라노비스 거리가 주성분행렬도에서 행좌표 간의 유클리드 거리가 되도록 다음과 같이 수정된 행좌표와 열좌표 행렬을 사용한다. 이는 여전히 비정칙값분해와 인자분해를 만족한다.

$$A=(n-1)^{1/2}U,\ B=(n-1)^{-1/2}V\Lambda \qquad (9.3.1)$$

특히, R에서 함수 biplot()을 활용한 주성분행렬도를 얻을 수 있다. 이는 자료행렬에 대해 옵션으로 중심화는 cor=F(디폴트), 표준화는 cor=T를 사용한 함수 princomp()의 결과를 활용해서 옵션 pc.biplot=T를 사용하면 주성분행렬도를 얻게 되는데 이 경우에는 (9.3.1)에서 인자 $(n-1)$ 대신에 n을 사용한다. 어느 것을 사용하더라도 행렬도의 척도에 차이가 있을 뿐 행렬도의 고유 기능에는 별 영향력이 없다. 더불어 2장 7절에서 재인용한 [R-코드 2.6.2]는 대수적으로 스펙트럼분해를 바탕으로 하는 princomp()와 더불어 비정칙값분해에 의한 함수 prcomp()도 제공하고 있다. 특히, 함수 prcomp()는 자료행렬의 행인 개체 수가 열인 변수 수보다도 적은 경우에도 주성분분석을 적용할 수 있는 장점이 있다.

$m=1/2$인 경우를 Jobson(1992, p. 431)과 SAS Institute Inc.(1991, pp. 438-439)에서는 대칭 행렬도(symmetric biplot)라 부르고 있다. 특히, SAS Institute Inc.(1991, pp. 438-439)에서는 $m=0$과 $m=1$인 경우에 (9.2.5)의 인자분해 $Y=AB^t$ 대신에 각각 $Y=GH^t$와 $Y=JK^t$로 나타내어 이에 따라 GH^t 행렬도와 JK^t 행렬도라 부르기도 한다. 이들 세 가지 행렬도에 대한 대수적 기하적인 자세한 성질은 최용석과 신상민(2013, 1장)을 참고하기 바라며 실제 행렬도를 활용한 사례에서는 PCA의 성질을 가지고 있는 주성분행렬도를 활용한다. 일반적으로 세 가지 행렬도가 가지는 기하적인 의미와 해석은 유사하며 특히 주성분행렬도의 기하적 해석을 간단히 요약하자면 [표 9.3.2]와 같다.

[표 9.3.2] 주성분행렬도의 기하적 해석

- 행좌표점 사이의 거리는 유클리드 거리로 가까이 있다면 비슷한 경향을 갖는 군집을 이룬다.
- 열좌표점은 원점에서 그들 좌표점까지 긋는 벡터로 그려지며. 두 벡터 사이의 각도의 코사인 값은 이에 대응하는 열좌표점 사이의 상관관계를 근사적으로 나타낸다.
- 행과 열좌표점의 상대적인 위치는 특정한 열좌표점에 대해서 어떤 행좌표점들이 큰 값, 평균값, 작은 값을 갖는지를 나타낸다.

[보기 9.3.1] 자료행렬 Y의 인자분해

EXAMPLE

(9.3.2)와 같이 계수가 2이고 크기가 4×3인 임의의 자료행렬 Y의 인자분해를 고려하자.

$$\begin{array}{ccccc} Y & = & A & B^t & \\ \begin{bmatrix} 2 & 2 & -4 \\ 2 & 1 & -3 \\ 0 & -1.5 & 1.5 \\ -1 & -0.5 & 1.5 \end{bmatrix} & = & \begin{bmatrix} 2 & 2 \\ 2 & 1 \\ 0 & -1.5 \\ -1 & -0.5 \end{bmatrix} & \begin{bmatrix} 1 & 0 & -1 \\ 0 & 1 & -1 \end{bmatrix} & (9.3.2) \end{array}$$

[그림 9.3.1]은 (9.3.2)의 인자분해에서 행좌표점 $\boldsymbol{a}_1$, $\boldsymbol{a}_2$, $\boldsymbol{a}_3$, $\boldsymbol{a}_4$과 열좌표점 $\boldsymbol{b}_1$, $\boldsymbol{b}_2$, $\boldsymbol{b}_3$에 의해서 얻을 수 있는 2차원 행렬도의 예이다. 크기가 4×2인 행렬 A의 첫 번째 행벡터 $(2,\ 2)^t$는 [그림 9.3.1] 행렬도에서 좌표점 $\boldsymbol{a}_1$, 두 번째 행벡터 $(2,\ 1)^t$은 좌표점 $\boldsymbol{a}_2$로 나머지 두 행은 각각 좌표점 $\boldsymbol{a}_3$와 $\boldsymbol{a}_4$이다. 그리고 크기가 2×3인 B^t의 첫 번째 열벡터 $(1,\ 0)^t$은 좌표점 $\boldsymbol{b}_1$, 두 번째 열벡터 $(0,\ 1)^t$은 좌표점 $\boldsymbol{b}_2$로 마지막 세 번째 열벡터 $(-1,\ -1)^t$은 좌표점 $\boldsymbol{b}_3$로 행렬도에 나타나 있다.

자세한 행렬도의 기하적 해석은 최용석과 신상민(2013, 1장)을 참고하기 바라며 개괄적으로 행렬도의 기하적 의미를 [표 9.3.2]의 관점에서 요약하자면 다음과 같다.

- 먼저 행렬도의 수직축에 대하여 행좌표점 중에서 $\boldsymbol{a}_1$, $\boldsymbol{a}_2$가 $\boldsymbol{a}_3$, $\boldsymbol{a}_4$와 반대 방향에 놓여 있어 이들은 서로 이질적인 성질을 가지는 그룹으로 여길 수 있다. 특히 $\boldsymbol{a}_1$과 $\boldsymbol{a}_2$는 나머지 행좌표점과의 거리에 비하여 상대적으로 가까우므로 두 개체 간의 동질성이 높음을 알 수 있다.
- 열좌표점 $\boldsymbol{b}_3$는 수직축에 대하여 $\boldsymbol{b}_2$와, 수평축에 대하여 $\boldsymbol{b}_1$과 서로 반대편에 놓여 있어 이들은 서로 다른 경향을 나타내며, 실제 이들 좌표점의 사이각에 대한 코사인 값은 $\cos(135°) = -0.707$로 음의 상관관계에 있음을 알 수 있다. 특히, $\boldsymbol{b}_1$과 $\boldsymbol{b}_2$ 간의 사이각도에 대한 코사인 값이 $\cos(90°) = 0$으로 서로 상관이 없다는 것이다.
- 수직축에 대해 위쪽 열좌표점 $\boldsymbol{b}_2$ 방향으로 행좌표점 $\boldsymbol{a}_1$과 $\boldsymbol{a}_2$가 놓아져 있고, 아래쪽 $\boldsymbol{b}_3$ 방향으로 $\boldsymbol{a}_3$와 $\boldsymbol{a}_4$가 놓아져 있는데 이는 특정한 열좌표점 방향으로 놓아진 행좌표

행좌표점

$\boldsymbol{a}_1 = (2,\ 2)^t$

$\boldsymbol{a}_2 = (2,\ 1)^t$

$\boldsymbol{a}_3 = (0,\ -0.5)^t$

$\boldsymbol{a}_4 = (-1,\ -0.5)^t$

열좌표점

$\boldsymbol{b}_1 = (1,\ 0)^t$

$\boldsymbol{b}_2 = (0,\ 1)^t$

$\boldsymbol{b}_3 = (-1,\ -1)^t$

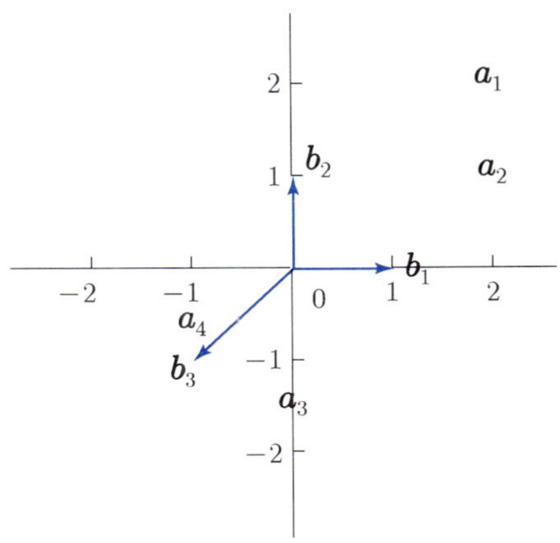

[그림 9.3.1] 자료행렬 Y의 인자분해를 통한 2차원 행렬도

점의 값이 비교적 높은 값을 가진다는 점이다. 이는 (9.2.9)에 의해서 $y_{12} = \boldsymbol{a}_1^t \boldsymbol{b}_2 = 2$, $y_{22} = \boldsymbol{a}_2^t \boldsymbol{b}_2 = 1$인 반면, $y_{13} = \boldsymbol{a}_1^t \boldsymbol{b}_3 = -4$, $y_{23} = \boldsymbol{a}_2^t \boldsymbol{b}_3 = -3$이 되는 수치적 해석과 관련이 있다는 점이다.

다음으로 자료행렬 Y의 비정칙값분해와 R의 함수 biplot()의 옵션 pc.biplot을 통한 주성분행렬도를 살펴보자. 이를 위해 [R-코드 9.3.1](example931-PCbiplot.R)을 활용하자. 먼저 자료행렬 Y의 비정칙값분해 $Y = U\Lambda V^t$를 통해 비정칙값의 대각행렬 Λ, 주성분 행렬도의 행좌표점 A와 열좌표점 B는 다음과 같다.

$$\Lambda = diag(6.66,\ 1.31),$$

$$A = U = \begin{bmatrix} -1.27 & 0.20 \\ -0.96 & -0.79 \\ 0.47 & -1.48 \\ 0.48 & 0.39 \end{bmatrix},\quad B = V\Lambda = \begin{bmatrix} -1.65 & -0.52 \\ -1.48 & 0.54 \\ 3.14 & -0.02 \end{bmatrix}.$$

이를 바탕으로 [그림 9.3.2]의 두 가지 주성분행렬도를 얻게 된다. 먼저 (a)는 자료행렬의 비정칙값분해를 통해 얻어진 주성분행렬도와 (b)는 R에서 함수 princomp()와 함수 biplot()에서 pc.biplot=T를 활용해 척도변환(중심화)을 통해 얻어지는 주성분행렬도이다. 이에 대한 해석은 [보기 9.3.1]과 동일하나 추가하면 다음과 같다.

- 이들 두 행렬도의 설명력은 제1축(Dim1)이 96.28%이고 제2축(Dim2)이 3.72%로 2차원 행렬도로 완전하게 자료행렬을 설명할 정도로 적합함을 보여준다. 이들 두 행렬도의 기하적인 차이점은 제2축의 좌표 부호가 정반대로 행렬도의 해석상 전혀 문제가 되지 않는다.
- 좌표점 $b1$과 $b2$가 이루는 각도가 작아 상관이 있는 것처럼 여겨지나 실제로 이들은 제2축에 대하여 반대 방향에 놓여져 있어 이들 간의 상관관계는 의미가 없다. 다만 두 좌표와 $b3$와의 관계는 이들 간의 이루는 각도가 90도보다 커서 음의 상관관계를 보여준다.
- 행렬도의 수평축에 대하여 행좌표점 중에서 왼편의 $a1$과 $a2$가 오른편의 $a3$와 $a4$와 반대 방향에 놓여 있어 이들은 서로 이질적인 성질을 가지는 그룹으로 여길 수 있다. 또한, 왼편 열좌표점 $b1$과 $b2$ 방향으로 행좌표점 $a1$과 $a2$가 놓아져 있고, 오른편 $b3$ 방향으로 $a3$와 $a4$가 놓아져 있는데 이는 특정한 열좌표점 방향으로 있는 행 좌표점의 값이 비교적 높은 값을 가진다는 점이다.

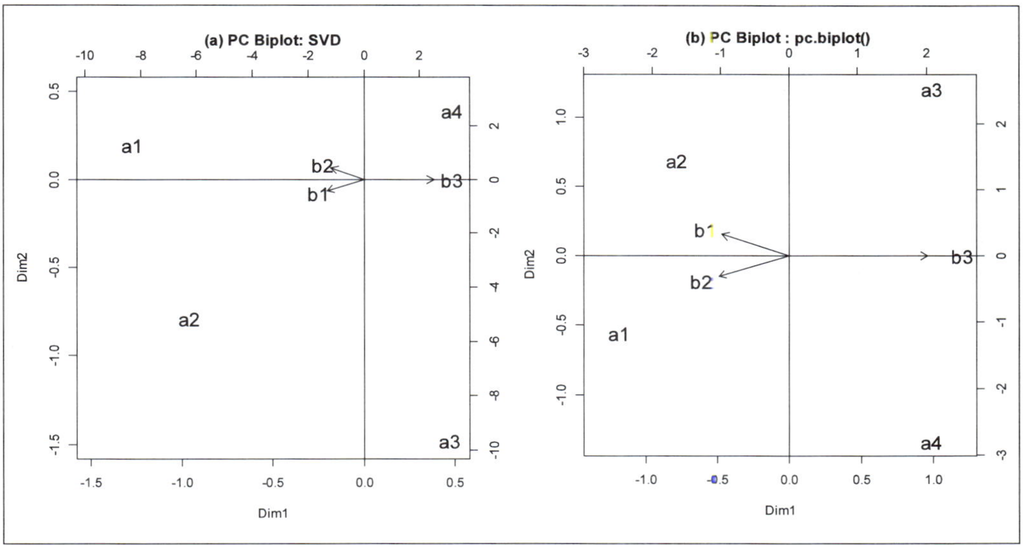

[그림 9.3.2] 자료행렬 Y의 비정칙값분해와 pc.biplot()을 통한 2차원 주성분행렬도

[R-코드 9.3.1] 자료행렬 Y의 비정칙값분해와 pc.biplot()을 통한 주성분행렬도 (example931-PCbiplot.R)

```
Y<-matrix(c(2, 2, -4,
            2, 1, -3,
            0, -1.5, 1.5,
            -1, -0.5, 1.5), byrow=T, nrow=4)
rownames(Y)<-c("a1", "a2", "a3", "a4")
colnames(Y)<-c("b1","b2","b3")
n<-nrow(Y)

biplot(princomp(Y), pc.biplot=T, xlab="Dim1", ylab="Dim2",
       main="(b) PC Biplot : pc.biplot() ", cex=1.5, pch=16, col=1 )
abline(v=0,h=0)

# Biplot based on the Singular Value Decomposition
svd.Y <- svd(Y)
U <- svd.Y$u
V <- svd.Y$v
D <- diag(svd.Y$d)
A <-  (sqrt(n-1)*U)[,1:2]
B <- (sqrt(1/(n-1))*V%*%D)[,1:2]
rownames(A)<-rownames(Y)
rownames(B)<-colnames(Y)
```

```
# Godness-of-fit
eig <- (svd.Y$d)^2
per <- eig/sum(eig)*100
gof <- sum(per[1:2])
list(per, gof)

# PC Biplot
lim<-range(pretty(A))
biplot(A,B, xlab="Dim1", ylab="Dim2", main="(a) PC Biplot: SVD",
                    xlim=lim,ylim=lim, cex=1.5, pch=16, col=1)
abline(v=0,h=0)
```

[보기 9.3.1]에서 자료행렬의 비정칙값분해를 이용하는 것보다 R에서 주어지는 중심화를 위해 옵션 cor=F, 표준화를 위해 cor=T를 사용한 함수 princomp()와 biplot()의 pc.biplot=T를 활용하여 척도변환(중심화 또는 표준화)된 주성분행렬도를 제공하는 것이 편의성과 활용 측면에서 좋을 것 같다. 다만, [보기 9.3.2]와 같이 자료행렬에서 행인 개체 수가 열인 변수 수보다 적은 경우에는 함수 princomp()를 적용할 수 없고 비정칙값분해를 이용한 함수 prcomp()를 활용한 주성분분석에서 주성분행렬도를 얻을 수 있음을 이미 언급한 바 있다.

[보기 9.3.2] 1980~1989년 동안 4대 일간지 매출액의 경향

EXAMPLE

[자료 9.3.1](newspapers.txt)은 기자협회보(1990.7.6)의 1980~1989년 동안의 국내 4대 일간지의 매출액에 관한 이원표 자료이다. 행은 4대 일간지를, 열은 1980년부터 1989년까지 10년간을 나타내며, 각 칸은 연도별 일간지의 매출액이다. 이 자료에 대한 [R-코드 9.3.2](newspapers-PCbiplot.R)를 활용하면 [그림 9.3.3]의 두 2차원 주성분행렬도를 얻게 되며 설명력 또한 제공받게 된다.

▎자료 9.3.1 ▎ 국내 4대 일간지 1980~1989년 매출액(단위: 억원)(newspapers.txt)

	1980	1981	1982	1983	1984	1985	1986	1987	1988	1989
조선일보	161.3	264.3	333.5	405.8	475.4	543.0	572.2	690.2	914.4	1056.3
동아일보	265.4	312.6	373.1	451.5	519.7	556.1	611.3	710.8	885.7	939.7
중앙일보	214.7	294.0	375.6	441.2	534.2	655.1	736.9	830.3	1018.3	1223.1
한국일보	217.1	304.0	343.6	419.1	479.1	465.6	501.3	564.1	713.7	800.5

[그림 9.3.3]은 자료행렬의 표준화를 통해 (a)는 비정칙값분해에 의한 대수적 알고리즘에 근거한 것이고 (b)는 자료행렬에서 행인 개체 수가 열인 변수 수보다 적은 경우에 R의 함수 prcomp()와 biplot()의 pc.biplot=T를 활용한 것이다.

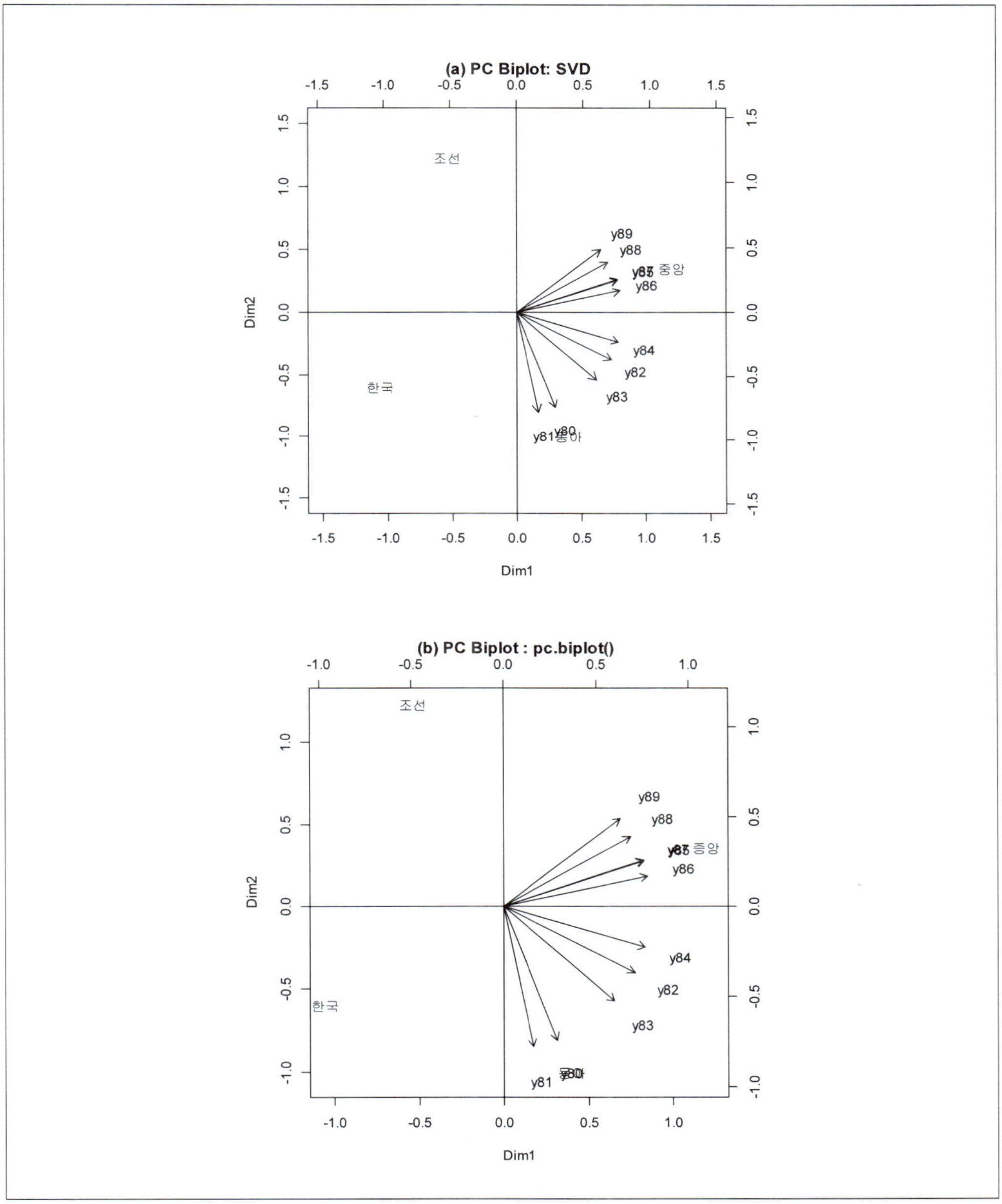

[그림 9.3.3] 국내 4대 일간지 1980~1989년 매출액의 2차원 주성분행렬도

- 이들 주성분행렬도의 설명력은 제1축이 62.25%, 제2축이 33.76%로 총 96.01%이고 두 행렬도의 형상은 유사하다.
- 제1축(Dim1)을 기준으로 왼편의 조선일보와 한국일보는 연도를 나타내는 열좌표 벡터들과 반대 방향에 위치하고 있다. 이는 이들 두 일간지의 연간 매출액이 전반적으로 오른편의 동아일보와 중앙일보에 비해 상대적으로 낮았음을 나타낸다.
- 제2축(Dim2)를 기준으로 아래쪽에는 1980년대 전반 1980~1984년의 열좌표 벡터들과 함께 동아일보가 위치하고 있다. 이는 동아일보의 해당 기간 동안 매출액이 여타 일간지에 비해 상대적으로 높았음을 나타낸다.
- 중앙일보는 1980년대 후반 1985~1989년 방향에 있어 이 기간에 다른 일간지보다 매출액이 상대적으로 높으나, 특히 1980~1981에는 동아일보보다는 전반적으로 매출액이 낮음을 보여주고 있다.
- [자료 9.3.1]에서 실제로 1980~1981년 방향에 위치한 동아일보와 1985~1987년의 방향에 놓여진 중앙일보의 매출액이 타 일간지에 비해 높음을 보여준다. 즉, 1980년대 초반에는 동아일보의 매출액이 높았고 1980년대 후반으로 갈수록 중앙일보의 매출액이 증가하였음을 보여준다.
- 눈에 띄는 점은 행렬도에서 1980~1981년, 1982~1984년, 1985~1989년의 각각 좌표점들이 이루는 각들이 매우 작아서 이들 간에는 상관이 높음을 보여준다. 실제로 다음의 연도별 상관계수 행렬에서 밑줄친 곳을 보면 1980~1981년은 상관계수가 0.95, 1982~1984년은 1982년과 1983년이 0.96, 1982년과 1984년이 0.98, 1983년과 1984년이 0.90이다. 1985~1989년에는 1985년을 기준으로 1986년과 0.99, 1987년과 1.00, 1988년과 0.96, 1989년과 0.94로 매우 높다. 상관이 높은 연도 방향의 일간지의 매출액이 해당 연도에 높음을 시각적으로 보여주고 있다.

$R =$

	y80	y81	y82	y83	y84	y85	y86	y87	y88	y89
y80	1.00	0.95	0.75	0.89	0.60	0.05	0.14	0.05	-0.12	-0.29
y81	0.95	1.00	0.63	0.77	0.48	-0.11	0.01	-0.13	-0.32	-0.42
y82	0.75	0.63	1.00	0.96	0.98	0.70	0.77	0.69	0.53	0.42
y83	0.89	0.77	0.96	1.00	0.90	0.50	0.58	0.50	0.34	0.18
y84	0.60	0.48	0.98	0.90	1.00	0.82	0.87	0.81	0.67	0.58
y85	0.05	-0.11	0.70	0.50	0.82	1.00	0.99	1.00	0.96	0.94
y86	0.14	0.01	0.77	0.58	0.87	0.99	1.00	0.98	0.92	0.90
y87	0.05	-0.13	0.69	0.50	0.81	1.00	0.98	1.00	0.98	0.94
y88	0.12	-0.32	0.53	0.34	0.67	0.96	0.92	0.98	1.00	0.96
y89	0.29	-0.42	0.42	0.18	0.58	0.94	0.90	0.94	0.96	1.00

[R-코드 9.3.2] 국내 4대 일간지 매출액의 주성분행렬도(newspapers-PCbiplot.R)

```
data9.3.1<-read.table("newspapers.txt", header=T)
X<-data9.3.1
round(cor(X), 2)

Y<-scale(X)
rownames(Y)<-rownames(X)
colnames(Y)<-colnames(X)

# Biplot based on the Singular Value Decomposition
svd.Y <-svd(Y)
U <-svd.Y$u
V <-svd.Y$v
D <-diag(svd.Y$d)
A <-(sqrt(n-1)*U)[, 1:2]
B <-(sqrt(1/(n-1))*V%*%D)[, 1:2]

rownames(A)<-rownames(X)
rownames(B)<-colnames(X)
# Godness-of-fit
eig <-(svd.Y$d)^2
per <-eig/sum(eig)*100
gof <-sum(per[1:2])
list(per, gof)

win.graph()
# PC Biplot
lim<-range(pretty(A))
biplot(A, B, xlab="Dim1", ylab="Dim2", main=" (a) PC Biplot: SVD",
                    xlim=lim, ylim=lim, cex=1.0, pch=16, col=1)
abline(v=0, h=0)

pcasvd<-prcomp(Y, scale=F)
summary(pcasvd)
biplot(pcasvd, pc.biplot=T, xlab="Dim1", ylab="Dim2",
              main="(b) PC Biplot: pc.biplot() ", cex=1.0, pch=16)
abline(v=0, h=0)
```

[보기 9.3.3] 유럽 25개국 단백질 섭취원

[그림 9.3.4]는 1.3절의 Gabriel(1981, pp. 150-154)의 [자료 1.3.3](protein.txt)의 행인 유럽 25개 국가와 열인 9가지 단백질 섭취원을 동시에 나타낸 주성분행렬도이다. 이를 위한 [R-코드 9.3.3](protein-PCbiplot.R)는 함수 prcomp()와 biplot()의 pc.biplot=T를 활용한 것이다.

- 행렬도에서 제1축은 44.52%, 제2축은 18.17%의 설명력을 가진다.
- 제3사분면의 단백질 섭취원인 우유는 계란, 소고기, 돼지·닭과 매우 상관이 높으며 이들로부터 단백질을 주로 섭취하는 나라가 핀란드, 아일랜드, 영국, 스웨덴, 서독, 네덜란드, 덴마크, 오스트리아, 스위스이다.
- 반면에 이들 나라는 제4사분면의 곡식과 제1사분면의 과일·채소, 콩·견과로부터 상대적으로 낮은 단백질 섭취를 하고 있다. 실제, 우유와 곡식은 동물성과 식물성 단백질의 섭취원을 대표하며, 이들 두 좌표가 이루는 각도가 거의 90° 이상으로 음의 상

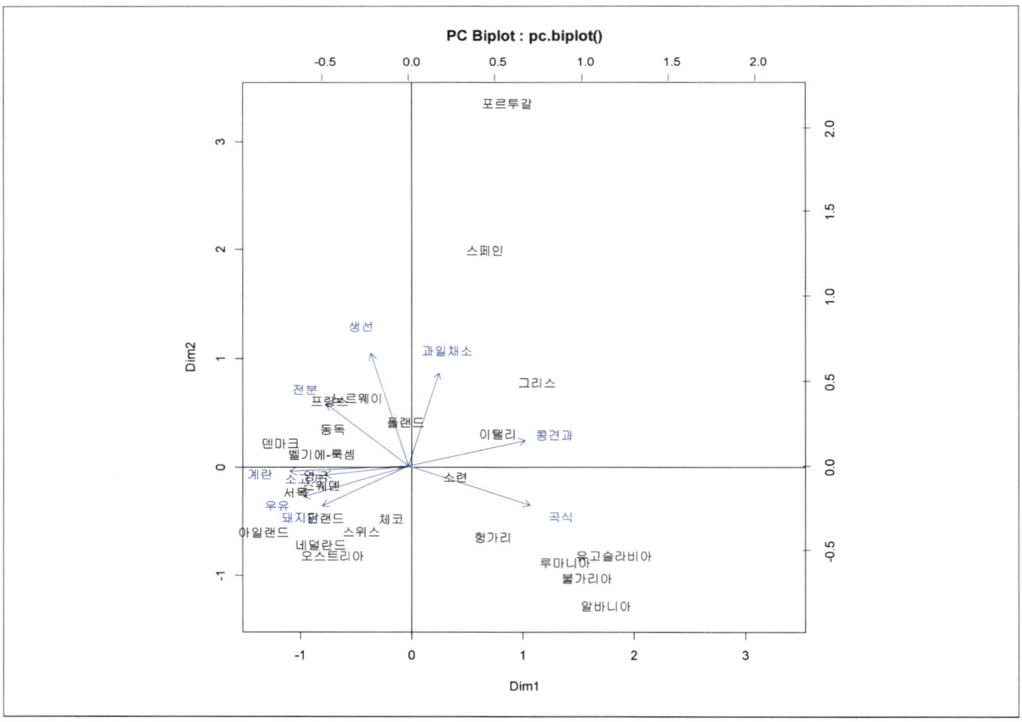

[그림 9.3.4] 유럽 25개국 단백질 섭취원의 주성분행렬도

관을 보여주고 있다.

- 생선이 주된 단백질 섭취원인 나라는 스페인과 포르투갈이다. 특히, 생선은 과일·채소와 매우 상관이 높아 이들은 스페인과 포르투갈의 주요 단백질 섭취원이 됨을 알 수 있다.
- 제4사분면의 곡식은 콩·견과와 상관이 높으며 동유럽 국가인 소련, 헝가리, 루마니아, 유고슬라비아, 불가리아, 알바니아가 콩·견과에서 주로 단백질을 섭취하고 있다.
- 대체적으로 행렬도에서 제4사분면의 나라는 동유럽 국가이고 이들은 곡식 방향에 놓여져 있어 곡식이 주된 단백질 섭취원임을 나타내고, 제3사분면의 나라는 북서 유럽 국가로 동물성 단백질(우유, 소고기, 돼지, 닭, 계란)에서 단백질을 주로 섭취한다. 제1사분면과 제2사분면 위쪽은 지중해 연안국가로 과일·채소와 콩·견과, 생선에서 단백질을 주로 섭취한다.

[R-코드 9.3.3] 유럽 25개국 단백질 섭취원의 주성분행렬도(protein-PCbiplot.R)

```
Y<-read.table("protein.txt", header=T)
pcasvd<-prcomp(Y, scale=T)
summary(pcasvd)
biplot(pcasvd, pc.biplot=T, xlab="Dim1", ylab="Dim2",
 main=" PC Biplot: pc.biplot() ", cex=1.0, pch=16)
abline(v=0, h=0)
```

지금까지 [보기 9.3.2]와 [보기 9.3.3]을 통하여 행렬도가 자료행렬의 행(개체)과 열(변수)에 대한 시각적 해석을 제공함을 알 수 있었다. 먼저, 행렬도에서 자료행렬의 열(연도별, 단백질 섭취원)인 변수들의 기하적 위치와 그들이 이루는 각도를 통해 변수들 간의 상관관계를 보여 주었고, 특정한 열 방향에 놓여 있는 행(일간지, 유럽 25개국)은 연도별 매출액 또는 단백질 섭취원의 패턴을 상대적으로 보여 준 것이다.

9.4 행렬도를 위한 R

R에서 행렬도, 특히 주성분행렬도를 얻기 위해서는 함수 princomp()와 함수 biplot()의

pc.biplot=T를 활용하면 된다. 척도변환(중심화 또는 표준화)된 주성분행렬도는 princomp()에서 자료행렬의 중심화를 위해 옵션 cor=F, 표준화를 위해 cor=T를 사용하면 된다. 다만, [보기 9.3.2]와 같이 자료행렬에서 행인 개체 수가 열인 변수 수보다 적은 경우에는 공분산행렬이나 상관행렬의 스펙트럼분해에 의한 함수 princomp()를 적용할 수 없고 척도변환된 자료행렬의 비정칙값분해를 이용한 함수 prcomp()를 활용해야 한다. 이들 두 함수에 대해서는 2.7절의 주성분분석을 위한 R에서 언급한 바 있다. 이는 주성분행렬도가 주성분분석의 대수적 기하적 알고리즘을 따르기 때문이다.

여기서는 대수적으로 더 유용한 비정칙값분해에 바탕을 둔 함수 prcomp()와 [표 9.2.1]의 주성분행렬도의 비정칙값분해에 의한 대수적인 면을 따른 [보기]와 [R-코드] 위주로 재인용하여 요약하고자 한다.

- [보기 9.3.2]에서 1980~1989년 동안 국내 4대 일간지 매출액의 경향 [자료 9.3.1](newspapers.txt)에 대해 [R-코드 9.3.2](newspapers-PCbiplot.R)를 참고하자. 이를 통해 두 종류의 주성분행렬도 (a) PC Biplot: SVD와 (b) PC Biplot: pc.biplot()를 제공받는다. (a)는 척도변환된 자료행렬의 비정칙값분해의 대수적 알고리즘을 따라 최종적으로 함수 biplot()을 사용한 R-코드에 의해서 얻어지고 (b)는 대수적으로 비정칙값분해에 의한 함수 prcomp()를 통해 함수 biplot()에 의해서 제공되는 주성분행렬도이다. 특히, 자료행렬에서 행인 개체 수(4)가 열인 변수 수(10)보다 적은 경우에는 함수 princomp()를 적용할 수 없고 미리 Y<-scale(X)에 의해서 자료행렬의 표준화로 척도변환한 후에 비정칙값분해를 이용한 함수 prcomp()를 활용하고 있다.

[R-코드 9.3.2] 국내 4대 일간지 매출액의 주성분행렬도(newspapers-PCbiplot.R)

```
data9.3.1<-read.table("newspapers.txt", header=T)
X<-data9.3.1
round(cor(X), 2)

Y<-scale(X)
rownames(Y)<-rownames(X)
colnames(Y)<-colnames(X)

# Biplot based on the Singular Value Decomposition
svd.Y <- svd(Y)
U <- svd.Y$u
V <- svd.Y$v
D <- diag(svd.Y$d)
```

```
A <-  (sqrt(n-1)*U)[,1:2]
B <- (sqrt(1/(n-1))*V%*%D)[,1:2]

rownames(A)<-rownames(X)
rownames(B)<-colnames(X)
# Godness-of-fit
eig <- (svd.Y$d)^2
per <- eig/sum(eig)*100
gof <- sum(per[1:2])
list(per, gof)

win.graph()
# PC Biplot
lim<-range(pretty(A))
biplot(A,B, xlab="Dim1", ylab="Dim2", main=" (a) PC Biplot: SVD",
              xlim=lim,ylim=lim, cex=1.0, pch=16, col=1)
abline(v=0,h=0)

pcasvd<-prcomp(Y, scale=F)
summary(pcasvd)
biplot(pcasvd, pc.biplot=T, xlab="Dim1", ylab="Dim2",
            main="(b) PC Biplot : pc.biplot() ", cex=1.0, pch=16)
abline(v=0,h=0)
```

- [보기 9.3.3] 유럽 25개국의 9가지 단백질 섭취원 [자료 1.3.3](protein.txt)에 대하여 대수적으로 비정칙값분해에 의한 함수 prcomp()를 통해 함수 biplot()에 의해서 제공되는 주성분행렬도를 위한 [R-코드 9.3.3](protein-PCbiplot.R)을 참고하기 바란다.

[R-코드 9.3.3] 유럽 25개국 단백질 섭취원의 주성분행렬도(protein-PCbiplot.R)

```
Y<-read.table("protein.txt", header=T)
pcasvd<-prcomp(Y, scale=T)
summary(pcasvd)
biplot(pcasvd, pc.biplot=T, xlab="Dim1", ylab="Dim2",
          main=" PC Biplot: pc.biplot() ", cex=1.0, pch=16)
abline(v=0, h=0)
```

9.5 연습문제

9.1 행렬도는 자료행렬의 무엇을 시각적으로 보이고자 하는지를 설명하라.

9.2 행렬도의 설명력은 다른 다변량기법에서 같은 의미로 사용되는지를 설명하라.

9.3 주성분행렬도에서 행좌표점 간의 거리는 기하적으로 어떻게 해석할 수 있는지를 설명하고 열좌표점 간에는 기하적으로 어떤 해석이 가능한지를 설명하라.

9.4 주성분행렬도를 위해 공분산행렬이나 상관행렬의 스펙트럼분해를 이용하는 것과 자료 행렬의 비정칙값분해를 이용하는 것의 대수적 차이점을 설명하라.

9.5 주성분행렬도와 주성분분석의 주성분점수에 대한 그림과의 차이점을 설명하라.

9.6 [자료 9.5.1](air.txt)은 10개 지역의 공기오염에 관련된 4가지 변수에 의해서 측정된 자료이다(Jobson, 1992, p. 348). 측정변수 4가지는 SMEAN(평균황화물), PMEAN(평균미립자), PERWH(백인비율), PM2(평방마일 내 인구밀도)이다.

| 자료 9.5.1 | 10개 지역의 공기 오염도(air.txt)

AREA	SMEAN	PMEAN	PERWH	PM2
A	37	108	96.8	49.3
B	80	112	87.3	52.4
C	50	244	96.7	22.5
D	56	78	63.5	22.9
E	119	92	93.3	32.1
F	69	125	82.4	26.6
G	128	114	95.3	93.2
H	60	99	70.7	19.6
I	47	76	83.4	25.7
J	41	81	92.5	51.1

(1) [그림 9.5.1]의 2차원 주성분행렬도를 구하는 R-코드를 제시하라.
(2) 2차원 주성분행렬도의 설명력을 구하라.
(3) 행렬도로부터 공기오염 측정을 위한 4가지 변수 간의 상관관계를 논하라.
(4) 행렬도에서 10개 지역 간의 공기 오염에 대한 차이를 설명하라.

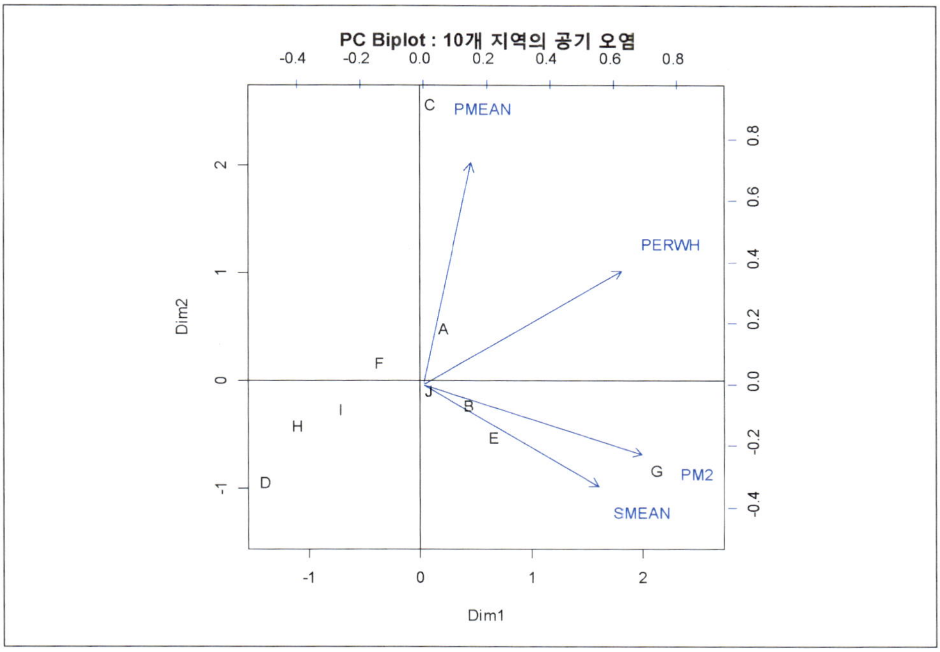

[그림 9.5.1] 10개 지역의 공기 오염도의 2차원 주성분행렬도

9.7 [자료 9.5.2](kbo.txt)는 1982~1992년 한국 프로야구 6개 팀 안타수를 나타낸 자료이다(최용석과 심희정, 1994).

▌자료 9.5.2▐ 1982~1992년 한국 프로야구 6개 팀 안타수(kbo.txt)

	82	83	84	85	86	87	88	89	90	91	92
롯데	674	803	840	920	894	970	967	974	946	1072	1213
해태	696	881	822	1009	929	910	1019	1011	1066	1069	1139
삼성	705	889	889	1005	997	1120	1028	1094	1040	1138	1128
OB	778	863	816	954	880	927	923	970	901	1054	1096
태평양	637	820	788	920	755	848	920	981	968	976	1061
LG	757	847	840	892	964	919	951	985	1089	1009	1100

(1) 연도별 안타수의 추세를 보여주는 그림을 그려보라.

(2) 표준화된 2차원의 주성분행렬도를 R의 함수 prcomp()와 biplot()을 활용하고 해석하라.

(3) 행렬도의 설명력을 구하라.

9.8 2.8절의 [연습문제 2.6]의 (3)과 (4)에는 미국 뉴욕 주식거래소에 상장된 5개 주식 JP Morgan, Citibank, Well Fargo, Royal Dutch Shell, Exxon Mobil의 1975년 1월부터 1976년 12월까지 103주간 수익률에 대한 [자료 2.8.1]의 주성분행렬도를 R의 함수 prcomp()와 princomp()를 활용해서 구하고 있다.

(1) [표 9.2.1]의 알고리즘을 바탕으로 한 주성분행렬도를 위한 R-코드를 작성하고 실행해서 얻어진 결과를 비교하라.

(2) 2차원 주성분행렬도의 설명력을 구하라.

9.9 [자료 9.5.3](aircraft.txt)은 21대 전투비행기종의 특성을 4가지 변수 SPR(단위 연료 무게당 낼 수 있는 에너지), RGF(비행범위 인자), PLF(비행기의 전체 무게에 비례하는 적재량), SLF(최대 적재 인자)에 의해서 측정된 자료이다(Gower와 Hand, 1996, p. 24).

(1) [그림 9.5.2]의 주성분행렬도를 통하여 상관관계가 서로 높은 변수를 찾아내라.

(2) 변수들에 따라 비행기의 특성을 분류하라.

(3) [그림 9.5.2]를 얻기 위한 R-코드를 제시하라.

자료 9.5.3 21대 전투비행기종의 특성자료(aircraft.txt)

Aircraft	SPR	RGF	PLF	SLF
FH-1	1.468	3.30	0.166	0.10
FJ-1	1.605	3.64	0.154	0.10
F-86A	2.168	4.87	0.177	2.90
F9F-2	2.054	4.72	0.275	1.10
F-94A	2.467	4.11	0.298	1.00
F3D-1	1.294	3.75	0.150	0.90
F-89A	2.183	3.97	0.000	2.40
XF10F-1	2.426	4.65	0.117	1.80
F9F-6	2.607	3.84	0.155	2.30
F100-A	4.567	4.92	0.138	3.20
F4D-1	4.588	3.82	0.249	3.50
F11F-1	3.618	4.32	0.143	2.80
F-101A	5.855	4.53	0.172	2.50
F3H-2	2.898	4.48	0.178	3.00
F102-A	3.880	5.39	0.101	3.00
F-8A	0.455	4.99	0.008	2.64
F-104A	8.088	4.50	0.251	2.70
F-105B	6.502	5.20	0.366	2.90
YF-107A	6.081	5.65	0.106	2.90
F-106A	7.105	5.40	0.089	3.20
F-4B	8.548	4.20	0.222	2.90

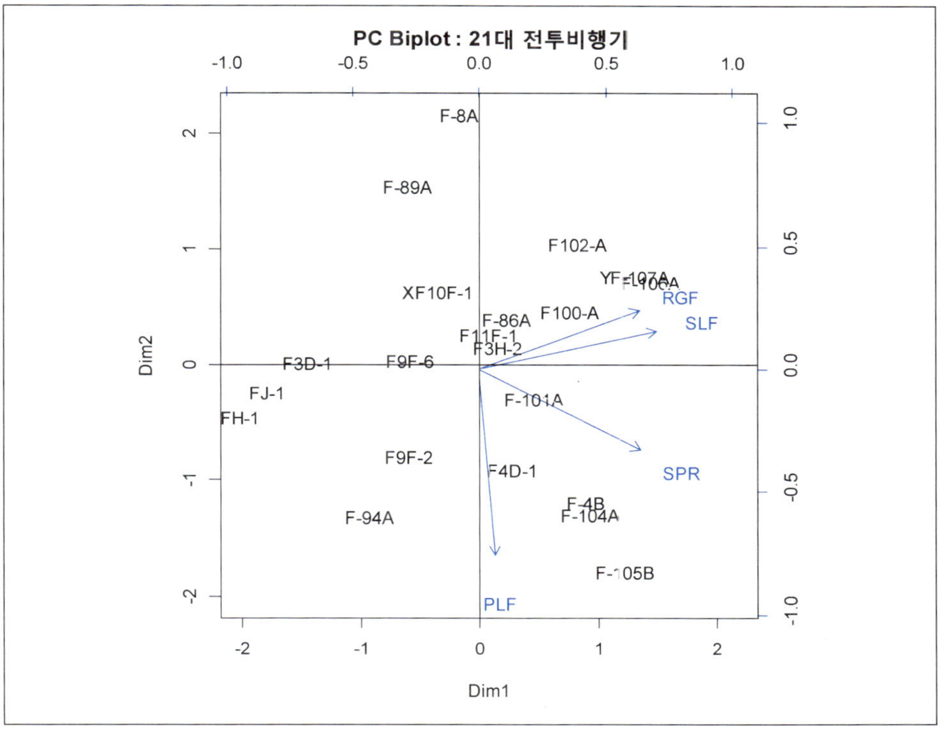

[그림 9.5.2] 21대 전투비행기종의 특성의 2차원 주성분행렬도

9.10 [자료 9.5.4](university.txt)는 미국 대학을 6가지 변수 SAT(신입생의 SAT 평균 점수), Top10(고교 성적의 상위 10%에 드는 신입생의 비율), Accept(합격된 지원자 비율), SFRatio(학생-교수 비율), Expenses(연경비), Grad(졸업률)에 의해 측정한 자료이다(Johnson과 Wichern, 2007, Table 12.9).

(1) 자료의 척도변환으로 중심화와 표준화를 시도하고 각각에 대한 주성분행렬도를 구하고 어느 것이 더 적합한지를 비교하라.

(2) [그림 9.5.3]의 주성분행렬도를 통하여 상관관계가 서로 높은 변수를 찾아내라.

(3) 변수들에 따라 대학의 특성을 분류하라.

| 자료 9.5.4 | 미국 대학 자료(university.txt)

대학	SAT	Top10	Accept	SFRatio	Expenses	Grad
Harvard	14.00	91	14	11	39.525	97
Princeton	13.75	91	14	8	30.220	95
Yale	13.75	95	19	11	43.514	96
Stanford	13.60	90	20	12	36.450	93
MIT	13.80	94	30	10	34.870	91
Duke	13.15	90	30	12	31.585	95
CalTech	14.15	100	25	6	63.575	81
Dartmouth	13.40	89	23	10	32.162	95
Brown	13.10	89	22	13	22.704	94
JohnsHopkins	13.05	75	44	7	58.691	87
UChicago	12.90	75	50	13	38.380	87
UPenn	12.85	80	36	11	27.553	90
Cornell	12.80	83	33	13	21.864	90
Northwestern	12.60	85	39	11	28.052	89
Columbia	13.10	76	24	12	31.510	88
NotreDame	12.55	81	42	13	15.122	94
UVir	12.25	77	44	14	13.349	92
Georgetown	12.55	74	24	12	20.126	92
CarnegieMellon	12.60	62	59	9	25.026	72
UMichigan	11.80	65	68	16	15.470	85
UCBerkeley	12.40	95	40	17	15.140	78
UWisconsin	10.85	40	69	15	11.857	71
PennState	10.81	38	54	18	10.185	80
Purdue	10.05	28	90	19	9.066	69
TexasA&M	10.75	49	67	25	8.704	67

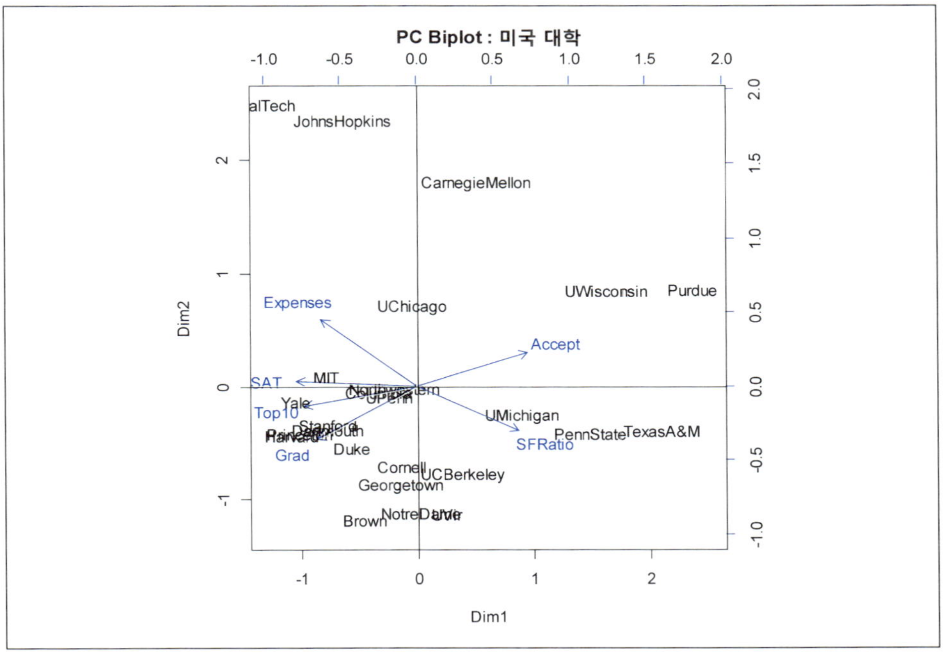

[그림 9.5.3] 미국 대학 자료의 2차원 주성분행렬도

제10장

형상분석 (Shape Analysis)

이 장에서는 의학, 생물학, 정보기술, 유전학, 인류학, 고고학, 농업 등 다양한 분야에서 응용되며 이미지분석(image analysis), 자동인식(automatic recognition) 등의 기술에서 활용될 수 있는 아주 유용한 형상분석(shape analysis)을 소개한다. 형상분석에서는 크게 두 개체의 형상을 비교하는 데에 사용되는 OPA와 셋 이상 여러 개체의 형상을 비교하기 위한 GPA를 활용하며 두 그룹의 평균형상 간의 비교와 검정에는 호텔링 T^2 통계량에 근거한 F-검정을 실시한다. R에서는 OPA와 GPA를 위해서 library(shapes)에서 각각 함수 procOPA()와 procGPA()를 활용하고 두 그룹의 평균형상을 비교하는 데는 library (Hotelling)의 함수 hotelling.test()를 이용하면 된다.

10.1 형상분석의 이해

형상분석(shape analysis)은 기하적 공간상에서 형상점(landmark)에 의해 나타낸 개체(object)의 형상(shape)을 측정하고, 기술하며 비교하려는 분석 방법이다(Dryden과 Mardia, 1998, Chapter 1). 형상이라는 용어는 어느 곳에서나 자연적이거나 인위적으로 존재하는 개체를 나타낼 때 주로 사용된다. 일상적으로는 우리나라 지도가 호랑이 형상을 닮았다고 하는 것과 같이 개체의 형상들은 그것과 유사하고 잘 알려진 형상의 이름을 따른다.

형상분석의 이론적 바탕을 제공한 Kendall(1977)은 개체들의 위치(location), 척도(scale) 그리고 회전(rotation) 효과들이 제거되었을 때 남아 있는 모든 기하적인 정보(geometrical information)를 형상이라 정의하였다. 예를 들자면 인간의 두개골 형상을 2차원 좌표에 나타내었을 때 이동, 척도변환, 회전이 이루어져도 두개골의 기하적 성질인 형상은 변하지 않는다는 점이다. 그리고 [그림 10.1.1]의 두 쥐의 척추 뼈(mouse vertebrae)처럼 두 개체가 정확하게 일치하도록 한 개체를 다른 개체 쪽으로 이동시키고, 척도를 조정하고 회전을 시킬 수만 있다면, 그래서 두 개체가 비슷하다면 두 개체의 형상은 같다고 할 수 있다. 실제로 서로 다른 형상의 개체들을 비교하기 위해서는 형상의 측정 방법, 두 형상 간의 거리 개념 그리고 형상의 통계적 분석 방법들이 요구된다.

개체의 형상뿐만 아니라 더불어 크기(size) 정보도 중요하다. 만약에 두 개체가 크기를 제외하고 정확하게 일치하도록 한 개체를 다른 한 개체 쪽으로 이동시키고 회전시킬 수만 있다면 이들은 같은 크기와 형상(size-and-shape)을 가진다고 한다.

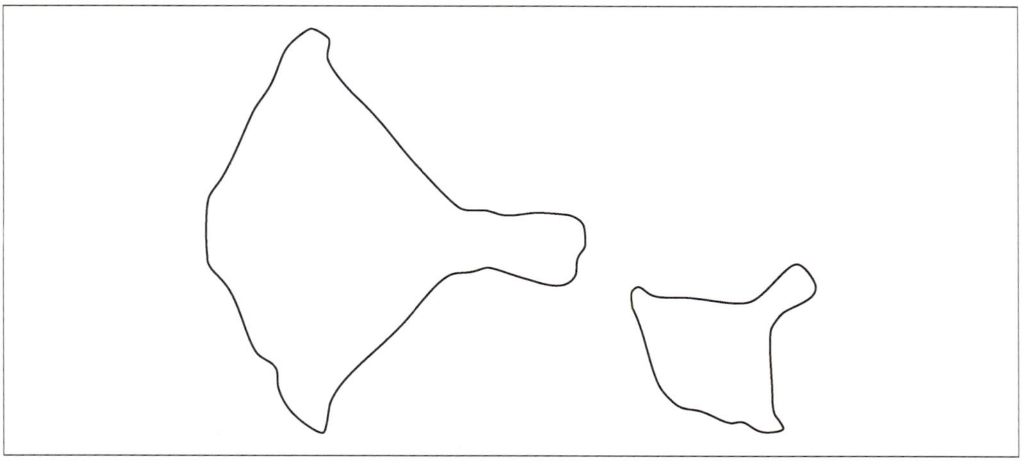

[그림 10.1.1] 형상은 같으나 위치, 회전, 척도가 다른 쥐의 척추 뼈

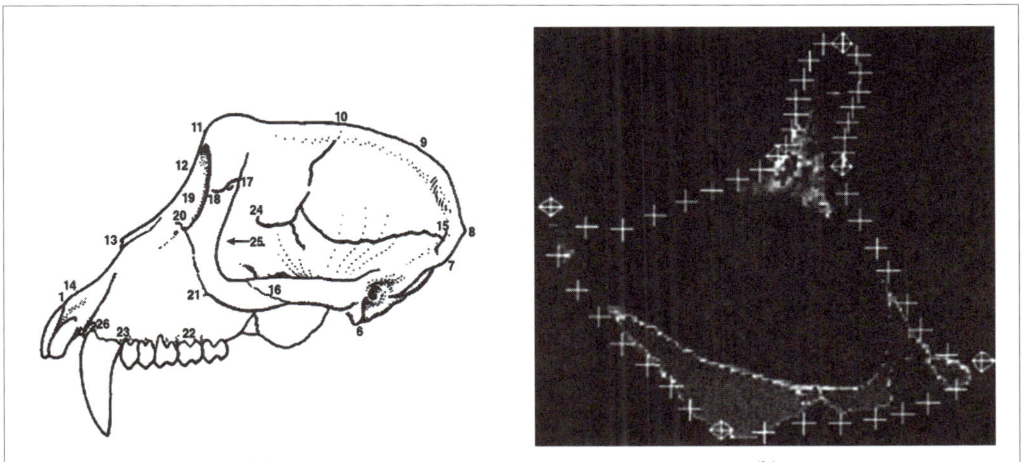

(a) (b)

[그림 10.1.2] 형상점의 종류: (a) 해부적 형상점, (b) 수학적 형상점(⊕)과 유사 형상점(+)

일반적으로 형상은 유한개의 형상점에 의해서 유클리드공간에 기하적으로 나타내어진다. 형상점에는 크게 해부적 형상점(anatomical landmark), 수학적 형상점(mathematical landmark), 그리고 유사 형상점(pseudo landmark) 세 가지가 있다. 해부적 형상점은 [그림 10.1.2]의 (a)와 같이 짧은 꼬리 원숭이의 두개골의 옆면을 26개 형상점으로 나타낸 것처럼 유기체의 해부학적 특징을 나타내는 점이다.

수학적 형상점은 극단점(extreme point)이나 고도의 곡선(high curvature) 점으로 수학적 기하적 성질에 따른 개체를 나타내며 자동인식이나 분석에 아주 유용하게 사용된다. 이에 반하여 유사 형상점은 유기체의 윤곽 주위에 위치하거나 해부적 형상점이나 수학적 형상점들 사이에 위치하여 이들 유기체의 형상을 잘 나타내는 점들이다. [그림 10.1.2]의 (b)는 쥐의 척추 뼈를 고도의 곡선 점을 나타낸 6개의 수학적 형상점과 윤곽을 나타내는 42개의 유사 형상점으로 나타낸 이미지이다.

[그림 10.1.2]-(a)처럼 각 형상점에 숫자나 이름으로 라벨(label)을 붙이는데 이를 라벨 형상점(labelled landmark)이라 하며 이는 두 개체를 비교할 때 어느 형상점이 서로 대응하는지를 나타내기 위한 것이다. 예를 들자면 어느 한 형상에서 라벨 1인 형상점은 다른 형상에서 같은 라벨인 형상점과 대응한다.

형상분석에 대한 이론은 Kendall(1989), Bookstein(1986), Goodall(1991) 그리고 Kent(1994)에 의해서 정립되고 응용 발전되었다. 특히 생물학과 생태학에서 Mardia와 Dryden(1989)은 쥐의 척추 뼈에 대한 6개 형상점으로 형상분석을 실시하였고, O'Higgins와 Dryden(1993)은 고릴라 두개골(Gorilla skulls)의 8개 형상점으로 형상분석을 선보였다. 의학 분야에서 Bookstein(1996)은 뇌 공명 스캔(magnetic resonance brain scans)을 이용하여 13개의 형상점으로 정신분열 환자와 정상 환자를 비교하였다. 이미지분석(image analysis)에서는 Anderson(1997)이 손으로 쓴 영국의 우편번호를 인식하는 데 형상분석을 활용하고 있다. 최근 치의학에서 Shin 외(2015), Shin 외(2016), Kim 외(2016), Rhee 외(2015)는 형상분석을 환자의 골성숙도, 치아 구조와 구강 비교에 적극적으로 활용하고 있다. 이외에도 지질학, 유전학, 농업 등 여러 분야에서 다양한 분석이 이루어지고 있다(Dryden과 Mardia, 1998, Chapter 1).

형상분석을 국내에 처음 소개한 최용석과 현기홍(2006)은 형상의 비교를 위한 프로크러티즈분석(Procrustes analysis, PA)의 저항(robust)버전 연구를 시도하였다. 여기서 형상분석을 위해 S-PLUS 패키지를 활용하였다. 특히, PA는 10.3절과 10.4절에서 본격적으로 다루겠지만 두 개체의 형상그림을 비교하는 데에 사용되는 OPA(ordinary PA)와 셋 이상 여러 개체의 형상을 비교하기 위한 GPA(general PA)는 R에서는 library(shapes)에서 각각 함수 procOPA()와 procGPA()를 활용하면 된다. 일반적으로 개체의 형상은 북스테인 좌표(Bookstein coordinate)로 나타내며 북스테인 평균형상(mean shape)에 의해서 여러 집단 간의 형상비교를 하게 된다.

[표 10.1.1]은 형상분석에서 OPA와 GPA 적합을 포함하여 북스테인 평균형상의 비교와 검정을 포함한 수행단계를 개괄적으로 참고하기 위해 요약하고 있다.

| 표 10.1.1 | 형상분석 수행단계

[1단계] 개체들의 형상을 나타내는 형태행렬을 구한다.
[2단계] 개체들의 북스테인좌표와 북스테인 평균형상을 구한다.
[3단계] 형상간의 적합을 위한 OPA와 GPA를 선택한다.
[4단계] 형상변동을 측정하거나 평균형상 비교와 검정을 실시한다.

10.2 형태공간과 형상좌표

형상분석에서 형상점으로 이루어진 형태(configuration)와 형태공간(configuration space)을 정의하고 형태를 비교하기 위한 객관적인 크기측도(size measure)에 대하여 알아보자. 7장 다차원척도법에서는 각 개체들의 좌표점의 정보에 대한 기하적인 관계를 제공하는 저차원 공간을 형상공간(configuration space)으로 부르고 있으니 참고하기 바란다.

먼저 형태란 어느 특정한 개체에 대한 형상점들의 집합을 의미하는데 일반적으로 m차원의 데카르트 좌표상에서 k개의 형상점들로 이루어진 크기가 $k \times m$인 행렬 $X = (x_{ij})$를 형태행렬(configuration matrix)이라 한다. 여기서 $i = 1, \ldots, k$이고 $j = 1, \ldots, m$이며, x_{ij}는 행렬 X의 i번째 형상점을 나타내는 행과 j번째 차원을 나타내는 열의 원소를 나타낸다. 이때 형태공간 R^{km}은 가능한 모든 형상점 좌표들을 나타낼 수 있는 공간을 의미한다. 형태행렬 X의 중심크기(centroid size)를 [표 10.2.1]에 요약하고 있고 있는데 이는 형상분석에서 가장 보편적으로 사용되는 크기측도이다.

[표 10.2.1] $k \times m$인 형태행렬 X의 중심크기

크기가 $k \times m$인 형태행렬 X가 주어질 때 중심크기는

$$S(X) = \|HX\| = \sqrt{\sum_{i=1}^{k}\sum_{j=1}^{m}\left(x_{ij} - \overline{x_j}\right)^2}, \quad X \in R^{km} \qquad (10.2.1)$$

로 정의되며, 여기서 $\overline{x_j} = \sum_{i=1}^{k} x_{ij} / k$는 j번째 차원에서 형상점들의 평균이고, I_k를 $k \times k$인 단위행렬이라 하고, 1_k를 모든 원소를 1로 가지는 $k \times 1$벡터라 하면 $H = I_k - 1_k 1_k^t / k$는 중심화행렬이며 $\|X\| = \sqrt{tr(X^t X)}$는 행렬의 유클리드 놈(Euclidean norm)이다.

크기가 $k \times m$인 형태행렬 $X = (x_{ij})$에서 $i\ (= 1, \ldots, k)$번째 형상점을 나타내는 행은 $\boldsymbol{x}_i = (x_{i1}, \ldots, x_{im})^t$이고 각 차원에서 형상점들의 평균으르 이루어지는 평균벡터 $\overline{\boldsymbol{x}} = (\overline{x}_1, \ldots, \overline{x}_m)^t$를 중심(centroid)이라 하면 이들에 의해서 (10.2.1)은 다음과 같이 나타낼 수 있다.

$$S(X) = \sqrt{\sum_{i=1}^{k} \| \boldsymbol{x}_i - \overline{\boldsymbol{x}} \|^2}$$

이는 각 형상점으로부터 중심까지의 제곱 유클리드 거리의 합의 제곱근이 된다. 일반적으로 (10.2.1)의 중심크기가 가장 보편적인 크기측도이나 형상점의 수가 서로 다른 형태를 비교할 때에는 정규화된 형태인 $S(X)/\sqrt{k}$나 $S(X)/\sqrt{km}$을 사용하게 된다.

개체의 형상을 나타내기 위한 몇 가지 좌표체계(coordinate system)는 형태의 이동(translation), 척도변환(scaling), 회전(rotation) 하여도 변하지 않아야 한다. 이러한 좌표체계에는 각(angle)좌표, 북스테인(Bookstein)좌표, 켄달(Kendall)좌표, 탄젠트(tangent)좌표, 켄트(Kent)좌표 등이 있다. 이 중에서 형상좌표로 가장 많이 사용되는 북스테인좌표

를 소개하려 한다. 실제 켄달좌표도 척도에 차이가 있을 뿐 북스테인좌표와 동일하다.

북스테인좌표는 2차원 평면상에서 $(x_j,\ y_j)$, $j = 1,\ \dots,\ k$를 형상점들이라 하면 만약에 형상점 1과 2를 기저(baseline)로 고정된 위치 (0, 0)과 (1, 0) 또는 (-1/2, 0)과 (1/2, 0)로 변환하도록 척도변환, 이동, 회전을 고려한 후에 남아 있는 나머지 $k-2$개의 좌표를 구하는 것이다. 이를 정리하자면 [표 10.2.2]와 같다.

[표 10.2.2] 북스테인좌표

> $(u_j^B,\ v_j^B)^t$, $j = 3,\ \dots,\ k$가 $-\infty < u_j^B,\ v_j^B < \infty$를 만족하고 두 형상점 $(x_j,\ y_j)$, $j = 1,\ \dots,\ k$ 사이의 제곱거리를 $D_{12}^2 = (x_2 - x_1)^2 + (y_2 - y_1)^2 > 0$라 할 때
>
> $$u_j^B = \left[(x_2 - x_1)(x_j - x_1) + (y_2 - y_1)(y_j - y_1)\right] / D_{12}^2 - 1/2,$$
> $$v_j^B = \left[(x_2 - x_1)(y_j - y_1) + (y_2 - y_1)(x_j - x_1)\right] / D_{12}^2$$
>
> 가 되도록 기저를 $(-1/2,\ 0)$과 (1/2, 0)으로 이동, 회전하고 척도 변화를 준 후에 한 개체의 남아 있는 좌표를 북스테인좌표라 한다.

[표 10.2.2]의 북스테인좌표를 얻기 위해서는 $\boldsymbol{x} = (x_j,\ y_j)^t$, $j = 1,\ \dots,\ k$를 j번째 형상점 좌표라 하자. 이를 크기 $\beta > 0$와 시계 방향으로 각도 θ만큼 회전시킬 회전행렬 Γ는 성질 $|\Gamma| = 1$과 $\Gamma^t\Gamma = \Gamma\Gamma^t = I_2$를 만족하는

$$\Gamma = \begin{pmatrix} \cos\theta & \sin\theta \\ -\sin\theta & \cos\theta \end{pmatrix}$$

이고, 이동벡터 $\boldsymbol{\alpha} = (\alpha_1,\ \alpha_2)^t$를 고려하여, 변환

$$\boldsymbol{u} = \beta\Gamma(\boldsymbol{x} - \boldsymbol{\alpha}) \qquad (10.2.2)$$

로 얻어지는 좌표를 $\boldsymbol{u} = (u_j^B,\ v_j^B)^t$라 하자. 첫 번째와 두 번째 형상점에 (10.2.2)의 변환을 적용하면 $(\beta,\ \theta,\ \alpha_1,\ \alpha_2)$에 대한 다음과 같이 4개의 방정식을 얻을 수 있다.

$$\beta\Gamma\begin{pmatrix} x_1 - \alpha_1 \\ y_1 - \alpha_2 \end{pmatrix} = \begin{bmatrix} -1/2 \\ 0 \end{bmatrix},$$
$$\beta\Gamma\begin{pmatrix} x_2 - \alpha_1 \\ y_2 - \alpha_2 \end{pmatrix} = \begin{bmatrix} 1/2 \\ 0 \end{bmatrix}.$$

이로부터

$$
\begin{aligned}
\alpha &= \left[(x_1 + x_2)/2,\ (y_1 + y_2)/2 \right]^t, \\
\theta &= \arctan\left[(y_2 - y_1)/(x_2 - x_1) \right], \\
\beta &= \left[(x_2 - x_1)^2 + (y_2 - y_1)^2 \right]^{-1/2}, \\
\Gamma &= \beta \begin{pmatrix} x_2 - x_1 & y_2 - y_1 \\ -(y_2 - y_1) & x_2 - x_1 \end{pmatrix}
\end{aligned}
$$

를 구하게 된다. 이를 $\boldsymbol{x} = (x_j,\ y_j)^t,\ j = 3,\ \dots,\ k$와 함께 (10.2.2)에 대입하면 기저가 되는 형상점을 제외한 북스테인좌표 $(u_j^B,\ v_j^B)^t,\ j = 3,\ \dots,\ k$가 얻어진다. 이들 북스테인좌표에 의한 형상과 이들의 평균형상을 구하게 된다. 일반적으로 n개의 개체에서 얻어지는 북스테인좌표의 산술평균

$$
\overline{u_j^B} = \frac{1}{n}\sum_{i=1}^{n} u_{ij}^B,\ \overline{v_j^B} = \frac{1}{n}\sum_{i=1}^{n} v_{ij}^B,\ j = 3,\ \dots,\ k
$$

을 구하면 전체 개체들의 형태에 대한 평균형상을 구할 수 있으며 이를 북스테인 평균형상(Bookstein mean shape)이라 한다. 참고로 북스테인좌표를 크기가 $2(k-2)\times 1$인 벡터

$$
\boldsymbol{v} = (u_3^B,\ \dots,\ u_k^B,\ v_3^B,\ \dots,\ v_k^B)^t \tag{10.2.3}
$$

로 나타내어 실제로 이를 북스테인좌표라 하며 10.6절에서 다변량 정규성검정과 여러 집단 간의 평균형상에 대한 검정에 유용하게 사용된다.

R에서는 북스테인좌표는 library(shapes)에서 함수 bookstein2d()로 얻어지며 첫 번째와 두 번째 형상점이 디폴트 기저로 사용된다.

[보기 10.2.1] 쥐의 척추 뼈 형상

EXAMPLE

Mardiad와 Dryden(1989)에는 쥐의 척추 뼈 형상에 대한 몸무게의 영향을 알아보기 위해서 몸무게에 따라 큰 그룹(23마리)과 작은 그룹(23마리) 그리고 대조그룹(30마리)으로 나눈 자료(mouseT2.txt)가 있다. 이들 중 작은 그룹(23마리)에 대한 두 번째 척추 뼈 T2 형상점 자료를 이용하여 21개의 북스테인좌표 $(u_j^B,\ v_j^B)^t,\ j = 3,\ \dots,\ k$에 기저가 되는 첫 번째와 두 번째 형상점을 포함하여 얻어진 것이 [표 10.2.3]이다. [그림 10.2.1]에는 원 형태좌표의 형상인 (a) 쥐의 척추뼈 형상, (b) 북스테인좌표의 형상, (c) 북스테인좌표의 평균형상이 제공되어 있다. 여기서 형상점의 수는 $k = 6$이다.

이를 위한 [R-코드 10.2.1](smallmouse-BooksteinShape.R)은 library(shapes)에서 함수 plotshapes()를 활용한 것이다. 여기서 전체 쥐의 자료(mouseT2.txt)를 쥐의 그룹에 따라 다음과 같이 나누었고 이들 중 [보기 10.2.1]에서는 작은 그룹(23마리)에 대한 자료를 이용하였다.

```
cm<-mouseT2[, , 1:30] # 대조그룹 n1=30
sm<-mouseT2[, , 31:53] # 작은그룹 n2=23
lm<-mouseT2[, , 54:76] # 큰 그룹 n3=23
```

특히, 2차원의 북스테인좌표는 함수 bookstein2d()로 얻어지며 북스테인 좌표의 성질상 위와 아래의 형상점 1과 2를 기저로 한 것이지만 대개 형상점 간에 너무 가깝지 않은 것들이 기저로 선택된다.

표 10.2.3 쥐의 척추 뼈 원 형태좌표와 북스테인좌표

원 형태좌표(x_j, y_j)	북스테인좌표(u_j^B, v_j^B)
, , 1	, , 1
[,1] [,2]	[,1] [,2]
[1,] 117.98 219.62	[1,] -0.50000000 0.0000000
[2,] 114.52 41.93	[2,] 0.50000000 0.0000000
[3,] 166.15 113.59	[3,] 0.09121051 0.2826022
[4,] 206.54 121.79	[4,] 0.04065577 0.5089238
[5,] 165.11 142.92	[5,] -0.07367575 0.2735386
[6,] 62.07 136.58	[6,] -0.02672182 -0.3054334
, , 2	, , 2
[,1] [,2]	[,1] [,2]
[1,] 105.52 235.08	[1,] -0.50000000 0.0000000
[2,] 109.96 57.31	[2,] 0.50000000 0.0000000
[3,] 165.44 126.42	[3,] 0.11927150 0.3215978
[4,] 223.05 140.88	[4,] 0.04607012 0.6474965
[5,] 169.58 156.83	[5,] -0.05110430 0.3491416
[6,] 59.50 138.02	[6,] 0.03918438 -0.2723405
------ 생략 ------	------ 생략 ------
, , 23	, , 23
[,1] [,2]	[,1] [,2]
[1,] 107.35 212.21	[1,] -0.500000000 0.0000000
[2,] 89.50 38.88	[2,] 0.500000000 0.0000000
[3,] 151.63 105.73	[3,] 0.081840193 0.3153860
[4,] 196.56 113.82	[4,] 0.009241332 0.5671260
[5,] 152.69 133.73	[5,] -0.078629315 0.3049759
[6,] 46.53 135.99	[6,] -0.029118921 -0.3023987

[R-코드 10.2.1] 작은 쥐의 척추 뼈에 대한 형상분석(smallmouse-BooksteinShape.R)

```
library(shapes)
mouseT2<-read.in("mouseT2.txt", 6, 2)
cm<-mouseT2[, , 1:30] # 대조그룹 n1=30
sm<-mouseT2[, , 31:53] # 작은그룹 n2=23
lm<-mouseT2[, , 54:76] # 큰 그룹 n3=23
booksm<-bookstein2d(sm)
plotshapes(sm, color=1:6, symbol=1, joinline=c(1, 6, 2, 3, 4, 5, 1))
plotshapes(booksm$mshape, color=1:6, symbol=1, joinline=c(1, 6, 2, 3, 4, 5, 1))
plotshapes(booksm$bshpv, color=1:6, symbol=1, joinline=c(1, 6, 2, 3, 4, 5, 1))
list(sm, booksm$bshpv)
```

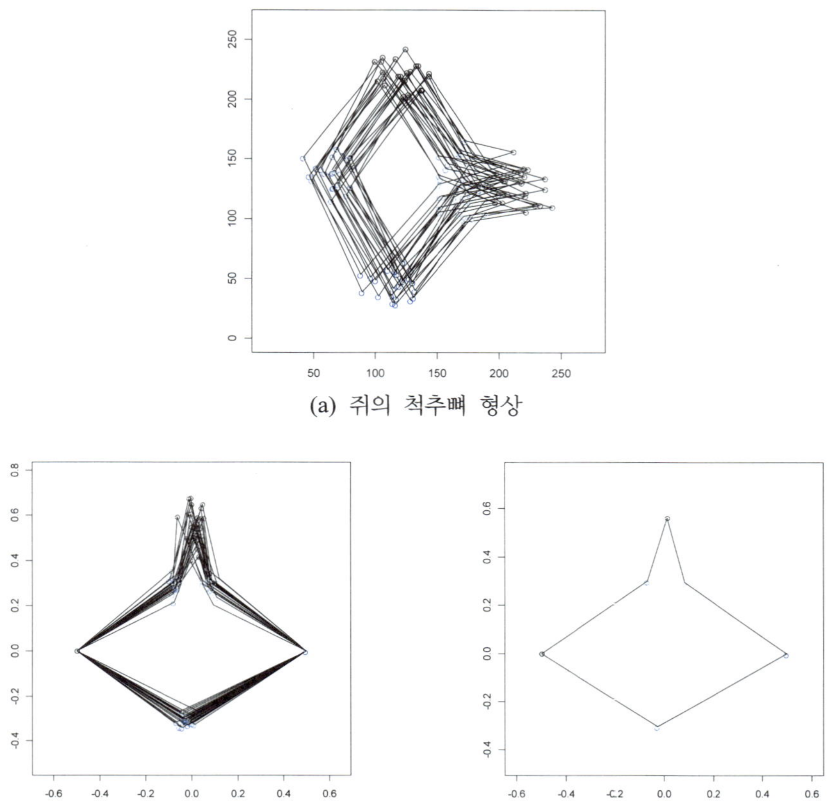

(a) 쥐의 척추뼈 형상

(b) 북스테인좌표의 형상

(c) 북스테인 평균형상

[그림 10.2.1] 작은 그룹(23마리)에 대한 두 번째 척추 뼈의 형상

[보기 10.2.2] 숫자 3의 형상

[그림 10.2.2]에는 30명이 손으로 쓴 숫자 3에 대한 13개 형상점 자료(digits3.txt) 중에서 두 번째와 세 번째 사람의 두 형상점을 이용하여 그린 형태가 (a)이고 (b)는 북스테인좌표에 의한 형상이다. (c)에는 북스테인좌표의 평균형상이 제공되어 있다. 이를 위한 [R-코드 10.2.2](digits3_two-BooksteinShape.R)을 참고하기 바란다. R에서도 data(digit3.dat)로 이 자료를 활용할 수 있다.

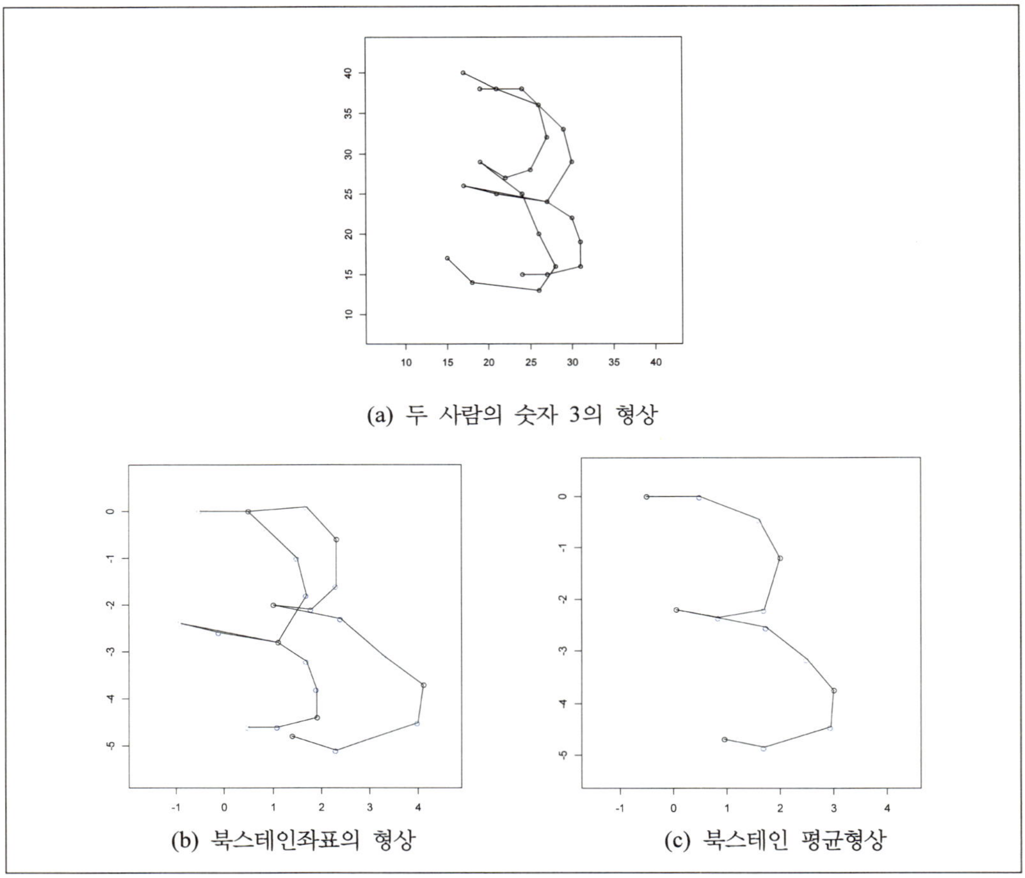

(a) 두 사람의 숫자 3의 형상

(b) 북스테인좌표의 형상

(c) 북스테인 평균형상

[그림 10.2.2] 두 사람이 쓴 숫자 3의 형상

[R-코드 10.2.2] 두 사람이 쓴 숫자 3의 형상분석(digits3_two-BooksteinShape.R)

```
library(shapes)
digit3<-read.in("digit3.txt", 13, 2)
digit3_two<-digit3[, , 2:3]
digit3_two
bookdigit3<-bookstein2d(digit3_two)
bookdigit3
plotshapes(digit3_two, symbol=1, joinline=c(1:13))
plotshapes(bookdigit3$bshpv, color=1:6, symbol=1, joinline=c(1:13))
plotshapes(bookdigit3$mshape, color=1:6, symbol=1, joinline=c(1:13))
```

[보기 10.2.3] 쥐의 신경두개골 형상

EXAMPLE

[그림 10.2.3]의 (a)는 8개 형상점으로 된 쥐의 신경두개골 자료에서 처음 5마리 쥐로 구성된 대조그룹 자료(neuralskull_control.txt)에 대한 형태이다. (b)는 첫 번째 형상점과 마지막 여덟 번째 형상점으로 구한 북스테인좌표의 형상이며 (c)에는 북스테인좌표의 평균형상이 제공되어 있는데 원래 형상 (a)보다는 회전이 된 형태이다.

특히, (b)와 (c)같이 디폴트 기저가 아닌 다른 기저의 북스테인좌표를 구할 때 R의 함수 bookstein2d()의 옵션을 바꾼 bookstein2d(nsc, l1=1, l2=8)에 의해서 구할 수 있다. 이를 위한 [R-코드 10.2.3](neuralskull_control-BooksteinShape.R)을 참고하기 바란다.

[R-코드 10.2.3] 쥐의 신경두개골에 대한 형상분석(neuralskull_control-BooksteinShape.R)

```
library(shapes)
nsc<-read.in("neuralskull_control.txt", 8, 2)
booknsc<-bookstein2d(nsc, l1=1, l2=8)
booknsc
plotshapes(nsc, symbol=1, joinline=c(1:8, 1))
plotshapes(booknsc$bshpv, symbol=1, joinline=c(1:8, 1))
plotshapes(booknsc$mshape, symbol=1, joinline=c(1:8, 1))
```

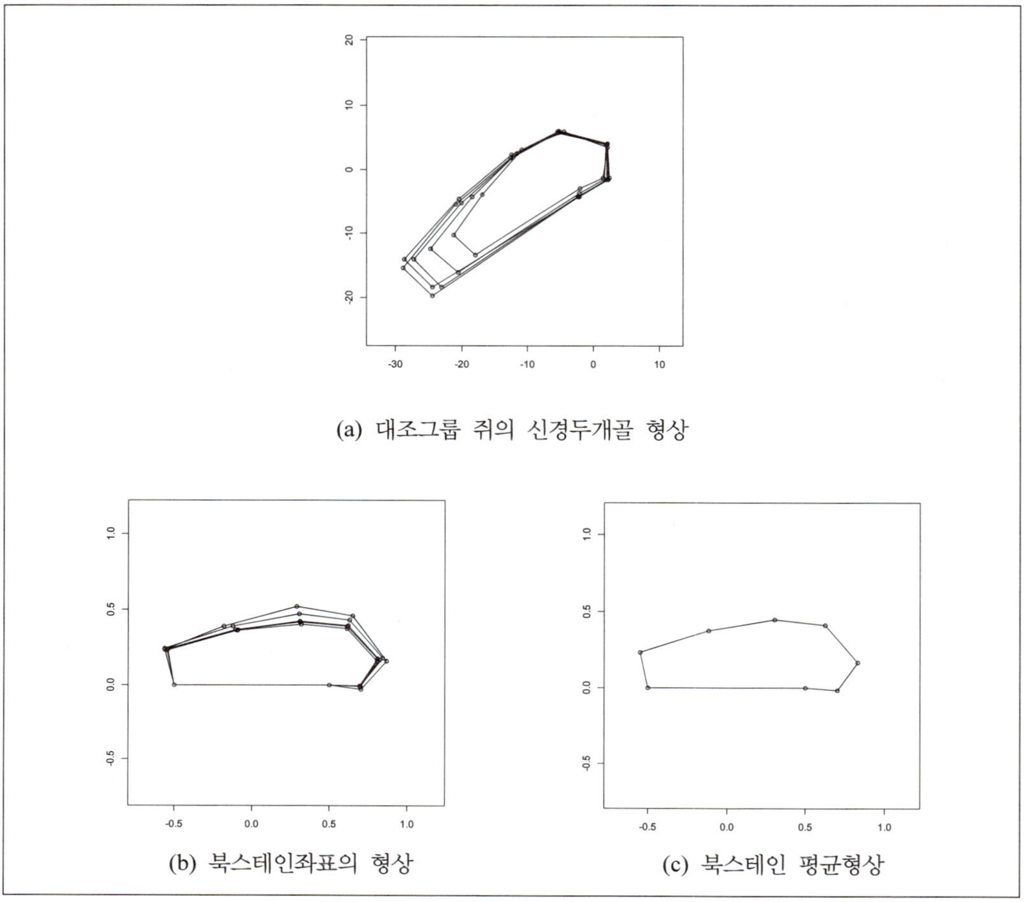

(a) 대조그룹 쥐의 신경두개골 형상

(b) 북스테인좌표의 형상

(c) 북스테인 평균형상

[그림 10.2.3] 대조그룹 쥐의 신경두개골 형상

[그림 10.2.1] ~ [그림 10.2.3]에서 제공되는 평균형상은 형상변동(shape variability)을 해석하고 다른 그룹 간의 형상차이를 비교하기 위해 사용되기도 한다.

한 그룹의 두 개체 또는 여러 그룹의 개체 간의 형상을 비교하기 위해서는 10.3절의 프로크러스티즈분석(Procrustes analysis, PA)이 유용하게 사용될 수 있다. 프로크러스티즈(Procrustes)라는 용어는 그리스 신화의 등장인물 중에 에레우시스에서 아테네로 가는 길에 있는 노상강도인 다마스테스(Damastes)의 별명이다. 그는 밤이면 여행객들에게 잠자리를 제공하여 그가 제공한 침대보다 키가 크면 팔다리를 자르고 키가 작으면 팔다리를 잡아 늘려서 침대에 맞게 적합 시켰다 한다. 여기서 다소 빈약한 유추지만 침대를 하나의 형태로 보고 여행객을 다른 형태로 보아 침대에 가능한 한 맞게 여행객의 팔다리를 자르거나 늘려서 적합한 것처럼 이동하고 회전하고 크기를 변화시켜 두 형태 간의 적합을 고민하는 것을 PA라 할 수 있겠다. PA라는 용어는 역사적으로 Hurley와 Cattell(1962)이 인자분석에서 인자들의 해석을 위해 인자회전에 처음 사용하였다.

실제 이 분석을 Schonemann과 Carroll(1970), 그리고 Gower(1971)는 다변량 시각화 기법인 다차원척도법 MDS에서 형상 비교의 중요한 측정도구로 여겼고 Cox와 Cox(2001, chaper 5), Johnson과 Wichern(2007, 12.9)에서 다양한 알고리즘에 의한 MDS 그림의 형상 비교를 위한 활용의 예를 찾아볼 수 있다.

10.3 프로크러스티즈분석

프로크러스티즈분석 PA에는 두 개체의 형상에 의한 형태(configuration) 비교를 위해서는 보통의 프로크러스티즈분석(ordinary PA, OPA)과 여러 개체의 형태 비교를 위한 일반화 프로크러스티즈 분석(generalized PA, GPA)이 있다. 이 절에서는 이와 관련된 알고리즘과 R-코드를 제공하고 보기를 통하여 이들의 차이점을 이해하고 논의하려 한다.

OPA와 GPA는 모두 수리적으로 최소제곱법(least squares method, LSM)를 따르며 알고리즘 구별을 위하여 LS OPA와 LS GPA라 부르기로 한다. 예를 들자면 10.2절의 [보기 10.2.2]에서 두 사람에 의한 숫자 3의 형상의 형태를 비교하기 위해서 한 개체를 다른 개체 쪽으로 적합시키는 방법을 OPA라 하고, 반면에 [보기 10.2.1]과 [보기 10.2.2]와 같이 여러 개체의 형태에서 평균형상을 찾기 위해서 적합시키는 방법을 GPA라 한다. R에서는 OPA와 GPA 각각에 대하여 함수 procOPA()와 procGPA()에 의해서 수행 가능하다. 먼저 [보기 10.3.1]과 [보기 10.3.2]를 통하여 두 방법 간의 차이를 이해하도록 하자.

[보기 10.3.1] 숫자 3의 형상: 두 번째와 세 번째 사람의 글씨 비교

EXAMPLE

[보기 10.2.2]에는 30명이 손으로 쓴 숫자 3에 대한 13개 형상점 자료(digits3.txt) 중에서 두 번째와 세 번째 사람의 두 형상점을 이용하여 그린 형상이 [그림 10.2.2]-(a)에 주어져 있다. 이를 각각 그려보면 [그림 10.3.1]의 (a)와 (b)이다.

- (c)와 (d)는 두 형상을 비교하기 위하여 (a)를 (b)로의 OPA를 (a) → (b)로, (b)를 (a)

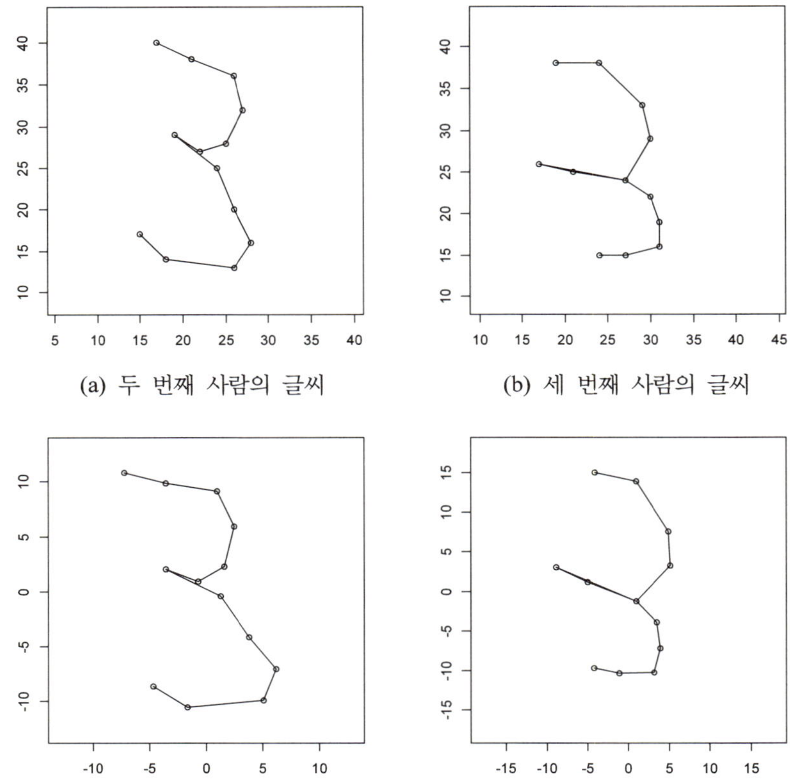

(a) 두 번째 사람의 글씨 (b) 세 번째 사람의 글씨

(c) OPA 적합형상: (a) → (b) (d) OPA 적합형상: (b) → (a)

[그림 10.3.1] 두 사람이 쓴 숫자 3의 OPA 적합형상: (a) → (b) , (b) → (a)

로의 OPA를 (b) → (a)로 표시하고 여기서 얻어진 적합 형상이다.

- (c)의 OPA 적합형상: (a) → (b)의 그림은 다소 오른쪽으로 기울었고 다소 긴 형상인 (a)의 숫자 3이 기울어지지는 않았지만 다소 3의 위쪽이 넓어 보이는 형상인 (b)의 영향을 받아 (a)의 크기와 회전이 (b)의 형상으로 많이 적합되었음을 보여주고 있다.
- 반대로 (d)의 OPA 적합형상: (b) → (a)의 그림은 다소 기울어지지 않은 (b)의 숫자 3이 약간 오른쪽으로 기울은 (a)의 영향을 받아 (a) 형상으로 많이 적합되었음을 보여주고 있다.
- 이는 OPA 적합을 어느 쪽으로 하느냐에 따라 이들은 서로 다른 결과를 제공하며 이를 두고 OPA 적합은 대칭적(symmetric)이지 못하다고 한다.

이를 위한 [R-코드 10.3.1](digits3_two-OPA.R)을 참고 바라며, 특히 함수 procOPA(A, B)는 OPA 적합 B → A를 나타낸다.

[R-코드 10.3.1] 두 사람이 쓴 숫자 3의 OPA 적합형상(digits3_two-OPA.R)

```
library(shapes)
digit3<-read.in("digit3.txt", 13, 2)
digit3_two<-digit3[, , 2:3]
A<-digit3_two[, , 1]
B<-digit3_two[, , 2]
plotshapes(A, B, symbol=1, joinline=1:13)
PAB<-procOPA(B, A) #matching A onto B
plotshapes(PAB$Bhat, symbol=1, joinline=1:13)
PBA<-procOPA(A, B) #matching B onto A
plotshapes(PBA$Bhat, symbol=1, joinline=1:13)
```

[보기 10.3.2] 쥐의 척추 뼈 형상: 작은 그룹과 큰 그룹의 첫 번째 쥐의 비교

EXAMPLE

[보기 10.2.1]에는 쥐의 척추 뼈 T2 형상에 대해 몸무게 따라 큰 그룹(23마리)과 작은 그룹(23마리) 그리고 대조그룹(30마리)으로 나눈 자료(mouseT2.txt)에서 작은 그룹(23마리)에 대한 두 번째 척추 뼈 형상점 자료에 대한 북스테인좌표와 북스테인좌표의 평균형상을 제공하고 있다. 여기서는 작은 그룹과 큰 그룹의 첫 번째 쥐의 척추 뼈 T2 형상에 대하여 서로 간의 OPA 적합을 살펴본 것이 [그림 10.3.2]에 있다. 이를 위한 [R-코드 10.3.2] (largesmallmouse-OPA.R)을 참고하기 바란다.

- (a)와 (b)는 두 그룹의 쥐의 척추 뼈 형상으로 큰 그룹의 첫 번째 쥐의 형상 (a)는 작은 그룹 첫 번째 쥐의 형상에 비해 전체적으로 크며 오른쪽 형상점 부분이 길어보인다.
- (c)와 (d)는 두 형상의 비교를 위한 OPA 적합: (a) → (b), (b) → (a)에 의해서 얻어진 적합 형상이다. (c)의 OPA 적합형상: (a) → (b)의 그림은 다소 오른쪽의 긴 형상인 (a)가 (b)의 짧은 형상과 크기에 의해서 영향을 받았다.
- 반대로 (d)의 OPA 적합형상: (b) → (a)의 그림은 다소 짧았던 오른쪽 형상인 (b)가 오른쪽 긴 형상인 (a)로 많이 적합되었음을 보여주고 있다.

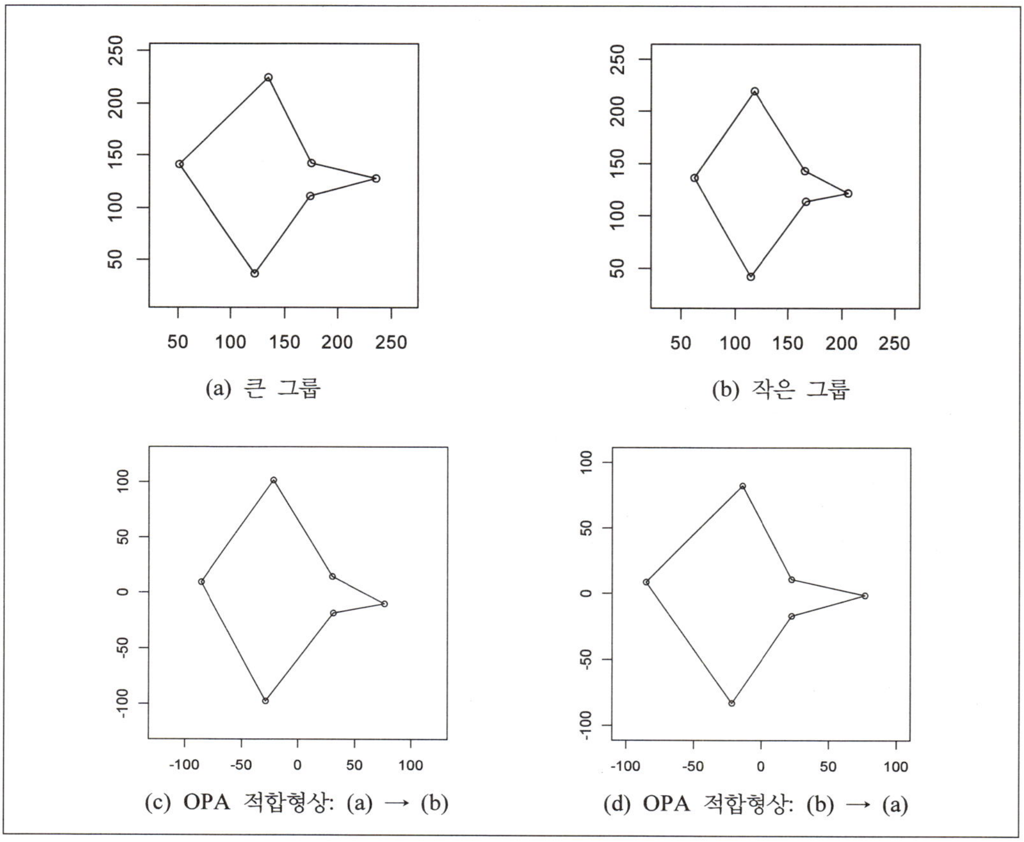

[그림 10.3.2] 작은 그룹와 큰 그룹의 첫 번째 쥐의 척추 뼈 형상적합

[R-코드 10.3.2] 쥐의 척추 뼈의 OPA 적합형상(largesmallmouse-OPA.R)

```
library(shapes)
mouseT2<-read.in("mouseT2.txt", 6, 2)
cm<-mouseT2[, , 1:30] # 대조그룹 n1=30
sm<-mouseT2[, , 31:53] # 작은그룹 n2=23
lm<-mouseT2[, , 54:76] # 큰 그룹 n3=23

sm1<-sm[, , 1]
lm1<-lm[, , 1]
plotshapes(lm1, sm1, symbol=1, joinline=c(1, 6, 2, 3, 4, 5, 1))
PA1<-procOPA(lm1, sm1) #matching sm1 onto lm1
plotshapes(PA1$Bhat, symbol=1, joinline=c(1, 6, 2, 3, 4, 5, 1))
PA2<-procOPA(sm1, lm1) #matching lm1 onto sm1
plotshapes(PA2$Bhat, symbol=1, joinline=c(1, 6, 2, 3, 4, 5, 1))
```

[보기 10.3.3] 쥐의 신경두개골 형상: 대조그룹과 처리그룹

[그림 10.3.3]의 (a)와 (b)는 8개 형상점으로 된 쥐의 신경두개골 자료에서 각각 5마리 쥐로 구성된 대조그룹(neuralskull_control.txt)과 수두증세가 있는 처리그룹(neuralskull_hydro.txt)에 대한 형상이다. 이들에 대한 일반화 프러크러스티즈 분석 GPA를 적용하여 얻어진 평균형상이 (c)와 (d)이고, 이를 GPA 적합형상 또는 평균형상이라 한다. 이는 전체적으로 그림 (a)와 (b)에서 두개골 위쪽에 솟은 형상점에 의해서 영향을 많이 받았음을 알 수 있다. 이를 위한 [R-코드 10.3.3](neuralskull-GPA.R)을 참고하기 바라며, 특히 함수 procGPA()는 여러 개체 형상의 GPA 적합을 나타낸다.

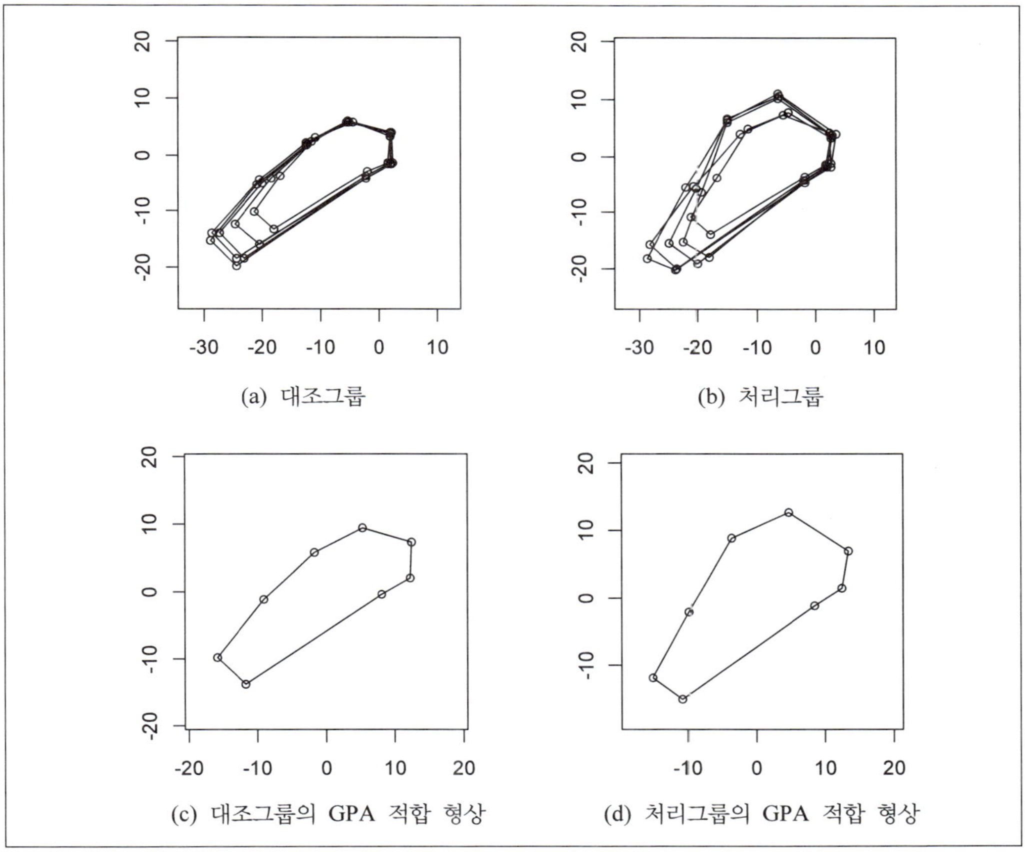

(a) 대조그룹 (b) 처리그룹

(c) 대조그룹의 GPA 적합 형상 (d) 처리그룹의 GPA 적합 형상

[그림 10.3.3] 쥐의 신경두개골 자료에서 대조그룹과 처리그룹의 GPA 형상적합

[R-코드 10.3.3] 쥐의 신경두개골 자료에서 대조그룹과 처리그룹의 GPA 적합형상 (neuralskull-GPA.R)

```
library(shapes)
skullc<-read.in("neuralskull_control.txt", 8, 2)
skullh<-read.in("neuralskull_hydro.txt", 8, 2)
plotshapes(skullc, skullh, symbol=1, joinline=c(1:8, 1))
c<-procGPA(skullc)# Control Group
h<-procGPA(skullh) # Treatment Group
plotshapes(c$mshape, h$mshape, joinline=c(1:8, 1))
```

[보기 10.3.4] 고릴라 두개골 형상: 암컷과 수컷의 비교

EXAMPLE

[그림 10.3.4]의 (a)와 (b)는 8개 형상점으로 된 고릴라의 두개골 형상에 대한 각각 암컷(female) 30마리와 수컷(male) 29마리로 구성된 자료이다. 이 자료는 R의 library(shapes)에서 data(gorf.dat)와 data(gorm.dat)로 각각 제공된다.

- 각 자료에 대한 형상이 [그림 10.3.4]의 (a)와 (b)에 각각 제공된다. 이들에 전체적으로 형상점을 연결한 형태이다. 원 자료는 두개골 형상이 아래쪽으로 향해 있어 시계방향의 직교변환(orthogonal transformation)을 적용하였다.
- (a)의 암컷의 두개골 형상이 (b) 수컷의 두개골 형상 보다는 전체적으로 작아 보인다.
- (a)와 (b) 각각에 대하여 GPA를 적용하여 얻어진 평균형상인 (c)와 (d)는 (a)와 (b)의 형상에 영향을 받았음을 충분히 추정될 수 있다.

이를 위한 [R-코드 10.3.4](gorfm-GPA.R)을 참고하기 바라며, 특히 함수 procGPA()는 여러 개체 형상의 GPA 적합을 나타낸다.

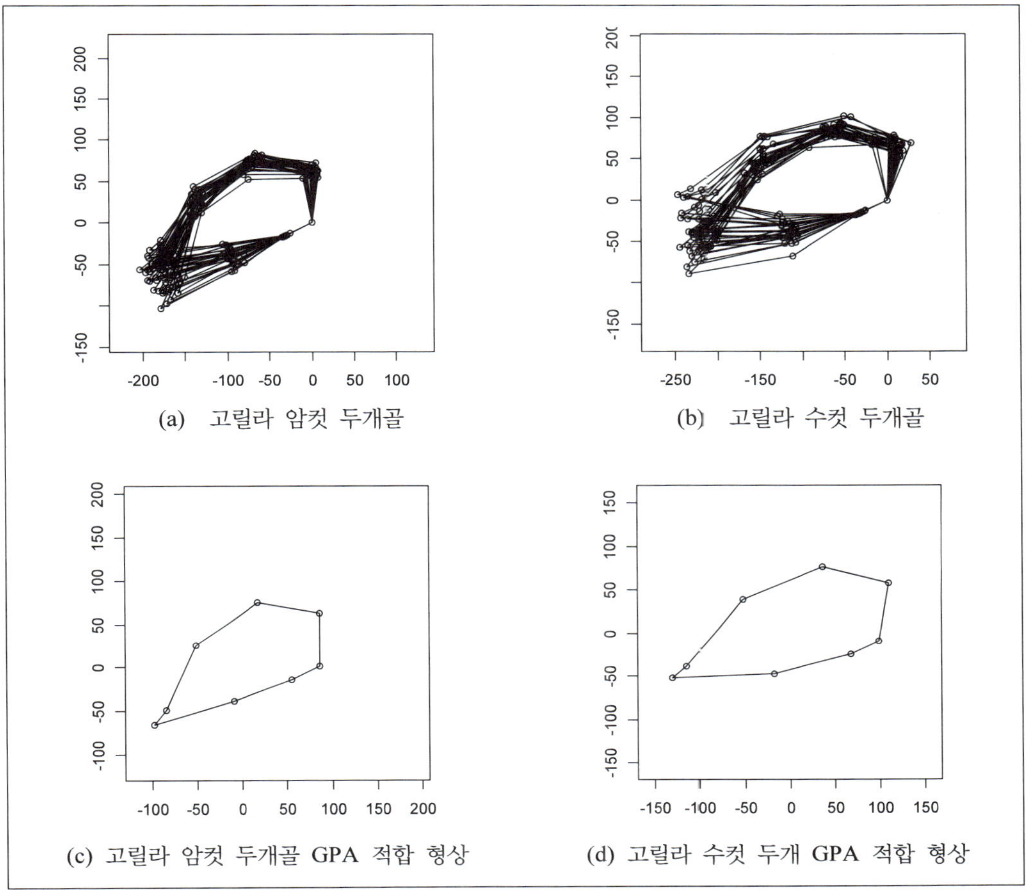

(a) 고릴라 암컷 두개골

(b) 고릴라 수컷 두개골

(c) 고릴라 암컷 두개골 GPA 적합 형상

(d) 고릴라 수컷 두개 GPA 적합 형상

[그림 10.3.4] 고릴라 두개골 자료에서 암컷과 수컷의 GPA 형상적합

[R-코드 10.3.4] 고릴라 두개골 자료에서 암컷과 수컷의 GPA 적합(gorfm-GPA.R)

```
library(shapes)
# female and male Gorillas (Dryden and Mardia, 1998)
data(gorf.dat)
data(gorm.dat)
n1<-dim(gorf.dat)[3]
n2<-dim(gorm.dat)[3]

gorft<-array(0,dim=c(8,2, n1))
for(i in 1:n1){
T<-matrix(c(cos(90),sin(90),
            -sin(90), cos(90)), byrow=T, nrow=2)
gorft[,,i]<-gorf.dat[,,i]%*%T
```

```
}
gormt<-array(0,dim=c(8,2, n2))
for(i in 1:n2){
T<-matrix(c(cos(90), sin(90),
            -sin(90), cos(90)), byrow=T, nrow=2)
gormt[,,i]<-gorm.dat[,,i]%*%T
}
plotshapes(gorft, gormt, symbol=1,joinline=c(1,5,4,3,2,8,7,6,1))

gorf<-procGPA(gorft)
gorm<-procGPA(gormt)
plotshapes(gorf$mshape, gorm$mshape, symbol=1, joinline=c(1,5,4,3,2,8,7,6,1))
```

[보기 10.3.3]과 [보기 10.3.4]에서와 같이 두 집단의 여러 개체의 형상에 대한 GPA에서는 GPA 적합에 의한 평균형상을 얻어 시각적으로 차이점을 비교하게 된다. Kim 외(2010b)는 이들 자료에 대하여 평균형상을 분류분석에 활용하였고 Kim 외(2010a)는 평균형상에 대한 각 집단의 형상변동에 대한 검정을 제안하였다. 더 나아가 이들 평균형상에 대한 OPA 적합도 고려할 수 있다.

10.4 OPA 적합 알고리즘

이 절에서는 [보기 10.3.1]에서 숫자 3에 대한 두 사람이 쓴 두 형상을 비교하거나 [보기 10.3.2]의 작은 그룹과 큰 그룹의 첫 번째 쥐의 척추 뼈 T2 형상 비교를 위해 한 개체를 다른 개체 쪽으로 적합 시키는 방법인 OPA에 대하여 알고리즘을 정리하고 이를 바탕으로 한 R-코드를 제공하려 한다.

m차원에서 k개의 형상점들에 의한 크기가 $k \times m$인 두 개의 형태행렬 X_1과 X_2가 있다고 하고, 편의상 이들은 (10.2.1)처럼 중심화행렬 $H = I_k - 1_k 1_k^t / k$에 의해서 중심화되었다고 가정하자. 그러면 형태행렬 X_1을 X_2로의 OPA 적합을 하려면 [표 10.4.1]의 최소제곱법에 의한 OPA(LS OPA) 적합의 수리적 알고리즘을 이용하면 된다.

| 표 10.4.1 | LS OPA 적합 알고리즘

OPA는 형태행렬 X_1과 X_2 간의 제곱 유클리드 거리 $$O(X_1,\ X_2) = \|X_2 - \beta X_1 \Gamma - 1_k \boldsymbol{\alpha}^t\|^2 \quad (10.4.1)$$ 를 최소화 하는 $\boldsymbol{\alpha}$, β 그리고 Γ를 추정하는 것이다. 여기서 $\|X\| = \sqrt{tr(X^t X)}$ 이고 Γ는 크기가 $m\times m$인 직교회전행렬로 $\Gamma^t\Gamma = \Gamma\Gamma^t = I_m$이고 $\|\Gamma\| = 1$을 만족하며 β는 양수로 척도모수(scale parameter)이고, 1_k는 모든 원소를 1로 가지는 $k\times 1$ 벡터이며, $\boldsymbol{\alpha}$는 $m\times 1$인 위치모수(location parameter) 벡터이다. 그러면 (10.4.1)을 최소화하는 추정치는 $$\hat{\boldsymbol{\alpha}} = 0, \quad (10.4.2)$$ $$\hat{\Gamma} = VU^t, \quad (10.4.3)$$ $$\hat{\beta} = tr(X_2^t X_1 \hat{\Gamma}) / tr(X_1^t X_1) \quad (10.4.4)$$ 이다. (10.4.3)에서 V와 U는 직교행렬로 비정칙값분해 $$X_2^t X_1 = U\Lambda V^t \quad (10.4.5)$$ 를 만족하며 (10.4.5)의 $\Lambda = diag(\lambda_1,\ ...,\ \lambda_m)$는 크기가 $m\times m$인 대각행렬로 대각원소인 비정칙값은 $\lambda_1 \ge \lambda_2 \ge \cdots \ge \lambda_{m-1} \ge \|\lambda_m\|$을 만족한다.

[표 10.4.1]의 본격적인 증명에 앞서 잔차(residual) 개념에 의해서 (10.4.1)을 다시 정리하려 한다. 먼저 (10.4.1)에서

$$R = X_2 - \beta X_1 \Gamma - 1_k \boldsymbol{\alpha}^t = (\boldsymbol{r}_1,\ \dots,\ \boldsymbol{r}_k)^t \quad (10.4.6)$$

라 정의하고 이를 추정하려는 잔차행렬이라 하자. 잔차행렬 R의 j번째 행벡터

$$\boldsymbol{r}_j = \boldsymbol{x}_{(2)j} - \beta \Gamma^t \boldsymbol{x}_{(1)j} - \boldsymbol{\alpha},\ j = 1,\ \dots,\ k \quad (10.4.7)$$

는 크기가 $m\times 1$인 벡터이며 $\boldsymbol{x}_{(1)j} = (x_{(1)j1},\ \dots,\ x_{(1)jm})^t$, $\boldsymbol{x}_{(2)j} = (x_{(2)j1},\ \dots,\ x_{(2)jm})^t$는 각각 X_1과 X_2의 j번째 형상점이다. 이때 (10.4.1)은 (10.4.8)과 같이 정리된다.

$$O(X_1,\ X_2) = \|R\|^2 = tr(R^t R) = \sum_{j=1}^{k} \|\boldsymbol{r}_j\|^2 \quad (10.4.8)$$

따라서 (10.4.1)을 최소화하는 문제는 (10.4.8)을 최소화하는 문제가 된다.

먼저 (10.4.8)을 β에 대해서 최소화하는 문제는

$$\frac{\partial \sum_{j=1}^{k} \|\boldsymbol{r}_j\|^2}{\partial \beta} = 0 \tag{10.4.9}$$

을 고려하면 된다. 여기서 (10.4.7)에 의해서

$$\begin{aligned}
\|\boldsymbol{r}_j\|^2 &= \boldsymbol{r}_j^t \boldsymbol{r}_j, \\
&= (\boldsymbol{x}_{(2)j} - \beta \Gamma^t \boldsymbol{x}_{(1)j} - \boldsymbol{\alpha})^t (\boldsymbol{x}_{(2)j} - \beta \Gamma^t \boldsymbol{x}_{(1)j} - \boldsymbol{\alpha}), \\
&= \boldsymbol{x}_{(2)j}^t \boldsymbol{x}_{(2)j} - 2\beta \boldsymbol{x}_{(2)j}^t \Gamma^t \boldsymbol{x}_{(1)j} + \beta^2 \boldsymbol{x}_{(1)j}^t \boldsymbol{x}_{(1)j} - 2\boldsymbol{\alpha}^t (\boldsymbol{x}_{(2)j} - \beta \Gamma^t \boldsymbol{x}_{(1)j}) \\
&\quad + \boldsymbol{\alpha}^t \boldsymbol{\alpha}
\end{aligned} \tag{10.4.10}$$

이고 편의상 위치모수를 $\alpha = 0$으로 두고

$$\frac{\partial \|\boldsymbol{r}_j\|^2}{\partial \beta} = -2\boldsymbol{x}_{(2)j}^t \Gamma^t \boldsymbol{x}_{(1)j} + 2\beta \boldsymbol{x}_{(1)j}^t \boldsymbol{x}_{(1)j}$$

하면, (10.4.9)는 다음과 같다.

$$\frac{\partial \sum_{j=1}^{k} \|\boldsymbol{r}_j\|^2}{\partial \beta} = \sum_{j=1}^{k} \left[-2\boldsymbol{x}_{(2)j}^t \Gamma^t \boldsymbol{x}_{(1)j} + 2\beta \boldsymbol{x}_{(1)j}^t \boldsymbol{x}_{(1)j} \right] = 0.$$

따라서 $\hat{\beta}$은 다음과 같다.

$$\hat{\beta} = \frac{\sum_{j=1}^{k} \boldsymbol{x}_{(2)j}^t \hat{\Gamma}^t \boldsymbol{x}_{(1)j}}{\sum_{j=1}^{k} \boldsymbol{x}_{(1)j}^t \boldsymbol{x}_{(1)j}} = \frac{tr\,(X_2^t X_1 \hat{\Gamma})}{tr\,(X_1^t X_1)}$$

다음으로 $\Gamma\Gamma^t = I_m$을 만족하는 Γ에 대하여 (10.4.8)을 최소화하는 문제를 고려하여 보자. 이는 다음과 같은 라그랑즈 함수

$$\mathcal{L} = \sum_{j=1}^{k} \|\boldsymbol{r}_j\|^2 + L(\Gamma\Gamma^t - I_m) \tag{10.4.11}$$

를 최소화하는 문제가 되며 L은 라그랑즈승수(Lagrangian multiplier)이다. (10.4.11)에서

$$\frac{\partial \mathcal{L}}{\partial \Gamma} = -2\beta \sum_{j=1}^{k} \boldsymbol{x}_{(1)j} \boldsymbol{x}_{(2)j}^t + 2L\Gamma = 0$$

을 얻고, 따라서 다음을 얻게 된다.

$$X_1^t X_2 = \frac{1}{\beta} L \Gamma$$

U와 V는 직교행렬이고 $\Lambda = diag(\lambda_1, \ldots, \lambda_m)$는 비정칙값 $\lambda_1 \geq \lambda_2 \geq \cdots \geq |\lambda_m|$로 이루어진 대각행렬일 때 비정칙값분해

$$X_1^t X_2 = V \Lambda U^t$$

를 이용하면 다음을 만족한다.

$$V \Lambda U^t = \frac{1}{\beta} L \Gamma. \tag{10.4.12}$$

따라서 다음이 만족되며

$$\left(\frac{1}{\beta} L \Gamma\right)\left(\frac{1}{\beta} L \Gamma\right)^t = (V \Lambda U^t)(V \Lambda U^t)^t,$$
$$= (V \Lambda V^t)(V \Lambda V^t)$$

이는

$$\frac{1}{\beta} L = V \Lambda V^t$$

가 성립한다. 이를 (10.4.12)에 대입하면

$$V \Lambda U^t = V \Lambda V^t \Gamma$$

이다. 그러므로 다음을 구하게 된다.

$$\hat{\Gamma} = V U^t$$

[표 10.4.1]에서 (10.4.2)의 $O(X_1, X_2)$을 최소화하는 모수의 추정치 (10.4.2)와 (10.4.3)을 이용하여 $X_1 \rightarrow X_2$로 적합된 좌표를 프로크러스티즈 적합(Procrustes fit) 또는 프로크러스티즈 좌표(Procrustes coordinates)라 하는데 이를 OPA에 의한 적합좌표라 하고 이를 [표 10.4.2]에 요약하자. 일반적으로 OPA에 의한 $X_1 \rightarrow X_2$의 적합과 $X_2 \rightarrow X_1$의 적합은 서로 다른 결과를 제공하며 [보기 10.3.1]에서 살펴본 것처럼 이를 두고 OPA는 대칭적이지 못하다고 한다.

| 표 10.4.2 | OPA에 의한 $X_1 \to X_2$의 적합좌표

$$\widehat{X}_1 = \hat{\beta}\, X_1 \hat{\Gamma} + 1_k \hat{\boldsymbol{\alpha}}^t \tag{10.4.13}$$

참고로 (10.4.13)의 적합좌표에 의한 형태 $\widehat{X}_1$과 형태 X_2의 형상 간에 차이를 추정된 잔차행렬 $\widehat{R} = X_2 - \widehat{X}_1$에 의해서 직접 판단할 수 있다. 즉, 보통의 프로크러스티즈 제곱합(oridinary Procrustes sum of squares, OPSS)은 (10.4.8)의 $O(X_1,\ X_2)$를 최소화하는 값

$$OPSS = O(\widehat{X}_1,\ X_2) = \|\widehat{R}\|^2 = tr(\widehat{R}^t \widehat{R}) \tag{10.4.14}$$

에서 평균잔차제곱근(root mean square deviation, RMSD)

$$RMSD = \sqrt{\frac{\|\widehat{R}\|^2}{km}} \tag{10.4.15}$$

을 정의한다. $RMSD$는 잔차(residual)보다는 프로크러스티즈 거리(distance)를 강조한 용어로 실제 R에서도 이를 사용하고 있다.

(10.4.15)의 $RMSD$는 OPA 적합에서 두 개체 간의 형상변동(shape variability)을 측정하는 측도로 사용된다. 이들 값은 0에 가까우면서 작을수록 두 형상 간의 OPA 적합을 한 후에 형상변동은 작아 두 형상은 같은 경향을 보인다고 할 수 있다.

다변량통계학의 시각화와 관련된 기법에서 다양한 알고리즘에 의한 그림의 형상을 비교하기 위해 (10.4.15) $RMSD$ 보다는 (10.4.14) $OPSS$를 주로 사용하는 데 프로크러스티즈 통계량으로 알려져 있다. Cox와 Cox(2001, Chapter 5)는 다차원척도법 MDS에서 계량형과 비계량형 MDS 그림의 형상을 비교하는 데 PA 알고리즘과 $OPSS$를 프로크러스티즈 통계량으로 소개하고 있다. 더불어 $OPSS$를 활용하여 Choi 외(2005b)는 행렬도(biplots)에서 여러 행렬도 간의 차이를 비교하였고, Choi 외(2005a)는 단순대응분석(simple CRA)에서 그림들 간의 형상차이와 관계를 살펴보았다. 그리고 최태훈 외(2009)는 테니스 그랜드슬램대회의 선수특성요인과 경기요인의 비교분석을 정준상관행렬도(canonical correlation biplot)에서의 $OPSS$를 통해 비교하고 있다. 최태훈과 최용석(2012)은 정준상관행렬도와 편(partial)정준상관행렬도의 형상변동을 비교하는 데 $OPSS$를 활용하였다.

[보기 10.4.1] 숫자 3의 형상변동과 쥐의 척추 뼈 형상변동

EXAMPLE

(1) [보기 10.3.1]에서 [그림 10.3.1]의 (c)와 (d)에는 원래 두 사람이 쓴 3에 대한 글씨 형상 (a)와 (b)를 OPA 적합 (a) → (b), (b) → (a) 한 것으토 이들이 각각 OPA 적합 후 형상변동에서 얼마나 차이를 보이는지를 *OPSS*와 *RMSD*를 구하여 보면 [표 10.4.3]과 같다.

| 표 10.4.3 | 숫자 3의 OPA적합 형상변동

OPA 적합	*OPSS*	*RMSD*
(a) → (b)	111.62	2.93
(b) → (a)	137.59	3.25

[R-코드 10.4.1] 두 사람이 쓴 숫자 3의 OPA 적합의 형상변동(digits3_two-OPArmsd.R)

```
library(shapes)
digit3<-read.in("digit3.txt", 13, 2)
digit3_two<-digit3[, , 2:3]
A<-digit3_two[, , 1]
B<-digit3_two[, , 2]
plotshapes(A, B, symbol=1, joinline=1:13)

#OPA fit
PAB<-procOPA(B, A) #matching A onto B
plotshapes(PAB$Bhat, symbol=1, joinline=1:13)
PBA<-procOPA(A, B) #matching B onto A
plotshapes(PBA$Bhat, symbol=1, joinline=1:13)

#Shape Vatiability
OPSS_AB=PAB$OSS
RMSD_AB=PAB$rmsd
list(OPSS_AB, RMSD_AB)

OPSS_BA=PBA$OSS
RMSD_BA=PBA$rmsd
list(OPSS_BA, RMSD_BA)
```

두 가지 적합의 *RMSD* 값이 비슷하나 그 값이 작지는 않아 두 사람의 글씨의 형상변동은 크다. 이는 두 사람의 글씨의 원래 형상이 매우 다름을 측도로 보여주는 것이다.

[표 10.4.3]의 두 측도인 *OPSS*와 *RMSD*는 R에서 함수 procOPA()에 의해서 제공되며 이를 위해선 [R-코드 10.4.1](digits3_two-OPArmsd.R)을 참고하기 바란다. 이는 [R-코드 10.3.1]에서 두 측도를 얻기 위한 명령문이 추가된 것이다.

(2) [보기 10.3.2]에서 [그림 10.3.1]의 (c)와 (d)에는 쥐의 몸무게 따라 작은 그룹과 큰 그룹의 첫 번째 쥐의 척추 뼈 T2 형상 (a)와 (b)를 OPA 적합 (a) → (b), (b) → (a)을 한 것이다. 이들이 각각 OPA 적합 후 형상변동에서 얼마나 차이를 보이는지를 *OPSS*와 *RMSD*를 구하여 보면 [표 10.4.4]과 같다. 이를 위한 [R-코드 10.4.2](largesmallmouse-OPArmsd.R)를 참고하기 바란다. 두 가지 적합의 *RMSD* 값이 비슷하며 높아 두 그룹의 쥐는 형상변동이 큼을 알 수 있다.

| 표 10.4.4 | 쥐의 척추 뼈 T2의 OPA 적합 형상변동

OPA 적합	*OPSS*	*RMSD*
(a) → (b)	490.66	9.04
(b) → (a)	383.30	7.99

[R-코드 10.4.2] 쥐의 척추 뼈에 대한 OPA 적합의 형상변동(largesmallmouse-OPArmsd.R)

```
library(shapes)
setwd("c:/R과 함께하는 다변량자료분석/R_code_data")
mouseT2<-read.in("mouseT2.txt", 6, 2)
cm<-mouseT2[, , 1:30] # 대조그룹 n1=30
sm<-mouseT2[, , 31:53] # 작은그룹 n2=23
lm<-mouseT2[, , 54:76] # 큰 그룹 n3=23

sm1<-sm[, , 1]
lm1<-lm[, , 1]
plotshapes(lm1, sm1, symbol=1, joinline=c(1, 6, 2, 3, 4, 5, 1))
PA1<-procOPA(lm1, sm1) #matching sm1 onto lm1
plotshapes(PA1$Bhat, symbol=1, joinline=c(1, 6, 2, 3, 4, 5, 1))
PA2<-procOPA(sm1, lm1) #matching lm1 onto sm1
plotshapes(PA2$Bhat, symbol=1, joinline=c(1, 6, 2, 3, 4, 5, 1))

#Shape Vatiability
OPSS_AB=PA1$OSS
RMSD_AB=PA1$rmsd
list(OPSS_AB, RMSD_AB)
```

```
OPSS_BA=PA2$OSS
RMSD_BA=PA2$rmsd
list(OPSS_BA, RMSD_BA)
```

다음으로 [보기 10.4.2]에서는 형상분석의 형상변동 측도 통계량 *OPSS*를 다변량 시각화 기법인 다차원척도법에서 활용하는 사례를 보이고자 한다. 이를 위해 7장의 다차원척도법을 참고하여 [보기 7.2.6] 모스부호자료를 활용한 계량형 MDS 그림을 활용하고 추가로 비계량형 MDS를 통해 제공되는 MDS 그림과의 형상변동을 측정하고 평가하려고 한다.

[보기 10.4.2] 모스부호 자료(morse.txt)의 계량형과 비계량형 MDS 그림의 형상변동

EXAMPLE

[보기 7.2.6]에는 점(. dot)과 선(- dash)의 짧은 신호로 구성된 모스부호(Morse code)에서 0, 1, 2, 3, 4, 5, 6, 7, 8, 9로 이루어진 10개의 아라비아 숫자에 대한 유사성자료가 [자료 7.2.3](morse.txt)에 주어져 있다. 이 자료로부터 표준변환을 통해 얻어진 비유사성자료에 대해 계량형 MDS를 적용한 MDS 그림이 [그림 7.2.6]이고 더불어 같은 자료에 대하여 비계량형 MDS 그림을 얻고 이를 [그림 10.4.1]의 (a)와 (b)에 정리하였다.

R에서 (a)와 (b)의 MDS 그림의 좌표를 가지고 함수 plotshapes()를 활용해서 얻어진 형상이 (c)와 (d)이다. 이는 원 MDS 그림의 형상을 잘 반영하고 있다. 특히, 계량형 MDS 그림은 타원형이고 비계량형 MDS 그림은 마름모형의 형상을 가지고 있다.

따라서 OPA 적합 (c) → (d), (d) → (c)한 후 이들의 형상변동을 위해 *OPSS*와 *RMSD*를 구하여 보면 [표 10.4.5]와 같다. 이를 위한 [R-코드 10.4.3](morse-MDS-OPArmsd.R)를 참고하기 바란다. 특히, [그림 10.4.1]에는 적합 후 형상은 정리하지 않았지만 그 과정은 [R-코드 10.4.3]에 포함되어 있다. 어느 쪽의 OPA 적합을 하든지 간에 *RMSD* 값이 비슷하며 높지 않아 두 MDS 그림의 전체 모양은 다르나 형상변동이 작음을 알 수 있다.

[표 10.4.5] 계량형과 비계량형 MDS 그림의 OPA 적합 형상변동

OPA 적합	*OPSS*	*RMSD*
(c) → (d)	31.88	1.79
(d) → (c)	28.10	1.68

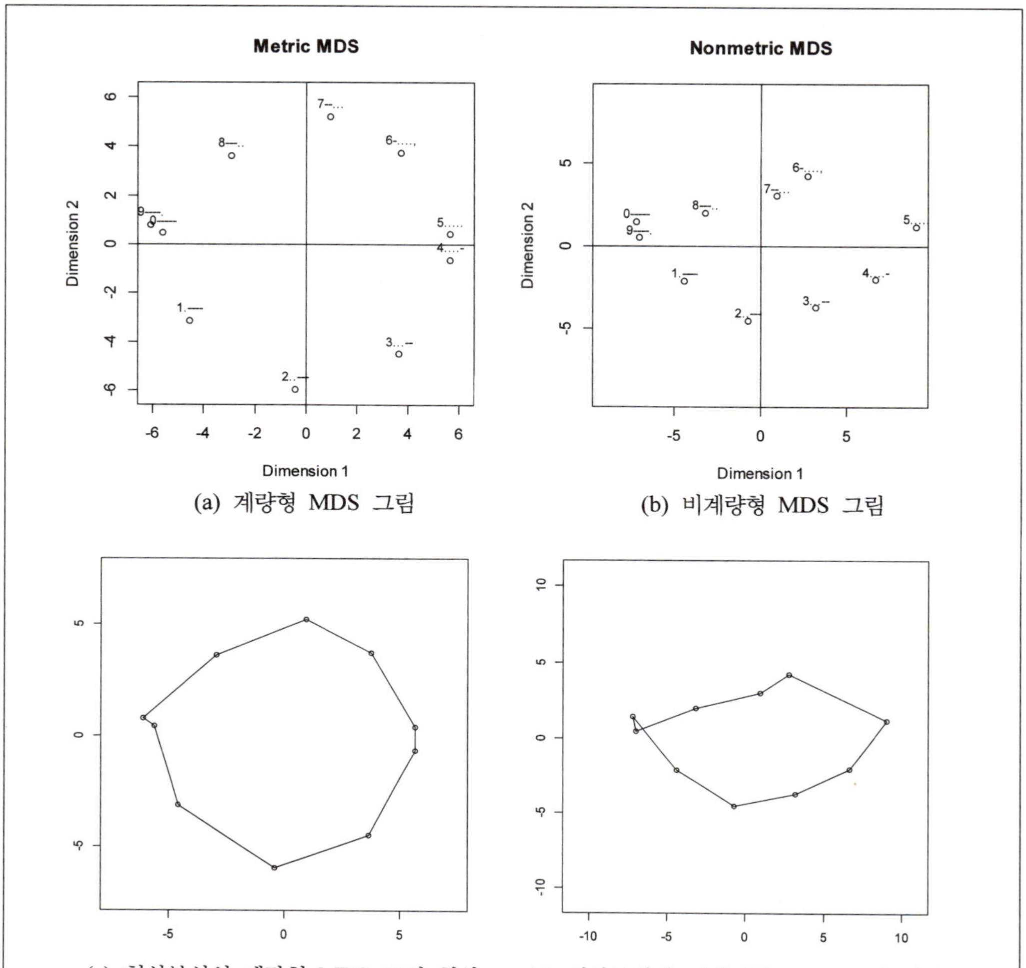

(a) 계량형 MDS 그림
(b) 비계량형 MDS 그림
(c) 형상분석의 계량형 MDS 그림 형상
(d) 형상분석의 비계량형 MDS 그림 형상

[그림 10.5.1] 모스부호 자료의 계량형과 비계량형 MDS 그림의 형상

[R-코드 10.4.3] 모스부호 자료의 계량형과 비계량형 MDS 그림의 OPA 적합의 형상변동 (morse-MDS-OPArmsd.R)

```
library(MASS)
library(shapes)
par(mfrow=c(1,2))
C<- as.matrix(read.table("morse.txt", header=T, check.names=F))
n<-nrow(C)
# Standard Transformation : cij(similarity) to dij(dissimilarity)
J<-matrix(1,n,n)
```

```
cii=diag(diag(C))%*%J
cij=C
cjj=J%*%diag(diag(C))
d<-sqrt(cii-2*cij+cjj)
d
# Metric MDS
con<- cmdscale(d, k=2, eig=T)
con
x<-con$points[,1]
y<-con$points[,2]
lim<-c(-max(abs(con$points)), max(abs(con$points)))
plot(x,y, xlab="Dimension 1", ylab="Dimension 2", xlim=lim, ylim=lim, main="Metric
MDS")
text(x,y+0.6, colnames(d), cex=0.8)
abline(v=0, h=0)
A<-con$points
A
# Nonmetric MDS
con<- isoMDS(d, k=2)
con
x<-con$points[,1]
y<-con$points[,2]
lim<-c(-max(abs(con$points)), max(abs(con$points)))
plot(x,y, xlab="Dimension 1", ylab="Dimension 2", xlim=lim, ylim=lim,
main="Nonmetric MDS")
text(x,y+0.6, colnames(d), cex=0.8)
abline(v=0, h=0)
B<-con$points

# Shapes of MDS
plotshapes(A,joinline=c(1:10, 1))
plotshapes(B,joinline=c(1:10, 1))

# OPA of Shape Analysis
PAB<-procOPA(B,A) # A onto B
plotshapes(PAB$Bhat,joinline=c(1:10, 1))
PBA<-procOPA(A,B) # B onto A
plotshapes(PBA$Bhat,joinline=c(1:10, 1))
list(PBA, PAB)
```

다음으로 R의 함수 procOPA()에 의해서 LS OPA 적합을 시도하는 것 대신에 [표 10.4.1]의 LS OPA 알고리즘의 대수적 절차에 따라 두 개체의 형상 적합시 척도모수와 회전행렬의 추정을 살펴보려 한다. [보기 10.4.2]에서 제공되는 두 가지 MDS 그림의 좌표에 대한 LS OPA 알고리즘 계산과정을 요약한 [보기 10.4.3]을 살펴보자.

[보기 10.4.3] LS OPA 알고리즘의 대수적 계산과정의 이해

EXAMPLE

[보기 10.4.2]에서 모스부호 자료에 대해 계량형과 비계령형 MDS를 적용한 MDS 그림의 LS OPA를 활용한 형상변동을 살펴보았다. 이번에는 [표 10.4.1]의 LS OPA의 대수적 알고리즘의 계산과정을 이해하기 위해 이들 두 MDS 그림의 형상좌표에서 각각 중심화된 형상좌표를 X_1과 X_2라 하자. 이들은 2차원에서 10개의 형상점들로 이루어진 10×2인 크기를 가지며 중심화행렬에 의해서 중심화된 것이다. 여기에서 LS OPA 적합 $X_2 \rightarrow X_1$을 고려하면 이는 [보기 10.4.2]의 [표 10.4.2]의 (d) → (c) 적합에 해당하므로 형상변동은 동일한 $OPSS$와 $RMSD$를 기대할 수 있겠다. 이를 위해 [R-코드 10.4.3]을 생략한 [R-코드 10.4.4](morse-MDS-OPAalogorithm.R)을 참고 바란다.

• 중심화 형상좌표

계량형 MDS: X_1		비계령형 MDS: X_2	
-4.5683272	-3.1377040	-4.4076098	-2.1261653
-0.4079107	-5.9626237	-0.7137196	-4.5293677
3.6389106	-4.4990989	3.1894738	-3.7254810
5.6363286	-0.6275020	6.6534637	-2.0263835
5.6464513	0.4205213	9.0022930	1.1841416
3.7426401	3.7170866	2.7519821	4.2269555
0.9389537	5.2143848	0.9296257	3.0261964
-2.9284754	3.6160868	-3.1954076	2.0171432
-6.0970041	0.8048214	-7.0021901	0.4974936
-5.6015668	0.4540277	-7.2079111	1.4554671

• LS OPA $X_2 \rightarrow X_1$: $X_1^t X_2 = U \Lambda V^t$

$X_1^t X_2$		U		Λ		V	
223.963068	-5.16310	-0.9997506	0.0223333	224.06904	0.0	-0.99948106	0.03221208
-2.039941	92.05611	0.0223333	0.9997506	0.0	91.96556	.03221208	0.99948106

• 척도모수와 회전행렬의 추정: $\hat{\Gamma} = VU^t$, $\hat{\beta} = tr(X_1^t X_2 \hat{\Gamma})/tr(X_2^t X_2)$

$\hat{\Gamma} = VU^t$		$\hat{\beta}$	$OPSS$	$RMSD$
0.999951169	0.009882334	0.895	28.10	1.68
-0.009882334	0.999951169			

실제 척도모수와 회전행렬은 R의 함수 procOPA()의 결과에서 자동으로 제공된다.

[R-코드 10.4.4] 모스부호 자료의 계량형과 비계량형 MDS 그림의 LS OPA 알고리즘 (morse-MDS-OPAalogorithm.R)

```
--- [R-코드 10.4.3] 생략 -----

# Algorithms for OPA(A, B)
J<-matrix(1,n,n)
I<-diag(diag(J))
H<-I-J/n
Ac<-H%*%A
Bc<-H%*%B
t(Ac)%*%Bc
svd<-svd(t(Ac)%*%Bc)
gamma<-svd$v%*%t(svd$u)
beta<-sum(diag((t(Ac)%*%Bc%*%gamma)))/sum(diag(t(Bc)%*%Bc))
OPSS<-sum(diag((t(Ac)%*%Ac))) + beta^2%*% sum(diag((t(Bc)%*%Bc))) -
        2%*%beta%*%sum(diag(svd$d))
RMSD<-sqrt(OPSS/n)
list(beta, gamma, OPSS, RMSD)
```

10.5 GPA 적합 알고리즘

10.3절에서 [보기 10.3.3]의 쥐의 신경 두개골 형상에서 대조그룹과 처리그룹의 각각 5마리의 형상을 비교하거나 [보기 10.3.4]에서 고릴라의 두개골 형상에 대한 각각 암컷 30마리와 숫컷 29마리를 비교하였다. 이는 여러 개체의 형태의 비교를 위한 일반화 프로크러스티즈 분석인 GPA의 적합을 적용한 것으로 R의 함수 procGPA()를 활용한 사례이

다. 이 절에서는 GPA의 적합의 알고리즘을 요약하려 한다.

m차원에서 k개의 형상점들에 의한 크기가 $k \times m$인 $n(\geq 2)$개의 중심화된 형태행렬 $X_1, \ldots, X_n$이 있다고 하자. 그러면 이들 형태행렬은 크기가 $k \times m$인 평균형상 μ인 모집단에서 임의 추출한 표본이고 여기서 평균형상을 추정하고 각각의 형태행렬의 프로크러스티즈 좌표를 얻으면 이것이 GPA에 의한 적합좌표가 된다. 일반적으로 LS GPA 적합의 수리적 개념은 형태행렬간의 쌍별 차에 대한 제곱 놈의 총합

$$G(X_1, \ldots, X_n) = \frac{1}{n} \sum_{i=1}^{n-1} \sum_{j=i+1}^{n} \| (\beta_i X_i \Gamma_i + 1_k \boldsymbol{\alpha}_i^t) - (\beta_j X_j \Gamma_j + 1_k \boldsymbol{\alpha}_j^t) \|^2 \qquad (10.5.1)$$

을 최소화하는 $\boldsymbol{\alpha}_i$, β_i 그리고 Γ_i를 추정하는 것이다. 여기서 $\|X\| = \sqrt{tr(X^t X)}$ 이고 $i = 1, \ldots, n$이며, $\boldsymbol{\alpha}_i$는 $m \times 1$인 위치벡터이고, β_i는 양수로 척도모수이며 Γ_i는 크기가 $m \times m$인 직교회전행렬로 $\Gamma_i^t \Gamma_i = \Gamma_i \Gamma_i^t = I_m$이고 $|\Gamma_i| = 1$을 만족한다.

만약에 (10.5.1)에서 평균형상을 $\mu = \sum_{i=1}^{n} \left(\beta_i X_i \Gamma_i + 1_k \boldsymbol{\alpha}_i^t \right) / n$라 정의하면

$$\begin{aligned} G(X_1, \ldots, X_n) &= \sum_{i=1}^{n} \| (\beta_i X_i \Gamma_i + 1_k \boldsymbol{\alpha}_i^t) - \frac{1}{n} \sum_{i=1}^{n} (\beta_i X_i \Gamma_i + 1_k \boldsymbol{\alpha}_i^t) \|^2, \\ &= \sum_{i=1}^{n} \| \beta_i X_i \Gamma_i + 1_k \boldsymbol{\alpha}_i^t - \boldsymbol{\mu} \|^2 \end{aligned} \qquad (10.5.2)$$

가 된다. 따라서 (10.5.1)를 최소화하는 $\boldsymbol{\alpha}_i$, β_i 그리고 Γ_i를 추정하는 것이 (10.5.2)를 최소화하는 평균형상 $\boldsymbol{\mu}$를 추정하는 것과 동일하다. 실제로 평균형상의 프로크러스티즈 추정치는 다음과 같다.

$$\hat{\boldsymbol{\mu}} = \frac{1}{n} \sum_{i=1}^{n} \left(\hat{\beta}_i X_i \hat{\Gamma}_i + 1_k \hat{\boldsymbol{\alpha}}_i^t \right) \qquad (10.5.3)$$

이다. 이를 프로크러스티즈 평균형상(Procrustes mean shape)이라고 부르기도 한다. 또한 (10.5.1)과 (10.5.2)의 $G(X_1, \ldots, X_n)$를 프로크러스티즈 제곱합(Procrustes sum of squares)이라 한다. 다음으로 각 형태행렬의 추정을 OPA와 같이 프로크러스티즈 좌표 또는 프로크러스티즈 적합이라 하는데 이를 GPA에 의한 적합좌표라 하며 이들을 [표 10.5.1]에 요약하고 있다.

| 표 10.5.1 | GPA에 의한 적합좌표와 추정된 평균형상

<table><tr><td>

GPA에 의한 적합좌표와 이들의 산술평균인 추정된 평균형상은 다음과 같다.

$$\hat{X}_i = \hat{\beta}_i X_i \hat{\Gamma}_i + 1_k \hat{\alpha}_i^t, \quad i = 1, ..., n.$$

$$\hat{\mu} = \frac{1}{n}\sum_{i=1}^{n}\hat{X}_i.$$

</td></tr></table>

참고로 OPA에서 잔차행렬처럼 [표 10.5.1]의 적합좌표에 의한 형태 $\hat{X}_i$과 추정된 평균형상 $\hat{\mu}$ 간에 차이인 형상변동을

$$R_i = \hat{X}_i - \hat{\mu}, \ i = 1, ..., n.$$

에 의해서 직접 판단할 수 있다. 이를 프로크러스티즈 잔차(Procrustes residual)라 한다.

일반적으로 GPA는 Gower(1975)에 의해서 제안되었고 Ten Berge(1977)와 Kent(1994)도 이와 유사한 GPA를 제안하였는데 수리적으로 같은 결과를 준다는 것을 Lima(2003)

| 표 10.5.1 | GPA 알고리즘

<table><tr><td>

m차원에서 k개의 형상점들에 의한 크기가 $k \times m$인 $n(\geq 2)$개의 중심화된 크기가 각각 $\|X_i\| = 1$인 형태행렬 $X_1, ..., X_n$이 있다고 하자.

[1단계] n개의 회전행렬 $\Gamma_i, \ i = 1, ..., n$를 다음과 같이 반복 추정한다.

(1) X_1을 $\frac{1}{n-1}\sum_{i=2}^{n} X_i$로 적합 후 $\hat{X}_1 = X_1 \hat{\Gamma}_1$을 구한다.

(2) X_2를 $\frac{1}{n-1}\left(\hat{X}_1 + \sum_{i=3}^{n} X_i\right)$로 적합 후 $\hat{X}_2 = X_2 \hat{\Gamma}_2$을 구한다.

(n) X_n을 $\frac{1}{n-1}\sum_{i=1}^{n-1}\hat{X}_i$로 적합 후 $\hat{X}_n = X_n \hat{\Gamma}_n$을 구한다.

위의 (1) ~ (n) 과정을 (10.5.2)의 값이 더 이상 줄어들지 않을 때까지 반복한다.

[2단계] $vec(\hat{X}_i) \ i = 1, ..., n$의 $n \times n$ 상관행렬의 스펙트럼분해 $R_X = VDV^t$를 통하여 가장 큰 고윳값에 대응하는 고유벡터를 $\boldsymbol{v} = (v_1, ..., v_n)^t$라 하면

$$\hat{\beta}_i = \frac{\left(\sum_{k=1}^{n}\|\hat{X}_k\|^2\right)^{1/2}}{\|\hat{X}_i\|} v_i, \ i = 1, ..., n$$

이다. 여기서 $vec(\bullet)$는 벡터로 만드는 연산자이다.

[3단계] (10.5.2)의 프로크러스티즈 제곱합이 더 이상 줄어들지 않을 때까지 [1단계]와 [2단계]를 반복한다.

</td></tr></table>

는 자세히 비교하고 있다. 여기서 실제로 (10.5.2)를 만족하는 α_i, β_i 그리고 Γ_i를 추정하는 [표 10.5.1]의 GPA 알고리즘을 소개하기로 하자. 이것은 Gower(1975)의 알고리즘으로 Ten Berge(1977)에 의해서 수정된 것이다.

따라서 [표 10.5.1]에서 얻어진 각각의 $\alpha_i(=0)$, β_i 그리고 Γ_i, $i = 1, \ldots, n$의 추정량을 가지고 [표 10.5.1]에 따라 GPA 적합좌표 $\widehat{X}_i$을 얻을 수 있고, (10.5.3)과 같이 이들의 산술평균인 프로크러스티즈 평균형상 $\hat{\mu}$을 구할 수 있다.

[보기 10.5.1] 대조그룹과 처리그룹 쥐의 신경두개골 평균형상 비교

[보기 10.3.3]의 8개 형상점의 쥐의 신경두개골 자료에서 각각 5마리 쥐로 구성된 대조그룹(neuralskull_control.txt)과 수두증세가 있는 처리그룹(neuralskull_hydro.txt)에 대한 각각의 형상에 평균형상(실선)을 결합하여 그린 것이 [그림 10.5.1]의 (a)와 (b)이다. 이들 평균형상은 일반화 프러크러스티즈 분석 GPA를 적용하여 얻어진 것이다. [그림 10.5.1]-(c)는 이들 각 그룹의 평균형상의 비교를 위해서 이들을 따로 겹쳐서 그린 것이다. 수두 증세가 있는 처리그룹의 평균형상이 대조그룹보다 두개골 윗부분이 매우 높아 보여 서로 간의 차이가 있음을 보여주고 있다.

이를 위한 [R-코드 10.5.1](neuralskull-GPAjointmeanshapes.R)을 참고하기 바라며 [R-코드 10.3.3]의 GPA 적합에 관련된 부분도 포함해 두었다.

[R-코드 10.5.1] 대조그룹과 처리그룹 쥐의 신경두개골 평균형상 비교 (neuralskull-GPAjointmeanshapes.R)

```
library(shapes)
skullc<-read.in("neuralskull_control.txt", 8, 2)
skullh<-read.in("neuralskull_hydro.txt", 8, 2)
plotshapes(skullc, skullh, symbol=1, joinline=c(1:8, 1))

c<-procGPA(skullc)# Control Group
h<-procGPA(skullh) # Treatment Group
plotshapes(c$mshape, h$mshape, joinline=c(1:8, 1))

#Control group
plot(c$rotated[, 1, ], c$rotated[, 2, ], xlab="Dim1", ylab="Dim2" )
points(c$mshape)
lines(c$mshape[c(1:8, 1), ])

#Treatment group
```

```
plot(h$rotated[, 1, ], h$rotated[, 2, ], xlab="Dim1", ylab="Dim2" )
points(h$mshape)
lines(h$mshape[c(1:8, 1), ])

# Joint Mean Shapes
plot(c$mshape[, 1], c$mshape[, 2], xlim=c(-15, 15), ylim=c(-15, 15), xlab="Dim1",
ylab="Dim2" )
lines(c$mshape[join, ], lty=1)
par(new=TRUE)
plot(h$mshape[, 1], h$mshape[, 2], xlim=c(-15, 15), ylim=c(-15, 15), xlab="Dim1",
ylab="Dim2" )
lines(h$mshape[join, ], lty=3)
legend("bottomright", c("control", "treatment"), lty=c(1, 3))
```

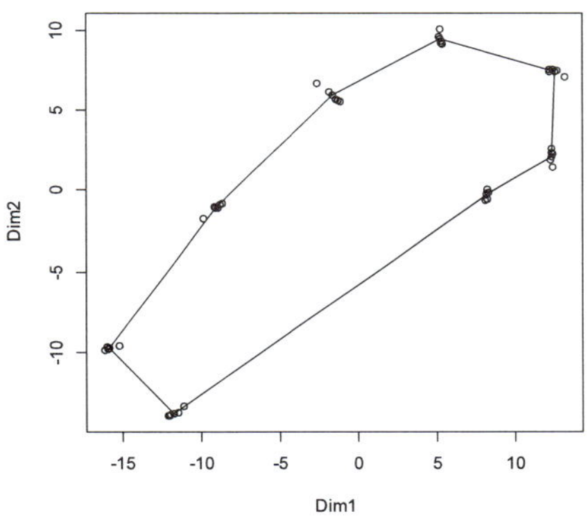

(a) 대조그룹의 전체형상과 평균형상

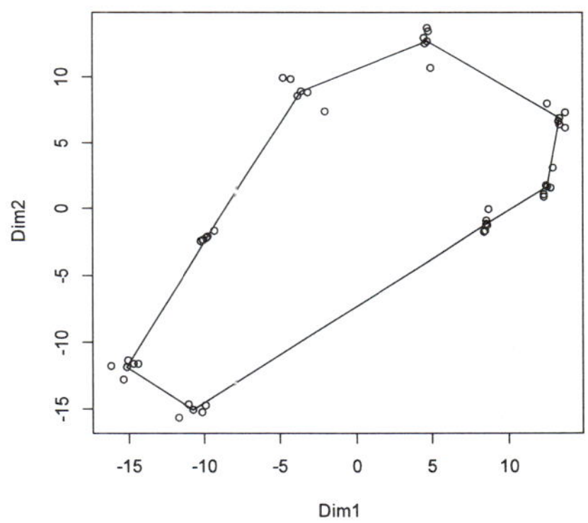

(b) 처리그룹의 전체형상과 평균형상

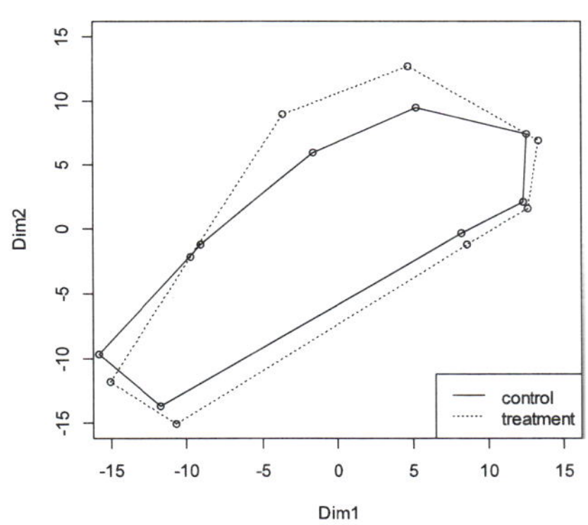

(c) 두 그룹의 GPA 평균형상: 대조그룹(실선), 처리그룹(점선)

[그림 10.5.1] 대조그룹과 처리그룹 쥐의 신경두개골에 대한 GPA 평균형상의 비교

[보기 10.5.2] 고릴라 암컷과 수컷의 두개골 평균형상 비교

[보기 10.3.4]에서 고릴라의 두개골 형상에 대한 각각 암컷 30마리와 수컷 29마리로 구성된 자료 data(gorf.dat)와 data(gorm.dat)의 형상 비교를 통해 각각의 형상에 평균형상(실선)을 결합하여 그린 것이 [그림 10.5.2]의 (a)와 (b)이다. [그림 10.5.2]-(c)는 이들 각 그룹의 평균형상을 겹쳐서 그린 것이다. 수컷(점선)의 두개골 형상이 암컷(실선) 보다는 전체적으로 규모면에서 시각적으로 커 보여 서로 간의 차이가 있음을 보여주고 있다.

이를 위한 [R-코드 10.5.2](gorfm-GPAjointmeanshapes.R)을 참고하기 바라며 [R-코드 10.3.4]을 포함하고 있다.

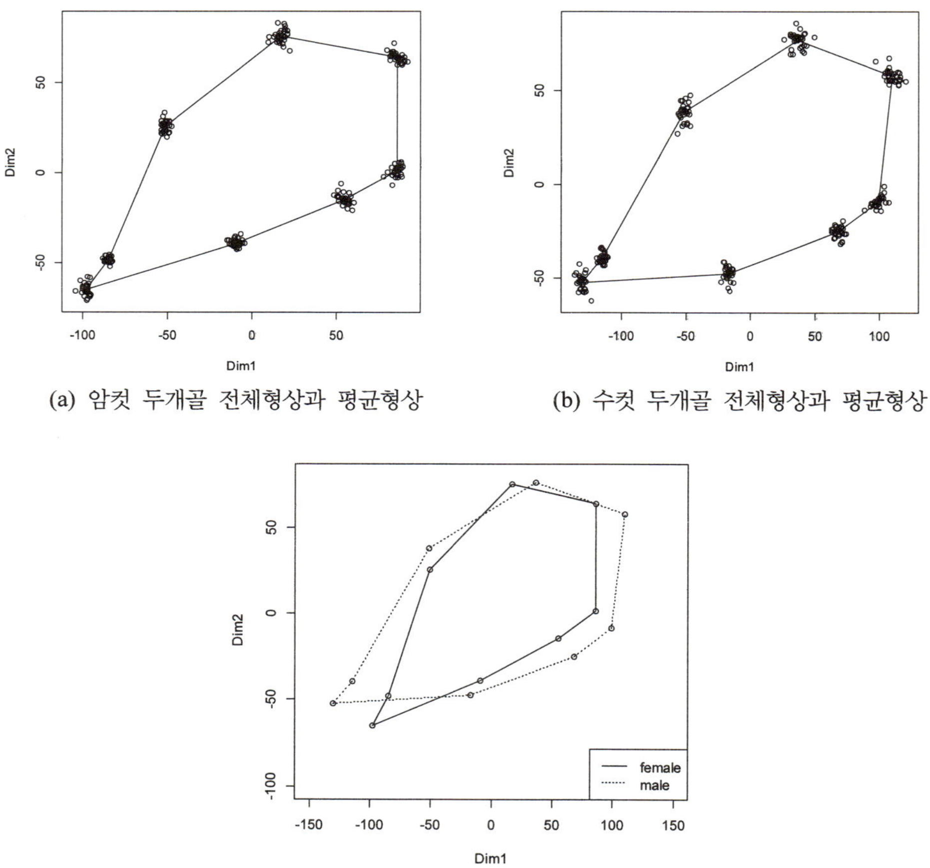

(a) 암컷 두개골 전체형상과 평균형상

(b) 수컷 두개골 전체형상과 평균형상

(c) 두 그룹의 두개골 GPA 평균형상: 암컷(실선), 수컷(점선)

[그림 10.5.2] 고릴라 암컷과 수컷의 두개골에 대한 GPA 평균형상의 비교

[R-코드 10.5.2] 고릴라 암컷과 수컷의 두개골 GPA 평균형상 비교 (gorfm-GPAjointmeanshapes.R)

```
library(shapes)
# female and male Gorillas (Dryden and Mardia, 1998)
data(gorf.dat)
data(gorm.dat)
n1<-dim(gorf.dat)[3]
n2<-dim(gorm.dat)[3]

gorft<-array(0,dim=c(8,2, n1))
for(i in 1:n1){
T<-matrix(c(cos(90),sin(90),
            -sin(90), cos(90)), byrow=T, nrow=2)
gorft[,,i]<-gorf.dat[,,i]%*%T
}
gormt<-array(0,dim=c(8,2, n2))
for(i in 1:n2){
T<-matrix(c(cos(90), sin(90),
            -sin(90), cos(90)), byrow=T, nrow=2)
gormt[,,i]<-gorm.dat[,,i]%*%T
}

join<-c(1,5,4,3,2,8,7,6,1)
plotshapes(gorft, gormt, symbol=1,joinline=join)

gorf<-procGPA(gorft)
gorm<-procGPA(gormt)
plotshapes(gorf$mshape, gorm$mshape, symbol=1, joinline=join)

#Female group
plot(gorf$rotated[,1,], gorf$rotated[,2,], xlab="Dim1", ylab="Dim2" )
points(gorf$mshape)
lines(gorf$mshape[join,])

#Male group
plot(gorm$rotated[,1,],gorm$rotated[,2,], xlab="Dim1", ylab="Dim2" )
points(gorm$mshape)
lines(gorm$mshape[join,])

# Joint Mean Shapes
plot(gorf$mshape[,1], gorf$mshape[, 2],xlim=c(-150, 150), ylim=c(-100,80),
xlab="Dim1", ylab="Dim2" )
lines(gorf$mshape[join,], lty=1)
par(new=TRUE)
```

```
plot(gorm$mshape[,1],    gorm$mshape[,    2],xlim=c(-150,    150),    ylim=c(-100,80),
xlab="Dim1", ylab="Dim2" )
lines(gorm$mshape[join,], lty=3)
legend("bottomright",c("female","male"), lty=c(1, 3))
```

지금까지 [보기 10.5.1]과 [보기 10.5.2]의 [그림 10.5.1]과 [그림 10.5.2]의 (a)와 (b)는 그룹 간의 여러 개체의 형상과 GPA 적합에서는 평균형상을 겹쳐 그려 둔 것인데 평균형상의 형상점과 비교해서 상대적으로 많이 벗어 난 형상점 이상치(landmark outliers) 또는 개체 이상치(object outlier)를 가진 형상으로 여길 수 있다. 이는 형상 간의 OPA와 GPA 적합을 위한 최소제곱법에 영향을 끼치기 때문이다. Hyun(2006), 최용석과 현기홍(2006)은 이들의 영향을 줄여 적합하는 방법인 저항성(resistant) 형상분석을 다루고 있다.

더불어 [그림 10.5.1]과 [그림 10.5.2]의 두 그룹에 대한 평균형상 비교를 다룬 (c)에서는 시각적으로 형상 간의 차이를 다소 주관적으로 살펴보았다. 이를 대신하여 10.6절에서는 평균형상에 대한 검정을 소개하고자 한다.

10.6 평균형상의 비교와 검정

10.5절 GPA 알고리즘에서 m차원에서 k개의 형상점들에 의한 크기가 $k\times m$이고 두 그룹의 형태행렬 $X_{g1},\ \dots,\ X_{gn_g},\ g=1,\ 2$이 있다고 하자. 이들 두 그룹의 평균형상 $\boldsymbol{\mu}_1$과 $\boldsymbol{\mu}_2$ 간의 차이를 검정하기 위해서 다음과 같은 귀무가설과 대립가설을 고려할 수 있다.

$$H_0 : \boldsymbol{\mu}_1 = \boldsymbol{\mu}_2,\ H_1 : \boldsymbol{\mu}_1 \neq \boldsymbol{\mu}_2 \tag{10.6.1}$$

이를 검정하기 위해서 계산의 편의상 2차원의 유클리드공간의 크기가 $k\times 2$ 형태행렬 $X_{g1},\ \dots,\ X_{gn_g},\ g=1,\ 2$의 (10.2.3)을 만족하는 북스테인좌표 v_{1i}와 v_{2i}은 각각 크기가 $2(k-2)\times 1$이며 서로 독립이면서 다음과 같이 다변량 정규분포를 따른다고 하자.

$$\begin{aligned} v_{1i} &\sim N_{2(k-2)}(\boldsymbol{\delta}_1,\ \Sigma_1),\ i=1,\ \dots,\ n_1, \\ v_{2i} &\sim N_{2(k-2)}(\boldsymbol{\delta}_2,\ \Sigma_2),\ \ i=1,\ \dots,\ n_2 \end{aligned} \tag{10.6.2}$$

다음으로 이들 북스테인좌표의 평균벡터를 $\bar{v}_1$과 $\bar{v}_2$라 하고 각각의 공분산행렬을 S_1

과 S_2를 얻게 된다. 이들에 의한 합동공분산행렬 $S_p = (n_1 S_1 + n_2 S_2)/(n_1 + n_2 - 2)$의 역행렬 S_p^{-1}를 이용하여 다음과 같이 평균벡터를 $\bar{v}_1$과 $\bar{v}_2$ 간의 마할라노비스 거리를 정의할 수 있다.

$$D^2 = (\bar{v}_1 - \bar{v}_2)^t S_p^{-1} (\bar{v}_1 - \bar{v}_2) \tag{10.6.3}$$

Dryden과 Mardia(1998, Chapter 4)의 [정의 4.7]에 따르면 m차원에서 k개의 형상점들에 의한 형상공간(shape space)의 차원은

$$M = km - m - 1 - \frac{m(m-1)}{2}$$

이므로 2차원의 k개의 형상점들에 의해서는 $M = 2(k-2)$ 차원의 형상공간을 고려하게 된다. (10.6.1)의 귀무가설 $H_0 : \mu_1 = \mu_2$에서 (10.6.2)의 두 그룹의 북스테인좌표들의 분포의 평균벡터 $\delta_1 = \delta_2$를 만족하고 두 그룹의 두 공분산행렬이 동질하다는 가정 $\Sigma_1 = \Sigma_2$에서 (10.6.3)의 마할라노비스 거리에 의한 호텔링 T^2 통계량에 근거한 다음과 같은 검정통계량을 사용하기로 한다.

$$F = \frac{n_1 n_2 (n_1 + n_2 - M - 1)}{(n_1 + n_2)(n_1 + n_2 - 2)M} D^2 \tag{10.6.4}$$

(10.6.4)의 검정통계량 F는 $F_{M,\, n_1 + n_2 - M - 1}$ 분포를 따르며 이 값이 크면 귀무가설 $H_0 : \mu_1 = \mu_2$를 기각하게 된다.

(10.6.4)의 검정통계량을 활용한 검정을 수행하기 위해서는 먼저 두 그룹의 북스테인좌표가 다변량 정규성을 만족해야 하는데 이를 위한 검정은 6장에서 살펴본 R의 library (MVN)의 함수 mardiaTest()를 활용하면 된다. 더불어 두 그룹의 공분산행렬의 동질성이 성립해야 하며 이를 위한 검정으로 library(biotools)의 함수 boxM()을 활용한 6장의 판별분석에서 [표 6.3.1]의 박스 M-검정이 사용된다. 이들 두 가지 가정이 충족이 되면 최종적으로 library(Hotelling)의 함수 hotelling.test()를 이용하면 된다. 만약에 공분산행렬의 동질성이 만족이 되지 않으면 베렌스-피셔(Behrens-Fisher) 문제에 의해서 호텔링 T^2 통계량 대신에 Srivastva(2002, pp. 118-122)의 T^2 통계량을 사용한 검정을 적용해야 하며 이를 위해 [보기 10.1.6]에서는 [R-코드 10.6.1]의

```
# Behrens-Fisher Problem: Unequal Covaraince Matrices
```

이하를 추가하였다. 편의상 평균형상 검정에서 베렌스-피셔 문제에 의한 검정을 BF 평균

형상 검정이라 하고 (10.6.4)에 의한 검정을 H 평균형상 검정이라 한다. 만약에 다변량 정규성이 만족되지 않으면 비모수방법인 순열검정(permutation test)을 활용한 유의확률도 함수 hotelling.test()에서 perm=TRUE 옵션에 의해서 제공되니 참고하기 바란다.

두 그룹의 평균형상 검정에 관한 절차를 [표 10.6.1]에 요약해 두었다.

| 표 10.6.1 | 평균형상 검정의 절차

두 그룹의 크기가 $k \times m$인 형태행렬 $X_{g1}, \ldots, X_{gn_g}$, $g=1, 2$가 있다.

[1단계] 북스테인좌표를 구한다.

- $v_{1i} \sim N_{2(k-2)}(\delta_1, \Sigma_1)$, $i=1, \ldots, n_1$, $v_{2i} \sim N_{2(k-2)}(\delta_2, \Sigma_2)$, $i=1, \ldots, n_2$

[2단계] 공분산행렬과 합동공분산행렬을 구한다.

- 합동공분산행렬: $S_p = \dfrac{(n_1-1)S_1 + (n_2-1)S_2}{n_1+n_2-2}$

[3단계] 다변량 정규성 검정을 실시한다.

- 다변량 정규성이 만족되지 않으면 순열검정을 실시한다.

[4단계] 공분산행렬의 동질성 검정을 한다.

- 박스 M-검정을 실시한다.

[5단계] 평균형상 검정: BF 평균형상 검정 또는 H 평균형상 검정

- [4단계]가 만족되면 H 평균형상 검정을 실시한다.
- [4단계]가 만족되지 않으면 BF 평균형상 검정을 실시한다.

Dryden과 Mardia(1998, Chapter 7)에 따르면 (10.6.2)를 만족하는 북스테인좌표 대신에 두 그룹의 형태행렬의 1차원 복소수 형상점좌표의 표준화로부터 탄젠트좌표(tangent coordinate)를 활용한 검정을 소개하고 있다. 특히, library(shapes)에서는 함수 testmeanshapes()는 호텔링 T^2 통계량을 통한 F-검정과 Gooldall(1991)의 검정, Amaral 외(2007)에 제안한 James T^2에 관해 각각 검정통계량으로 이들의 이름을 딴 H, G, J를 제공한다. 이들은 두 그룹의 탄젠트좌표가 다변량 정규성과 공분산행렬의 등분산의 성립 여부에 따라 두 종류의 유의확률을 제공하는데 이들은 재표집법(resampling method)을 통한 붓스트랩검정(bootstrap test)과 순열검정(permutation test)을 활용한 것이다.

북스테인좌표와 탄젠트좌표 간에는 근사적으로 선형관계가 성립하며 이들을 활용한 통계적 추정과 검정은 수리적으로 유사한 결과를 제공한다고 알려져 있다(Dryden과 Mardia, 1998, pp. 169-170).

참고로 이 책에서는 다루지 않으나 탄젠트좌표를 활용하여 Gooldall(1991)은 셋 이상의 여러 군집의 형상평균을 비교하는 데에 개체 수가 동일한 균형분산분석(balanced

ANOVA)을 제안하였고 Kim 외(2010a)는 개체 수가 동일하지 않은 경우 불균형분산분석(unblanced ANOVA)을 제안하였다.

끝으로 두 그룹의 개체 수의 합 $n_1 + n_2$이 최소한 $M+1 = 2k-3$보다는 커야 한다. 예를 들자면 [보기 10.5.1]의 경우에는 8개 형상점의 쥐의 신경두개골 자료에서 각각 5마리 쥐로 구성된 대조그룹과 수두증세가 있는 처리그룹에 대해서는 $n_1 + n_2 = 5+5$는 $2k-3 = 13$보다 작아서 (10.6.4)의 검정 통계량을 적용할 수가 없다.

[보기 10.6.1] 쥐의 척추 뼈 형상: 작은 그룹과 큰 그룹의 평균형상 검정

EXAMPLE

쥐의 척추 뼈 형상에 대한 몸무게의 영향을 알아보기 위하서 몸무게에 따라 큰 그룹(23마리)과 작은 그룹(23마리) 그리고 대조그룹(30마리)으로 나눈 자료(mouseT2.txt)에 대해 [보기 10.2.1]에는 작은 그룹에 대한 척추 뼈의 T2 형상, 북스테인좌표의 형상, 북스테인좌표의 평균형상을 보여주고 있다. [보기 10.3.2]는 작은 그룹과 큰 그룹의 첫 번째 쥐의 북스테인좌표의 평균형상을 보여주고 있다. 여기서 형상점의 수는 $k=6$이다.

[그림 10.6.1]에는 작은 그룹과 큰 그룹의 쥐의 북스테인 평균형상을 비교하기 위해서 실선과 점선으로 표시해 두었다. 작은 그룹을 1이라고 큰 그룹을 2라고 하면 귀무가설 $H_0 : \boldsymbol{\mu}_1 = \boldsymbol{\mu}_2$의 검정 결과도 요약되어 있다. 이를 위한 [R-코드 10.6.1](slmouse-GPAmeanshapes-test.R)을 참고하기 바라며 평균형상 검정의 절차 [표 10.6.1]에 따라 다음과 같이 요약할 수 있다.

[1단계] 북스테인좌표를 구한다.

- 작은 그룹과 큰 그룹의 쥐의 척추뼈 평균형상의 비교와 검정을 위해 먼저 기저 형상점을 제외한 각 개체별 크기가 $(k-2)\times 2$인 북스테인좌표 $(u_j^B,\ v_j^B)$, $j = 3,\ 4,\ 5,\ 6$를 구해야 한다. 계산은 함수 bookstein2d()를 활용하면 되고 다만 기저 형상점을 제외하면 된다.
- [표 10.2.3]의 작은 쥐 척추뼈 형상의 기저 형상점이 포함된 북스테인좌표로부터 좌표를 벡터화하면 얻어지는 실제 북스테인좌표와 같이 큰 그룹에도 적용하면 다음과 같이 두 그룹의 크기가 $23\times 2(6-2)$인 북스테인좌표 행렬이 얻어진다.

작은 그룹(23마리): $\boldsymbol{v}_{1i} = (u_{1i3}^B,\ \ldots,\ u_{1i6}^B,\ v_{1i3}^B,\ \ldots,\ v_{1i6}^B)^t,\ i=1,\ \ldots,\ 23$

큰 그룹(23마리): $\boldsymbol{v}_{2i} = (u_{2i3}^B,\ \ldots,\ u_{2i6}^B,\ v_{2i3}^B,\ \ldots,\ v_{2i6}^B)^t,\ i=1,\ \ldots,\ 23$

[2단계] 공분산행렬과 합동공분산행렬을 구한다.

• 공분산 행렬

공분산 행렬	u_3^B,	u_4^B,	u_5^B,	u_6^B,	v_3^B,	v_4^B,	v_5^B,	v_6^B
	2.895416e-04	2.974838e-04	5.239751e-05	1.308965e-04	–1.830910e-04	-0.0002606986	-8.373288e-05	-4.224979e-05
	2.974838e-04	7.060311e-04	1.612072e-04	9.731573e-05	-6.617855e-05	-0.0001489232	-2.073162e-05	1.317028e-04
	5.239751e-05	1.612072e-04	1.745181e-04	4.603316e-05	4.886208e-05	0.0001544859	9.391398e-05	8.439723e-05
$S_1 =$	1.308965e-04	9.731573e-05	4.603316e-05	5.416055e-04	4.826141e-05	0.0001047918	1.539333e-04	2.108312e-05
	-1.830910e-04	-6.617855e-05	4.886208e-05	4.826141e-05	1.021836e-03	0.0021670974	9.224015e-04	3.822972e-04
	-2.606986e-04	-1.489232e-04	1.544859e-04	1.047918e-04	2.167097e-03	0.0057161952	2.133517e-03	6.497367e-04
	-8.373288e-05	-2.073162e-05	9.391398e-05	1.539333e-04	9.224015e-04	0.0021335170	9.695868e-04	3.918617e-04
	-4.224979e-05	1.317028e-04	8.439723e-05	2.108312e-05	3.822972e-04	0.0006497367	3.918617e-04	4.467309e-04
	2.436965e-04	9.903168e-05	2.712419e-05	1.372577e-04	1.362060e-04	1.113131e-04	2.601791e-04	2.205329e-04
	9.903168e-05	2.259113e-03	1.045117e-04	1.449786e-04	6.446125e-04	3.849761e-05	4.382878e-04	3.535591e-04
	2.712419e-05	1.045117e-04	1.236160e-04	1.953559e-05	-9.166202e-05	-1.380469e-04	-4.349346e-05	-5.912558e-05
$S_2 =$	1.372577e-04	1.449786e-04	1.953559e-05	4.514081e-04	3.503632e-04	2.886688e-04	3.536065e-04	2.838304e-04
	1.362060e-04	6.446125e-04	-9.166202e-05	3.503632e-04	1.198827e-03	1.138642e-03	9.156157e-04	8.287443e-04
	1.113131e-04	3.849761e-05	-1.380469e-04	2.886688e-04	1.138642e-03	2.554195e-03	9.781482e-04	5.811301e-04
	2.601791e-04	4.382878e-04	-4.349346e-05	3.536065e-04	9.156157e-04	9.781482e-04	1.034691e-03	8.146394e-04
	2.205329e-04	3.535591e-04	-5.912558e-05	2.838304e-04	8.287443e-04	5.811301e-04	8.146394e-04	1.570725e-03

• 합동공분산행렬: $S_p = \dfrac{(n_1-1)S_1+(n_2-1)S_2}{n_1+n_2-2} = \dfrac{(23-1)S_1+(23-1)S_2}{23+23-2}$

공분산 행렬	u_3^B,	u_4^B,	u_5^B,	u_6^B,	v_3^B,	v_4^B,	v_5^B,	v_6^B
	2.666191e-04	1.982577e-04	3.976085e-05	1.340771e-04	–2.344253e-05	-7.469275e-05	8.822311e-05	8.914156e-05
	1.982577e-04	1.482572e-03	1.328595e-04	1.211472e-04	2.892170e-04	-5.521282e-05	2.087781e-04	2.426309e-04
	3.976085e-05	1.328595e-04	1.490670e-04	3.278437e-05	-2.139997e-05	8.219500e-06	2.521026e-05	1.263583e-05
$S_P =$	1.340771e-04	1.211472e-04	3.278437e-05	4.965068e-04	1.993123e-04	1.967303e-04	2.537699e-04	1.524568e-04
	-2.344253e-05	2.892170e-04	-2.139997e-05	1.993123e-04	1.110332e-03	1.652870e-03	9.190086e-04	6.055207e-04
	-7.469275e-05	-5.521282e-05	8.219500e-06	1.967303e-04	1.652870e-03	4.135195e-03	1.555833e-03	6.154334e-04
	8.822311e-05	2.087781e-04	2.521026e-05	2.537699e-04	9.190086e-04	1.555833e-03	1.002139e-03	6.032506e-04
	8.914156e-05	2.426309e-04	1.263583e-05	1.524568e-04	6.055207e-04	6.154334e-04	6.032506e-04	1.008728e-03

[3단계] 다변량 정규성 검정

• R의 library(MVN)의 함수 mardiaTest() 또는 mvn()에 의해서 다음과 같은 결과를 얻는다. Q-Q 그림상 다소 이상치들이 발견되나 전체적으로 다변량 정규분포가 만족됨을 보여준다.

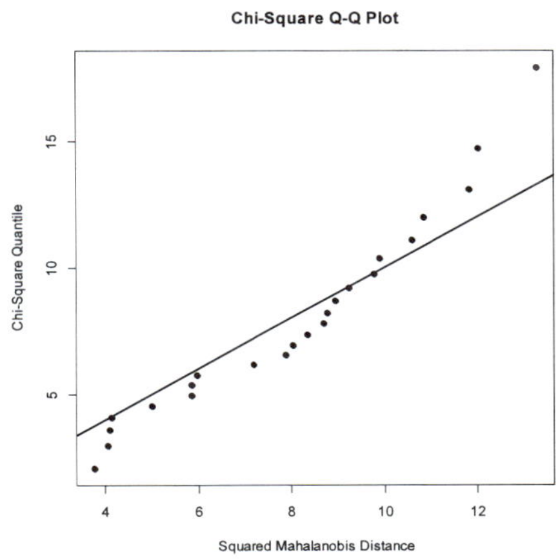

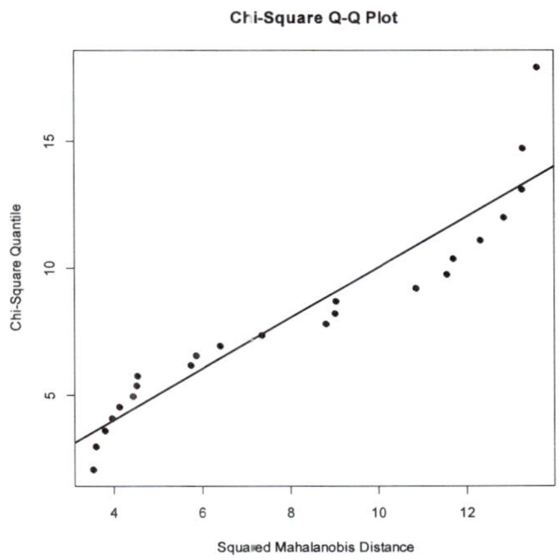


```
Mardia's Multivariate Normality Test
---------------------------------------
data : v1

g1p                : 27.14159
chi.skew           : 104.0428
p.value.skew       : 0.8499108

g2p                : 71.40225
z.kurtosis : -1.629892
p.value.kurt       : 0.1031244

chi.small.skew     : 120.974
p.value.small      : 0.4579022

Result             : Data are multivariate normal.
---------------------------------------
```

```
Mardia's Multivariate Normality Test
---------------------------------------
data : v2

g1p                : 29.69923
chi.skew           : 113.8471
p.value.skew       : 0.6409249

g2p                : 77.22039
z.kurtosis         : -0.5269356
p.value.kurt       : 0.5982383

chi.small.skew     : 132.3737
p.value.small      : 0.2073926

Result             : Data are multivariate normal.
---------------------------------------
```

[4단계] 공분산행렬의 동질성 검정

- R의 library(biotools)의 함수 boxM()에 의해서 제공된다.
- 형상점 수: $k=6$, 그룹의 수: $g=2$, 북스테인좌표의 변수 수: $p=2(k-2)$
- 박스 M-검정: $M = -2\gamma \ln \Lambda = \gamma \sum_{g=1}^{2} (n_g - 1) \log \left| S_g^{-1} S_p \right| = 54.059$
- 자유도: $df = p(p+1)(g-1)/2 = 8(8+1)(2-1)/2 = 36$
- p-값$=0.027$
- 검정의 결과: p-값이 유의수준 0.05보다 작아 $H_0 : \Sigma_1 = \Sigma_2$가 유의수준 5%에서 기각되므로 두 그룹의 공분산행렬에 동질성이 없음을 보여준다.

[5단계] 평균형상 검정: BF 평균형상 검정 또는 H 평균형상 검정

- [4단계]의 결과에 따라 BF 평균형상검정을 실시한다.
- BF 평균형상검정을 위한 검정통계량 $F = 16.841$의 유의확률 p-값$= 0.000$에 따르면 유의수준 5%에서 귀무가설 $H_0 : \mu_1 = \mu_2$를 기각하므로 두 그룹의 평균형상은 다르다고 여겨진다.
- 참고로 만약에 두 공분산행렬의 동질성검정의 결과를 무시한 (10.6.5)를 활용한 H 평균형상 검정을 적용하더라도 BF 평균형상 검정과 유사한 결과를 제공한다.
- 평균형상 검정은 library(Hotelling)의 함수 hotelling.test()에 의해서 제공된다.

(1) 다변량 정규성 검정
- 두 그룹 모두 만족

(2) 공분산행렬의 동질성 검정
- 검정통계량 $M = 54.059$
- p-값$= 0.027$

(3) BF 평균형상 검정
- 검정통계량 $F = 16.841$
- p-값$= 0.000$

(4) H 평균형상 검정
- 검정통계량 $F = 14.85$
- p-값$= 0.000$

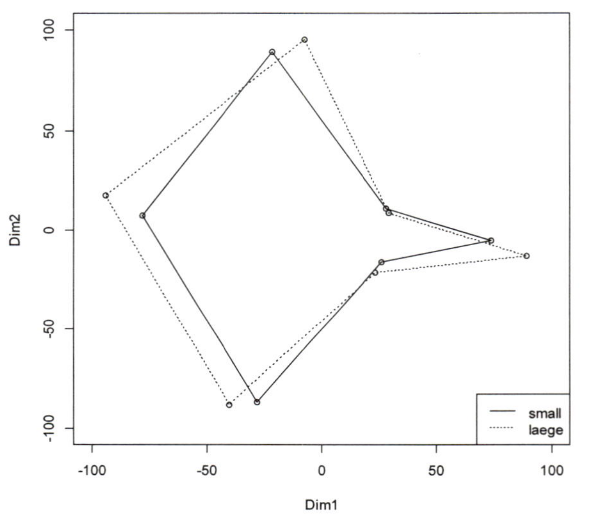

두 그룹의 평균형상: 작은 그룹(실선), 큰 그룹(점선)

[그림 10.6.1] 쥐의 척추 뼈 형상: 작은 그룹과 큰 그룹의 평균형상의 비교

[R-코드 10.6.1] 쥐의 척추 뼈 형상: 작은 그룹과 큰 그룹의 평균형상 검정 (slmouse-GPAmeanshapes-test.R)

```
llibrary(shapes)
library(biotools)
library(MVN)
library(Hotelling)
setwd("c:/R과 함께하는 다변량자료분석/R_code_data")
mouseT2<-read.in("mouseT2.txt",6,2)
cm<-mouseT2[,,1:30] # 대조그룹 : 30
```

```
sm<-mouseT2[,,31:53] # 작은그룹: 23
lm<-mouseT2[,,54:76] # 큰 그룹 : 23

# GPA
join<-c(1, 6, 2, 3, 4, 5,1)
PAsm<-procGPA(sm)
PAlm<-procGPA(lm)

# Joint Bookstein's Mean Shapes
plot(PAsm$mshape[,1], PAsm$mshape[, 2],xlim=c(-100, 100), ylim=c(-100, 100),
xlab="Dim1", ylab="Dim2" )
lines(PAsm$mshape[join,], lty=1)
par(new=TRUE)
plot(PAlm$mshape[,1], PAlm$mshape[, 2],xlim=c(-100, 100), ylim=c(-100, 100),
xlab="Dim1", ylab="Dim2" )
lines(PAlm$mshape[join,], lty=3)
legend("bottomright",c("small","laege"), lty=c(1, 3))

# Bookstein Coordinates
booksm<-bookstein2d(sm)
booklm<-bookstein2d(lm)
v1<-t(apply(booksm$bshpv[3:6,,],3,c))
v2<-t(apply(booklm$bshpv[3:6,,],3,c))
p=ncol(v1);

# MVN tests based on the Skewness and Kurtosis Statistics
par(mfrow=c(1,2))
mardiaTest(v1, qqplot = TRUE)
mardiaTest(v2, qqplot = TRUE)

# Data for M-test
n1=dim(sm)[3]
n1
n2=dim(lm)[3]
gp1<-rep(1, n1)
gp2<-rep(2, n2)
small=cbind(v1,gp1)
large=cbind(v2,gp2)
both<-rbind(small,large)

# Box's M-test for equality of two covariance matrices
boxM(both[,-9], both[, 9])

# Behrens-Fisher Problem : Unequal Covariance Matrices
S1=cov(v1);S2=cov(v2)
Sp=((n1-1)*S1 + (n2-1)*S2)/(n1+n2-2)
```

```
list(S1, S2, Sp)
ms <- matrix(1/n1,1,n1)%*%v1    #작은 그룹 평균
ml <- matrix(1/n2,1,n2)%*%v2    #큰 그룹 평균
e<-(ms-ml)%*%solve((S1/n1)+(S2/n2))
Tsq <- e%*%t(ms-ml);
finv <- (e%*%S1%*%t(e))^2/((Tsq^2)*((n1^3)-(n1^2)))
         + (e%*%S2%*%t(e))^2/((Tsq^2)*((n2^3)-(n2^2)));
f <- round(1/finv,0)
F0 <- (f-p+1)/(f*p)*Tsq ;
alpha <- 0.05
Ta <- qf(alpha, p, f-p+1);Ta
pvalue <- 1- pf(F0, p, f-p+1); ue
list(F0, f, Ta, pvalue)

# Hotelling's T^2 test for Bookstein Coordinates
fit=hotelling.test(v1, v2)
fit
```

[보기 10.6.2] 고릴라 암컷과 수컷의 두개골 평균형상 검정

EXAMPLE

[보기 10.3.4]에서 형상점 8개로 이루어진 고릴라의 두개골 형상에 대한 각각 암컷 30마리와 수컷 29마리로 구성된 자료의 형상 비교를 위해 [그림 10.5.2]의 (c)에서 암컷(실선)과 수컷(점선)을 구분한 평균형상을 보여 주었다. 이를 [그림 10.6.2]에 재인용하였고 시각적으로 수컷의 두개골 형상이 암컷보다 전체적으로 커 보인다. 암컷 그룹을 1이라고 수컷 그룹을 2라고 하면 두 그룹의 평균형상에 대한 귀무가설 $H_0 : \mu_1 = \mu_2$의 검정의 결과도 요약되어 있다. 이를 위한 [R-코드 10.6.2](gorfm-GPAmeanshapes-test.R)을 참고하기 바라며 그 결과는 다음과 같이 요약되며 [보기 10.6.1]에서 [표 10.6.1]의 형상평균 검정 절차에 따라 R 코드와 관련된 함수 등 자세히 설명하였으므로 여기서는 생략하기로 한다.

[1단계] 북스테인좌표를 구한다.

- 고릴라 암컷 30마리 그룹과 수컷 29마리 그룹의 형상점이 $k=8$개인 두개골 평균형상의 비교와 검정을 위해 기저 형상점을 제외한 각 개체별 크기가 $(8-2)\times 2$인 북스테인좌표 $(u_j^B,\ v_j^B)$, $j=3,\ \ldots,\ 8$를 구하자.
- 기저 형상점이 포함된 북스테인좌표로부터 좌표를 벡터화하여 다음과 같이 두 그룹

의 크기가 각각 30×12와 29×12인 북스테인좌표 행렬이 얻어진다.

암컷 그룹(30마리): $\boldsymbol{v}_{1i}=(u_{1i3}^B,\ \dots,\ u_{1i8}^B,\ v_{1i3}^B,\ \dots,\ v_{1i8}^B)^t,\ i=1,\ \dots,\ 30$

수컷 그룹(29마리): $\boldsymbol{v}_{2i}=(u_{2i3}^B,\ \dots,\ u_{2i8}^B,\ v_{2i3}^B,\ \dots,\ v_{2i8}^B)^t,\ i=1,\ \dots,\ 29$

[2단계] 공분산행렬과 합동공분산행렬을 구한다.

- 각 그룹의 크기가 각각 30×12와 29×12인 북스테인좌표 행렬로부터 크기가 12×12인 S_1과 S_2를 얻는다.
- 합동공분산행렬: $S_p=\dfrac{(n_1-1)S_1+(n_2-1)S_2}{n_1+n_2-2}=\dfrac{(30-1)S_1+(29-1)S_2}{30+29-2}$

[3단계] 다변량 정규성 검정

- R의 library(MVN)의 함수 mardiaTest() 또는 mvn()에 의해서 [보기 10.6.1]과 같은 형태의 결과를 얻을 수 있어 여기서는 생략하기로 한다. 다만 두 그룹의 Q-Q 그림상 다소 이상치들이 발견되나 전체적으로 다변량 정규분포가 만족됨을 보여준다.

[4단계] 공분산행렬의 동질성 검정

- 형상점수: $k=8$, 그룹의 수: $g=2$, 북스테인좌표의 변수 수: $p=2(k-2)$,
- 박스 M-검정: $M=-2\gamma\ln\Lambda=\gamma\sum_{g=1}^{2}(n_g-1)\log\left|S_g^{-1}S_p\right|=69.395$
- 자유도: $df=p(p+1)(g-1)/2=12(12+1)(2-1)/2=78$
- p-값$=0.773$
- 검정의 결과: p-값이 유의수준 0.05보다 매우 커서 $H_0:\Sigma_1=\Sigma_2$가 유의수준 5%에서 기각되지 않으므로 두 그룹의 공분산행렬이 동질함을 보여준다.

[5단계] 평균형상 검정: BF 평균형상 검정 또는 H 평균형상 검정

- [4단계]의 결과에 따라 H 평균형상검정을 실시한다.
- H 평균형상검정을 위한 검정통계량 $F=25.797$의 유의확률 p-값$=0.000$에 따르면 유의수준 5%에서 귀무가설 $H_0:\mu_1=\mu_2$을 기각하므로 두 그룹의 평균형상은 다르다고 판단한다.

(1) 다변량 정규성 검정
• 두 그룹 모두 만족

(2) 공분산행렬의 동질성 검정
• 검정통계량 $M=68.395$
• p-값$=0.7731$
• 동질성이 만족됨

(3) H 평균형상 검정
• 검정통계량 $F=25.797$
• p-값$=0.000$

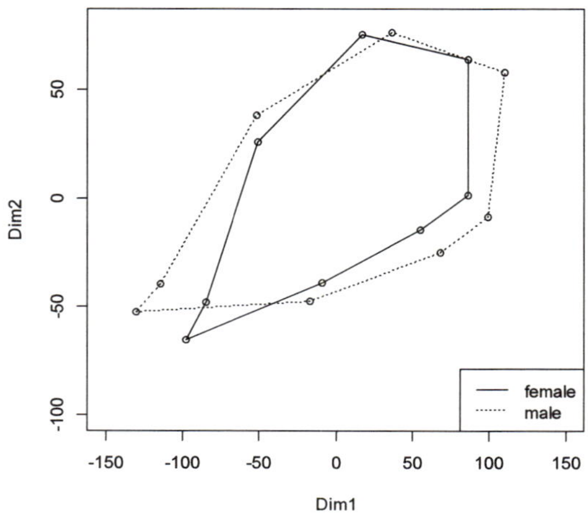

두 그룹의 두개골 북스테인 평균형상: 암컷(실선), 숫컷(점선)

[그림 10.6.2] 고릴라 암컷과 수컷의 두개골 자료에 대한 북스테인 평균형상의 비교

[R-코드 10.6.2] 고릴라 암컷과 수컷의 두개골 평균형상 검정 (gorfm-GPAmeanshapes-test.R)

```
library(shapes)
library(biotools)
library(MVN)
library(Hotelling)
# female and male Gorillas (Dryden and Mardia, 1998)
data(gorf.dat)
data(gorm.dat)
n1<-dim(gorf.dat)[3]
n2<-dim(gorm.dat)[3]

gorft<-array(0,dim=c(8,2, n1))
for(i in 1:n1){
T<-matrix(c(cos(90),sin(90),
            -sin(90), cos(90)), byrow=T, nrow=2)
gorft[,,i]<-gorf.dat[,,i]%*%T
}
gormt<-array(0,dim=c(8,2, n2))
for(i in 1:n2){
T<-matrix(c(cos(90), sin(90),
            -sin(90), cos(90)), byrow=T, nrow=2)
gormt[,,i]<-gorm.dat[,,i]%*%T
```

```
}
join<-c(1,5,4,3,2,8,7,6,1)
plotshapes(gorft, gormt, symbol=1,joinline=join)

bookgorf<-bookstein2d(gorft)
bookgorm<-bookstein2d(gormt)

v1<-t(apply(bookgorf$bshpv[3:8,,],3,c))
v2<-t(apply(bookgorm$bshpv[3:8,,],3,c))
S1=cov(v1);S2=cov(v2)
Sp=((n1-1)*S1 + (n2-1)*S2)/(n1+n2-2)
list(S1, S2, Sp)

# Data for M-test
gpf<-rep(1, n1)
gpm<-rep(2, n2)
female=cbind(v1,gpf)
male=cbind(v2,gpm)
both<-rbind(female,male)

# MVN tests based on the Skewness and Kurtosis Statistics
par(mfrow=c(1,2))
mardiaTest(v1, qqplot = TRUE)
mardiaTest(v2, qqplot = TRUE)

# Box's M-test for equality of two covariance matrices
boxM(both[,-13], both[, 13])

# Hotelling's T^2 test for Bookstein Coordinates
fit=hotelling.test(v1, v2)
fit
```

통계적 형상분석의 중요한 측면은 10.5절과 10.6절에서 살펴본 바와 같이 두 그룹 이상의 여러 개체 형상들 간의 GPA 의한 북스테인좌표를 구하고 그들 평균형상을 추정하거나 형상들 간의 차이를 검정하는 것이다. 국내에서도 형상분석에 대한 연구가 치의학에서 Shin 외(2015), Shin 외(2016), Kim 외(2016), Rhee 외(2015)에 의해서 다소 진행되고 있지만, 아직까지 형상분석에 대한 용어의 정의조차 생소할 정도로 아직 이 분야에 대한 연구가 미비한 수준이다.

10.7 형상분석을 위한 R

형상분석에서는 크게 두 개체의 형상그림을 비교하는 데에 사용되는 OPA와 셋 이상 여러 개체의 형상을 비교하기 위한 GPA는 R에서는 library(shapes)에서 각각 함수 procOPA()와 procGPA()를 활용한다. 두 개체의 형상점을 이용하여 그린 형상을 OPA 적합을 통해 비교하기 위해서는 함수 procOPA()와 plotshapes()을 필요로 한다. 특히, procOPA(A, B)는 B의 형상을 A로 OPA 적합을 하라는 것이며 항상 함수의 값 Bhat에 적합된 형상좌표가 저장된다. 이 적합의 정도를 나타내는 형상변동의 측도인 $OPSS$와 $RMSD$는 R에서 함수 procOPA()의 값 OSS와 rmsd에 의해서 제공받을 수 있다.

특히 형상분석에서 개체들의 형상을 나타내는 형태행렬로부터 북스테인좌표와 북스테인 평균형상을 얻어내는 것이 중요하며 이는 함수 bookstein2d()의 값으로 각각 bshpv와 mshape에 의해서 주어진다. 이들을 가지고 plotshapes()을 활용해서 북스테인 형상과 평균형상을 얻어낼 수 있다. 더불어 두 그룹의 북스테인 평균형상을 비교하고 검정하기 위해서는 북스테인좌표의 다변량 정규성을 library(MVN)의 함수 mardiaTest() 또는 mvn()에 의해서 살펴야 한다. 다음으로 library(biotools)의 함수 boxM()에 의해서 두 그룹의 공분산행렬의 동질성을 검정해야 한다. 이들 두 조건이 충족이 되면 library(Hotelling)의 함수 hotelling.test()에 의해서 H 평균형상 검정이 이루어진다. 만약에 공분산행렬의 동질성이 만족되지 않으면 베렌스-피셔(Behrens-Fisher) 문제에 의해 BF 평균형상검정을 실시하게 된다.

이 절에서는 형상분석과 관련된 다양한 자료의 응용을 보여준 [보기]와 [R-코드]를 제인용하여 다음과 같이 요약정리 하였다.

- [보기 10.2.1] 쥐의 척추 뼈 형상에 대한 몸무게의 영향을 알아보기 위해서 몸무게에 따라 큰 그룹(23마리)과 작은 그룹(23마리) 그리고 대조그룹(30마리)으로 나눈 자료(mouseT2.txt)가 있다. 이들 중 작은 그룹(23마리)에 대한 두 번째 척추 뼈 T2 형상점 자료를 이용하여 21개의 북스테인좌표 $(u_j^B,\ v_j^B)^t,\ j=3,\ \ldots,\ k$에 기저가 되는 첫 번째와 두 번 형상점을 포함되어 얻어진 것이 [표 10.2.3]이다. [R-코드 10.2.1] (smallmouse-BooksteinShape.R)은 특히 2차원의 북스테인좌표는 함수 bookstein2d()로부터 얻어지며 그림에서 북스테인 좌표의 성질 상 형상점 1과 2를 기저로 한 것이다.

[R-코드 10.2.1] 작은 쥐의 척추 뼈에 대한 형상분석(smallmouse-BooksteinShape.R)

```
library(shapes)
mouseT2<-read.in("mouseT2.txt", 6, 2)
cm<-mouseT2[, , 1:30] # 대조그룹 n1=30
sm<-mouseT2[, , 31:53] # 작은그룹 n2=23
lm<-mouseT2[, , 54:76] # 큰 그룹 n3=23

booksm<-bookstein2d(sm)
plotshapes(sm, color=1:6, symbol=1, joinline=c(1, 6, 2, 3, 4, 5, 1))
plotshapes(booksm$mshape, color=1:6, symbol=1, joinline=c(1, 6, 2, 3, 4, 5, 1))
plotshapes(booksm$bshpv, color=1:6, symbol=1, joinline=c(1, 6, 2, 3, 4, 5, 1))
list(sm, booksm$bshpv)
```

- [보기 10.3.1]에는 30명이 손으로 쓴 숫자 3에 대한 13개 형상점 자료(digits3.txt) 중에서 두 번째와 세 번째 사람의 두 형상점을 이용하여 그린 형상을 OPA 적합을 통해 비교하고 있다. 이를 위해서 [R-코드 10.3.1](digits3_two-OPA.R)에는 함수 procOPA()와 plotshapes()을 활용하고 있다. 특히, procOPA(A, B)는 B의 형상을 A로 OPA 적합라는 것이며 항상 함수의 값 Bhat에 적합된 형상좌표가 저장된다. 이와 더불어 [보기 10.4.1]에서는 [보기 10.3.1]에서 두 사람의 숫자 3에 대한 OPA 적합한 형상변동을 측정하기 위한 두 가지 측도 *OPSS*와 *RMSD*는 R에서 함수 procOPA()의 값 OSS와 rmsd에 의해서 제공되는 [R-코드 10.4.1](digits3_two-OPArmsd.R)을 참고하기 바란다. 이는 [R-코드 10.3.1]도 포함하고 있다.

[R-코드 10.4.1] 두 사람이 쓴 숫자 3의 OPA 적합의 형상변동(digits3_two-OPArmsd.R)

```
library(shapes)
digit3<-read.in("digit3.txt", 13, 2)
digit3_two<-digit3[, , 2:3]
A<-digit3_two[, , 1]
B<-digit3_two[, , 2]
plotshapes(A, B, symbol=1, joinline=1:13)

#OPA fit
PAB<-procOPA(B, A) #matching A onto B
plotshapes(PAB$Bhat, symbol=1, joinline=1:13)
PBA<-procOPA(A, B) #matching B onto A
plotshapes(PBA$Bhat, symbol=1, joinline=1:13)
```

```
#Shape Vatiability
OPSS_AB=PAB$OSS
RMSD_AB=PAB$rmsd
list(OPSS_AB, RMSD_AB)
OPSS_BA=PBA$OSS
RMSD_BA=PBA$rmsd
list(OPSS_BA, RMSD_BA)
```

• 함수 procOPA()에 의해서 LS OPA 적합을 시도하는 것 대신에 [표 10.4.1]의 LS OPA 알고리즘의 대수적 절차에 따라 두 개체의 형상 적합 시 척도모수와 회전행렬의 추정을 살펴보려 한다. 특히, [보기 10.4.3]에는 다른 다변량 시각적 기법에서 형상변동 측정을 위한 보기로 모스부호자료에 대해 계량형과 비계령형 MDS를 적용한 MDS 그림의 LS OPA를 활용한 형상변동을 살펴보았다. 이를 위해 [R-코드 10.4.3]을 포함하는 [R-코드 10.4.4](morse-MDS-OPArmsd.R)을 참고하기 바란다.

[R–코드 10.4.4] 모스부호 자료의 계량형과 비계량형 MDS 그림의 LS OPA 알고리즘 (morse–MDS–OPAalogorithm.R)

```
---[R-코드 10.4.3] 생략 -----
# Algorithms for OPA(A, B)
J<-matrix(1, n, n)
I<-diag(diag(J))
H<-I-J/n
Ac<-H%*%A
Bc<-H%*%B
t(Ac)%*%Bc
svd<-svd(t(Ac)%*%Bc)
gamma<-svd$v%*%t(svd$u)
beta<-sum(diag((t(Ac)%*%Bc%*%gamma)))/sum(diag(t(Bc)%*%Bc))
OPSS<-sum(diag((t(Ac)%*%Ac))+beta^2%*%                    sum(diag((t(Bc)%*%Bc)))
-2%*%beta%*%sum(diag(svd$d))
RMSD<-sqrt(OPSS/n)
list(beta, gamma, OPSS, RMSD)
```

• [보기 10.6.1]에는 쥐의 척추 뼈 형상을 비교하기 위해 몸무게에 따라 큰 그룹(23마

리)과 작은 그룹(23마리) 자료의 북스테인좌표의 평균형상을 비교하기 위해서 실선과 점선으로 표시해 둔 [그림 10.6.1]에 대해 작은 그룹을 1이라고 큰 그룹을 2라고 하면 귀무가설 $H_0 : \mu_1 = \mu_2$을 검정하고 있다. 이를 위해선 먼저 두 그룹의 북스테인좌표의 다변량 정규성을 library(MVN)의 함수 mardiaTest() 또는 mvn()에 의해서 살펴야 한다. 다음으로 library(biotools)의 함수 boxM()에 의해서 두 그룹의 공분산행렬의 동질성을 검정해야 한다. 이들 두 조건이 충족이 되면 library(Hotelling)의 함수 hotelling.test()에 의해서 H 평균형상 검정이 이루어진다. 만약에 공분산행렬의 동질성이 만족되지 않으면 베렌스-피셔 문제에 의해 BF 평균형상검정을 실시하게 된다. 이를 위해 [R-코드 10.6.1](slmouse-GPAmeanshapes-test.R)을 참고하기 바란다.

[R-코드 10.6.1] 쥐의 척추 뼈 형상: 작은 그룹과 큰 그룹의 평균형상의 검정 (slmouse-GPAmeanshapes-test.R)

```
llibrary(shapes)
library(biotools)
library(MVN)
library(Hotelling)
mouseT2<-read.in("mouseT2.txt",6,2)
cm<-mouseT2[,,1:30] # 대조그룹 : 30
sm<-mouseT2[,,31:53] # 작은그룹: 23
lm<-mouseT2[,,54:76] # 큰 그룹 : 23

# GPA
join<-c(1, 6, 2, 3, 4, 5,1)
PAsm<-procGPA(sm)
PAlm<-procGPA(lm)

# Joint Booksteib's Mean Shapes
plot(PAsm$mshape[,1], PAsm$mshape[, 2],xlim=c(-100, 100), ylim=c(-100, 100),
xlab="Dim1", ylab="Dim2" )
lines(PAsm$mshape[join,], lty=1)
par(new=TRUE)
plot(PAlm$mshape[,1], PAlm$mshape[, 2],xlim=c(-100, 100), ylim=c(-100, 100),
xlab="Dim1", ylab="Dim2" )
lines(PAlm$mshape[join,], lty=3)
legend("bottomright",c("small","laege"), lty=c(1, 3))

# Bookstein Coordinates
booksm<-bookstein2d(sm)
booklm<-bookstein2d(lm)
```

```
v1<-t(apply(booksm$bshpv[3:6,,],3,c))
v2<-t(apply(booklm$bshpv[3:6,,],3,c))
p=ncol(v1);

# MVN tests based on the Skewness and Kurtosis Statistics
par(mfrow=c(1,2))
mardiaTest(v1, qqplot = TRUE)
mardiaTest(v2, qqplot = TRUE)

# Data for M-test
n1=dim(sm)[3]
n1
n2=dim(lm)[3]
gp1<-rep(1, n1)
gp2<-rep(2, n2)
small=cbind(v1,gp1)
large=cbind(v2,gp2)
both<-rbind(small,large)

# Box's M-test for equality of two covariance matrices
boxM(both[,-9], both[, 9])

# Behrens-Fisher Problem : Unequal Covariance Matrices
S1=cov(v1);S2=cov(v2)
Sp=((n1-1)*S1 + (n2-1)*S2)/(n1+n2-2)
list(S1, S2, Sp)
ms <- matrix(1/n1,1,n1)%*%v1    #작은 그룹 평균
ml <- matrix(1/n2,1,n2)%*%v2    #큰 그룹 평균
e<-(ms-ml)%*%solve((S1/n1)+(S2/n2))
Tsq <- e%*%t(ms-ml);
finv <- (e%*%S1%*%t(e))^2/((Tsq^2)*((n1^3)-(n1^2)))
        + (e%*%S2%*%t(e))^2/((Tsq^2)*((n2^3)-(n2^2)));
f <- round(1/finv,0)
F0 <- (f-p+1)/(f*p)*Tsq ;
alpha <- 0.05
Ta <- qf(alpha, p, f-p+1);Ta
pvalue <- 1- pf(F0, p, f-p+1); ue
list(F0, f, Ta, pvalue)

# Hotelling's T^2 test for Bookstein Coordinates
fit=hotelling.test(v1, v2)
fit
```

10.8 연습문제

10.1 형상분석을 위한 개체 별 형상좌표는 2차원에서 어떻게 구성되어 있는지를 설명하라.

10.2 형상을 나타내기 위해서는 형상점이 필요한데 형상점의 종류에 대해서 설명하라.

10.3 형태행렬과 북스테인좌표를 설명하라.

10.4 두 그룹의 북스테인 평균형상을 검정하기 위해 필요한 조건은 무엇인지를 자세히 설명하라.

10.5 OPA와 GPA의 차이점에 대해서 설명하라.

10.6 [보기 10.2.1]에는 쥐의 척추 뼈 T2 형상에 대해 몸무게 따라 큰 그룹(23마리)과 작은 그룹(23마리) 그리고 대조그룹(30마리)으로 나눈 자료(mouseT2.txt)가 있다.
(1) 큰 그룹과 대조그룹의 다섯 번째 쥐에 대하여 각각의 북스테인좌표를 구하라.
(2) 북스테인 평균형상을 비교하라.
(3) 서로 간의 OPA 형상적합을 통해 그 차이를 살펴보라.
(4) 형상변동 측정을 위해 $OPSS$와 $RMSD$를 구하고 해석하라.

10.7 최용석과 현기홍(2006, 4장)에는 2마리 나비날개 자료(butterfly.txt)에 대해 두 개체 간의 OPA 적합을 하고 있다. 이 들 중 한 마리는 오른쪽 날개의 형상점들이 시계 반대 방향으로 80° 회전된 비정상적인 나비날개 형상을 가졌다.
(1) 두 마리 나비의 형상 [그림 10.8.1]을 구하라.
(2) 두 마리 나비 형상의 북스테인좌표를 각각 구하라.
(3) 북스테인 평균형상을 비교하라.
(4) 정상적인 날개를 가진 나비를 비정상적인 날개를 가진 나비로 OPA 형상적합을 해보고 그 결과를 살펴보라.
(5) 형상변동 측정을 위해 $OPSS$와 $RMSD$를 구하고 해석하라.

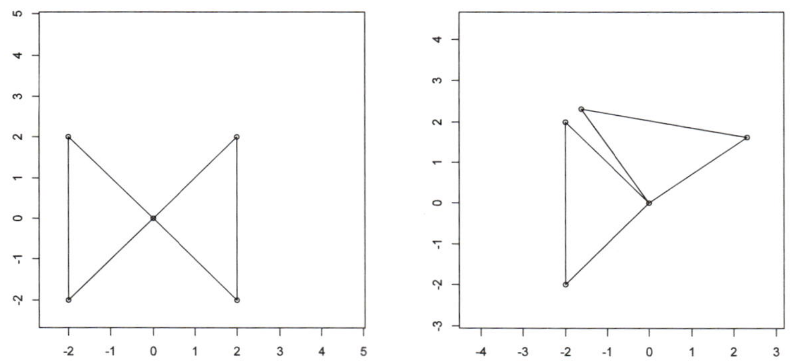

(a) 정상 나비 날개 형상　　(b) 비정상 나비 날개 형상

[그림 10.8.1] 정상과 비정상 나비 날개 형상

10.8 오랑우탄(orang utan)의 암컷 24마리와 수컷 30마리의 두개골 형상에 대한 자료가 R의 library(shapes)의 data(pongof.dat)와 data(pongom.dat)에 각각 주어져 있다. 이들의 형상은 2차원에 8개의 형상점으로 구성되어 있다.

(1) 암컷과 수컷 두 그룹의 형상 [그림 10.8.2]를 구하라.

(2) 북스테인 평균형상을 구하고 시각적인 차이에 따라 비교하라.

(3) 평균형상에 대한 검정을 위해 두 그룹 북스테인좌표의 다변량 정규성과 공분산행렬의 동질성을 검정하라.

(4) (3)의 결과 BF 평균형상 검정과 H 평균형상 검정 중 어느 것을 적용하는 것이 타당 한지를 살펴보고 그 결과를 설명하라.

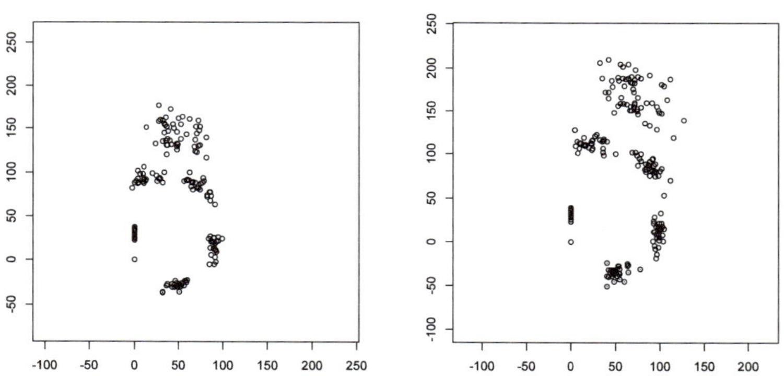

(a) 암컷 두개골 형상　　(b) 수컷 두개골 형상

[그림 10.8.2] 암컷과 수컷 오랑우탄 두개골 형상

10.9 [보기 9.3.2]의 1980~1989년 동안의 국내 중앙의 4대 일간지의 매출액에 관한 자료(newspapers.txt)에 대해 [R-코드 9.3.2](newspapers-PCbiplot.R)를 통해 [그림 9.3.3]의 두 2차원 주성분행렬도를 얻고 있다.

(1) [그림 10.8.3]의 (a)와 (b)는 각각 [그림 9.3.3]의 (a) 주성분행렬도와 대칭행렬도이다. [R-코드 9.3.2]와 [표 9.3.1]을 활용하여 대칭행렬도를 구하라. 단, (9.3.1)의 수정된 주성분행렬도의 행좌표와 열좌표의 인자를 대칭행렬도를 위한 좌표에도 동일하게 적용하라.

(2) (1)의 두 행렬도의 형상을 [그림 10.8.3]의 (c)와 (d)와 같이 구하라.

(3) 서로 간의 OPA 형상적합을 통해 그 차이를 살펴보라.

(4) 형상변동 측정을 위해 $OPSS$와 $RMSD$를 구하고 해석하라.

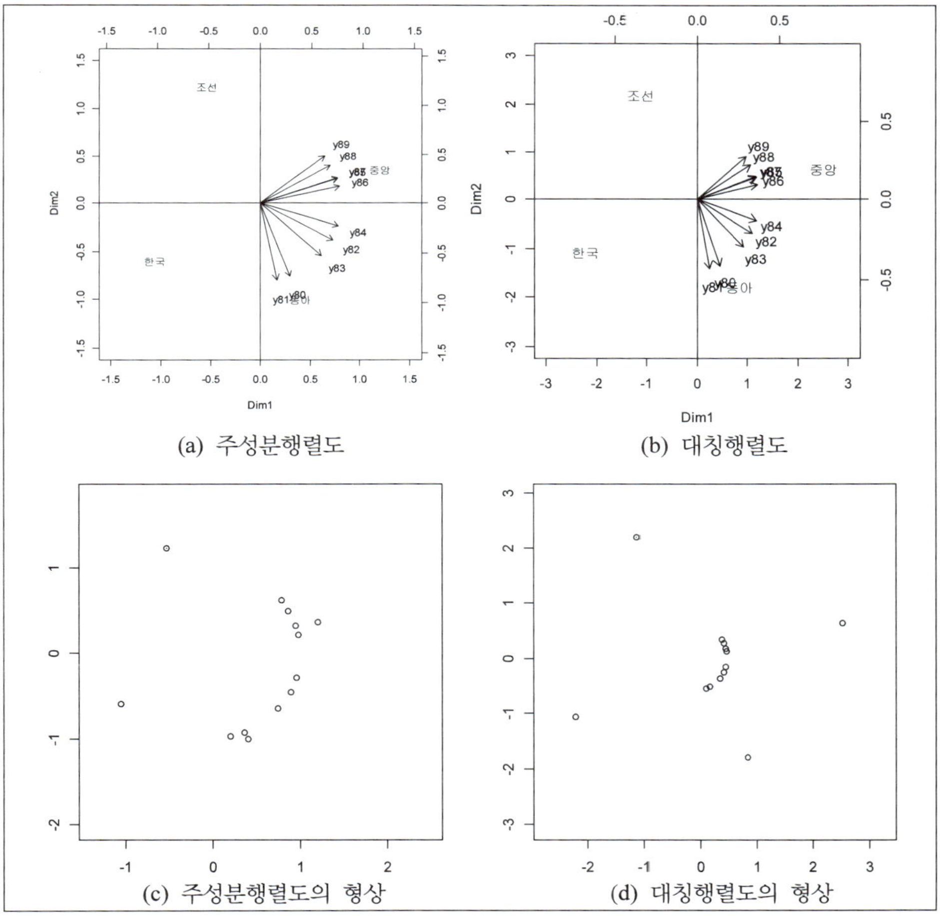

(a) 주성분행렬도 (b) 대칭행렬도

(c) 주성분행렬도의 형상 (d) 대칭행렬도의 형상

[그림 10.8.3] 주성분행렬도와 대칭행렬도의 형상

10.10 [보기 7.3.1]에는 9가지 직업 preacher(목사), surgeon(외과의사), teacher(초등학교 교사), journalist(기자), policeman(경찰관), plumber(배관공), farmer(농부), actor (배우), bank clerk(은행원) 간의 비유사성행렬자료 [자료 7.3.1](jobs.txt)에 대한 비계량형 MDS를 [그림 7.3.1]에서 보여주고 있다. [보기 7.5.2]에는 동일한 자료에 대하여 비선형 MMDS를 적용한 결과를 [그림 7.5.2]에서 보여 주고 있다.

(1) [그림 7.3.1]과 [그림 7.5.2]의 두 MDS 그림의 형상그림을 구하라.

(2) OPA 형상적합을 통해 서로를 비교하라.

(3) $OPSS$와 $RMSD$를 구하고 형상변동을 해석하라.

참고문헌

김재희 (2015). R 다변량 통계분석, 교우사.

박창이, 김용대, 김진석, 송종유, 최호식 (2015). R을 이용한 데이터마이닝, 교우사.

정광모, 최용석 (2002). 범주형 자료분석 개론 -SAS의 응용 및 해석-, 자유아카데미.

정광모, 최용석 (2003). 로지스틱 회귀와 응용 -SAS 예제와 허석 중심-, 자유아카데미.

정광모, 최용석 (2009). 범주형 자료분석 개론 -SAS의 응용 및 해석-, 제2판, 자유아카데미.

최용석 (1995). SAS 다차원척도법, 자유아카데미.

최용석 (1999). 행렬도의 이해와 응용, 부산대학교 출판부.

최용석 (2001). SAS 대응분석, 자유아카데미.

최용석 (2006). 행렬도 분석, 부산대학교 기초과학연구원 기초과학총서 2, 부산대학교 출판부.

최용석 (2014). 다차원척도법의 산책, 자유아카데미.

최용석, 신상민 (2013). R을 활용한 행렬도 분석의 이해, 자유아카데미.

최용석, 심희정 (1994). 82-92 한국 프로야구의 부문별 기록에 대한 각 팀의 연도별 추세분석: R-주성분행렬도의 응용, 자연과학논문집(부산대), 57, 35-43.

최용석, 정광모 (2003). SAS를 활용한 다변량 분석 기법과 응용, 자유아카데미.

최용석, 현기홍 (2006). 통계적 형상분석의 이해와 응용, 자유아카데미.

최태훈, 최용석 (2008). 정준상관 행렬도와 군집분석을 응용한 KLPGA 선수의 기술과 경기 성적요인에 대한 연관성 분석, 응용통계연구, 21(3), 429-439.

최태훈, 최용석 (2010). 일반화 정준상관행렬도와 프로크러스티즈 분석을 응용한 대한 테니스협회 등록선수의 체격요인, 체력요인 및 기초기술요인에 대한 분석연구, 한국통계 학회논문집, 17(6), 917-925.

최태훈, 최용석 (2012). 공변량요인 효과를 제거한 편정준상관 행렬도와 프로크러스티즈 분석을 응용한 남자 테니스선수의 체력요인 및 기초기술요인에 대한 분석연구, 한국통계학회논문집, 19(1), 97-105.

최태훈, 최용석 (2013). 남자 테니스선수의 체력요인에 미치는 공변량요인인 체격요인 효과를 제거한 준편정준상관 행렬도와 프로크러스티즈 분석을 응용한 체력요인 및 기초기 술요인의 연관성 분석, *Journal of the Korean Data Analysis Society*, 15(6), B, 3067-3076.

최태훈, 최용석, 신상민 (2009). 테니스 그랜드슬램대회의 선수특성요인과 경기요인에 대한 분석연구 -정준상관 행렬도와 프로크러스티즈 분석의 응용-. 한국통계학논문집. 22(4). 855-864.

허명회 (1992). 수량화 방법론의 이해, 자유아카데미.

허명회 (1994). SAS 최적척도법: 사례분석을 중심으로, 자유아카데미.

허명회 (1999). 다변량수량화, 자유아카데미.

허명회 (2007). R을 활용한 탐색적 자료분석, 자유아카데미.

허명회 (2011). 탐색적 다변량자료 분석, 자유아카데미.

허명회 (2014). 응용데이터분석, 자유아카데미.

홍현욱, 최용석, 신상민, 강창완 (2010). 결측값이 있는 정준상관 행렬도의 형상변동 연구, 응용통계연구. 23(5). 955-966.

Amaral, G.J.A., Dryden, I.L. and Wood, A.T.A. (2007) Pivotal bootstrap methods for *k* -sample problems in directional statistics and shape analysis, *Journal of the American Statistical Association*, 102, 695-707.

Anderson, C.R. (1997). *Object Recognition using Statistical Shape Analysis*, PhD thesis, University of Leeds.

Anderson, T.W. (1984). *An Introduction to Multivariate Statistical Analysis*(2nd ed.), John Wiley, New York.

Bookstein, F.L. (1986). Size and shape spaces for landmark data in two dimensions (with discussion), *Statistical Science*, 1, 181-242.

Bookstein, F.L. (1996). Landmark methods for forms without landmarks: morphometrics of group differences in outline shape, *Medical Image Analysis*, 1, 225-243.

Borg, I. and Groenen, P.J.F. (1997). *Modern Multidimensional Scaling: Theory and Applications*, Springer, New York.

Bradu, D. and Gabriel, K.R. (1978). The biplot as a diagnostic tool for models of two-way tables, *Technometrics*, 20, 47-68.

Breiman, L., Freidman, J., Olshen, R., and Stone, C. (1984). *Classification and Regression Trees*, Belmont, California, Wardsworth, Inc.,

Carroll, J.D. and Chang, J.J. (1970). Analysis of individual differences in multidimensional scaling via an N-way generalization of "Ekart-Young" decomposition, *Psychometrika*, 35, 283-319.

Charrad, M., Ghazzali, N., Boiteau, V. and Niknafs, A.(2014). NbClust: An R Package for Determining the Relevant Number of Clusters in a Data Set, *Journal of Statistical Software*, 61(6), 1-36.

Chatfield, C. and Collins, A.J. (1980). *Introduction to Multivariate Analysis,* Chapman and Hall, London.

Choi, Y.S., Hyun, G.H. and Kim, J.G. (2005a). A Numerical Comparison of Map Variability in SCA Using the Procrustes Analysis, *Journal of the Korean Data Analysis Society*, 7(5), 1531-1538.

Choi, Y.S., Hyun, G.H. and Yun, W.J. (2005b). Biplots variability based of the Procrustes analysis, *Journal of the Korean Data Analysis Society*, 7(6), 1925-1933.

Christensen, R. (1990). *Log Linear Models*, Springer.

Cox, T.F. and Cox, M.A.A. (2001). *Multidimensional Scaling*, Chapmann and Hall, London.

Darroch, J.N. and Mosimann, J.E.(1985). Canonical and principal components shape, *Biometrika*, 72(1), 241-252.

Davison, M.L.(1992). *Multidimensional Scaling*, John Wiley & Sons, New York.

Dillon, W.R. and Goldstein, M. (1984). *Multivariate Analysis -Methods and Applications-*, John Wiley & Sons, New York.

Dryden, I.L. and Mardia, K.V. (1993). Multivariate shape analysis, *Sankhya Series A*. 55, 460-480.

Dryden, I.L. and Mardia, K.V. (1998). *Statistical Shape Analysis*, John Wiley & Sons, Chichester.

du Toit, S.H.C., Steyn, A.G.W. and Stumpf, R.H. (1986). *Graphical Exploratory Data Analysis*, Springer-Verlag, New York.

Dzwinel, W. (1994). How to make Sammon's mapping useful for multidimensional data structure analysis, *Pattern Recognition*, 27, 949-959.

Everitt, B.S. and Dunn, G. (1991). *Applied Multivariate Data Analysis*, Edward Arnold, London.

Fienberg, S.E. (1979). *The Analysis of Cross-Classified Categorical Data*, The MIT Press.

Gabriel, K.R. (1971). The biplot graphics display of matrices with applications to principal component analysis, *Biometrika*, 58, 3, 453-467.

Gabriel, K.R. (1978). Least squares approximation of matrices by additive and multiplicative models, *Journal of Royal Statistical Society*, Series B, 40, 186-196.

Gabriel, K.R. (1981). Biplot display of multivariate matrices for inspection of data and diagnosis, in *Interpreting Multivariate Data* (edited by V. Barnett), Wiley, New York, 147-173.

Gerrild, P.M. and Lantz, R.J. (1969). Chemical Analysis of 75 Crude Oil Samples from

Pliocene Sand Units, Elk Hills Oil Field, California, *U. S. Geological Survey Open-File Report.*

Goodall, C. (1991). Procrustes methods in the statistical analysis of shape, *Journal of the Royal Statistical Society. Series* B, 53(2), 285-339. (Discussion of the Paper by Goodall).

Gordon, A.D. (1980). *Classification*, Chapman and Hall, London.

Gower, J.C. (1971). Statistical methods of comparing different multivariate analyses of the same data in *Mathematics in the Archaeological and Historical Sciences* (F. R. Hodson, D. G. Kendall and P. Tautu, editors), 138-149, Edinburgh: University Press.

Gower, J.C. (1975) Generalized Procrustes analysis, *Psychometrika*, 40, 33-50.

Gower, J.C. and Hand, D.J. (1996). *Biplots*, Chapman & Hall, London.

Gower, J.C., Lubbe, S. and Roux, N.L. (2011). *Understanding Biplots*, John Wiley & Sons, Ltd., West Sussex.

Greenacre, M.J. (1984). *Theory and Applications of Correspondence Analysis*, Academic Press, New York.

Greenacre, M.J. (2007). *Correspondence Analysis in Practice*, Chapman & Hall, New York.

Greenacre, M. and Hastie, T. (1987). The geometric interpretation of correspondence analysis, *Journal of the American Statistical Association 82*, 437-447.

Guttman, L. (1968). A general nonmetric technique for finding the smallest coordinate space for a configuration of points, *Psychometrika*, 33, 469-506.

Hair, JR. J.F., Anderson, R.E., Tathan, R.L. and Black, W.C. (1992). *Multivariate Data Analysis with Readings*, Macmillan Publishing Company, New York.

Härdle, W. and Simar, L. (2007). *Applied Multivaiate Statistical Analsysis*, 2nd Edition, Springer-Verlag, New York.

Householder, A.S. and Young, G. (1938). Matrix approximation and latent roots, *American Mathematical Monthly*, 45, 165-171.

Hurley, J.R. and Cattell, R.B. (1962). The Procrustes program: producing direct rotation procedure hypothesised factor structure, *Behavioural Science*, 7, 258-262.

Izenman, A.J. (2008). Modern Multivariate Statistical Techniques, Springer, New York.

Jobson, J.D. (1992). *Applied Multivariate Data Analysis*, Springer-Verlag, New York.

Johnson, R.A. and Wichern, D.W. (2007). *Applied Multivariate Statistical Analysis, 6th Edition*, Prentice Hall Inc, London.

Jolicoeur, P. and Mosimann, J.E. (1960). Size and Shape variation in the painted turtle: A principal component analysis, *Growth*, 24, 339-354.

Jolliffe, I.T. (2002). *Principal Component Analysis*, Springer-Verlag, New York.

Kabacoff, R.I. (2015). R in Action: Data analysis and graphics with R, Second Edition, Manning Publications Co., New York.

Kaiser, H.F. (1958). The varimax criterion for analytic rotation in factor analysis, *Psychometrika*, 23, 187-200.

Kaufman, L. and Rousseeuw, P.J. (1990) Finding Groups in Data: An Introduction to Cluster Analysis, Wiley, New York.

Keen, K.J. (2010). *Graphics for Statistics and Data Analysis with R*, Chapman & Hall/CRC, New York.

Kendall, D.G. (1977). The diffusion of shape, *Advances in Probability*, 9, 428-430.

Kendall, D.G. (1989). A survey of the statistical theory of shape. *Statistical Science*, 4, 87-120.

Kennedy, W.J. and Gentle, J.E. (1980). *Statistical Computing*, Marcel Dekker Inc., New York.

Kent, J.T. (1994). The complex bingham distribution and shape and shape analysis, *Journal of the Royal Statistical Society Series* B, 56, 285-299.

Kim, J.G., Choi, Y.S. and Lee, N.Y. (2010a). Unbalanced ANOVA for Testing Shape Variability in Statistical Shape Analysis, *The Korean Journal of Applied Statistics*, 14(1), 1-8.

Kim, J.G., Choi, Y.S. and Shin, S.M. (2010b). Shape variability and classification using PS, MPS and RMS in statistical shape analysis, *Far East Journal of Applied Mathematics*, 42(1), 49-60.

Kim, N.R., Park, S.B, Shin, S.M., Choi, Y.S., Kim, S.S., Son, W.S. and Kim, Y.I. (2016). Preliminary study to determine the reference plane of patients with a unilateral cleft lip and palate, *Cleft Palate-Craniofacial Journal*, Alliance Communications Group Division Allen.

Kruskal, J.B. (1964). Multidimensional scaling by optimizing goodness of fit to a nonmetric hypothesis, *Psychometrika*, 29, 1-27.

Kruskal, J.B. and Wish, M. (1978). *Multidimensional Scaling*, Sage University Paper Series on Quantitative Applications in the Social Sciences, 07-011, Sage Publicatons, Beverly Hills and London.

Krzanowski, W.J. (1977). The performance of Fisher's linear discriminant function under non-optimal conditions, *Technometrics*, 19(2), 191-200.

Kshirsagar, A.M. (1972). *Multivariate Analysis*, Marcel Dekker, Inc., New York.

Lachenbruch, P.A. (1975). *Discriminant Analysis*, New York, Hafner Press.

Lebart L., Morineau, A. and Piron, M. (2000). Statistique exploratoire ultidimensionnelle, Dunod, Paris, France.

Lebart, L., Morineau, A. and Warwick, K. (1984). *Multivariate Descriptive Statistical Analysis: Correspondence Analysis and Related Techniques for Large Matrices*, Wiley, New York.

Lima, V.M.C. (2003). *Resistant Fitting Methods for Statistical Shape Comparison*, PhD thesis, University of Leeds.

Lindeman, R.H., Merenda, P.F. and Gold, R.Z. (1980). *Introduction to Bivariate and Multivariate Analysis*, Scott, Foresman and Company, London.

MacQueen, J.B. (1967). Some methods for classification and analysis of multivariate observations, *Proceedings of 5th Berkeley Symposium on Mathematical Statistics and Probability*, 1, Berkeley, California, University of California Press, 282-297.

Mardia, K.V. (1970). Measures of multivariate skewness and kurtosis with applications, *Biometrika*, 57(3), 519-530.

Mardia, K.V. and Dryden, I.L. (1989). The statistical analysis of shape data, *Biometrika*, 76, 2, 271-282.

Mardia, K.V., Kent, J.T. and Bibby, J.M. (1979). *Multivariate Analysis*, London Academic Press.

Murray, G.D. (1977). A cautionary note on selection of variables in discriminant analysis, *Applied statistics*, 26(3), 246-250.

Oh, M.S. and Raftery, A.E. (2001). Bayesian multidimensional scaling and choice of dimension, *Journal of the American Statistical Association*, 96(455), 1031-1044.

O'Higgins, P. and Dryden, I.L. (1992). Sexual dimorphism in hominoids: further studies of craniofacial shape differences in *pan, gorilla, pong. Journal of Human Evolution*, 24, 183-205.

Okada, K. and Shigemasu, K. (2010). Bayesian multidimensional scaling for the estimation of a Minkowski exponent, *Behavior Research Methods*, 42, 899-905.

Park, M. and Huh, M.H. (1996). Canonical correlation biplot, *The Korean Communications in Statistics*, 3(1), 11-19.

Ramsay, J.O. (1982). Some statistical approaches to multidimensional scaling data, *Journal of Royal Statistical Society*.(A), 145, 285-312.

Ramsay, J.O.(1983). *Multiscale Manual*, Scientific Software, Chicago.

Rencher, A.V. (1995). *Methods of Multivariate Analysis*, John Wiley & Sons, Inc., New York.

Rhee, S.H., Shin, S.M., Choi, Y.S., Yamaguchi, T., Maki, K., Kim Y.I., Kim, S.S, Park, S.B. and Son, W.S. (2015). Application of statistical shape analysis for the estimation of bone and forensic age using the shapes of the 2nd, 3rd and 4th cervical vertebrae in a young Japanese population, *Forensic Science International*, 257, 513-519.

Rohlf, F.J. and Slice, D.E. (1990). Extensions of the procrustes method for the optimal superimposition of landmarks, *Syst. Zool.* 39, 40-59.

Rousseeuw, P.J. (1984). Least median of squares regression, *Journal of the American Statistical Society*, 79, 871-880.

Sammon, J.W. (1969). A nonlinear mapping for data structure analysis, *IEEE Transactions on Computers*, C-18, 401-409.

Sarle, W.S. (1983), Cubic clustering criterion, sas technical report a-108, Cary, NC: SAS Institute Inc.

SAS Institute Inc. (1991). *SAS System for Statistical Graphics*, 1/e, Cary, NC: SAS Institute Inc.

Schiffman, S.S., Reynolds, M.L. and Young, F.W. (1981). *Introduction To Multidimensional scaling*, Academic, New York.

Schonemann, P.H. and Carroll, R.M. (1970). Fitting one matrix to another under choice of a central dilation and a rigid motion, *Psychometrika*, 35, 245-255.

Seber, G.A.F.(1984). *Multivariate Observations*, John Wiley & Sons, Inc., New York.

Shepard, R.N. (1962). The analysis of proximities; Multidimensional scaling with an unknown distance function. Ⅰ and Ⅱ, *Psychometrika*, 27, 125-140, 219-246.

Shin, S.M., Kim, Y.M., Kim, N.R., Choi, Y.S., Park, S, B. and Kim, Y.I. (2016). Statistical shape analysis-based determination of optimal midsagittal reference plane for evaluation of facial asymmetry, *American Journal of Orthodontics and Dentofacial Orthopedics*, 150(8), 252-260.

Shin, S.M., Kim, Y.I, Choi, Y.S., Yamaguchi T., Maki, K., Cho, B.H. and Park, S.B. (2015). The skeletal maturation status estimated by statistical shape analysis: axial images of Japanese cervical vertebra, Dentomaxillofacial Radiolog, *The British Institute of Radiolog*, 44(3), 20140323.

Srivastava, M.S. (2002). *Methods of Multivariate Statistics*, John Wiley & Sons, Inc., New York.

Ten Berg, J.M.F. (1977). Orthogonal procrustes rotation for two or more matrices, *Psychometrika*, 42, 267-276.

Tsagris, M.T. (2014). *Multivariate statistical functions in R*, Version 6.1, Athens, Nottingham and Abu Halifa.

Yeung, K.Y., Fraley, C., Murua, A., Raftery, A.E. and Ruzzo, W.L. (2001). Model-based clustering and data transformations for gene expression data, *Bioinformatics*, 17(10), 977-87.

Young, F.W. (1987). *Multidimensional Scaling: History, Theory, and Applications*, (edited by R.M. Hamer), Lawrence Erlbaum Associates, Hillsdale, NJ.

Young, F.W. and Lewyckyj, R. (1979). *ALSCAL-4 User's Guide,* 2nd Edition, Data Analysis and Theory Associates.

R-코드 및 자료 목록

R-코드와 자료는 저자의 홈페이지(yschoi.pusan.ac.kr)에서 받아갈 수 있으며 rmtda.zip로 압축되어 있다. 이 책의 R-코드 작업 디렉토리 지정은 다음과 같다.

setwd("c:/R과 함께하는 다변량자료분석/R_code_data")

[R-코드]

제1장 다변량자료분석

3subjects-summary.R	[R-코드 1.1.1]	[결과 1.1.1]을 위한 R-코드
3subjects-3d.R	[R-코드 1.1.2]	[그림 1.1.1]을 위한 R-코드
5subjects-boxscatter.R	[R-코드 1.3.1]	5개 과목 시험성적의 다중 산점도와 상자 그림
klpga-boxscatter.R	[R-코드 1.3.2]	KPGA 선수 성적의 다중 산점도와 상자 그림
protein-barscatterstar.R	[R-코드 1.3.3]	[그림 1.3.3]를 위한 R-코드
irisflower-boxscatter.R	[R-코드 1.3.4]	[그림 1.3.4]를 위한 R-코드
economicview-starscatterparcoord.R	[R-코드 1.3.5]	[그림 1.3.5]를 위한 R-코드
sucidefreq-mosaci.R	[R-코드 1.3.6]	[그림 1.3.6]를 위한 R-코드
digits3_5_6-BooksteinShape.R	[R-코드 1.3.7]	5번째와 6번째 사람이 쓴 숫자 3의 형상분석
3subjects-covcorr.R	[R-코드 1.4.1]	3과목 시험성적자료의 공분산행렬과 상관행렬 대수적 계산
irisflower-covcorr.R	[R-코드 1.4.2]	피셔 붓꽃자료의 일반화분산과 총분산 계산
3subjects-distances.R	[R-코드 1.5.1]	3과목 시험성적의 유클리드 거리, 표준화 유클리드 거리, 마할라노비스 거리, 시티블럭 거리 계산
BVNpdf.R	[R-코드 1.6.1]	이변량 정규분포의 밀도함수와 등고선 그리기
iris-chisqplot.R	[R-코드 1.8.1]	[그림 1.8.1]을 위한 R-코드
iris-MVNtest.R	[R-코드 1.8.2]	[그림 1.8.2]를 위한 R-코드

제2장 주성분분석

3subjects-PCAsteps.R	[R-코드 2.2.1]	[자료 1.1.1]의 [PCA 수행단계]
5subjects-PCAsteps.R	[R-코드 2.2.2]	[자료 1.3.1]의 [PCA 수행단계]
5subjects-PCAsteps-scree.R	[보기 2.2.2]	[그림 2.4.1]의 스크리그림
example241-PCAsteps.R	[R-코드 2.4.1]	[보기 2.4.1]의 [PCA 수행단계]와 상관계수 γ_{lk} 계산
klpga-PCAsteps.R	[R-코드 2.5.1]	[자료 1.3.1]의 스펙트럼분해에 의한 [PCA 수행단계]
skull-PCAsteps.R	[R-코드 2.5.2]	두개골 자료의 스펙트럼분해에 의한 [PCA 수행단계]
skull-PCAsvd.R	[R-코드 2.5.3]	두개골 자료의 비정칙값분해에 의한 [PCA 수행단계]
5subjects-PCbiplot.R	[R-코드 2.6.1]	두 가지 시험성적자료에 대한 주성분행렬도
klpga-PCbilpot.R	[R-코드 2.6.2]	KLPGA 선수 성적의 주성분 행렬도
klpga-PCAfunctions.R	[R-코드 2.7.1]	KLPGA 선수 성적의 주성분분석을 위한 함수 princomp()와 prcomp()를 활용
censustract-PCbiplot.R	[연습문제 2.7]	61개 지역의 총인구조사 상관행렬의 주성분행렬도
turtle-PCbiplot.R	[연습문제 2.11]	거북이 등딱지 자료의 공분산행렬에 대한 주성분행렬도

제3장 인자분석

spearman-PCFA.R	[R-코드 3.2.1]	스피어만의 여섯 과목 성적의 PCFA
klpga-PCFAsteps-scree.R	[R-코드 3.4.1]	KLPGA 선수 성적의 PCFA
5subjects-PCFAsteps.R	[R-코드 3.4.2]	두 가지 시험성적의 PCFA
klpga-MLFAfactanal.R	[R-코드 3.4.3]	KLPGA 선수 성적의 MLFA
5subjects-MLFAfactanal.R	[R-코드 3.4.4]	두 가지 시험성적의 MLFA
klpga-MLFAvarimax.R	[R-코드 3.5.1]	KLPGA 선수 성적에 대한 MLFA의 Varimax 회전 후 인자적재그림
5subjects-MLFAvarimax.R	[R-코드 3.5.2]	두 가지 시험성적에 대한 MLFA의 Varimax 회전 전과 후의 인자적재그림
airpollution-PCMLFAvarimax-scores.R	[R-코드 3.6.1]	LA시 대기오염 자료의 PCMA와 MLFA의 실행과 비교
airpollution-PCFAbiplot.R	[R-코드 3.7.1]	LA시 대기오염 자료의 PCFA의 회전 전과 후의 인자적재와 인자점수 행렬도

제4장 정준상관분석

head-CCAsteps.R	[R-코드 4.2.1]	장남과 차남의 머리 크기 자료의 CCA
5subjects-CCAsteps.R	[R-코드 4.2.2]	두 가지 시험성적자료의 CCA
5subjects-CCAsteps-test.R	[R-코드 4.3.1]	두 가지 시험성적자료의 CCA에서 정준상관의 유의성검 정
head-CCbiplot.R	[R-코드 4.4.1]	장남과 차남의 머리 크기 자료의 정준상관행렬도
5subjects-CCAcc-cancor.R	[R-코드 4.5.1]	두 가지 시험성적자료에 대한 R 함수 cc()와 cancor()를 활용한 정준상관분석

제5장 군집분석

economicview-distances.R	[R-코드 5.2.1]	경제관련기관 경제전망의 연관성측도인 4가지 거리계산
5obsdisit-CAsingle.R	[R-코드 5.3.1]	5명 개체간의 단일연결법과 덴드로그램
economicview-CAward.R	[R-코드 5.3.2]	경제관련기관 경제전망의 3가지 거리에 대한 와드연결법의 덴드로그램
klpga-CAamlinkages.R	[R-코드 5.3.3]	KLPGA 선수 성적의 표준화 유클리드 거리에 대한 계층적 군집분석의 덴드로그램
utility-CAward.R	[R-코드 5.3.4]	공익회사 자료의 표준화 유클리드 거리에 대한 와드연결법의 덴드로그램
utility-CAKmeansKmedoids.R	[R-코드 5.4.1]	공익회사 자료의 표준화 유클리드 거리에 대한 K-평균법과 K-대표개체법
economicview-CAKmeansKmedoids.R	[R-코드 5.4.2]	경제관련기관의 표준화 유클리드 거리에 대한 K-평균법과 K-대표개체법
utility-CAnclusterindex.R	[R-코드 5.5.1]	공익회사 자료의 표준화 유클리드 거리에 대한 K-평균법에서 군집 수를 위한 지수 구하기
iris-CAindex.R	[R-코드 5.5.2]	[그림 5.5.2]을 위한 R-코드
iris-CAmodel.R	[R-코드 5.6.1]	붓꽃(iris flower) 자료의 통계모형에 의한 군집분석

제6장 판별분석, 분류나무

setosaversicolor-Boxtest.R	[R-코드 6.3.1]	두 종류 붓꽃 자료의 공분산행렬 동질성 검정
ridingmower-Boxtest.R	[R-코드 6.3.2]	예초기 자료에 대한 공분산행렬의 동질성 검정
ridingmower-Mardiatest-LDA.R	[R-코드 6.3.3]	예초기 자료의 다변량 정규성 검정과 LDA
setosaversicolor-mardiaTest-QDA.R	[R-코드 6.3.4]	두 종류 붓꽃 자료에 대한 다변량 정규성 검정과 QDA
iris-QDA.R	[R-코드 6.5.1]	세 종류 붓꽃 자료의 QDA
wine-DA.R	[R-코드 6.5.2]	세 종류 와인 자료의 QDA
ridingmower-iris-DA-CVM.R	[R-코드 6.6.1]	예초기 자료와 붓꽃 자료의 DA에서 CVM에 의한 기대오분류율
ridingmower-FisherLDA.R	[R-코드 6.8.1]	예초기 자료에 대한 피셔의 선형판별분석
fisherexample-FisherLDA.R	[R-코드 6.8.2]	세 군집 자료의 피셔 선형판별분석
ridingmower-LogisticDA.R	[R-코드 6.9.1]	예초기 자료에 대한 로지스틱 판별분석
blood-LogisticDA-QDA.R	[R-코드 6.9.2]	적혈구 자료에 대한 이차 및 로지스틱 판별분석
iris-CART.R	[R-코드 6.10.1]	세 종류 붓꽃 자료의 분류나무
wine-DA.R	[R-코드 6.10.2]	세 종류 와인 자료의 분류나무
kyphosis-CRAT.R	[R-코드 6.10.3]	척추수술 자료의 분류나무와 가지치기

제7장 다차원척도법

example721-metricMDS.R	[R-코드 7.2.1]	4×2 자료행렬 X의 계량형 MDS
eurodist-metricMDS.R	[R-코드 7.2.2]	유럽 10대 도시간 거리의 계량형 MDS
economicview-metricMDS.R	[R-코드 7.2.3]	경제전망 자료의 표준화 유클리드 거리에 대한 계량형 MDS
klpga-metricMDS.R	[R-코드 7.2.4]	KLPGA 선수의 성적에 대한 계량형 MDS
bankbinary-metricMDS.R	[R-코드 7.2.5]	은행 경영평가 자료의 계량형 MDS
morse-metricMDS.R	[R-코드 7.2.6]	모스부호 자료의 계량형 MDS
jobs-nonmetricMDS.R	[R-코드 7.3.1]	9가지 직업의 비계량형 MDS
eurodist-nonmetricMDS.R	[R-코드 7.3.2]	유럽 10대 도시간 거리의 비계량형 MDS
klpga-nonmetricMDS.R	[R-코드 7.3.3]	KLPGA 선수의 성적에 대한 비계량형 MDS
example741-three-wayMDS.R	[R-코드 7.4.1]	INDSCAL 모형의 기하적 성질
body-three-wayMDS.R	[R-코드 7.4.2]	신체부위자료에 대한 삼원 MDS
recreation-three-wayMDS.R	[R-코드 7.4.3]	15가지 레크레이션 자료에 대한 삼원 MDS
morse-nonlinearMMDS.R	[R-코드 7.5.1]	모스부호 자료의 비선형 MMDS
jobs-nonlinearMMDS.R	[R-코드 7.5.2]	9가지 직업의 비선형 MMDS

제8장 대응분석

presex-SCRAalgorithm.R	[R-코드 8.2.1]	결혼 전 성관계에 대한 반응과 피임허용의 이원분할표의 단순 CRA 수행단계
presex-SCRA.R	[R-코드 8.2.2]	[R-코드 8.2.1]에서 R의 함수 ca()의 활용
smoke-SCRA.R	[R-코드 8.2.3]	지위에 따른 흡연습관에 대한 이원분할표의 단순 CRA
customer-MCRAalgorithm.R	[R-코드 8.4.1]	성별, 나이, 키에 따른 삼원분할표의 다중 CRA 알고리즘
accident-MCRAalgorithm.R	[R-코드 8.4.2]	사고운전자 부상정도의 삼원분할표에 대한 다중 CRA 알고리즘
sociecono-MCRAalgorithm.R	[R-코드 8.4.3]	인구통계적 변인과 사회경제적 변인에 의한 버트행렬에 대한 다중 CRA 알고리즘
accidenttable-MCRA.R	[R-코드 8.4.4]	삼원분할표 입력자료에 대한 다중 CRA
sucidefreq-MCRA.R	[R-코드 8.4.5]	[자료 1.3.6]의 삼원분할표에 대한 다중 CRA
view-MCRA.R	[R-코드 8.5.1]	[자료 8.5.1] 5가지 범주의 분류변수 자료의 다중 CRA
ptsd-MCRA.R	[R-코드 8.5.2]	외상 후 스트레스 증후군에 대한 다시점자료의 다중 CRA

제9장 행렬도

example931-PCbiplot.R	[R-코드 9.3.1]	자료행렬 Y의 비정칙값분해와 pc.biplot()을 통한 주성분 행렬도
newspapers-PCbiplot.R	[R-코드 9.3.2]	국내 4대 일간지 매출액의 주성분행렬도
protein-PCbiplot.R	[R-코드 9.3.3]	유럽 25개국 단백질 섭취원의 주성분행렬도

smallmouse-BooksteinShape.R	[R-코드 10.2.1]	작은 쥐의 척추 뼈에 대한 형상분석
digits3_two-BooksteinShape.R	[R-코드 10.2.2]	두 사람이 쓴 숫자 3의 형상분석
neuralskull_control-BooksteinShape.R	[R-코드 10.2.3]	쥐의 신경두개골의 형상분석
digits3_two-OPA.R	[R-코드 10.3.1]	두 사람이 쓴 숫자 3의 OPA 적합형상
largesmallmouse-OPA.R	[R-코드 10.3.2]	쥐의 척추 뼈의 OPA 적합형상
neuralskull-GPA.R	[R-코드 10.3.3]	쥐의 신경두개골 자료에서 대조그룹과 처리 그룹의 GPA 적합형상
gorfm-GPA.R	[R-코드 10.3.4]	고릴라 두개골 자료에서 암컷과 수컷의 GPA 적합
digits3_two-OPArmsd.R	[R-코드 10.4.1]	두 사람이 쓴 숫자 3의 OPA 적합의 형상변동
largesmallmouse-OPArmsd.R	[R-코드 10.4.2]	쥐의 척추 뼈의 OPA 적합의 형상변동
morse-MDS-OPArmsd.R	[R-코드 10.4.3]	모스부호 자료의 계량형과 비계량형 MDS 그림의 OPA 적합의 형상변동
morse-MDS-OPAalogorithm.R	[R-코드 10.4.4]	모스부호 자료의 계량형과 비계량형 MDS 그림의 LS OPA 알고리즘
neuralskull-GPAjointmeanshapes.R	[R-코드 10.5.1]	대조그룹과 처리그룹 쥐의 신경두개골 평균형상 비교
gorfm-GPAjointmeanshapes.R	[R-코드 10.5.2]	고릴라 두개골 자료에서 암컥과 숫컷의 GPA 평균형상 비교
slmouse-GPAmeanshapes-test.R	[R-코드 10.6.1]	쥐의 척추 뼈 형상: 작은 그룹과 큰 그룹의 평균형상 검정
gorfm-GPAmeanshapes-test.R	[R-코드 10.6.2]	고릴라 암컷과 수컷의 두개골 평균형상 검정

[자료]

각 장별 처음 나타나는 자료만 언급하였다.

제1장 다변량자료분석

3subjects.txt	[자료 1.1.1]	10명의 학생에 대한 3과목 시험성적
5subjects.txt	[자료 1.3.1]	두 가지 방식의 시험성적
klpga.txt	[자료 1.3.2]	KPGA 선수 성적
protein.txt	[자료 1.3.3]	유럽 25개국의 단백질 섭취 자료
irisflower.txt	[자료 1.3.4]	피셔의 붓꽃자료
economicview.txt	[자료 1.3.5]	우리나라 14개 경제관련기관의 향후 1년간 경제전망 자료
economicviewbinary.txt		경제관련기관의 10가지 경제전망의 이진수자료
sucidefreq.txt	[자료 1.3.6]	2×5×6 성별과 연령별 자살유형의 분할표
digits3.txt	[자료 1.3.7]	30명이 손으로 쓴 숫자 3의 형상점 13개의 2차원 자료

제2장 주성분분석

skull.txt	[자료 2.5.1]	두개골 자료
5stockprice.txt	[자료 2.8.1]	주간 주식 수익률 자료
censustract.txt	[연습문제 2.7]	61개 지역의 총인구 조사
airpollution.txt	[자료 2.8.2]	LA시의 대기오염 자료
trackrecord2005-men.txt	[자료 2.8.3]	2005년 헬싱키 올림픽 남자육상 기록자료
trackrecord2005-women.txt	[자료 2.8.4]	2005년 헬싱키 올림픽 여자육상 기록자료
turtle.txt	[연습문제 2.11]	거북이의 등딱지 길이, 폭, 높이를 측정한 자료

제3장 인자분석

tennis.txt	[자료 3.9.1]	우리나라 남자 테니스선수 기록자료

제4장 정준상관분석

head.txt	[자료 4.2.1]	25 가계 장남과 차남의 머리 자료
fitness.txt	[자료 4.6.1]	헬스클럽의 자료

제5장 군집분석

5obsdist.txt	[보기 5.3.1]	5명의 거리행렬
utility.txt	[자료 5.3.1]	미국 22개 공익회사 자료
kellogg.txt	[자료 5.8.1]	켈로그회사 시리얼자료

제6장 판별분석, 분류나무

setosaversicolor.txt	[보기 6.3.1]	두 종류의 붓꽃과 두 개의 변수에 의한 자료
ridingmower.txt	[자료 6.3.1]	예초기 자료
fisherexample.txt	[보기 6.8.2]	세 군집의 자료
blood.txt	[자료 6.9.1]	적혈구 자료
salmon.txt	[자료 6.12.1]	연어의 생장고리 자료
admission.txt	[자료 6.12.2]	경영대학원 입학성적 자료
oil.txt	[자료 6.12.3]	원유 성분 자료

제7장 다차원척도법

eurodist.txt	[자료 7.2.1]	유럽 10대 도시간 거리
bankbinary.txt	[자료 7.2.2]	17개 은행 경영평가 현황
morse.txt	[자료 7.2.3]	아라비아 숫자에 대한 모스부호의 유사성자료
jobs.txt	[자료 7.3.1]	9가지 직업 간의 비유사성행렬자료
body.txt	[자료 7.4.1]	15군데 신체부위에 대한 비유사성자료
recreation.txt	[자료 7.4.2]	15가지 레크레이션의 비유사성자료
railroad.txt	[자료 7.7.1]	도시간 철도거리(단위: ㎞)
color.txt	[자료 7.7.2]	14가지 색채자료
field.txt	[자료 7.7.3]	관심영역 자료

제8장 대응분석

presex.txt	[자료 8.2.1]	결혼 전 성관계에 대한 반응과 피임허용의 이원분할표
data(smoke)	[자료 8.2.2]	지위에 따른 흡연습관의 이원분할표
accident.txt	[보기 8.4.2]	운전상태, 안전밸트사용, 사고운전자의 부상정도에 따른 삼원분할표의 버트행렬 B
sociecono.txt	[자료 8.4.3]	인구통계적 변인과 사회경제적 변인에 의한 버트행렬 B
accidenttable.txt	[자료 8.4.4]	[자료 8.4.2]의 삼원분할표 입력형태
sucidefreq.txt	[보기 8.4.5]	자살유형에 따른 성별과 연령별 삼원분할표 빈도자료
view.txt	[자료 8.5.1]	경제전망과 경제정책선호 조사 자료
ptsd.txt	[자료 8.5.2]	외상 후 스트레스 증후군(ptsd)에 대한 다시점자료
schyear.txt	[자료 8.7.1]	학력과 유명상표 선호도에 대한 이원분할표
apitude.txt	[자료 8.7.2]	교육, 적성, 직업에 대한 버트행렬

제9장 행렬도

newspapers.txt	[자료 9.3.1]	국내 4대 일간지 1980-89년 매출액
air.txt	[자료 9.5.1]	10개 지역의 공기 오염도
kbo.txt	[자료 9.5.2]	1982-1992년 한국 프로야구 6개 팀 안타 수
aircraft.txt	[자료 9.5.3]	21대 전투비행기종의 특성자료
university.txt	[자료 9.5.4]	미국 대학 자료

제10장 형상분석

mouseT2.txt	[보기 10.2.1]	쥐의 척추 뼈 형상
digit3.txt	[보기 10.2.2]	숫자 3의 형상
neuralskull_control.txt	[보기 10.3.3]	대조그룹 쥐의 신경두개골 형상
neuralskull_hydro.txt	[보기 10.3.3]	처리그룹 쥐의 신경두개골 형상
data(gorf.dat)	[보기 10.5.2]	암컷 고릴라 두개골 평균형상
data(gorm.dat)	[보기 10.5.2]	수컷 고릴라 두개골 평균형상
butterfly.txt	[연습문제 10.7]	나비날개 자료
pongof.dat	[연습문제 10.8]	암컷 오랑우탄 두개골 형상
pongom.dat	[연습문제 10.8]	수컷 오랑우탄 두개골 형상

후 기

2015년 8월 부산대학교 자연과학대학 18대 학장 임기를 마치고 일상으로 돌아오면서 뭔가 집중해야 할 거리를 찾고 있었다.

다변량 통계학 전공으로 1991년 학위를 받고 이 분야에서 26년간 공부해 오면서 몇 가지 주제에 대한 소설로 치면 단편을 여러 편(행렬도, 다차원척도법, 대응분석, 범주형 자료분석, 형상분석 등)을 지어왔다. 이러한 졸작에 대한 소박한 필력과 최근 많은 각광을 받고 있는 R에 관한 평소 관심이 《R과 함께하는 다변량 자료분석》을 저술하는 큰일을 벌인 셈이다.

나이로 11년 차이가 나는 동생 최태훈 박사의 전공인 체육학의 측정평가와 관련된 테니스와 골프에 대한 여러 편의 공저 논문에서 사용된 자료가 이 책을 기술하는 데에 매우 유용하고 큰 비중을 차지했다.

2015년 10월에 본격적인 원고 작성에 들어가 2017년 2월에 원고를 탈고하였고 3월과 4월초까지 제본하여 대학원 지도학생(신상민 박사, 이보희 선생, 정민지, 정호영, 이수진)들과 원고를 읽고 오류를 지적하고 수정하였다. 4월 18일 경문사와 책 출간을 논의한 후 한글 파일로 된 원고를 보내 6월 7일 1교 교정지를 넘겨받았다. 출판사 자체 원고 교정을 미리 해 보낸 편집부의 세심하고 꼼꼼한 편집에 감동받았다. 이를 붙들고 방학을 이용하여 무려 2개월 가까이 틈틈이 내 나름대로의 교정을 보았고 8월 4일 출판사에 2교를 위해 우편으로 보내졌다. 엉성한 부분이 참 많아 보였고 거의 600페이지가 넘는지라 당장에 책 가격이 걱정이 되었다.

책값이 너무 비싸면 학생들이 더군다나 복사를 즐기는 세대인지라 복사판이 난무하지 않을까, 그래서 출판사에 누가 되지 않을까 무척 염려가 되었다. 이는 책에 별색을 넣어야 할지를 망설이게 된 요인 중에 하나였다. 개인적인 욕심은 별색을 넣어달라고 요청하고 싶었으나 일단 여러 가지 상황을 고려해서 별색을 넣지 않기로 하였다.

9월 27일 추석 연휴가 시작할 무렵 도착한 2교 교정지는 1교보다는 훨씬 내가 원하는 형태를 갖추고 있었다. 다만 교정을 위해 다시 읽을 엄두가 나질 않았으나 긴 추석 연휴가 내겐 차분히 교정지를 대할 여유를 주었다. 더불어 경문사에서 보내 온 원고 PDF 파일을 지도교수님과 평소 존경하는 지인들에게 보내 추천의 글을 요청하였다. 이 책에 대한 관심과 지적을 받아 보고 싶었고 자연과학 관련 저서에는 거의 없는 경우이나 출판사도 좋겠다고 하였다.

막상 추천의 글을 지인들에게 부탁하면서 추석 연휴를 무례한 부탁으로 고민하셨을 것을 생각하면 죄송하면서도 내가 통계학자로 살아 온 길을 돌아보게 되었고 그분들께 내 자신이 어떻게 기억되어 있을까, 나의 졸작에 호감은 가질까 무척 염려가 되었다.

2교를 보면서 한 분 두 분 보내 주시는 추천의 글은 내게 큰 힘이 되었고 이 자리를 빌려 모든 분께 깊은 감사를 드리고 싶다. 더군다나 후기를 통해 이 졸작을 쓴 배경과 과정에서 느끼고 생각하는 여러 상황을 적어 두고 싶었다. 2교를 하면서 난 이 책에 무리해서라도 별색을 넣고 싶어졌다.

긴 추석 연휴를 마치고 10월 10일 화요일 이른 아침에 거실 소파에 1교와 2교 교정지를 싼 보자기를 아내가 보면서 “이제 다 끝났나요?”라고 물었다. 이 책을 쓰는 데 고민하는 나의 모습을 가장 현장감 있게 내 곁에서 지켜봐준 아내에게 이 책을 드리고 싶다.

이젠 후기를 마무리하고 통계학자로 책을 쓰면서 행복했던 맘으로 우체국으로 달려가 교정지를 보내야겠다.

2017년 10월 10일

찾아보기

ㄱ

ㄷ

ㄹ

ㅁ

ㅂ

ㅅ

ㅊ

| ㅋ |

| ㅌ |

| ㅍ |

ㅎ

기타

R과 함께하는
다변량 자료분석

지은이 최용석
펴낸이 조경희
펴낸곳 경문사
펴낸날 2018년 3월 1일 1판 1쇄
2021년 3월 5일 1판 2쇄
등 록 1979년 11월 9일 제1979-000023호
주 소 04057, 서울특별시 마포구 와우산로 174
전 화 (02)332-2004 팩스 (02)336-5193
이메일 kyungmoon@kyungmoon.com

값 33,000원

ISBN 979-11-6073-063-0